U0397716

火星科学概论

出版说明

科学技术是第一生产力。21世纪,科学技术和生产力必将发生新的革命性突破。

为贯彻落实"科教兴国"和"科教兴市"战略,上海市科学技术委员会和上海市新闻出版局于2000年设立"上海科技专著出版资金",资助优秀科技著作在上海出版。

本书出版受"上海科技专著出版资金"资助。

上海科技专著出版资金管理委员会

火星科学概论

主 编

欧阳自远　邹永廖

上海科技教育出版社

内容简介

迄2016年12月为止，人类已进行了45次火星探测活动。21世纪，人类将全面开展太阳系各层次天体与行星际空间的探测，而火星则是这些探测活动中最主要的目标天体。美国、俄罗斯、日本、印度、欧洲空间局等国家或组织都已制订了各自的长远的火星探测计划，每26个月将发射2颗以上的火星探测器，全方位地开展对火星生命信息、环境、大气、岩石、水及内部构造等的探测与深入研究。中国也于2016年1月启动了火星探测计划，将于2020年前后发射火星探测器，逐步开展火星和太阳系的空间探测和研究。

《火星科学概论》是一部系统论述火星的权威性科学专著，全书共16章，内容涵盖导言、火星概况、火星探测历程、火星磁场与磁层、火星电离层、火星大气层、火星地形地貌、火星化学、火星的岩石与矿物、火星土壤、火星陨石、火星地质、火星内部结构、火星生命信息、火星的形成与演化、火星探测的发展趋势与展望等，并附"火星地名表"和"火星探测年表"。

中国目前已具备自主开展火星探测的能力，将在探月计划的基础上，有计划地开展火星和太阳系的空间探测和研究。本书可为参与火星探测与深空探测工程的科技人员比较全面地了解火星提供基础性资料，为从事行星科学与火星研究的高校师生提供参考，为关注火星科学研究与火星探测进展的广大公众提供火星科学知识的系统论述。

主编简介

欧阳自远　天体化学与地球化学家，中国科学院院士，发展中国家科学院院士，国际宇航科学院院士。1960年中国科学院地质研究所研究生毕业。现任中国科学院地球化学研究所研究员、国家天文台高级顾问。长期从事各类地外物质、月球科学、比较行星学和天体化学研究，取得一系列创新性成果，是我国天体化学学科的开创者。近20多年来，主要从事中国月球探测与太阳系探测的科学目标与载荷配置研究，是中国绕月探测工程的首席科学家，现为月球探测领导小组高级顾问。曾获国家科学大会奖、中科院及国家自然科学奖、国家科技进步奖特等奖、国防科技进步奖特等奖、全国先进工作者等奖项。在国内外发表论文590多篇，撰写专著18部，主编著作21部。至今仍然在科研第一线勤奋工作。

邹永廖　中国科学院国家天文台研究员，博士生导师，台长助理，中国科学院月球与深空探测重点实验室副主任，国家"863计划"空间探测专家，中国空间科学学会副理事长，曾担任探月工程地面应用系统副总指挥等职务。主要从事行星科学、中国月球与深空探测工程任务研制和管理等工作，发表学术论文近百篇，合作专著和科普图书共12部。曾获国家科技进步奖特等奖、国防科技进步奖特等奖、"探月工程突出贡献者"、全国五一劳动奖章、政府特殊津贴专家（自然科学类）等多个奖项。

编写者（以汉语拼音为序）

柴立晖	杜爱民	付晓辉	葛亚松	郭弟均
韩秀红	胡　森	黄　晟	籍进柱	李世杰
李雄耀	李　阳	林杨挺	刘建忠	刘敬稳
罗　浩	罗　林	欧阳自远	区家明	戎昭金
单立灿	尚颖丽	唐　红	万卫星	王俊涛
王　琴	王庆龙	王世杰	魏广飞	魏　勇
徐　琳	许英奎	杨　蔚	于　雯	曾小家
张　锋	张敬宜	张　珂	张　婷	张　莹
赵宇鴳	郑永春	钟　俊	邹永廖	

目 录

第 1 章

导言

当今世界高新科技领域中极具创新性、挑战性、前瞻性和显示度的深空探测,是了解太阳系及其各层次天体形成与演化、溯源生命起源等一系列重大基础性科学问题的最有效手段,是人类进行空间资源开发利用和保护地球的重要途径,也是推动人类社会科学、技术、经济等发展的重要内涵。目前,深空探测已成为世界各航天大国科技探索与创新的战略制高点,而火星则因其可能是地外生命探索的主要目标天体及其可宜居等独特性质,也成为各国在深空探测领域中竞相角逐的热点和生长点。

人类自诞生以来,就因太空的浩瀚、神秘而敬之惧之,火星则因其快速的运动、橙红的色彩和多变的亮度等特性尤为引人瞩目。它不但常常被统治者或神权者所利用、被百姓所寓喻,如被古埃及人称为"地平线上的何露斯"、被古罗马人称为"马尔斯"等,也为古代的天文观测者密切关注,他们在当时简陋的条件下开展了多次火星观测,彰显了不凡的智慧,如中国古称火星为"荧惑",蕴含了对火星色彩、运动等特性和规律的概括。

可以说,人类对火星在认识上的首次飞跃源于17世纪望远镜的诞生及应用,但真正意义上对火星有更精准、更深层次的认识,则来自20世纪60年代以来人造探测器近距离造访火星的探测活动:从1960年苏联发射了首颗火星探测器至今,人类已发射了近50颗火星探测器,实现了对火星的飞越探测、环绕探测、着陆与巡视探测,大大拓宽、加深了人类对火星的了解。

随着航天技术的发展和探测手段的多样化、探测精度的不断提高,以及人类对火星认识程度的逐步加深,各航天大国对开展火星探测的热情和频率也逐步抬升和增加。特别是进入新千年以来,探测火星、探寻火星生命信息、探索火星宜居性已逐渐成为国际深空探测的主流,在一定程度上,各航天大国对火星的探测热情已经超越了月球。

实际上,中国开展火星探测的可行性论证几乎同步于开展月球探测工程的论证工作:20世纪90年代开始,在国家"863项目"支持下,中国科学家已就火星探测的意义、科学目标等开展了自发性的研究工作,随后又与航天技术专家一起开展了火星探测必要性和技术可行性的论证工作;2007年底,成功发射"嫦娥一号"卫星后,受原国防科工委(现国防科工局)的委托,由孙家栋院士、欧阳自远院士负责组织开展了我国开展火星探测方案的论证工作;从2010年底开始,国防科工局领导和组织开展了更为全面、更为细致的论证工作;2014年9月,国防科工局对外宣布,正式启动我国首次火星探测工程的预先研究和关键技术攻关工作;2016年1月,国家批准了我国首次火星探测工程的综合立项报告,标志着我国首次火星探测工程正式实施。

虽然人类对火星进行了几千年的观测和近60年的轨道遥感和表面原位探测,对火星科学的认识取得了长足进步,但这对于真正认识火星、利用火星、开发火星来说还远远不够,就火星本身的科学内涵而言,仍存在诸多科学谜团,需要我们进一步去探索、去研究、去考证。

比如,不同于地球磁场,火星虽有很强的岩石圈剩余磁场和多极子磁场特征,却没有全球性的偶极子磁场,但根据现有的行星演化理论,火星早期也应该具有全球性的偶极子磁场,那么,包括火星发电机的开始与消失时间、条带状岩石剩磁分布特征及其成因机制等诸多事关火星磁场形成的物理机制及其演化过程,进而延伸至火星演化理论体系等重大科学疑团仍有待于进一步探究与诠释。火星电离层是太阳风与火星之间发生相互作用和火星水逃逸的重要场所,其与火星磁场、火星大气层等均是火星空间物理研究领域的关键要素。同样,目前在火星电离层中到底发生着怎样的化学作用仍是火星科学界的一大谜团,抑或说是一个颇具争议的研究热点。毋庸置疑,火星大气的结构、组成、物理化学过程、运动特性及其与太阳风的相互作用是火星尘暴、气候的发生和变化的重要控制因素,其中隐匿的许许多多科学细节及相关机制也一直令学术界感到困惑。

又如,火星的形貌与构造体系,既发育着以外力为主成因的布满表面的撞击坑和风成地貌、古水流体系等,也有以内营力为主成因而孕育出的诸如火山口形貌、山脉构造体系等,既是火星内部演化在火星表面上的综合显现,又表征着火星固体表面与其外部环境的相互作用。这些复杂型与综合型的火星形貌与构造体系又蕴含着怎样的火星综合演化历史呢? 火星的"今日"与"昨日"又有多大的雷同和差异呢? 这些科学问题既是基础性的又是综合性的,同样需要我们进一步挖掘和阐释。

再如,火星早期的主要热流机制是什么? 火星过去、现在的火山活动是怎样演变的? 火星壳为什么会出现二分性? 这诸多的问题,涉及更深层次的有关火星的成分、资源、内部结构、形成与演化、乃至火星与其他类地行星的差异性等重大核心要素,这些绝不是靠次数有限的火星探测就能解决的。特别是,火星的过去、现在是否有生命发育? 解开这一疑团也不仅仅是靠对火星过去曾有大量的水体等几个要素的分析就能解释清楚的。更具挑战性的问题是,能否通过改造火星使之成为人类的新家园呢? 这一涉及哲学领域的"科技难题",难道不需要我们不断从科学上去考证、从技术上去验证吗?

本书正是基于这些科学疑团以及我国刚刚启动首次火星探测工程的契机而组织编写的。全书由欧阳自远、邹永廖主编,共分16章,各章的执笔者如下:第1章邹永廖;第2章付晓辉、邹永廖;第3章邹永廖、王琴、郑永春、徐琳、张锋、付晓辉;第4章杜爱民、葛亚松、张莹、区家明、单立灿、黄晟、罗浩;第5章万卫星、魏勇、戎昭金、柴立晖、钟俊、韩秀红;第6章李世杰、尚颖丽、王世杰、李雄耀;第7章唐红、李雄耀、赵宇鴳、王世杰;第8章杨蔚、林杨挺、胡森;第9章胡森、林杨挺、张婷;第10章王世杰、李雄耀、曾小家、唐红、李阳;第11章徐琳、胡森;第12章刘建忠、籍进柱、罗林、刘敬稳、王庆龙、欧阳自远;第13章刘建忠、郭弟均、王俊涛、张敬宜、张珂;第14章王琴、欧阳自远;第15章林杨挺、欧阳自远;第16章邹永廖、王琴。火星地名表由唐红、李雄耀、赵宇鴳、于雯、许英奎、魏广飞负责汇编;探测年表由徐琳、魏广飞负责汇编;全书由欧阳自远负责统稿。

　　需要说明的是，虽然作者在编写期间，已尽力将国际上有关火星探测与研究中最新的发现、成果、理论观点融入到本书的相关章节，但也难免存在一些纰漏，还请广大读者指正。编写过程中，得到了上海科技教育出版社王世平总编和卞毓麟教授、伍慧玲博士，以及国内相关领域的专家学者的大力支持、帮助和指导，在此表示衷心感谢！

　　寄情于千里之外，沉醉在方寸之中。期望本书的出版，能拓宽一条探索者醉心于科学之路，能点亮一盏青少年热爱科学之灯，能助推中国火星探测工程扬帆之力！

本章作者

邹永廖　中国科学院国家天文台研究员，博士生导师，中国科学院月球与深空探测重点实验室副主任，国家"863 计划"空间探测专家，中国空间科学学会副理事长，曾担任探月工程地面应用系统副总指挥等职务，主要从事行星科学、中国月球与深空探测工程任务研制和管理等工作。

2章

火星概况

2.1 认识火星

火星（英语和拉丁语为Mars，音译为"马尔斯"），是离太阳第四近的行星，为太阳系四颗类地行星之一。在希腊和罗马神话中，火星都被称为"战神"；由于它荧荧如火，位置与亮度时常变动，让人无法捉摸，中国古代称之为"荧惑"。火星在视觉上呈现为橙红色，这是其表面所广泛分布的氧化铁造成的。在太阳系的八大行星中，无论是质量还是体积，火星都比水星略大，为第二小的行星。火星的直径约为地球的一半，自转轴倾角、自转周期与地球相当，绕太阳公转一周所花费的时间接近地球公转周期的两倍。

火星表面沙丘、砾石遍布，没有稳定的液态水体，以二氧化碳为主的大气既稀薄又寒冷，沙尘悬浮其中，每年常有尘暴发生。与地球相比，当今火星的地质活动不活跃，大部分地貌，包括密布的撞击坑、古老的火山与峡谷，以及太阳系最高的奥林匹斯山（Olympus Mons）和最大的水手大峡谷（Marineris Valles），皆形成于地质活动较活跃的远古时期。火星的另一个独特的地形特征是南北半球差别明显，南半球是比较古老、遍布撞击坑的高地，北半球则是较年轻的平原。火星南、北两极区皆有主要由水、水冰和二氧化碳冰（俗称干冰）组成的极冠，而且覆盖的干冰会随季节而消长。表面橙红色的火星，自古以来就吸引着人们的关注。在古代占星术盛行时期，人们对火星的观测和对其他天体的观测一样，主要是为了占星——预测吉凶祸福，后来才渐渐涉及科学方面，如开普勒（Johannes Kepler）发现行星运动定律时就依据了第谷（Tycho Brahe）积累的大量而精密的火星方位观测资料。望远镜出现后，人们开始对火星进行更进一步的观测。最初，伽利略（Galileo Galilei）使用望远镜所观测到的火星只是一个橙红色的小点，而后随着望远镜的发展，观测者开始辨别出火星的一些明暗特征。惠更斯（Christiaan Huygens）测出火星自转周期约为24.6小时，他还是首次记录火星南极极冠的人。一开始，由于观测者各

图2.1 火星。（图片来源：NASA）

自工作,大家意见不一致,火星地名也未统一(例如不同的绘制者各搞一套)。后来意大利的斯基亚帕雷利(Giovanni Virginio Schiaparelli)统合了各家说法而绘制了火星地图,火星地名部分取自地中海、中东等地区的地名和《圣经》,还有一部分则依照旧有的习惯命名:暗区被认为是湖(lacus)、海(mare)等水体,如太阳湖(Solis Lacus)、塞壬海(Mare Sirenum)、明显的暗大三角大瑟提斯(Syrtis Major,意为大沼泽);亮区则是陆地,如亚马孙(Amazonis)。这个命名系统一直延续下来。

当时,斯基亚帕雷利和同期的观测者一样,观察到火星表面似乎有一些从暗区延伸出的细线。由于传统上认为暗区是水体,因此这些细线被称为"水道"(cannali)。洛厄尔(Percival Lawrence Lowell)更是宣称那些"水道"其实是人工挖掘的"运河",用来灌溉农田和植物。后来又观察到暗区会在冬季时缩小、夏季时扩张,于是提出暗区是植物覆盖区,其扩大或缩小则是植被消长所引起的,从而改变了以往认为暗区是水的说法。风靡大众的火星科幻作品和火星人构想即源于这些早期观测。不过这些细线大多已被证明是不存在的,有一部分则是峡谷或撞击坑溅射出的深色沙子。实际上,火星表面颜色的改变是因为沙被风吹移或发生了火星尘暴。

自从1877年斯基亚帕雷利首次观察到火星上的"运河"以来,人类就开始了对火星上是否存在生命的猜测。对火星的空间探测始于20世纪60年代初。从1960年10月10日苏联发射计划飞掠火星的"马尔斯尼克1号"(Marsnik 1)探测器,至2016年3月14日欧洲空间局(ESA)和俄罗斯联邦航天局(PKA)合作发射"痕量气体轨道器"(Trace Gas Orbiter, TGO)和"斯基亚帕雷利号"(Schiaparelli)着陆器,人类共开展了45次火星探测活动。

2.2 火星的基本参数

通过长期的观测与45次探测活动,人类对火星基本有了一个比较清楚的整体认识,基本确定了火星的近日距、远日距、公转与自转周期、半径、体积与质量、平均密度、逃逸速度等主要物理参数(表2.1)。

火星直径约是地球的一半,体积约为地球的15%,质量约为地球的11%,表面积相当于地球陆地面积,密度则比其他三颗类地行星小很多。就半径、质量、表面重力而言,火星约介于地球和月球之间:火星半径约为月球的2倍、地球的1/2,质量约为月球的9倍、地球的1/9,表面重力约为月球的2.5倍、地球的2/5。

火星自转轴倾角为25°19′,因此火星像地球一样也有四季之分,只是季节长度约为地球的两倍。由于火星轨道偏心率大,为0.093(地球只有0.017),导致各季节长度颇不一致,又因远日点接近北半球夏至,因此北半球春夏比秋冬各长约40天。

火星轨道和地球一样,受太阳系其他天体的影响而不断变动。火星的轨道偏心率有两个变化周期,分别为9.6万年和210万年,轨道偏心率则在0.002至0.12间变化;地球的轨道偏心率变化周期为10万年和41.3万年,轨道偏心率在0.005至0.058间变化。目前火星与地球的最短距离正在慢慢变小。至于火星的自转轴倾角目前是25°19′,但可在13°和40°之间变化,变化周期为1000多万年。地球的自转轴倾角稳定于22°6′和24°30′之间,这是因为地球有月球这颗巨大的卫星来维持自转轴,而火星则没有。同时由于没有大卫星的潮汐作用,火星自转周期变化小,不像地球的自转周期会被慢慢拉长,因此现今火星与地球的自转周期相近只是暂时现象。

火星轨道的偏心率较大,因此,在近日点和远日点处火星表面的温差可达近160℃,这对火星的气候产生了巨大影响。火星表面的平均温度大约为218K(-55℃),但温度跨度大,夏季白天平均温度约300K(27℃),冬季白天平均温度低至约140K(-133℃)。

表2.1 火星与地球的行星基本参数比较

基本参数	火星	地球
近日距	2.0452×10^8km	1.471×10^8km
远日距	2.4628×10^8km	1.521×10^8km
轨道半长径	1.524AU*	~1AU
公转周期	687地球日(668火星日)	365.26地球日
自转周期	1.026天(24h37min)	0.9973天(23h56min)
自转轴倾角	25°19′(当前)	23°27′
平均轨道速度	24.13km/s	29.783km/s
轨道偏心率	0.093(当前)	0.017
轨道倾角	1.8°	0°
赤道半径	3398km	6378km
扁率	0.0052	0.003 35
质量	0.646×10^{24}kg	5.98×10^{24}kg
与地球的质量比	0.108	1
与地球的体积比	0.15	1
平均密度	3.94g/cm³	5.5g/cm³
球面拟合度	0.009	0.003
重力加速度	3.71m/s²	9.75m/s²
逃逸速度	5.0km/s	11.2km/s
太阳常数	586.2W/m²	1361.0W/m²
太阳视直径	21′	31′59″
反照率	0.15—0.25	0.30—0.35
平均温度	218K(-55℃)	286K(13℃)
磁场强度	3×10^{-8}T	3.05×10^{-5}T
卫星数	2	1

* 1AU(天文单位)=149 597 870 700 米,日地平均距离即地球轨道半长径接近于此值。

2.3 火星地质概况

火星地形的基本特征为所谓的全球二分性,即南、北半球分界明显。南半球为高原地带,平均海拔较高,年龄较古老,以火山高原地貌和撞击高原地貌为主,断裂构造和火山锥发育,熔岩喷发强烈,也是撞击坑分布密度和规模最大的地区,同时可见水流、冲蚀、堆积、冰川和风蚀等作用形成的各种地貌类型。北部为平原地带,平均海拔较低,地势广阔平缓,年龄较年轻,撞击坑较少(但存在很多被掩埋的大型撞击坑),以火山物质为主,火山熔岩分布广泛,形成大量小型熔岩饼、熔岩丘、熔岩被、火山颈和火山锥等火山地貌。火星上的最高峰是奥林匹斯山,同时也是太阳系已知的最大的火山和最高的山峰;火星上的水手大峡谷是太阳系内最壮观的地貌特征之一。北半球的北极盆地(Borealis basin)占据了火星表面40%的面积,显示出一定的撞击成因特征。

与地球一样,火星具有壳、幔、核的分异。目前根据模型计算推测,火星内部存在半径为1794km的核,主要由铁和镍的硫化物组成。火星核之外是硅酸盐质的火星幔,这是火星上火山活动和大地构造的动力来源。火星上没有类似地球的板块构造,因此,相比于地球的地幔,火星的幔层并不活跃。除了硅和氧之外,火星壳层含量最高的元素包括铁、镁、铝、钙、钾。火星壳的平均厚度为50km,最大厚度为125km。

火星表面主要由拉斑玄武岩组成,部分相对富硅的岩石成分接近地球的安山岩。表面高反照率的地区斜长石含量较高,北部低反照率的地区显示出较高含量的层状硅酸盐和富硅玻璃。南部高地的部分地区分布有高钙长石,局部发现赤铁矿和橄榄石。火星表面覆盖含赤铁矿细粒的土壤。尽管没有证据表明火星目前存在全球性的偶极子磁场,但观测证实部分火星壳被磁化,暗示火星过去曾经存在全球性内禀偶极子磁场。

在太阳系形成早期,原始行星盘内物质吸积形成原始火星。受其形成位置的控制,火星表现出独特的化学组成。易挥发元素,如氯、磷、硫等,在火星上的含量较地球要高。行星在形成之后都会经历晚期重撞击事件,火星表面大约60%的表面在这段时期曾遭受撞击。有证据表明,在火星北半球曾形成巨大的撞击坑,直径约8500km,是月球上南极爱特肯盆地(South Pole-Aitken Basin)的4倍。该撞击事件是由一颗冥王星大小的天体撞击导致,正是这一事件造成了火星表面地貌的二分特征。

火星地质历史分为以下几个阶段:

诺亚纪(Noachian period):火星上最古老的地层,地质年龄为46亿—37亿年前。这一阶段的火星表面被后期的撞击事件强烈改造。萨希斯山脉(Tharsis Montes)周缘高地被认为形成于这一时期,并在后期发生过大洪水。

西方纪(Hesperian period):地质年龄为37亿—31亿年前,又分为早西方世和晚西方世,在该时期火星上形成了大片火山熔岩平原。

亚马孙纪(Amazonian period):地质年龄为31亿年前至现在,又分为早亚马孙世、中亚马孙世和晚亚马孙世,此时期火星的环境与现在类似,气候干冷,地质作用和撞击事件较少。

2.4 人类的火星探测

人类对火星的探索始于天文观测。当太阳、地球、火星三者连成一条直线,且火星和地球位于太阳的同一侧,此时的天象被称为"火星冲日"。如果火星冲日发生在火星近日点附近时,则称为"火星大冲"。根据火星和地球各自绕太阳公转的轨道,可推算出火星大冲每隔15—17年发生一次。在航天时代之前,火星大冲是观测火星的最佳时期。人类通过天文望远镜,发现了火星表面的"运河"、火星的卫星,观察到了火星的各种表面形态和大气变化。直到1965年,当人类第一次依靠"水手4号"(Mariner 4)探测器获得了火星的表面图像,才真正开始近距离接触火星,对火星表面形貌有了详细了解。

自开展行星的空间探测以来,火星一直是人类最关注的天体之一。苏联是火星探测的先行者,但由于20世纪六七十年代探测技术还不成熟,苏联发射的火星探测器成功率不高,从而导致苏联逐渐退出火星探测的竞争领域,使得美国成为了火星探测的主角。火星探测的方式包括飞越探测、环绕探测、着陆器就位探测和火星车巡视探测四种类型。

美国20世纪60年代的火星探测以飞越探测为主,共开展了4次飞越探测。1970—1992年的火星探测主要以轨道器的环绕探测为主,集中开展对火星全球的地形地貌、表

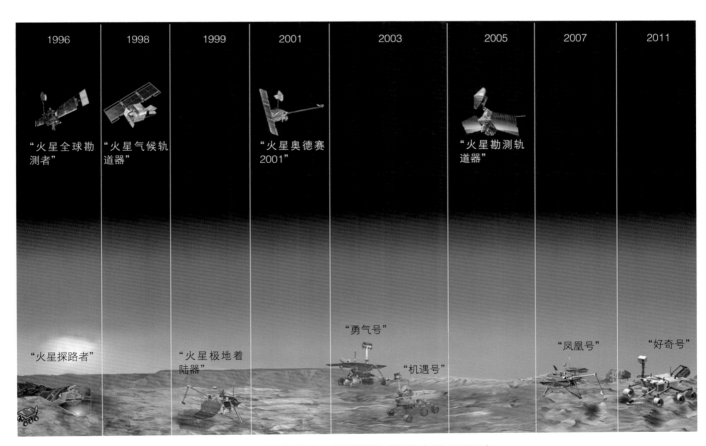

图2.2 1996—2011年每个火星窗口期发射的火星探测器。(图片来源:NASA)

面物质成分、气候特征的探测。其间"海盗1号"(Viking 1)和"海盗2号"(Viking 2)还实施了着陆器的就位探测。1996—2011年,美国共开展了11次火星探测任务,其中环绕探测任务4次,就位和巡视探测任务7次(包括3个着陆器和4辆火星车)。可以看出,每隔一个发射窗口(26个地球月),都开展了至少一次火星探测活动。

1996年以来,美国新一轮的火星探测任务已经从注重全球遥感转变为开展就位探测和巡视探测,这种转变也反映出美国火星探测的科学目标从原来对火星的地形、地质、气候等全球特征的了解,转移到对火星的水和生命等重大科学问题的探索。就位探测和巡视探测已经成为目前火星探测的主要方式,更是未来火星探测的重要方向。

截至2016年6月,仍然有"火星奥德赛2001"(Mars Odyssey 2001,亦称Mars Surveyor 2001 Orbiter)、"火星快车"(Mars Express)、"火星勘测轨道器"(Mars Reconnaissance Orbiter, MRO)、"火星大气与挥发物演化"、"曼加里安号"(Mangalyaan)在轨运行,"机遇号"(Opportunity)和"好奇号"(Curiosity)在巡视探测。这些探测任务的重要使命是寻找水、寻找有机物、寻找火星上的生命宜居环境,研究火星上过去和现在生命存在的可能性及相关证据。

2.5 火星上是否存在生命

火星上是否存在生命一直是人类关注的重要科学问题。"海盗号"是最早成功软着陆火星并对火星样品开展生命检测的探测器,其主要任务是,用基于对地球生命新陈代谢活动的认识而设计的气体交换(Gas Exchange, GEX)、碳14同位素示踪(Labeled Release, LR)和热分解释放(Pyrolytic Release, PR)等三项生物学实验,来检测火星上是否存在生命活动。"海盗号"着陆器的生物学实验是人类首次也是唯一一次在地外天体上开展的生命探测实验,三项实验均未获得火星存在生命的确凿证据。此后的40年来,在火星上找水是美国航空航天局(NASA)火星生命探测的基本科学战略。从"火星全球勘测者"(Mars Global Surveyor)(1996—2006年),到"火星奥德赛2001"(2001年至今)、"机遇号"和"勇气号"(Spirit)(2003年至今),再到"火星勘测轨道器"(2005年至今)和"凤凰号"(Phoenix)(2007—2008年),这些火星探测任务无一不是以在火星上"找水"为科学目标的,而且也都获得了火星上存在水的证据。例如:"火星全球勘测者"拍摄到大量火星表面周期性水流冲刷和侵蚀的地貌特征;"机遇号"和"勇气号"火星车探测到火星土壤中硅质的沉积物和含水盐类;"火星勘测轨道器"探测到火星高原地区的大面积分布的含水层状硅酸盐;"凤凰号"拍摄到火星上在"下雪",探测到火星土壤中存在氯酸盐,并首次获得火星上液态水存在的直接证据。

2012年8月6日成功着陆的"好奇号"搭载了专门用于火星样品中有机物分析的样品分析仪(Sample Analysis at Mars, SAM),而计划在2020年发射的"火星2020"(Mars 2020)火星车将搭载宜居环境有机物与化合物拉曼及荧光扫描仪(Scanning Habitable Environments with Raman & Luminescence for Organics and Chemicals, SHERLOC),这将为解答火星生命问题提供更可信的证据。

2.6　火星的卫星

火星有两颗天然卫星,分别为火卫一(Phobos)和火卫二(Deimos)。这两颗卫星都是在1877年由美国天文学家霍尔(Asaph Hall)发现的。火卫一形状不规则,大小为27km×22km×18km,平均半径为11km,其质量是火卫二的7倍。由于其质量太小,表面重力可忽略不计,也因此没有大气。火卫一的运行轨道距离火星表面6000km,比任何一个行星与其卫星之间的距离都小。由于距离太近,它公转的速度比火星自转的速度还快,公转周期为7h39min。从火星表面可以看到,火卫一从西面升起,在空中运行4h15min(或者更短)后由东方降落,每个火星日升落各两次。火卫一日下点的温度为-4℃,阴影区的温度为-112℃。通过成像和3D模型等方法分析,火卫一为岩石碎块堆积结构,在潮汐作用下正逐渐被撕裂。火卫一以每百年2m的速度向火星靠近,估计在3000万—5000万年之后将撞上火星或者破碎成行星环。

火卫一表面反射率很低,其光谱特征与D型小行星接近,因此表面物质成分与碳质球粒陨石相似。由于火卫一密度较小,因此推测其内部孔隙度较大,或者含有一定的水冰。火卫一光谱特征显示其表面无水,因此推测水冰集中在其内部。

火卫一表面分布撞击坑和条纹等地貌。最显著的地貌特征是斯蒂克尼撞击坑(Stickney Crater,以卫星发现者霍尔的妻子的名字命名)。除大大小小的撞击坑外,火卫一上还有很多沟槽和条纹。这些条纹一般30m深,100—200m宽,几千米至20km长。这些条纹被认为是与斯蒂克尼撞击坑在同一撞击事件中形成的。"火星快车"的探测结果表明,这些沟槽并非在斯蒂克尼坑的径向,而是集中在火卫一轨道迎风面的顶端,靠近背风面时就逐渐消失了。研究人员怀疑,这是由撞击火星溅射出来的物质在火卫一表面刻蚀出来的,这些沟槽实际就是一串撞击坑。这些沟槽有不同的年代,可以分为12组,代表至少12次火星撞击事件。

火卫二平均半径为6.2km,逃逸速度为5.6m/s。它是火星较小和较外侧的一颗卫星。火卫二与火星的距离是23 460km,以30h18min的公转周期环绕火星,轨道速度为1.35km/s。

像火卫一一样,火卫二的光谱、反照率和密度都与C型或D型小行星相似。它也与多数小天体一样呈现高度的非球形,大小为15km×12.2km×10.4km。火卫二的组成是富含碳的岩石,与C型小行星和碳质球粒陨石成分非常相似。它表面也分布有撞击坑,但是因为风化和表岩屑的部分填充而比火卫一平滑。这些表岩屑有大量的空隙,雷达估计的密度只有1.1g/cm³。两个最大的撞击坑斯威夫特撞击坑(Swift Crater)和伏尔泰撞击坑(Voltaire Crater)直径都是大约3km。

火卫二的公转不同于火卫一,火卫一以极高的速度公转,使它实际上为西升东没;火卫二为东升西没,且正逐渐远离火星。但是火卫二绕火星公转周期大约是30h18min,比火星自转周期24h37min仅长不足6h,这少许的时间差异,使得在火星赤道上的观测者每隔66h(2.7天)才会看到火卫二出没一次。

火星卫星的起源目前仍有争议。火卫一和火卫二与碳质小行星(C型小行星)有很多共同之处,其光谱、反照率以及密度与C型或者D型小行星很相似,因此有一种假设认

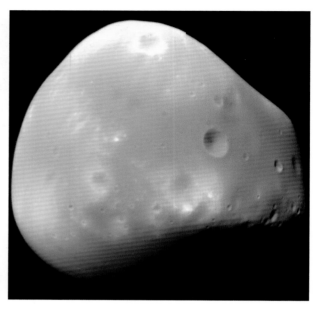

图2.3 火卫一。(图片来源:NASA) 图2.4 火卫二。(图片来源:NASA)

为两个卫星都是被捕获的主带小行星。两个卫星的轨道近乎正圆,几乎就在火星的赤道面内,因此,需要一种机制,把初始偏心率高且倾斜的轨道调整为火星赤道面内的圆轨道。这种机制很可能就是大气阻力加上引潮力。但对于火卫二,还不清楚是否有足够的时间来完成这种轨道调整。捕获还需要能量的耗散,对于目前火星的稀薄大气,不太可能通过大气阻尼来捕获火卫一大小的天体。

表2.2 火星卫星的基本参数

基本参数	火卫一	火卫二
轨道半长径(km)	9378	23 460
公转周期(地球日)	0.318 91	1.262 44
自转周期(地球日)	0.318 91	1.262 44
轨道倾角(度)	1.08	1.79
轨道偏心率	0.0151	0.0005
平均半径(km)	11.4	6
极半径(km)	9.1	5.1
质量(10^{15}kg)	10.6	2.4
平均密度(kg/m³)	1900	1750
反照率	0.07	0.08
目视星等(V_0)	11.3	12.4

另外一个假设是,火星周围曾经有很多火卫一、火卫二大小的天体,可能是火星与大的星子撞击溅射出来的。火卫一内部多孔(根据其密度 1.88g/cm³ 估算,空洞占火卫一体积的 25%—35%),这与其来自小行星的假设不相符。对火卫一的热红外观测表明,其成分主要是层状硅酸盐,众所周知,这是火星表面具有的物质。火卫一的光谱不同于各种球粒陨石,再次说明它并非源自小行星。两方面的发现都说明,火星被撞击后,溅射出来的物质在火星轨道上重新吸积,形成了火卫一。这与月球的撞击成因理论类似。

参考文献

Barlow N. 2014. *Mars: An Introduction to Its Interior, Surface and Atmosphere*. New York: Cambridge University Press

Batson R M, Edwards K, Duxbury T C. 1992. Geodesy and cartography of the Martian satellites. *In*: Kieffer H H, Jakosky B M, Snyder C W, et al (eds). *Mars*. Tucson: University of Arizona Press, 1249−1256

Carr M H. 1981. *The Surface of Mars*. New Haven: Yale University Press

Hartmann W K. 1990. Additional evidence about an early intense flux of C asteroids and the origin of Phobos. *Icarus*, 87, 236−240

Murchie S, Erard S. 1996. Spectral properties and heterogeneity of Phobos from measurements by Phobos 2. *Icarus*, 123: 63−86

Simonelli D P, Wisz M, Switala A, et al. 1998. Photometric properties of Phobos surface materials from Viking images. *Icarus*, 131: 52−77

Smith D E, Zuber M T, Solomon S C, et al. 1999. The global topography of Mars and implications for surface evolution. *Science*, 284: 1495−1503

Thomas P, Veverka J, Bell J, et al. 1992. Satellites of Mars: Geologic history. *In*: Kieffer H H, Jakosky B M, Snyder C W, et al (eds). *Mars*. Tucson: University of Arizona Press, 1249−1256

Thomas P, Veverka J, Sullivan R, et al. 2000. Phobos: Regolith and ejecta blocks investigated with Mars Orbiter Camera images. *Journal of Geophysical Research*, 105: 15091−15106

本章作者

付晓辉　天体物理学博士,目前就职于中国科学院国家天文台月球与深空探测研究部,主要从事火星和陨石等地外物质中非晶质硅酸盐、月球等无大气天体表面太空风化作用研究。

邹永廖　中国科学院国家天文台研究员,博士生导师,中国科学院月球与深空探测重点实验室副主任,国家“863 计划”空间探测专家,中国空间科学学会副理事长,曾担任探月工程地面应用系统副总指挥等职务,主要从事行星科学、中国月球与深空探测工程任务研制和管理等工作。

第 3 章

火星探测历程

探索是人类文明发展和社会进步的推动力。在人类的探索历程中,太空探索最能直接扩展人类认识的疆域,极富挑战性。人类太空探索的范围已覆盖太阳、行星及其卫星、小行星、彗星等各种类型的天体。火星是太阳系中与地球最为相似的行星,是一颗承载人类最多梦想的星球。探测和研究火星的出发点是为了提高人类对太阳系的科学认知,拓展和延伸人类的活动空间,从而推动人类文明可持续发展。通过探测火星,可获得丰富的第一手科学数据,对研究太阳系起源及演化、生命起源及演化等重大科学问题具有非常重要的意义。

对火星的观测与探测可大致划分为肉眼观测、天文望远镜观测、探测器飞越探测、火星轨道器探测、火星着陆器就位探测、火星卫星和火星车巡视探测。

3.1 肉眼观测火星

3.1.1 古代中国记载中的火星

火星由于离地球近,在全天星空当中运行时,目视感觉它的运动速度快、光度变化大,顺行和逆行的交替也格外复杂;又因为它颜色如火,飘忽不定,因此中国古人将其命名为"荧惑"。火星古代命名,反映了中国古代先民对它的认识。

正因为火星具有色彩亮丽、运动快速和光度变化等特征,古代中国记录了许许多多有关火星的表征意象。

关于水、金、火、木、土五颗行星的知识,在战国时期就大量出现。《汉书·天文志》记有:"古历五星之推,无逆行者,至甘氏、石氏经,记载荧惑、太白有逆行。"(这里的"太白"指金星。)行星在星空的背景中自西向东运行,叫作"顺行";反之,叫作"逆行"。顺行时间多,逆行时间少。据《开元占经》引"甘氏曰:去而复还为勾,再勾为巳",古人把行星逆行弧线描述成一种简明的象形——"巳"字形,并定火星的"恒星周期"为1.9年(实际上火星绕太阳公转周期为687个地球日,应为1.881年)。

中国古代的天文观测中,行星的"合"与被"掩"的"食"、"入"都是被密切注意的天象,因为有时可能联系到政治运作。木星、土星和火星每516.33年会合一次,这就是孟子所言"五百年必有王者兴"。汉代天文学家将行星公转的"会合周期"和"恒星周期"认为是世界循环的周期。所有行星同时会合就是所谓"聚",而这些行星将会在世界末日再"聚"一次。汉代学者刘洪、刘歆结合各行星的周期推算,得到一个"世界周期"为23 639 040年的结论,这个世界周期的起始之年被称为"太极开元"。这种概念以各种方式出现于以后的中国天文学史中。虽然在朝政上火星有其定位,但是,中国古代天文现象的观测和解读在民间都是被禁止的,因此火星在古代中国民间百姓心中的地位就不得而知了。

苏州石刻天文图是我国现存较早且较系统的、也是世上现存较早的大型石刻古星图。星图下方有2000多字的说明,概括地叙述了当时所知的一些天文知识(图3.1)。它保存了我国在11世纪进行恒星观测的部分数据,提供了中国古代星宿位置的重要信息,具有重要的科学研究价值。其中关于行星的描述如下:

"纬星"*五行之精,木曰"岁星",火曰"荧惑",土曰"填星",金曰"太白",水曰"辰星",并日月而言,谓之"七政"。皆丽于天,天行速,七政行迟**,迟为速所带,故与天俱,东出西入也。五星辅佐日月斡旋五气,如六官分职而治,号令天下利害安危。由斯而出至治之世,人事有常,则各守其常度而行。其或君侵臣职、臣专君权、政令错缪、风教陵迟、乖气所感,则变化多端非复常理。如史志所载:荧惑入于鲍瓜,一夕不见鲍瓜在黄道北三十余度;或勾巳而行***。

3.1.2 国外早期对火星的观测

国外最早的火星观察记录大约在公元前1570—公元前1293年,首先由埃及人把火星描述成"地平线上的何露斯(古代埃及的太阳神)",并描述了该星体向后运动的特征。公元前4世纪亚里士多德(Aristotle)碰巧观察到了火星隐藏在月亮后面,他据此认为火星比月亮更高远。大约在公元2世纪时,古希腊天文学家、地理学家、数学家托勒玫(Claudius Ptolemy)完成了《天文学大成》,创立了托勒玫地心宇宙体系,并利用本轮—均轮体系详细讨论了水星、金星、火星、木星和土星的运动。

在希腊和罗马神话中,火星均被描述为战神,是宙斯和赫拉的儿子。希腊人称之为"阿瑞斯"(Ares),罗马人称其为"马尔斯"(Mars)。

在早期对火星的观察中,都认为火星是炽热的红色,沿着一个奇怪的轨道飞行。巴比伦人首先发明了先进的观察天象(如月食和日食)的方法。他们的仔细观察为其历法和宗教找到了基础,但他们没有解释这些现象。埃及人则首先注意到火星是"固定"的,太阳相对于它旋转。他们还观察到了其他4个亮的星体(水星、金星、木星和土星)似乎以类似的方式运转。丹麦天文学家第谷则在望远镜发明之前对火星的位置进行了精确的观测。

---

* 公元前4世纪以来,一直沿用名词"行星"的集体名称"五纬"或"五步"。

** 因为行星有由西向东的顺行视运动,所以感觉上没有恒星视运动快速。

*** 因为行星也有"留"和由东向西的短期的逆行视运动现象,所以感觉其运动轨道如勾状。

3.2 天文望远镜观测火星

17世纪,人们第一次能够用望远镜观察火星。1609年开普勒在《新天文学》上发表了关于行星运动的两个定律,其第一定律假设火星有一个椭圆轨道,这在当时是一个具有革命性的理论,因为在此之前所有的理论都认为圆是最完美的,因此,所有的轨道也应该是圆形的。

1609年伽利略用一个原始的望远镜观察火星,这是人类第一次将望远镜用于天文观测。1666年卡西尼(Giovanni Cassini)观察火星并确定了其自转周期(或称为火星日)长24时40分。1672年惠更斯第一次发现在火星的南极有一个白点,可能就是其极冠。他讨论了行星上生命存在的条件,并第一次提出了可能存在地外生命。可惜在16、17世纪进行科学研究不是件容易的事情,教会是一个强大的组织,并有他们自己关于宇宙的信仰。伽利略是哥白尼日心说的坚信者,他曾经被罗马教廷提醒不要宣扬哥白尼的学说。但是伽利略还是发表了《星际使者》和《关于托勒玫和哥白尼两大世界体系的对话》,提出了与罗马教廷不同的宇宙观,并因此遭到宗教裁判所的审讯,被指控为异端罪并判终身监禁,他最终被迫放弃自己的观点。

18世纪以后,人类应用望远镜进一步观察到火星南极的白点是不对称的,并怀疑那是冰盖(现在看来完全正确)。1719年,人们预测下一次火星与地球最近的时间是2003年(也是完全正确的),并担心明亮的天空会给人类带来灾难。1727年斯威夫特(Jonathan Swift)的《格利佛游记》描述了火星的"月亮",也许属于偶然,他发现了两个小的卫星围绕火星旋转。1777—1783年英国天文学家赫歇尔(William Herschel)用他自己发明的望远镜研究了火星,并认为所有的星球都居住有生命,甚至是智慧生命。他错误地认为火星上黑暗的地方是海洋,明亮的地方是陆地。当两个光线微弱的卫星靠近火星时,火星的亮度没有大的变化。他正确地推测到火星有微弱的大气层,还预言也许火星居民也享受着与我们类似的环境。

望远镜发明于17世纪初,并于1609年被伽利略用来研究天象,之后天文观测诞生了不少重要发现,望远镜本身也越来越先进。牛顿(Isaac Newton)于1668年发明了反射式望远镜,并呈送给英国皇家学会。但是那时用来制作镜面的金属无法进行有效的抛光,而1722年哈得来(John Hadley)生产的反光镜就好多了。随着望远镜技术的进步,18世纪的科学家为后来的天文观测铺平了道路。这些望远镜使人们可以看到火星的冰盖以及其他火星地貌。这些18世纪的观测结果在几百年后得到了很好的验证。

19世纪,人们开始了对火星"运河"的狂热研究。1877年斯基亚帕雷利宣布他看到了火星上的"cannali",这个意大利词被错译为英语的"运河",而其原意是"水道"。这个错译导致火星观测走了一段弯路。1894年美国天文学家建立了洛厄尔火星观测台,1905年拍到了火星38条"运河"的照片,并因此得到英国皇家摄影协会的奖励。1907年华莱士(Alfred Russel Wallace)提出火星上的撞击坑是陨石撞击形成的。瑞典化学家、诺贝尔奖获得者阿伦尼乌斯(Svante Arrhenius)在1912年提出,火星表面的一些变化可能不是火星上植物随季节的变化。他认为这一变化可以解释为由于极冠冰融化引起的简单化学反应。1920年利用从火星收集到的射线,计算

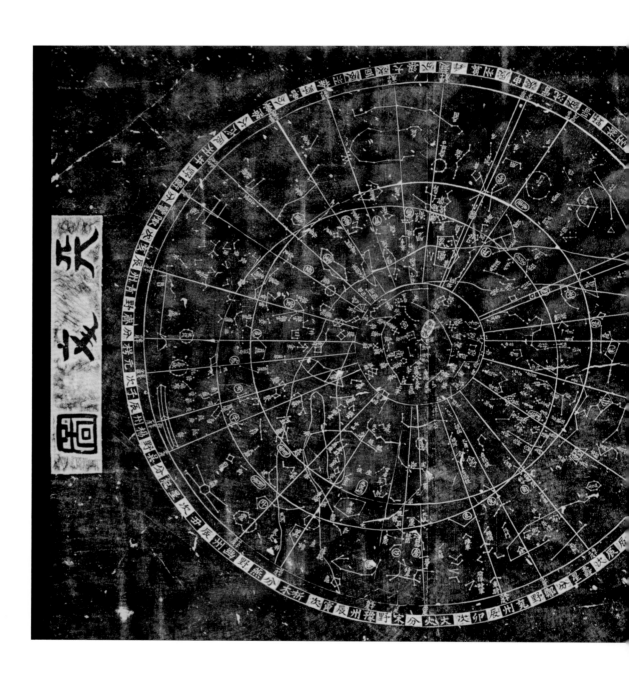

图3.1 苏州石刻天文图。

出火星赤道附近的温度为50℃,日出时两极的温度为-84℃,而极冠处的射线太弱,没有能够计算出其温度。

1950年洛厄尔火星观测台的科学家提出所谓"火星运河"可能是火星表面的裂隙,并指出其表面发育有放射状构造的"绿洲"实际是撞击坑,所谓"运河"就是撞击形成的裂痕。1953年国际火星委员会在洛厄尔火星观测台的基础上成立,负责协调对火星的观测,并于1962年出版了《火星的摄影历史(1905—1961)》。

3.3 探测器飞越探测火星

1960年至1969年期间,共对火星进行了10次飞越探测,其中苏联6次,美国4次。飞越探测使得人类得以近距离观测火星。

3.3.1 "马尔斯尼克"系列

1960年10月10日,苏联提出火星探测计划。同年,苏联5天之内发射了两个无人火星探测器"马尔斯尼克1号"(Marsnik 1)和"马尔斯尼克2号"(Marsnik 2),但都失败了。其中"马尔斯尼克1号"质量为650kg,是苏联首次发射的行星探测器(图3.2)。

图3.2 苏联的"马尔斯尼克1号"。(图片来源:维基百科网站)

"马尔斯尼克1号"的科学任务是探测火星与地球之间的行星际空间,从飞越火星的轨道上拍摄火星表面照片,研究长距离太空飞行对仪器的影响以及远距离通信。"马尔斯尼克1号"发射后,第三级火箭点火失败,仅飞达地面高度120km。其搭载的有效载荷共计10kg,包括磁强计(magnetometer probe)、宇宙线计数器、等离子体捕获器(plasma-ion trap)、辐射计、微陨石探测仪、用于探测CH波段的光谱仪和电视摄像机。

"马尔斯尼克2号"实际上是"马尔斯尼克1号"的备份,在"马尔斯尼克1号"发射失败后的第4天发射。此次失败更严重,火箭引擎爆炸,从空中落下的碎片污染了整个拜科努尔发射场,这是苏联航天史上最严重的一次事故。

3.3.2 "斯普特尼克"系列

1962年10月24日,当火星又一次运行到合适的位置时,苏联第三枚火星探测器"斯普特尼克22号"(Sputnik 22)升空。"斯普特尼克22号"是苏联飞越探测火星的一次尝试,其目标与随后发射的"斯普特尼克23号"任务相似。探测器总质量6500kg,有效载荷共计893.5kg。遗憾的是,当探测器在进入地球轨道时破碎。

3.3.3 "斯普特尼克23号"

1962年11月1日,苏联发射了"斯普特尼克23号"(Sputnik 23)探测器,这是一个向火星发射的自动空间站,计划在距离火星11 000km处飞越火星。计划拍摄火星表面照片,并传回关于宇宙线、微流星体撞击、火星磁场、火星辐射环境、大气构成和可能的有机物的数据。

1963年3月21日,"斯普特尼克23号"在向火星飞行途中,在距地球106 760 000km处通信中止,可能由于火星定位系统故障引起。1963年6月19日,"斯普特尼克23号"在距火星193 000km处出现,随后进入日心轨道。"斯普特尼克23号"的有效载荷包括:磁强计、电视摄像设备、反射光谱仪、辐射传感器(气体放电和闪烁计数器)、用于研究臭氧吸收波段的摄谱仪、微流星体探测仪。

3.3.4 "水手3号"

美国于1964年11月5日发射"水手3号"(Mariner 3)探测器,用于在火星附近进行科学观测、拍摄火星表面照片并传回地球。"水手3号"的有效载荷包括太阳风探测仪、辐射计、用于测量粒子引起的电离和粒子数的电离室(ionization chamber and Geiger-Müeller tube)、宇宙线望远镜、氦磁力计(helium magnetometer)及宇宙尘埃探测仪(cosmic dust detector)等6种科学仪器。"水手3号"原计划经约8个月的太空飞行后与火星交会,遗憾的是,当探测器穿过地球大气层时,一个保护盾未推出,所有探测仪器均未能打开,最终使探测器无法到达预定的火星轨道。

3.3.5 "水手4号"

美国的"水手4号"是人类首次真正意义上成功的火星探测器,于1964年11月28日发射,从距离火星约10 000km处拍摄并传回了21幅照片,首次可清晰观察到火星上存在大量环形山,并获知了火星大气密度只有地球的1%等科学信息。

"水手4号"被设计为对火星近距离探测并将数据传回地球,同时在火星附近进行星际磁场和粒子的测量,提供长时间星际飞行的工程方面的经验和知识。经7.5个月的飞行之后,探测器于1965年7月14—15日飞越火星。本次任务共获得数据5.2Mbit。除电离室/盖革计数器(ionization chamber/Geiger

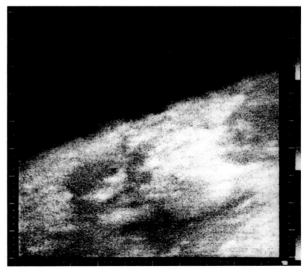

图3.3 1965年"水手4号"所拍摄的火星,是历史上首张火星近距离照片。(图片来源:NASA)

counter)于1965年2月无法正常工作,以及1964年12月6日由于一个电阻损坏造成等离子体探测仪退化外,其他实验都成功了。返回的图像显示了一个与月面相同的有撞击坑的地形(以后的探测表明这些不是火星上的典型地形,"水手4号"的图像只代表了火星上比较古老的区域);探测到火星表面大气压约为410—700Pa;未能测到磁场。

3.3.6 "探测器2号"

"探测器2号"(Zond 2)是苏联于1964年11月30日发射的,携带和"斯普特尼克23号"相同的科学仪器。12月8—18日期间,"探测器2号"成功试验了离子引擎(electronic ion engines),并于1965年8月6日以5.62km/s的相对速度在距火星1500km处飞过。但遗憾的是,其通信系统于1965年4月开始不能正常工作,最终与地球失去了联系。

3.3.7 "探测器3号"

"探测器3号"(Zond 3)可能最初设计为在1964年发射窗口期间,与"探测器2号"同期发射,但错过了发射机会。"探测器3号"于1965年7月18日发射到一个近火星的日心轨道上,虽然不能到达火星,但可作为一次试验。严格意义上讲,"探测器3号"不是火星探测器,它由人造地球卫星的轨道发射平台向星际空间发射,飞经月球后并继续在一个近火星的日心轨道上进行空间探测。"探测器3号"带有一套106mm焦距的电视摄像系统,可进行飞行中的自动胶卷处理,还携带有磁强计、紫外(0.25—0.35μm和0.19—0.27μm)和红外(3—4μm)摄谱仪、辐射传感器(气体放电和闪烁计数器)、射电望远镜和微流星体探测仪等仪器,另外还配有一个试验性的离子引擎。

3.3.8 "水手6号"和"水手7号"

"水手6号"(Mariner 6)和"水手7号"(Mariner 7)是美国航空航天局(NASA)在1969年发射的两个探测器,以飞越模式共同执行火星探测任务。"水手6号"计划对火星进行有关数据获取,但在飞向火星的途中及飞越火星后,没有获得任何数据。它的科学任务是:在飞越火星时研究火星表面和大气,为未来探测打下基础;寻找有关地外生命方面的信息;演示和开发未来探测火星及其他远距离长时间探测任务有关的技术。"水手6号"还有一个目标是为之后发射的"水手7号"提供所需数据。"水手6号"携带有广角和窄角电视摄像机和红外光度计。

"水手6号"于1969年2月24日发射,7月29日,在到达火星最近处之前的50小时,扫描平台开始指向火星,各种科学仪器开机。"水手7号"1969年3月27日发射,8月5日到达距火星最近处。"水手6号"和"水手7号"共获得800Mbits数据。"水手6号"返回了火星的49张远距离照片和26张近距离照片,"水手7号"返回93张远距离照片和33张近距离照片。近距离照片拼接起来覆盖了火星面积的20%。探测器上的科学仪器测量了紫外和红外辐射以及火星大气的无线电波折射率。照片显示,火星表面与月球表面有很大

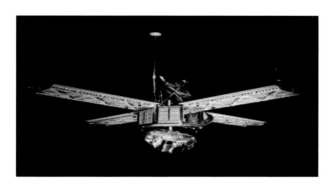

图 3.4 "水手6号"。(图片来源:NASA)

不同(与"水手4号"探测结果不同)。火星的南极冠被确定为主要由碳氧化物组成,表面大气压估计为600—700Pa。无线电科学修正了火星质量、半径和形状的数据。

3.4 轨道器探测火星

1969年至2013年期间,共发射轨道器15次,其中苏联5次,美国8次,日本1次,印度1次。轨道器进入火星轨道,可对火星进行环绕探测,获取火星全貌、表面地形地貌、地质构造及大气、磁场和辐射环境等火星全球科学探测数据。

3.4.1 "火星1969A"和"火星1969B"

苏联1969年发射了两个完全相同的火星探测器"火星1969A"(Mars 1969A)和"火星1969B"(Mars 1969B),发射时间仅相隔5天,但两个探测器加在一起仅飞行了8分钟左右的时间。1969年3月27日,"火星1969A"在发射后7分钟推进器就关闭了,然后探测器爆炸,碎片都洒落在西伯利亚东南部的阿尔泰山上;"火星1969B"发射后飞行不到3km就掉落地面。

"火星1969A"原计划进入火星轨道进行环绕探测,在火星轨道上完成照相及其他试验。这次苏联的火星探测任务从未正式宣布过,但发射后被确认为一个绕火星轨道器。

"火星1969A"的有效载荷包括:3台电视摄像机(拟用于拍摄火星表面)、辐射计、水蒸气探测仪、紫外和红外光谱仪、辐射计、γ射线记录仪、氢/氦质谱仪、太阳等离子体光谱仪(solar plasma spectrometer)和一个低能离子光谱仪。

"火星1969B"在"火星1969A"发射失败后5天(1969年4月2日)发射,"质子号"运载火箭的第一级火箭出现故障,离地后0.02秒爆炸。其他情况与"火星1969A"相同。

3.4.2 "水手8号"

"水手8号"(Mariner 8)是NASA的"水手号系列71火星探测计划"(Mariners Mars 71 Project)任务之一,计划进入环火星轨道,返回照片和数据。

"水手8号"于1971年5月9日发射,火箭引擎在发射365秒后,由于翻倒并缺少燃料而熄火,火箭引擎和有效载荷分离,在距发射中心1500km处进入地球大气层,坠落在大西洋上波多黎各以北560km处。

3.4.3 "水手9号"

"水手9号"(Mariner 9)是NASA的"水手号系列71火星探测计划"两项任务中的第二项,计划进入环火星轨道,返回照片和数据。这是人类第一次行星际探测器真正围绕另一行星作轨道运行。它沿火星外层空间轨道飞行,发回7329张照片。"水手9号"的8台有效载荷与"水手8号"完全相同,由于"水手8号"的失败,原计划由两个探测器分担的探测任务只好全部由"水手9号"来完成。原计划"水手8号"应绘制70%火星表面图,"水手9号"研究当时火星气候及火星表面的变化,结果由每5天研究火星的7个给定地区变为每17天研究一些较小的地区。

"水手9号"于1971年5月30日发射,于1971年11月14日到达火星轨道,共飞行167天。"水手9号"的火星拍摄由于9月22日发生于诺亚(Noachis)地区的尘暴而延误。过了11月和12月之后,尘暴减轻,正常制图工作开始进行。探测器收集了火星大气成分、温度、比重、地形的数据,共返回数据540Tbit,包括7329张照片,覆盖了超过80%的火星表面。当探测器的姿态控制气体耗尽后,它于1972年10月27日停止工作。"水手9号"将会留在环火星轨道上至少50年,直到最后掉入火星大气层。

"水手9号"探测任务对80%以上的火星表面的制图,包括了火星火山、峡谷、极冠以及火卫一和火卫二的第一批详细图像,同时获得了有关火星全球性尘暴、三轴形状、不均匀的重力场以及火星表面风成活动的信息。

3.4.4 "宇宙419号"

"宇宙419号"(Cosmos 419)是苏联的一项绕火星轨道器任务,人们普遍相信其基本目的是为了超过先于其发射的"水手8号"而成为第一个火星轨道器。

"宇宙419号"于1971年5月10日发射,由于第四阶段点火定时器设置错误而未工作,于两天后坠入地球大气层。

3.4.5 "火星4号"

1973年7月至8月,苏联发射了一组4个火星探测器,即"火星4号"(Mars 4)、"火星5号"(Mars 5)、"火星6号"(Mars 6)和"火星7号"(Mars 7)。7月21日发射的"火星4号"是一个轨道器,据推测它与4天后发射的"火星5号"在设计上和目标上都非常相似。

"火星4号"携带一个由两部相机构成的电视摄像系统,一个莱曼α光度计,用于在大气上层寻找氢气;一个磁强计、一个等离子体捕获器、一个窄角度静电等离子体传感器(narrow angle electrostatic plasma sensor)用于研究太阳风;一个红外辐射计(8—40μm)用于测量表面温度;一个射电望远镜偏振计(radio telescope polarimeter)(3.5cm)用于探测火星表面以下介电常数;两个偏振计(0.32—0.70μm)用于描绘表面纹理特征;一个分光计用于探测上部大气的发射状况;还有4个光度计,一个用于测量两个碳氧化物波段以得到大气剖面图,一个在0.35—0.7μm波段进行反照率和颜色方面的研究,一个在水蒸气吸收波段(1.38μm)研究大气中的水,还有一个紫外光度计用于测量臭氧。同时还带有无线电屏蔽试验装置用于生成大气密度剖面,一个双频率无线电试验装置用于研究电离层密度。探测器还带了两种法国试验装置,一种称为Zhemo,用于研究太阳质子和电子流的密度和分布;另一种称为Stereo-2,用于探测太阳的射电辐射。

最终"火星4号"未脱离地球轨道,任务失败。

3.4.6 "火星5号"

"火星5号"轨道器计划获取火星大气和表面成分、构造和性质的信息,同时也是后续发射的"火星6号"和"火星7号"着陆器的通信联系环节。"火星5号"轨道器只工作了几天,传回了火星大气数据和一小部分火星南半球的图像。

"火星5号"于1973年7月25日发射,于1974年2月12日到达火星,切入一个1755km×32 555km、运行周期24h53min的椭圆轨道,倾角35.3°。"火星5号"绕火星飞行了22圈,然后因发射器增压故障停止工作。"火星5号"的载荷与"火星4号"完全相同。9天的工作传回大约60张图片,显示了水手大峡谷以南从5°N,330°W到20°S,130°W的一片地区。其他仪器在同一地区进行了7个弧形地段的有关测量。

"火星5号"的红外辐射计测得火星最高表面温度272K,日夜界线附近为230K,夜间为200K。土壤的热惯性与0.1—0.5mm粒度的相一致。极化数据显示风成沉积物的粒度小于0.04 mm。用CO_2光度计测得6条高度剖面。发现了与地球镁铁质岩石类似的U、Th和K成分。测得数十厘米深度处土壤的介电常数为2.5—4。在萨希斯(Tharsis)地区南部发现有高水蒸气含量(可沉积成100μm厚)。在40km高度探测到一个臭氧层,其密度相当于地球臭氧层密度的1/1000。测得逃逸层温度295—355K,并发现在87—200km高度处温度降了10K。推测有一个弱的磁场,强度约为地球磁场的0.0003倍。"火星5号"还进行了一次无线电屏蔽试验,与"火星4号"和"火星6号"的同类试验相结合,显示火星的夜间一侧在110km高度上存在一个电离层,其最大电子密度为4600cm^{-3}。近火星表面大气压力为670Pa。

3.4.7 "火星观察者"

"火星观察者"(Mars Observer)是NASA"观察者"系列探测器中的第一个探测器,1992年9月25日发射,1993年8月21日进入火星大气层前与地面失去联系。

"火星观察者"探测器的科学任务包括:确定火星全球表面化学和矿物特征,描述火星全球地形和重力场;了解火星磁场特征;了解与季节周期有关的火星挥发物质及尘埃的时空分布、丰度、来源和去向;探测火星大气的结构和循环状况。

1993年8月21日,即预计轨道切入的前3天,地面控制中心失去了与"火星观察者"的联系,原因不明。现在还不知道该探测器能否按照其自动程序进入火星轨道,也不知道它是否已经越过火星飞到一个日心轨道上。虽然未达到任何一项预定的目标,但它还是发回一些失去联系前巡航阶段收集的数据。该次任务的行星际巡航阶段,原定基本目标是进行探测器、仪器的检验和定标。另外还计划了三个阶段的目标,其中两个是磁强计/电子反射器(MAG/ER)和γ射线谱仪(Gamma-Ray Spectrometer, GRS)数据收集,另一个是引力波试验。在从探测器轨道切入到它开始进行绕轨制图之前的这4个月的时间里,只安排了MAG/ER、GRS数据收集和热辐射光谱仪(Thermal Emission Spectrometer, TES)探测。制图阶段计划工作一个火星年。"火星观察者"也预计可以支持俄罗斯"火星1994"(Mars 1994)探测任务中的数据收集(俄罗斯"火星1994"探测任务中计划使用法—俄—美火星气球中继器)。

3.4.8 "火星全球勘测者"

在1993年8月21日造价昂贵的"火星观察者"失败之后,NASA的探测器设计向"更快,更便宜,更优良"的方向努力,于是产生了"火星全球勘测者"(Mars Global Surveyor, MGS)探测器。它仅带有一个摄像头、一个电磁测量仪器、一个散热测量仪和一个激光高度计。"火星全球勘测者"的科学任务是:对火星表面进行高分辨率成像,研究火星地形和重力场、水和尘埃在火星表面和大气中的作用、火星的天气和气候、火星表面和大气的成分、火星磁场的存在性及其变化。

"火星全球勘测者"于1996年11月7日发射,于1997年9月12日切入被火星捕获的椭圆轨道。科学制图开始于1999年3月中旬,此时为火星北半球的夏天。计划的基本任务是持续一个火星年(687地球日),到2001年1月。此后,"火星全球勘测者"作为一个通信中继站,用以支持后续的探测任务,直至2007年1月结束任务。

3.4.9 "希望号"

"希望号"(Nozomi)是日本的第一个火星探测器,发射于1998年7月3日,原定于1999年10月进入火星轨道,最终经历了一系列故障和调整,2003年12月14日,探测器飞越火星,然后流落到一个周期约2年的日心轨道上。

"希望号"计划作为一个火星高层大气物理学轨道器,研究火星上层大气及其与太阳风的相互作用,并发展用于未来星际探测的技术。探测器上带有多种仪器,用于测量电离层结构、成分和动力性质、太阳风的大气物理效应、大气成分逃逸、内禀磁场、太阳风磁场的穿入、磁层结构及火星大气上部和轨道上的尘埃,也将返回火星照片。

3.4.10 "火星气候轨道器"

"火星气候轨道器"(Mars Climate Orbiter,亦称Mars' 98 Orbiter)是NASA的"火星探

测98计划"(Mars Surveyor' 98 program)的火星轨道探测器,1998年12月11日发射,1999年9月在进入火星大气层时烧毁。

"火星气候轨道器"的科学任务是:监测火星的气候日变化和大气条件;记录火星表面由风和其他大气活动造成的效应;确定火星大气的温度剖面;监测火星大气中水蒸气和尘埃含量;寻找火星气候过去发生变化的证据。此外,它将观察火星尘暴、天气系统、云、尘雾、臭氧层、水和尘埃的分布和运移、地形对大气循环的影响、大气对太阳加热的响应,以及火星表面特征、风蚀现象及颜色变化。轨道器拟使用两种仪器来进行上述调查:用火星彩色成像仪(Mars Color Imager, MARCI)获取每日气象图像以及高分辨率火星表面图像,用压力调制红外辐射计(Pressure Modulated Infrared Radiometer, PMIRR)来测量大气温度、水蒸气含量、尘埃含量。原计划轨道器也作为以后发射的"火星极地着陆器"(Mars Polar Lander)及其他美国或别国的火星着陆器的数据传输中继站。

3.4.11 "火星奥德赛2001"

"火星奥德赛2001"(图3.5)是NASA的"火星探测者2001计划"(Mars Surveyor 2001)中的轨道器部分,该计划原来包括的另一项着陆器任务被取消。"火星奥德赛2001"于2001年4月7日发射,设计寿命为环火星运行3年,至今仍在轨运行,任务将扩展至2025年。

"火星奥德赛2001"的科学目标是:利用探测数据,判断火星环境是否曾经适合生命生存,描述火星气候和地质概况,研究潜在的可能会对宇航员造成伤害的辐射危险。

"火星奥德赛2001"主要携带热辐射成像系统(THEMIS)、火星辐射环境试验仪(MARIE)、γ射线谱仪(GRS)和高能中子探测仪(HEND)。

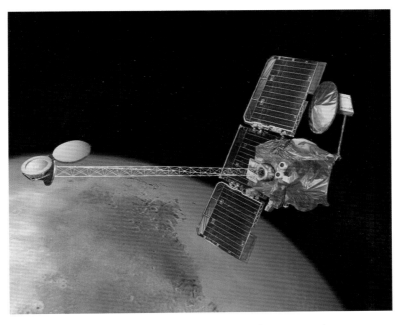

图3.5 "火星奥德赛2001"。(图片来源:NASA)

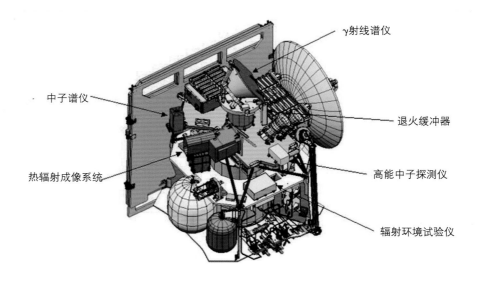

图3.6 "火星奥德赛2001"载荷分布。(图片来源:NASA)

2002年,"火星奥德赛2001"中子谱仪得到的结果(图3.7)显示,火星表面下含有丰富的氢,由于氢很可能是以水分子的形式存在,所以氢信号的强弱可以间接反映水含量的多少。

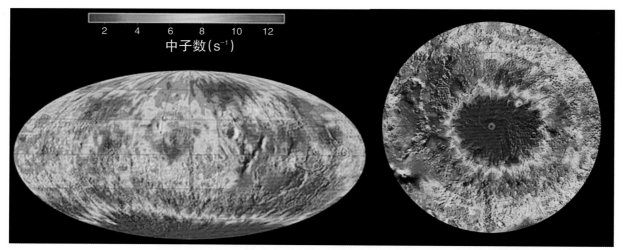

图3.7 "火星奥德赛2001"中子谱仪得到的火星全球中子分布图(左)和火星南极地区中子分布图(右)。(图片来源:NASA)

3.4.12 "火星勘测轨道器"

"火星勘测轨道器"是NASA 2005年8月12日发射的火星探测器,2006年3月10日到达预定火星轨道,成为一枚在火星大气层顶端(距火星表面300km)飞行的轨道器,并开始对火星进行新一轮遥感勘测。探测器发射时最大质量2180kg,包括推进剂114kg和探测器自身1031kg。探测器额定功率1000W。该项计划预计总花费7.2亿美元。

"火星勘测轨道器"的主要科学任务是探索火星上水源的历史和分布情况,解答火星上是否诞生过生命,现在是否还有生命存在。如果答案是肯定的,则还将探索生命在火星上诞生或消失的原因等问题。除此以外,"火星勘测轨道器"探测到的火星水源分布信息将为未来登陆火星的宇航员提供生存所必需的重要帮助。

"火星勘测轨道器"搭载了高分辨率成像科学实验(HiRISE)、火星简便侦测成像光谱仪(CRISM)、火星彩色成像仪、环境成像仪(CTX)、浅层地下雷达(SHARAD)、火星气候探测仪(MCS)等6种有效载荷。

"火星勘测轨道器"的光谱仪在火星表面发现大量水合二氧化硅,这表明液态水在火星表面持续存在的时间可能要比之前认为的还要长10亿年。科学家分析认为,在大约20亿年前,火山活动或陨星撞击形成的火星矿物被液态水改变,形成了水合二氧化硅。水合二氧化硅不仅是液态水存在的佐证,而且在火星表面的塑造、火星支持生命的环境中扮演了重要角色。

浅层雷达近期所绘制的火星北半球中纬度地区地图(图3.8)表明,在碎石表层下广泛埋藏着冰层。发现冰层的位置一般都是在平顶山和悬崖的底部周围,而且通常位于峡谷和撞击坑之内。

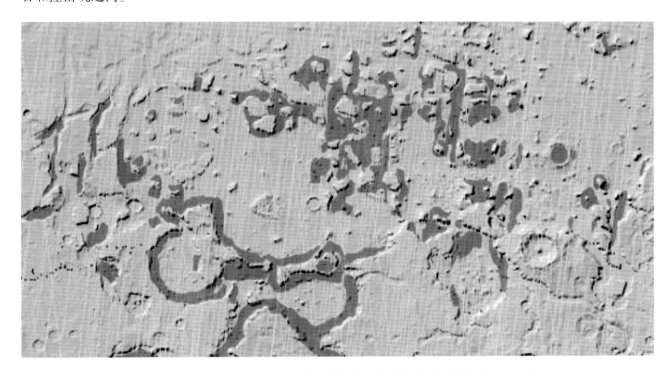

图3.8 "火星勘测轨道器"浅层雷达绘制的火星北半球中纬度的冰分布图。(图片来源:NASA)

3.4.13 "曼加里安号"

　　"曼加里安号"是印度"火星轨道探测任务"发射的首个火星探测器,主要任务是探测火星大气中是否存在甲烷,揭示火星如何变成一颗寒冷、干燥的星球。"曼加里安号"2013

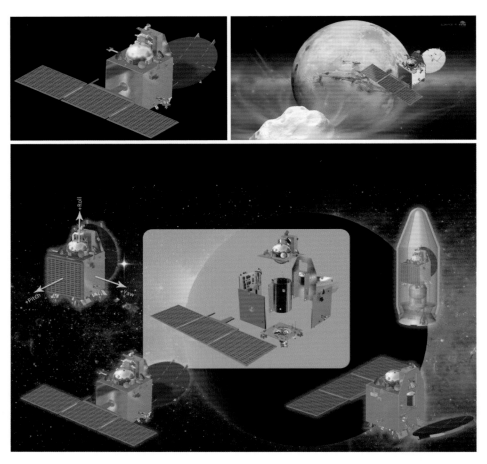

图3.9 "曼加里安号"火星轨道探测器。[图片来源:印度空间研究组织(ISRO)]

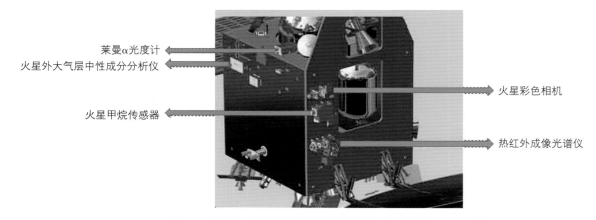

图3.10 "曼加里安号"的科学有效载荷。(图片来源:ISRO)

年11月5日发射,2014年9月24日进入火星轨道。

"曼加里安号"的主要科学目标是:探测火星表面地形地貌、地质结构和物质成分;探测火星大气环境;利用甲烷传感器测量甲烷,这种气体可能隐藏着火星曾经存在或可能依然存在生命的线索;利用光度计检测火星大气中的氘氢比例;利用质谱仪分析大气成分;利用红外光谱仪探测火星表面的"热"点和冰雪及其分布区域。

"曼加里安号"是一个无人轨道飞行器,大小与一个标准冰箱差不多。它携带5台科学仪器,发射质量1350kg,环火质量500kg,绕火星的椭圆轨道365.3km×80 000km,轨道倾角17.8°。

"曼加里安号"的科学试验目标将聚焦于生命、气候、地质、生命起源、演化和可持续

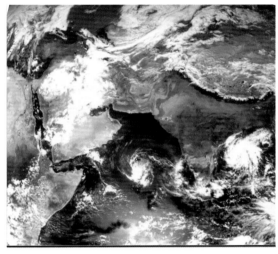

图3.11 2013年11月19日"曼加里安号"火星彩色相机拍摄的首张地球照片。(图片来源:ISRO)

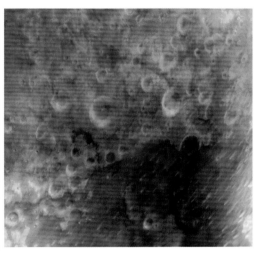

图3.12 2014年9月25日"曼加里安号"在7300km高度传回首张火星照片。(图片来源:ISRO)

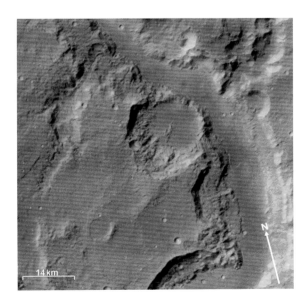

图3.13 2015年6月5日"曼加里安号"火星彩色相机在595km高度处拍摄的马丁峡谷(Máadim Vallis)局部照片,空间分辨率为31m。(图片来源:ISRO)

性。根据科学探测任务,它携带火星大气探测、粒子环境探测、地貌及表面结构探测三种类型的有效载荷共25kg,包括5台仪器:莱曼α光度计(LAP)、火星甲烷传感器(MSM)、火星外大气层中性成分分析仪(MENCA)、火星彩色相机、热红外成像光谱仪。

3.4.14 "火星大气与挥发物演化"

"火星大气与挥发物演化"(Mars Atmosphere and Volatile Evolution,MAVEN,也称"马文号")探测器2013年11月18日发射,2014年9月21日成功进入火星轨道。其主要使命是对火星上层大气进行精细研究,以帮助科学家揭开火星大气层变得稀薄之谜,以及了解火星大气层的气体逃逸对火星气候与环境演变所产生的影响。这是美国发射的首个专门执行这一使命的探测器,耗资超过6.7亿美元。

MAVEN主要有四个科学目标:了解从大气逃逸至太空的挥发物在大气演化过程中所扮演的角色,进而了解火星大气、气候、液态水和行星宜居性的历史;了解现今火星上层大气与电离层的状态,以及与太阳风的相互作用的过程;了解现今火星中性粒子与离子从大气逃逸的状况及其成因机制;测量火星大气中稳定同位素的比例,以了解大气随时间消失的过程。

MAVEN配备了8种研究火星大气气体、上层大气、太阳风交互作用和电离层的高精度仪器,由美国科罗拉多大学博尔德分校、加利福尼亚大学伯克利分校与戈达德太空飞行中心分别研制,总质量65kg。MAVEN搭载的8种有效载荷分别为:太阳高能粒子仪(SEP)、太阳风离子分析仪(SWIA)、超热与热离子组分探测装置(STATIC)、朗缪尔探针与波敏感器(LPW)、太阳风电子分析仪(SWEA)、磁强计(MAG)、中性气体离子质谱仪(NGIMS)和紫外光谱成像仪(IUVS)。其中,6种有效载荷构成粒子和场探测包(Particles and Field,P&F)。

2015年11月5日,NASA发布了MAVEN探测器的最新成果:通过测量火星高层大气与太阳和太阳风的相互作用,研究火星大气逃逸过程。火星大气逃逸主要发生在三个区域:一是太阳风吹到的火星背面,占大气逃逸总量的75%;二是极区上空,占大气逃逸总量的约25%;三是绕火星的延展云层,仅占大气逃逸总量的很小部分。除了太阳风,不时出现的太阳风暴产生的影响更为显著,尤其是在太阳系形成的早期,太阳风暴出现更频繁,当太阳风暴击中火星大气层时,大气逃逸速率会提高约10%—20%,平均火星每秒约有100g的大气被吹走,"就像小偷每天从收银台偷几个硬币"。在太阳风暴期间,对火星大气层侵蚀显著增加,所以几十亿年前当太阳年轻和更加活跃时,火星大气层的损失更为严重。

这些发现首次以确凿数据的形式揭示了火星大气散逸的速率、路径以及火星大气的演化史,推断出太阳风正是导致火星大气层和水消失的原因。太阳风剥离了火星的大气,火星失去了它的磁层,接着宇宙线和紫外线冲击了火星表面,然后水资源逃离到空间中和地层下,火星表面逐渐由温暖潮湿变得寒冷干燥,使这颗星球变得荒凉干燥,原本炎热和覆盖流动水的火星表面彻底改变。

同时,MAVEN的探测结果也表明,在火星形成之后不久,这颗星球上出现生命的机会便已经不复存在了,而当时,地球上刚刚出现最原始的微生物。

图3.14 太阳风剥离火星大气示意图。(图片来源: GSFC/NASA)

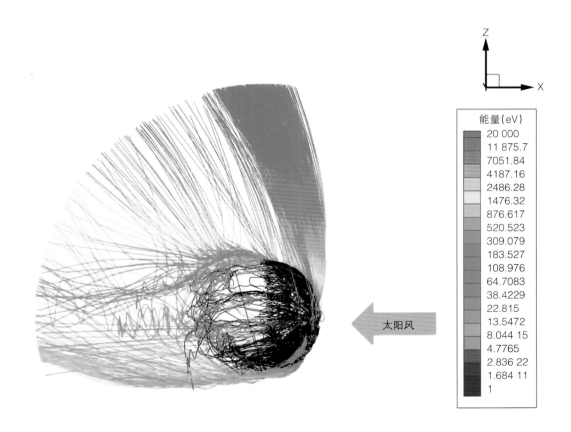

图3.15 计算机模拟太阳风与火星上层大气中带电粒子(离子)的相互作用。(图片来源:NASA)

3.5 轨道器+着陆器探测火星

1971年至2008年期间,共发射轨道器+着陆器13次,其中苏联4次,俄罗斯3次,美国4次,欧洲空间局(ESA)2次。轨道器和着陆器近距离探测相结合,对火星的大气层与大气活动、磁场、电离层与磁层、空间与表面环境、地形地貌、流水遗迹、土壤与矿物岩石分布规律、火山活动规律及其形成机制、地质构造、内部结构与物理场等进行探测。

3.5.1 "火星2号"

苏联的"火星2号"(Mars 2)和"火星3号"(Mars 3)探测器完全相同,但各自带有独立的轨道器和着陆器。"火星2号"轨道器的科学任务是获得火星表面和云层的图像,确定火星表面温度,研究火星表面地形、成分和物理性质,测量火星大气的性质,监测太阳风和行星际磁场、火星磁场,并作为从着陆器到地球通信的中继站。

"火星2号"于1971年5月19日发射,1971年11月27日,在到达火星前4.5小时,放下其着陆舱(descent module)(71-045D)。着陆舱以大约6.0km/s的速度进入火星大气,进入角度比计划的要陡。着陆系统发生故障,着陆舱在火星45°S,313°W处撞碎。与此同时,"火星2号"轨道器引擎进行了一次点火,使轨道器进入一个1380km×24 940km、周期为18小时、倾角为48.9°的环火星轨道。各种科学仪器通常在近火星点附近打开30分钟。

"火星2号"和"火星3号"轨道器在1971年12月至1972年3月期间发回大量数据,信号传输直到1972年8月还在持续。"火星2号"进行了362圈环火星飞行,"火星3号"为20圈。官方宣布,"火星2号"和"火星3号"于1972年8月22日完成了任务,所获得的数据可以生成火星表面地形图,并可提供火星重力和磁场信息。

"火星2号"所携带的科学仪器有:一个红外辐射计,重1kg,用于在8—40μm波段测量火星表面低至−100℃的温度;一个光度计,对集中于1.38μm波段的大气水汽进行吸收光谱分析;一个红外光度计和一个紫外光度计,用于测量氢、氧和氩;一个莱曼α光度计,用于测量大气上部的氢;一个可见光光度计;一个射电望远镜和辐射计,用于测量火星表面和大气的可见光反射率,以及火星表面在3.4cm波段的无线电反射率;一个红外分光计,用于测量CO_2吸收波段。此外还有摄像部件。

"火星2号"携带的摄像部件包括:一个350mm焦距、4°窄角相机和一个52mm焦距的广角相机,同一个轴上有数个滤光镜,包括红、绿、蓝和紫外线滤光镜。图像系统用自动船载传真发回1000×1000像素的扫描照片,分辨率为10—100m。

"火星2号"探测器带有一个轨道器和一个着陆器。"火星2号"着陆舱的基本目标是在火星上进行软着陆,返回火星表面图像,及有关天气、大气和火星表面土壤物理和化学性质的数据。

"火星2号"着陆舱带有两台电视摄像机,有360°视野;还有用于研究大气成分、温度、压力的质谱仪和风传感器,以及测量表面物理和化学性质的仪器,包括一个用于寻找有机物和生物迹象的机械铲。还带了一面有苏联国徽的三角旗。有 4 根天线从球体着陆舱顶部伸出,通过一个自带的无线电系统与轨道器进行通信。着陆舱的能量由电池供应,电池在与轨道器分离之前充了电。温度控制是通过绝热和一个散热系统来保持的。着陆舱在发射之前进行了消毒,以防对火星环境造成污染。

"火星 2 号"着陆舱还带了一个称为 PROP-M 的小型行走机器人。机器人质量为 4.5kg,与着陆舱用电缆连接以保持直接通信。机器人安装在一对雪橇板上,最多可以行走 15m 远,即不超过电缆的长度。漫游机器人携带动力触探仪(dynamic penetrometer)和辐射密度计(radiation densitometer)。按计划,在着陆后由一个搬运臂将漫游机器人放到火星表面上,然后机器人在电视摄像机视域之内走动,每隔 1.5m 停下来进行一次测量。走动时在火星土壤中留下的痕迹也将被记录下来,用以研究土壤物质的性质。

3.5.2 "火星 3 号"

"火星 3 号"于 1971 年 5 月 28 日发射,其科学任务与"火星 2 号"相同。着陆舱(71-049F)于到达火星时间之前 4 小时 35 分被释放,以大约 5.7km/s 的速度进入火星大气层。通过航天制动、降落伞及制动火箭,着陆舱在火星的 45°S,158°W 位置处实现了软着陆,然后开始工作。然而 20 秒后各仪器停止了工作,原因不明,也许是当时强烈的尘暴袭击了着陆地点的结果。同时,轨道器出现部分燃料丢失,未能按计划进入一个周期为 25 小时的轨道。于是探测器引擎转而进行了一次截断点火(truncated burn),使探测器进入一个周期为 12 天 19 小时的绕火星扁长轨道,轨道倾角被认为与"火星 2 号"轨道倾角(48.9°)相同。

"火星 3 号"和"火星 2 号"发回大量火星数据,包括 60 张照片。照片和数据显示火星表面有高达 22km 的高山;火星大气上层有原子氢和氧;火星表面温度变化为−100—13℃;大气压 550—660Pa;大气中水蒸气浓度约为地球的 1/5000;电离层下界高度为 80—110km;检测到大气层 7km 高处有尘暴带来的尘粒。所获得的数据可以用于绘制火星表面地形图,并可提供有关火星重力和磁场的信息。

"火星 3 号"着陆舱是首个成功在火星上实现软着陆的飞行器。它的科学有效载荷与"火星 2 号"着陆舱相同,此外还带有一个法国提供的试验仪器,称为光谱 1 号(Spectrum 1)。该仪器测量了米级波长的太阳辐射,可以结合地基测量研究太阳脉动的原因。光谱 1 号天线安装于一块太阳能板上。

3.5.3 "火星 6 号"

"火星 6 号"(Mars 6)由一个飞越火星的探测器和一个着陆器组成。着陆器的目标是进入火星大气层,然后现场研究火星大气和火星表面。

"火星 6 号"1973 年 8 月 5 日发射,于 1974 年 3 月 12 日到达火星。着陆舱在距火星 48 000km 处分离。运载航天器在 1600km 高处越过火星后继续飞行到一个日心轨道上。"火星6号"的着陆位置是火星23.90°S,19.42°W的珍珠湾(Margaritifer Sinus)地区。着陆器总质量635kg。着陆器共发送了224秒的数据,然后信号停止了。首先传回的是火星大气的数据。不幸的是,大部分数据不可读,这是在飞往火星途中一个计算机芯片的缺陷导致系统退化所致。

由"火星6号"发回的数据可编出一个火星大气对流层结构剖面图,包括从火星表面到平流层底界的25km高度处的温度,以及高度从12km到82km处的空气密度。测得火星表面大气压600Pa和气温为−43℃(230 K)。仪器"若干次"显示了比以前报道的更多的大气水蒸气。质谱仪数据在着陆过程中被存贮于着陆器上,原计划在着陆后发回地球,因而丢失。人们推测有惰性气体未被泵出,以致当时估计火星大气的氩丰度达到25 %—45 %(现在已知该值实际为1.6 %)。

"火星6号"着陆器带有一个全景远距光度计(panoramic telephotometer),一个加速度计(accelerometer),一个无线电高度计(radio altimeter),一个活化分析试验仪(activation analysis experiment),以及土壤机械性质传感器(mechanical properties soil sensors)。"火星6号"的运载舱携带一个远距离光度计,一个莱曼α光度计,一个磁强计,一个离子捕获器,一个窄角度静电等离子体传感器,以及太阳宇宙线传感器、微陨石传感器,还有一个法国提供的辐射计。同时还带有无线电屏蔽试验装置用于研究大气和电离层。

3.5.4 "火星7号"

"火星7号"(Mars 7)是一个火星着陆器,也是由一个越过火星的运载航天器和一个巡视器(火星车)组成,目标是对火星大气和火星表面进行实地研究。

"火星7号"1973年8月9日发射,于1974年3月9日到达火星。由于探测器上一个系统(姿态控制系统或制动火箭)操作问题,着陆器提前4小时分离,结果在距火星1300km处越过火星而未能着陆火星表面。提早分离的原因可能是在飞向火星途中一个计算机芯片错误引起系统退化,最后着陆器和运载器都飞到环日轨道上。"火星7号"的科学有效载荷与"火星6号"的相同。

3.5.5 "海盗计划"

NASA于1968年11月15日正式启动了"海盗计划"(Viking Project),它包括两个火星轨道器和两个火星着陆器。原定的发射时间为1973年,后推迟到1975年。该计划酝酿了许多年,其主要目标是直接确定火星红色土壤中是否存在生命。此前发射的"水手9号"为该计划的探路者。

"海盗计划"是一次技术和科学上的巨大成功。其获得的数据,特别是轨道器获得的数据,得到了科学家空前深入的分析研究。然而NASA意识到,"海盗计划"着陆器所进行的探测生命迹象的专门试验有些是不成熟的,还需要对整个火星进行制图,并比以前更系统地选择未来的着陆点。

"海盗计划"分为两次探测器发射,一次是 1975 年 8 月 20 日的"海盗 1 号",另一次是 1975 年 9 月 9 日的"海盗 2 号"。每次任务都包括一个轨道器和一个着陆器。经环火星飞行获得用于选择着陆地的图像之后,着陆器才与轨道器分离,进入火星大气,在选定的地点软着陆。轨道器继续在空中探测,同时着陆器在火星表面施展探测仪器。充满燃料的轨道器/着陆器共 3527kg,分离后,着陆器约 600kg,轨道器约 900kg。着陆器发射时被包裹在生物防护罩中,以防地球有机污染。

3.5.5.1 "海盗 1 号"

"海盗 1 号"的主要目标是探索火星上有无生物物质。它由轨道器和着陆器组成,长 5.08m,质量 3530kg,其中轨道器 2330kg,着陆器 1200kg。

"海盗 1 号"轨道器(Viking 1 Orbiter)以"水手 9 号"的设计为基础(图 3.16),目标是运送着陆器到火星,侦察着陆点,作为着陆器的通信中继,共同履行科学调查任务。1980 年 8 月 17 日,"海盗 1 号"轨道器飞行了 1485 圈后停止了工作。

图 3.16 "海盗 1 号"轨道器。(图片来源:NASA)

"海盗 1 号"着陆器(Viking 1 Lander)(图 3.17)的科学目标是研究火星表面和大气的生物学、(有机和无机)化学组成、天气、地震、磁性、形貌和物理性质。着陆器由三条腿支撑,携带基本科学探测所需的各种仪器。两个 360° 桶状扫描相机安装在基座上靠近一个长边处。从这条边的中点处,伸出一只采样臂,臂端有一个样品收集头、温度传感器和磁铁。一根天气测量杆从着陆器的一条腿上向上伸出,测量杆上安装了测量温度、风向、风速的仪器。相机的对面靠近高增益天线的位置安装有一个地震仪、一块磁铁、相机测试

图 3.17 "海盗 1 号"着陆器。(图片来源:NASA)

物和一个放大镜。位于着陆器的内部有一个内部环境可控的隔离室,内有生物学试验仪器。在着陆器之下还附着有一个压力传感器。1976年7月,"海盗1号"着陆器在火星上成功着陆,然后在火星上工作了6年。

3.5.5.2 "海盗2号"

"海盗2号"与"海盗1号"类似,由一个轨道器和一个着陆器组成,主要目标是探索火星上有无生物。1976年9月,"海盗2号"着陆器在火星成功着陆,并且在火星上工作了3年。

1976年9月3日,"海盗2号"着陆器与轨道器分离,于22:37:50UT在乌托邦平原(Utopia Planitia)着陆。正常情况下,在分离后连接轨道器与着陆器(生物防护器)的结构应被弹掉,但由于分离过程出现问题,生物防护器被留在了轨道器上。1978年7月25日,轨道器绕火星飞行了706圈、发回16 000张图片之后,它被转移到一个302km×33 176km的轨道上并关闭。"海盗2号"轨道器的有效载荷与"海盗1号"完全相同,科学任务也几乎一致。

"海盗2号"着陆器的着陆点位于48.269°N,225.990°W,乌托邦平原地区的三重撞击坑(Mie Crater)以西约200km处。"海盗2号"着陆器在火星表面工作了1281个火星日,于1980年4月11日因电池故障而关闭。"海盗2号"着陆器的有效载荷与"海盗1号"着陆器完全相同。

3.5.6 "火星94"

"火星94"(Mars 94)是1994年9月美俄合作的一项火星探测计划,但后来取消了,以下的描述是其计划的内容。

"火星94"由一个轨道器、两个着陆器(小型火星表面试验站)以及两个穿透器(penetrators)组成。"火星94"的基本科学任务是了解火星表面和大气的特征。研究火星表面的目标是通过火星表面地貌成像和光谱、矿物填图来达到的。大气方面的目标则通过空气成分分析、风的空间分布制图,以及分析气溶胶、垂直分层结构来实现。该次任务也拟通过火星重力场、热流、地震活动研究火星的内部结构。热流和地震活动的研究拟通过穿透器进行。轨道器将监测火星磁层和电离层环境,记录γ射线爆发活动、太阳和恒星振动(oscillations)。这些研究的大部分可用于选择未来登陆/漫游备选地点。

3.5.7 "火星96"

"火星96"(Mars 96)是俄罗斯1996年11月6日发射的火星探测器,包括一个轨道器、两个小型自动试验站和两个表面穿透器。拟通过研究火星上现在和过去发生的物理化学过程,了解火星的演化和现状。

"火星96"发射到地球轨道上,但未能切入火星的巡航轨道,于1996年11月17日返回地球大气层。原定"火星96"在大气层中完全烧毁,但实际上"火星96"解体后散落在智利的伊基克东部,形成约长轴320km、短轴80km的椭圆形碎片带。

"火星96号"探测器总质量(包括推进剂)为6180kg。其轨道器携带12种研究火星表面和大气的科学仪器,7种研究电离层、磁场和粒子的仪器,3种天体物理学仪器。另外还有无线电技术试验仪器、导航电视摄像机、辐射计/剂量测定控制仪器。

3.5.8 "火星快车"

"火星快车"(图3.18)是欧洲空间局首次实施的火星探测计划,包括"火星快车"轨道器(Mars Express Orbiter)和"贝格尔2号"(Beagle 2)着陆器两个探测器,2003年6月2日发射,2003年12月25日到达火星轨道。轨道器正常工作,获得大量科学发现;"贝格尔2号"则与地球失去联系。

3.5.8.1 "火星快车"轨道器的科学任务及有效载荷

"火星快车"轨道器的计划科学任务是:获取火星全球高分辨率(10m)地质图像,进行高分辨率(100m)矿物学制图,研究火星大气成分,研究火星次表层结构,研究火星大气循环情况,研究大气与火星表面、大气与行星际介质的相互作用。

"火星快车"轨道器的有效载荷包括7种仪器。高分辨率立体彩色相机(HRSC)位于探测器内,在探测器探测工作中,穿过探测器顶面指向星下点;红外矿物成像光谱仪(OMEGA)、行星傅里叶光谱仪(PFS)和火星大气特征探测光谱仪(SPICAM)也位于探测器内部,指向探测器顶面;空间等离子体和高能原子分析仪(ASPERA)安装于顶面上;火星次表层和电离层雷达(MARSIS)位于探测器内,指向星下点。无线电科学试验(MaRS)使用通信系统。科学仪器总质量116kg。

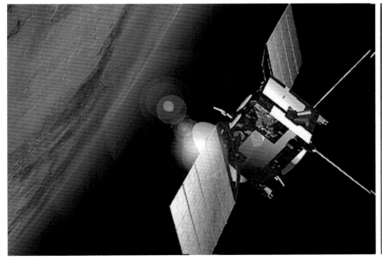

图3.18 "火星快车"轨道器(左)和"贝格尔2号"着陆器(右)。(图片来源:ESA)

3.5.8.2 "贝格尔2号"着陆器

"贝格尔2号"的科学任务是：了解着陆地点的地质、矿物、地球化学情况，了解着陆地大气和火星表层的物理性质，收集火星气象和气候数据，寻找生物存在的迹象。

"贝格尔2号"由英国莱斯特大学西姆斯(Mark Sims)教授领导的团队负责设计，自重37.8kg，携带10.8kg的科学仪器，包括摄像头、传感器、显微镜、机械臂和小型实验舱等设备(图3.19)，能承受起飞行时的震动和降落时的冲力。

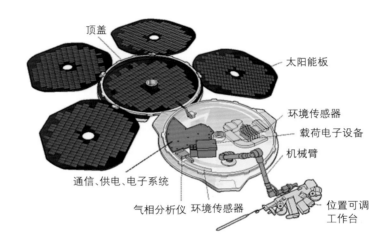

图 3.19 "贝格尔2号"的有效载荷分布。(图片来源:ESA)

原定于2003年12月25日登陆火星的"贝格尔2号"着陆器在进入火星大气层后杳无音讯。据事后分析，根据"火星快车"得到的测量结果，当时的火星大气比原先预想的要稀薄得多。因此，"贝格尔2号"无法借助足够的大气摩擦力，使着陆时的速度降低到一定程度，未能及时打开降落伞而直接坠落在火星表面，而设计用于着陆缓冲的气囊也来不及充气。

3.5.8.3 "火星快车"探测器的主要科学成果

(1)"火星快车"轨道器上的/高分辨率立体相机拍摄的照片(图3.20)显示，在火星北极附近一个未命名的环形山的底部发现了一块水凝结成的冰。轨道器在火星1343轨道上拍摄了这些分辨率为15m的地面照片，这个未命名的环形山位于北方大平原(Vastitas Borealis)，该平原大部分是在火星北半球的高纬度地区，大约在70.5°N，103°E的位置。

这个环形山宽35km，深达2km。图中位于环形山底部中央明亮的圆形区域就是残留的冰。由于温度和压力不足以使冰融化，因此这个白色区域终年存在。科学家判断这块冰不可能是干冰(CO_2)，因为在拍摄照片时(火星北半球的夏季末)火星的北极地区干冰已经消失。明亮区域(还不能完全肯定只有冰)的上部与环形山底部的距离应为200m，最可能是在冰层的下部有一个巨大的沙丘。事实上在冰层最靠东边的边缘已经有一部分沙丘暴露出来。在环形山的边缘也依稀可看到冰的痕迹，在环形山西北部（照片左边）没有冰的痕迹，这是因为这些区域朝着太阳的方向，接收了更多的阳光。

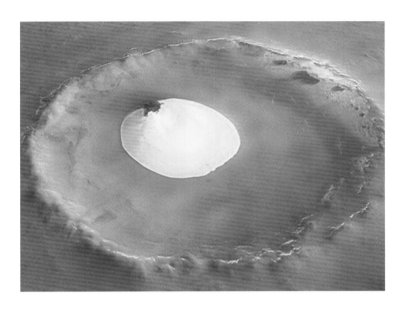

图 3.20 "火星快车"轨道器的高分辨率立体相机发现的冰。（图片来源：ESA）

（2）首次探测到火星上的极光现象。"火星快车"轨道器上的火星大气特征探测光谱仪和其他仪器观测到 9 次火星极光现象，它们将这些图像数据绘制成未加修饰处理的火星极光图像。极光在地球上是壮观美丽的景象，通常出现在南极和北极地区。类似的极

图 3.21 "火星快车"轨道器拍摄到的火星极光。（图片来源：ESA）

光现象也出现在木星和土星表面,在这些行星表面,磁场与大气中的带电粒子交互影响,从而形成极光现象。与其他行星不同的是,火星缺少产生行星磁场的内部构造,火星表面广泛分布着区域磁场,"火星快车"观测数据显示,火星表面的极光很可能是由电子等带电粒子与大气中的分子发生碰撞而产生。

3.5.9 "凤凰号"

"凤凰号"火星探测器(图3.22)于2007年8月4日发射,经过10个月的飞行,于美国东部时间2008年5月25日19时53分,在火星北极成功着陆。"凤凰号"长5.5m,宽1.5m,由三条腿支撑。成功着陆火星后,它展开两翼太阳能电池板,在火星上开展探测。探测器自重约350kg,其中有效载荷重55kg。

"凤凰号"的科学任务是:在火星表面寻找火星存在水的证据,研究挖掘的火星土壤样品成分,分析土壤中是否存在有机化合物,进一步推断火星现在或以前的环境是否适宜生命存在。

"凤凰号"携带6种有效载荷,包括机械臂相机(Robotic Arm Camera,RAC),火星降落成像仪(Mars Descent Imager,MARDI),表面立体成像仪(Surface Stereo Imager,SSI),热逸出气体分析仪(Thermal and Evolved Gas Analyzer,TEGA),显微术、电化学与传导率分析仪 (Microscopy, Electrochemistry, and Conductivity Analyzer, MECA) , 气 象 站 (Meteorological Station,MET)。

"凤凰号"的土壤分析证实,火星北极土壤呈弱碱性,这在火星其他地方的探测中从未见过;土壤分析还发现了少量的盐,科学家认为,这很可能是过去火星生命的养分;土壤探测还发现了氧化性极强的高氯酸盐,这表明火星过去的环境可能比想象还要严酷;土壤中发现的碳酸钙等矿物形式,则表明过去这些火星矿物的形成曾有水的参与。

"凤凰号"的探测也进一步支持了人类火星探测以"找水"为线索的思路。"凤凰号"在加热火星土壤样品时鉴别出有水蒸气产生,从而确认火星上有水。它的机械臂将处于冰层上的土壤挖掘出来,从中发现了至少两种截然不同的冰层类型。"凤凰号"还研究了火星北极着陆点的土壤化学性质及矿物成分,结果显示当地在几百万年前曾经拥有比现在更潮湿、更温暖的气候,而且温暖潮湿的气候在未来还有可能会出现。"凤凰号"所带来的最大惊喜是在火星的土壤中发现了高氯酸盐,它具有极强的吸水作用,因此可以吸收火星大气中的水分。在更高的浓度下,它还能和水结合形成

图3.22 "凤凰号"火星探测器。(图片来源:NASA)

盐水,并且在火星表面的温度下依然保持液态。地球上的一些微生物就直接以高氯酸盐为食,未来的载人探测则可以以此为燃料或者用它来生产氧气。这也使得以水为中心的火星探测开始往以化学为中心的方向转变。

此外,"凤凰号"携带的"气象站"观测台上的一个激光设备,在距火星表面约4km的高度上探测到了来自火星云层中的降雪。在这之前科学家已经知道火星的极冠会在冬季向南扩张,但是并不清楚水蒸气是如何从大气循环到地面的。这一发现也说明了火星地面上会出现季节性的水冰沉积。

3.5.10 "深空2号"

"深空2号"(Deep Space-2),又名"火星微穿透器计划"(Mars Microprobe),是NASA名为"新千年计划"(New Millennium Program)的太阳系探索一揽子航天计划中针对火星探测的一部分。"新千年计划"主要通过一系列低成本的太空计划,对人类从未尝试过的深空探测技术进行检验。"深空2号"是从地球向火星发射的两枚微型探测器,2枚穿透器附着在"火星极地着陆器"上,将以640km/h的高速,以"星际标枪"的姿态直插入火星土壤中。如果这一迄今为止最为猛烈的着陆方式取得成功的话,那么像垒球大小的探测器将开始在火星上找水的探测活动,同时验证这种以廉价为最大特点的太空探测方式是否切实可行。1999年12月3日,探测器接近火星,向预定的着陆点飞去,但是之后两个穿透器都与地面失去了联系,探测任务以失败告终。

3.5.11 "火星极地着陆器"

"火星极地着陆器"于1999年1月3日发射,1999年12月3日失去联系,下落不明。

"火星极地着陆器"的科学任务是:记录火星南极附近地区的气象情况,包括温度、气压、湿度、风力、火星表面霜和冰的变化、冰雾、雾霾以及悬浮尘土;分析火星南极的易挥发物,特别是水和碳氧化物;在火星地面上挖掘槽,观察地面以下情况,考察有无季节变化层,并分析土壤样品,寻找水、冰、水合物以及其他水生矿物;摄取着陆地区的照片,以找到气候变化、季节循环的证据;获取着陆地的多光谱图像,以确定土壤类型及成分。

以上科学任务拟通过一系列探测仪器来完成,包括:一个火星挥发物及气候探测仪器包(Mars Volatiles and Climate Surveyor,MVACS),该仪器包中有一个附带相机的机器手,装在桅杆上的火星表面立体相机,一套气象探测仪器和一个气体分析仪。另外,还有一个火星降落成像仪,拟在降落过程中距火星表面8km高度处开始为着陆地点拍照。俄罗斯联邦航天局提供了一套激光测量仪器(laser ranger,LIDAR),拟用于测量火星大气中的尘埃和雾。还有一个小的麦克风用于记录火星上的声音。"火星极地着陆器"还携带有"深空2号"的两枚火星穿透器(见前述)。

3.5.12 "火星生命探测计划"

"火星生命探测计划"（Exobiology on Mars，简写 ExoMars）是欧洲空间局与俄罗斯联邦航天局合作的火星探测任务，预算约为13亿欧元。

ExoMars 一共分为两个阶段。第一阶段是 ExoMars2016，主角是"痕量气体轨道器"（TGO）和"斯基亚帕雷利号"着陆器，已于2016年3月14日在哈萨克斯坦的拜科努尔发射场发射升空，10月抵达火星，探测器的主要目的是探测火星上的生命迹象。

第二阶段是 ExoMars2018，主角是火星车，原计划2018年发射，现推迟至2020年，将展开一段长达9个月的旅程。ExoMars 火星车主要目标是搜索火星生命存在于当前或过去的证据，开展太空生物学和地球化学研究。

ExoMars2016 的"痕量气体轨道器"重达3732kg，装有遥感实验设备，将对火星大气中的气体进行详细记录，其关键目标之一是研究火星大气中的甲烷；"斯基亚帕雷利号"着陆器以19世纪描述火星表面特征的意大利天文学家斯基亚帕雷利命名，重600kg，它将尝试降落在火星的子午线高原（Meridiani Planum）上。"斯基亚帕雷利号"会进行环境探测，并将收集的环境科学数据发回地球。

图3.23 ExoMars2016和ExoMars2018示意图。（图片来源：ESA）

"痕量气体轨道器"能探测低于1%的低浓度大气成分，重点探测烃类或者硫化物，以寻找火星过去或现在的生物或地质标记。其探测精度较之前的轨道器和地面设备提高了3个数量级，将为火星大气中痕量气体的时空演化历程提供新的研究数据资料。轨道器的科学载荷将在2017年开始科学探测，计划将持续至少一个火星年（687个地球日）。轨道器的科学目标为详细揭示火星大气成分，探测火星地形地貌特征，确定火星次表层氢的分布。

"斯基亚帕雷利号"着陆器在2016年10月19日着陆在子午线高原，这里地形相对光滑、平坦。该登陆椭圆区域中心在2°S，6°W，东西约100km，南北约15km。

"痕量气体轨道器"带有4个科学有效载荷：天底/掩星火星探测光谱仪（NOMAD），大气化学探测包（ACS），彩色和表面立体相机（CaSSIS）和高分辨率超热中子探测器（FREND）。

"斯基亚帕雷利号"着陆器的任务期非常短暂，它将测试极端条件下的火星表面软着陆，在火星表面工作，搜集并发回探测数据。

着陆器配置了一个探测环境的小科学载荷——火星表面尘埃、风险、环境分析仪（DREAMS），将在火星表面工作2至8个火星日。此外还有一个火星大气进入和着陆探测与分析装置(AMELIA),采集进入、着陆阶段的科学数据。另一个独立包装的气动热和辐射计传感器测量包(COMARS+)用以监测着陆器压力、表面温度及穿过大气层时的热通量。此外,降落相机(DECA)将提供接近着陆点时的表面照片,同时测量大气的透明度。激光发射阵列(INRRI),安装在着陆器天顶表面,为火星轨道器提供激光定位模块。

3.6 探测火星卫星

1988年至2011年期间,共发射火卫探测器3次,其中苏联2次,俄罗斯1次,遗憾的是,三次火卫探测都失败了。探测火星卫星的科学目标为:研究火卫表面物质成分;获得全局性表面及内部结构数据;采集太阳系最原始残留物的样品并返回地球,研究太阳系的起源与演化,确认原始物质及其化学成分;研究火卫一(Phobos)及火卫二(Deimos)的起源,以及它们与火星的相互关系,搜寻生命信息;研究行星环境、进一步研究火星附近的等离子体环境。

3.6.1 "火卫一1号"和"火卫一2号"

"火卫一1号"(Phobos 1)和"火卫一2号"(Phobos 2)是苏联"火卫一计划"(Phobos Project)的两个火卫一探测器,是苏联继哈雷彗星探测器"维加1号"(Vega 1)和"维加2号"(Vega 2)之后的第二代 Venera 型行星探测器,也是人类目前唯一以火星卫星为探测对象的空间项目。这两个探测器分别于1988年7月7日和7月21日发射,计划绕火卫一飞行并着陆。它们都采用了先进的科技,计划完成的科学实验在苏联历史上并无先例。

"火卫一1号"的科学任务是:对星际空间环境进行研究;观察太阳;了解火星附近的等离子层环境;研究火星表面和大气;研究火卫一的表面成分。

1988年7月7日发射后,"火卫一1号"开始运行正常,但在1988年9月2日通信中断。对失灵的控制器进行跟踪,发现是一个8月29—30日上传的软件错误将姿态控制引擎关闭了,因此失去了对太阳的锁定,导致探测器上的太阳能电池阵列偏离正对太阳的方向,从而电池耗尽。1988年9月2日,"火卫一1号"失去联系,不知去向。

"火卫一2号"的科学任务与"火卫一1号"相同。"火卫一2号"从太空巡航、切入火星轨道到收集太阳、行星际介质、火星和火卫一数据各阶段都操作正常。其最后一阶段的任务拟使探测器到达距火卫一表面50m之内,然后释放两个着陆器,一个是活动的"跳跃者"(hopper),另一个是静态平台。就在将要执行该阶段任务时,失去了与

图3.24 "火卫一2号"。(图片来源:维基百科网站)

"火卫一2号"的联系。自1989年3月27日起,再未收到"火卫一2号"发回的信号,任务结束。失败原因被确认是由探测器上的计算机故障引起的。"火卫一2号"的载荷与"火卫一1号"相同。

3.6.2 "火卫一——土壤号"和"萤火一号"

"火卫一——土壤号"(Phobos-Grunt)是俄罗斯联邦航天局与俄罗斯拉沃契金科研生产联合体(НПО Лавочкина)、俄国科学院太空研究所(ИКИ)等部门研制的,搭载了中国国家航天局(CNSA)的火星探测器。

"火卫一——土壤号"任务是俄罗斯联邦自苏联解体以后首次规划的火星探测任务。莫斯科时间2011年11月9日0时16分,携带着中国首颗小型火星轨道探测器——"萤火一号"的"火卫一——土壤号"发射升空。预定于2012年9月释放"萤火一号"并将其注入火星轨道,其后三次变轨进入火卫一低轨道进行勘测,择机在火卫一5°S—5°N、230°W—235°W的区域内软着陆,对土壤进行检测、采样。样品将被储藏于返回器中,容量满时脱离主探测器,进入火卫一轨道后返回地球,在哈萨克斯坦境内硬着陆。但发射几个小时后,俄罗斯联邦航天局就发布消息称探测器出现意外,因主动推进装置未能点火而变轨失败。探测器的部分碎片坠落于距智利西海岸1000多千米的太平洋海域,但可能另有一些碎片落于巴西境内。

3.7 火星车巡视探测

1996年至2016年期间,美国共发射火星车3辆。火星车可以进一步探测近火星空间和火星表面的环境,精细探测火星地形、地貌、地质构造,土壤与岩石的矿物与化学成分特征,寻找火星曾经存在生命的证据,探测火星上可能存在的可利用资源,在火星上建立观察站和实验室。

3.7.1 "火星探路者"

"火星探路者"(Mars Pathfinder,MPF)于1996年12月4日发射,1997年7月4日在火星的阿瑞斯(Ares)平原着陆。它包括一个称为"旅居者"(Sojourner)的火星车和一个火星表面小型气象站。这是继1976年"海盗"系列之后再次成功地着陆在火星表面的探测器。

"火星探路者"的科学任务是:进行大气再入科学和技术试验,火星表面长距离和近距离照相,火星表面岩石和土壤成分及性质测试,探测火星气象。同时还有一个总的科学任务,就是描绘火星环境以便为未来进一步探测提供参考。"火星探路者"以前也称为"火星环境调查探路者"(Mars Environmental Survey Pathfinder,MESUR)。

"火星探路者"探测活动获取了高精度、高清晰度的火星照片,并显示火星上有大量类似古河道的证据。1997年9月27日,该探测器通信中止,原因不明。

3.7.2 "勇气号"和"机遇号"

NASA 为节约研发成本和规避风险,实施了低成本的"火星探测漫游者"(Mars Exploration Rovers)计划,设计了"勇气号"和"机遇号"两个火星车用于巡视探测。它们的科学任务、有效载荷、航天发射、飞行、再入及着陆过程非常相似,只是发射时间和着陆地点不同。

3.7.2.1 "勇气号"火星车

"勇气号"(即"火星探测漫游者 A",Mars Exploration Rover A,MER-A)火星车 2003 年 6 月 10 日发射,于 2004 年 1 月 4 日着陆在古谢夫撞击坑(Gusev Crater)。着陆 3 小时后,第一张照片传回地球,照片显示了一幕平坦平原上散布着小石块的景象。其所以选择古谢夫撞击坑作为着陆点,是因为它像一个火山口湖的湖底。如果古谢夫撞击坑曾经有湖水,那么它的底部就可能有水下环境的沉积物。着陆后开始的几天是一个"走出阶段"(egress phase),包括展开全景相机支架和高增益天线,火星车站立、照相并定标,选择合适的出走路径。火星车于 1 月 15 日走下平台到达火星表面,设计工作寿命为 90 天,最终于 2011 年 5 月 24 日结束任务。

"勇气号"火星车的科学任务是:收集数据以帮助确定火星上是否曾经有生命存在,了解火星的气候特征和地质特征,为人类登陆火星考察作准备。为了达到这些目标,有 7 项具体的科学任务:寻找能够证明火星曾经有水存在的岩石和土壤;探测着陆点周围矿物、岩石和土壤的分布和成分;研究造成局部地形和化学特征的地质过程;在火星表面验证火星轨道器的观察结果;寻找含铁矿物,探测并定量描述含水的或在水中生成的特殊矿物类型的相对数量;研究岩石和土壤的矿物组成和结构,确定其形成过程;寻找能够证实有液态水存在的相关环境条件和地质线索,并研究这些条件是否有利于生命的发育。

"勇气号"火星车机壳底部有 6 个轮子,携带一套科学仪器和导航仪器:全景相机(PANCAM)、显微成像仪(MI)、微型热辐射光谱仪(Mini-TES)、穆斯堡尔谱仪(MB)、α粒子激发 X 射线谱仪(APXS)、岩石研磨器(RAT)、磁铁阵列、工程相机(有避险相机和导航相机两种)等 8 种有效载荷(图 3.25)。

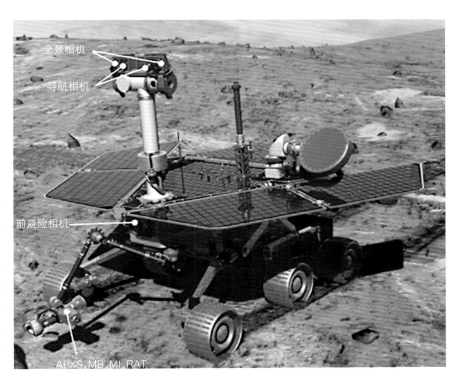

图 3.25 "勇气号"火星车主要有效载荷分布图。(图片来源:NASA)

2007年5月,"勇气号"在火星土壤中发现二氧化硅,这是火星上曾经有水的直接证据。2006年"勇气号"6个轮子中有一个被锁住,出现故障的轮子不得不由其他轮子牵引前行。当这个无法滚动的轮子在火星表面上滑行露出一片土壤层时,探测器上的分光仪揭示其中富含大量的二氧化硅,而在此之前两个探测器均未发现过该物质。因为二氧化硅是火星上曾经有水的最有力证据,所以有科学家将"勇气号"发现二氧化硅称为其"最重大的科学发现"。

"勇气号"的轮子挖出的一处壕沟底部露出白色的火星土,随后"勇气号"掉转方向。通过检测发现,这些火星土壤中含有硫酸盐,这也暗示火星上曾存在水。在古谢夫撞击坑的哥伦比亚群山地区,发现了类似的浅色土壤,也包含硫酸盐成分。这些土壤中的矿物质成分表明,湿润的火星远古时代存在火山爆发活动。高盐分土壤通常表明曾经存在咸水,因为盐分能够凝结,而水分被蒸发。

3.7.2.2 "机遇号"火星车

"机遇号"火星车(即"火星探测漫游者B",Mars Exploration Rover B,MER-B),是NASA"火星探测漫游者"计划中的第二个火星车,于2003年7月8日发射,2004年1月25日着陆在子午线高原的鹰撞击坑(Eagle Crater),设计工作寿命为90天,截至2016年7月仍在工作。

该着陆点也称为"赤铁矿地点"(Hematite Site),因为这里显示了存在粗粒赤铁矿的证据。赤铁矿是一种富含铁的通常在水中形成的矿物。同时这个地点也是火星上最平坦从而最安全的着陆地区之一。"机遇号"的其他情况可参阅上述"勇气号"的描述。

"机遇号"在穿越子午线高原向西方前进的过程中,先后发现了两块分别被称为"受庇护的石头"(Sheltered Rock)和"布洛克岛"(Block Island)的陨石,都是30亿年前先后落在火星表面的、来源于同一天体的铁陨石。

3.7.3 "好奇号"

NASA的新一代火星探测器——火星科学实验室(Mars Science Laboratory,MSL)"好奇号"于2011年11月26日发射,2012年8月6日在火星上的古老撞击坑——盖尔撞击坑(Gale Crater)成功着陆。此次任务总耗资25亿美元,是历史上花费最大的火星探测任务,当然"好奇号"也是历史上最先进的火星探测器。"好奇号"个体与一辆汽车相当,是2004年"勇气号"和"机遇号"火星车质量的5倍、长度的2倍多,采用核动力发电,共携带10种(套)先进的科学仪器。

"好奇号"的核心任务是寻找水和生命的证据,科学目标为:搜寻火星生命证据;分析火星气候特征;开展火星地质调查;为载人探测火星作准备。为完成既定的科学目标,并探测火星是否存在生命的宜居环境。"好奇号"开展的具体科学探测任务包括:(1)生命相关科学任务。探测火星上的碳有机化合物组成和含量;分析火星上构成生命相关元素,如碳、氢、氮、氧、磷和硫等;探测火星上是否存在与生命过程相关的遗迹。(2)地质学与地球化学任务。分析火星表面物质的矿物、化学成分和同位素组成;探测火星表面岩石和土壤特征,研究火星表面地质过程。(3)行星环境科学任务。分析和研究长时间尺度(40亿年来)大气循环过程;探测火星表面和大气中水和碳的状态、分布和循环过程。(4)表面辐射科学目标。探测和研究火星表面的辐射环境特征,包括宇宙线、太阳风质子事件、二次中子等。

"好奇号"搭载了目前世界上最先进的科学探测仪器,主要包括相机3台:桅杆相机(Mast Camera,Mastcam),火星机械臂透镜成像仪(Mars Hand Lens Imager,MAHLI),火星降落成像仪。光谱仪4台:α粒子激发X射线谱仪,化学相机(Chemistry & Camera,ChemCam),化学与矿物学分析仪(Chemistry and Mineralogy instrument,CheMin),火星样品分析仪。辐射探测器2台:辐射评估探测器(Radiation Assessment Detector,RAD),中子反照率动态探测器(Dynamic Albedo of Neutrons,DAN)。环境探测器1套:火星车环境监测站(Rover Environmental Monitoring Station,REMS)。

"好奇号"的主要科学成果有:(1)发现湖泊遗迹。2013年12月9日的美国《科学》(Science)杂志上发表了《火星盖尔撞击坑黄刀湾内存在适合生存的河湖环境》,指出"好奇号"发现盖尔撞击坑曾经存在一个非常适宜火星生物圈存活的湖泊。地球化学的分析显示,这处火星湖存在于36亿年前,续存时间长达数万年甚至更久。当时,地球上的原始生命形式刚刚踏上它们的进化历程。火星的这处湖泊具有多个适合生命存活的特点,如其水体平静,水质既不过于偏酸、也不偏咸,而且拥有丰富的、维持生物生存所需的化学成分等。(2)探测到7ppb甲烷。(3)打钻取样发现有机碳颗粒。(4)发现火星岩石中存在氮化物。

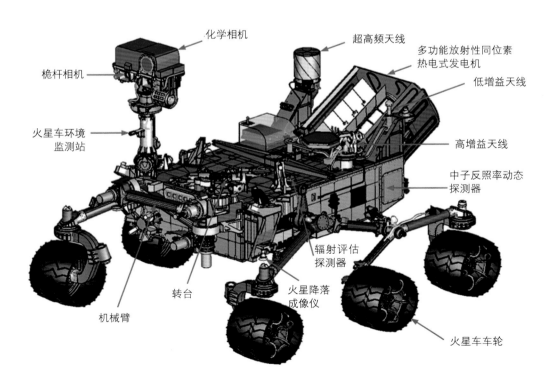

图3.26 "好奇号"上搭载的有效载荷。

图 3.27 截至 2015 年 12 月 2 日,"好奇号"第 1181 个火星日运动轨迹,由美国"火星勘测轨道器"
　　　 高分辨相机所拍摄。(图片来源: NASA/JPL-Caltech/Univ. of Arizona)

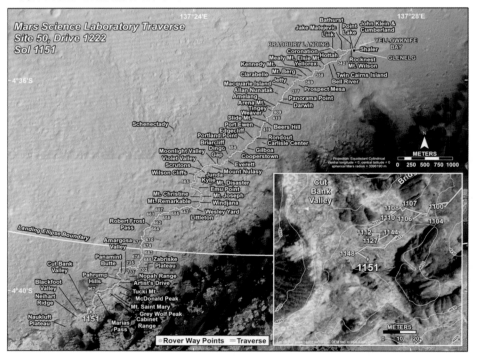

图 3.28 截至 2015 年 11 月 2 日,"好奇号"第 1151 个火星日运动轨迹,由美国"火星勘测轨道器"
　　　 高分辨相机所拍摄。(图片来源: NASA/JPL-Caltech/Univ. of Arizona)

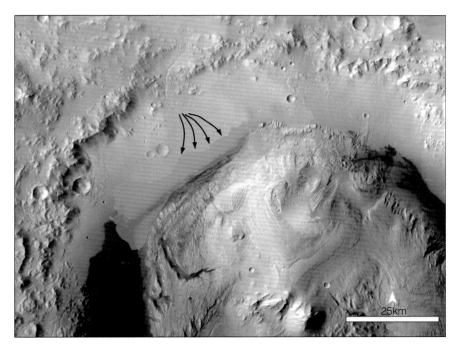

图3.29 示意图显示在盖尔撞击坑内可能存在过一个古老的湖泊。(图片来源：NASA)

参考文献

Acuña M H, Connerney J E, Ness, et al. 1999. Global Distribution of Crustal Magnetization Discovered by the Mars Global Surveyor MAG/ER Experiment. *Science*, 284: 790−793

Ai-Chang M, Bresina J L, Charest L, et al. 2004. MAPGEN: Mixed-initiative planning and scheduling for the Mars Exploration Rover mission. *IEEE Intelligent Systems*, 19: 8−12

Arvidson R E, Squyres S W, Anderson R C, et al. 2006. Overview of the Spirit Mars Exploration Rover Mission to Gusev Crater: Landing site to Backstay Rock in the Columbia Hills. *Journal of Geophysical Research*, doi: 10.1029/2005JE002499

Backes P, Tso K S, Norris J S, et al. 2000. Internet-based operations for the Mars Polar Lander mission. *International Conference on Robotics and Automation*, doi: 10.1109/RO-BOT.2000.844892

Baker V R. 1982. *The Channels of Mars*. Austin: University Texas Press

Bevan F. 1977. *Mars: The Viking Discovries*. Washington DC: NASA

Böttger, De Vera J P, Fritz J, et al. 2012. Optimizing the detection of carotene in cyanobacteria in a martian regolith analogue with a Raman spectrometer for the ExoMars mission. *Planetary and Space Science*, 60: 356−362

Conrad P G. 2014. Scratching the surface of martian habitability. *Science*, 346: 1288−1289

Ezell E C, Ezell L N. 1984. On Mars: Exploration of the red planet, 1958−1978. *Technology and Culture*, doi: 10.2307/3105423

Folkner W M, Yoder C F, Yuan D N, et al. 1997. Interior structure and seasonal mass redistribution of Mars from radio tracking of Mars Pathfinder. *Science*, 278: 1749−1752

Formisano V, Atreya S K, Encrenaz T, et al. 2004.Detection of Methane in the Atmosphere of Mars. *Science*, 306: 1758−1761

Grotzinger J P, Milliken R E. 2011. Sedimentary geology of mars. *Sepm Society for Sedimentary*, 415: 2523−2545

Hans−Peter B. 1977. *The Vikings of '76.* Mass: Murray Printing Company

Jakosky B M, Lin R P, Grebowsky J M, et al. 2015. The Mars Atmosphere and Volatile Evolution (MAVEN) Mission. *Space Science Reviews*, 195: 3−48

Kieffer H H, B.M. Jakosky B M, Snyder C W, et al. 1992. *Mars.* Tucson: The University of Arizona Press

Mustard J F, Murchie S L, Pelkey S M, et al. 2008. Hydrated silicate minerals on Mars observed by the Mars Reconnaissance Orbiter CRISM instrument. *Nature*, 454: 305−399

Peplow M. 2005. Martian methane probe in trouble. *Nature*, doi:10.1038/news050905−10

Rennó N O, Bos B J, Catling D C, et al. 2009. Possible physical and thermodynamical evidence for liquid water at the Phoenix landing site. *Journal of Geophysical Research*, 114: E00E03

Saunders R S, Arvidson R E, Badhwar G D, et al. 2004. 2001 Mars Odyssey Mission Summary. *Space Science Reviews*, 110: 1−36

Smith P H, Bell J F, Bridges N T, et al. 1997. Results from the Mars Pathfinder camera. *Science*, 278: 1758−1765

Smith P H, Tamppari L K, Arvidson R E, et al. 2009. H₂O at the Phoenix Landing Site. *Science*, 325: 58−61

Soffen G A, Young A T. 1972. The Viking mission to Mars. *Icarus*, 16: 1−16

Stern J C, Sutter B, Freissinet C, et al. 2015. Evidence for indigenous nitrogen in sedimentary and aeolian deposits from the Curiosity rover investigations at Gale crater, Mars. *Proceedings of the National Academy of Sciences of the United States of America*, 112: 4245−4250

Webster C R, Mahaffy P R, Atreya S K, et al. 2015. Mars methane detection and variability at Gale crater. *Science*, 347: 415−417

本章作者

邹永廖　中国科学院国家天文台研究员,博士生导师,中国科学院月球与深空探测重点实验室副主任,国家"863 计划"空间探测专家,中国空间科学学会副理事长,曾担任探月工程地面应用系统副总指挥等职务,主要从事行星科学、中国月球与深空探测工程任务研制和管理等工作。

王　琴　中国科学院国家天文台副研究员,主要从事月球与深空探测的战略研究。

郑永春　中国科学院国家天文台副研究员,主要从事月球与行星科学、载人深空探测等研究。

徐　琳　中国科学院国家天文台副研究员,主要从事天体化学与比较行星学领域的基础性研究。

张　锋　澳门科技大学太空研究所博士后,主要研究领域包括比较行星学、行星地质学等。

付晓辉　就职于中国科学院国家天文台月球与深空探测研究部,主要从事天体化学、太空风化作用研究。

第 **4** 章

火星磁场与磁层

磁场是电流和磁性物质的磁效应,普遍存在于自然界中。太阳系天体按照磁场可大致分为具有内禀磁场和没有内禀磁场两大类。太阳系中的水星、地球、木星、土星、天王星和海王星等行星具有全球性的偶极子磁场,星体的磁矩与星体的角动量成正比。木星的磁矩最强,约为地球的2000倍,水星的磁矩最弱,约为地球的1/1430。目前,普遍认为行星的内禀磁场起源于星体内部的外核发电机。内禀磁场穿过星体内部扩展至星体周围空间中,与行星际空间中的等离子体相互作用,形成行星磁层,保护行星的大气,成为行星空间环境的组成部分。

行星内禀磁场的形态和变化反映了行星内部的动力学过程及行星的形成和演化过程,行星磁层中的电磁现象与太阳风—磁层—电离层的耦合过程有关,并控制着带电粒子的运动秩序。起源于行星壳和上行星幔岩石的岩石圈磁场也是行星磁场的组成部分,其空间分布较复杂。对于没有内禀磁场的行星,岩石圈磁场主要起源于岩石在形成过程中记录下的行星磁场信息,行星的构造运动和小行星撞击会改造和影响岩石的剩余磁化强度。行星岩石圈磁场与行星磁极倒转、地质构造和全球变化有着密切的关系,在资源和能源探测领域发挥着重要作用。

火星是一颗类地行星,与地球有很多相似的特征,如:都是固体外壳行星,都具有壳、幔和核等多层内部结构。但是火星磁场和地球磁场形态迥然不同,地球具有较强的偶极子磁场和较弱的岩石圈磁场,火星没有较强的全球性的偶极子磁场,却有很强的岩石圈磁场。由于火星壳的磁化需要磁化场,所以火星壳剩余磁场表明火星过去可能存在磁场发电机;火星表面有些撞击坑的剩余磁场很弱,表明撞击发生后岩石没有被行星磁场再次磁化,根据撞击坑的形成时间推测,火星发电机在40亿年前已经停止。火星岩石圈磁场分布具有显著的南北半球差异,强磁场主要集中在南半球,在有些地区表现出强弱磁场交替的条纹状结构,与地球海底条纹状磁异常相似。对于火星岩石圈磁场分布的解释存在很大的争议。火星岩石圈磁场的条纹状结构被归因于海底扩张和偶极子磁场反转,与早期火星的动力学和演化过程有关。但是,也有人提出了不同解释,如与褶皱和水化学交替、重复的岩脉侵入、沉积岩层等地质过程有关。火星磁场的探测资料非常有限,目前还没有确定的证据说明磁场的成因,本章意在介绍一些火星磁场的研究进展。

火星磁场与火星大气演化的关系也是目前的研究热点之一。太阳风与缺少偶极子磁场的火星相互作用,产生了火星特殊的空间环境,而剩余磁场影响着太阳风与火星的作用过程和火星空间环境的演化。

　　总之,研究火星的磁场,可以使我们深入地了解火星内部的动力学过程和火星全球磁场的演化过程,对认识火星大气和气候的演化过程具有重要的科学意义。利用地球知识可以帮助我们认知火星磁场的起源和时空演化特征,通过研究火星磁场也有助于了解地球磁场的过去与未来。

4.1 火星磁场探测

　　磁场是描述火星的重要物理量之一。火星磁场测量是火星探测任务中的焦点之一。美国、苏联在火星探测任务早期的一项主要科学目标就是了解火星的磁场特性。很多火星的探测计划都包含了火星磁场观测,图4.1给出了火星探测任务成功(有磁强计和无磁强计)与失败对比情况。火星磁场的探测主要是通过在探测器上搭载的磁力仪对接近火星表面的磁场直接测量实现的。火星探测任务实施以来,搭载磁力仪并发射成功的火星探测器主要有"水手4号"、"火星2号"、"火星3号"、"火星5号"、"火卫一2号"、"罗塞塔号"(Rosetta)、"火星全球勘测者",以及"火星大气与挥发物演化"。

　　"水手4号"是第一个发射成功的火星探测器,它于1964年11月28日发射,1965年7月14—15日飞越火星,第一次探测到了火星磁场。"水手4号"在飞近火星时探测到磁场突然增强,远离火星后磁场又突然降低。Smith et al.(1965)指出,这种磁场的陡然变化是火星探测器穿越火星的弓激波引起的。火星弓激波位形是假设火星磁矩为地球磁矩的约$1/10^4$而得到的。这表明,火星的内禀磁场很弱,没有类似于地球的强偶极子磁场。

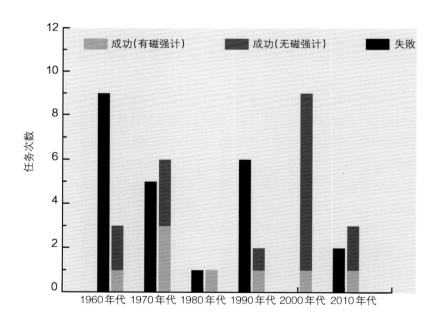

图4.1 火星探测任务成功(有磁强计和无磁强计)与失败对比情况。成功代表获得了火星的科学数据。

1971—1974年,苏联相继发射了"火星2号"、"火星3号"和"火星5号"探测器,它们所搭载的磁强计的时间分辨率均为1分钟,这些探测器的探测证实了"水手4号"的结论(Dolginov et al.,1973,1976)。通过分析"火星2号"和"火星3号"穿越弓激波的磁场变化,Dolginov et al.(1973)认为火星内禀磁场的磁矩只有 2.4×10^{12} T·m³,这意味着磁赤道附近的内禀磁场强度只有60nT。

1996年11月,美国发射了"火星全球勘测者"(MGS),该探测器首次利用了空气制动技术,利用大气摩擦把大椭圆轨道缩小为一条近圆形轨道。它最终的工作轨道距火星表面大约380km。在空气制动相期间,探测器离火星的最近距离曾达到约100km。"火星全球勘测者"的磁场探测资料证实了火星没有全球性的偶极子磁场,并发现火星的部分壳层是磁化的(Acuña et al.,1998,1999,2001;Ness et al.,1999)。图4.2给出了探测器在第一空气制动相期间(位于火星北半球)对磁场的一次探测过程。当距离火星约100km时,

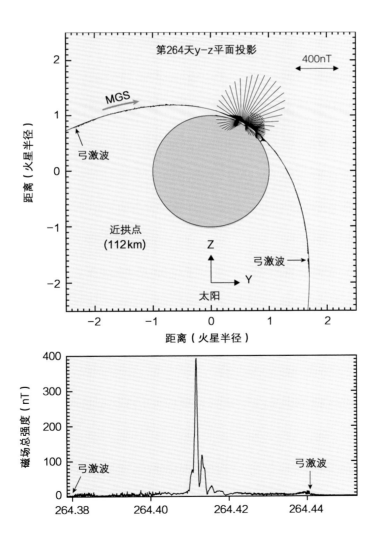

图4.2 "火星全球勘测者"磁场观测。(图片来源:Acuña et al.,1998)

探测到的局地磁场源所具有的磁场强度大约为400nT(Acuña et al.,1998)。在第二空气制动相期间,探测器移动到了南半球,这时探测到的磁场强度最大值达到约1600nT(Acuña et al.,1999)。由此推断,火星南北半球磁场可能并不对称。

4.2 火星岩石圈磁场

4.2.1 火星岩石圈磁场空间分布

"火星全球勘测者"对火星磁场的观测结果显示,火星并不具有全球性内禀磁场,其磁偶极矩仅为$8×10^{16}A·m^2$,远小于地球的$8×10^{22}A·m^2$(Cain et al.,2003),但火星壳磁化强度10倍于地球,火星磁场主要源于岩石圈(Connerney et al.,2004)。能谱分析也显示,火星磁场能量主要集中在高斯球谐系数的20—40阶(Voorhies et al.,2002)。如图4.3所示,火星岩石圈磁场分布具有显著的南北差异(Acuña et al.,1998,1999,2001;Connerney et al.,1999,2004;Purucker et al.,2000;Lillis et al.,2004,2008)。北半球地势低洼平缓,磁场较弱;南半球地势较高,遍布撞击坑,磁场较强,最高可达12 000nT(Morschhauser et al.,2014)。火星表面的一些大火成岩省[如萨希斯火山构造、伊利瑟姆(Elysinm)火山群]及巨型撞击盆地[如南半球的海拉斯(Hellas)盆地、阿吉尔(Argyre)盆地,北半球的乌托邦(Utopia)盆地、伊西底斯(Isidis)盆地],均未发现磁异常(Acuña et al.,1999)。位于南半球的萨瑞南高地(Sirenum Terra)(30°S—85°S,150°E—240°E)磁场最强(Acuña et al.,1998,2001)。

火星岩石圈磁场分布与地质构造具有一定的对应关系。在地质断层两侧,磁异常特征存在显著差异。例如,位于伊利瑟姆火山群东南的刻耳柏洛斯槽沟(Cerberus Fossae)沿西北方向延伸,其南侧为较老火山岩地块,火山呈多瘤状分布,磁异常较强,而其南侧为刻耳柏洛斯平原,地形宽广平坦,由较年轻的火山熔岩流构成,磁异常较弱(Connerey et al.,2005)。位于赤道南侧的水手大峡谷,东西延展近4000km,火星磁场径向分量在其东侧的南北两翼存在差异,可能是火星壳表面磁性物质因构造作用被移除引起的(Purucker et al.,2000;Whaler et al.,2005)。

4.2.2 火星岩石圈磁场起源

一般认为,火星岩石圈磁场主要由岩石最后一次冷却至阻挡温度以下时获得的热剩磁贡献(Stevenson,2001),如大规模的岩脉侵入事件之后的冷却过程(Nimmo,2000)。火星岩石圈剩磁主要由两部分组成:火星壳上层岩石的热剩磁,称为原生剩磁,主要在火星地质史早期获得,此时火星还存在全球性的内禀磁场;火星壳下层岩石的热剩磁,称为次生剩磁,由上部火星壳磁化获得,此时火星发电机已停止或减弱(Arkani-Hamed,2003)。火星岩石圈磁场主要由火星壳上部的原生剩磁贡献(Arkani-Hamed,2003)。

火星表面存在大量撞击坑和"准圆形凹陷",表明火星早期曾经历大规模小天体撞击事件(Frey et al.,2002;Frey,2006,2008)。小天体撞击会改变撞击盆地的剩余磁场

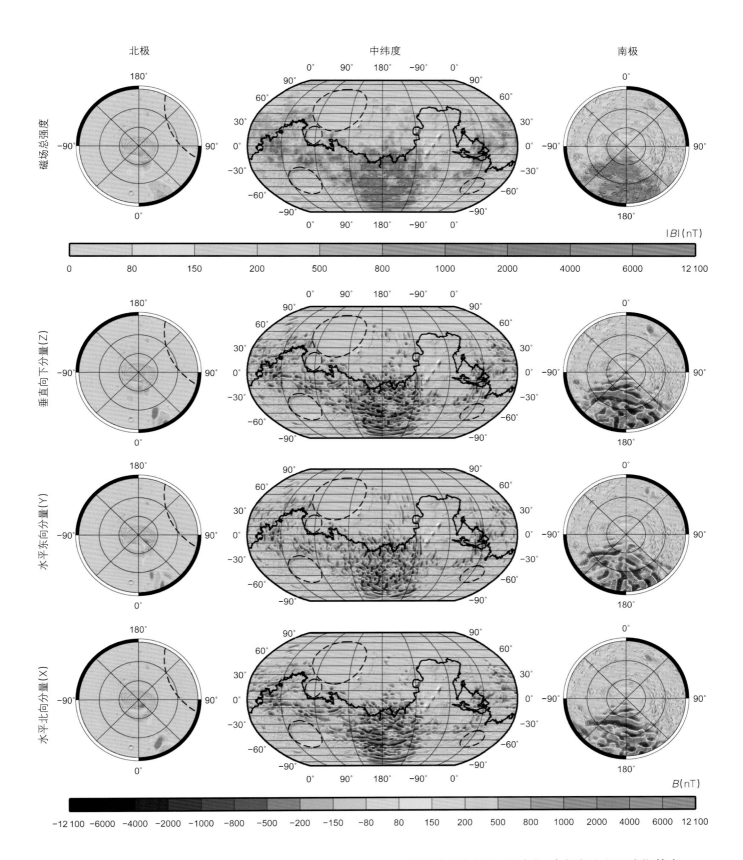

图 4.3　火星岩石圈磁场的空间分布图（火星参考半径 3393.5km）。巨型盆地海拉斯、阿吉尔、乌托邦和伊西底斯等在
　　　图中用虚线圈出。背景阴影为火星轨道器激光高度计（Mars Orbiter Laser Altimeter，MOLA）地形图，粗实
　　　线表示零水平线，为火星南北半球地形分界线。（图片来源：Morschhauser et al.，2014）

(Lillis et al.，2013)。其中，撞击退磁可以通过三种途径实现：第一，剧烈撞击会在火星表面溅出大量岩石，散落在撞击盆地周围，致使岩石的磁化方向变得杂乱无章，从而在整体上显示无磁特性(Shahnas et al.，2007)；第二，撞击引起的激波会产生高压，对火星壳剩余磁场进行高压退磁(Halelas et al，2002；Hood et al.，2003)；第三，撞击过程产生的热能会大大提升盆地温度，当温度超过磁性矿物阻挡温度时，盆地内岩石将会遭受热退磁。撞击事件发生时如果存在强的外磁场，岩石将会获得与外场方向一致的冲击剩磁和热剩磁(Cisowski et al.，1978)。冲击剩磁矫顽力较低(Gattacceca et al.，2010)，很难在漫长的地质史中保存下来。对海拉斯盆地(41°S，70°E，直径约2300km)、阿吉尔盆地(50°S，316°E，直径约1200km)及伊西底斯盆地(13°N，88°E，直径约1500km)等巨型盆地撞击退磁的分析表明，盆地撞击中心0.8个半径内的岩石已完全退磁，而盆地周围1.4个半径内的岩石也部分退磁(Hood et al.，2003；Mohit et al.，2004)。由于撞击盆地产生的高温将在1亿年内冷却到岩石中主要磁性矿物居里点以下，而这些盆地下方的火星壳在冷却过程中并未重新获得稳定的热剩磁，表明火星核发电机在这些巨型撞击盆地形成时可能已经停止，或者非常微弱(Arkani-Hamed，2005)。

4.2.3　火星岩石圈磁场模型

卫星的直接磁测数据会受到外源场的影响(Ferguson et al.，2005)，同时，卫星高度也不断变化。通过建立模型，可以得到某一高度的岩石圈磁场(Langlias et al.，2010；Morschhauser et al.，2014)。Purucker et al.(2000)根据MGS卫星AB/SPO轨道的磁测数据，设定了分布在火星表面的11 550个径向等效磁偶极子源组成的网格，建立了火星岩石圈磁场的等效磁偶极子源模型，用于描述火星磁场的径向分量。随后，Langlais et al.(2004)加入了MPO轨道的磁测数据，通过模拟卫星观测的磁场三分量数据，反演得到了火星表面下部20km处4840个等效磁化体的磁化方向和磁化强度。为了使模型不依赖于等效磁偶极子源的网格精度，Whaler et al.(2005)提出了空间连续磁化模型。Chiao et al.(2006)采用多尺度反演方法，进一步优化模型。等效磁偶极子源模型可以直接获得岩石磁化强度和磁化方向的空间分布。

球谐函数是利用空间谱的方法来描述磁场的分布，这种方法被广泛应用在地球磁场建模当中。基于MGS卫星AB/SPO轨道在80—120km高度的磁场数据，Arkani-Hamed(2001a)提出了火星磁场的50阶球谐函数模型。随着MGS卫星观测数据的增多，火星磁场球谐函数模型不断得到改进(Arkani-Hamed，2002，2004a；Cain et al.，2003)。最近，Morschhauser et al.(2014)利用MGS卫星全部磁测数据，得到了火星岩石圈磁场的110阶球谐函数展开式，该模型很好地再现了火星岩石圈磁场在火星表面及卫星高度处的分布。

4.2.4 火星岩石圈磁场应用

4.2.4.1 火星磁性壳层厚度估计

由于撞击坑在形成时对火星壳的撞击退磁作用,MGS卫星观测磁场的强度与撞击坑规模反相关,Nimmo et al.(2001)根据观测数据估计火星磁性壳层的均一厚度约为35km,上限和下限分别为10km和100km。Arkani-Hamed(2005)基于火星壳的热演化模型估算了居里等温面深度的上限,对于磁黄铁矿、磁铁矿和赤铁矿,其对应的最大磁性壳层厚度分别为45—55km、80—90km及90—100km。通过比较观测的磁能谱和双峰分布磁源的理论谱,Voorhies(2008)推测火星磁性壳层厚度为47.8±8.4km。Lewis et al.(2012)采用多锥体技术定量分析局地磁场能谱和磁场空间分布的差异,得到了磁性壳层厚度的空间分布图。

4.2.4.2 火星古板块运动的启示

MGS卫星在火星表面400km高度探测结果显示(图4.4):在南半球180°E附近中高纬地区的辛梅利亚(Cimmeria)地块和萨瑞南地块,磁异常信号呈正负相间的条带状分

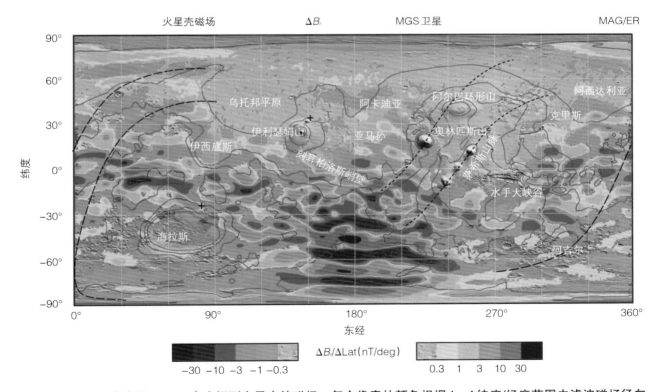

图4.4 MGS卫星在火星400km高度探测火星壳的磁场。每个像素的颜色根据1×1纬度/经度范围内滤波磁场径向分量的中位数值绘制。颜色有12阶,涵盖了磁场变化的两个数量级。低于等值线最小值的区域,绘制了MOLA阴影地形图。−4km、−2km、0km、2km和4km高度的等值线绘制在底图之上,虚线代表关于公共轴的旋转[短虚线的旋转轴在伊利瑟姆山(Elysium Mons)东北,长虚线的旋转轴在海拉斯盆地东北]。(图片来源:Connerney et al.,2005)

布,东西延伸达2000km,与地球表面因海底扩张产生的磁异常条带类似(Connerney et al.,1999)。在子午线高原,也可探测到由转换断层引起的磁场特征:断层两侧磁场随纬度变化的幅度基本一致,但存在一定相位差(Connerney et al.,2005)。萨希斯火山构造自北向南分布着一条火山链,其中北部的阿尔巴环形山(Alba Patera)和乌拉纽斯环形山(Uranius Patera)形成较早,而南部的奥林匹斯山和阿西亚山(Arsia Mons)形成较晚,这与太平洋上的夏威夷—帝王火山海底山岛链形态类似,可能是萨希斯块体在火星幔柱上运动产生的(Connerney et al.,2005)。这些证据都表明,火星早期可能存在板块运动(Connerney et al.,1999,2005)。

4.2.4.3 古磁极位置

Arkani-Hamed(2001b)利用50阶火星磁场球谐函数模型(Arkani-Hamed,2001a)得到120km高度处的磁势,反演了火星表面10个独立的小尺度磁异常块体的磁矩,其中7个块体对应的火星磁极集中于以(25°N,230°E)点为中心的30°半径范围内,表明这些块体获得剩磁后,没有明显的相对运动。火星磁极与地理极的偏离,可能与萨希斯火山构造的生成有关(Arkani-Hamed,2001b)。

4.3 火星发电机

4.3.1 火星发电机的必要条件

行星发电机能够将行星内部导电流体的动能转变成电磁能(Stevenson,2001),其工作机制可以用磁感应方程描述:

$$\frac{\partial \boldsymbol{B}}{\partial t} = \nabla \times (v \times \boldsymbol{B}) + \eta_m \nabla^2 \boldsymbol{B} \tag{4.1}$$

其中 $\boldsymbol{B}$ 是磁感应强度,v 为流体速度,$\eta_m = (\sigma\mu)^{-1}$ 是磁扩散率(或磁黏滞系数),σ 是导体的电导率,μ 是磁导率。磁感应方程描述了磁场在导电流体中的变化由两部分决定。等式右边的第一项是对流项,表征导电流体的运动对磁场变化的影响,第二项是扩散项,表征磁场在空间中扩散。在没有对流的情况下,火星的磁场会由于扩散而不断衰减,因此火星内部的对流是发电机存在的必要条件。这意味着火星核内部当时存在导电流体。

人们从火星的惯性力矩的计算中得到火星主要的物质组成(Zuber,2001):火星核主要由金属铁以及镁和铁的硫化物为主。火星核的物质组成与地核相近(Folkner et al.,1997),其大小比地核略小(Bertka et al.,1998)。由于缺乏准确的地震资料和大地测量数据,火星核结构和大小的估计仍比较粗糙,火星核内部物理形态及物质成分比例尚未确定(Stevenson,2001)。

火星核是最有可能形成电磁发电机的场所。它形成于约45亿年前火星的增长时期,该时期整个火星的温度都非常高(Righter et al.,1998)。火星核在形成后开始冷却,冷却速度与覆盖在上面的火星幔密切相关(Stevenson,1983)。与此同时火星幔也在冷却,其冷却速度则与火星的板块运动模式相关(Sleep,1994)。

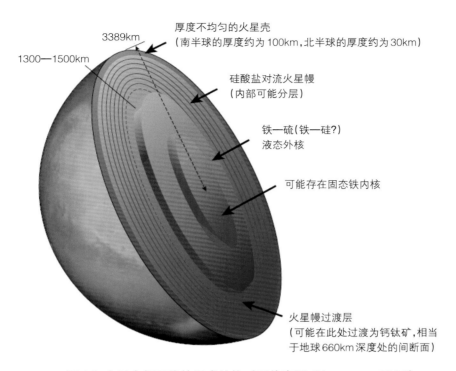

3389km

1300—1500km

厚度不均匀的火星壳
(南半球的厚度约为100km,北半球的厚度约为30km)

硅酸盐对流火星幔
(内部可能分层)

铁—硫(铁—硅?)
液态外核

可能存在固态铁内核

火星幔过渡层
(可能在此处过渡为钙钛矿,相当
于地球660km深度处的间断面)

图4.5 火星内部可能的组成结构。(图片来源:Stevenson,2001)

火星的发电机依赖于火星核导电流体的对流运动,根据磁感应方程可知,只有当磁对流项等于或超过磁扩散项时,发电机才可能得到维持或发展。而在地球内部,驱动流体对流的方式主要有热对流和成分对流两种。前者是通过温度差驱动流体做热运动,而后者则通过重力或者化学反应释放物质来为流体提供动能。

4.3.2 火星发电机的发展模式

Stevenson(2001)借鉴地球发电机理论,分析了在火星内部不同的构成、对流方式及物质组成的条件下火星发电机的三种可能发展模式,如图4.6所示。

(1)假定火星早期温度很高,火星核的硫含量较高,在随后快速冷却的过程中整个火星核始终保持液态。此时火星核冷却所释放的热能维持着发电机的运行。当冷却速度降低到某种程度时,火星核所提供的热对流不够,发电机关闭。该模式下的发电机仅仅能维持数千年,并只能发生在火星早期(Stevenson et al.,1983;Schubert et al.,1992)。

(2)假定火星核早期具有内核和外核两层,内核是固态而外核为液态。火星核中硫的含量较低,内核在形成初期快速发展并膨胀。外核不断地进行化学作用并与内核进行物质交换。火星幔对流模型给出现今火星核幔边界温度至少为1800K,火星外核不会完全凝固(Nimmo et al.,2000)。在这种模式下,火星外核会因为内核的膨胀而不断变薄,当外核的尺度不足以支持发电机对流时,发电机停止(Young et al.,1974)。

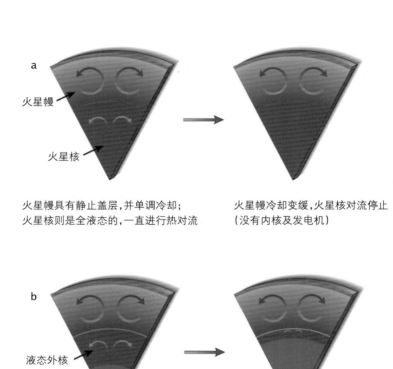

火星幔具有静止盖层,并单调冷却;
火星核则是全液态的,一直进行热对流

火星幔冷却变缓,火星核对流停止
(没有内核及发电机)

火星幔具有静止盖层,并单调冷却;
火星核可分为内核和外核,
外核的对流以成分对流为主

外核的空间因成分对流而逐渐变窄,
最终减小到无法维持发电机的尺度

地质板块的活动使得火星幔和火星核冷却,
火星核可能具有内核,
火星核内部存在对流和发电机

板块构造活动停止,
使得火星核内部的对流和发电机终止

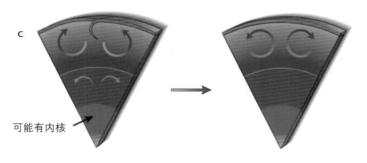

图4.6 火星发电机的发展模式。(图片来源:Stevenson,2001)

（3）假定火星早期存在板块运动，这一过程使火星幔释放热能，并维持了火星外核的对流运动，成为维持火星发电机运行的主要动力（Sleep，1994；Nimmo et al.，2000）。在这个模式下，火星幔热能成为发电机的主要能量来源，火星核的组成和物质成分变得不那么重要。火星发电机可能因为板块运动停滞而停止，最终演化成现今的单一板块。火星发电机的维持时间大概为数亿年。

4.3.3 火星发电机的发展进程

火星的岩石圈磁场主要源于岩石的热剩磁，这些剩磁主要是在岩石冷却过程中保留下来的，其磁化强度与当时火星的全球磁场强度密切相关。根据这一假设可以直观地推测：第一，在具有磁异常的地质结构的形成阶段，火星发电机仍在运行；第二，火星发电机停止后形成的地质结构，没有明显的磁异常。因此，利用小天体撞击坑计数，测定这些地质结构的形成时间，可以推测火星发电机演化的时间节点。

目前认为火星南半球高地最强的磁化区域内的岩石形成于40亿年前（Zuber，2001），火星陨石 ALH 84001 所获得的磁性可能来自40亿年前或更早的发电机磁场（Collinson，1997；Weiss et al.，2002；Weiss et al.，2008）。但处在差不多时期的陨石撞击事件所造成的一些巨型撞击坑，例如海拉斯盆地、阿吉尔盆地和伊西底斯盆地，它们的撞击区域以及周边的火星壳区域均没有强磁场。Schubert et al.（2000）认为火星发电机可能开始于40亿年以后，此时南半球的火星壳已经形成，因此火星壳没有被磁化。他们还推测发电机应该在几亿年前才停止，直接的证据是一些13亿—1.8亿年前形成的年轻火星壳（北半球）仍存在500—5000nT的磁场强度。因为没有强磁场的海拉斯盆地可能形成于发电机停止以后，另一种观点认为发电机在42亿—40亿年前就停止运行（Acuña et al.，1999；Nimmo et al.，2000；Connerney et al.，2001）。

研究火星南北半球岩石圈磁场的差异有助于为研究火星发电机的发展寻找证据。Arkani-Hamed（2004b）认为北半球较弱的岩石圈磁场可能是源于北半球低地形成过程中的退磁作用。这种退磁既有可能是火星核产生的巨型火星幔柱结构引起的（Reese et al.，2010），也可能是近火星表面的低温水化作用引起的（Arkani-Hamed，2003）。他们还发现在一些没有磁性的大型陨石撞击坑周边有较强的磁异常，并推测这些陨石撞击事件可能使火星壳退磁。他们进一步认为在这些撞击事件发生之后撞击坑再没有被磁化，表明火星发电机已经停止。Monteux et al.（2013）试图用一次特大的陨石撞击来解释北半球低地的形成，并推断这次撞击可能导致火星发电机的启动或停止。他们构想大量由撞击小天体带来的金属铁与已存在的火星核融合在一起，并研究这个融合过程的动力学和热效应。在陨石撞击带来的热量完全消散之前，这些热能既可能在融合过程中驱动发电机，也可能使火星核产生稳定的热分层结构，阻碍发电机的运行。Monteux et al.（2014）进一步推测，大型陨石撞击期间，火星内部可能被区分成固态硫为主的幔层和液态铁为主的核层。他们模拟了撞击后火星幔的演化过程，并估计火星发电机可能在停止了2.0亿—1.5亿年后重新启动。

小行星撞击事件以及火山喷发的时序为研究火星发电机的发展历程提供了重要线

索。Lillis et al.(2007)利用电子反射磁测法,分析撞击坑盆地的磁异常强度及其撞击年龄(crater retention age,CRA),得到了不同的陨石撞击坑、火山等地质结构的磁场和地质学特征,初步判断火星发电机存在于大约41.3亿年以前。Lillis et al.(2008)还研究了19个最大的撞击盆地的磁场特征及其火山口保留年代,缩短了火星壳岩石获取剩磁的时间范围,认为发电机停止于41.3亿—41.15亿年以前。他们认为热液蚀变速率的降低是使发电机停止的因素。另外有研究表明一些巨型陨石撞击盆地的空间分布呈圆形,其中一组的分布与萨希斯盆地形成以前的火星赤道相吻合(Arkani-Hamed,2009)。火星在40亿年前可能有一些大型卫星因为其轨道不断降低,最终撞击到火星上而形成了这些撞击盆地。盆地的地理位置分布可能与当时火星赤道相吻合。这些大型的卫星所带来的潮汐作用可以使火星核中导电流体的流线发生变形,从而给发电机的驱动提供动能。任意一个大型卫星的潮汐作用在火星核中的能量耗散速率比火星核磁能的耗散速率要高2个量级,表明任一个小行星所产生的潮汐能量可以驱动火星发电机运行好几亿年。特大的陨石撞击所带来的热能既可以使整个火星壳层退磁,也可以改变火星幔的热对流方式,减少提供给火星核发电机对流的能量,最终使发电机停止(Roberts et al.,2009;Arkani-Hamed et al.,2010a,2010b;Arkani-Hamed,2012)。

虽然大多数研究认为火星发电机已经停止,但由于缺乏明确的证据,发电机的状态仍存在其他可能性。譬如,目前火星内部也许还存在一个较弱的发电机来维持观测到的火星表面磁场。这样的弱发电机也许处于濒临停止的亚临界状态(Kuang et al.,2008),也可能处于即将倒转的时期(Glassmeier et al.,2000)。

4.3.4 火星古磁场的长期变化现象

火星发电机产生的全球磁场具有长期变化特征,主要表现为古磁极的移动以及倒转。Arkani-Hamed(2001,2004b)认为火星磁场的磁极曾经发生倒转。此外火星自转轴的极点也存在漂移,他们利用火星磁异常的古磁极位置的移动证实了这一现象。Arkani-Hamed(2004b)认为火星地理北极点的漂移先于萨希斯隆起的侵位事件,因此火星岩石圈磁场可能先于这个事件存在。火星现有岩石圈磁场的条带状空间分布为火星的古磁极倒转提供了证据(Stevenson,2001)。Milbury et al.(2010)建立了火星岩石圈磁场磁化模型以及基于观测数据的磁场分布模型,并比较了两者所表现的磁场特征。他们的结果证实了火星古磁极的移动,并表明火星磁场曾经发生过至少一次磁极倒转。Milbury et al.(2012)还研究了塔海尼亚(Tyrrhenus)和大瑟提斯两座火山附近在晚诺亚世和西方纪的古磁极,发现这些古磁极包含了正负极点,说明这两个时期火星内禀磁场的磁极发生过倒转。

4.3.5 火星磁场起源的数值模拟

由于目前的数值模型缺乏许多真实的火星核参数,进行火星磁场的发电机模拟比进行地球磁场的发电机模拟困难(Stevenson,2001)。Yoder et al.(2003)利用MGS获得的数据估计火星核的内部结构,认为其外层可能是液态的,而 Stewart et al.(2007)通过实验估计现今的火星核是全液态的。目前火星发电机的模拟工作主要研究其临近停止之前的亚临界状态(Kuang et al.,2008,2014;Hori et al.,2013)。在这样的状态下,磁场磁极的倒转会比较频繁,并且发电机很容易因为一些小的扰动而关闭。亚临界状态的发电机似乎更倾向于在火星中低纬度地区受到陨石撞击时关闭,但可能在高纬度地区受到陨石撞击时继续工作(Kuang et al.,2014)。另外,火星磁场的南北半球分布特征的差异可能是由单一半球发电机所形成(Stanley et al.,2008),假设特大的陨石撞击事件给火星核幔边界带来热通量的各向异性,那么单一半球发电机就有可能被启动(Monteux et al.,2015)。

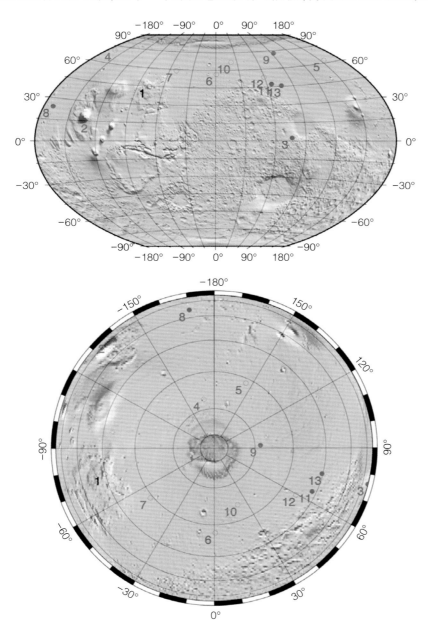

图 4.7 火星古北磁极的空间分布图。(图片来源:Milbury et al.,2012)

4.3.6 火星古磁场与古大气的关系

火星在远古时期曾有过比现在更适合生物生存的环境。火星表面显现的远古时期的河网痕迹表明,火星在40亿年前比现在更加温暖和湿润(Bertaux et al.,2007),当时的大气层也比现在厚(Lundin et al.,2007)。火星的内禀磁场是维持火星大气层的最主要因素之一,当内禀磁场消失时,火星大气很容易因为外部环境(太阳风和太阳辐射)而不断损耗和逃逸。大气逃逸可分成热逃逸和非热逃逸两种(Chassefière et al.,2007)。重力是阻止热逃逸的主要机制之一。非热逃逸主要产生于太阳X射线、紫外线以及太阳风对大气的电离作用,而内禀磁场是阻挡太阳风和太阳辐射的重要屏障。地球的内禀磁场可以将太阳风阻挡在10个地球半径之外,而火星由于目前没有内禀磁场(Lundin et al.,2004),其水的含量比地球少很多。

火星的内禀磁场可以保证较厚大气层的存在以及充足的表面水资源。即便一个较弱的磁层也可以有效地减少因太阳风而产生的非热大气逃逸。太阳风中一些带电粒子可以被火星内禀磁场偏转,只有少量高能粒子可以直接穿透大气层而到达火星表面(Hutchins et al.,1997)。远古时期火星大气的演化过程,特别是水循环过程,主要受非热大气逃逸的影响。在大概40亿年前非热大气逃逸使火星损失许多主要元素,包括氢、氮、氧、碳等(Luhmann et al.,1992;Kass et al.,1996;Lammer et al.,1996,2003)。研究表明,大气逃逸的过程与火星发电机的演化密切相关。因此,对火星磁场发电机的研究,有助于探讨火星是否曾经适合人类生存,而通过研究火星的大气层演化,也可以找到更多火星发电机的存在证据(Lammer et al.,2009,2012,2013)。

4.4 太阳风与火星的相互作用

火星没有全球性内禀磁场,只有局地火星壳磁场(Brain et al.,2002)。通过卫星观

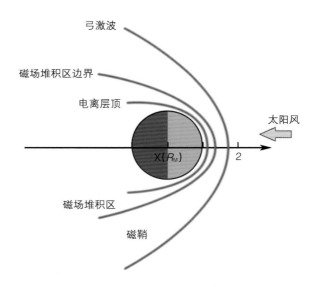

图4.8 太阳风与火星相互作用形成的等离子体边界示意图。

测,可以更好地研究太阳风与火星的相互作用以及火星磁场的演化。火星距离太阳
1.52AU(1AU约为地球到太阳的平均距离),其公转和自转周期分别为687地球日和24.6
小时。在火星附近,行星际磁场强度为2—3nT。通过分析MGS卫星的观测数据,进一步
证实了太阳风与火星相互作用更像金星(Cloutier et al.,1999)和彗星模式(Mazelle et al.,
1995),而非地球模式(Acuña et al.,1998)。太阳风与火星大气层/电离层相互作用产生
的等离子体边界有弓激波(bow shock)、磁场堆积区边界和电离层顶(ionopause)。这些边
界之间构成了火星磁鞘(magnetosheath)和磁场堆积区。

4.4.1 火星弓激波和磁场堆积区

太阳风与火星的相互作用会在火星的上游形成弓激波。太阳风带电粒子会在弓激
波处被反射形成前兆激波区。在前兆激波区存在着大量的粒子和波动行为。首先,在火
星前兆激波区存在激波反射离子形成的场向离子流和回旋离子束流,这些离子在激波脚
(shock foot)的回流行为可以用镜面反射解释,但在大于1—2离子回旋半径距离处,离子
行为变得更复杂(Barabash et al.,1993)。其次,在火星前兆激波区存在热及超热

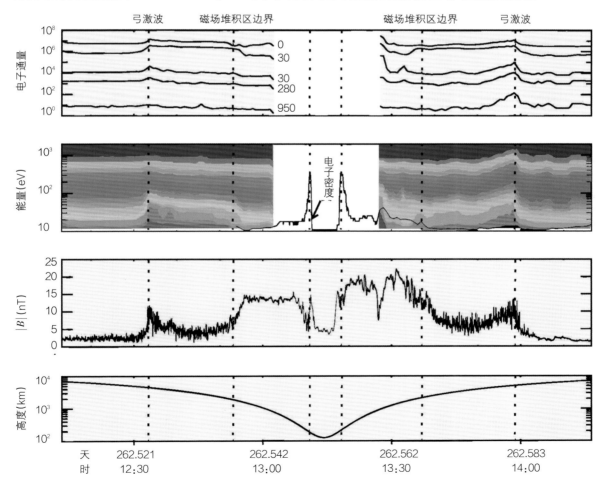

图4.9 MGS观测火星弓激波和磁场堆积区边界的磁场和电子数据。(图片来源:Acuña et al.,1998)

(thermal and suprathermal)电子分布(Kiraly et al.,1991)。另外,火星前兆激波区存在由激波反射离子束流激发的超低频波动(Russell et al.,1990),以及0.4—2.3Hz的哨声波(Brain et al.,2002),这些波动是行星前兆激波的重要特征之一。在电子前兆激波边界,卫星观测到了50—200Hz的波动,而这种波动在地球上没有被发现(Skalsky et al.,1998)。

"水手4号"的观测第一次确认了火星弓激波的存在(Smith et al.,1965)。基于MGS的磁场和电子观测数据,火星弓激波和磁场堆积区可以清晰地辨认。图4.9显示在卫星穿入火星弓激波时,磁场快速增强,低能电子温度变高,而高能电子没有太大变化。

火星弓激波和磁场堆积区边界之间的区域,称为磁鞘,是太阳风成分向火星大气成分转化的过渡区。磁鞘中磁场强度达10—20nT,并且有强烈的扰动;太阳风穿过火星弓激波进入火星磁鞘区后,等离子体速度减小,温度上升,同时伴随着电子的通量波动(Bertucci et al.,2003;Vennerstrom et al.,2003)。

在弓激波的下游和电离层/大气层上方形成的磁场堆积区是无磁化行星与磁化行星的重要区别之一。磁场堆积区上边界可以根据磁鞘里的等离子体波动、磁场和高能电子通量变化特征确定,下边界位置接近电离层顶(Trotignon et al.,1996)。火星磁场堆积区与磁鞘有着很大的区别。就磁场而言,磁场堆积区的磁场强度要比磁鞘磁场大得多,而且磁场堆积区中的磁场扰动较弱。从等离子体成分上看,磁场堆积区的离子主要是火星逃逸层大气生成的离子,而非太阳风离子。另外,在磁场堆积区里大于10eV的电子通量相对磁鞘区较低(Vignes et al.,2000)。

通过MGS和"火卫一2号"的观测数据可知,火星弓激波的平均距离在太阳活动高低

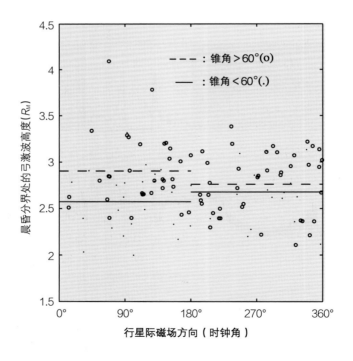

图4.10 在不同行星际磁场方向情况下,火星晨昏分界处弓激波高度变化。(图片来源:Vignes et al.,2000)

年几乎不变,在太阳风黄道面坐标系下,弓激波日下点高度约为 $1.6R_M$,晨昏分界处高度约为 $2.6R_M$(Alexander et al.,1985;Vignes et al.,2000)。在火星北半球,由行星际磁场锥角(行星际磁场与太阳风速度矢间的夹角)变化引起的弓激波晨昏侧高度差异达到 13%;而在南半球,这一差异只有 3%(Vignes et al.,2002)。造成南北半球差异情况不同的原因可能与火星壳磁场的分布有关。

4.4.2 火星上的等离子体波动

太阳风和火星的相互作用会激发各种等离子体波动。这些波动对于火星系统中能量的重新分配起着相当重要的作用(Espley et al.,2004)。研究这些波动的特征,可以为了解火星大气逃逸和气候演化提供重要的线索(Jakosky et al.,2001)。除此之外,研究这些波动的产生和形成机制对了解火星等离子体空间环境有重要的意义。

离子回旋波是在火星弓激波上游探测到的一种非常重要的等离子体波动,其典型特征是左旋极化,频率在离子回旋频率附近(Russell et al.,1990)。由于火星逃逸层能够扩展到太阳风中,逃逸层的中性粒子被光致电离产生新生离子(Barabash et al.,1991)。这些新生离子在太阳风磁场和电场作用下具有高度各向异性分布,和太阳风等离子体相互作用激发离子回旋波。图 4.11 是由 MGS 卫星在离火星中心 11 个火星半径处的太阳风中观测到的典型的离子回旋波。从图中可以看出波动持续了大约 17 分钟,最显著的频率大约为局地质子回旋频率的 0.83 倍,主要成分为横波。

Brain et al.(2002)根据 MGS 卫星的观测数据,统计得到火星附近的质子回旋波(磁场 X 分量)的波能量的空间分布。如图 4.12 所示,质子回旋波能量在磁鞘区域较强,并且在日下点和磁尾磁鞘区域最强。在弓激波外的区域,一个显著的特点是质子回旋波的能量随着离弓激波距离的增大而减小,这可能是由于火星逃逸层的中性成分密度随高度的增加而减小。后来的研究还表明,局地离子回旋频率的波动还能在电子通量数据中观测到(Bertucci,2003;Mazelle et al.,2004)。

Espley et al.(2004)利用 MGS 卫星磁场观测数据研究了火星弓激波下游,包括磁鞘、磁场堆积区域以及磁尾的等离子体波动。研究结果发现,在日侧磁鞘区域,等离子体波动以压缩分量为主,波矢量和背景磁场方向有较大夹角,并且其频率显著低于局地质子回旋频率,这表明日侧磁鞘区的等离子体扰动主要由镜像模不稳定性所激发,与等离子体耗散层相关,类似于地球磁鞘区域观测到的磁场扰动(Oieroset et al.,2004)。在夜侧磁鞘区域,磁场扰动主要表现出横波和椭圆偏振波的特点,其波矢量和背景磁场方向夹角很小,可能是由离子共振不稳定性所激发。在磁场堆积区和磁尾,磁场扰动振幅很小,并且呈现出线性偏振,表明在这些区域是一系列波模混合在一起所体现的特征。

利用 MGS 卫星低轨道数据,Espley et al.(2006)研究了火星电离层中的超低频波动。这些波动的频率在 0.01—1Hz 之间,它们的形成可能与火星—太阳风相互作用产生的磁声波扰动相关。这些波动的发现使得利用类似大地电磁测量等低频电磁波探测方法研究火星地下结构成为可能。一个潜在的用途就是可以利用这些方法探测火星地下是否有液态水存在。

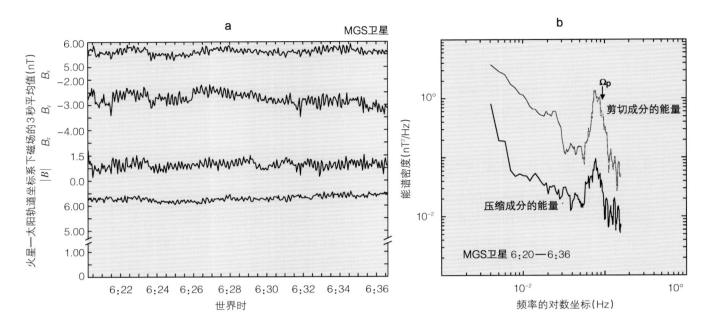

图 4.11 MGS 卫星 1997 年 12 月 27 日在离火星中心 11 个火星半径处的太阳风中观测到的结果：
(a) 离子回旋波；(b) 对应的能量谱。(图片来源：Wei et al.，2006)

局地离子回旋频率波动的功率谱

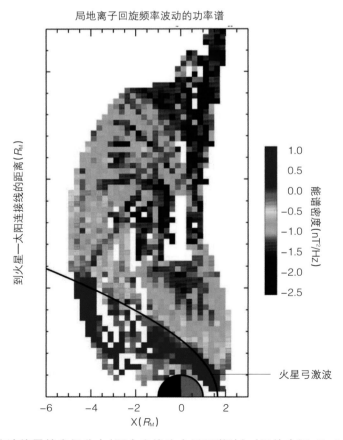

图 4.12 质子回旋波能量的空间分布 (图中实线为火星弓激波)。(图片来源：Brain et al.，2002)

4.4.3 火星粒子逃逸和极光现象

火星大气非常稀薄,其主要成分是 N_2、O_2、H_2、CO_2、CH_4、H_2O 等。相对地球而言,由于火星引力作用较小和缺少全球性内禀磁场的保护,火星的等离子体边界高度较低,火星电离层和大气层中的中性粒子更容易向外逃逸,从而形成逃逸层。火星的逃逸层高度甚至可以延伸到弓激波上游2个火星半径处(Barabash et al.,1991)。逃逸的中性粒子受到太阳极紫外辐射发生电离,这些新生成的离子会被太阳风电磁场捕获并带走。在火星尾侧,高速太阳风与火星的相互作用形成了具有双瓣结构的火星磁尾。磁尾的等离子体主要是来自火星电离层的 O^+,这些带电粒子会被太阳风磁场捕获并带离火星(Halekas et al.,2006)。

"火星快车"探测器搭载的紫外光谱仪在火星南半球磁场异常区上空观测到了类似极光的现象(Bertaux et al.,2005)。这是人眼不可见的紫外极光(Leblanc et al.,2008)。在这个区域里,太阳风等离子体能够沿着火星开放磁场进入火星电离层甚至大气层,从而可能产生极光现象。从探测结果可以看出,在尺度大小和形状上火星极光有着独特的特征,火星极光弧的宽度大概为 $0.02R_M$,呈现线状或者椭圆状。从图4.13中主要地形标志可以看出,极光主要发生在南半球磁异常区上空附近(Lundin et al.,2006)。

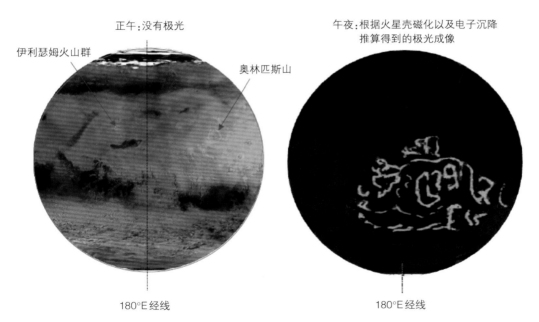

正午:没有极光

伊利瑟姆火山群

奥林匹斯山

180°E经线

午夜:根据火星壳磁化以及电子沉降
推算得到的极光成像

180°E经线

图4.13 "火星快车"探测到的火星没有极光(左)和有极光(右)情况对比。(图片来源:Lundin et al.,2006)

目前,火星磁场的探测资料非常有限,我们对火星磁场的认识是基于这些有限的观测数据和地球磁场的知识,对火星磁场的成因和演化过程等科学问题的认识还很不清楚,很多观点存在重大分歧和争议,很多未知现象等待探索和发现。例如,火星发电机开始和结束的时间,条带状磁场分布的成因,火星内部磁场结构等,都是开放性问题。这些问题的解答需要火星表面磁场的就位探测数据、火星岩石样品的磁性分析数据,以及借助模拟手段深入研究磁场形成的物理机制。

参考文献

王天媛, 匡伟佳, 马石庄. 2006. 火星磁场和行星发电机理论. 地球物理学进展, 21: 768—775

Acuña M H, Connerney J E P, Ness N F, et al. 1999. Global distribution of crustal magnetization discovered by the Mars Global Surveyor MAG/ER experiment. *Science*, 284: 790–793

Acuña M H, Connerney J E P, Wasilewski P, et al. 1998. Magnetic field and plasma observations at Mars: Initial results of the Mars Global Surveyor Mission. *Science*, 279: 1676–1680

Acuña M H, Connerney J E P, Wasilewski P, et al. 2001. Magnetic field of Mars: Summary of results from aerobraking and mapping orbits. *Journal of Geophysical Research*, 106: 23403–23417

Alexander C J, Russell C T. 1985. Solar cycle dependence of the location of the Venus bow shock. *Geophysical Research Letters*, 12: 369–371

Arkani-Hamed J. 2001a. A 50 degree spherical harmonic model of the magnetic field of Mars. *Journal of Geophysical Research*, 106: 23197–23208

Arkani-Hamed J. 2001b. Paleomagnetic pole positions and pole reversals of Mars. *Geophysical Research Letters*, 28: 3409–3412

Arkani-Hamed J. 2002. An improved 50-degree spherical harmonic model of the magnetic field of Mars derived from both high-altitude and low-latitude data. *Journal of Geophysical Research*, 107: 5083

Arkani-Hamed J. 2003. Thermoremanent magnetization of the Martian lithosphere. *Journal of Geophysical Research*, 108: 5114

Arkani-Hamed J. 2004a. A coherent model of the crustal magnetic field of Mars. *Journal of Geophysical Research*, 109: E09005

Arkani-Hamed J. 2004b. Timing of the Martian core dynamo. *Journal of Geophysical Research*, 109: E002195

Arkani-Hamed J. 2005. Magnetic crust of Mars. *Journal of Geophysical Research*, 110: E08005

Arkani-Hamed J. 2009. Did tidal deformation power the core dynamo of Mars? *Icarus*, 201: 31–43

Arkani-Hamed J. 2012. Life of the Martian dynamo. *Physics of the Earth and Planetary Interiors*, 196: 83–96

Arkani-Hamed J, Olson P. 2010a. Giant impact stratification of the Martian core. *Geophysical Research Letters*, 37: L02201

Arkani-Hamed J, Olson P. 2010b. Giant impacts, core stratification, and failure of the Martian dynamo. *Journal of Geophysical Research: Planets*, 115: E07012

Balogh A. 2010. Planetary magnetic field measurements: Missions and instrumentation. *Space Science Reviews*, 152: 23–97

Barabash S, Dubinin E, Pissarenko N, et al. 1991. Picked-up protons near Mars: Phobos observations. *Geophysical Research Letters*, 18: 1805–1808

Barabash S, Lundin R. 1993. Reflected ions near Mars, Phobos-2 observations. *Geophysical Research Letters*, 20: 787–790

Bertaus J L, Leblanc F, Witasse O, et al. 2005. Discovery of an aurora on Mars. *Nature*, 435: 790–794

Bertaux J L, Carr M, Des Marais D J, et al. 2007. Conversations on the habitability of worlds: The importance of volatiles. *Space Science Reviews*, 129: 123–165

Bertka C M, Fei Y. 1998. Implications of Mars Pathfinder data for the accretion history of the terrestrial planets. *Science*, 281: 1838–1840

Bertucci C, Mazelle C, Crider D H, et al. 2003. Magnetic field draping enhancement at the Martian magnetic pileup boundary from Mars global surveyor observations. *Geophysical Research Letters*, 30: 1099

Boesswetter A, Auster U, Richter I, et al. 2009. Rosetta swing-by at Mars—An analysis of the RO-MAP measurements in comparison with results of 3-D multi-ion hybrid simulations and MEX/ASPERA-3 data. *Annales Geophysicae*, 27: 2383−2398

Brain D A, Bagenal F, Acuña M H, et al. 2002. Observations of low-frequency electro-magnetic plasma waves upstream from the Martian shock. *Journal of Geophysical Research*, 107: 1076

Cain J C, Ferguson B B, Mozzoni D. 2003. An n=90 internal potential function of the Martian crustal magnetic field. *Journal of Geophysical Research*, 108: 5008

Chassefière E, Leblanc F, Langlais B. 2007. The combined effects of escape and magnetic field histories at Mars. *Planetary and Space Science*, 55: 343−357

Chiao L Y, Lin J R, Gung Y C. 2006. Crustal magnetization equivalent source model of Mars constructed from a hierarchical multiresolution inversion of the Mars Global Surveyor data. *Journal of Geophysical Research*, 111: E12010

Cisowski S M, Fuller M. 1978. The effect of shock on the magnetism of terrestrial rocks. *Journal of Geophysical Research*, 83: 3441−3458

Cloutier P A, Law C C, Crider D H, et al. 1999. Venus-like interaction of the solar wind with Mars. *Geophysical Research Letters*, 26: 2685−2688

Collinson D W. 1997. Magnetic properties of Martian meteorites: Implications for an ancient Martian magnetic field. *Meteoritics & Planetary Science*, 32: 803−811

Connerney J E P, Acuña M H, Ness N F, et al. 2004. Mars crustal magnetism. *Space Science Reviews*, 111: 1−32

Connerney J E P, Acuña M H, Ness N F, et al. 2005. Tectonic implications of Mars crustal magnetism. *Proceedings of the National Academy of Sciences of the United States of America*, 102: 14970−14975

Connerney J E P, Acuña M H, Wasilewski P J, et al. 1999. Magnetic lineations in the ancient crust of Mars. *Science*, 284: 794−798

Connerney J E P, Acuña M H, Wasilewski P J, et al. 2001. The global magnetic field of Mars and implications for crustal evolution. *Geophysical Research Letters*, 28: 4015−4018

Dolginov S S, Yeroshenko Y G, Zhuzgov L N. 1973. Magnetic field in the very close neighborhood of Mars according to data from the Mars 2 and Mars 3 spacecraft. *Journal of Geophysical Research*, 78: 4779−4786

Dolginov S S, Yeroshenko Y G, Zhuzgov L N. 1976. The magnetic field of Mars according to the data from the Mars 3 and Mars 5. *Journal of Geophysical Research*, 81: 3353−3362

Espley J R, Cloutier P A, Brain D A, et al. 2004. Observations of low-frequency magnetic oscillations in the Martian magnetosheath, magnetic pileup region, and tail. *Journal of Geophysical Research*, 109: A07213−1

Espley J R, Delory G T, Cloutier P A. 2006. Initial observations of lowfrequency magnetic fluctuations in the Martian ionosphere. *Journal of Geophysical Research*, 111: E002587

Ferguson B B, Cain J C, Crider D H, et al. 2005. External fields on the nightside of Mars at Mars Global Surveyor mapping altitudes. *Geophysical Research Letters*, 32: L16105

Folkner W M, Yoder C F, Yuan D N, et al. 1997. Interior structure and seasonal mass redistribution of Mars from radio tracking of Mars Pathfinder. *Science*, 278: 1749−1752

Frey H V, Roark J H, Shockey K M, et al. 2002. Ancient lowlands on Mars. *Geophysical Research*

Letters, 29: 1384

Frey H V. 2006. Impact constraints on the age and origin of the lowlands of Mars. *Geophysical Research Letters*, 33: L08S02

Frey H V. 2008. Ages of very large impact basins on Mars: Implications for the late heavy bombardment in the inner solar system. *Geophysical Research Letters*, 35: L13203

Gattacceca J, Boustie M, Lima E, et al. 2010. Unraveling the simultaneous shock magnetization and demagnetization of rocks. *Physics of the Earth and Planetary Interiors*, 182: 42−49

Glassmeier K H, Musmann G, Vocks C, et al. 2000. Mars—A planet in magnetic transition? *Planetary and Space Science*, 48: 1153−1159

Halekas J S, Brain D A, Lillis R J, et al. 2006. Current sheets at low altitudes in the Martian magnetotail. *Geophysical Research Letters*, 33: L13101

Halekas J S, Mitchell D L, Lin R P, et al. 2002. Demagnetization signatures of lunar impact craters. *Geophysical Research Letters*, 29: 1645

Hood L L, Richmond N C, Pierazzo E, et al. 2003. Distribution of crustal magnetic field on Mars: Shock effects of basin-forming impacts. *Geophysical Research Letters*, 30: 1281

Hori K, Wicht J. 2013. Subcritical dynamos in the early Mars' core: Implications for cessation of the past Martian dynamo. *Physics of the Earth and Planetary Interiors*, 219: 21−33

Hutchins K S, Jakosky B M, Luhmann J G. 1997. Impact of a paleomagnetic field on sputtering loss of Martian atmospheric argon and neon. *Journal of Geophysical Research: Planets*, 102: 9183−9189

Jakosky B M, Phillips R J. 2001. Mars' volatile and climate history. *Nature*, 412: 237−244

Kass D M, Yung Y L. 1996. Response: The loss of atmosphere from Mars. *Science*, 274: 1932−1933

Kiraly P, Loch R, Szegö K, et al. 1991. The HARP plasma experiment on-board the Phobos 2 spacecraft: preliminary results. *Planetary and Space Science*, 39: 139−145

Kuang W, Jiang W, Roberts J, et al. 2014. Could giant basin-forming impacts have killed Martian dynamo? *Geophysical Research Letters*, 41: 8006−8012

Kuang W, Jiang W, Wang T. 2008. Sudden termination of Martian dynamo: Implications from subcritical dynamo simulations. *Geophysical Research Letters*, 35: 14204

Lammer H, Bredehöft J H, Coustenis A, et al. 2009. What makes a planet habitable? *The Astronomy and Astrophysics Review*, 17: 181−249

Lammer H, Chassefière E, Karatekin Í, Ř et al. 2013. Outgassing history and escape of the Martian atmosphere and water inventory. *Space Science Reviews*, 174: 113−154

Lammer H, Gudel M, Kulikov Y, et al. 2012. Variability of solar/stellar activity and magnetic field and its influence on planetary atmosphere evolution. *Earth, Planets and Space*, 64: 179−199

Lammer H, Lichtenegger H I M, Kolb C, et al. 2003. Loss of water from Mars: Implications for the oxidation of the soil. *Icarus*, 165: 9−25

Lammer H, Stumptner W, Bauer S J. 1996. Loss of H and O from Mars: Implications for the planetary water inventory. *Geophysical Research Letters*, 23: 3353−3356

Langlais B, Lesur V, Purucker M E, et al. 2010. Crustal magnetic fields of terrestrial planets. *Space Science Reviews*, 152: 223−249

Langlais B, Purucker M E, Mandea M. 2004. Crustal magnetic field of Mars. *Journal of Geophysical Research*, 109: E02008

Leblanc F, Johnson R E. 2001. Sputtering of the Martian atmosphere by solar wind pick-up ions. *Planetary and Space Science*, 49: 645−656

Leblanc F, Witasse O, Lilensten J, et al. 2008. Observations of aurorae by SPICAM ultraviolet spectrograph on board Mars Express: Simultaneous ASPERA-3 and MARSIS measurements. *Journal of Geophysical Research*, 113: A08311

Lewis K W, Simons F J. 2012. Local spectral variability and the origin of the Martian crustal magnetic field. *Geophysical Research Letters*, 39: L18201

Lillis R J, Frey H V, Manga M. 2008. Rapid decrease in Martian crustal magnetization in the Noachian era: Implications for the dynamo and climate of early Mars. *Geophysical Research Letters*, 35: L14203

Lillis R J, Frey H V, Manga M, et al. 2007. Basin magnetic signatures and crater retention ages: Evidence for a rapid shutdown of the Martian dynamo. *LPSC 38*, 1515

Lillis R J, Mitchell D L, Lin R P, et al. 2004. Mapping crustal magnetic fields at Mars using electron reflectometry. *Geophysical Research Letters*, 31: L15702

Lillis R J, Stewart S T, Manga M. 2013. Demagnetization by basin-forming impacts on early Mars: Contributions from shock, heat, and excavation. *Journal of Geophysical Research*, 118: 1045–1062

Luhmann J G, Johnson R E, Zhang M H G. 1992. Evolutionary impact of sputtering of the Martian atmosphere by O^+ pickup ions. *Geophysical Research Letters*, 19: 2151–2154

Lundin R, Barabash S, Andersson H, et al. 2004. Solar wind-induced atmospheric erosion at Mars: First results from ASPERA-3 on Mars Express. *Science*, 305: 1933–1936

Lundin R, Lammer H, Ribas I. 2007. Planetary magnetic fields and solar forcing: Implications for atmospheric evolution. *Space Science Reviews*, 129: 245–278

Lundin R, Winningham D, Barabash S, et al. 2006. Plasma acceleration above Martian magnetic anomalies. *Science*, 311: 980–983

Mazelle C, Reme H, Neubauer F M, et al. 1995. Comparison of the main magnetic and plasma features in the environments of comets Grigg-Skjellerup and Halley. *Advances in Space Research*, 16: 41–45

Mazelle C, Winterhalter D, Sauer K, et al. 2004. Bow shock and upstream phenomena at Mars. *Space Science Reviews*, 111: 115–181

Milbury C, Schubert G. 2010. Search for the global signature of the Martian dynamo. *Journal of Geophysical Research: Planets*, 115: E10010

Milbury C, Schubert G, Raymond C A, et al. 2012. The history of Mars' dynamo as revealed by modeling magnetic anomalies near Tyrrhenus Mons and Syrtis Major. *Journal of Geophysical Research: Planets*, 117: E10007

Mohit P S, Arkani-Hamed J. 2004. Impact demagnetization of the Martian crust. *Icarus*, 168: 305–317

Monteux J, Amit H, Choblet G, et al. 2015. Giant impacts, heterogeneous mantle heating and a past hemispheric dynamo on Mars. *Physics of the Earth and Planetary Interiors*, 240: 114–124

Monteux J, Arkani-Hamed J. 2014. Consequences of giant impacts in early Mars: Core merging and Martian dynamo evolution. *Journal of Geophysical Research: Planets*, 119: 480–505

Monteux J, Jellinek A M, Johnson C L. 2013. Dynamics of core merging after a mega-impact with applications to Mars' early dynamo. *Icarus*, 226: 20–32

Morschhauser A, Lesur V, Grott M. 2014. A spherical harmonic model of the lithospheric magnetic field of Mars. *Journal of Geophysical Research*, 119: 1162–1188

Ness N F, Acuña M H, Connerney J, et al. 1999. MGS magnetic fields and electron reflectometer investigation: Discovery of paleomagnetic fields due to crustal remnance. *Advances in Space Research*, 23: 1879–1886

Nimmo F. 2000. Dike intrusion as a possible cause of linear Martian magnetic anomalies. *Geology*, 28: 391–394

Nimmo F, Gilmore M S. 2001. Constraints on the depth of magnetized crust on Mars from impact craters. *Journal of Geophysical Research*, 106: 12315–12323

Nimmo F, Stevenson D J. 2000. Influence of early plate tectonics on the thermal evolution and magnetic field of Mars. *Journal of Geophysical Research*, 105: 11969–11979

Oieroset M, Mitchell D L, Phan T D, et al. 2004. The magnetic field pile-up and density depletion in the Martian magnetosheath: A comparison with the plasma depletion layer upstream of Earth's magnetopause. *Space Science Reviews*, 111: 185–202

Purucker M E, Ravat D, Frey H, et al. 2000. An altitude-normalized magnetic map of Mars and its interpretation. *Geophysical Research Letters*, 27: 2449–2452

Reese C C, Solomatov V S. 2010. Early martian dynamo generation due to giant impacts. *Icarus*, 207: 82–97

Reidler W, Schwingenschuh K, Lichtenegger H, et al. 1991. Tyrrhenus mons. *Planet Space Science*, 39: 75–81

Righter K, Hervig R, Kring D. 1998. Accretion and core formation on Mars: Molybdenum contents of melt inclusion glasses in three SNC meteorites. *Geochimica et Cosmochimica Acta*, 62: 2167–2177

Roberts J H, Lillis R J, Manga M. 2009. Giant impacts on early Mars and the cessation of the Martian dynamo. *Journal of Geophysical Research: Planets*, 114: E04009

Russell C T, Sauer K, Delva M, et al. 1990. Upstream waves at Mars—PHOBOS observations. *Geophysical Research Letters*, 17: 897–900

Schubert G, Soloman S C, Turcotte D T, et al. 1992. Origin and thermal evolution of Mars. *In*: Kieffer H H, Jakosky B M, Snyder C W, et al (eds). *Mars*. Tucson: University of Arizona Press, 147–183

Schubert G, Russell C T, Moore W B. 2000. Geophysics: Timing of the Martian dynamo. *Nature*, 408: 666–667

Shahnas H, Arkani-Hamed J. 2007. Viscous and demagnetization of Martian crust. *Journal of Geophysical Research*, 112: E02009

Skalsky A, Dubinin E, Delva M, et al. 1998. Wave observations at foreshock boundary in the near-Mars space. *Earth Planets Space*, 50: 439–444

Smith E J, Davis L, Coleman P J, et al. 1965. Magnetic field measurements near Mars. *Science*, 149: 1241–1242

Slavin J A, Schwingenschuh K, Riedler W, et al. 1991. The solar wind interaction with Mars: Mariner 4, Mars 2, Mars 3, Mars 5, and Phobos 2 observations of bow shock position and shape. *Journal of Geophysical Research*, 96: 11235–11241

Sleep N H. 1994. Martian plate tectonics. *Journal of Geophysical Research*, 99: 5639–5655

Stanley S, Elkins-Tanton L, Zuber M T, et al. 2008. Mars' paleomagnetic field as the result of a single-hemisphere dynamo. *Science*, 321: 1822–1825

Stevenson D J. 2001. Mars' core and magnetism. *Nature*, 412: 214–219

Stevenson D J, Spohn T, Schubert G. 1983. Magnetism and thermal evolution of the terrestrial planets. *Icarus*, 54: 466–489

Stewart A J, Schmidt M W, van Westrenen W, et al. 2007. Mars: A new core-crystallization regime. *Science*, 316: 1323–1325

Trotignon J G, Dubinin E, Grard R, et al. 1996. Martian planetopause as seen by the plasma wave system onboard Phobos 2. *Journal of Geophysical Research*, 101: 24965−24977

Vennerstrom S, Olsen N, Purucker M, et al. 2003. The magnetic field in the pile-up region at Mars, and its variation with the solar wind. *Geophysical Research Letters*, 30: 1369

Vignes D, Mazelle C, Rème H, et al. 2000. The solar wind interaction with Mars: Locations and shapes of the bow shock and the magnetic pile-up boundary from the observations of the MAG/ER Experiment onboard Mars Global Surveyor. *Geophysical Research Letters*, 27: 49−52

Vignes D, Acuña M H, Connerney J E P, et al. 2002. Factors controlling the location of the Bow Shock at Mars. *Geophysical Research Letters*, 29: 42−1−42−4

Voorhies C V. 2008. Thickness of the magnetic crust of Mars. *Journal of Geophysical Research: Planets*, 113: E04004

Voorhies C V, Sabaka T J, Purucker M. 2002. On magnetic spectra of Earth and Mars. *Journal of Geophysical Research: Planets*, 107: 5034

Wei H Y, Russell C T. 2006. Proton cyclotron waves at Mars: Exosphere structure and evidence for a fast neutral disk. *Geophysical Research Letters*, doi:10.1029/2006GL026244

Weiss B P, Fong L E, Vali H, et al. 2008. Paleointensity of the ancient Martian magnetic field. *Geophysical Research Letters*, 35: L23207

Weiss B P, Vali H, Baudenbacher F J, et al. 2002. Records of an ancient Martian magnetic field in ALH84001. *Earth and Planetary Science Letters*, 201: 449−463

Whaler K A, Purucker M E. 2005. A spatially continuous magnetization model for Mars. *Journal of Geophysical Research: Planets*, 110: E09001

Yoder C F, Konopliv A S, Yuan D N, et al. 2003. Fluid core size of Mars from detection of the solar tide. *Science*, 300: 299−303

Young R E, Schubert G. 1974. Temperatures inside Mars: Is the core liquid or solid? *Geophysical Research Letters*, 1: 157−160

Zuber M T. 2001. The crust and mantle of Mars. *Nature*, 412: 220−227

本章作者

杜爱民　中国科学院地质与地球物理研究所研究员,地磁与空间物理研究室主任,中国地震学会空间对地观测专业委员会委员,中国地球物理学会国家安全地球物理专业委员会委员,主要从事太阳风—磁层—电离层耦合以及地磁场的观测和研究,已发表SCI学术论文80余篇。

葛亚松　中国科学院地质与地球物理研究所研究员,空间物理学专业。

张　莹　中国科学院地质与地球物理研究所副研究员,空间物理学专业。

区家明　中国科学院地质与地球物理研究所博士后,空间物理学专业。

单立灿　中国科学院地质与地球物理研究所博士后,空间物理学专业。

黄　晟　中国科学院地质与地球物理研究所博士后,空间物理学专业。

罗　浩　中国科学院地质与地球物理研究所副研究员,空间物理学专业。

第 5 章

火星电离层

火星电离层由高层大气电离产生,与金星、地球等其他行星的电离层在许多方面存在相似之处,但又具有其明显的独有特性。自1965年"水手6号"首次探测证实火星存在电离层,到2014年MAVEN探测器成功抵达火星开始长期探测,共计有12个飞行器执行了电离层的探测任务。几代研究者对这些探测计划所返回的数据进行了广泛的分析和深入的研究,目前已经掌握了火星电离层的形成和变化的主要规律,同时也发现了许多有趣的现象和存在的问题。本章简述火星电离层探测和研究方面已取得的重要认识,同时介绍与之相关的亟待研究的重要问题。

5.1 火星上层电离层

太阳极紫外辐射和粒子沉降使火星热层大气电离产生 CO_2^+ 和 O^+,其中主要的电离化学式如下所示(Nagy et al.,2004):

$$CO_2 + hv \rightarrow CO_2^+ + e$$
$$CO_2^+ + O \rightarrow O_2^+ + CO$$
$$CO + O_2^+ \rightarrow O^+ + CO_2$$
$$O^+ + CO_2 \rightarrow O_2^+ + CO$$

初始离子 CO_2^+ 很快和O发生电荷交换形成 O_2^+,O_2^+ 通过离解复合损失掉。O^+ 通过与 CO_2 交换电荷保持平衡,平衡建立过程中产生的 O_2^+ 在约130km高度形成日侧电离层主峰。主峰结构在夜侧很难确定。根据Chapman方程,峰值密度 N_m 通过产生率(q_m)和损失率(αN_m^2)平衡确定,即 $\alpha N_m^2 = q_m = (\eta S/eH_n)\cos(SZA)$,其中 α 是复合系数(单位: cm^3/s),S 是火星大气层顶部电离通量(单位: cm^{-2}/s),η 是电离效率(单位: S^{-1}),H_n 是大气标高(单位:cm),SZA是太阳天顶角(单位:度),e=2.718。如果 H_n、η、α 和 SZA 不发生变化,那么峰值密度及其所在高度也保持不变。

5.1.1 上层电离层探测

目前,我们所获得的火星电离层知识大多通过无线电掩星技术获得。实施无线电掩星技术的火星探测器有"水手号"、"火星号"、"海盗号"、"火星全球勘测者"和"火星快车"。行星无线电掩星探测技术是利用无线电信号探测行星大气的方法。飞行器发射无线电信号,地面接收站接收信号,信号的变化来源于行星大气的变化。当飞行器进入行星背面的时候,无线电信号穿越行星大气的高度越来越低,通过解算信号强度和极化随时间的变化,能够得到不同高度上的大气密度信息。除此之外,还有一种普遍的双程探测方法,是使用不同频率的无线电信号探测同一传播介质的色散。双程探测主要用于确定行星电离层的电子总含量(total electron content,TEC)。在双程探测中,使用S和X两个频带测量相位和幅度的幅度依赖。S频带位于2.3GHz,对等离子密度比较敏感。X频带位于8.4GHz,对于行星大区的中性密度比较敏感。

5.1.1.1 早期空间探测时期

火星上层电离层的第一手资料来源于"水手4号"的无线电掩星探测技术(Kliore et al.,1965)。在"水手4号"之后,"水手6号"、"水手7号"和"水手9号",以及"火星2号"和"火星3号"都提供了火星上层电离层的无线电掩星资料。所有这些火星探测任务都观测到一个日侧电离层,但并未观测到夜侧电离层。图5.1是"水手4号"、"水手6号"和"水手7号"探测的火星日侧电离层剖面(Rasool et al.,1971)。值得注意的是,1965年的"水手4号"是处于太阳活动极小年,而1969年的"水手6号"和"水手7号"处于太阳活动极大年。在图5.1中能够观测到明显的太阳活动效应,即太阳活动水平高时电子密度大。

"水手9号"于1971年11月14日进入火星轨道,在最初的40天里共获得160个无线电掩星剖面,纬度覆盖34°N—65°N,太阳天顶角覆盖57°—105°。另一探测集来源于1972年5—6月,纬度覆盖86°N—80°S,太阳天顶角覆盖70°—100°。"水手9号"探测的所

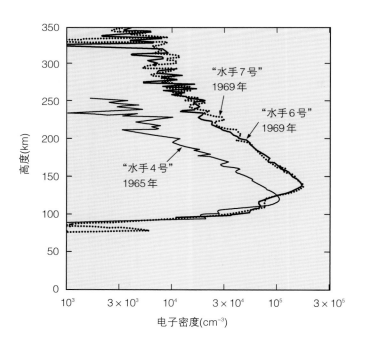

图5.1 "水手4号"、"水手6号"和"水手7号"观测的火星日侧电离层电子密度剖面。
(图片来源:Rasool et al.,1971)

有剖面显示,火星上层电离层的平均等离子体标高是38.4km。

"海盗1号"和"海盗2号"分别从1975年8月20日和9月9日开始探测火星电离层,其中火星电离层探测集中在1976—1978年,覆盖太阳天顶角45°—127°。虽然火星日下点和子夜的电离层区域是火星和太阳发生相互作用的关键区域,但这些探测任务都没有探测到这两个关键的区域。"水手7号"和"海盗1号"、"海盗2号"探测的日侧峰值高度随太阳天顶角的变化、峰值密度随太阳天顶角的变化,均符合Chapman理论(Zhang et al., 1990)。

行星电离层也有类似地球等离子体层顶的结构,叫作电离层顶。Brace et al.(1983)将金星电离层顶的特征描述为电子密度突然下降到100cm^{-3}。在火星上,"水手号"和"海盗号"的无线电掩星探测中并没有观测到明显的电子密度突降,因为电子密度在到达电离层高度前就已经被噪声淹没。分析中将火星电离层顶定义为无线电掩星剖面能够到达的高度,据此定义,使用"水手9号"、"海盗1号"和"海盗2号"探测数据确定的电离层顶高度并不高。

5.1.1.2 最新探测:"火星全球勘测者"和"火星快车"

1965—1980年的15年间,美国和苏联的火星空间探测任务共获得443个电子密度剖面(Mendillo et al., 2006),但1980—1998年却无任何无线电掩星探测。"火星全球勘测者"在1998年11月24日到2005年6月9日的运行期间获得了5600个无线电掩星剖面(Withers et al., 2008)。此后,"火星快车"已报道500个无线电掩星剖面(Withers et al., 2012)。"火星快车"数据显示,火星电离层主峰出现在约135km高度处,并被称为M1层,次峰出现在约112km,并被称为M2层。图5.2显示"火星全球勘测者"于1998年12月24—31日探测的32个无线电掩星剖面,数据覆盖东向经度0°—361°E,纬度64.7°N—67.3°N,太阳天顶角78°—81°,以及当地太阳时4:00—3:00。图5.2显示M1层峰值结构通常存在;M2层峰值结构经常呈"凸起"结构,有时呈明显的峰值结构。Bougher et al.(2001, 2004)发现北半球M1峰值密度随东向经度变化,并认为是由非迁移潮汐引起的;Seth et

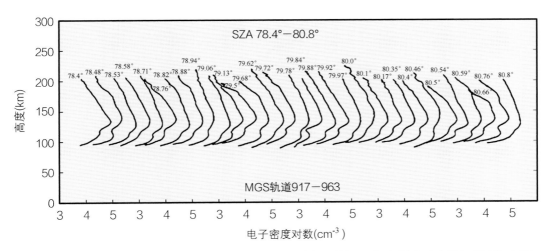

图5.2 "火星全球勘测者"使用无线电掩星探测技术探测的32个电子密度剖面。(图片来源:Haider et al.,2006)

al.(2006a,2006b)和Mahajan et al.(2007)使用同样的分析,确定了火星电离层中存在的
三波结构。Krymskii et al.(2003)认为,火星南北半球分别有大的磁层和小的"迷你"磁
层,"迷你"磁层区域的电子密度比周围区域大。太阳风热电子沿着火星壳场开放磁力线
进入电离层,导致峰值密度增大(Gurnett et al.,2008)。

"火星全球勘测者"的无线电掩星数据表明,M2层和M1层的峰值密度存在太阳天顶
角变化,峰值密度和峰值高度存在日变化。Mahajan et al.(2007)认为,火星M2层和M1
层基本由光化平衡控制,如果太阳天顶角、地方时和纬度保持不变,峰值密度和峰值高度
应该不会发生变化,因此将偏离上述规律的变化称为"异常"。Pätzold et al.(2005)使用
"火星快车"无线电掩星数据,发现在80—100km高度间存在一个流星层,Withers et al.
(2008)也由"火星全球勘测者"无线电掩星数据证实了这一分层的存在。最近,Withers
et al.(2012)使用"火星快车"数据发现,南半球有1%的电子密度剖面可以延伸到650km
高度,还发现剖面中单标高、双标高和三个标高的结构分别占10%、25%和10%。这些观
测表明M1层和通常意义上的Chapman形状不同,给火星电离层化学、动力学、热力学特
性的理解以及数值模型的建立带来了新的挑战。

除了无线电掩星观测,"火星快车"还携带一个低频雷达,叫作火星先进地下和电离
层探测雷达(Mars Advanced Radar for Subsurface and Ionosphere Sounding,MARSIS)。火
星先进地下和电离层探测雷达从0.1—5.4MHz发射无线电波,将无线电波的回波信号作
为频率和时延的函数记录下来进行图形化显示,从而得到火星顶部电离层频高图
(ionograms)(Gurnett et al.,2005)。从频高图可以得到覆盖所有太阳天顶角的火星顶部
电离层电子密度剖面,由此可获得火星顶部电离层拓扑结构。从火星先进地下和电离层
探测雷达得到的电子密度剖面中发现,在F层以上还有一些额外的层存在。如图5.3,
Kopf et al.(2008)从火星先进地下和电离层探测雷达2005年9月4日的探测数据发现,在
280—320km之间有一个第二层和第三层,而且第二层和第三层的出现率分别是60%和

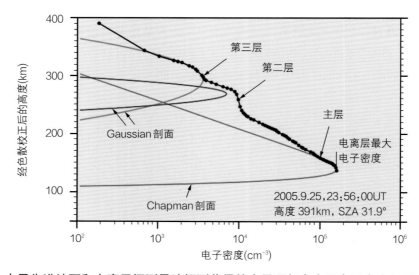

图5.3 火星先进地下和电离层探测雷达探测获得的火星顶部电离层电子密度剖面。红线是拟合
主峰结构获得的Chapman剖面,蓝线和绿线分别是拟合主峰以上第二和第三层结构获得
的Gaussian剖面。(图片来源:Kopf et al.,2008)

1%。此外,火星先进地下和电离层探测雷达还能从当地等离子体震荡获得"火星快车"轨道的轨道等离子体频率,即轨道电子密度,也称为当地电子密度。轨道电子密度剖面中有一个类似金星电离层顶的电子密度突降结构,该结构在此前的无线电掩星数据中并没有发现,也许是因为之前的无线电掩星电子密度在10^3cm^{-3}以下被噪声淹没,无法识别。从火星先进地下和电离层探测雷达轨道电子密度剖面获得的电离层顶结构一般位于电离层光电子区域和磁鞘区之间,其高度在SZA ≤ 60°时小于500km。然而,具有明显电子密度突降的电离层顶结构很少被观测到,在约90 %的情况下,上层电离层的电子密度扰动很大,很难观测到明显的电子密度突降。

在"火星全球勘测者"无线电掩星剖面和"火星快车"无线电掩星剖面中,依然没有观测到像金星一样明显的电离层顶结构。"火星快车"携带的火星先进地下和电离层探测雷达不仅能够通过远程探测获得飞行器以下、峰值高度以上的电子密度剖面,还能通过当地激发的等离子体波动推断飞行器所在地(当地)的电子密度。在轨道电子密度剖面中发现,火星具有和金星一样明显的电子密度突降,即电离层顶(Duru et al.,2008)。但是,火星电离层电子密度扰动剧烈,像金星一样明显的电子密度突降在火星上很少被观测到(Gurnett et al.,2010),因此,Han et al.(2014)决定使用密度突降来定义火星电离层顶。通过对火星先进地下和电离层探测雷达探测的当地电子密度进行统计分析,发现10^3cm^{-3}最能代表火星电离层主体的上边界,据此将火星电离层顶定义为电子密度开始低于10^3cm^{-3}的高度,使用该密度阈值定义的火星电离层顶没有明显的太阳天顶角效应(Han et al.,2014)。同时还发现,该密度边界层中值高度比光电子边界层中值高度低了近200km(Han et al.,2014)。

5.1.1.3 离子成分和离子温度:"海盗号"探测

"海盗1号"和"海盗2号"着陆器携带的阻滞势分析仪(Retarding Potential Analyser)提供了火星电离层的首次实地探测(Hanson et al., 1977)。两个着陆器都是从南半球靠近火星,穿过赤道,在北半球太阳天顶角45°处进入电离层,进入时间分别是当地标准时(LST)9:49和16:30。"海盗1号"和"海盗2号"上的阻滞势分析仪确定了火星日侧电离层主要离子成分,如图5.4所示。"海盗号"探测表明,在300km以下,火星电离层主要离子成分为O_2^+;在300km高度,O^+浓度开始与O_2^+相比肩;CO_2^+在整个高度上都约是O_2^+的1/10。阻滞势分析仪探测还表明,日侧离子温度在电离层主峰以上偏离了中性大气温度($T_N < 200K$),在300km左右达到近3000K。Chen et al.(1978)发现,单独的太阳极紫外辐射加热并不足以解释阻滞势分析仪探测到的离子温度,为了和观测温度匹配,他们不得不假设有一个顶部流动热源直接加热离子,这个流动热源很可能和电离层—太阳风相互作用过程有关。Rohrbaugh et al.(1979)加入放热化学反应后对能量进行了详细分析,发现离子温度的计算值和观测值符合得很好。Hanson et al.(1988)对阻滞势分析仪电子数据进行详细分析,得到了热电子温度随高度变化的剖面。此外还得到了两个更高能级电子的温度剖面,其中一个主要由光电子贡献,近似符合麦克斯韦分布,在200km以上温度近$2×10^4K$;另一个与太阳风电子相关,在200km以上温度近$1×10^5K$。

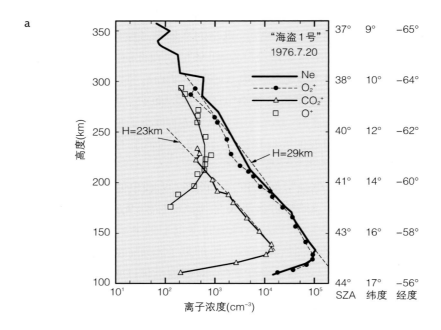

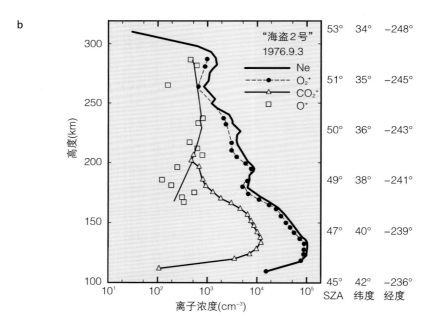

图5.4 "海盗1号"(a)和"海盗2号"(b)探测到的火星电离层离子成分。(图片来源:Hanson et al., 1977)

5.1.2 上层电离层的电离源

太阳的极紫外辐射和X射线辐射是火星上层电离层的主要电离源。这个频段太阳辐射的光子具有足够的能量,中性大气吸收能量后,能够将电子剥离出去成为自由电子,这个过程称为电离。电离的逆过程称为复合,是一个正离子和一个自由电子相结合的过程。在火星上,电离层的主要反应是 O_2^+ 电离、复合,形成两个原子氧,产生的能量被原子氧以动能的形式带走。电离速率(离子或自由电子的产生率)依赖于太阳辐射强度,通常与太阳活动有关。火星电离层的电离量主要随太阳辐射通量的变化而变化,因此火星电离层具有日变化和季节变化。在北半球冬季,火星远离太阳,在北半球夏季,火星靠近太阳,因此火星北半球接收到的太阳极紫外辐射冬季比夏季少。太阳活动和太阳黑子周期相关,太阳黑子多的时候,太阳辐射较强。此外,火星上层电离层的另一个电离源是太阳风粒子。尽管具有较强的火星壳磁场,但火星壳磁场只分布在局部地区,无法有效地阻挡太阳风,太阳风和火星大气直接接触并通过电荷交换过程使得火星大气电离。局部火星壳磁场和太阳风的相互作用是火星电离层化学、动力学和能量产生时空变化的主要因素之一。

火星电离层高度剖面的形成与电离源的性质、电离复合过程及动力输运过程等有关。因此,火星电离层的垂直结构是理解火星电离层的形成及其主要控制过程的关键所在。火星上层电离层划分为M2层和M1层,我们将在下面分别进行介绍。

5.1.2.1 M2层电离层

火星M2层电离层由波长在 $100—900nm$ 的 X 射线辐射电离形成,其峰值出现在约 115km 高度处。几位研究者通过将火星 M2 层和地球电离层 E 层对比研究发现,这两个分层高度几乎相同,但是火星 M2 层厚度比地球 E 层薄(Haider et al., 2002;Mendillo et al., 2003;Rishbeth et al., 2004;Haider et al., 2009a, 2009b)。由于夜侧电离源消失,火星M2 层随之消失。M2 层的垂直结构主要由电离和复合效应控制,X 射线辐射的最大离子产生率发生在近 $90—110km$ 高度,通过电离火星中性大气产生 CO_2^+ ,但火星 M2 层的主要离子成分是 O_2^+ 和 NO^+ ,其次是 N_2^+ 和 O^+ 。

5.1.2.2 M1层电离层

火星 M1 层电离层主要由波长在 $900—10\ 260nm$ 的太阳极紫外辐射电离火星中性大气形成,带电粒子沉降也能电离中性大气。火星大气重要中性成分 CO_2 、 N_2 、 O_2 、O、Ar 和 CO 主要被太阳极紫外辐射电离,最大电离发生在近 $125—135km$ 高度,太阳天顶角越大,峰值电离发生的高度越高。最近,Haider et al.(2009a, 2009b)将火星 M1 层和地球电离层 F 层对比研究,发现火星 M1 层的厚度与峰值高度与地球 F 层的相比,分别下降了 1.6 和 1.8 个因子。这是因为火星中性大气标高较小,太阳极紫外辐射能沉降发生的高度范围较小。图 5.5 给出了同一时间、地点和太阳条件下的地球和火星电离层电子密度剖面(Haider et al.,2009b)。选择的 6 个地球电子密度剖面来自 2008 年 3 月 20 日和 2008 年 4 月 9 日的 COSMIC 观测,地理坐标分别是(72.7°N,153.4°W)、(51.8°N,49.5°W)、(49.8°N,144.5°W)、(67.3°N,146°W)、(54°N,126.3°W)和(58.4°N,93.6°W),都处于低太阳活动水平($F_{10.7}$=68)、下午,且地方时(LT)相近。选择的 6 个火星电子密度剖面来自 2005 年 3 月 20 日和 2005 年 4 月 9 日的"火星全球勘探者"无线电掩星观测,地理坐标分别是(74.4°N,106.5°W)、(74.3°N,49.2°W)、(74.2°N,209°W)、(70°N,156°W)、(70°N,127°W)和(70°N,99°W),且都来自低太阳活动水平($F_{10.7}$=39)下午相近的地方时。

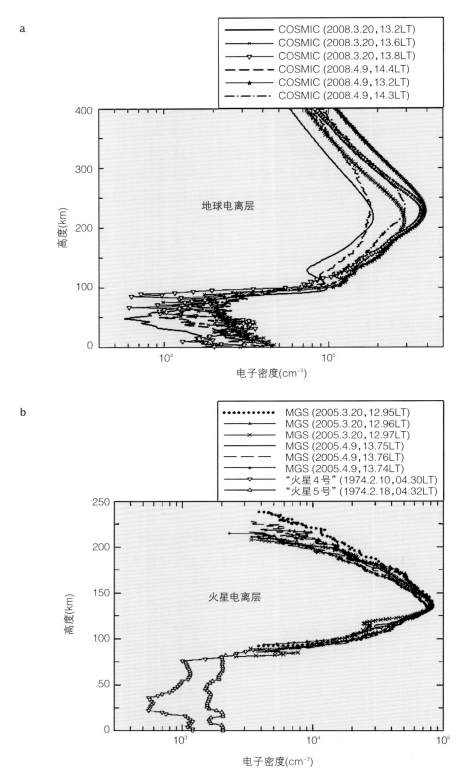

图5.5 地球和火星电离层电子密度剖面对比。(a)COSMIC观测的6个地球电子密度剖面。(b)"火星全球勘测者"观测的6个火星电子密度剖面。(图片来源:Haider et al.,2009b)

5.1.2.3 碰撞电离

在局部火星壳磁场外面,火星还有一个感应磁层。Shinagawa et al.(1989)发展了一个一维磁流体力学(magnetohydrodynamic,MHD)模型研究火星电离层中的电磁力,在加入一个火星电离层和太阳风相互作用产生的热源后,发现模型和"海盗号"探测结果符合得很好。此后,Shinagawa et al.(1999)发展了两个一维MHD模型研究火星上两种不同的太阳风动压情况:一种是高速太阳风,约450km/s,超过了火星电离层最大热压;一种是低速太阳风,约300km/s。结果表明太阳风能够显著影响火星上层电离层。Ma et al.(2004)使用三维MHD模型研究发现太阳风主要在250km高度以上起作用。Haider et al.(2010a)在一维MHD模型中加入一个边界层向上的通量也得到同样的结论。

"火星4号"和"火星5号"探测器在1974年太阳活动低年分别于太阳天顶角127°和106°首次探测到火星夜侧电离层(Savin et al.,1976)。之后,Zhang et al.(1990)发现,"海盗1号"和"海盗2号"在太阳活动低年夜侧获得的无线电掩星剖面中有60%并没有明显的峰值结构,在余下的40%的剖面中发现火星夜侧电离层峰值密度约为$5×10^3cm^{-3}$,峰值高度约150km。夜侧峰值主要由跨晨昏线的电子输运维持。Kallio et al.(2001)计算了火星夜侧电离层由于H^+–H碰撞导致的离子产生率,发现H^+–H碰撞是维持火星夜侧电离层的一个重要的电离源。使用同样的电离源,Haider(2012)预测峰值密度在太阳天顶角105°和127°下分别为$3.5×10^3cm^{-3}$和$2×10^3cm^{-3}$,并且发现原子氢能够迅速穿透进入火星大气层并在低高度损失能量,还发现在近127°太阳天顶角条件下,在高度200km以上,日侧产生的光电子传输到夜侧对维持夜侧电离层有30%—40%的贡献。

5.1.3 上层电离层中的化学过程

火星上层电离层中的O_2^+、NO^+、CO_2^+、O^+、N_2^+和CO^+等离子的化学过程已经被几位研究者研究过(Chen et al., 1978;Hanson et al., 1977;Fox, 1993;Haider, 1997;Ma et al., 2004;Duru et al., 2008;Haider et al., 2010a;Haider, 2012),这些研究发现太阳极紫外辐射是日侧离子的主要电离源,而碰撞电离是夜侧离子的主要电离源。在200km高度以下主要离子有O_2^+、NO^+和CO_2^+,而在200km以上O^+成为主要离子成分。O_2^+和N以及NO发生反应产生NO^+,NO^+经过复合损失掉,NO^+密度和N、NO的密度成正比。CO^+、N_2^+与CO发生反应产生CO_2^+,CO_2^+和原子氧反应损失掉,同时产生O_2^+,O_2^+经过分解复合损失掉。O_2^+主要来源于CO_2^+和O的反应。CO^+主要通过和CO_2发生电荷交换损失掉,这个过程是破坏CO^+离子的主要过程。太阳风电子碰撞电离是夜侧电离层CO^+的主要源。CO_2^+和O之间的电荷交换是190km高度以下O^+的主要源。在190km以上,太阳辐射是O^+的主要产生机制。N_2^+主要通过光电离产生,通过和CO_2反应损失掉。图5.6是火星上层电离层的主要化学反应框架。

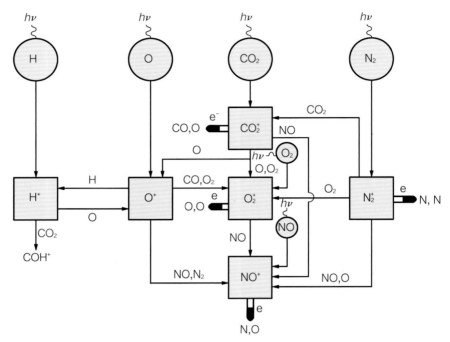

图5.6 火星上层电离层化学反应框架图。(图片来源:Chen et al.,1978)

5.1.4 电离层模型

在电离层物理学中,玻尔兹曼方程主要包括连续性方程、动量方程和能量方程。连续性方程可写为:

$$\frac{\partial n_s}{\partial t} + \nabla \cdot (n_s \boldsymbol{u_s}) = P_s - L_s \tag{5.1}$$

其中, P_s 表示大气成分 s 的产生率,包括光电离产生率、碰撞电离产生率和化学反应产生率。 L_s 是大气成分 s 的化学反应损失率。这个方程是研究火星电离层的普遍公式。大气成分 s 的动量方程可以写为:

$$n_s m_s \left[\frac{\partial \boldsymbol{u_s}}{\partial t} + \boldsymbol{u_s} \cdot \nabla \boldsymbol{u_s} \right] = -\nabla p_s + n_s e_s \left(\boldsymbol{E} + \boldsymbol{u_s} \times \boldsymbol{B} \right) + n_s m_s \boldsymbol{g}$$
$$- n_s m_s \sum_j v_{sj} \left(\boldsymbol{u_s} + \boldsymbol{u_j} \right) + p_s m_s \left(\boldsymbol{u_s} - \boldsymbol{u_n} \right) \tag{5.2}$$

其中 g 是重力加速度。 v_{sj} 是大气成分 s 和 j 之间的碰撞频率。大气成分 s 的带电量是 e, e 的正负分别对应离子和电子。 m_s 是带电粒子的质量。 $\boldsymbol{E}$ 和 $\boldsymbol{B}$ 分别是电场强度和磁场强度。 p_s 是大气压强($p_s = n_s k_B T_s$,其中 k_B 和 T_s 分别是玻尔兹曼常量和温度)。 u_n 是中性大气粒子速度。大气成分 s 的能量方程可写为:

$$\frac{3}{2} k_B n_s \frac{\partial T_s}{\partial t} - \frac{\partial}{\partial z} \left(k_s \frac{\partial T_s}{\partial z} \right) = Q_s - L_s \tag{5.3}$$

其中, Q_s 和 L_s 分别是加热率和制冷率。 K_s 是热传导率。这个能量方程没有考虑热对流,因为它相对于热传导和局地加热制冷可忽略不计。Chen et al.(1978)和Rohrbaugh et al.(1979)使用能量方程来研究火星日侧电离层离子和电子温度。在磁化等离子体中,动

量方程包括磁场强度(见方程5.2),磁场强度可以从磁感应方程推导出来。磁感应方程又可以写为:

$$\frac{\partial \boldsymbol{B}}{\partial t} = \nabla \times (\boldsymbol{u}_s \times \boldsymbol{B}) - \nabla \times \left(\frac{\eta}{\mu_o} \nabla \times \boldsymbol{B}\right) \tag{5.4}$$

这个方程是将法拉第定律、广义欧姆定律、安培定律联合起来得到的,称为磁冻结—扩散方程。方程5.4右边第一项是磁冻结项,第二项是磁扩散项。

除了连续性方程、动量方程和能量方程,还有自洽的MHD模型和混杂模型可以解算火星—太阳风相互作用。MHD模型提供了火星电离层的一个高分辨率三维模型,既包括太阳风也包括电离层,假设所有离子都具有同样的宏观速度,微观速度符合麦克斯韦分布,但 O^+ 捕获是高度非麦克斯韦分布的。高混杂模型也是三维模型,并用于研究火星—太阳风相互作用的全球模拟,将电子作为无质量流体对待,模型的优势在于包括动力学效应,比如有限离子回旋半径,波粒相互作用和非麦克斯韦分布相关的不稳定性。混杂模型分辨率较低,不包括火星壳磁场。

5.2 火星上层电离层扰动

火星没有明显的全球尺度的磁场。搭载在"火星全球勘测者"上的磁强计给出了火星偶极子磁场磁矩的上限是 $2 \times 10^{19} \mathrm{A} \cdot \mathrm{m}^2$,不及地球偶极子磁场磁矩的万分之一(Acuña

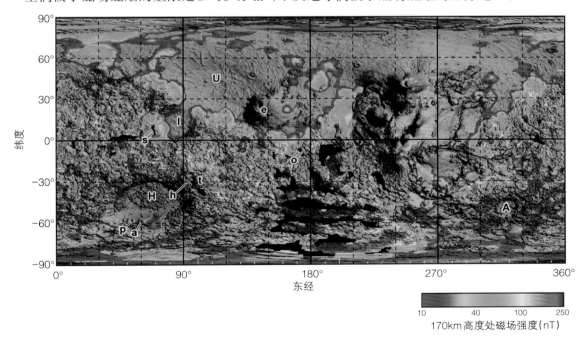

图5.7 火星壳磁场强度(|B|)的全球分布。彩色代表在170km高度处由电子反射仪观测到的磁场强度,黑色区域代表磁力线闭合区。灰色区域代表|B|<10nT,阴影代表由"火星全球勘测者"MOLA观测得到的火星地形图。字母标签分别表示乌托邦(U)、海拉斯(H)、阿吉尔(A)和伊底西斯(I)撞击坑中心,以及伊利瑟姆(e)、大瑟提斯(s)、阿波里那(o)、塔海尼亚(t)、哈德里亚卡(h)、佩纽斯(p)和安菲特律特(a)火山。(图片来源:引自Mitchell et al.,2007;Haider et al.,2010a)

et al,1998)。通过火星陨石的研究发现,火星曾经具有一个很强的行星内禀磁场,但这一磁场在40亿年前消失了。因此,在火星的大多数历史时期,它具有的是与太阳风相互作用产生的感应磁层。图5.7显示了170km高度处测量的火星壳磁场大小的全球分布。由图可看出火星壳磁场南半球比北半球强。

太阳风特征的变化能够在火星上层电离层产生一系列的扰动。另外,一个大的太阳耀斑在太阳表面发生时,会有大量的X射线、高能粒子和等离子体物质从太阳活动区向行星际空间喷射。当这些能量束流遇到火星,会导致火星上层电离层剧烈扰动。在接下来的几节,我们将回顾太阳耀斑、日冕物质抛射(CME)和太阳高能粒子(solar energetic particles,SEP)事件在火星上层电离层引起的极光、磁暴和电离层扰动。

5.2.1 太阳耀斑与上层电离层扰动

在太阳第23个活动周的极大年期间,发生了好几次M级和X级的太阳耀斑事件。一些学者就火星电离层对这些事件的响应做了研究。Nielsen et al.(2006)报道了在2005年9月15日8:39火星电离层最大电子密度突然从$1.8 \times 10^5 cm^{-3}$增大到了$2.4 \times 10^5 cm^{-3}$,该事件与"地球静止轨道环境监测卫星12号"(Geostationary Operational Environmental Satellite 12,GOES12)观测到太阳X射线通量增强事件几乎同时发生。Mendillo et al.(2006)检查了"火星全球勘测者"观测的火星电离层数据,报道了在2001年4月15日13:50和26日13:10发生的太阳耀斑期间,有2次电子密度剖面增强,他们发现在这些耀斑期间电子密度剖面有200%的增强。Haider et al.(2009a)研究了发生在2005年5月13日的太阳耀斑和紧随其后的日冕物质抛射事件,报道了这些事件对M2层的影响。他们发现M2层电子密度在所有的太阳耀斑期间都发生了增强,而M1层电子密度只在部分耀斑期间发生了增强。

最近,Haider(2012)通过模拟"地球静止轨道环境监测卫星12号"在2003年5月29日至6月3日、2005年1月15—20日和2005年5月12—18日期间观测到的太阳X射线通量,研究了每个X射线耀斑对电子密度的影响。他们用模型重现了所观测到的大部分太阳X射线能谱的特征和量级。他们首先模拟和观测2003年5月29日至6月3日、2005年1月15—20日和2005年5月12—18日的太阳X射线通量分布,然后与"地球静止轨道环境监测卫星11号"(GOES11)在同一时间段观测到的3个能量段(≥10MeV、≥50MeV和≥100MeV)的质子通量分布进行对比,发现每个耀斑之后的几小时,在太阳活动区发生了日冕物质抛射事件。而且,2005年1月17日的太阳耀斑非常强烈,三个能量段的质子都在日球层得到加速;而2003年5月29—31日的耀斑事件对应的X射线和质子通量没有2005年1月17日和5月29日的大。他们还模拟和观测了2003年5月29日至6月3日、2005年1月15—20日和2005年5月12—18日的M2层电离层电子总含量时间序列。"火星全球勘测者"观测了耀斑发生之前几小时和耀斑刚刚发生之后的电子密度剖面。在耀斑发生之前,火星电离层很平静;在耀斑发生之后,电子总含量很快就增加到了原来的4—5倍。这些耀斑效应在火星M2层电离层持续大约1—2小时。在平静期,模型预测的电子总含量比观测值大1.5—2倍。这是由于在模型中忽略了电子与背景电子的碰撞效应,该效应可以减少电子总含量。

5.2.2 日冕物质抛射对上层电离层的影响

对日冕物质抛射效应的研究是行星高层大气物理的一个重要的研究方向。Haider(2012)最早发现了日冕物质抛射对火星M2层的影响。他们研究了"火星全球勘测者"分别在2003年5月30—31日、2003年6月2—3日和2005年5月16—17日的观测数据,发现日冕物质抛射对火星的影响与日冕物质抛射引发地球磁暴的物理过程不同。在磁暴过程中,日冕物质抛射驱动的弓激波会压缩地球磁层,使沉降到电离层的高能粒子增多,这会导致电离层电子密度突然增强。但在火星上,由于缺乏偶极子磁场,太阳风直接与相当于障碍物的火星电离层发生相互作用。事实上,是电离层外面的磁屏障(magnetic barrier)首先将太阳风偏转。在磁鞘和电离层之间,存在一个很明显的边界层——电离层顶。磁鞘和电离层顶的位置会随着太阳风动压而变化。磁鞘中的质量负载(mass loading)过程会影响弓激波之后的太阳风流速,因为电离层顶外电离的中性成分被太阳风捕获,会使流速进一步降低,而这会增强磁屏障,并进一步发展出磁尾。

在太阳平静期,"火星全球勘测者"观测到向阳面的火星磁鞘大约在435km高度处。分布在这一高度的中性成分主要是来自行星氢冕的中性氢原子。这些氢原子与来自太阳风的H⁺发生碰撞和电荷交换,会产生高速氢原子。这些高能的氢原子具有与太阳风质子相同的能量和运动方向。在这一过程中,火星感应磁层发生了与地球磁层类似的情况,即火星感应磁层向内压缩,而且太阳风中的高速质子转变成了低高度快速氢原子。为了验证2005年5月13日的太阳耀斑对火星磁鞘的影响,Haider(2012)分析了2005年5月12—18日"火星全球勘测者"在420—430km处观测到的磁场,发现420km处的磁场强度在5月15日世界时(UT)21:50和17日02:52各有50nT和40nT的宽峰值,它们比平静期在430km处观测到的磁场强度增加了约2.5倍。在此之前和之后,在这两个高度观测到的磁场强度区别不大。这些观测结果显示,日冕物质抛射于5月15日21:50UT到达火星,并将火星磁鞘压缩了大约10—15km。

Haider(2012)也用一个三维太阳风动力学模型(Hakamada-Akasofu-Fry V.2,HAFv.2)验证了2005年5月13日太阳耀斑之后的日冕物质抛射能够到达火星。这个模型没有提供任何方法去区分磁暴与日冕物质抛射弓激波及其高能粒子对电离层的影响。图5.8a—h显示了模拟的2005年5月15—18日黄道面上0—2AU处的行星际磁场分布。模拟结果显示,日冕物质抛射首先扫过地球后于2005年5月15日到达火星(图5.8b—c)。紧接着第二个日冕物质抛射于2005年5月17日16:00UT到达火星(图5.8g)。其导致的弓激波于2005年5月16—17日到达火星(图5.8d—g)。最终该日冕物质抛射于18日偏离火星(图5.8h)。到达火星的该日冕物质抛射的总体效应持续了2天。这导致2005年5月16—17日电离层总电子密度迅速增大了2—3倍。

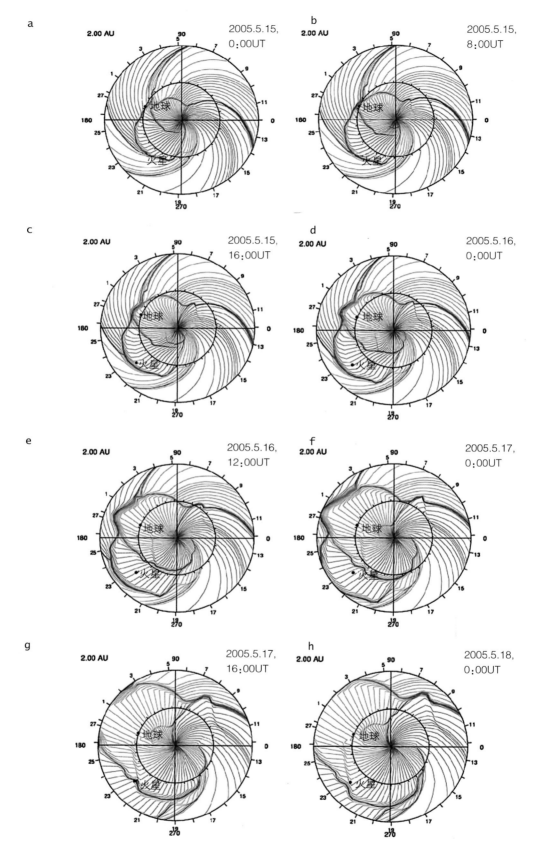

图5.8 HAFv.2模型模拟的2005年5月15—18日黄道面上0—2AU处的行星际磁场和太阳风扰动分布。红色和蓝色分别代表指向太阳(指向中心)和背向太阳(远离中心)的磁力线,黑色的点分别代表地球和火星的位置。(图片来源:Haider,2012)

5.2.3 太阳高能粒子事件对上层电离层的影响

　　太阳高能粒子事件是日球层的主要扰动的一部分。这些事件主要由质子组成,另有约10%的氦离子和小于1%的重离子。太阳高能粒子事件有2种类型:爆发性事件和渐进性事件。爆发性事件持续时间相对较短(小于1天)、质子含量高。渐进性事件持续时间较长(数天)、通量较大、太阳经度上分布较宽并伴随着快速的日冕物质抛射事件。McKenna-Lawlor et al.(2012)报道了太阳高能粒子事件与火星表面相关的三大特征:(1)被行星遮挡。行星表面会将约50%的太阳高能粒子通量挡住。(2)被大气层削弱。大气层会屏蔽掉太阳高能粒子事件的主体,即相对低能的粒子。(3)反向散射。高能粒子与土壤物质相互作用造成,主要是中子。火星能量辐射模型(MEREM)是由欧洲空间局和NASA发展的研究火星附近太阳能量粒子辐射的模型。该模型能够给出粒子的效应、有效剂量和相当于火星大气层和火星轨道上的背景剂量(McKenna-Lawlor et al.,2012)。在太阳高能粒子事件期间,太阳风中的高能粒子密度会显著增加。火星先进地下和电离层探测雷达的观测显示,太阳高能粒子事件会影响火星电离层(Morgan et al.,2006)。值得注意的是该仪器在太阳高能粒子事件期间并没有观测到惯常的火星表面反射波,这表明无线电波在穿过电离层时被全部吸收掉了(Withers,2011)。Sheel et al.(2012)研究了1989年9月29日的太阳高能粒子事件对火星电离层的影响。这次事件在太阳扰动条件下被火星探路者成像仪(Imager for Mars Pathfinder,IMP)和地球静止轨道环境监测卫星观测到了(Lovell et al.,1998)。图5.9显示了该事件期间预计的电子密度剖面,两条实线分别代表包括和不包括光电离过程的情况。由图可以看出太阳高能粒子事件使120—140km处的电子密度超过了$2×10^5cm^{-3}$,这比"火星全球勘测者"在火星向阳面电离层观测到的典型值大(Haider et al.,2011)。Sheel et al.(2012)用考虑光化学平衡的模式(黑色实线)和普通模式(黑色虚线)计算了电子密度剖面。其中普通模式忽略了高能段的能量沉

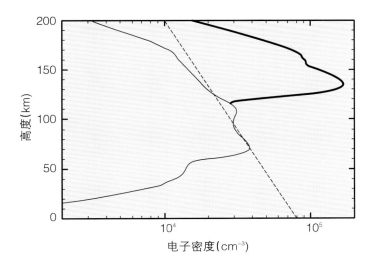

图5.9 预计的1989年9月29日太阳高能粒子事件期间的火星电子密度剖面,其中较粗和较细的实线分别表示包括和不包括光电离过程。这两个剖面在100km以下是一模一样的。虚线表示一般模式的电子剖面。(图片来源:Sheel et al.,2012)

积,因此电子密度随高度按指数律下降。而光化学平衡模式包括了稳态情况下光电离过程、化学反应以及它们的产生和损失过程。两个不考虑光化学过程的模式计算出的电子密度基本一致,是合理的。在火星先进地下和电离层探测雷达观测之前,Leblanc et al.(2002)模拟了1995年10月20日的太阳高能粒子事件期间火星电离层能量沉积的垂直剖面。然而,他们没有研究太阳高能粒子事件对火星电离层的作用。他们的结果与 Sheel et al.(2012)得到的结果相似,都认为太阳高能粒子事件能够引起电离峰值。

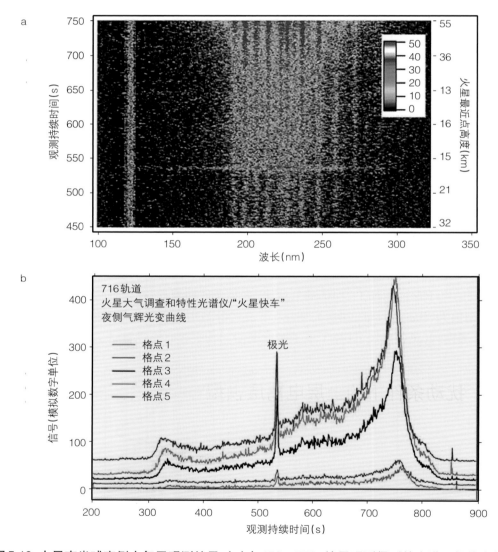

图5.10 火星南半球夜侧大气层观测结果。(a)在450—750s掩星观测得到的光谱。视线上的火星最近点(Mars nearest point,MNP)高度在右侧显示。它包含了H的莱曼α波段(121.6nm)和NO波段(190—270nm)。颜色代表每个像素的模拟数字单位(Analogue Digital Units,ADU)强度。(b)在200—900s随时间变化的NO波段5个空间区间(在181—298nm求平均)的信号强度。图中在535s各个波段都有明显的极光峰。(图片来源:Bertaux et al.,2005)

5.2.4 极光电离层

极光是发生在地球高纬度高层大气中的一种常见现象,它常出现在太阳耀斑和日冕物质抛射之后。因为火星北半球没有强的剩余磁场,Fox(1992)认为火星北半球应该与金星一样具有弥散极光(diffuse aurora)。然而,观测显示火星北半球并没有极光事件发生,但是在电离层确实观测到了磁暴效应。Bertaux et al.(2005)用"火星快车"火星大气调查和特性光谱仪(SPICAM)的观测发现,在火星南半球的夜侧(太阳天顶角为117.5°)大气层存在极光现象。图5.10a显示在450—750s夜侧大气层波长为100—350nm的掩星观测结果。其中H的莱曼α波段(121.6nm)和NO波段(181—298nm)清晰可见。图5.10b代表随时间变化的NO波段5个空间区间的波长积分极光光谱。在535s的时候每个区间都有一个明显的峰值。该光谱是在当地时间21:00的星光切高度19km、纬度-46.3°、经度198.4°处观测到的。这些观测是在仪器天底方向对准强开放壳场区域时进行的。Leblanc et al.(2008)发现,火星大气调查和特性光谱仪观测到的极光发射和"火星快车"观测到的向上或向下的电子通量,以及火星先进地下和电离层探测雷达观测到的电子总含量之间,存在很好的相关性。发现当高通量的极光电子沉降到火星大气层时,电子总含量会增加。在"火星快车"观测到极光事件期间,电子通量增加了一个量级。这显示极光事件期间,火星极光电离层的电子密度会明显增加。

在该火星极光期,"火星快车"观测到的向下的电子通量与地球极光区V形势结构内观测到的相似,都具有非麦克斯韦分布。Ip(2012)提出了一种在火星极光区的电子和离子的加速机制,即在强壳场区域,电子向下沉降,圆锥离子向上逃逸。Ip(2012)认为只有在壳场和行星际磁场相连时,离子才能逃逸出去。而在闭合磁力线的磁通量管内,离子会被困住做反弹运动。火星南半球的极光是在极紫外波段观测到的,因此可能不是肉眼可见的。

5.2.5 扰动条件下的上层电离层模型

Fox et al.(1996)利用火星热层和电离层计算模式,计算了太阳活动极大年和极小年期间的中性成分密度、温度、离子产生率、离子和电子的密度。他们发现太阳活动极大年的电子密度比极小年的增大了3倍左右。这些模型结果与"海盗1号"、"水手6号"和"水手7号"在太阳活动极大年和极小年的掩星观测得到的结果符合得很好。Fox et al.(1996)用公式计算了火星电离层的离子和电子密度。在该计算中使用的太阳活动低年和高年的大气层模型是Bougher et al.(1990)的MTGCM模型。利用光化学模型,Mendillo et al.(2004)估算了太阳活动极大年和极小年期间火星近日点和远日点处,日下点纬度处正午时间的电子总含量。该计算过程中,使用了Bougher et al.(1990)和Tobiska et al.(2000)的中性大气层模型和太阳活动极大年、极小年间的太阳辐射通量。结果显示,太阳活动极大年期间火星电离层的电子总含量会增大2倍。值得注意的是,地球电离层的电子总含量在极大年期间会增大1—2个数量级,这不是由于地球更靠近太阳,而是由于地球F2层属于非光化平衡层,它是电子总含量的主要贡献者。因此,火星电离层的光化学模型呈现的太阳周期变化较小。

利用"火星快车"的火星先进地下和电离层探测雷达数据,Lillis et al.(2010)报道了扰动的太阳和空间天气环境会产生持续的高的电子总含量值,而单个的太阳高能粒子事件只能引起短暂的电子总含量绝对增量。他们还发现电子总含量与 He-II 线谱和太阳 $F_{10.7}$ 辐射通量的 0.54 和 0.44 次方相关。如之前的估计,Haider(2012)利用"火星全球勘测者"的高纬度(65.3°N—65.6°N、69.3°N—69.6°N、74.6°N—77.5°N)掩星观测,研究了太阳 X 射线耀斑对火星电离层 M2 层电子总含量的影响。耀斑产生的太阳 X 射线通量、离子产生率、电子密度和电子总含量的模型被用来研究 2003 年 5 月 31 日、2005 年 1 月 17 日和 5 月 13 日的太阳耀斑事件。他们发现,太阳 X 射线耀斑引起的扰动条件下,电子密度会增加 5—6 倍。由 2003 年 5 月 31 日太阳耀斑期观测的电子剖面和模拟的平均期和扰动期的电子剖面,可以注意到这个模拟结果并没有完全重现观测。这是由于火星 M2 层和 M1 层分别是由于吸收太阳 X 射线和太阳极紫外辐射产生的,而在这个模型中只考虑了 X 射线,它只能产生火星 M2 层。Haider(2012)模拟的 M2 层峰值高度与"火星全球勘测者"在平均期的观测能很好地匹配。太阳活动极大年间,"火星全球勘测者"没有观测电子密度。

5.3 火星下层电离层

目前火星上层电离层已有相对较多的观测研究,但下层电离层还没有引起太多的关注。地球下层电离层通常使用高频(high frequency,HF)波衰减来探测,但火星电离层等离子体密度不超过 $1 \times 10^4 cm^{-3}$,其电离层能够反射的无线电波波段仅集中在中波和甚低频(very low frequency,VLF)波。这些波的波长大于垂直电子密度梯度的特征尺度,因此波传播的射线理论并不适用,需要采用全波处理,这使得估算下层电离层电子密度的难度变大。火星电离层 M3 层(下层电离层偶发的峰值结构)目前尚没有实地观测,其存在是通过"火星 4 号"和"火星 5 号"轨道飞行器获得的两个电子密度剖面证实的。火箭观测和地基观测的不断发展,将会获得更多关于火星电离层 M3 层的电子和离子信息。需要指出的是,在上层电离层,电子和离子的密度相同,而在下层电离层电子密度小于正离子密度,这是因为在下层电离层,负离子比电子多。

"火星 4 号"和"火星 5 号"最早发现 M3 层存在于火星夜侧电离层约 80km 高度处,后来"火星全球勘测者"和"火星快车"证实 M3 层还出现在日侧电离层 65—100km 高度处。M3 层的产生机制是流星在消融过程中将金属沉降在大气中,沉降的金属粒子与离子和太阳光子发生反应,在火星电离层低高度处产生偶发的 M3 层。2005 年秋,研究火星表面地质特征的"勇气号"和"机遇号"火星车,专门开展了流星观测。Domokos et al.(2007)使用"勇气号"全景摄像数据估算出质量大于 4g 的流星体通量上限接近 $4.4 \times 10^{-6} km^{-2} \cdot h^{-1}$,而"机遇号"则在火星表面发现了陨石。

5.3.1 "火星4号"和"火星5号"观测

"火星4号"和"火星5号"分别于1974年2月10日和18日对火星大气层进行了双频无线电探测。其中"火星4号"的轨道参数是秋季、天顶角约127°，90°S，236°W，地方时03:30；"火星5号"的轨道参数是春季、天顶角约127°，90°S，236°W，地方时04:30（Savich et al.，1976；Verig in et al.，1991）。两次观测于太阳活动低年各获得一个电子密度剖面，如图5.11所示，剖面显示火星下层电离层存在两个分层结构，一个位于近80km高度处，另一个位于近25km高度处且电子密度为近 $1 \times 10^3 - 2 \times 10^3 cm^{-3}$。无线电掩星探测技术是以电离层球形对称假设为前提来估算电子密度的，所以下层电离层电子密度存在很大的误差，误差约为 $\pm 500 cm^{-3}$。这两个剖面中第二个分层结构并不那么明显，其他报道的电子密度剖面也并未显示出这一特征（Zhang et al.，1990）。Pesnell et al.（2000）认为，"火星4号"和"火星5号"观测到的下层电离层分层结构不能归因于流星沉降，需要进一步建模研究。Withers et al.（2008，2012）报道在其他的电子剖面密度分布中也未观测到这些分层结构。

应当指出的是，"火星4号"和"火星5号"获得的电子密度剖面首次证实了火星夜侧电离层的存在。"火星4号"和"火星5号"无线电掩星观测分别表明火星上层电离层的最大电子密度为近 $4.6 \times 10^3 cm^{-3}$ 和 $5 \times 10^3 cm^{-3}$，对应的高度为110km和130km。容易证明，火星的夜侧电离层不能简单地认为是白天电离层的延续。日落后的电子密度减小的时间特征参数为 $\tau = 1/(\alpha N_0)$，其中 N_0 是电离源"关闭"时的电子密度，有效复合系数 $\alpha = 2.55 \times 10^{-7} cm^3 \cdot s^{-1}$（Mul et al.，1979）。如果我们取最低观测值 N_0 近 $1 \times 10^4 cm^{-3}$，那么 τ 近400s，这表明电离层将在日落之后彻底消失。因此，为了解释火星夜侧电离层的存在，需要考虑

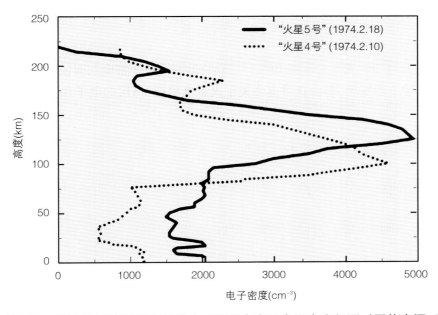

图5.11 "火星4号"和"火星5号"观测的火星夜侧电离层电子密度剖面。（图片来源：Savich et al.，1976；Verigin et al.，1991）

和太阳辐射没有直接关系的电离来源,比如金属消融和宇宙线可能分别是近80km和近25km高度处分层结构的产生源(Zhang et al.,1990;Pätzold et al.,2005;Haider et al.,2008;Withers et al.,2008,2012)。

5.3.2 "火星全球勘测者"观测与流星层

"火星全球勘测者"无线电掩星观测在1998年12月24日至2005年6月9日期间共获得5600个电子密度剖面图,其中71个剖面显示火星电离层存在流星层,这些流星层的平均峰值电子密度为$(1.33\pm0.5)\times10^{10}m^{-3}$,平均高度为91.7±4.8km,而且随季节、太阳天顶角和纬度变化(Withers et al.,2008)。同样地,Pandya et al.(2012)在2005年1月到6月间的1500个"火星全球勘测者"观测的电子密度剖面中发现有65个剖面存在大的密度扰动,这些扰动发生的高度在80km和105km之间,峰值密度为近0.5×10^{10}—$1.4\times10^{10}m^{-3}$,这可能是流星原子电离造成的。Pandya et al.(2012)利用这些剖面还分析了火星下层电离层电子总含量(TEC),发现TEC最大值出现在2005年1月21日和2005年5月23日,TEC值增加了5—7倍。这两天也是彗星2007PL42和彗星4015Wilson-Harrington掠过火星的时间,近火距离分别为1.495AU和1.174AU,所以Pandya et al.(2012)认为,TEC增大是火星穿越彗星尘流时产生流星雨导致的。

彗星2007PL42和4015Wilson-Harrington掠过火星时的位置分别如图5.12a和b所示。可以发现,在这样的轨道下,彗星极有可能在火星大气中留下碎片和灰尘颗粒,进而在下层电离层产生宽峰特征。这两个流星雨事件已经在火星的不同位置和不同地方时分别观测到,其中2005年1月21日的流星雨观测在夏季,太阳天顶角74.3°,纬度77.7°和经度197.2°;2005年5月23日的流星雨观测在秋季、太阳天顶角84.9°,太阳经度216.2°,北纬65.1°和东经20.2°。流星雨导致的电子密度剖面分别如图5.12c和d所示,电子峰值密度分别为近$1.06\times10^{10}m^{-3}$和$1.85\times10^{10}m^{-3}$,对应的高度分别为99km和102km(Pandya et al.,2012)。在图5.12c和d中,近100—112km和125—135km高度处的M2和M1峰值结

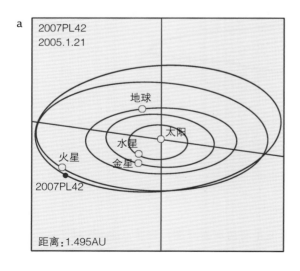

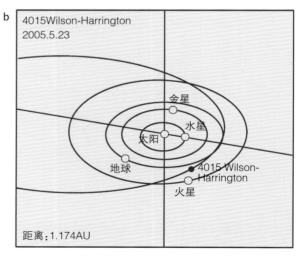

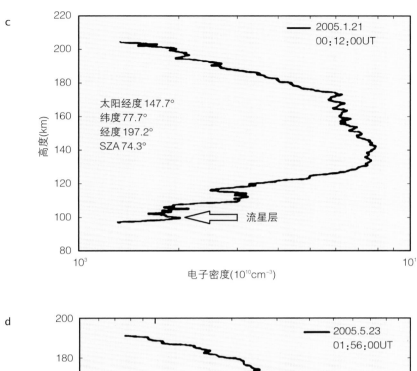

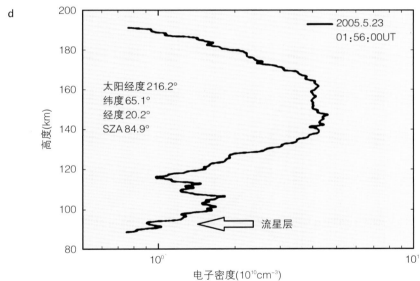

图5.12 "火星全球勘测者"观测到的流星层。(a)2005年1月21日彗星2007PL42以1.49AU的近火距离掠过火星,图中显示了彗星及太阳、地球、火星、水星以及金星的相对位置;(b)2005年5月23日彗星4015Wilson-Harrington以1.17AU的近火距离掠过火星,图中显示了彗星及太阳、地球、火星、水星以及金星的相对位置;(c)2005年1月21日"火星全球勘测者"无线电掩星观测的电子密度剖面;(d)2005年5月23日"火星全球勘测者"无线电掩星观测的电子密度剖面。(a、b图片来源:SSD/JPL/NASA;c、d图片来源:Pandya et al.,2012)。

构由太阳X射线和极紫外辐射电离造成,其峰值密度分别为$2.4 \times 10^4 m^{-3}$和$8.4 \times 10^4 m^{-3}$(Withers et al.,2008;Mendillo et al.,2011;Fox et al.,2012)。

5.3.3 "火星快车"观测及流星层

自2004年以来,"火星快车"上搭载的无线电掩星实验装置已探测出557个火星电离层垂直电子密度剖面,包括日侧和夜侧。Pätzold et al.(2005)从120个"火星快车"观测的日侧电离层电子剖面数据中发现有10个剖面存在流星层,占8%。图5.13显示的是"火星快车"于2004年4月18日观测到的一个电子密度剖面,轨道参数包括地方时17:00、太阳天顶角85°处(Pätzold et al.,2005)。该剖面具有3个电离峰值,类似的特征早些时候也被"火星全球勘测者"观测到(Hinson et al.,1999)。如前所述,第一层(又称为M1层)和第二层(又称为M2层)(顶部和中部)是由太阳极紫外辐射和X射线辐射电离产生;第三层(又称为M3层)(最低)偶尔出现在80—100km高度范围,其峰值电子密度近$1 \times 10^4 m^{-3}$,源于流星消融。

Withers et al.(2012)定义电离层晨昏线位于太阳天顶角90°<SZA< 105°,夜侧电离层位于SZA> 105°,据此分析了"火星快车"无线电掩星数据,发现夜侧电离层电子密度剖面和晨昏线处的明显不同。图5.14是2005年9月25日获得的一组太阳天顶角为121°(夜侧)的电子密度剖面。剖面显示夜侧电离层在近160km、120km和80—100km处存在三个电离层峰值结构。第一个夜侧电离层峰值结构在早期也由"火星4号"和"火星5号"、"海盗1号"和"海盗2号"以及"火星全球勘测者"观测到(Savich et al.,1976;Zhang

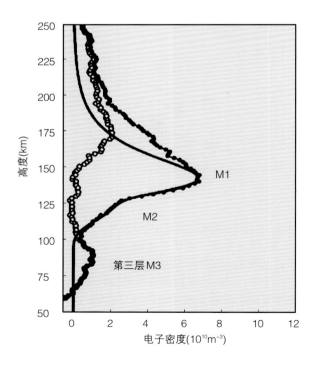

图5.13 2004年4月18日"火星快车"无线电掩星观测获得的火星日侧电离层电子密度剖面。第一层(M1)的高度为150km;第二层(M2)的高度为120km;第三层(M3)的高度为85km。实线为Chapman方程对M1层和M2层拟合的结果。空心圆点表示数据与拟合结果之差。(图片来源:Pätzold et al.,2005)

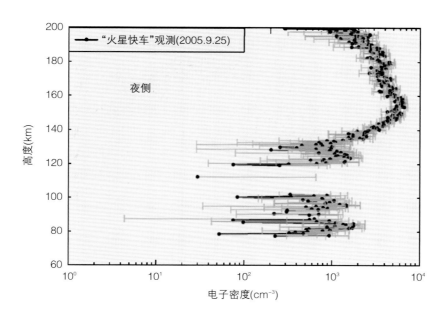

图 5.14 2005 年 9 月 25 日"火星快车"无线电掩星观测的火星夜侧电离层电子密度剖面。(图片来源:Withers et al.,2012)

et al.,1990),且该峰被认为是太阳风电子从日侧跨过晨昏线传输到夜侧所致(Verigin et al.,1991;Haider et al.,1992,2002;Fox et al.,1993;Haider,1997;Lillis et al.,2011)。但第二个和第三个峰值结构并没有在早期的夜侧电离层观测中发现,这可能是早先探测技术精度不够造成的。

夜侧电离层的第一个和第二个峰值分别比日侧电离层的小一个数量级。在夜侧,第一个峰值所在高度比日侧高 8—10km,表明火星日侧电离层太阳极紫外辐射能在较低的高度沉降,而在夜侧电离层太阳风能量在较高的高度沉降。夜侧电离层的第二个峰值所在高度和日侧电离层的高度相当,但是电离源不同。第三个峰值结构在夜侧和日侧高度同样大致相同,约为 80—100km。需要指出的是火星上太阳能量的输入具有周期性,如:日周期和季节周期、太阳 27 天自转周期、太阳活动 11 年周期以及太阳耀斑的爆发活动等。因此,火星电离层第一个和第二个峰值高度和密度会随着太阳条件的变化而变化。第三个等离子体层密度会随着流星雨的强度而变化。

5.3.4 流星离子的成分和化学反应

流星体以与火星轨道速度相当的速度进入火星大气层,并在大气中消融,沉降的金属粒子和离子与太阳光子相互作用并在较低的高度形成流星层。Adolfsson et al.(1996)估算出火星流星体通量大约为地球的 50%,他们认为高速流星体(速度≥30km/s)在火星和地球上产生的亮度强度基本相同。在火星上,流星体最大强度所在高度约为 50—90km,而在地球上,这一高度为 70—110km。Christou et al.(1999)及 Christou(2010)估算了彗星/流星掠过火星和地球的最小距离,发现距离火星小于 0.2AU 的总计有 297 个流星体和51次彗星,而距离地球小于0.2AU的总计有154个流星体和24次彗星,这些结果表明流星体在火星空间环境中明显要比在地球空间环境中出现得多。Treiman et al.(2000)和 Ma et al.(2002)估算了火星周围彗星轨道运动的速度分布,发现有50次彗星在0.1AU距离内经过火星,这些彗星掠过可能是火星空间尘埃和流星雨的来源。

Molina-Cuberos et al.(2003)发展了一个模型用于计算火星日侧和夜侧电离层的流星离子浓度。他们报道流星层主要由Mg^+和Fe^+构成,且其离子浓度在正午时量级为10^4cm^{-3},在夜侧会减少两个量级。图5.15显示了镁(Mg)金属的化学反应框架图。Fe的化学过程和Mg类似,但比例常数不同。最开始,Mg和Fe原子会和O_2和O_3氧化反应形成金属氧化物而损失,化学反应式如下所示:

$$Mg+O_3 \rightarrow MgO+O_2$$
$$Mg+O_2+M \rightarrow MgO_2+M$$
$$Fe+O_3 \rightarrow FeO+O_2$$
$$Fe+O_2+M \rightarrow FeO_2+M$$

臭氧和Mg和Fe发生氧化产生MgO和FeO,这是个小量的过程。

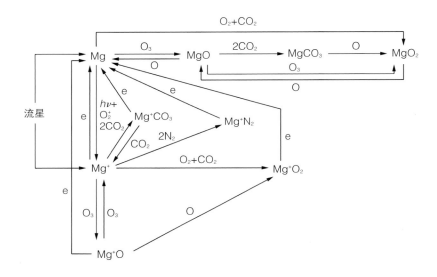

图5.15 火星下层电离层Mg的化学反应框架图。

Molina-Cuberos et al.(2003)研究显示,Mg和Fe与大气离子O_2^{2+}发生反应,在约80km高度产生Mg^+和Fe^+,该反应比中性金属粒子的光电离重要得多。最近 Haider et al.(2013)估算了火星夜侧电离层中21种离子(即 Mg^+、Fe^+、Si^+、$MgCO_2^+$、MgO^+、MgO_2^+、MgN_2^+、FeO^+、FeO_2^+、FeN_2^+、$FeCO_2^+$、SiO^+、$SiCO_2^+$、SiN_2^+、SiO_2^+、CO_2^+、N_2^+、O^+、O_2^+、CO^+和NO^+)的密度。他们的模型显示,大气离子CO_2^+、N_2^+、O^+、CO^+、O_2^+以及NO^+主要由与太阳风电子和质子的碰撞电离形成且高度在100km以上。而金属离子是由微小流星体消融形成,且高度位于50—100km之间。Haider et al.(2010a)通过求解以下运动、消融及能量公式来对流星体碰撞电离的产生率进行建模:

$$\cos\theta \frac{\mathrm{d}V}{\mathrm{d}z} = \frac{\Gamma A \rho V}{m^{1/3}\delta^{2/3}}$$

$$\cos\theta \frac{\mathrm{d}m}{\mathrm{d}z} = -\frac{4Am^{2/3}C_1}{\delta^{2/3}T^{1/2}V}e^{-C_2/T} - \frac{\Lambda_s Am^{2/3}\rho V^2}{2Q\delta^{2/3}}$$

$$\cos\theta \frac{\mathrm{d}T}{\mathrm{d}z} = \frac{4A\rho V^2}{8C\delta^{2/3}m^{1/3}}(\Lambda - \Lambda_s) - \frac{4A\sigma T^4}{C\delta^{2/3}Vm^{1/3}} - \frac{4AC_1 Q}{C\delta^{2/3}T^{1/2}m^{1/3}V}e^{-C_2/T}$$

其中 V 为流星体速度，A 为影响因子，δ 为流星体密度，ρ 为大气密度，m 为流星体质量，Γ 为阻碍系数，Λ 为热量传输系数，Λ_s 为溅射系数，Q 为能量蒸发，σ 为斯特藩—玻尔兹曼常数，θ 为入射角以及 C 为流星体热容。参数 C_1 和 C_2 定义了蒸发率与温度之间的关系。通过以上方程获得的离子产生率和连续性方程联合，即可计算得到火星低层大气流星金属粒子和离子的密度。

参考文献

Acuña M H, Connerney J E P, Wasilewski P, et al. 1998. Magneticfield and plasma observations at Mars: Initial results of the Mars Global Surveyor Mission. *Science*, 279：1676−1680

Adolfsson L G, Gustafson B A S, Murray C D. 1996. The Martian atmosphere as a meteoroid detector. *Icarus*, 11: 144−152

Bertaux J L, Leblanc F, Witasse O, et al. 2005. Discovery of an aurora on Mars. *Nature*, 435: 790−794

Bougher S W, Engel S, Hinson D P, et al. 2001. Mars Global Surveyor radio science electron density profiles: Neutral atmosphere implications. *Geophysical Research Letters*, 28: 3091−3094

Bougher S W, Engel S, Hinson D P, et al. 2004. MGS Radio Science electron density profiles: Inter-annual variability and implications for the Martian neutral atmosphere. *Journal of Geophysical Research: Planets*, 109: E03010

Bougher S W, Roble R G, Ridley E C, et al. 1990. The Mars thermosphere: 2. General circulation with coupled dynamical and composition. *Journal of Geophysical Research*, 95: 14811−14827

Brace L H, Taylor H A, Gombosi T I, et al. 1983. The ionosphere of Venus: Observations and their interpretations. *In*: Hunten D M, Colin L, Donahue T M, et al（eds）. *Venus*. Tucson: University of Arizona Press, 779−840

Chen R H, Cravens T E, Nagy A F. 1978. The Martian ionosphere in light of the Viking observations. *Journal of Geophysical Research: Space Physics*, 83: 3871−3876

Christou A A. 2010. Annual meteor showers at Venus and Mars: Lession from the Earth. *Monthly Notices of the Royal Astronomical Society*, 402: 2759−2770

Christou A A, Beurle K. 1999. Meteoroid streams at Mars: Possibilities and implications. *Planetary and Space Science*, 47: 1475−1485

Domokos A, Bell J F, Brown P, et al. 2007. Measurement of the meteoroid flux at Mars. *Icarus*, 191: 141−150

Duru F, Gurnett D A, et al. 2008. Electron densities in the upper ionosphere of Mars from the excitation of electron plasma oscillations. *Journal of Geophysical Research: Space Physics*, 113: A07302

Fox J L. 1992. Airglow and Aurora in the atmosphere of Venus and Mars, in Venus and Mars: Atmosphere. *In*: Luhmann J G, Tatrallyay M, Pepin R O（eds）. *Venus and Mars: Ionosphere, and*

Solar Wind Interactions. Washington: American Geophysical Union, 191−222

Fox J L. 1993. The production and escape of nitrogen atoms on Mars. *Journal of Geophysical Research*, 98: 3297−3310

Fox J L, Zhon P, Bougher S W. 1996. The Martian thermosphere/ionosphere at high and low solar activities. *Advances in Space Research*, 17: 203

Fox J L, Weber A J. 2012. MGS electron density profiles: Analysis and modelling of peak altitudes. *Icarus*, 221: 1002−1019

Gurnett D A, Huff R L, Morgan D D, et al. 2008. An overview of radar soundings of the Martian ionosphere from the Mars Express spacecraft. *Advances in Space Research*, 41: 1335−1346

Gurnett D A, Kirchner D L, Huff R L. et al. 2005. Radar soundings of the ionosphere of Mars. *Science*, 310: 1929−1933

Gurnett D A, Morgan D D, Doru F, et al. 2010. Large density fluctuations inthe Martian ionosphere as observed by the Mars Express radar sounder. *Icarus*, 206: 83−94

Haider S A. 1997. Chemistry on the nightside ionosphere of Mars. *Journal of Geophysical Research: Space Physics*, 102: 407−416

Haider S A. 2012. Role of X-ray flares and CME in the E region ionosphere of Mars: MGS observations. *Planetary and Space Science*, 63/64: 56−61

Haider S A, Abolu M A, Batista I S, et al. 2009b. D, E, and F layers in the daytime at high-latitude terminator ionosphere of Mars: Comparison with Earth's ionosphere using COSMIC data. *Journal of Geophysical Research: Space Physics*, 114: A03311

Haider S A, Abdu M A, Batista I S, et al. 2009a. On theresponses to solar X-ray flare and coronal mass ejection in the ionosphere of Mars and Earth. *Geophysical Research Letters*, 36: L13104

Haider S A, Kim J, Nagy A F, et al. 1992. Calculated ionization rates, ion densities, and airglow emission rates due to precipitating electrons in the nightside ionosphere of Mars. *Journal of Geophysical Research: Space Physics*, 97: 10637−10641

Haider S A, Mahajan K K, Kallio E. 2011. Mars ionosphere: A review of experimental results and modeling studies. *Reviews of Geophysics*, 49: RG4001

Haider S A, Pandya B M, Molina-Cuberos G J. 2013. Nighttime ionosphere caused by meteoroid ablation and solar wind electron-proton-hydrogen impact: MEX observation and modelling. *Journal of Geophysical Research*, 115: 1−9

Haider S A, Seth S P, Brain D A, et al. 2010a. Modeling photoelectron transport in the Martian ionosphere at Olympus Mons and Syrtis Major: MGS observations. *Journal of Geophysical Research: Space Physics*, 115: A08310

Haider S A, Seth S P, Kallio E, et al. 2002. Solar EUV and electron-proton-hydrogen atom produced ionosphere on Mars: Comparative studies of particle fluxes and ion production rates due to different processes. *Icarus*, 159: 18−30

Haider S A, Sheel V, Singh V K, et al. 2008. Model calculation of production rates, ion and electron densities in the evening troposphere of Mars at altitudes 67°N and 62°S: Seasonal variability. *Journal of Geophysical Research*, 113: A08320

Haider S A, Sheel V, Smith M D, et al. 2010b. Effect of dust storms on the D region of the Martian Ionosphere: Atmospheric electricity. *Journal of Geophysical Research: Space Physics*, 115: A12336

Han X, Fraenz M, Dubinin E, et al. 2014. Discrepancy between ionopause and photoelectron boundary determined from Mars Express measurements. *Geophysical Research Letters*, 41: 8221−8227.

Hanson W B, Mantas G P. 1988. Viking electron temperature measurements: Evidence for a magnetic field in the Martian atmosphere. *Journal of Geophysical Research*, 93: 7538−7544

Hanson W B, Sanatani S, Zuccaro R. 1977. The Martian ionosphere as observed by the Viking retarding potential analyzers. *Journal of Geophysical Research*, 82: 4351−4363

Hinson D P, Simpson R A, Twicken J P, et al. 1999. Flassar, Initial results from radio occultation measurements with Mars Global Surveyor. *Journal of Geophysical Research*, 104: 26997−27012

Ip W H. 2012. ENA diagnostic of auroral activity at Mars. *Planetary and Space Science*, 63/64: 83−86

Kallio E, Janhunen P. 2001. Atmospheric effects of proton precipitation in the Martian atmosphere and its connection to the Mars‐solar wind interaction. *Journal of Geophysical Research*, 106: 5617−5634

Kliore A J, Cain D L , Levy G S, et al. 1965. Occultation experiment: Results of the first direct measurement of Mars' atmosphere and ionosphere. *Science*, 149:1243−1248

Kopf A J, Gurnett D A, Morgan D D, et al. 2008. Transient layers in the topside ionosphere of Mars. *Geophysical Research Letters*, 35: L17102

Krymskii A M, Breus T K, Ness N F, et al. 2003. Effect of crustal magnetic fields on the near terminator ionospheres at Mars: Comparison of in situ magnetic field measurements with the data of radio science experiments on board Mars Global Surveyor. *Journal of Geophysical Research: Space Physics*, 108: 1431

Leblanc F, Luhmann J G, Johnson R E, et al. 2002. Chassefiere, Some expected impacts of a solar energetic particle event at Mars. *Journal of Geophysical Research : Space Physics*, 107:1058

Leblanc F, Witasse O, Lilensten J, et al. 2008. Observations of aurorae by SPICAM ultraviolet spectrograph on board Mars Express: Simultaneous ASPERA‐3 and MARSIS measurements. *Journal of Geophysical Research : Space Physics*, 113: A08311

Lillis R J, Brain D A, England S L, et al. 2010. Total electron content in the Mars ionosphere: Temporal studies and dependence on solar EUV flux. *Journal of Geophysical Research: Space Physics*, 115: A11314

Lillis R J, Fillingim M O, Brain D A. 2011. Three‐dimensional structure of theMartian nightside ionosphere: Predicted rates of impact ionization from Mars Global Surveyor magnetometer and electron reflectometer measurements of precipitating electrons. *Journal of Geophysical Research : Space Physics*, 116: A12317

Lovell J L, Dulding M L, Humble J E. 1998. An extended analysis of the September 1989 Cosmic ray ground level enhancement. *Journal of Geophysical Research*, 103: 23733−23742

Ma Y, Nogy A F, Sokolov I V, et al. 2004. Three dimensional, multispecies, high spatial resolution MHD studies of the solar wind interaction with Mars. *Journal of Geophysical Research: Space Physics*, 109: A07211

Ma Y H, Williams I P, Ip W H, et al. 2002. The velocity distribution of periodic comets and the meteor shower on Mars. *Astronomy and Astrophysics*, 394: 311−316

Mahajan K K, Singh S, Dumar A, et al. 2007. Haider, Mars Global Surveyor radio science electron density profiles: Some anomalous features in the Martian ionosphere. *Journal of Geophysical Research: Planets*, 112: E10006

McKenna‐Lawlor S, Goncalves P, Keating A, et al. 2012. Overview of energetic particle hazards during prospective manned mission to Mars. *Planetary and Space Science*, 63/64: 12−132

Mendillo M, Lollo A, Withers P, et al. 2011. Modeling Mars' ionosphere with constraints from same-day observations by Mars Global Surveyor and Mars Express. *Journal of Geophysical Research*,

116: A11303

Mendillo M, Pi X, Smith S, et al. 2004. Ionospheric effects upon a satellite navigation system at Mars. *Radio Science*, 39: RS2028

Mendillo M, Smith S, Wroten J, et al. 2003. Simultaneous ionospheric variability on Earth and Mars. *Journal of Geophysical Research: Space Physics*, 108: 1432–1443

Mendillo M, Withers P, Hinson D, et al. 2006. Effects of solar flares on the ionosphere of Mars. *Science*, 311: 1135–1138

Michael M, Barani M, Tripathi S N. 2007. Numerical predictions of aerosol charging and electrical conductivity of the lower atmosphere of Mars. *Geophysical Research Letters*, 34: L04201

Molina-Cuberos G J, Witasse O, Lebreto, J P, et al. 2003. Meteoric ions in the atmosphere of Mars. *Planetary and Space Science*, 51: 239–249

Morgan D D, Lolb A, Withers P, et al. 2006. Solar control of radar wave absorption by the Martian ionosphere. *Geophysical Research Letters*, 33: L13202

Mul P M, McGowan J W. 1979. Temperature dependence of dissociative recombination for atmospheric ions NO^+, O_2^+, N_2^+. *Journal of Physics B: Atomic and Molecular Physics*, 12: 1591–1602

Nagy A F, Winterhdter D, Sawer K, et al. 2004. The plasma environment of Mars. *Space Science Reviews*, 111: 33–114

Nielsen E, Zou H, Gurnett D A, et al. 2006. Observations of vertical reflections from the topside martian ionosphere. *Space Science Reviews*, 126: 373–388

Pandya B M, Haider S A. 2012. Meteor impact perturbation in the lower ionosphere of Mars: MGS observations. *Planetary and Space Science*, 63/64: 105–109

Pätzold M, Tellmann S, Häusler B, et al. 2005. A sporadic third layer in the ionosphere of Mars. *Science*, 310: 837–839

Pesnell W D, Grebowsky J M. 2000. Meteoric magnesium in the Martian atmosphere. *Journal of Geophysical Research*, 105: 1695–1703

Rasool S I, Stewart R W. 1971. Results and interpretation of the S-band occultation experiment on Mars and Venus. *Journal of the Atmospheric Sciences*, 28: 869–878

Rishbeth H, Mendillo M. 2004. Ionospheric layers of Mars and Earth. *Planetary and Space Science*, 52: 849–852

Rohrbaugh R P, Nisbet J S, Bleuler E, et al. 1979. The effects of energetically produced O_2 on the ion temperature of the Martian thermosphere. *Journal of Geophysical Research: Space Physics*, 84: 3327–3336

Savich N A, Samovol V A. 1976. The night time ionosphere of Mars from Mars 4 and Mars 5 dual frequency radio occultation measurements. *Space Research XVI*: 1009–1011

Seth S P, Brahmananda Rao V, Santo E, et al. 2006a. Variations of peak ionization rates in upper atmosphere of Mars at high latitude using Mars Global Surveyor accelerometer data. *Journal of Geophysical Research: Space Physics*, 111: A09308

Seth S P, Jayanthi U B, Haider S A. 2006b. Estimation of peak electron density in the upper ionosphere of Mars at high latitude (50°–70° N) using MGS ACC data. *Geophysical Research Letters*, 33: L19204

Sheel V, Haider S A. 2012. Calculated production and loss rates of ions due to impact of galactic cosmic rays in the lower atmosphere of Mars. *Planetary and Space Science*, 63/64: 94–104

Shinagawa H, Bougher S W. 1999. A two-dimensional MHD model of the solar wind interaction with Mars. *Earth Planets Space*, 51: 55–62

Shinagawa H, Cravens T E. 1989. A one-dimensional multispecies magnetohydrodynamic model of the day side ionosphere of Mars. *Journal of Geophysical Research*, 94: 6506–6516

Tobiska W K, Woods T, Eparvier F, et al. 2000. The SOLAR2000 empirical solar irradiance model and forecast tool. *Journal of Atmospheric and Solar-Terrestrial Physics*, 62: 1233–1250

Treiman A H, Treiman J S. 2000. Cometary dust streams at Mars: Preliminary predictions from meteor streams at Earth and from periodic comets. *Journal of Geophysical Research*, 105: 24571–24581

Verigin M I, Gringauz K I, Shutte N M, et al. 1991. On the possible source of the ionization in the nighttime Martian ionosphere 1. Phobos 2 HARP electron spectrometer measurements. *Journal of Geophysical Research*, 96: 19307–19313

Withers P. 2009. A review of observed variability in the dayside ionosphere of Mars. *Advances in Space Research*, 44: 277–307

Withers P. 2011. Attenuation of radio signals by the ionosphere of Mars: Theoretical development and application to MARSIS observations. *Radio Science*, 46: RS2004

Withers P, Bougher S W, Keating G M. 2003. The effects of topographically-controlled thermal tides in the martian upper atmosphere as seen by the MGS accelerometer. *Icarus*, 164: 14–32

Withers P, Fillingim M O, Lillis R J, et al. 2012. Observations of the nightside ionosphere of Mars by the Mars Express Radio Science Experiment（MaRS）. *Journal of Geophysical Research*, 117: A12307

Withers P, Mendillo M. 2005. Response of peak electron densities in theMartian ionosphere to day-to-day changes in solar flux due to solar rotation. *Planetary and Space Science*, 53: 1401–1418

Withers P, Smith M D. 2006. Atmospheric entry profiles from the Mars exploration rovers spirit and opportunity. *Icarus*, 185: 133–142

Withers P, Mendillo M, Hinson D P, et al. 2008. Physical characteristics and occurrence rates of meteoric plasma layers detected in the Martian ionosphere by the Mars global surveyor radio science experiment. *Journal of Geophysical Research*, 113: A12314

Zhang M H G, Luhmann J G, Kliore A J. 1990. An observational study of the nightside ionosphere of Mars and Venus with radio occultation methods. *Journal of Geophysical Research*: *Space Physics*, 95: 17095–17107

Zou H, Wang J S, Nielsen E. 2006. Reevaluating the relationship between the Martian ionosphere peak density and the solar radiation. *Journal of Geophysical Research: Space Physics*, 111: A07305

本章作者

万卫星　中国科学院地质与地球物理研究所研究员,中国科学院院士,中国科学院地球与行星物理重点实验室主任,长期从事地球与行星空间物理研究,涉及电离层物理、电离层电波传播等领域。

魏　勇　中国科学院地质与地球物理研究所研究员,从事行星空间物理学研究。

戎昭金　中国科学院地质与地球物理研究所副研究员,从事行星空间物理学研究。

柴立晖　中国科学院地质与地球物理研究所副研究员,从事行星空间物理学研究。

钟　俊　中国科学院地质与地球物理研究所副研究员,从事行星空间物理学研究。

韩秀红　中国科学院地质与地球物理研究所博士后,从事火星电离层研究。

第 6 章

火星大气层

天文学家在18世纪就观测到了火星上的云,这表明了火星大气的存在。地基反射光谱的观测进而表明火星大气主要由CO_2组成。后来NASA发射的"水手4号"、"水手6号"和"水手7号"的探测确认了火星大气确实主要由CO_2组成,但火星大气与地球大气相比,非常稀薄。

6.1 火星大气层结构

火星大气存在层状结构,这主要是基于大气的成分、温度、同位素特征,以及物理性质的差异。数次火星探测器和地基观测勾画出了火星大气层垂直结构图(图6.1)。火星着陆器"海盗1号"、"海盗2号"、"火星探路者"和"火星探测漫游者"在着陆过程中对火星大气的压力、密度和温度进行了测定。虽然这种测定给出了火星大气层由高到低的详细信息,但这样的测定具有很明显的时空局限性。对火星大气长周期和大范围的在轨测定进一步揭示了火星的大气结构特征。根据一系列的在轨和着陆过程测定结果,火星大

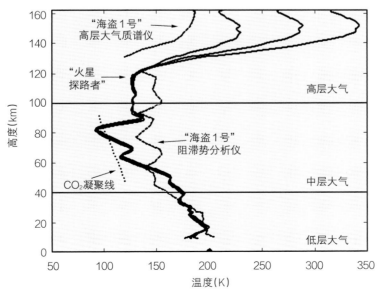

图6.1 火星大气层垂直结构图。(图片来源:JPL/NASA)

气层被划分为低层、中层和高层。

火星低层大气的特征温度约200K,低于火星表面白昼平均温度250K,这相当于地球南极冬季的温度。低层大气从火星表面延伸至大约40km的高度,温度随着高度的升高而降低,近表面10km的范围内能量传输主要靠对流(Leovy,2001)。对流在晚上停止,同时近表面大气温度快速下降。低层大气密度在很大程度上受控于CO_2和H_2O在极区季节性的升华与凝聚,这也导致了火星低层大气压的年变化。

下述两个过程对火星低层大气有加热作用:CO_2的存在阻碍了火星表面向太空的红外辐射,在火星低层大气中产生了微弱的温室效应;火星低层大气中悬浮有一定的尘埃,这些尘埃吸收太阳光能量后通过热红外方式辐射能量。

通过吸收太阳紫外辐射以及分解放热,臭氧(O_3)对冬季极区的大气加热也有贡献。由于大气中O_2和O的含量是有限的,再加上与H_2(由水蒸气的光解作用产生)相互作用导致O_3减少,在火星大部分区域O_3含量都很少。但冬季极区温度较低,区域大气中水蒸气含量较少,为O_3形成创造了条件(Perrier et al.,2006),在火星的低层大气和中层大气中均探测到了O_3的存在(Blamont et al.,1993;Novak et al.,2002;Lebonnois et al.,2006)。

火星中层大气的分布范围从距火星表面40km至将近100km。"海盗1号"、"海盗2号"和"火星探路者"的探测表明,火星中层大气温度随时间的变化较大。中层大气温度的变化主要受CO_2对太阳近红外的吸收和辐射,以及低层大气温度波动的影响(Schofield et al.,1997)。

火星高层大气指距离火星表面110km以外的大气层。火星高层大气受到太阳极紫外线(能量范围10—100eV;波长范围10—100nm)的辐射。太阳极紫外线的强度受到太阳活动周期的制约,从而导致火星高层大气温度变化较大。当太阳活动较弱时火星高层大气温度较低,当太阳黑子活动较强时火星高层大气温度升高。火星大气130km以上称为电离层,太阳光的辐射使得火星大气离子化。火星高层大气的低密度和较高温度共同加速了大气中的原子向太空逃逸。火星大气层中,130—150km高度以上的粒子可以逃离至太空,称为逸散层底(Mantas et al.,1979)。

6.2 火星大气化学

火星大气与地球大气相比非常稀薄,平均气压仅为700Pa。火星大气压随着CO_2和水含量的季节性变化而变化,变化幅度可达20%(Leovy,2001)。稀薄的大气很难保留来自太阳的热能,因此火星表面的昼夜温差非常大。1976年"海盗号"对火星大气成分进行了准确的测定(表6.1),火星大气组成与地球大气组成差异显著,火星大气95.3%为CO_2,2.7%为N_2,1.6%为Ar,0.13%为O_2,0.03%为H_2O。2004年3月"火星快车"上的傅里叶光谱仪探测到火星大气中有大约10ppb含量的甲烷(CH_4)存在,而甲烷能在火星大气中存在的时间仅为几百年,这使得人们推测火星次表面可能存在微生物活动,甲烷的存在可能和微生物活动有关。当然火山活动也会释放出甲烷,目前火星大气中甲烷的来源还不清楚。臭氧在火星的低层和中层大气中也有发现(Blamont et al.,1993;Novak et al.,

2002；Lebonnois et al.，2006）。

表6.1 火星大气组成

气体成分	体积比
二氧化碳（CO_2）	95.32%
氮气（N_2）	2.70%
氩（Ar）	1.60%
氧气（O_2）	0.13%
一氧化碳（CO）	0.08%
水（H_2O）	210ppm
一氧化氮（NO）	100ppm
氖（Ne）	2.5ppm
氢—氘—氧（HDO）	0.85ppm
氙（Xe）	0.08ppm

6.3 火星大气物理

根据气体的成分、温度和物理性质，火星大气可以分为多层结构。火星大气中多样的热源驱动了大气的运动。其中太阳加热是大气循环最重要的驱动源，主要通过表面和较大光学厚度的大气层（例如，近云层）内对可见光波长光子的吸收来实现。火星表面和大气尘埃粒子吸收可见光能量后，通常以红外线形式再次对外辐射，进一步加热大气。在离表面较远的区域，紫外辐射和远紫外辐射能够分裂分子，使原子和分子离子化，提供了另一种大气加热源。在某一特定区域内，热传递的最有效机制驱动了大气运动。这样导致了大气的分层结构。三种热传递的机制分别为传导、对流和辐射。

传导是通过原子和分子之间的直接碰撞来传递热量。在行星大气的上层区域，热传导是最重要的，有时在近表面区域也是如此。对流是火星底层大气中的主要物理过程，随着物质的运动，热量可以在不同温度的区域间进行传递。在行星大气中当一个气团的温度稍高于周围大气温度时，就会发生对流。热气团为了建立新的压力平衡会向四周膨胀，这种膨胀使得气团内的密度降低，当气团内的密度低于周围大气密度时，气团就会上升以求达到新的密度平衡。同时，由于大气压强随着高度的升高而降低，所以气团在上升的过程中不断膨胀，气团内的温度随着气团的膨胀而降低，周围大气温度也随着高度的升高而降低。如果大气温度降低得足够快，则气团内的温度在上升过程中会始终高于周围大气温度。因此，热气团将持续上升并向上传输热量。反之，冷气团相对密度较大，将持续下降。当对流在大气层的热量传输中起主导作用时，大气层的温度服从绝热温度递减率分布。在绝热条件下，对流气团和周围大气没有热量交换。原子不仅可以吸收热量也时刻不断地向外发射热量,这种传递热量的方式称为辐射,这是大气层中热量传输的第三种机制。

6.4 火星大气运动与尘暴

地基观测发现火星表面的反照率经常会变得模糊不清,并准确地把这种变化归结为火星大气中云的存在。火星上的云有三种:黄色云、白云和极区云。霾和云经常在火星昼夜交替的明暗交界线处出现(图6.2),在太阳升起的时候尤其显著。这是由于挥发分

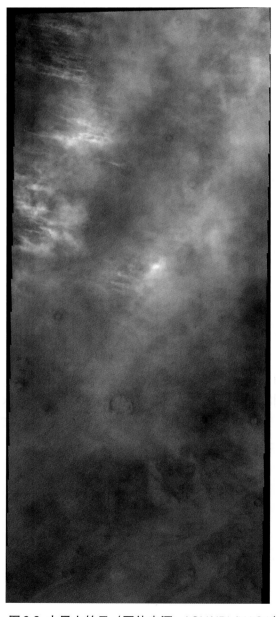

图6.2 火星上的云。(图片来源: ASU/JPL/NASA)

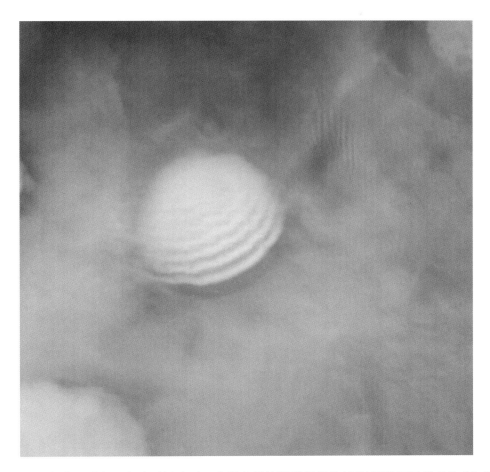

图6.3 雾经常清晨时出现在地形低陷区。这幅火星轨道器相机(MOC)图片显示的是在66.4°S，151.4°E的一个直径36km的凹坑，坑里充满了雾。(图片来源：MSSS/JPL/NASA)

的凝聚造成的。晨雾在地势低洼的峡谷或者撞击坑中有时也会出现(图6.3)。

　　火星上的黄色云早在1877年就被观测到，但直到现在才确认是尘暴。由于火星表面没有水以及其他可以侵蚀岩石表面的地质过程，因此尘土在火星表面无处不在。经度方向上的大气压力和温度差异可造成火星表面巨大的尘暴。在火星南半球的早春到早秋，旋风活动非常常见(图6.4)(Fisher et al., 2005；Whelley et al., 2006)，大气条件决定了火星尘暴的范围(局部性的、区域性的或者全球性的)。火星全球性尘暴(图6.5)通常发生在南半球处于夏季时，此时火星处于近日点，太阳对大气的强烈加热形成了强烈的风和旋风，这是全球性尘暴的初始阶段。尘暴下部表面的冷却进一步加大了温度梯度和风的强度，这引起了尘暴的扩大。在适当的条件下，这一机制将继续进行，直至火星形成全球性尘暴。此后火星表面温度不再变化，风速开始下降，最后尘暴消失。

　　白云(图6.6)早在17世纪时就在火星表面被发现，主要由水形成，也含有少量CO_2。白云多数为地形云，当大气被较高地形迫使上升时，上层较低的温度导致水蒸气凝聚。17世纪的地基观测经常在火星西半球发现W型白云的现象。现在我们知道W型白云是萨希斯火山群造成的地形云。

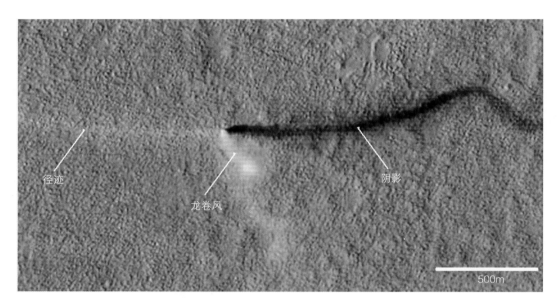

图6.4 火星亚马孙平原地区出现的旋风,由"火星全球勘测者"于2001年4月1日拍摄。镜头方向垂直向下,图片上方为北,太阳光来自西边。旋风由西向东移动的径迹可见。通过右侧旋风的阴影长度,推测该旋风的高度超过1km。(图片来源:MSSS/JPL/NASA)

　　风在火星表面是比较普遍的自然现象,由太阳加热作用产生的压力和温度梯度引起。火星大气压力和温度变化主要由三个因素引起:季节性变化、尘暴和日变化。季节性变化是极冠的CO_2和水的升华与凝聚所致。尘暴可增强温度梯度,导致更强的风。温度的日变化主要由向阳面和背阳面的温度差引起,且引起的风向全天都在变化(图6.7)。

　　当行星的自转轴和黄道面垂直,其赤道地区接受到的太阳能量比中高纬度地区多,对流使得温度高的空气上升并流向其他温度和气压较低的区域。因此,较热空气从赤道升起,经过冷却后从极区下降到行星表面,再沿着表面流动至赤道。对于不旋转或慢速旋转的行星,南北半球将分别形成一个大气环流。这样的对流称为哈德莱环流(Hadley Circulation)。而火星自转速度较快,在每个半球分别形成三个哈德莱环流。这也使得火星表面存在东西方向的风,在赤道附近为东风,中纬度为西风。火星大气较为稀薄,使得火星大气很难保留白天太阳加热所获得的热量,这导致夜晚大气温度显著下降。火星昼半球与夜半球的巨大温度差异引起空气从热的半球向冷的半球流动,由此形成的风称为热潮汐。热潮汐以赤道为中心,向中纬度扩展。

　　冷凝流由CO_2在极区秋冬过程的凝聚以及春夏过程的升华引起,随着CO_2流向处于秋冬季节的半球,处于秋冬季节的半球的大气压升高,而另一个半球气压降低。火星极区作为CO_2的汇和源的转换并结合火星轨道的较大偏心率,使得火星表面气压的年变化达到20%。CO_2的凝聚与升华是驱动火星大气环流的主因,被称为CO_2的季节性循环(James et al.,1992)。CO_2季节性环流与尘埃的循环具有微弱的相关性,因为与升华相关的向上的风会从极区冰盖带走尘埃,与凝聚相关的向下的风可以向极冠沉积尘埃(Kahn et al.,1992;James et al.,2005)。

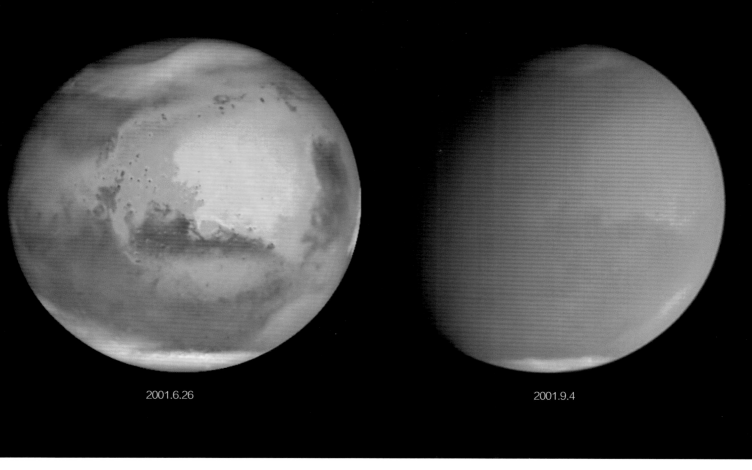

2001.6.26

2001.9.4

图6.5 全球性的火星尘暴可以快速形成,照片由哈勃空间望远镜在相距两个半月的时间段分别
拍摄。火星的反射标识在2001年6月26日时可以明显区分,但在2001年9月4日时则被
尘暴完全覆盖。(图片来源:NASA)

极区在秋季日照开始减少,到冬季减少到零。由于热辐射,冬季大气层顶端损失能量,而大气热对流所带来的热量不能与之平衡。因此温度就会降至CO_2的冷凝点(148K),形成季节性的极冠区。在夜间的极区,CO_2冷凝释放的潜热是主要的大气能量源。

CO_2季节循环需要火星大气质量的30%。这些质量春、夏季节在极区升华,秋、冬季在极区冷凝,极大影响了大气环流。这种冷凝流可以使火星的哈德莱环流产生的纬向风的风速增加约0.5m/s(Read et al.,2004)。

对冷凝流的另一个贡献来自H_2O的季节性循环(Jakosky et al.,1992;Houben et al.,1997;Richardson et al.,2002a),这需要大气和非大气中H_2O之间的交换。非大气H_2O储层包含了季节性和永久极冠区,它们从风化物、表面或近表面的冰中吸收水分。大部分大气运输过程都离不开水蒸气,但有时白凝结云也对大气运输有贡献。和CO_2一样,大气中水蒸气的丰度随高度与季节改变而变化,变化幅度超过两倍以上。

在大气层中,影响水蒸气丰度的主要过程有:季节性和永久性极冠区冰的升华,秋冬季节极冠区水的冷凝,季节温度变化引起的表土颗粒中的水分解,以及从风化层到大气层的水蒸气扩散。永久性极冠区是大气中H_2O的主要贡献者,它在春夏季节时将H_2O送入大气,秋冬时又返回极冠区。这就导致H_2O在不同半球中含量不平衡,然后通过从表

图6.6 在火星轨道器相机拍摄的这张照片中可以看到萨希斯火山群上方和水手大峡谷西部的白云。地形云通常出现在高大的火星火山附近。(图片来源:MSSS/JPL/NASA)

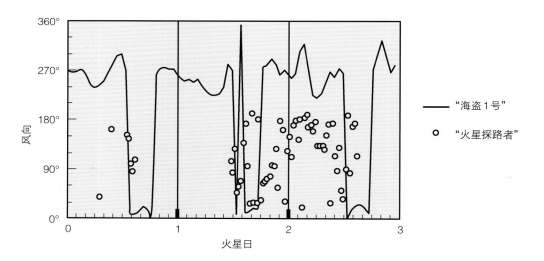

图6.7 在"海盗1号"与"火星探路者"的着陆地所观测到的风向角在一个火星日中的相对变化。风向角是以北为0°基准的方位角。"火星探路者"所探测到的风向有一种典型的变化:上午是南向—西南向,下午转为北向—东北向。(图片来源:JPL/NASA)

土吸收或释放 H_2O 来使其达到平衡状态。要达到这样一个大气和表土间的平衡需要几年时间。

火星大气的整体环流由纬向风和经向风、科里奥利力、行星波和季节冷凝流驱动，纬向风和经向环流在太阳照射下通过哈德莱环流产生。此外，季节冷凝流对径向分量有贡献。

由于行星旋转，从高压区到低压区的风沿曲线运动。对于像火星这样顺向自转的星球，北半球的风向右偏，南半球的风向左偏。这种由于星球旋转而产生的风向偏转叫作科里奥利效应，引起风向偏转的虚拟力叫作科里奥利力。

引起火星大气环流的另一个主要因素是大气波动。定常波也叫作罗斯贝波（Rossby waves），在行星旋转坐标系中固定不动，并与强烈的东向喷流有关。定常波随着地形的变化或具热量的大陆对上方的加热而垂直传播。高纬度地区科里奥利力较大，容易出现大气波动。大气波动在任何季节都会出现，但在冬季半球更强。它们影响火星大气稳定性并且对赤道到极区的热量分配起主要作用。"火星全球勘测者"的热辐射光谱仪和无线电掩星研究首次在火星大气中明确地探测到定常波（Banfield et al.，2000，2003；Hinson et al.，2001，2003；Fukuhara et al.，2005）。无线电掩星的结果表明，定常波主要出现在 75km 以下的高度（Cahoy et al.，2006）。

行进的行星波由温度和压强（气压）的变化而产生，一般都与气象锋面有关。"水手9号"和"海盗号"探测到了与行进的行星波相关的云（Conrath，1981；Murphy et al.，1990），后来通过"火星全球勘测者"的观测结果分析，对行进的行星波进行了更详尽的研究（Hinson et al.，2002；Wilson et al.，2002）。Banfield et al.（2004）通过分析"火星全球勘测者"上热辐射光谱仪两年时间记录的数据，行进的行星波在北半球的晚秋和初冬时节最强，在南半球的秋冬季节较弱，而且具有较强的年周期性。

大气环流可以用火星全球环流模型（MGCMs）进行模拟，该模型由 1969 年的地球全球环流模型（GCMs）发展而来。MGCMs 主要用来模拟火星低层大气内产生的环流，其中也有一些可以拓展至中高层大气。MGCMs 将影响大气环流的物理过程参数化，考虑了哈德莱环流、科里奥利效应、大气尘埃、辐射加热与冷却、云、对流、湍流、波动、与表面起伏（及行星边界层）相互作用而产生的拖曳力，以及季节冷凝流和升华流（Read et al.，2004）的贡献。四个主要的 MGCMs 分别由 NASA 的艾姆斯研究中心（Ames Research Center）（Joshi et al.，1997）、法国动力气象实验室（Laboratoire de Météorologoe Dynamique）（Forget et al.，1999）、牛津大学（Newman et al.，2002a，2002b）和普林斯顿大学（Richardson et al.，2002b）研究和改进。

6.5 火星气候

地基观测、轨道探测和着陆器的火星表面观测，以及火星全球环流模型的数值模拟等一系列手段，帮助我们较好地了解了目前的火星大气。日间加热会引发对流，春末夏初的尘暴活动可将尘埃带离火星表面（Hinson et al.，1999），这样的对流能够延伸到 10km 的高度范围内。对流区温度梯度的干绝热递减率可以达到约 4.3K/km。晚上，对流活动停止,出现较强的逆温现象。夜间火星温度低于大气中水蒸气的液化温度,是第二天晨雾发生的必要条件。在75km左右的高度上,潮汐热对大气环流起主导作用,尤其是在热带地区;而较低高度的环流则由行星波主导(Cahoy et al.,2006)。

中纬度地区,仲夏盛行西向风,其他季节都以东向纬向风为主。在30km高度内,东向纬向风随高度增加而增强。低纬度地区则全年盛行西向纬向风。

哈德莱环流是经向风的主要贡献者,但火星两极之间的季节性冷凝流的作用也不能忽视。二分点(春分点和秋分点,即昼夜平分点)时,哈德莱环流形成于赤道两侧,为对称模型。到达二至点(夏至点和冬至点)时,上升支流移动到夏季半球的30°纬度处,下降支流出现在冬季半球60°纬度附近(Haberle et al.,1993)。火星轨道的较大偏心率引起的表面受热不均又增强了上述模式,从而增强了北半球冬季哈德莱环流。

中高纬度的哈德莱环流会受到行星波的干扰。东向行进的行星波是由大气的温度或者压力变化(斜压或正压不稳定性)引起的。行星波的波数定义为特定纬度上波瓣的个数——火星行星波冬春季的纬向波数一般为1—3个(Hollingsworth et al.,1996)。天气系统一般会在极冠区边缘见到(图6.8)。

行进行星波与地形和热大陆相互作用产生定常波。定常波的典型纬向波数为1个或2个(Conrath,1981)。大气经过火星表面大块的地形特征会形成重力内波。重力内波会影响大气层的稳定性和加热。大气沿着大型火山攀升的过程中,随高度增加而温度下降,发生凝结形成地形云。

冷凝流的强度及哈德莱环流的季节漂移会影响风向,热带哈德莱环流在北半球生成东北风,在南半球生成东南风。但由于哈德莱环流的上升支流和下降支流的季节变化,在冬季中纬度区,两种季风都会出现。这一点与风的痕迹分析所得到的风向结果一致。冬至或夏至时节,跨赤道的哈德莱环流会在亚热带地区(纬度约15°—30°)的表面附近产生一个西向激流。该激流在2km高度处的风速为33m/s(Hinson et al.,1999)。这一速度远大于着陆器所观测到的表面风速5—10m/s(Smith et al.,1997)。速度更大的风预期会出现在地形坡度处。

日间对流以及相应的尘卷风活动携带表面尘埃进入大气(Basu et al.,2004;Kahre et al.,2006),促使尘暴发生。分析火星轨道器相机图像发现,尺度为1×10^4—$1 \times 10^6 km^2$的尘暴一般发生在季节性极冠区边缘的中纬度区域(Wang et al.,2005),及火星处于近日点北半球冬季时的低纬度区域(Cantor et al.,2001;James et al.,2002),哈德莱环流的上升支流携带尘埃,分布广,同时加热大气,连带的风也会被增强,将带起更多尘埃。这一过程在条件合适的情况下会引起全球性的尘暴(Zurek et al.,1993)。

6.6 火星大气的演化

现在的火星大气非常稀薄,这种低压条件下不可能存在液态水,但是地质学和矿物学的证据表明火星表面并非一直如此。纵横交错的峡谷群体系、高度退化的撞击坑现象等地质特征和层状硅酸盐的存在都表明,火星在诺亚纪曾经很湿润。火星大气中氘和氢元素的比例是地球的5倍,这也表明火星过去曾经有较厚的大气层(Owen et al.,1998;

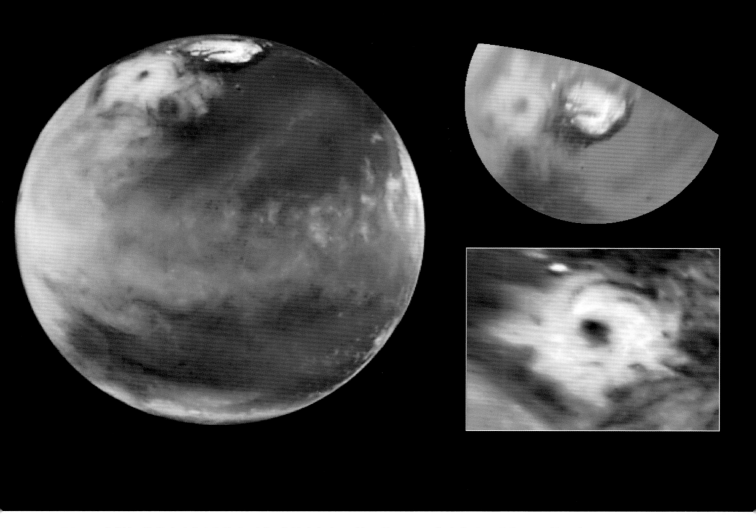

图6.8 尘暴经常发生在极冠附近，这幅哈勃空间望远镜图像展示了发生在火星北极冠区的一个尘暴。(图片来源：NASA)

Krasnopolsky，2000；Jakosky et al.，2001）。火山作用，包括高地锥形火山和塔尔西斯区的形成，可能是火星大气中CO_2的来源，同时火山喷发会释放大量的水蒸气。诺亚纪放射性元素衰变能的迁移与聚集，增强了火星大地热流，增加了火山作用的次数与规模，这样由火山释放出的CO_2和H_2O气体便形成了一个早期的厚大气层。

CO_2和H_2O都是温室气体，会增加火星表面温度，加上厚大气层施加的表面压力增大，可能会形成降雨，出现液态水。但恒星演化模型表明，40亿年前太阳的光度只有现在的25%—30%（Newman et al.，1997）。这样小的光度在火星上仅可以转化产生约196K的温度，同时还需要有77K的温室加热（Haberle，1998）。数值模拟结果表明，富含CO_2的大气，可以产生$5×10^5Pa$的表面压强，在太阳低光度的情况下将会使火星表面温度增加到273K（Pollack et al.，1987）。但CO_2在这种高压环境中将冷凝，在大气中形成云并且释放更多潜热（Kasting，1991），而这两种机制都会使得火星表面温度降至水的凝固点以下。这个问题可能的解决途径有：CO_2冰云的散射温室效应（Forget et al.，1997），其他气体的温室加热效应（Kasting，1991；Squyres et al.，1994；Sagan et al.，1997；Yung et al.，1997），太阳质量增加及相应的早期太阳光度增加（Whitmire et al.，1995），以及撞击产生的湿润的小气候（Segura et al.，2002）。

峡谷群的形成和地质特征记录的快速的沉降率在约39亿年前停止,这表明厚大气层消失于诺亚纪末期。三种机制相互结合导致了火星大气的衰退。40亿年前,火星存在全球性内禀磁场,磁场的保护使得火星大气免于太阳风的影响。一旦火星的全球性内禀磁场消失,太阳风粒子便会撞击火星的大气,使火星大气脱离火星(Jakosky et al.,1994)。磁场消失的时间也与假设的发生于整个内太阳系晚期的剧烈轰击时期(Cataclymic late heavy bombardment)相符合(Gomes et al.,2005)。晚期的小天体大规模撞击形成了大量的撞击坑,撞击体穿入火星大气的摩擦加热,使得大量气体逃逸出火星大气层。加上火星较小的体积和引力,这种撞击对火星大气的影响更为有效(Melosh et al.,1989)。太阳风的剥离、撞击侵蚀以及逸散层上面较轻原子的正常的金斯逃逸(Jean's escape),三者共同作用使得火星大气层在相对较短的时间段里变薄到现在的厚度(Brain et al.,1998;Jakosky et al.,2001)。

在诺亚纪末期的主要气候变化事件后,火星还出现过一些偏离当今气候条件的短期变化。这些漂移可以由后诺亚纪火山表面液态水的地质证据(Baker,2001)和地球化学证据(Romanek et al.,1994;Watson et al.,1994;Jakosky et al.,1997;Squyres et al.,2004)看出。这些近代的气候变化可能都源于火星自转轴倾角变动。

参考文献

Baker V R. 2001. Water and the Martian landscape. *Nature*, 412:228–236

Banfield D, Conrath B, Pearl J C, et al. 2000. Thermal tides and stationary waves on Mars as revealed by Mars Global Surveyor Thermal Emission Spectrometer. *Journal of Geophysical Research*, 105: 9521–9537

Banfield D, Conrath B J, Gierasch P J, et al. 2004. Traveling waves in the martian atmosphere from MGS TES nadir data. *Icarus*, 170: 365–403

Banfield D, Conrath B J, Smith M D, et al. 2003. Forced waves in the Martian atmosphere from MGS TES nadir data. *Icarus*, 161: 319–345

Basu S, Richardson M I, Wilson R J. 2004. Simulation of the Martian dust cycle with the GFDL Mars GCM. *Journal of Geophysical Research*: Planets, 109

Blamont J E, Chassefière E. 1993. First detection of ozone in the middle atmosphere of Mars from solar occultation measurements. *Icarus*, 104: 324–336

Brain D A, Jakosky B M. 1998. Atmospheric loss since the onset of the Martian geologic record: Combined role of impact erosion and sputtering. *Journal of Geophysical Research*, 103: 22689–22694

Cahoy K L, Hinson D P, Tyler G L. 2006. Radio science measurements of atmospheric refractivity with Mars Global Surveyor. *Journal of Geophysical Research*, 111: E05003

Cantor B A, James P B, Caplinger M, et al. 2001. Martian dust storms: 1999 Mars Orbiter Camera observations. *Journal of Geophysical Research*, 106: 23653–23687

Collins M, Lewis S R, Read P L, et al. 1996. Baroclinic wave transitions in the Martian atmosphere. *Icarus*, 120: 344–357

Conrath B J. 1981. Planetary-scale wave structure in the Martian atmosphere. *Icarus*, 48: 246–255

Fisher J A, Richardson M I, Newman C E, et al. 2005. A survey of Martian dust devil activity using Mars Global Surveyor Mars Orbiter Camera images. *Journal of Geophysical Research*, 110: E03004

Forget F, Pierrehumbert R T. 1997. Warming early Mars with carbon dioxide clouds that scatter infrared radiation. *Science*, 278: 1273−1276

Forget F, Hourdin F, Fournier R, et al. 1999. Improved general circulation models of the Martian atmosphere from the surface to above 80km. *Journal of Geophysical Research*, 104: 24155−24176

Fukuhara T, Imamura T. 2005. Waves encircling the summer southern pole of Mars observed by MGS TES. *Geophysical Research Letters*, 32: L18811

Gomes R, Levison H F, Tsiganis K, et al. 2005. Origin of the cataclysmic Late Heavy Bombardment period of the terrestrial planets. *Nature*, 435: 466−469

Haberle R M. 1998. Early Mars climate models. *Journal of Geophysical Research*, 103: 28467−28479

Haberle R M, Pollack J B, Barnes J R, et al. 1993. Mars atmospheric dynamics as simulated by the NASA/Ames general circulation model. 1. The zonal-mean circulation. *Journal of Geophysical Research*, 98: 3093−3123

Hinson D P, Wilson R J. 2002. Transient eddies in the southern hemisphere of Mars. *Geophysical Research Letters*, 29: 1154

Hinson D P, Simpson R A, Twicken J D, et al. 1999. Initial results from radio occultation measurements with Mars Global Surveyor. *Journal of Geophysical Research*, 104: 26997−27012

Hinson D P, Tyler G L, Hollingsworth J L, et al. 2001. Radio occultation measurements of forced atmospheric waves on Mars. *Journal of Geophysical Research*, 106: 1463−1480

Hinson D P, Wilson R J, Smith M D, et al. 2003. Stationary planetary waves in the atmosphere of Mars during southern winter. *Journal of Geophysical Research*, 108: 5004

Hollingsworth J L, Haberle R M, Bridger A F C, et al. 1996. Winter storm zones on Mars. *Nature*, 380: 413−416

Houben H, Haberle R M, Young R E, et al. 1997. Modeling the Martian seasonal water cycle. *Journal of Geophysical Research*, 102: 9069−9083

Jakosky B M, Haberle R M. 1992. *The seasonal behavior of water on Mars*. Tucson: University of Arizona Press, 969−1016

Jakosky B M, Jones J H 1997. The history of Martianvolatiles. *Reviews of Geophysics*, 35: 1−16

Jakosky B M, Phillips R J. 2001. Mars' volatile and climate history. *Nature*, 412: 237−244

Jakosky B M, Pepin R O, Johnson R E, et al. 1994. Mars atmospheric loss and isotopic fractionation by solar-wind-induced sputtering and photochemical escape. *Icarus*, 111: 271−288

James P B, Cantor B A. 2002. Atmospheric monitoring of Mars by the Mars Orbiter Camera on Mars Global Surveyor. *Advances in Space Research*, 29: 121−129

James P B, Hansen G B, Titus T N. 2005. The carbon dioxide cycle. *Advances in Space Research*, 35: 14−20

James P B, Kieffer H H, Paige D A. 1992. *The seasonal cycle of carbon dioxide on Mars*. Tucson: University of Arizona Press, 934−968

Joshi M M, Haberle R M, Barnes J R, et al. 1997. Lowlevel jets in the NASA Ames Mars general circulation model. *Journal of Geophysical Research*, 102: 6511−6523

Kahn R A, Martin T Z, Zurek R W, et al. 1992. *The Martian dust cycle*. Tucson: University of Arizona Press, 1017−1053

Kahre M A, Murphy J R, Haberle R M. 2006. Modeling the Martian dust cycle and surface dust reservoirs with the NASA Ames general circulation model. *Journal of Geophysical Research*, 111: E06008

Kasting J F. 1991. CO₂ condensation and the climate of early Mars. *Icarus*, 94: 1–13

Krasnopolsky V. 2000. On the deuterium abundance on Mars and some related problems. *Icarus*, 148: 597–602

Lebonnois S, Quémerais E, Montmessin F, et al. 2006. Vertical distribution of ozone on Mars as measured by SPICAM/Mars Express using stellar occultations. *Journal of Geophysical Research*, 111: E09S05

Leovy C. 2001. Weather and climate on Mars. *Nature*, 412: 245–249

Mantas G P, Hanson W B. 1979. Photoelectronfluxes in the Martianionosphere. *Journal of Geophysical Research*, 84: 369–385

Melosh H J. 1989. *Impact Cratering: A Geologic Process*. New York: Oxford University Press

Murphy J R, Leovy C B, Tillman J E. 1990. Observations of Martian surface winds at the Viking Lander 1 site. *Journal of Geophysical Research*, 95: 14555–14576

Newman C E, Lewis S R, Read P L, et al. 2002a. Modeling the Martian dust cycle. 1. Representations of dust transport processes. *Journal of Geophysical Research*, 107: 5123

Newman C E, Lewis S R, Read P L, et al. 2002b. Modeling the Martian dust cycle. 2. Multiannual radiatively active dust transport simulations. *Journal of Geophysical Research*, 107: 5124

Newman M J, Rood R T. 1977. Implications of solar evolution for the Earth's early atmosphere. *Science*, 198: 1035–1037

Novak R E, Mumma M J, Disanti M A, et al. 2002. Mapping of ozone and water in the atmosphere of Mars near the 1997 aphelion. *Icarus*, 158: 14–23

Owen T, Maillard J P, De Bergh C , et al. 1988. Deuterium on Mars: The abundance of HDO and the value of D/H. *Science*, 240: 1767–1770

Perrier S, Bertaux J L, Lefèvre F, et al. 2006. Global distribution of total ozone on Mars from SPICAM/MEX UV measurements. *Journal of Geophysical Research*, 111: E09S06

Pollack J B, Kasting J F, Richardson S M, et al. 1987. The case for a warm wet climate on early Mars. *Icarus*, 71: 203–224

Read P L, Lewis S R. 2004. *The Martian Climate Revisited*. Chichester: Praxis Publishing

Richardson M I, Wilson R J. 2002a. Investigation of the nature and stability of the Martian seasonal water cycle with a general circulation model. *Journal of Geophysical Research*, 107: 5031

Richardson M I, Wilson R J, Rodin V. 2002b. Water ice clouds in the Martian atmosphere: General circulation model experiments with a simple cloud scheme. *Journal of Geophysical Research*, 107: 5064

Romanek C S, Grady M M, Wright I P, et al. 1994. Record of fluid-rock interactions on Mars from the meteorite ALH84001. *Nature*, 37: 655–657

Sagan C, Chyba C. 1997. The early faint sun paradox: Organic shielding of ultraviolet-labile greenhouse gases. *Science*, 276: 1217–1221

Schofield J T, Barnes J R, Crisp D, et al. 1997. The Mars Pathfinder Atmospheric Structure Investigation/Meteorology(ASI/MET) experiment. *Science*, 278: 1752–1758

Segura T L, Toon O B, Colaprete A, et al. 2002. Environmental effects of large impacts on Mars. *Science*, 298: 1977–1980

Smith P H, Bell J F, Bridges N T, et al. 1997. Results from the Mars Pathfinder Camera. *Science*, 278: 1758–1765

Squyres S W, Kasting J F. 1994. Early Mars: How warm and how wet? *Science*, 265: 744–749

Squyres S W, Grotzinger J P, Arvidson R E, et al. 2004. In situ evidence for an ancient aqueous environment at Meridiani Planum, Mars. *Science*, 306: 1709−1714

Wang H, Zurek R W, Richardson M I. 2005. Relationship between frontal dust storms and transient eddy activity in the northern hemisphere of Mars as observed by Mars Global Surveyor. *Journal of Geophysical Research*, 110: E07005

Watson L L, Hutcheon I D, Epstein S, et al. 1994. Water on Mars: clues from deuterium/hydrogen and water contents of hydrous phases in SNC meteorites. *Science*, 265: 86−90

Whelley P L, Greeley R. 2006. Latitudinal dependency in dust devil activity on Mars. *Journal of Geophysical Research*, 111: E10003

Whitmire D P, Doyle L R, Reynolds R T, et al. 1995. A slightly more massive young Sun as an explanation for warm temperatures on early Mars. *Journal of Geophysical Research*, 100: 5457−5464

Wilson L, Head J W. 2002. Tharsis-radial graben systems as the surface manifestation of plume-related dike intrusion complexes: Models and implications. *Journal of Geophysical Research*, 107: 5057

Yung Y L, Nair H, Gerstell M F. 1997. CO_2 greenhouse in the early Martianatmosphere: SO_2 inhibits condensation. *Icarus*, 130: 222−224

Zurek R, Martin L. 1993. Interannual variability of planet-encircling dust storms on Mars. *Journal of Geophysical Research*, 98: 3247−3259

本章作者

李世杰　中国科学院地球化学研究所副研究员,主要从事陨石学、月球与行星科学研究,从2006年开始先后3次参与我国南极陨石的基础分类鉴定和命名申报工作,并2次进入新疆库姆塔格沙漠搜寻陨石,获得可喜的发现。

尚颖丽　中国科学院地球化学研究所博士研究生,天体化学专业。

王世杰　中国科学院地球化学研究所研究员,天体化学、环境地球化学专业。

李雄耀　中国科学院地球化学研究所研究员,地球化学专业。

第 7 章

火星地形地貌

　　火星的地形地貌反映了火星表面的形态变化。火星表面不同区域呈现出不同的形态特征,火星上不同历史时期形成的表面形态也存在明显差异,这是由于其地质作用类型及作用程度不同造成的。通过研究火星表面形态特征,可以深入认识火星表面的形成演化过程以及火星地质的演化历史。根据火星全球表面形态特征,可以将火星表面划分为南、北不同的两个半球:南半球为高原地带,平均海拔较高,年龄较老,以火山高原地貌和撞击高原地貌为主,断裂构造和火山锥发育,熔岩喷发强烈,也是撞击坑分布密度和规模最大的地区,同时可见水流、冲蚀、堆积、冰川和风蚀等作用形成的各种地貌类型;北部为平原地带,平均海拔较低,地势广阔平缓,年龄较年轻,撞击坑较少(但存在很多被掩埋的大型撞击坑),以火山物质为主,火山熔岩分布广泛,形成大量小型熔岩饼、熔岩丘、熔岩被、火山颈和火山锥等火山地貌。

7.1 火星地形

　　火星表面积只有地球表面积的28%,但是火星表面的地形起伏远远大于地球。目前火星的海拔面是以赤道半径为3396km的等势面为参照面。火星表面最大高程差达29.429km,最高点为奥林匹斯山,海拔21.229km,最低点为海拉斯盆地,海拔−8.200km。火星地形的基本特征为所谓的全球二分性(图7.1),南、北半球分界明显,差别主要存在于三个方面:高度、撞击坑密度和火星壳厚度。南半球普遍高于海拔面,平均海拔为1.5km,北半球基本上低于海拔面,平均海拔为−4km,两者相差5.5km。这不仅导致火星南极半径3382.5km和北极半径3376.2km相差了6.3km,而且造成火星的质心偏离了2.99km。南北分区的撞击坑密度差异表现为南部高原撞击坑密布,而北部平原撞击坑稀疏。但是这可能只是火星目前的一个表面现象,根据最新的探测数据显示,北部平原实际上可能存在大量被掩埋的大型撞击坑。南北分区的第三个特征是火星壳厚度的差异,根据地形和重力场数据推断,火星全球的平均火星壳厚度为45km,从南到北火星壳厚度逐渐变薄,南部高原的平均火星壳厚度约为58km,北部平原的平均火星壳厚度约为32km,相差约26km。

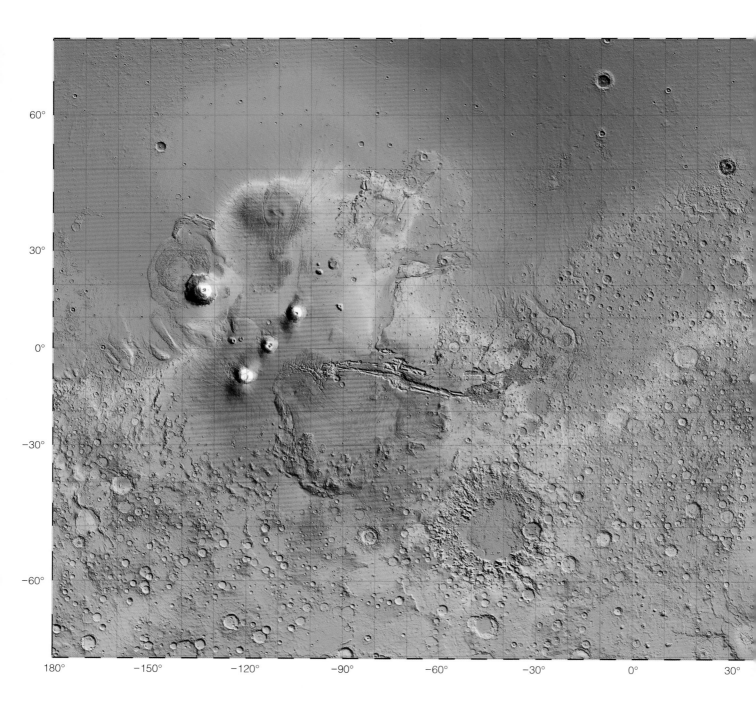

图7.1 火星全球MOLA地形图。(图片来源：NASA)

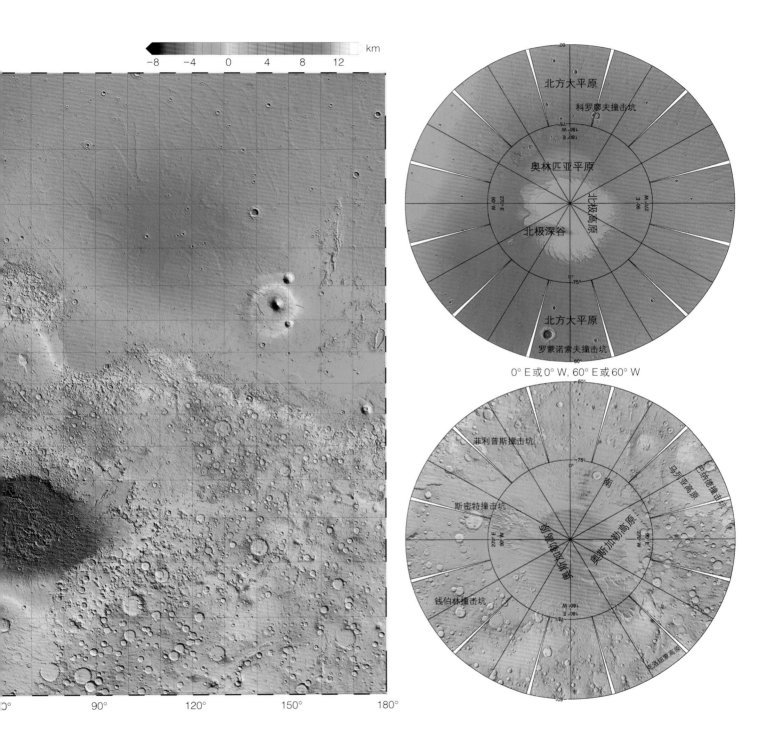

0° E 或 0° W, 60° E 或 60° W

火星上最大的正地形是萨希斯隆起（Tharsis bulge），其中心地理位置为0°，265°E，横跨5000km，高10km。萨希斯隆起形成于火星历史的早期，并且从形成到现在一直都是火山活动的重点区域。第二大正地形伊利瑟姆隆起（Elysium bulge）相对要小得多，其中心地理位置为25°N，147°E。火星上最大的负地形为海拉斯盆地，其中心地理位置为47°S，67°E，海拉斯盆地的底部要低于其边缘约9km。海拉斯盆地边缘围绕该盆地形成了一个宽阔的环状区域，该环状区域包括了南半球东部地区大部分较高地形。第二大负地形为阿吉尔盆地，其中心地理位置为50°S，318°E，相对海拉斯盆地要浅得多，盆地的底部只比其边缘低约1—2km。

行星的坐标系统一般是以它们的自转轴来确定的，北极是自转轴指向太阳系北半面的极，但行星经度的起点各不相同。一般来说有固定的、可观察到固体表面的行星经度的起点为某个表面特征地形，比如一个环形山。火星赤道是以它的自转轴确定，但火星的本初子午线是人为指定的。1972年，"水手9号"测绘火星地形地貌时，建立一个地理控点网络后提出火星精确的零经线定义：为一个位于子午线湾（Sinus Meridiani）或子午线高原区域上的艾里-0撞击坑（Airy-0 Crater）。火星经度系统有两种，一种为往西递增，由0°—360°W，另一种是往东递增，由0°—360°E，两者皆由国际天文学联合会认可使用，后者较常使用。西经系统采用的椭球体的赤道半径为3396.19km，极半径为3376.2km，要大于东经系统。

7.2 火星主要地貌类型

火星地貌是指火星表面不同类型的形态特征，是由内外力地质作用改造而成的。火星地貌相对月球和水星要更复杂多样，而且也有别于地球，具有其独特性，按照自然形态可将火星地貌划分为撞击坑和盆地、火山地貌、峡谷地貌、水流地貌、冰川地貌和风成地貌六大主要类型。

7.2.1 撞击坑和盆地

撞击坑是除了地球以外的固体天体表面最具特色的地貌类型。火星表面的撞击坑和太阳系里其他固体天体表面的撞击坑具有相似之处，它们都遵循同样的特征规律，即随着撞击坑大小的增加，其形态越复杂。一般来说，直径小于5km的撞击坑具有简单的碗状形态；直径为5—130km的撞击坑比较复杂，大部分具有一个中央峰和阶梯状台地的撞击坑壁；而直径为130—1000km的撞击坑除了中央峰外还具有一个内环或者一组同心环。与其他固体天体表面的撞击坑特征不同的是，火星撞击坑的溅射物具有独特形态。火星上部分小的简单撞击坑的溅射物形态与月球上的相似，即在撞击坑外围形成连续向外的具有放射状的溅射物。但火星上大部分撞击坑具有典型的火星特征，即撞击坑周围的溅射物呈离散型的叶片状排列，且都具有一个低脊或外倾的低缓斜坡。这种特殊形态是由于火星表面出现了挥发分特别是水（冰），或者是由于火星稀薄大气夹带了部分溅射物从而使得溅射物发生流体化作用造成的。因此火星撞击坑通常被称为液态化溅射物撞击坑。火星撞击坑在其形成后由于经历了后期改造作用产生了太阳系其他天体上很少见的形态。大部分火星撞击坑年龄大于35亿年,随后其撞击频率急剧下降。

7.2.1.1 撞击坑形态

根据撞击坑的大小、形态和溅射物的特点,可以将火星上的撞击坑分为四种类型:简单撞击坑、复杂撞击坑、多环盆地和掩埋的撞击坑。

(1)简单撞击坑

火星上直径<5km的撞击坑大部分呈碗状形态,撞击坑的深度和直径比约为0.2(图7.2)。在撞击坑的坑壁顶部常出现水平的层状基岩。在坑的外缘可见亮色或者暗色的

图7.2 火星上的一个直径为1km的简单撞击坑,其中心地理位置为4.8°N,46.1°E。(图片来源:MSSS/NASA)

放射状溅射物,但是不如月球表面常见,可能是由于火星表面更高的侵蚀和埋藏速率所致。在撞击坑底部也可见放射状的岩屑坡,这是重力作用下坑缘的松散物质发生坍塌堆积形成的。在一些区域,岩屑坡通常会出现一些暗色的条纹,这很可能是近期才形成的。最年轻撞击坑的高分辨率图像显示,大的石块可能出现在撞击坑边缘和底部,特别是在接近中心的位置。

（2）复杂撞击坑

火星上复杂撞击坑的直径一般为5—130km,其具有以下一个或多个内部形态特征(图7.3):具有一个存在丘陵或土丘隆起区的宽阔水平底部;存在一个复杂的中央峰;存在滑塌现象,即从坑壁向坑内掉落有单个或多个石块或者薄层堆积物质;撞击坑壁上存在阶梯状台地,这表明坑壁发生了大规模的破坏。随着撞击坑直径的增加,中央峰变得更复杂,坑壁上的阶地数量和大小也随之增加。所有复杂撞击坑都比简单撞击坑要浅,撞击坑的深度和直径比随其直径的增加而减小,从直径为5—8km时的0.2变化到直径为100km时的0.03。

图7.3 火星上的一个直径为20.8km的贝克鲁撞击坑(Bacolor Crater),其中心位置位于33°N, 241.4°W。(图片来源:NASA)

（3）多环盆地

撞击坑结构和形态的另一种转变类型发生在直径大于130km的撞击坑上。除了中央峰，此类撞击坑的中心还出现一个中心环或者一组同心环。直径为225km的利奥（Lyot）盆地是火星上最年轻、保存最好的多环盆地，具有一个崎岖的内环和一个小的中央峰，在盆地边缘可见叶状的溅射物向外延伸，其中一些溅射物具有放射状条纹，并进一步产生密集的二次撞击坑。火星上最大的三个多环盆地是海拉斯、阿吉尔和伊西底斯。海拉斯盆地的中心位置为42°S,243°W,规模为1600km×2000km,深度为4km,盆地中心为被外部平原围绕的近环形高地，其环状结构相对不明显，内部几乎没有环形山脉（图7.4）。阿吉尔为最古老多环盆地，其中心位置为50°S,43°W,盆地内部有个直径约700km的圆形的平原单元，平原外部被直径为1800km的环形构造不太明显的环形山所围绕，环形山外缘的沉积物覆盖宽度可达1400km。伊西底斯盆地的中心位置为15°N,270°W,直径约为1500km,也没有内环，仅在盆地周围残留一部分不连续的圆形断裂。火星上所有的大型盆地都位于比正常火星壳更薄的火星壳之上。目前火星上只能看到一部分容易辨别的撞击盆地，这是因为发生了多次大规模的周期性侵蚀和凹陷作用。

图7.4 海拉斯盆地的高程图。（图片来源：维基百科网站）

（4）掩埋的撞击坑

掩埋的撞击坑是指分布在北部平原上各种大小的撞击结构,其识别主要依赖于雷达数据的解译。根据近期的研究,北部平原区有大量的半圆形洼陷,认为它们是被掩埋的大型撞击坑(Frey et al.,2002)。

7.2.1.2 溅射物形态

与其他行星上撞击坑的溅射物特征相对比,火星上撞击坑溅射物的结构和形态具有其独特性。对于一些简单撞击坑,特别是直径小于2—3km的撞击坑来说,撞击坑边缘的顶部附近为丘状溅射物,向外转变成具有放射状结构的溅射物,再远处出现二次撞击坑。在过渡区外可能会出现次级撞击坑以及人字形和放射状的溅射物。其他的简单撞击坑具有独特的流体状溅射物形态。在急剧凸起的撞击坑边缘的外部,可能出现一个单一的溅射物圆环,其宽度约为一个撞击坑半径。圆环表面通常具有明显的向外飞溅状的放射状条纹,与峡谷里滑坡面上呈现出的放射状条纹相似,并且可能出现一个低脊。溅射物圆环和更远处的溅射物区域之间存在一个非常狭窄的过渡区。在一些较年轻撞击坑的更远处溅射物区域,常可见微弱的放射状的脊、线性排列的次级撞击坑和放射状条纹。

复杂撞击坑的溅射物形态更为复杂。撞击坑边缘通常为多圆丘地形,这个区域一般非常窄,表面粗糙不平,溅射物多为大的石块。该区域外的溅射物多具有流体状形态。火星上主要有两种流体状的溅射物类型。第一种类型与简单撞击坑的相似,即在撞击坑周围有一个具有明显放射状条纹的溅射物圆环,可能也存在一个低脊或者向外的斜坡。该粗糙圆环向外扩展大约至一个撞击坑半径的距离。第二种类型是呈放射状延长的叶状溅射物,向外能延伸至三个撞击坑半径的距离,并且每个叶状区域中都有一个低脊。总的来说,撞击坑越大,出现的叶状结构越多。稍小的撞击坑可能只有单独一个环形壁垒,更大的撞击坑却出现有许多叠加的叶状结构,其中大部分叶状结构区域内的放射状条纹不太明显。在环形墙垒之外也会出现稀薄的叶状结构。在最年轻的撞击坑周围,叶状溅射物外围可见次级撞击坑。只有在某些特定撞击坑中才会同时出现圆环和叶状结构的溅射物,并且圆环区域在地形上要高于叶状结构区域。例如在月神高原(Lunae Planum)和萨希斯隆起上大部分撞击坑的圆环都不明显,而在乌托邦平原上几乎每个撞击坑都围绕有一个明显的溅射平台(图7.5)。

火星独特的溅射物形态主要受以下因素影响:(1)撞击体入射方向与火星表面的夹角大小。撞击体以垂直或接近垂直的方向高速撞击火星表面,撞击坑外围溅射物的分布比较均匀,溅射物形态比较对称;撞击体撞击时与火星表面的夹角比较小,撞击坑外围溅射物的分布明显不对称,反映了撞击体的入射方向。(2)火星表面含有的挥发分特别是水(冰)混合在溅射物中,使其具有一定的流动性。(3)夹带部分溅射物的火星稀薄大气形成的气流运动。火星大气与部分溅射物的相互作用会在一定程度上影响溅射物的形态。撞击飞溅出来的溅射物中,粗粒物质会保持弹道轨迹并形成次级撞击坑,而细粒物质则会形成火星尘埃云,其运动导致了流体状溅射物的产生。通过对比月神高原和乌托邦平原的撞击坑溅射物形态差异,发现撞击坑基岩的特性对溅射物的形态特征具有显著的影响。

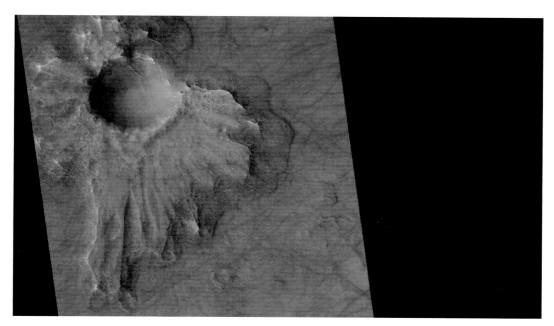

图7.5 月神高原上的一个撞击坑,撞击坑周围的溅射物形态非常明显,但是分布不对称。(图片来源:维基百科网站)

7.2.1.3 撞击坑的改造

　　高速撞击形成的撞击坑主要包括三个过程:压缩、挖掘和改造作用。暴露在火星表面的撞击坑在其形成之后很容易受到一系列作用的影响而发生改变,例如撞击作用,风、水和冰的侵蚀作用以及风积土、火山物质等的埋藏作用。火星表面原始撞击特征保存的程度取决于其地理位置。一般来说,低纬度地区后诺亚纪的大部分撞击坑都得到了很好的保存。例如在低纬度地区的西方纪和亚马孙纪的火山平原上,大部分撞击坑暴露于火星表面上亿年却基本没有改变,还能观察到细微的原始撞击坑特征,这与其非常弱的侵蚀作用有关。相反,在高纬度地区,后诺亚纪的撞击坑则经历了较强的改造(图7.6)。另

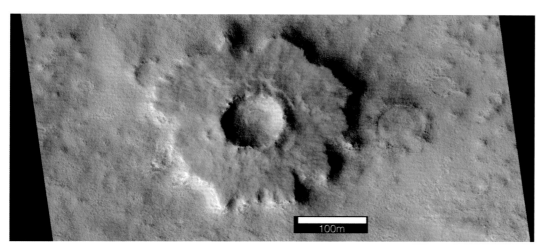

图7.6 火星北部平原上一个经历了改造的撞击坑,其中心位置位于54.5°N,67.5°E。(图片来源:维基百科网站)

外相对于年轻的撞击坑,诺亚纪大部分的撞击坑呈现出高度退化现象,撞击坑年龄越老,其改造程度越高,具体表现为撞击坑的坑缘逐渐降低,中央峰逐渐变低,底部逐渐变浅变平,坑壁发育越来越多的陡峭冲沟,溅射物的形态也逐渐不明显。撞击坑的覆盖和充填主要来源于火山作用的贡献,如古谢夫撞击坑(Gusev Crater);直接的风成沉积作用或撞击坑内湖对大气中碎片物质的捕获作用等其他作用的贡献相对较弱。

7.2.2 火山地貌

火星具有一个长期而复杂的火山作用历史,目前可能仍处于火山活跃期。火星表面还保存有大量的火山活动痕迹,包括火山熔岩平原、小型火山盾和大型火山盾。在火星演化史中,火山的喷发方式以及火山与冰冻圈、大气圈之间的相互作用都是随时间而变化的。火山的形成从古老的诺亚纪(>37亿年)一直持续到较年轻的晚亚马孙世(<5亿年),意味着火山活动是贯穿火星地质历史的重要作用。火星上大部分大型火山为盾形火山,主要由流动的玄武质岩浆喷发形成,其最高点通常是火山口,具有较缓的坡度(<10°)和向上凸出的轮廓。火星上最大的火山群和最广泛的熔岩平原为萨希斯火山省。萨希斯火山省高10km,横跨5000km,其火山作用持续了一个非常长的时期,可能从约38亿年前一直持续到现在,从而形成了太阳系内最大的火山群。除此之外,火星上另外两个重要的火山区域分别为伊利瑟姆火山省和环海拉斯火山省。

7.2.2.1 萨希斯火山省

狭义的萨希斯火山群是指中心位于赤道247°E的三座大型火山:阿西亚山、阿斯克瑞斯山(Ascraeus Mons)和帕吾尼斯山(Pavonis Mons)。广义的萨希斯火山群是指中心位于赤道南部约265°E的宽广的异常隆起区域,包括狭义的萨希斯火山群和大量小型盾形火山,它们与奥林匹斯山、阿尔巴环形山共同组成萨希斯火山省,宽度可达5000km(图7.7)。萨希斯火山省大部分区域都被后诺亚纪时期的熔岩平原所覆盖,且火山的分布很不均衡。在萨希斯火山省东南侧的叙利亚高原(Syria Planum)北部,有许多低矮的火山盾,横跨约20km;相反,在其西北侧则出现有多个非常大的火山,其中包括太阳系中最大最高的奥林匹斯山。阿西亚山、阿斯克瑞斯山和帕吾尼斯山三座大火山与什洛尼尔斯山丘(Ceraunius Tholus)和乌拉纽斯环形山两座小型火山呈SW-NE走向横切萨希斯火山省。

阿西亚山位于狭义萨希斯火山群的最南端,其中心位置为-8.26°N,239.91°E,宽约400km,体积为$9×10^5km^3$,最高点海拔为17.7km。其顶部的火山口宽130km,深1.3km,坡度为5°,火山口的周围被一系列同轴的断裂所围绕(图7.8)。在该火山的东北和西北侧,大量的凹坑由于熔岩流汇聚形成了裂谷和地堑。裂谷中的熔岩流呈扇形延伸至相邻的平原地区,形成了宽阔的裙状熔岩流。裙状熔岩流切割了早期主火山的熔岩流并延伸至其侧翼底部,意味着大部分裙状熔岩流要比主火山的熔岩流年轻。阿西亚主火山的熔岩流向西南延伸约1200km,并向西南、西继续扩展数千千米,从而形成了大量放射状的地堑。这些地堑可以看作是阿西亚山中心岩浆库内部呈放射状分布的大型岩墙的表面形态。阿西亚山西侧遭受到严重的改造,不规则的凹坑造成了其表面粗糙不平的放射状结

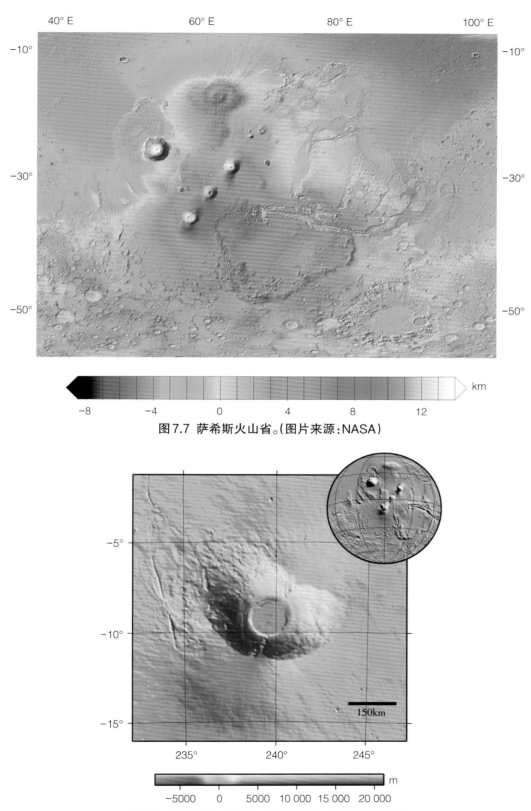

图7.7 萨希斯火山省。（图片来源：NASA）

图7.8 阿西亚山地形图。（图片来源：维基百科网站）

构,其西北部还出现有稀薄的条纹状结构,很可能是由于早期存在的冰川消融后而形成的。相反该火山的东侧比较平坦。

　　阿斯克瑞斯山是狭义萨希斯火山群最北部的火山,也是三座火山中最高的,其中心位置为 11.92°N,255.92°E,高 18.2km,体积为 $1.1×10^6km^3$(图7.9)。阿斯克瑞斯山顶部的火山口非常复杂,存在多个火山口坍塌事件。根据火山口形态推测该火山活动持续了非常长的时间,几乎贯穿整个火星地质史(Neukum et al.,2004)。阿斯克瑞斯山东北和西南侧被大量熔岩流所覆盖,并延伸到附近的平原地区。该火山两侧的断裂与另外两座火山也不一样,后两者形成于塌陷和凹地的共同作用,而前者形成于大量狭窄的、弯曲的、似月面谷的洼地的合并作用。类似裂缝的狭窄洼地和线性凹地呈大致圆周状围绕在火山盾周围,并且在火山盾的侧翼也普遍存在这种现象。该火山盾的侧翼还出现有一系列圆形地堑,可能是由于火山负荷使得岩石圈发生弯曲压缩形成的逆冲断层所造成的。

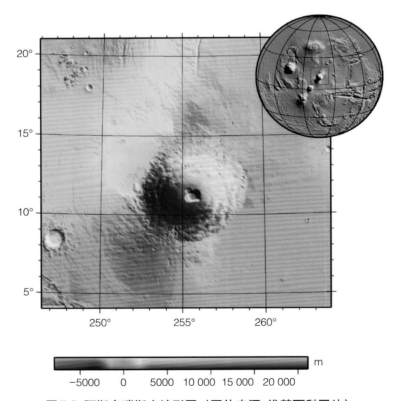

图7.9 阿斯克瑞斯山地形图。(图片来源:维基百科网站)

　　帕吾尼斯山是狭义萨希斯火山群中部的火山,比另外两座火山稍微小一些,其中心地理位置为 1.48°N,247.04°E,高约14km,体积为 $4×10^5km^3$,坡度较缓(图7.10)。帕吾尼斯山最高处的火山口深约5km,位于一个相对古老的大型洼地中,几乎被沉积物填满。帕吾尼斯山附近平原上的熔岩流来源于该火山东北和西南侧的裂隙,其中西南部的裙状熔岩流由西侧相对老的和东侧相对年轻的熔岩流组成。东部的熔岩流可能来源于附近的一些低矮的小型火山盾,并包围了帕吾尼斯山东侧区域,掩埋了东北部大部分地区。

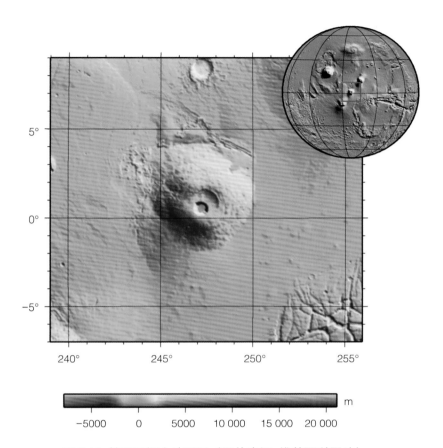

图7.10 帕吾尼斯山地形图。(图片来源：维基百科网站)

该火山的西北侧存在不规则的条纹单元，并延伸至相邻的平原之上；北部边缘存在可能是由于火山负荷引起下部岩石圈的弯曲变形所造成的圆形断裂。

奥林匹斯山与上面三座火山类似，但是面积更大，其底部被一圈悬崖所围绕，还存在一个大型的叶状条纹沉积区域。从底部悬崖边界算起，该火山大小为840km×640km，高21km，体积为$2.4×10^6km^3$，其中心地理位置为18.65°N，226.2°E(图7.11)。奥林匹斯山不太对称，平均坡度为5°，西北侧坡度要小于东南侧坡度，两侧布满明显的圆形地堑。该火山顶部有6个嵌入式的火山口，共同组成了一个大小为72km×91km、高3.2km的复杂塌陷(图7.12)。火山底部悬崖的高度变化很大，最高处位于火山的北部和西北部，约8km；而东南部大部分高程差仅约4km，东北和西南则大部分被熔岩流所覆盖(图7.13)。在东南部悬崖内存在一些几千米宽、几百米高的台地，其成因究竟是由于岩体的抬升还是早期更高地形的残留尚不明确。奥林匹斯山最具特色的是其复杂的环晕，环晕由多个大型的叶状台地组成，西部的台地比东部的台地大，每个台地都具有密集的弧形脊，从而使这些台地呈现波状结构。环晕中最大最老的台地从悬崖外向西延伸至750km以外，并被更年轻的台地所掩埋。环晕中的叶状台地被一些断裂所切割，也常被火山熔岩流充填掩埋。这些叶状台地可能形成于奥林匹斯山周边的重力坍塌作用。

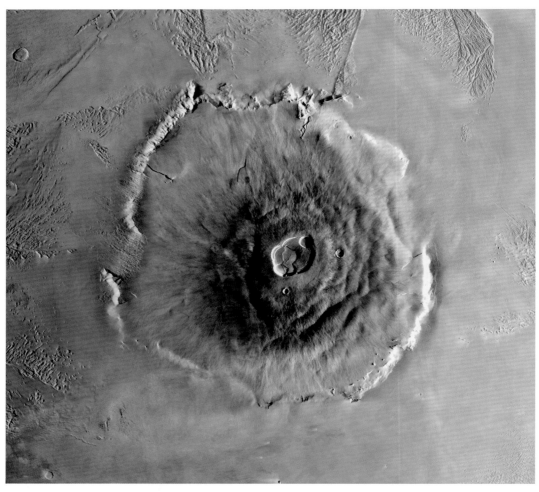

图7.11 火星上最高最大的火山奥林匹斯山全貌。(图片来源：维基百科网站)

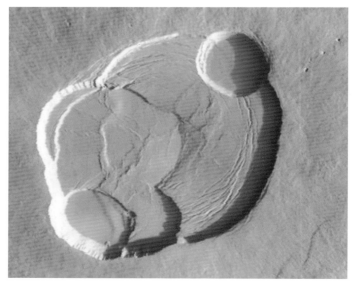

图7.12 奥林匹斯山顶部的6个嵌入式火山口。(图片来源：维基百科网站)

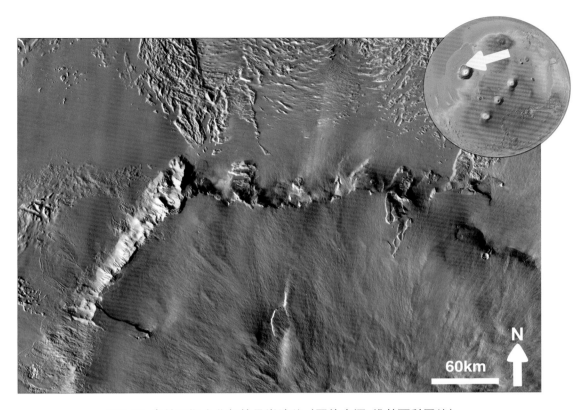

图 7.13 奥林匹斯山北部的悬崖地貌。(图片来源:维基百科网站)

阿尔巴环形山不同于地球火山和其他火星火山,主要表现为范围宽广、坡度很小、存在由大量断裂构成的不完整环状结构和位于两侧相当长的熔岩流(图 7.14)。阿尔巴环形山从北到南跨度 2000km,最大的宽度可达 3000km,其中心地理位置为 42°N,252°E,坡度非常小,平均只有 0.5°。该火山可以划分为几个同轴的单元,中心为宽 350km、高 1.5km、深 200m 并具有缓坡侧翼的中央火山口,外部为一个非常低的环,局部存在反转的斜坡,可看作一个直径 500km 具有大量断裂结构的不完整环状结构。环的外部为由熔岩流和脊组成的单元,其坡度虽然只有 1°,却是该火山中最陡的区域。而该单元边缘外围区域的坡度非常小,只有 0.2°。该火山最显著的特征之一就是存在一系列断裂,南部主要呈 N-S 走向,而北部和东北部大部为 NE-SW 走向。这些断裂很可能是由于局部和区域的张力导致火星壳发生破坏而造成的。

在萨希斯火山省中除了上述几个大型火山外,还存在一些直径为 60—300km 的相对较小的火山盾,以及许多更小的分布于阿西亚山、阿斯克瑞斯山和帕吾尼斯山两侧及叙利亚山(Syria Mons)上的低矮小型火山盾。在空间分布上,大部分小火山呈 NE-SW 排列,并且它们的火山口也呈 NE-SW 排列,说明这些小火山总体上受到相同方向的断裂所控制。

图7.14 阿尔巴环形山地形图。(图片来源:维基百科网站)

7.2.2.2 伊利瑟姆火山省

伊利瑟姆火山省是火星上第二大火山省,比萨希斯火山省小得多,存在大量的熔岩流、火山灰、岩墙和岩脉,主要包括三座火山(图7.15):伊利瑟姆山(Elysium Mons)、赫卡忒斯山丘(Hecates Tholus)和阿尔伯山丘(Albor Tholus)。伊利瑟姆山是该火山省的中心,也是该火山省中最大的火山。伊利瑟姆火山圆顶大约有2000km宽,5km高,呈不对称形态,西北部的坡度为0.6°—0.9°,而东部和东南部的仅为0.1°—0.4°,四周熔岩流向东南延伸可达1000km,向西北延伸可达1700km。在火山圆顶外围存在几条ESE-WNW方向的明显断裂,包括刻耳柏洛斯、伽拉科思尔斯(Galaxias)和伊利瑟姆三条大型槽沟。在圆顶中心西北面300km区域内分布有一系列同轴的地堑,形成的几条大型凹槽一直延伸到乌托邦平原。这些地堑可能最早形成于水流作用,并在后期受到了火山作用和构造作用的共同改造,但是其具体形成演化过程仍是一个谜。

赫卡忒斯山丘位于伊利瑟姆火山省的最北部,其形态与伊利瑟姆山迥然不同,宽180km,顶部有一个直径为13km、高4.8km、深400m的复杂火山口。赫卡忒斯山丘与周

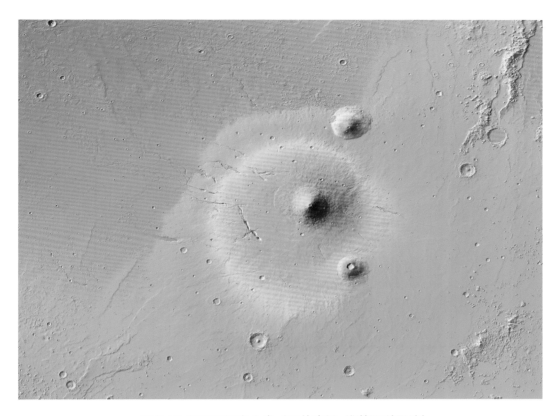

图7.15 伊利瑟姆火山省。(图片来源:维基百科网站)

边地形界线分明,最显著特征是其表面发育大量的河道边坡,形成了火星表面具有最密集裂隙所切割的斜坡。较大的裂隙大约有几百米宽,大部分裂隙尚不清楚其起源,推测可能是由于火山的热作用导致地下冰和火山顶部积雪融化而产生的。火山顶部地区几乎没有裂隙,特别在西北部地区,这可能是由于火山碎屑物质的沉积作用造成的。在该火山西北侧的一个大的凹地则被认为是次级火山口(Hauber et al.,2005)。

阿尔伯山丘位于伊利瑟姆火山省的最南部,宽150km,高4.1km,火山坡度为5°。阿尔伯山丘两侧的撞击坑很稀疏,地形要比前两座火山平滑得多。在该火山的南侧分布有同轴断裂,最平滑的区域位于火山顶的西北部,主要由火山灰的沉积作用造成。

7.2.2.3 环海拉斯火山省

环海拉斯火山省分布有几座火山,覆盖面积大于$2.1×10^6km^2$,是火星表面最老的盾形火山区(图7.16)。环海拉斯火山省的几个火山与萨希斯和伊利瑟姆火山省的火山截然不同,都具有非常低的台地以及一个大的中央火山口,大部分火山被具有脊和沟痕的台地所围绕。

哈德里亚卡环形山(Hadriaca Patera)位于海拉斯盆地东北环,其中心地理位置为30.1°S,92.5°E,东西向宽275km,南北向宽550km,顶部的火山口宽90km,深700m,高度明显高于四周的台地,坡度小于1°。两条大型峡谷达奥(Dao)和尼日尔(Niger)从该火山

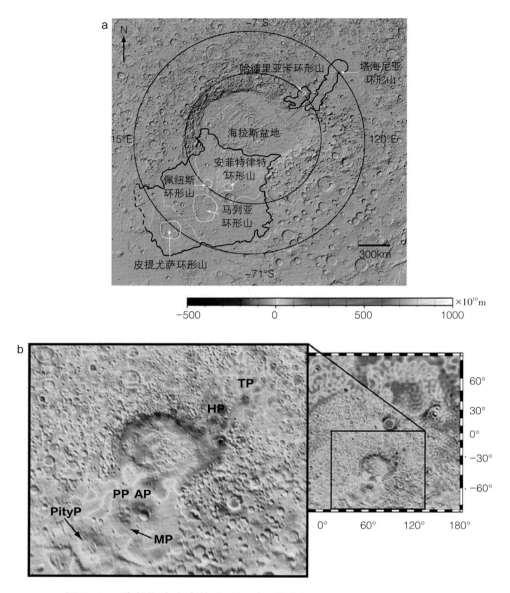

图7.16 环海拉斯火山省的地形图。(图片来源：Williams et al., 2009)

的西南侧切入。该火山最显著的特征是其两翼的V型谷之间存在放射状的尖口脊。在一些峡谷可见层状结构，而另一些峡谷存在小型河道。靠近火山口的脊被风蚀沉积物所覆盖，而远离火山口的脊也可见风蚀沉积物的残留。

位于海拉斯盆地南部环的马列亚环形山(Malea Patera)有两个浅的环状的似火山口构造，分别是直径为121km的安菲特律特环形山(Amphitrites Patera，中心地理位置为59°S，60°E)和直径为130km的佩纽斯环形山(Peneus Patera，中心地理位置为58.1°S，52.5°E)。安菲特律特环形山的放射状脊与哈德里亚卡环形山的类似，但更平滑，没那么明显。佩纽斯环形山的火山口很清晰，几乎没有放射状结构的脊。这两个火山的西南部分别有一个宽阔的环形浅洼地，大约300km宽，1km深，洼地中心分别位于63.3°S，52.0°E和67.3°S，37.6°E。

哈德里亚卡环形山东北900km处的塔海尼亚环形山(Tyrrhena Patera,中心地理位置22°S,107°E)可能是火星上最复杂的火山,中心直径40km,深400m,是高于周围平原1.5km的一个洼地。火山四周由一系列不同半径的圆形断裂组成,弧度一般为几十度,最远的断裂距中心可达180km。几条底部平坦的大河道从火山中心向外呈放射状延伸,最大的河道宽4km,长170km,向西南延伸。该火山主要由层状河床物质组成,由于受到侵蚀作用形成了许多拉长的放射状平顶脊,可以看作是具有深缺口的不规则的陡峭悬崖。

7.2.3 峡谷地貌

在赤道南部250°E和320°E之间分布有几条大型的连通的峡谷/深谷,合称为水手大峡谷,其东西向延伸超过4000km,占火星赤道区长度的1/4以上,宽150—700km,最深可达7km(图7.17)。水手大峡谷的西端海拔下降超过7000m,而东端海拔下降则低于1000m。大多数的峡谷延伸范围最大达到150km,但是梅拉斯深谷(Melas Chasma)却接近300km。水手大峡谷中央的三条峡谷合并形成了一个横跨600km的洼地,大部分峡谷的深度都超过6000m,其中最深的地区为西部的科普莱特斯深谷(Coprates Chasma),低于峡谷边缘10 000m以上。这些峡谷主要由断层作用形成,其成因可能类似于地球上的非洲大裂谷。另外,块体坡移作用和其他侵蚀作用也会影响峡谷的形成,但是哪些部分是由于断层作用造成的,哪些部分是由于其他作用造成的尚不明确,其具体成因仍是一个谜。峡谷东部的大部分地区都分布有层状的富硫酸盐沉积物,这表明以前可能存在过较深的湖泊,但是这些湖泊的形成演化过程尚不清楚。赫伯斯深谷(Hebes Chasma)的形成演化过程更为神秘,因为它是一个完全封闭的峡谷,没有明显的水流出口,也没有任何物质迁移进入该峡谷的通道,但是它和其他大多数峡谷一样分布着厚厚的堆叠沉积物。水手大峡谷从萨希斯隆起顶部的夜迷宫(Noctis Labyrinthus)开始,沿着该隆起的东侧山顶向下延伸到克里斯平原(Chryse Planitia)南部珍珠高地(Margaritifer Terra)的混杂低洼地,可划分为三部分:西部夜迷宫,中心为呈WNW-ESE走向的中央深谷群以及与混杂地区和外流河道汇合的呈不规则形状的东部峡谷区。

图7.17 "海盗号"轨道器拍摄的水手大峡谷全貌图。(图片来源:维基百科网站)

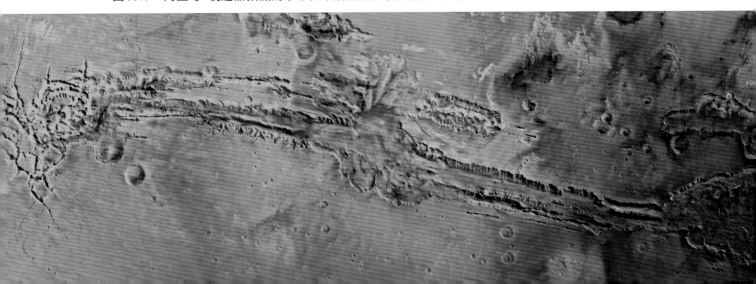

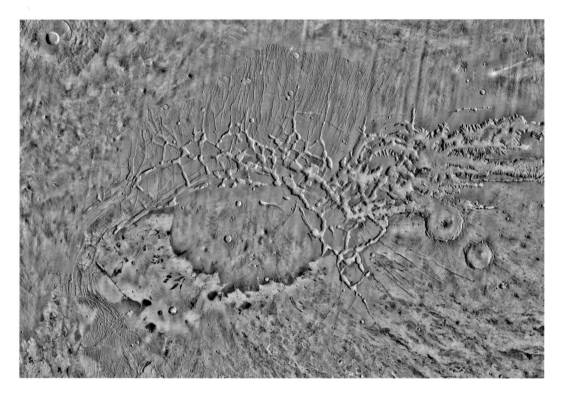

图7.18 夜迷宫及其周围地形,可见该区域被切割成多个地堑。(图片来源:维基百科网站)

夜迷宫如一个连通洼地的迷宫,将萨希斯隆起顶部周围的高地平原划分为一个个马赛克地堑(图7.18)。该迷宫的中心地理位置为265°E,7°S,也是该峡谷的最高点,海拔约9km。该迷宫中汇聚有几组断裂,西部的断裂向南延伸,并与一个NNW–SSE走向的复杂断裂区克拉瑞塔斯槽沟(Claritas Fossae)相汇合;北部的断裂延伸了几百千米,并被更年轻的萨希斯火山熔岩流所覆盖。在夜迷宫边缘,沿着断裂方向普遍存在有线性的洼地,西部大部分洼地是分离的,其深度基本小于3000m,而东部洼地更深更连贯,较大的凹地合并在一起形成了分段峡谷,这些高度不同的分段峡谷要么被阻隔分离,要么相互汇合形成更复杂的连续峡谷。夜迷宫底部的部分区域存在层状构造,但是却没有出现层状沉积的土墩;而东部的封闭洼地则预示着伸展构造所引起的坍塌作用是其形成的主要原因。

水手大峡谷的中部地区为一个600km宽的洼地,由俄斐(Ophir)、康多(Candor)和梅拉斯三大深谷(chasma)组成。俄斐深谷和康多深谷大致呈矩形,其东端和西端被大致平行的狭形WNW–ESE走向洼地或线状凹地所贯穿。梅拉斯深谷北部具有宽阔的凹面,而南部平原则出现几条断裂。该中央深谷群最明显的特征是覆盖有厚厚的层状沉积物,康多深谷西部的沉积物厚度超过6km,俄斐深谷西部的沉积物厚度超过3km,梅拉斯深谷的层状沉积物和滑坡碎屑物相对要少一些,大部分层状沉积物均富硫酸盐。

水手大峡谷在东部307°E发生了明显的变化,可以分辨出三个深谷:恒河(Ganges)、卡普里(Capri)和厄俄斯(Eos),一直向北延伸到克里斯平原。峡谷底部被密集的丘陵所覆盖,西部普遍很深,而且具有断裂密布的悬崖;东部相对较浅,轮廓较不规则,基本没有悬崖。恒河深谷东部和南部的河道发源于平原洼地,并延伸到峡谷壁之外,如同水从洼地中喷发出来并流入峡谷一样；南部的河道延伸至峡谷以外的更低台地。东部峡谷区东北部由不规则的峡谷汇聚并形成了克里斯盆地南部的混杂地域和外流河道。由此可见该地区经历了一系列的转变过程，从主体分选性差的具有垂壁的峡谷变化成不规则的混杂洼地，最后变化为分选性较好和具有流线形壁的外流河道。

水手大峡谷中各种各样的地貌形态、复杂峡谷壁以及层状的沉积物表明其经历了多次冲蚀、滑坡、沉积和侵蚀作用的改造。

7.2.4 水流地貌

在太阳系内，火星有别于除地球外的其他行星，其表面与地球一样发育了大量的河道，保留了大量流水冲刷的痕迹。根据其形成年龄和表面特点，可划分为三种水流地貌类型，即网状河谷、外流河道和冲沟。

网状河谷是最古老的一类水流地貌，其宽度不超过几千米，长度却可达上百千米甚

图7.19 位于霍尔顿撞击坑(Holden Crater)附近24.0°S, 33.7°W的网状河谷，其长度为20km。（图片来源：维基百科网站）

2km

至上千千米,深度一般为50—200m(图7.19)。网状河谷的典型特征是具有陡峭的岩壁,其横断面形状从上流的V形变化到下流的U形或者矩形状,并且大部分区域都具有短而粗的分支。网状河谷主要在火星南部高地发育,而较年轻的北部平原则难觅其踪迹。由此可以推断这些网状河谷非常古老,至少有38亿年的形成历史,尽管在一些火山区域和水手大峡谷的侧翼有较年轻的网状河谷出现。火星上网状河谷的形态类似于地球上干旱区的树枝状河流系统,水流侵蚀地表形成河谷网络,最终汇聚于低洼的盆地。因此这些网状河谷很可能是早期火星上的水流冲刷形成的,其成因可能与火星的历史气候有关,包括广泛的降雨以及地下水的基蚀作用。诺亚纪网状河谷中的水流量被推断与地球上的降雨洪水流量相当,约300—3000m³/s。而较年轻的网状河谷可能是由水热活动、局部降水、雪的融化以及火山气体的沉降所产生的。瓦伊哥峡谷(Warrego Valles)是火星上一个最密集的典型网状河谷,其形态与地球上的河网非常相似,暗示着其很可能形成于表面的水流冲刷作用。

第二种水流地貌类型被称为外流河道,为灾难性洪水形成的河道,宽度变化很大,从小于1km到几百千米,弯曲度小,长宽比小,分支复合现象明显,河道中常见泪滴状孤岛。外流河道形成于火星历史的较晚期,但也有上亿年甚至数十亿年的历史。最大的外流河道为卡塞峡谷(Kasei Valles),其出口处超过400km宽,深度超过2.5km(图7.20)。外流河道大多形成于断裂带上或撞击坑和峡谷的缺口处。比如水手大峡谷东部尽头就发育有一些大型的外流河道。这让人联想起美国华盛顿州东部的较宽的外流河道,它们是在冰川湖水的猛烈冲刷下形成的。由此推断火星上外流河道也具有类似的成因,它们形

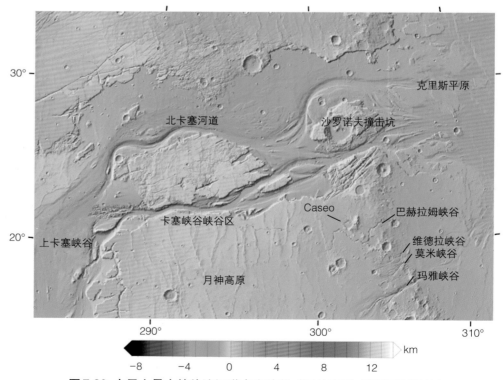

图7.20 火星上最大的外流河道卡塞峡谷。(图片来源:维基百科网站)

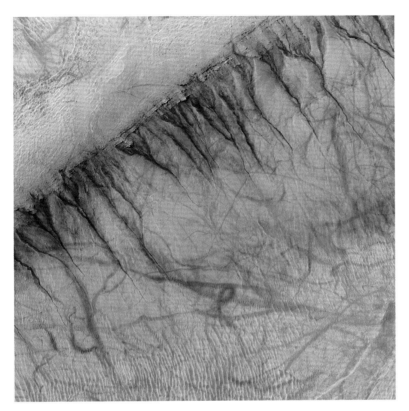

图 7.21 "火星全球勘测者"搭载的火星轨道相机拍摄的发育于凯撒撞击坑(Kaiser Crater)壁上的冲沟图,其中心地理位置为 46.4°S, 341.4°W。(图片来源:JPL/NASA)

成于大量的湖水泄洪或地下水猛烈喷出火星表面后的冲刷作用。外流河道中水流量极大,大约为 10^6—$10^7 m^3/s$。火星上最重要的外流河道出现在克里斯平原周围,在该盆地的南部高地处出现几条大型河道,并横跨克里斯平原南部,河道中明显具有径向冲刷特征和大量泪滴状孤岛。"火星探路者"着陆于克里斯平原南部的一个冲刷地带。其探测发现,该地区的岩石大部分是由沉积作用形成,主要为圆形和半圆形的鹅卵石和砾石,部分岩石重叠成瓦状,指示了其水流方向。这与地球上洪水冲刷过的沉积平原上的岩石特征相似。另外在乌托邦平原地区和海拉斯盆地也发育有大量外流河道,其规模相对较小,可能形成于地下水的快速流出或者火山顶部的冰雪融化导致的洪水泛滥。

　　第三类也是最具争议的一类水流地貌就是冲沟,具有小型、线性的年轻侵蚀特征,并切入陡坡之中。冲沟通常包括一个向上的凹壁,随后向下汇聚入一个或多个河道中,最后终止于三角形的山麓冲积平原区(图 7.21)。冲沟的宽度为几米到几十米,长度上百米,要比网状河谷小得多。它们大多分布在南半球中纬度地区(高于 30°)的陡立斜坡之上,表面无撞击坑分布或撞击坑较少,因此推测其形成时期相对较晚。冲沟的成因目前还不清楚,存在多种解释。一部分冲沟分布在撞击坑和地堑的侧壁上,被认为是在火星早期气候环境下存在了成千上万年的积雪发生融化或近代表面水喷发造成的。一部分冲沟出现在沙丘上,被认为可能与融雪或融冰有关,并且它们的形态逐年发生变化,预示着某些强烈地质作用过程的发生。最近研究显示,冲沟在有季节性二氧化碳冰形成的地方容易出现,预示着冲沟的形成也可能受到无水过程驱使,比如二氧化碳冰的消融。

最新被认为可能与水流作用有关的弯曲状地貌被称为季节性斜坡纹。严格来讲,它们缺乏地形起伏,并不是严格意义上的河道。在遥感影像上显现出几个特点:(1)与周围背景具有明显的反照率对比度;(2)出现在面向赤道一面的斜坡上;(3)与河道关联并具有季节性变化,它们表现为暗色条纹状,春季开始形成于向阳的斜坡上,并沿坡向生长,夏季晚期开始消减,直至秋、冬季消失,常出现在朝向赤道具有较高表面温度的中低纬度斜坡上,被认为是卤水融冻过程所形成的间歇流所致。美国"火星勘测轨道器"(The Mars Reconnaissance Orbiter, MRO)搭载的高分辨率成像科学实验(HiRISE)首次于2013年5月25日拍摄到火星南半球中纬度一个撞击坑壁的斜坡上有一个大水沟,然而在2010年11月5日拍摄的该区域的图像上并没有这个大水沟的痕迹。由于拍摄两幅图像的日期相距至少一个火星年,因此观测结果尚未确定当时所处的火星季节(图7.22)。根据HiRISE在其他地点拍摄的类似现象表明,这类活动一般发生在冬季,由于温度非常低,因此二氧化碳而非水可能在其中起着至关重要的作用。

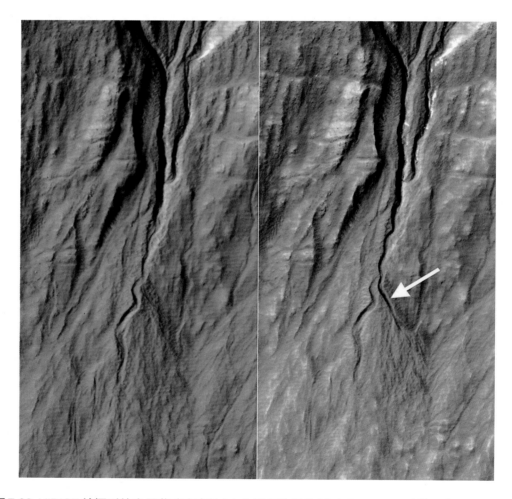

图7.22 HiRISE拍摄到的火星萨瑞南高地(中心地理位置为36.6°S, 161.8°W)的一个巨大新水沟的形成过程。左图2010年11月5日拍摄,右图2013年5月25日拍摄。(图片来源:NASA)

7.2.5 冰川地貌

　　火星的两极均有白色冰冠覆盖(图7.23)。两极的冰层随着季节和极偏转而发生变化。火星自转轴倾斜方向和轨道的偏心率使得火星南部的冬季较长,南部极冠的增长也比北部极冠大得多,极冠最大时的覆盖规模可延伸到纬度约60°的区域。火星两极长期和永久性的极冠由二氧化碳冰和水冰共同构成,但主要由水冰组成,这是因为水冰的凝结温度为-80℃,高于二氧化碳冰的凝结温度-125℃,因此水冰更能在相对温暖的时期保存下来。在北半球的冬天,极冠将会有大约1m厚的二氧化碳冰盖覆于表面。南极极冠在冬天也会覆盖一层更大更明显的二氧化碳冰盖,冰盖下是具有双层结构的多年性极冠。极冠上层主要由大约8m厚的二氧化碳冰组成,下层非常厚,主要由水冰构成。火星两极的极冠是目前已知的最大储水库,极有可能记录了火星详细的古气候变化,"火星快车"上搭载的雷达的探测数据表明,南极极冠的水储量足够覆盖整个火星达11m深。然而对于极冠的螺旋槽状构造特征的形成机制仍存在很大的争议,其中包括灾难性洪水涌出,基底冰层融化、掏蚀,风的向下侵蚀,还有以上这些机制的共同作用等。

　　火星两极的二氧化碳冰盖随着季节的变化而发生增加和消减。当这些季节性的二氧化碳盖层在夏季消失时,北极就暴露出下伏的残留水冰盖层,而南极却是永久的二氧化碳冰盖。北极残留的盖层是火星大气中水蒸气的主要来源,并且是火星全球水循环的主要驱动力。相对而言,南极残留盖层只起到调节年均大气质量的作用。观测显示南极

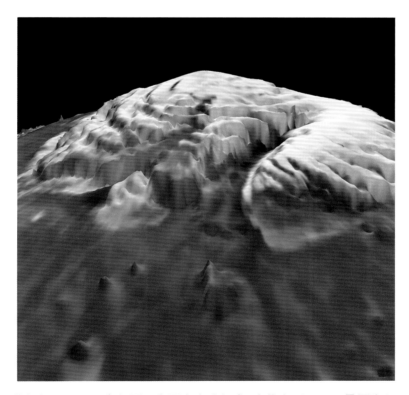

图7.23 火星北极极冠MOLA高程图。主要由水冰组成,冰盖宽1200km,最厚为3km,可见峡谷切割地貌,最深处可达1km。(图片来源:NASA)

残留盖层中环形凹陷的陡坡后退速率发生了变化,推测陡坡后退的速率为1—3m/火星年,因此其含量正在逐年减少。这种现象称为缓慢气候变化,大气层吸收是造成这种变化的最大可能性因素。

7.2.6 风成地貌

  风是改变火星表面形貌的一种相对次要的动力。火星上的风速一般为每秒几米,但有时会刮起50m/s的飓风。风的作用对于改变火星表面形态比较有效,包括风蚀作用和风成堆积作用。原始火山和撞击坑的风蚀作用通常很小,明显侵蚀作用仅发生在对非黏性层状沉积岩体的侵蚀上。火星上的风蚀地貌多出现在两极高纬度区,那里广泛分布着巨大条形切沟,例如南极附近高原边缘锯齿状的悬崖可能就是风蚀作用形成的。

  由于风成堆积作用,火星表面广泛分布各种类型的风成波痕和沙丘。风成碎屑物质的堆积范围变化很大,从厘米级到千米级都可发生,其中风成波痕主要为厘米级到米级的堆积,沙丘一般为>25m的堆积。风成波痕和沙丘的成分为粒度不等的沙粒,以玄武质碎屑为主。风成波痕的大小通常变化也较大,是由于组成颗粒物质的表面受到不规律的作用过程而形成的,跳跃的颗粒对向风面的侵蚀作用很强,但是背风面却得到了保护,结果风成波痕会受跳跃路径控制而发生顺风移动(图7.24)。

  火星上的沙丘比较普遍,和地球上的沙丘一样具有多种形态,主要有月牙形沙丘、似

图7.24 "机遇号"拍摄的位于忍耐撞击坑(Endurance Crater)底部的风成波痕。(图片来源:Thunderbolts网站)

图7.25 "火星全球勘测者"搭载的火星轨道相机拍摄的位于凯撒撞击坑底部的暗色沙丘。(图片来源:NASA)

月牙形沙丘和横断面沙丘,其形成受风的类型、沙的可获得量所控制。最普遍的沙丘类型是月牙形沙丘,具有一个较缓的(5°—15°)上风面斜坡和一个较陡的(30°—32°)背风面斜坡,两个面相交形成的角指向风的运动方向。如果沙粒含量丰富,月牙形沙丘就会汇合形成具有脊的横断面沙丘。横断面沙丘只有一个背风面,这是风向稳定造成的,也称为简单沙丘。不同形状的沙丘可能都是从基本的月牙形沙丘演化而来的。火星上沙丘分布广泛,主要形成在低洼处,如撞击坑底部、大型盆地底部和冲沟与峡谷底部(图7.25)。火星表面的沙丘在北极地区最常见,该区域分布有大量月牙形沙丘和横向沙丘,空间间距为300—800m。沙丘在南半球中纬度(40°S—50°S)也很普遍,主要在撞击坑底部形成簇状排列。一般来说有两种类型的簇状排列,一种是由相距100—1200m的横向沙丘组成,其中一些被沙丘壁垒所环绕;另一种主要呈横向脊线排列,但是其空间间距为1600—4000m,相互交叉形成垂直类型,月牙形的沙丘通常围绕在这些簇状沙丘边缘。"海盗号"轨道器拍摄到一张围绕北极残余冰盖的巨大横向沙丘,另外在赤道带也发现有巨型纵向沙丘,这表明火星表面强烈的风活动持续的时间很长。

　　火星的地形地貌与火星的内外地质作用密切相关,是火星地质活动经历长期演化形成的。目前火星地形地貌特征的研究主要集中在火星表面基本形态特征的识别和描述以及对其成因的简单推断方面,而对火星全球的二分性,以及各类复杂地貌的成因、形成机制及演化历史,还需要进行深入详细的研究。这些研究对深入认识火星地质演化史及研究比较行星学都具有非常重要的意义。

参考文献

Aharonson O, Zuber M T, Rothman D H. 2001. Statistics of Mars' topography from the Mars Orbiter Laser Altimeter: Slopes, correlations and physical models. *Journal of Geophysical Research*, 106: 23723−23735

Anderson F S, Grimm R E. 1998. Rift processes at the Valles Marineris, Mars: Constraints from gravity on necking and rate-dependent strength evolution. *Journal of Geophysical Research*, 103: 11113−11124

Baker V R. 1982. *The Channels of Mars*. Austin: Texas University Press

Baker V R, Kochel R C. 1979. Martian channel morphology: Maja and Kasei Vallis. *Journal of Geophysical Research: Solid Earth*, 84: 7961−7983

Baker V R, Milton D J. 1974. Erosion by catastrophic floods on Mars and Earth. *Icarus*, 23: 27−41

Baker V R, Partridge J. 1986. Small Martian valleys: Pristine and degraded morphology. *Journal of Geophysical Research: Solid Earth*, 91: 3561−3572

Barlow N G, Perez C B. 2003. Martian impact crater ejecta morphologies as indicators of the distribution of subsurface volatiles. *Journal of Geophysical Research: Planets*, doi: 10.1029/2002JE002036

Bibring J P, Langevin Y, Poulet F, et al. 2004. Perennial water ice identified in the south polar cap of Mars. *Nature*, 428: 627−630

Bibring J P, Langevin Y, Gendrin A, et al. 2005. Mars surface diversity as revealed by the OMEGA/Mars Express data. *Science*, 307: 1576−1581

Byrne S, Ingersoll A P. 2003. A sublimation model for Martian south polar ice features. *Science*, 299: 1051−1053

Carr M H. 2001. Mars global surveyor observations of Martian fretted terrain. *Journal of Geophysical Research: Planets*, 106: 23571−23594

Carr M H. 2006. *The Surface of Mars*. New York: Cambridge University Press

Carr M H, Malin M C. 2000. Meter-scale charactereistics of Martian channels and valleys. *Icarus*, 146: 366−386

Christensen P R. 2003. Formation of recent Martian gullies through melting of extensive water-rich snow deposits. *Nature*, 422: 45−48

Craddock R A, Howard A D. 2002. The case for rainfall on a warm, wet early Mars. *Journal of Geophysical Research: Planets*, doi: 10.1029/2001JE001505

Crown D A, Greeley R. 1993. Volcanic geology of Hadriaca Patera and the eastern Hellas region of Mars. *Journal of Geophysical Research: Planets*, 98: 3431−3451

Crown D A, Price K H, Greeley R. 1992. Geologic evolution of the east rim of the Hellas basin, Mars. *Icarus*, 100: 1−25

DeHon R A. 1992. Martian lake basins and lacustrine plains. *Earth, Moon, and Planets*, 56: 95−122

Edgett K S, Willianms R M, Malin M C, et al. 2003. Mars landscape evolution: Influence of stratigraphy on geomorphology of the north polar region. *Geomorphology*, 52: 289−297

Francis P W, Wadge G. 1983. The Olympus Mons aureole: Formation by gravitational spreading. *Journal of Geophysical Research: Solid Earth*, 88: 8333−8344

Frey H V, Roark J H, Hohner G J, et al. 2002. Buried impact basins as constraints on the thickness of ridged plains and northern lowland plains on Mars. *LPSC 33*, 1804

Frey H V, Schultz R A. 1988. Large impact basins and the mega-impact origin for the crustal dichotomy on Mars. *Geophysical Research Letters*, 15: 223−235

Goldspiel J M, Squyres S W. 2000. Groundwater sapping and valley formation on Mars. *Icarus*, 148: 176−192

Greeley R, Arvidson R E, Barlett P W, et al. 2006. Gusev crater: Wind-related features and processes observed by Mars Exploration Rover, Spirit. *Journal of Geophysical Research: Planets*, doi: 10.1029/2005JE002491

Gulick V C. 2001. Origin of the valley networks on Mars: A hydrologic perspective. *Geomorphology*, 37: 241−268

Head J W, Heisinger H, Ivanov M A, et al. 1999. Possible ancient oceans on Mars: Evidence from Mars Orbiter Laser Altimeter data. *Science*, 286: 2134−2137

Heisinger H, Head J W. 2002. Topography and morphology of the Argyre basin, Mars: Implications for its geologic and hydrologic history. *Planetary and Space Science*, 50: 939−981

Hynek B M, Philips R J, Arvidson R E. 2003. Explosive volcanism in the Tharsis region: Global evidence in the Martian geologic record. *Journal of Geophysical Research: Planets*, doi:10.1029/2003JE002062

Ivanov M A, Head J W. 2001. Chryse Planitia, Mars: Topographic configuration, outflow channel continuity and sequence and tests for hypothesized ancient bodies of water using Mars Orbiter Laser Altimeter(MOLA)data. *Journal of Geophysical Research: Planets*, 106: 3275−3295

Ivanov M A, Head J W. 2003. Syrtis Major and Isidis basin contact: Morphological and topographic characteristics of Syrtis Major lava flows and material of the Vastitas Borealis Formation. *Journal of Geophysical Research: Planets*, doi:10.1029/2002JE001944

Ivanov M A, Head J W. 2006. Alba Patera, Mars: Topography, structure and evolution of a unique late Hesperian-Early Amazonian shield volcano. *Journal of Geophysical Research: Planets*, doi: 10.1029/2005JE002469

Jaumann R, Reiss D, Frei S, et al. 2005. Martian valley networks and associated fluvial features as seen by the Mars Express High Resolution Camera (HRSC). *LPSC 36*, 1765

Kieffer H H, Jakosky B M, Snyder C W, et al. 1992. *Mars*. Tucson: University of Arizona Press

Kreslavsky M A, Head J W. 2002. Fate of outflow channel effluents in the northern lowlands of Mars: The Vastitas Borealis Formation as a sublimation residue from frozen, ponded bodies of water. *Journal of Geophysical Research: Planets*, doi:10.1029/2001JE001831

Lopes R, Guest J E, Wilson L. 1980. Origin of the Olympus Mons aureole and the perimeter scarp. *Moon and Planets*, 22: 221−234

Lucchitta B K. 1979. Landslides in Valles Marineris, Mars. *Journal of Geophysical Research: Solid Earth*, 84: 8097−8113

Masson P. 1985. Origin and evolution of the Valles Marineris region of Mars. *Advances in Space Research*, 5: 83−92

Mellon M T, Phillips R J. 2001. Recent gullies on Mars and the source of liquid water. *Journal of Geophysical Research: Planets*, 106: 23165−23179

Mouginis-Mark P J, Wilson L, Head J W. 1982. Explosive volcanism on Hecates Tholus, Mars: Investigation of eruption conditions. *Journal of Geophysical Research: Solid Earth* , 87: 411−414

Mouginis-Mark P J, Wilson L, Zimbelman J R. 1988. Polygenetic eruptions on Alba Patera, Mars. *Bulletin of Volcanology*, 50: 361−379

Neukum G, Jaumannn R, Hoffmann H, et al. 2004. Recent and episodic volcanic and glacial activity on Mars revealed by the High Resolution Stereo Camera. *Nature*, 432: 971−979

Pieri D C. 1980. Martian valleys: morphology, distribution, age and origin. *Science*, 210: 895−897

Pike R J. 1980. Formation of complex impact craters: evidence from Mars and other planets. *Icarus*, 43: 1–19

Plescia J B. 2000. Geology of the Uranius group volcanic constructs: Uranius Patera, Ceraunius Tholus and Uranius Tholus. *Icarus*, 143: 376–396

Plescia J B. 2003. Tharsis Tholus: An unusual Martian volcano. *Icarus*, 165: 223–241

Plescia J B. 2004. Morphometric properties of Martian volcanoes. *Journal of Geophysical Research*, 109, doi:10.1029.202JE002031

Schultz P H, Gault D E. 1979. Atmospheric effects on Martianejecta emplacement. *Journal of Geophysical Research: Solid Earth*, 84: 7669–7687

Schultz P H, Gault D E. 1984. On the formation of contiguous ramparts around Martian impact craters. *LPSC 15*, 732–733

Schultz P H, Schultz R A, Rogers J. 1982. The structure and evolution of ancient impact basins on Mars. *Journal of Geophysical Research*, 87: 9803–9820

Schultz R A. 1991. Structural development of Coprates Chasma and western Ophir Planum, central Marineris rift, Mars. *Journal of Geophysical Research: Planets*, 96: 22777–22792

Schultz R A, Frey H V. 1990. A new survey of multiring impact basins on Mars. *Journal of Geophysical Research: Solid Earth*, 95: 14175–14189

Schultz R A, Lin J. 2001.Three-dimensional normal faulting models of Valles Marineris, Mars, and geodynamical implications. *Journal of Geophysical Research: Solid Earth*, 106: 16549–16566

Smith D E, Zuber M T, Frey H V, et al. 1998. Topography of the northern hemisphere of Mars from the Mars Orbiter Laser Altimeter. *Science*, 279: 1686–1692

Smith D E, Zuber M T, Solomon S C, et al. 1999. The global topography of Mars and implications for surface evolution. *Science*, 284: 1495–1503

Solomon S C, Head J W. 1982. Evolution of the Tharsis province of Mars: The importance of heterogeneous lithospheric thickness and volcanic construction. *Journal of Geophysical Research : Solid Earth*, 87: 9755–9774

Wilson L, Head J W. 2002. Tharsis-radial graben systems as the surface manifestations of plume-related dike intrusion complexes: Models and implications. *Journal of Geophysical Research: Planets*, 107: 5057

Williams D A, Greeley R, Fergason R L, et al. The circum-Hellas volcanic province, Mars: Overview. *Planetary and Space Science*, 57: 895–916

本章作者

唐　红　中国科学院地球化学研究所副研究员,地球化学专业,主要研究方向为月球与行星表面环境、地外天体上的水和生命等。

李雄耀　中国科学院地球化学研究所研究员,地球化学专业。

赵宇鸰　中国科学院地球化学研究所副研究员,地球化学专业。

王世杰　中国科学院地球化学研究所研究员,地球化学专业。

第 8 章

火星化学

要深入理解火星的形成和演化,必须首先调查其化学组成。因此,开展火星元素丰度、岩石矿物类型及其分布特征研究,也是过去几十年间火星探测的热点。由于火星与地球一样,都具有核、幔、壳结构,因此火星化学研究关注的问题与地球化学是一样的,主要表现在如下几个方面:(1)火星壳的化学组成;(2)火星幔和核的化学组成;(3)火星的同位素年代学。本章也将从这几个方面来介绍火星的化学特征。

8.1 火星壳的化学组成

在地球上,人们能够直接探测化学成分的圈层只有地壳。同样地,在火星上,目前能够直接探测的也只有火星壳。因此,相比于火星幔和火星核,人们对火星壳的认识也更加深入。研究火星壳的化学组成一共有三种手段:

(1)火星轨道器对火星全球表面化学成分进行遥感探测;

(2)火星着陆器对火星表面某个区域进行就位探测;

(3)在实验室对火星陨石进行化学分析。

这三种手段各有利弊。例如:轨道器遥感探测虽然可以获得火星全球化学成分的分布特征,但是一般分析精度和准确度较差;着陆器就位探测虽然分析精度和准确度有所提高,但是只能给出火星表面某块岩石或土壤的化学组成;实验室对火星陨石的研究虽然分析精度和准确度最高,但是这些陨石样品来自火星哪些位置却是未知的。因此,为了全面了解火星的化学特征,我们必须综合考虑上述三种手段获得的科学实验数据。

8.1.1 轨道器探测

通过轨道器遥感探测,可以获取火星全球的化学成分及其分布特征,从而在大尺度范围内对火星地质单元进行划分,以便了解火星的地质过程。目前,火星全球化学成分的探测结果主要来自两个轨道探测器,分别是"火星奥德赛 2001"和"火星全球勘测者",前者搭载了γ射线谱仪(GRS),后者搭载了热辐射光谱仪(TES)。两台仪器各有优势,但也都具有一些局限性。为了更好地理解轨道探测数据,我们首先介绍这两台仪器各自的功能和特点。

8.1.1.1 仪器原理和功能

γ射线谱仪被广泛应用于月球和火星的元素和同位素分析。由于月球和火星表面受到高能宇宙线的持续轰击，不同元素会激发出特征γ射线。通过轨道探测器检测这些特征γ射线，就可以反演两者表面的化学组成。"火星奥德赛2001"搭载的γ射线谱仪由3个部分组成：γ子系统（Gamma Subsystem）、中子谱仪（Neutron Spectrometer）和高能中子探测器（High Energy Neutron Detector）。它可以检测 H、Si、Ca、K、Cl、Fe、Th 等元素（Boynton et al., 2007），其最高空间分辨率可以达到0.5°（大约相当于火星表面30km）。需要注意的是，H会干扰Si、Ca、Fe的测量，但是不会干扰K、Th的测量。这是因为H会大量捕获热中子，从而影响火星表面最表层约30cm的中子通量。K、Th则通过自身放射性衰变反应产生γ射线，因而不受H的影响。一般情况下，Si、Ca、Fe的含量可以通过模型校正H的干扰，但是，如果H含量过高，如两极地区，Si、Ca、Fe的探测数据则会具有很大的不确定性。另外一个需要注意的是，由于γ射线有大约20—30cm的穿透能力，所以，γ射线谱仪测量的实际上是表面约20—30cm的平均成分（McSween et al., 2009）。

热辐射光谱仪收集两种类型的数据，红外光谱数据（6—50μm）和可见光—近红外数据（0.3—2.9μm）。"火星全球勘测者"搭载的热辐射光谱仪有6个探测器，排布在一个2×3的矩阵中，每个探测器可接收来自火星表面大约3km×6km的数据。热辐射光谱仪通过化学键的自然谐波振动来确定目标的矿物组成，然后再通过矿物组成，计算其化学成分。值得注意的是，受限于红外和可见光的穿透能力，热辐射光谱仪通常只能获取样品最外层10—100μm的成分（McSween et al., 2009），远小于γ射线谱仪的测量深度（20—30cm）。

8.1.1.2 γ射线谱仪的探测结果

Boynton et al.（2007）处理了2002年6月至2005年4月"火星奥德赛2001"γ射线谱仪的数据，获得了火星表面H、Si、Cl、K、Fe、Th的分布（图8.1，图8.2）。结果显示，火星表面绝大部分区域的Si元素含量变化都不大（18.5%—21.5%），对应SiO_2的变化是39.6%—46.0%，仅在伊利瑟姆和萨希斯隆起处表现出贫Si的组分，最低达到17.8%。火星表面并没有发现类似于花岗岩的富Si的岩石（图8.1）。

火星表面H_2O和Cl都表现出较大的变化，并且两者呈现出一定的相关性。H_2O有接近5倍的变化，从1.5 ± 0.3%到7.5 ± 0.6%。北半球的阿拉伯高地（Arabia Terra）和靠近阿波里那环形山（Apollinaris Patera）火山口的美杜莎槽沟（Medusae Fossae）地体都是极为富水的区域（图8.1）。火星表面的Cl含量变化也很大，最高可达到0.8%，富集地区主要是阿波里那火山口和萨希斯隆起的西部（图8.1）。H_2O和Cl分布的最大区别在美杜莎槽沟地体，该地点特别富集Cl，但是并不是特别富集H_2O，这种差别很可能说明美杜莎槽沟地体的Cl与其他区域Cl的来源不同。其他区域H_2O和Cl的相关性很可能源自风化作用（Boynton et al., 2007）。

火星表面的Fe含量的变化也非常大，并且与火星地貌表现出一定的相关性。北部低地明显富集Fe，变化范围是14%—19%，对应FeO含量变化是18%—24%，而南部高地则明显贫Fe，变化范围是11%—14%，对应FeO含量变化是14%—18%。

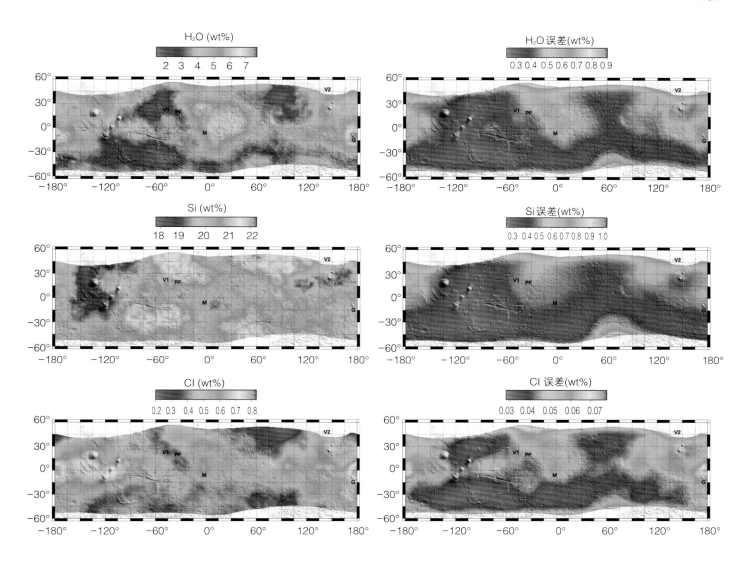

图8.1 "火星奥德赛2001"γ射线谱仪获得的H、Si和Cl分布图,左图为元素分布,右图为分析误差。(图片来源:Boynton et al.,2007)

火星表面的K和Th也有很大的变化,而且两者表现出很高的相关性。海拉斯平原(Hellas Planitia)东部的哈德里亚卡环形山圆形盆地、伊利瑟姆隆起的东南部、叙利亚高原和索利斯高原(Solis Planum),都具有较低的K和Th,其中K可以低至0.25%以下。此外,在北部低地也存在一个富集K和Th的区域。

8.1.1.3 热辐射光谱仪的探测结果

火星表面的热辐射光谱显示出类似的形状,都是在大约800—1200cm⁻¹和200—500cm⁻¹处有较强的吸收。尽管存在相似性,但是根据吸收强度的差异,可以分辨出两个主要的端元——岩石类型1和岩石类型2。岩石类型1的光谱数据可以与地球上德干(Deccan)溢流玄武岩类比,后者包含大约65vol%的斜长石和30vol%的单斜辉石。岩石类型2的光谱数据则可以与一个地球玄武安山岩类比,后者主要包含斜长石和硅酸盐玻璃(图8.3)。两类岩石可能都包含一些层状硅酸盐矿物(如黏土矿物或云母),具体见表8.1。

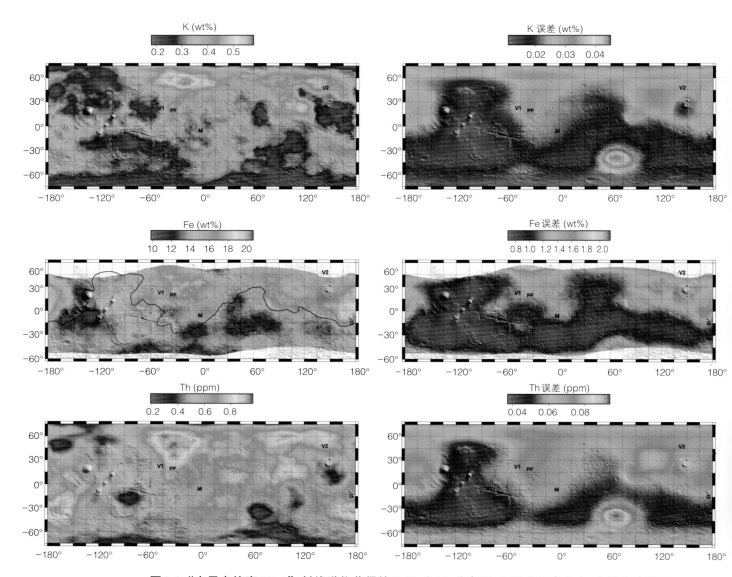

图8.2 "火星奥德赛2001"γ射线谱仪获得的K、Fe和Th分布图,左图为元素分布,右图为分析误差。(图片来源:Boynton et al.,2007)

表8.1 火星表面两种岩石类型的矿物组成(Bandfield et al.,2000)

岩石类型1	组成(%)	岩石类型2	组成(%)
长石	50	长石	35
单斜辉石	25	硅酸盐玻璃	25
(层状硅酸盐矿物)	15	(层状硅酸盐矿物)	15
		(单斜辉石)	10

注:矿物加括号表示其矿物丰度接近或者低于检测限(10%—15%)。

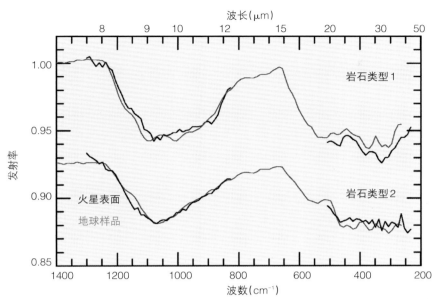

图8.3 "火星全球勘测者"热辐射光谱仪数据解译出火星表面两种岩石类型。岩石类型1的光谱
　　　与地球上玄武岩类似,具有这一典型特征的是辛梅利亚地区;岩石类型2的光谱与地球上
　　　玄武安山岩或安山岩类似,具有这一典型特征的是阿西达利亚平原(Acidalia Planitia)。
　　　(图片来源:Bandfield et al.,2000)

　　将火星全球数据以1°(大约相当于火星表面60km)的分辨率成像,可以获取两种岩石在火星全球的分布特征(图8.4)。结果显示,岩石类型1(玄武质)主要集中在南部高地,如辛梅利亚高地(Cimmeria Terra)和诺亚高地(Noachis Terra),并且在北部大瑟提斯高原(Syrtis Major Planum)大量分布。在除了大瑟提斯高原之外的北部地区,其组分均不超过25%。岩石类型2(安山岩质)的分布则与岩石类型1(玄武岩质)相反,主要集中在北部地区,如阿西达利亚平原、大瑟提斯高原西北部和北方大平原。在南半球有几个岩石类型2组分极低的地区,如子午线湾和珍珠高地。

8.1.1.4 γ射线谱仪和热辐射光谱仪的结果对比

　　γ射线谱仪和热辐射光谱仪的结果(表8.2)都显示,火星表面的化学组成变化较大,并且南部高地和北部低地存在显著的地球化学差异。但是,对比两台仪器的探测结果,我们也发现它们存在明显的差别。

　　总体上,"火星奥德赛2001"γ射线谱仪的探测结果更偏基性,SiO_2仅有39.6%—46.0%,并且富集FeO(14%—24%)。"火星全球勘测者"热辐射光谱仪的探测结果更偏中性,SiO_2为53.6%—58.4%,并且相对贫FeO(4.5%—6.9%)。由于两者的空间分辨率基本相当,都是几十千米左右,因此,它们探测结果上的差异很可能源自两台仪器的探测深度。γ射线谱仪测量的是表面约20—30cm的平均成分,而热辐射光谱仪只能获取样品最外层10—100μm的成分。因此,热辐射光谱仪只能探测到火星岩石最表面风化壳的成分,而γ射线谱仪的结果才能够真正反映岩石的化学组成,这个结果也确实更接近于火星陨石的化学成分。不过,两者都未能在火星表面发现类似于花岗岩的富Si的岩石,这一结果与火星没有发生过板块运动是一致的。

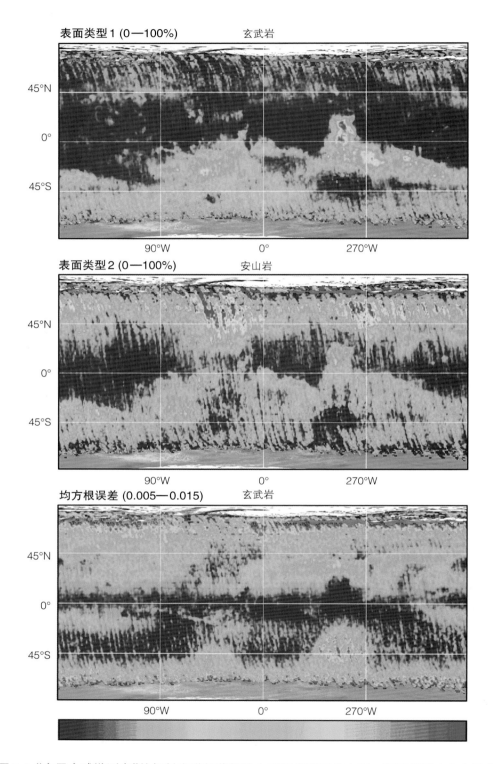

图8.4 "火星全球勘测者"热辐射光谱仪获得的火星两类岩石分布图。岩石类型1在火星南部高地分布较多,而岩石类型2在北部低地分布较多。图最下方的彩色条纹对应图括号中的数值范围,即左端蓝色对应括号中的小数值,右端红色对应括号中的大数值。(图片来源:Bandfield et al.,2000)

表8.2 火星轨道器获得的表面成分特征(Bandfield et al.,2000;Boynton et al.,2007,Hamilton et al.,2001;Wyatt et al.,2001)

"火星奥德赛2001"γ射线谱仪		"火星全球勘测者"热辐射光谱仪		
元素与氧化物成分	含量	氧化物成分	岩石类型1(wt%)	岩石类型2(wt%)
SiO_2	39.6—46.0wt%	SiO_2	53.6±1.4	58.4±1.4
FeO	14—24wt%	TiO_2	0.1±0.9	0.1±0.9
H_2O	1.5—7.5wt%	Al_2O_3	15.2±1.5	15.0±1.5
K	0.2—0.5wt%	FeO(T)	6.9±1.2	4.5±1.2
Th	0.2—1.0ppm	MnO	0.1	0.1
		MgO	8.7±2.6	9.0±2.6
		CaO	10.3±0.7	7.4±0.7
		Na_2O	2.8±0.4	2.7±0.4
		K_2O	0.6±0.4	1.2±0.4
		Cr_2O_3	0.1	0.1
		总计	98.4	98.5

8.1.2 着陆器探测

火星表面物质成分的详细特征,主要来自着陆器降落火星表面后的现场分析数据,研究手段与地球上的类似。目前有6次较为成功的火星着陆探测任务(表8.3)获取了大量火星表面土壤、岩石、矿物和化学元素的信息。2011年11月发射的"好奇号"火星探测器,采集了火星土壤样品和岩芯,对可能存在孕育微生物的有机化合物和环境条件进行了详细勘察。"好奇号"这一小型"火星科学实验室"选择在盖尔撞击坑内着陆,其中心山丘的层状物可能含有黏土和硫酸盐,着陆点周围存在沉积物形成的冲积扇区域,这些物质和地貌的形成都与水有关,同时这一任务综合了对火星岩石内部结构与成分之间的探测,或将带来更多火星表面物质成分信息的新发现。在此之前,"海盗号"、"火星探路者"、"机遇号"和"勇气号"对火星土壤和岩石开展了详细的探测,对着陆点岩石、火星土壤类型、成分等进行了综合性研究,这里重点介绍"海盗号"、"火星探路者"、"机遇号"和"勇气号"的探测结果。

表8.3 火星着陆探测任务和着陆点

任务	纬度(°,+N)	经度(°,+E)	着陆区域
"海盗1号"	22.48	310.03	克里斯平原
"海盗2号"	47.97	134.26	乌托邦平原
"火星探路者"	19.33	326.45	阿瑞斯峡谷
"勇气号"	−14.572	175.478	古谢夫撞击坑
"机遇号"	−1.946	354.473	子午线高原
"好奇号"	−4.5	137.4	盖尔撞击坑

8.1.2.1 仪器的原理和功能

"海盗号"携带的是X射线荧光光谱仪(X-Ray Fluorescence Spectroscopy, XRFS)。X射线荧光光谱仪被广泛应用于固体物质的成分测量,它使用一次X射线激发样品表面,并产生二次X射线,由于不同元素激发的特征X射线不一样,从而通过解译二次X射线的谱线和强度,便能够计算样品表面的化学成分。"海盗号"还携带有气相色谱—质谱仪(Gas Chromatograph Mass Spectrometer, GC/MS)

"火星探路者"携带的是α质子激发X射线谱仪(Alpha Proton X-ray Spectrometer, APXS),而后续探测任务"勇气号"、"机遇号"和"好奇号"携带的是α粒子激发X射线谱仪(Alpha Partical X-ray Spectrometer, APXS)。两者都是通过一个放射源衰变产生的α粒子照射样品表面,并接收从样品表面激发的X射线,从而计算样品表面的化学成分。不同之处在于,"火星探路者"携带的α质子激发X射线谱仪,同时还包含一个质子探测器。因为部分α粒子被原子核吸收后,能产生质子,Na、Mg、Si、Al和S可以用这种方法来检测。另外一个不同之处在于,"勇气号"、"机遇号"和"好奇号"的α粒子激发X射线谱仪还包含一个岩石研磨器(Rock Abrasion Tools, RAT),它可以在样品表面钻一个直径45mm,深5mm的孔,从而使得"勇气号"、"机遇号"和"好奇号"的α粒子激发X射线谱仪可以直接分析岩石内部的化学组成,而"火星探路者"只能探测火星岩石的表面——风化壳。

此外,"勇气号"和"机遇号"还配备了穆斯堡尔谱仪,它可以对含铁物质进行进一步勘查。

8.1.2.2 "海盗号"探测结果

"海盗号"和"火星探路者"都着陆在了地质年代年轻、海拔低的北部平原。"海盗1号"、"海盗2号"分别利用X射线荧光光谱仪,对着陆点的松散碎片物进行了分析,发现两个着陆点的化学成分非常相似。

"海盗号"的着陆器直接测量了岩石的Si、Al、Fe、Mg、Ca、Ti、S、Cl和Br元素。大多数玄武岩具有高的Fe含量和接近1:1的MgO/Al_2O_3比值,钾含量则相对较低。火星土壤的测量结果见表8.4,"受保护的"样品是指位于岩石下面经过搬运过程的土壤,或者通过采样机械臂钻孔取得的样品(Clark, 1993)。

表8.4 采自克里斯和乌托邦的火星样品平均化学组成(wt%)(Clark, 1993)

| 成分 | "受保护的"样品 | | 表面样品 | | 岩屑土块 |
	克里斯 C-6, C-11	乌托邦 U-2, U-4, U-6, U-7	克里斯 C-1, C-7, C-8	乌托邦 U-1, U-3, U-5	克里斯 C-2, C-5, C-13
SiO_2	44	43	43	43	42
Al_2O_3	7.3	(7)[a]	7.3	(7)[a]	7
Fe_2O_3	17.5	17.3	18.5	17.8	17.6
MgO	6	(6)[a]	6	(6)[a]	7
CaO	5.7	5.7	5.9	5.7	5.5
K_2O	<0.15	<0.15	<0.15	<0.15	<0.15
TiO_2	0.62	0.54	0.66	0.56	0.59
SO_3	6.7	7.9	6.6	8.1	9.2
Cl	0.8	0.4	0.7	0.5	0.8

注:a表示由于仪器探测困难没有进行测量,成分构成信息假设与着陆点克里斯平原的样品相同。

从表8.4可以看到,尽管"海盗1号"和"海盗2号"两个着陆地点相距比较遥远,两个着陆地点的元素组成信息却非常接近。根据X射线荧光光谱仪的探测结果,火星表面不是简单的类似于地球的玄武岩特征,而是低Mg、Al,高Fe、S和Cl,并且具有显著的低微量元素,如Rb、Sr、Y或者Zr。较高的Fe含量,以及低含量的微量元素和低K/Ca比值,显示火星表面具有镁铁质或者超镁铁质物质成分特征(Anders et al., 1989)。

"海盗号"试图寻找具有较低S和Cl含量的岩屑样品进行分析,但是结果并不理想。岩屑样品的结果显示,它们并非纯的岩石样品,而且它们的S和Cl含量仍然较高。样品C-1和C-6分别采样于着陆区克里斯平原表面和23cm深度的位置,但元素含量十分接

表8.5 火星表面与一定深度样品物质成分信息对比(wt%)

成分	C-1	C-2
SiO_2	43	44
Al_2O_3	7.5	7.3
Fe_2O_3	17.6	17.3
MgO	6	6
CaO	6	6.0
TiO_2	0.65	0.61
SO_3	7	6.7
Cl	0.7	0.8

注:样品采集自克里斯平原着陆区,C-1采自土壤样品表面,C-6采自23cm深的洞中。

近(包括S和Cl),如表8.5所示。这预示着在仪器可测量的深度范围内,火星表面物质成分没有垂直层面的梯度分布。

值得注意的是,实验室模拟实验显示,X射线荧光光谱仪在测量Fe、S和Cl时会受到样品颗粒的影响。如果有大颗粒(直径几十到几百微米)富集,会导致较大误差,这些元素的结果可能会比真实值高30%左右(Arvidson et al.,1989)。通过"海盗号"的结果与Shergotty陨石的组成进行匹配,可以估计火星土壤的代表性化学组成(表8.6)。

表8.6 火星土壤的代表性化学组成

成分构成	平均质量百分比	来源
SiO	43.0	"海盗号"的XRFS土壤直接测量结果
Al_2O_3	7.2	"海盗号"的XRFS土壤直接测量结果
Fe_2O_3	18.6	"海盗号"的XRFS土壤直接测量结果
MgO	6.0	"海盗号"的XRFS土壤直接测量结果
CaO	5.8	"海盗号"的XRFS土壤直接测量结果
TiO_2	0.6	"海盗号"的XRFS土壤直接测量结果
K_2O	0.2	Shergotty陨石的分析结果
P_2O_5	0.8	Shergotty陨石的分析结果
MnO	0.5	Shergotty陨石的分析结果
Na_2O	1.3	Shergotty陨石的分析结果
Cr_2O_3	0.2	Shergotty陨石的分析结果
SO_3	7.2	"海盗号"的XRFS土壤直接测量结果
Cl	0.6	"海盗号"的XRFS土壤直接测量结果
合计	91.4	
CO_3	<2	模拟计算估计得到
NO_3		
H_2O	0—1	含量不同:通过"海盗号"GC/MS的直接土壤测量

注:选择的元素平均化学组成,以氧化物形式给出。

8.1.2.3 "火星探路者"的探测结果

"火星探路者"第一次对火星岩石进行了原位成分探测,此前的"海盗号"仅对火星土壤样品进行了分析(Bell et al.,2000;McSween et al.,1999;Morris et al.,2000;Wänke et al.,2001)。"火星探路者"分析结果如表8.7所示。

表8.7 "火星探路者"探测火星岩石和土壤的成分特征(wt%)(Wänke et al.,2001)

	Na₂O	MgO	Al₂O₃	SiO₂	P₂O₅	SO₃	Cl	K₂O	CaO	TiO₂	CrO₃	MnO	Fe₂O₃	合计
A-4, 土壤	1	9.95	8.22	42.5	1.89	7.58	0.57	0.6	6.09	1.08	0.2	0.76	19.6	100.04
A-5, 土壤	1.05	9.2	8.71	41	1.55	6.38	0.55	0.51	6.63	0.75	0.4	0.34	23	100.07
A-10, 土壤	1.32	8.16	7.41	41.8	0.95	7.09	0.53	0.45	6.86	1.02	0.3	0.51	23.6	100.00
A-15, 土壤	0.97	7.46	7.59	44	1.01	6.09	0.54	0.87	6.56	1.2	0.3	0.46	23	100.05
土壤平均值	1.09	8.69	7.98	42.3	0.98	6.79	0.55	0.61	6.53	1.01	0.3	0.52	22.3	99.65
"海盗号"土壤平均值[a]	—	6.4	8	47	—	7.9	0.5	<0.15	6.4	0.7	—	—	19.7	96.60
A-8, Scooby Doo胶结土壤	1.56	7.24	9.09	45.6	0.61	6.18	0.55	0.78	8.7	1.09	—	0.52	18.7	99.99
A-3, Barnacle Bill 岩石	1.69	3.2	11.02	53.8	1.42	2.77	0.41	1.29	6.03	0.92	0.1	—	16.2	98.85
A-7, Yogi 岩石	1.19	6.71	9.68	49.7	0.99	4.89	0.5	0.87	7.35	0.91		0.47	16.7	99.96
A-16, Wedge 岩石	2.3	4.58	10.24	48.6	1	3.29	0.41	0.96	8.14	0.95		0.65	18.9	100.02
A-17, Shark 岩石	2.03	3.5	10.03	55.2	0.98	1.88	0.38	1.14	8.8	0.65	0.05	0.49	14.8	99.93
A-18, Half Dome 岩石	1.78	3.91	10.94	51.8	0.97	3.11	0.37	1.1	6.62	0.82	—	0.52	18.1	100.04
Shergotty[b]	1.29	9.28	7.07	51.4	0.8	0.33	0.01	0.16	10	0.87	0.2	0.53	19.4	101.34
Cl[c] 陨石	0.68	15.5	1.55	22.8	0.23	13.5	0.07	0.062	1.26	0.07	0.39	0.23	23.5	79.84
计算的不含土壤的岩石	2.46	1.51	11	57	0.95	0.3	0.32	1.36	8.9	0.69	—	0.55	15.7	99.93
平均相对误差(%)	40	10	7	10	20	20	15	10	10	20		50	25	5

注:a 数据来自 Clark et al.,1982;b 数据来自 Banin et al.,1992;c 数据来自 Palme et al.,1981。

如前所述,"火星探路者"没有携带岩石研磨器,因此不能去除岩石表面的风化壳,而α质子激发X射线谱仪只能分析样品最外层几微米的成分,所以其获得的结果只是岩石最外层风化壳的结果。后续探测任务"勇气号"和"机遇号"都携带岩石研磨器,因此可以解决这个问题。

从表8.7中的岩石化学组成可以看到,火星土壤的Fe、S和Cl的含量比地球土壤高,但Al的含量较低,说明火星镁铁质到超镁铁质岩石较多。同时,火星岩石的探测结果与土壤有较大差异,它甚至比土壤更富集Si、Al,贫Mg、Fe,并且具有较高S含量,有人认为这是玄武岩经水蚀变的产物(Bell et al.,2000),但更合理的解释是,其测量结果不能代表岩石的真实成分。火星岩石覆盖有尘状 Fe^{3+} 膜以及风化层,这使得"火星探路者"难以获得火星岩石的真实成分(McSween et al.,1999;Morris et al.,2000)。Wänke et al.(2001)通过 S 含量与其他元素的变化趋势,外推校正到 S 为零时的成分,并认为这一计算方法可以有效去除岩石表面富 S 风化壳的影响,因此其结果可以代表岩石的内部成分。但是,这种外推法存在很大的不确定性。

"火星探路者"获得的土壤化学成分与"海盗号"有相似之处,但也有差别。两者在元素分布方面具有相似性,在测量误差范围内基本一致。但是,"火星探路者"探测的 K 含量明显高于"海盗号"土壤探测结果(Clark et al.,1982),"海盗号"在 Al_2O_3 和 Fe_2O_3 含量探测结果偏低,但 SiO_2 和 SO_3 含量高于"火星探路者"探测结果。两者的 Cl 含量探测结果有更大的差异,反而是 MgO、CaO 和 TiO_2 含量没有明显的差异。这些差异可能来源于两个探测器探测位置的岩石、土壤粒径不同,以及仪器测量土壤的深度不同。"海盗号"的 X 射线荧光光谱仪探测土壤的深度大约为 0—22cm(Clark et al.,1982),而且,"海盗号"测量的土壤是经过粒径筛选的,大部分样品粒径被控制在 2mm 以下。相比之下,"火星探路者"α 质子激发 X 射线谱仪只能探测几微米的深度,而且所探测的土壤包含很多石子和土块。

8.1.2.4 "勇气号"和"机遇号"的探测结果

"勇气号"和"机遇号"一共在火星表面完成了多达几百次的原位成分分析(Gellert et al.,2006;Ming et al.,2008;Squyres et al.,2004;Squyres et al.,2005),它们分别探测了两个地质年代较老的区域,在含水矿物的探测上取得重大突破,对火星化学成分研究有着重大意义。这些结果对火星上水的产生、演化、消失机制的研究具有重要的意义,并且为火星生命物质的研究提供了重要的科学依据。

"勇气号"的着陆点是古谢夫撞击坑,表 8.8 列出了"勇气号"探测器获得的岩石元素组成。学者们根据岩石的地球化学特征,对它们进行了分类(图 8.5)。总体上,这些岩石化学组成变化很大,如:SiO_2 41.9%—71.8%,FeO 6.4%—20.9%,Al_2O_3 2.7%—17.0%。这种岩石的多样性被认为是多个过程综合的结果,包括岩浆分异(如 Algonquin 岩浆序列)、水蚀变(如 Independence 和 Fuzzy Smith)、冲击作用(如 Descartes)、火山作用(如 Barnhill),等。从 Mg/Si—Al/Si 图上(图 8.6)看,大部分岩石落在岩浆演化的趋势上,也确实与火星陨石是吻合的,但仍有少部分岩石偏离了这一趋势,表现出富 Si 或者富 Al 的特征。

古谢夫平原的典型岩石是 Adirondack 类型,它是一种富橄榄石的玄武岩,这表明古谢夫平原的初始岩浆可能来源于火星幔深处,且并未经历过强烈的分异作用。Algonquin 和 Haskin Ridge 两个地点南侧的岩石都是越靠近下部越表现出超镁铁质成分,指示了它们是岩浆演化序列。所有"勇气号"探测的岩石都或多或少经历了水蚀变作用,但是有几个地点表现得尤其强烈,如 Fuzzy Smith 非常富集 Si 和 Ti,同时亏损其他元素,表明它可能曾经被酸性的硫酸盐溶液淋洗。另外,Independence 则非常富集 Al 和 P,表明淋洗过程伴随着二次矿物相(蒙脱石和磷酸盐)的析出。"勇气号"车轮上,在红色尘埃下附着含盐量高的明亮物质,可能是在早期撞击事件发生过程中附近存在大量水,流水把沙粒搬运至此沉积形成砂岩。

表8.8 "勇气号"探测的火星岩石成分特征(Ming et al.,2008)

岩石分类	N[a]	氧化物(wt%)													元素(ppm)			
		SiO₂	TiO₂	Al₂O₃	FeO	MnO	MgO	CaO	Na₂O	K₂O	P₂O₅	Cr₂O₃	Cl	SO₃	Ni	Zn	Br	Ge
Adirondack	5	45.9	0.58	10.6	18.7	0.41	9.9	7.9	2.6	0.15	0.63	0.58	0.3	1.7	201	121	84	2
Watchtower	14	45.6	1.93	12.6	11.8	0.23	8.4	6.6	3.4	0.49	2.64	0.05	1.2	4.9	109	114	257	9
Backstay	2	49.4	0.93	13.1	13.2	0.25	8.3	6	4	1.02	1.34	0.16	0.4	1.8	210	2727	21	13
Irvine	2	47.5	1.06	8.3	19.7	0.37	9.5	5.8	3	0.6	0.94	0.2	0.5	2.4	342	299	93	17
Independence subclass	3	53.7	1.57	15	6.4	0.12	4.7	6.5	2.9	0.7	3.01	0.11	0.5	4.5	1036	293	61	4
Assemblee subclass	2	50.7	0.92	17	6.6	0.15	7.9	4.2	1.8	0.97	1.72	2.77	0.9	4.1	1211	246	65	16
Descartes	4	46.1	0.98	10.4	13.2	0.22	9.4	5.5	3.2	0.64	1.42	0.16	1.2	7.5	410	215	161	11
Algonquin series	7	41.9	0.58	6.4	20.9	0.39	16	4	2.3	0.4	1.04	0.57	0.9	4.5	704	176	116	9
Barnhill subclass	6	45.8	0.9	9.1	16.6	0.35	10	6.4	3	0.29	1.09	0.39	1.6	4.4	337	406	260	44
Pesapallo subclass	7	46.4	0.99	9.8	16	0.32	9.3	6.2	3	0.53	1.15	0.35	1	4.8	420	593	85	38
Fuzzy Smith	1	68.4	1.71	6.3	6.8	0.15	4.2	1.9	2.9	2.76	0.68	0.06	0.6	3.4	272	679	21	191
Elizabeth Mahon subclass	4	71.8	0.67	5.1	6.8	0.12	5.7	3	1.6	0.25	0.6	0.25	0.5	3.6	537	359	39	5
Innocent Bystander subclass	2	62.4	0.58	2.7	13.5	0.08	13.4	1.6	0.4	0.05	0.46	0.24	0.5	3.8	624	804	90	4
Everett	2	45.6	0.45	4.6	19.1	0.31	19.7	2.6	0.8	0.57	0.56	0.58	1.4	3.4	847	1159	234	23
Good Question	1	53.9	0.73	6	14.8	0.2	10.8	3.9	2	0.42	0.72	0.48	1.5	4.3	996	1030	245	7
Halley subclass	4	43.7	0.76	9.2	15.3	0.28	8.2	7.9	2.9	0.45	0.83	0.24	0.6	9.5	428	888	23	17
Graham Land subclass	4	47.5	0.96	10.1	14.7	0.29	9.4	5.7	2.6	1.35	1.08	0.27	0.8	4.9	765	1167	126	22
Montalva	2	45.3	0.88	6.6	19.2	0.14	12.9	3.3	1.1	2.91	0.68	0.14	1	5.6	792	608	76	4
Torquas	1	43.8	0.98	8.8	16.9	0.32	12.6	4.9	1.9	1.78	1.08	0.24	1.3	4.8	1980	1750	295	54

注:N[a]代表测量次数。

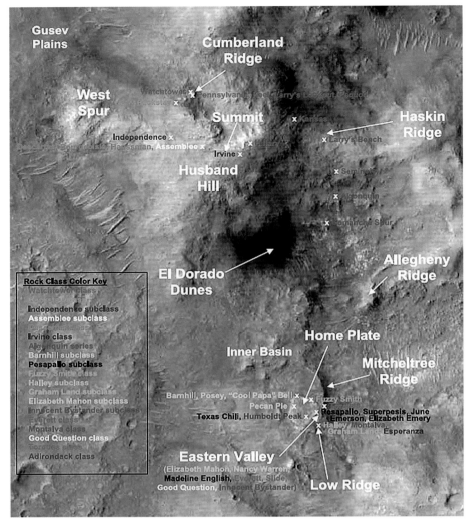

图 8.5 "勇气号"分析的火星岩石样品的分类及其位置。(图片来源：Ming et al.，2008)

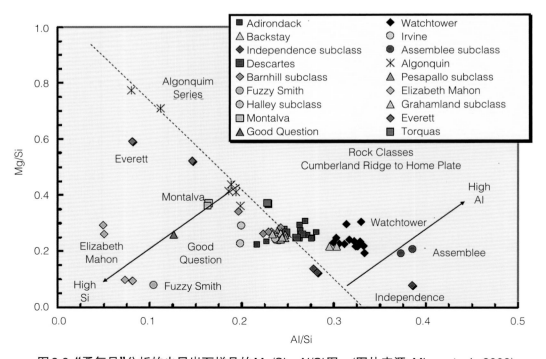

图 8.6 "勇气号"分析的火星岩石样品的 Mg/Si—Al/Si 图。(图片来源：Ming et al.，2008)

表8.9 "机遇号"探测的火星岩石成分特征(Rieder et al.,2004)

	Robert E.	middleRAT	Guadalupe RAT	King3	Makar	Hi-Ho	Mojo2	Mojo2	Mojo2	Rubel	Empty	Enamel	Glanz 2	Case	RedHerring Maggie	Golf
	否	否	是	否	是	否	否	否	是	否	否	否	否	是	否	是
Na_2O	1.1	1.7	1.1	1.3	1	1.5	1.8	1.7	1.2	1.7	1.6	1.6	1.5	1.3	1.7	1.1
MgO	7.9	7.7	7.4	7.4	7.8	7.1	7.6	7.3	7.8	6.4	7.4	7.6	6.1	6.4	7.2	8
Al_2O_3	7.2	8.1	6	7	5.7	6.8	8.4	8.1	6	7.6	7.8	6.7	9.3	10.1	10.3	5.6
SiO_2	39.5	42.7	38.1	40.1	36.3	38.1	43.5	42.7	36.2	38.9	42.4	38.1	47.7	50.8	47	34.7
P_2O_5	0.99	1.01	1	1.04	0.99	1.03	1.04	1.02	1.03	0.78	1	1.02	1	0.95	0.92	0.98
SO_3	19.2	12.7	21	18.6	24.6	18.7	11.4	12.9	23.3	5.5	14	18.5	3.59	0.52	4.61	24.7
Cl	0.54	0.6	0.39	0.59	0.33	0.61	0.59	0.59	0.36	0.49	0.68	0.57	0.38	0.06	0.66	0.44
K_2O	0.58	0.54	0.56	0.58	0.54	0.56	0.56	0.57	0.59	0.38	0.57	0.52	0.26	0.1	0.29	0.5
CaO	5.11	5.92	4.49	5.02	5.02	4.95	5.87	6.17	5.28	5.34	5.65	4.46	11.3	12.5	10.2	4.9
TiO_2	0.75	0.91	0.85	0.88	0.67	0.72	0.94	0.92	0.77	0.73	0.88	0.71	0.89	0.78	0.74	0.78
Cr_2O_3	0.2	0.29	0.22	0.2	0.19	0.19	0.36	0.26	0.23	0.32	0.22	0.19	0.14	0.12	0.14	0.23
MnO	0.26	0.32	0.32	0.31	0.32	0.3	0.35	0.31	0.27	0.29	0.36	0.25	0.46	0.43	0.4	0.37
FeO	16	16.9	17.6	16.2	15.8	18.6	16.9	16.8	16.3	31	16.8	19	16.7	15.6	15.4	16.7
Ni (ppm)	780	710	880	810	690	800	720	760	790	950	730	770	350	180	260	750
Zn (ppm)	670	340	320	430	370	440	330	480	490	380	490	440	100	50	180	580
Br (ppm)	ND	270	430	50	30	30	440	110	120	40	120	120	30	30	30	30

注:"是"与"否"指是否使用岩石研磨器。除Ni、Zn、Br含量单位为ppm外,其余成分含量单位为wt%。

　　"机遇号"于2004年1月25日降落在子午线高原,其着陆区内主要岩石的α粒子激发X射线谱仪探测数据见表8.9。"火星全球勘测者"热辐射光谱仪探测到该区域有很大的灰色结晶赤铁矿露头(Bandfield et al.,2000)。同时,在该区域发现了水存在的证据,直径20m的鹰撞击坑的峭壁上,显露出因沉积作用造成的交错层理和波纹样式(图8.7)。特别是,在岩石中发现了富赤铁矿球粒,在地球上,这种构造是赤铁矿结核与氧化性地下水混合并沉积而形成的,这意味着在火星上也许曾经出现过相似的过程。在岩石中,又发现有中空的凹洞,可能是岩石中形成的矿物晶体脱落或溶解后留下的。通过组分分析发现,该区域细粒物质大多为玄武岩衍生物,岩石中盐类、包含黄钾铁矾的硫化物占比较

图8.7 "机遇号"在鹰撞击坑峭壁上发现的交错层理和波纹样式。(图片来源:Squyres et al., 2005)

高,其SO_3可以高达24%。科学家由此推断,子午线高原过去曾是一个酸性盐水海(Squyres et al.,2004;Squyres et al.,2005)。

"机遇号"探测火星岩石成分的结果表明,子午线高原的岩石具有独特的化学特征,它们非常富集S,而且不同程度地富集Cl和Br,很可能形成于富含硫酸(盐酸)的含水环境。虽然还需要更详细地研究才能真正揭示这些岩石的成因,但是根据已有的数据,我们可以作如下推测:来自火山喷发作用的含有硫酸(盐酸)的水,与火星表面岩石发生反应,形成了卤水,这些卤水今天可能同样存在。岩石中的橄榄石溶解于酸性和氧化条件的流体中,形成含Mg和Fe的硫酸盐(Rieder et al.,2004)。这一结果与子午线高原热辐射光谱仪的分析结果是一致的,光谱数据显示子午线高原与火星表面其他地点有显著的差别(Bandfield et al.,2000),该区域的化学组成可能指示了火星表面独特的沉积过程,但是其岩石特征并不能代表火星表面的平均组成。值得指出的是,无论是"机遇号"还是"勇气号",都发现了大量含水蚀变矿物的证据(Gellert et al.,2006;Ming et al.,2008;Rieder et al.,2004;Squyres et al.,2004;Squyres et al.,2005)。

尽管岩石特征有显著的差异,但是"机遇号"探测的土壤化学组成,与处于火星另一端的"勇气号"的元素探测结果十分相似,并且它们与"海盗号"、"火星探路者"的探测结果也基本类似,这很可能与尘暴引起的全球性土壤混合、火星土壤成分趋于均一化有关(Gellert et al.,2006)。"勇气号"和"机遇号"采集的样品成分,意味着全球性的尘暴使得整个火星土壤成分趋于均一化。不同着陆区土壤成分的一些细微差异,则很可能反映了当地岩石的贡献。

8.1.3 火星陨石

由于火星轨道器和火星着陆器已经对火星开展了大量的研究,如大气成分、同位素组成,这使得一些在地球上发现的火星陨石能被识别出来。它们绝大部分来自南极冰盖,或者印度、阿曼、沙特阿拉伯和摩洛哥的沙漠地区。它们有一些共同的地球化学特征,显著区别于地球石块样品、月球石块样品和其他陨石样品。

火星陨石的地球化学数据可以通过火星陨石纲要(Mars Meteorite Compendium)网页查询,这是一个由NASA的迈耶(Charles Meyer)博士建立的网页,汇总几乎所有火星陨石数据。由于陨石都非常珍贵,研究者不能像研究地球样品那样可以损耗大量样品进行化学分析,因此,很多研究的分析数据都是不全的。又由于样品的矿物粒度相对较粗,同一块样品不同部位获取的化学成分也可以有巨大的差异——在某些元素上甚至超过100%。此外,不同实验室之间可能存在分析偏差,这进一步加剧了数据的复杂性。尽管存在诸多不利因素,但是我们仍然可以获得对火星陨石的初步认识。

8.1.3.1 火星陨石分类

关于火星陨石分类的详细知识,可见第11章。

8.1.3.2 火星陨石的主要元素

火星陨石的一个显著特征是,所有火星陨石都富Fe,其FeO含量变化范围是17%—20%。以纯橄岩为例,地球上纯橄岩一般只含有6%—7%的FeO,但MgO高达45%—50%,其橄榄石具有非常高的Fo值(90—91),Ni含量可以高达2500—3000ppm。但是,火星纯橄岩则含有高达17%—21%的FeO,而MgO含量仅有大约30%,其橄榄石Fo值一般只有65—70,Ni含量很低(通常<100ppm)。火星陨石的CaO和Al_2O_3也非常低,但是Cr含量非常高,可以达到7000ppm。火星陨石的上述特征显著区别于地球上的同类岩石。

玄武岩质纯橄质无球粒火星陨石在某种程度上与地球的富铁玄武岩类似,但是它们更加富集P,亏损Ti,而且岩石中不发育磁铁矿,所有的Fe都赋存在橄榄石、斜方辉石和单斜辉石中。

根据火星陨石的化学成分也可以对其进行分类,例如:CaO—Mg/(Mg+Fe)图(图8.8),玄武岩质辉玻质无球粒陨石和辉橄质无球粒陨石都分布在镁铁质(MAFIC)区域,表现出低Mg/(Mg+Fe)和高CaO的特征。而二辉橄榄岩质辉玻质无球粒陨石和纯橄质无球粒陨石都分布在超镁铁质的区域,表现出高Mg/(Mg+Fe)和低CaO的特征。

8.1.3.3 稀土元素和Sr-Nd同位素

火星陨石的稀土配分图可以分为三组(图8.9):(1)富集型,具有平坦的稀土配分模式,其稀土元素含量大约是球粒陨石的10倍;(2)亏损型,明显亏损轻稀土元素;(3)中间型,介于两者之间。

SNC族火星陨石的稀土元素均不具备Eu的异常,说明长石结晶分异作用不明显。陨石之间所表现的稀土元素差异被认为要么是经历了不同程度的火星壳物质混染形成(Borg et al., 1997; Herd et al., 2002; McSween et al., 2003),要么代表了火星幔的不均一性(Borg et al., 2003; Borg et al., 1997)。火星壳物质的混染作用可能类似于地球上的分异结晶(assimilation and fractional crystallization, AFC)过程,当镁铁质岩浆经历分异结晶过程时,将释放热量,导致周围的火星壳物质发生熔融,从而混染这些富集轻稀土元素的火

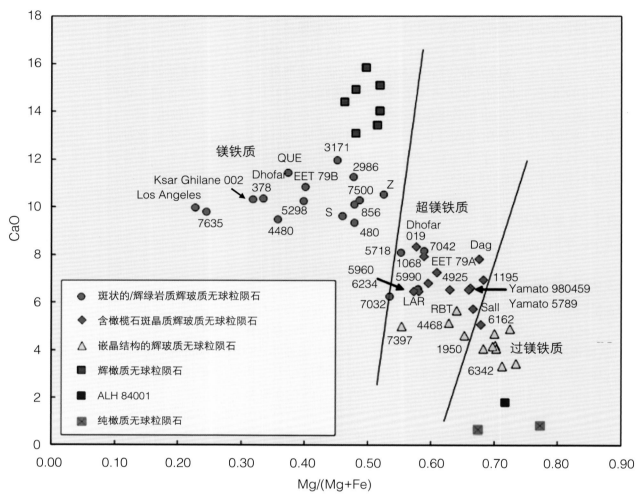

图8.8 SNC族火星陨石的CaO—Mg/(Mg+Fe)图。

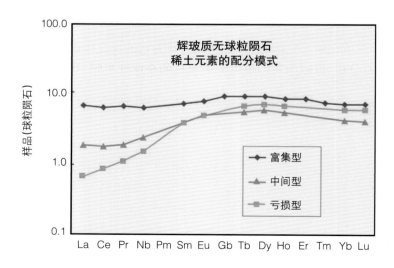

图8.9 SNC族火星陨石的球粒陨石标准化稀土配分图（以辉玻质无球粒陨石为例）。

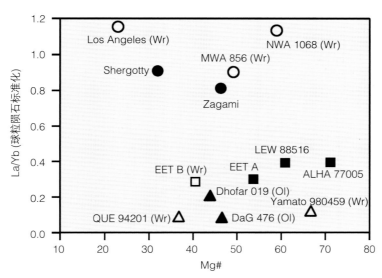

图 8.10　SNC 族火星陨石的 La/Yb—Mg# 图，La/Yb 以 CI 碳质球粒陨石标准化。(图片来源：Symes et al.，2008)

星壳物质。分异结晶过程会造成岩浆的 Mg# 下降，而混染火星壳物质会造成 La/Yb 比值上升，因此分异结晶过程将造成 Mg# 和 La/Yb 比值的负相关关系。但是，火星陨石并没有表现出这样的负相关关系(图 8.10)。比如，QUE 94201 代表一个高度分异的岩浆，却具有最亏损的轻稀土特征。相反，NWA 1068 / 1110 非常基性，但具有很富集的轻稀土特征。这一结果表明，通过一个均匀的火星幔部分熔融，并混染不同程度的火星壳物质，不足以解释所有的 SNC 族陨石的稀土元素特征，即火星幔存在不均一性。

火星陨石的 Sr–Nd 同位素组成与稀土元素一样，可以分为三组(图 8.11)：(1)富集型，具有高的 $^{87}Sr/^{86}Sr$ 比值和低的 ε_{Nd} 值；(2)亏损型，具有低的 $^{87}Sr/^{86}Sr$ 比值和高的 ε_{Nd} 值；(3)中间型，介于两者之间。

8.1.4　火星壳的化学特征

火星壳的化学组成记录了它的综合地质历史，并为它的演化提供重要信息。轨道探测、着陆探测和陨石分析，可以为我们提供关于火星的全球性视野，从而估计火星壳的化学组成。

总体上，火星表面岩石以玄武质岩石为主，它形成于大规模火星幔的部分熔融。与地球不同的是，火星表面的岩石非常富集 Fe。虽然，火星表面的高反射率地区(亮区)由于尘土的覆盖，其化学成分不太容易约束，但是其中铁氧化物的存在指示，它很可能是铁质火山岩风化的产物。火星表面的低反射率地区(暗区)可进一步划分为玄武岩(南部高地)和安山岩(北部平原)。安山岩质岩石可能是玄武岩风化的结果，或者不排除是玄武岩质岩浆演化的产物。

"勇气号"和"机遇号"在火星古老地体上发现了层状岩石，这表明火星历史上曾经存在丰富的水。强烈的火山作用与表面水相互作用可能是导致诺亚地区大量硫酸盐沉积

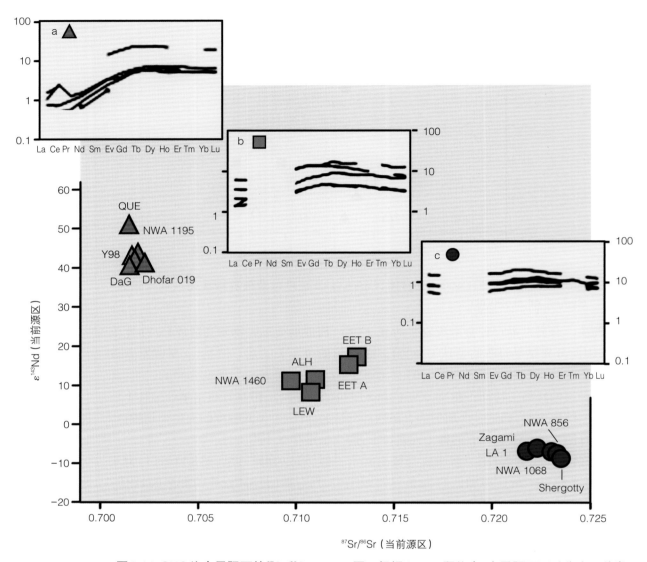

图8.11 SNC族火星陨石的$^{87}Sr/^{86}Sr$ —εNd图。根据Sr−Nd同位素,火星陨石可以分为三种类型,(a)、(b)、(c)分别对应它们的微量元素组成特征。(图片来源:Symes et al., 2008)

的原因。硫酸盐风化沉积可能曾经发生在火星大部分地区,尤其是子午线高原。这也可以解释火星表面缺乏碳酸盐的现象,因为在酸性风化条件下,碳酸盐容易溶解。在过去的约3Ga,火星风化以干燥过程为主,仅局部地区出现表面水的活动。火星着陆器探测的几个着陆点,其土壤成分都十分相似,可能是火星全球化沙尘暴造成的均一化结果(McSween et al.,2009)。

在硅碱图上(图8.12),火星陨石都落在玄武岩的区域内,其成分普遍与Bounce Rock相近。古谢夫平原的岩石比其他火星岩石更富碱,它们具有较高的Na_2O+K_2O值。它们的化学成分有一定的变化,可能是在不同深度结晶的结果(McSween et al.,2006)。"火星探路者"分析的岩石成分是安山岩质的,可能反映风化过程中,硅在岩石表层富集。

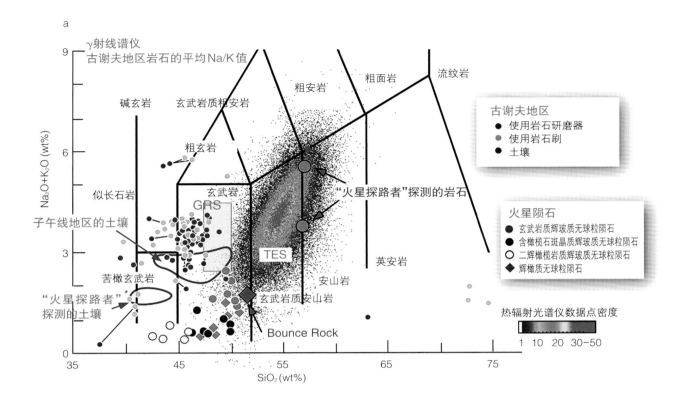

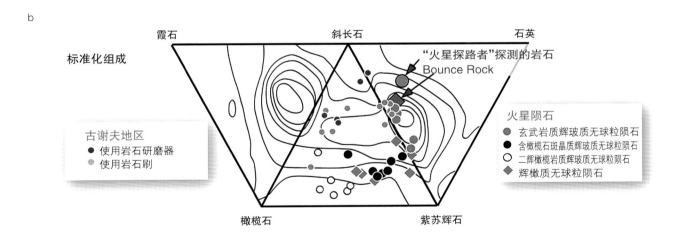

图8.12 (a)火星岩石的硅碱图。综合轨道探测、着陆探测和陨石分析的数据,火星壳主要由玄武岩组成。热辐射光谱仪数据和"火星探路者"α质子激发X射线谱仪数据落在安山岩区域,可能反映了风化作用引起的成分变化。γ射线谱仪只能分析K含量,不能分析Na含量。所以图中γ射线谱仪分析数据的Na₂O+K₂O值,是根据古谢夫撞击坑岩石和土壤的平均Na₂O/K₂O比值(12.5)计算得到的。(b)根据火星化学成分计算的标准矿物。三个端元(从左至右的三角形)分别对应(从左至右)碱性玄武岩、橄榄拉斑玄武岩和石英拉斑玄武岩。曲线表示地球玄武岩的相对丰度。火星壳岩石落在橄榄拉斑玄武岩和石英拉斑玄武岩的区域,并未发现碱性玄武岩。(图片来源:McSween et al.,2009)

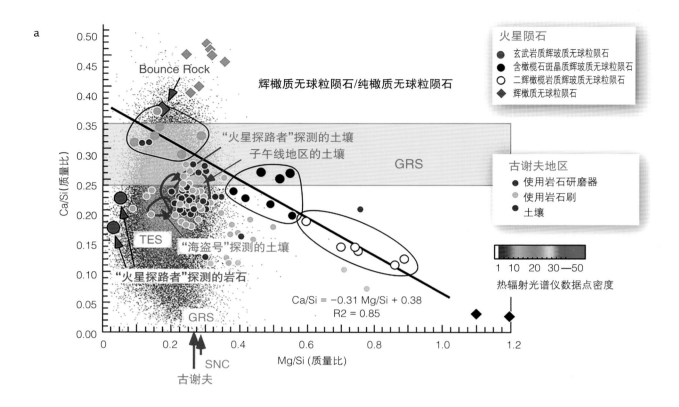

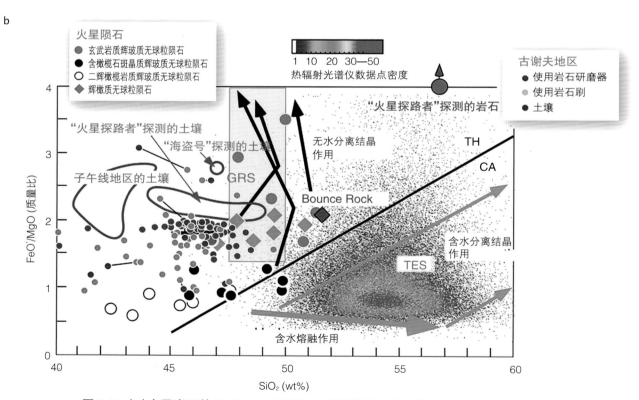

图8.13 （a）火星岩石的Ca/Si—Mg/Si图。γ射线谱仪不能测量Mg，因此其Ca/Si比值和标准偏差由黄色的矩形代表。纯橄质无球粒陨石的Ca/Si和Mg/Si呈负相关关系。（b）火星岩石的FeO*/MgO—SiO₂图。用于区分干的拉斑玄武岩（TH）和湿的钙碱性岩石（CA）。火星的岩石几乎都属于拉斑玄武岩，热辐射光谱仪分析数据可能是风化的结果。箭头表示部分熔融和分离结晶的趋势。（图片来源：McSween et al.，2009）

　　全球平均的γ射线谱仪测量结果显示,火星壳的Si丰度(图8.12a)对应于玄武岩。古谢夫平原的土壤落在玄武岩区域,与当地的玄武质岩石组成一致。子午线高原的土壤同样是玄武岩质的,但是碱含量比古谢夫平原的土壤略低。"火星探路者"分析的土壤具有较低的SiO₂,而且与当地的岩石组成有巨大的差异。

　　热辐射光谱仪获得的化学成分与其他数据明显不同(图8.12a)。这一结果上的差异很可能是仪器的探测深度造成的。与γ射线谱仪的测量深度(约20—30cm)相比,热辐射光谱仪只能获取样品最外层10—100μm的成分。这说明,火星岩石最表面的成分是中性的,很可能与表面化学风化有关。

　　图8.12b对火星岩石成分进行了矿物标准化计算,结果显示,火星陨石、Bounce Rock、"火星探路者"分析的岩石、最小风化的古谢夫岩石都落在橄榄拉斑玄武岩或石英拉斑玄武岩的区域内。标准化矿物霞石的缺失表明,没有来源于碱性火星幔的熔体喷发,尽管γ射线谱仪的观测结果表明火星岩石相对于地球岩石更富碱。地球上的碱性玄武岩通常源自交代的地幔源区,因此火星上可能缺乏与流体交代相关的深部火星幔源。

　　可用Ca/Si—Mg/Si(图8.13)对火星陨石的地球化学特征进行分类。图中纯橄质无球

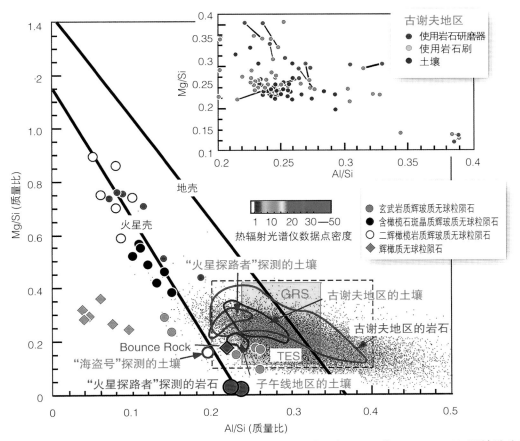

图8.14　火星岩石的Mg/Si—Al/Si图。由于火星陨石普遍亏损Al,因此Mg/Si—Al/Si图被认为可以区分火星和地球岩石。但是,古谢夫地区和γ射线谱仪数据并没有观察到Al的亏损。γ射线谱仪数据代表全球平均,误差为±1SD。(图片来源:McSween et al.,2009)

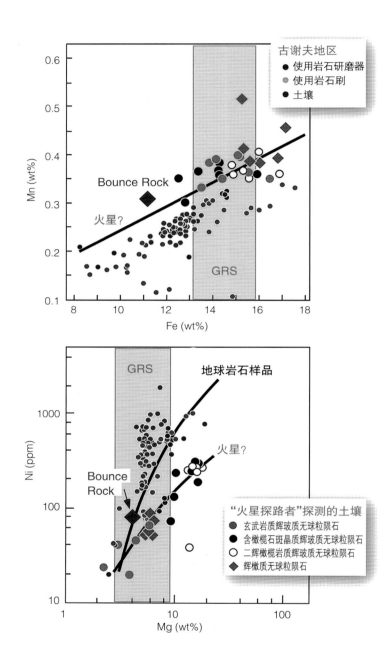

图8.15 （a）Mn-Fe图。基于火星陨石估计的火星幔Fe/Mn比值，可能并不能代表所有的火星幔，例如，古谢夫岩石就具有显著不同的Fe/Mn比值。（b）Ni-Mg图。原认为此图可以区分火星和地球样品，但是古谢夫岩石和土壤并没有落在火星陨石定义的趋势线上，相反却落在地球玄武岩的趋势线上。（图片来源：McSween et al., 2009）

粒陨石的Ca/Si比值和Mg/Si比值呈负相关关系。辉橄质无球粒陨石具有较高的Ca/Si比值,反映其富集辉石。古谢夫岩石和土壤则具有较低的Ca/Si比值。

火星陨石的一些独特地球化学特征常常被认为是火星特有的特征,尽管某些特殊的地球岩石也具有相似的特征。火星陨石相对于地球岩石亏损Al(图8.14),这可能是因为早期火星幔部分熔融导致Al的亏损。实际上,古老的古谢夫岩石相对于年轻的火星陨石来说并不亏损Al,γ射线谱仪全球平均数据也观察到古谢夫岩石Al/Si比值较高。因此,使用Al亏损作为火星的地球化学特征判别标志时,需要更加谨慎。

Fe/Mn比值是判别火星岩石的另一个地球化学特征。在火星陨石中,辉石和橄榄石的Fe/Mn比值明显不同于地球和月球矿物。火星陨石的平均Fe/Mn比值也被用于约束火星幔的组成。运用火星陨石推测的火星幔的Fe/Mn比值大约是41,显著低于地球地幔的约62。然而,古谢夫岩石和土壤具有与火星陨石明显不同的Fe/Mn比值(图8.15),因此根据火星陨石得到的火星幔组成,可能需要重新评估。

火星陨石的Ni/Mg比值非常独特(图8.15),它被用于估计火星的Ni丰度,并认为大大低于地球。然而,古谢夫平原玄武岩却落在了地球的趋势线上,与火星陨石明显不同(图8.15)。这说明Ni/Mg比值可能无法有效地判别地球和火星岩石。

综合所有的数据,我们可以认为火星壳的化学成分主体是玄武岩质的,岩石以贫Si富Fe为显著特征,岩石类型以拉斑玄武岩为主。这些特征不支持火星壳物质再循环和含水碱性火星幔部分熔融,指示了火星相对于地球而言有着不同的岩浆演化过程。大量分布的玄武岩表明,化学风化作用在整个火星演化过程中是非常有限的。火星陨石基本来自年轻的地区,不能够代表火星古老岩石,因此依据火星陨石数据反演的火星幔组成可能也不代表整个火星幔。

8.2 火星幔和核的化学组成

火星幔的化学组成只能通过火星陨石的数据进行反演。使用这种方式推测火星幔组成,我们得首先厘清火星陨石所经历的岩浆演化过程,进而推测出其火星幔源的化学性质。

8.2.1 玄武岩演化

二辉橄榄岩质辉玻质无球粒陨石是堆晶岩,而玄武岩质辉玻质无球粒陨石则是喷出岩携带深部的堆晶,说明这些岩浆都经历了分离结晶作用。大多数玄武岩质辉玻质无球粒陨石都缺少橄榄石,富集高度不相容元素,这也表明这些岩浆经历了分离结晶作用。轨道探测表明,萨希斯山脉下面存在巨大的岩浆房,这也使得充分的分离结晶成为可能。

地球上喷发的洋中脊玄武岩MORB的成分比较单一,这很可能是因为分离结晶作用和密度共同约束了喷发岩浆的成分(Stolper et al., 1980)。如图8.16所示,洋中脊玄武岩的Fe/(Mg + Fe)变化非常小。在分离结晶过程中,洋中脊玄武岩的密度先减小,后增加,因此能喷发的玄武岩具有最小的密度($<2.75g/cm^3$)。简而言之,地球的地壳相当

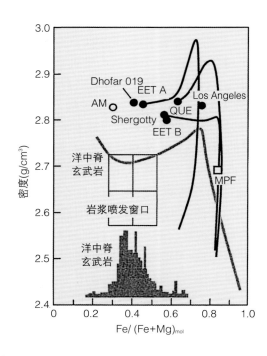

图8.16 火星辉玻质无球粒陨石对应的岩浆密度和成分图。(图片来源:McSween,2002)

于一个密度过滤器,它只允许密度比它小的岩浆爆发。火星的岩浆喷发可能适用同样的机制,不同的是火星岩浆普遍比地球岩浆的密度大,因为它们相对更加富集铁。根据火星岩浆的密度范围,我们可以推测,火星壳至少在萨希斯地区是非常厚的。这也可以解释为什么大多数玄武岩质辉玻质无球粒陨石没有橄榄石,因为未分异的岩浆很难喷出火星表面。

　　火星辉玻质无球粒陨石之间的主要地球化学性质差异(图8.9—8.11),可以用不同程度的火星壳源物质混染来解释(Borg et al.,1997;Herd et al.,2002;McSween et al.,2003)。该壳源组分可能具有较高的初始 $^{87}Sr/^{86}Sr$,低的初始 $^{143}Nd/^{144}Nd$ 和 $^{176}Hf/^{177}Hf$。图8.17显示,氧化还原条件、轻稀土富集程度、氧同位素,都与Nd同位素有相关性。这表明这一火星壳组分是古老的,富集轻稀土,并且被氧化,同时可能是富水。令人惊讶的是,最年轻的火山熔岩(Shergotty、Zagami、Los Angeles)相对于其他更老的陨石,混染了更多的壳源物质。而在地球上,早期喷发的岩浆相对会表现出更大程度的地壳混染。

8.2.2 火星幔的化学组成

　　火星幔和火星核的成分估计一般是基于火星陨石的元素和同位素分布。最初的研究基于火星陨石的成分,假设火星的化学组成由两种端元组分混合而成,一种是还原的组分,另一种是氧化的组分,后者需要一些含挥发分的CI球粒陨石(Dreibus et al.,1985;Wanke et al.,1988),结果列于表8.10。后来的一些研究也采用同样的模型计算火星的内部结构(Longhi et al.,1992;Sohl et al.,1997)。Bertka et al.(1997)也是基于这一结果,开展了火星幔矿物稳定性的高温高压实验研究。实验显示,火星上火星幔主要由橄榄

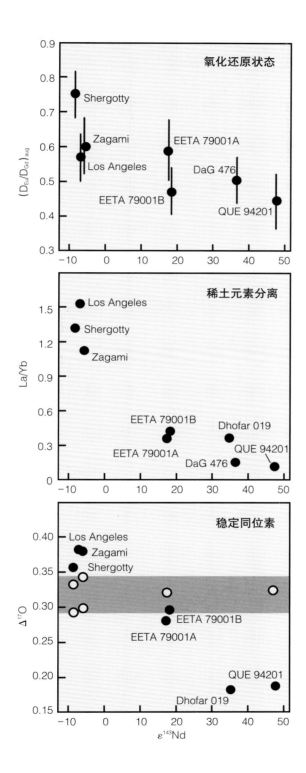

图8.17 火星辉玻质无球粒陨石的元素和同位素相关性。(图片来源:McSween,2002)

表8.10 火星幔和火星核的化学组成估计值(wt%)(McSween,2002)

	WD模型	LF模型	S模型
火星幔			
SiO₂	44.4	45.4	47.5
Al₂O₃	2.9	2.9	2.5
MgO	30.1	29.7	27.3
CaO	2.4	2.4	2
Na₂O	0.5	0.98	1.2
K₂O	0.04	0.11	n.d.
TiO₂	0.13	0.14	0.1
Cr₂O₃	0.8	0.68	0.7
MnO	0.5	0.37	0.4
FeO	17.9	17.2	17.7
P₂O₅	0.17	0.17	n.d.
高压标准矿物			
辉石	37.8	42.6	63
橄榄石	51.9	50.9	26
石榴石	8.6	4.8	11
其他	1.4	1.6	n.d.
密度	3.52	3.5	3.46
火星核			
Fe	53.1	61.5	48.4
Ni	8	7.7	7.2
FeS	38.9	29	44.4
密度	7.04	7.27	7.02
全火星			
核	21.7	20.6	23
密度	3.95	3.92	4.28
C/(MR2)	0.367	0.367	0.361

SiO_2
Al_2O_3
Na_2O
K_2O
TiO_2
Cr_2O_3
P_2O_5

石+单斜辉石+斜方辉石+石榴石组成。在14—23GPa之间存在一个过渡带,其主要由r尖晶石和高硅钙铁榴石(Majorite)组成。火星下火星幔主要由镁铁钙钛矿组成,在较低的温度下,钙钛矿被斯石英(Stishovite)取代。在火星的历史上,当火星幔温度较高时,存在钙钛矿的可能性更大。无论如何,火星下火星幔相对于地球下地幔而言占的比例较小。

另外一些模型是根据火星陨石的氧同位素组成来反演其成分(Clayton et al.,1996),结果也列于表8.10。Lodders et al.(1997)利用85%的H型+11%的CV型+4%的CI球粒陨石混合,以匹配火星陨石的氧同位素组成。Sanloup et al.(1999)则是把55%的H型和45%的EH型球粒陨石混合。所有的火星组成模型都认为火星幔比地幔更富集Fe,与火星陨石的富铁特征一致。但是,硅酸盐标准化矿物组成显著不同(表8.10)。

8.2.3 火星核的化学组成

相比于火星幔,火星核的化学组成更加难以约束。Treiman et al.(1987)基于火星陨石中亲铁元素估计,火星核应当占到火星质量的30%。Wanke et al.(1988)则基于火星陨石中亏损的亲铜元素估计,火星核应当占到火星质量的21.7%。以上两个估计都认为火星核是富集S的。Lodders et al.(1997)和Sanloup et al.(1999)的模型也通过质量平衡计算估计了火星核的质量和成分(表8.10)。火星核中S的含量也同时能够影响其物理性质,如果S含量≥15%,那么核很可能是液态的(Schubert et al.,1990)。同时,S的含量还能够决定火星核的密度。火星陨石亲铁元素的含量与高温高压含S金属相和硅酸盐相之间的分配是一致的,这指示了火星核可能是平衡增生的(Treiman et al.,1987;Wanke et al.,1988),并可能伴随着高部分熔融(如岩浆洋)。

表8.10也比较了几个模型所计算的平均密度和转动惯量。Sanloup et al.(1999)的模型给出的平均密度和转动惯量明显偏出了火星真实值,而另外两个模型则落在合理的范围内。由于进行过高温高压实验研究(Bertka et al.,,1997),Wanke-Dreibus模型能够获得更好的约束。通过实验确定的火星幔矿物组成以及该模型估计的火星核质量,Bertka et al.(1997)计算的火星转动惯量为0.354,与"火星探路者"的测量结果一致。然而,该模型需要一个非常厚的火星壳(180—320km)。因此,Bertka et al.(1997)认为,Wanke-Dreibus模型的一个基本前提——假设火星具有CI球粒陨石的Fe/Si比值,可能是不正确的。

8.3 火星年代学

8.3.1 核幔壳分异时代

由于Hf和W在硅酸盐和金属相中强烈分异,因此 $^{182}Hf/^{182}W$ 同位素体系可以用于确定火星核形成的时间。火星陨石的Hf-W同位素数据(Lee et al.,1997)表明,火星核在太阳系形成之后30Ma就已经形成。这一形成时间与火星陨石 $^{146}Sm/^{142}Nd$ 给出的结果是一致的(Borg et al.,1997;Harper et al.,1995),它指示了早期火星壳形成过程中轻稀土元素的亏损。如图8.18所示,火星陨石的初始 $^{187}Os/^{188}Os$ 比值(Brandon et al.,2012)也与 ^{182}W

和 ^{142}Nd 呈正相关关系,这种 Nd、W、Os 同位素的同步变化,支持火星曾经发生过岩浆洋过程。

灭绝核素衰变形成的 Nd 和 W 同位素能够保持下来,以及它们与长寿命的 Re-Os 同位素体系呈正相关,说明火星形成之后并未发生大规模的火星幔对流和火星壳物质再循环过程,或者即使发生,也仅仅持续了很短的时间。SNC 族火星陨石的亏损不相容元素,以及它们古老的同位素模式年龄也强烈支持这一结论。SNC 族火星陨石来自一个早期分异的火星幔,并且这一火星幔在形成之后没有经历太多的扰动。ALH 84001 的结晶年龄是约 4.5Ga(Nyquist et al.,2001),直接反映了火星壳形成的时间。

8.3.2 岩浆活动的时代

除了 ALH 84001,所有的 SNC 族火星陨石都具有相对年轻的结晶年龄(图 8.18)。透橄质无球粒陨石和纯橄质无球粒陨石的结晶年龄大约是 1.3Ga,而辉玻质无球粒陨石大约形成于 165—875Ma。根据撞击坑定年的结果,火星表面只有萨希斯隆起和伊利瑟姆隆起的火星壳年龄是年轻于 1.3Ga 的,因此,火星陨石的来源是非常不均匀的,它们可能全部来自萨希斯和伊利瑟姆年轻的火山地区。火星上的岩浆活动则可能是个连续的过程,即从火星壳形成之后,一直持续到 165Ma。

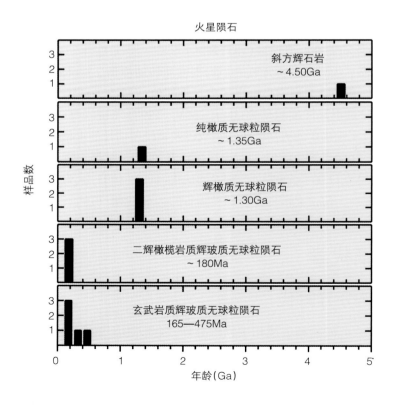

图 8.18 火星陨石的形成时代。(图片来源:Nyquist et al.,2001)

　　人们能够直接进行探测的只有火星壳，认识最为深入和全面的也是火星壳。火星壳的化学成分主体是玄武质的，与地球玄武岩最大的差异是富Fe。热辐射光谱仪数据和"火星探路者"α质子激发X射线谱仪数据落在玄武岩质安山岩区域，可能反映了风化作用引起的成分变化。

　　对于火星幔和火星核，人们的了解非常有限。火星陨石的微量元素和同位素特征表现为三组：富集型、亏损型和中间型，要么代表火星幔的不均一性，要么是经历不同程度的火星壳物质混染导致。尽管已经有了一些模型计算和高温高压试验估计火星幔和火星核的化学组成，但是结果的不确定性仍然非常大。

参考文献

Anders E, Grevesse N. 1989. Abundances of the elements: Meteoritic and solar. *Geochimica et Cosmochimica Acta*, 53: 197−214

Arvidson R E, Gooding J L, Moore H J. 1989. The Martian surface as imaged, sampled, and analyzed by the Viking landers. *Reviews of Geophysics*, 27: 39−60

Bandfield J L, Hamilton V E, Christensen P R. 2000. A global view of Martian surface compositions from MGS-TES. *Science*, 287: 1626−1630

Banin A, Clark B, Wänke H. 1992. Surface chemistry and mineralogy. *In*: Kieffer H H, Jakosky B M, Snyder C W, et al (eds). *Mars*. Tucson: University Arizona Press, 594−625

Bell J F, McSween H Y, Morris R V, et al. 2000. Mineralogic and compositional properties of Martian soil and dust: Results from Mars Pathfinder. *Journal of Geophysical Research: Planets*, 105: 1721−1755

Bertka C M, Fei Y. 1997. Mineralogy of the Martian interior up to core-mantle boundary pressures. *Journal of Geophysical Research: Solid Earth*, 102: 5251−5264

Borg L E, Draper D S. 2003. A petrogenetic model for the origin and compositional variation of the martian basaltic meteorites. *Meteoritics & Planetary Science*, 38: 1713−1731

Borg L E, Nyquist L E, Taylor L A, et al. 1997. Constraints on Martian differentiation processes from Rb Sr and Sm Nd isotopic analyses of the basaltic shergottite QUE 94201. *Geochimica et Cosmochimica Acta*, 61: 4915−4931

Boynton W V, Taylor G J, Evans L G, et al. 2007. Concentration of H, Si, Cl, K, Fe, and Th in the low-and mid-latitude regions of Mars. *Journal of Geophysical Research: Planets*, doi: 10.1029/2007, JE002887

Brandon A D, Puchtel I S, Walker R J, et al. 2012. Evolution of the martian mantle inferred from the ^{187}Re-^{187}Os isotope and highly siderophile element abundance systematics of shergottite meteorites. *Geochimica et Cosmochimica Acta*, 76: 206−235

Clark B C. 1993. Geochemical components in Martian soil. *Geochimica et Cosmochimica Acta*, 57: 4575−4581

Clark B C, Baird A K, Weldon R J, et al. 1982. Chemical composition of Martian fines. *Journal of Geophysical Research: Solid Earth*, 87: 10059−10067

Clayton R N, Mayeda T K. 1996. Oxygen isotope studies of achondrites. *Geochimica et*

Cosmochimica Acta, 60: 1999−2017

Dreibus G, Wanke H. 1985. MARS, A volatile-rich planet. *Meteoritics*, 20: 367−381

Gellert R, Rieder R, Bruckner J, et al. 2006. Alpha Particle X-Ray Spectrometer (APXS): Results from Gusev crater and calibration report. *Journal of Geophysical Research: Planets*, doi: 10.1029/2005JE002555

Hamilton V E, Wyatt M B, McSween H Y, et al. 2001. Analysis of terrestrial and Martian volcanic compositions using thermal emission spectroscopy: 2. Application to Martian surface spectra from the Mars Global Surveyor Thermal Emission Spectrometer. *Journal of Geophysical Research: Planets*, 106: 14733−14746

Harper C, Nyquist L, Bansal B, et al. 1995. Rapid accretion and early differentiation of Mars indicated by $^{142}Nd/^{144}Nd$ in SNC meteorites. *Science*, 267: 213−217

Herd C D K, Borg L E, Jones J H, et al. 2002. Oxygen fugacity and geochemical variations in the martian basalts: Implications for martian basalt petrogenesis and the oxidation state of the upper mantle of Mars. *Geochimica et Cosmochimica Acta*, 66: 2025−2036

Lee D C, Halliday A N. 1997. Core formation on Mars and differentiated asteroids. *Nature*, 388: 854−857

Lodders K, Fegley Jr B. 1997. An Oxygen Isotope Model for the Composition of Mars. *Icarus*, 126: 373−394

Longhi J, Knittle E, Holloway J R, et al. 1992. The bulk composition, mineralogy and internal structure of Mars. *Mars*, 1: 184−208

McSween H Y. 2002. The rocks of Mars, from far and near. *Meteoritics & Planetary Science*, 37: 7−25

McSween H Y, Grove T L, Wyatt M B. 2003. Constraints on the composition and petrogenesis of the Martian crust. *Journal of Geophysical Research: Planets*, 108: 5135

McSween H Y, Murchie S L, Crisp J A, et al. 1999. Chemical, multispectral, and textural constraints on the composition and origin of rocks at the Mars Pathfinder landing site. *Journal of Geophysical Research: Planets*, 104: 8679−8715

McSween H Y, Ruff S W, Morris R V, et al. 2006. Alkaline volcanic rocks from the Columbia Hills, Gusev crater, Mars. *Journal of Geophysical Research: Planets*, doi：10.1029/2006JE 002698

McSween H Y, Taylor G J, Wyatt M B. 2009. Elemental Composition of the Martian Crust. *Science*, 324: 736−739

Ming D W, Gellert R, Morris R V, et al. 2008. Geochemical properties of rocks and soils in Gusev Crater, Mars: Results of the Alpha Particle X - Ray Spectrometer from Cumberland Ridge to Home Plate. *Journal of Geophysical Research: Planets*, doi：10.1029/2008JE003195

Morris R V, Golden D C, James F, et al. 2000. Mineralogy, composition, and alteration of Mars Pathfinder rocks and soils: Evidence from multispectral, elemental, and magnetic data on terrestrial analogue, SNC meteorite, and Pathfinder samples. *Journal of Geophysical Research: Planets*, 105: 1757−1817

Nyquist L E, Bogard D D, Shih C Y, et al. 2001. Ages and geologic histories of Martian meteorites. *Space Science Reviews*, 96: 105−164

Palme H, Suess H E, Zeh H D. 1981. 3.4 Abundances of the elements in the solar system. *In*: Schaifers K, Voigt H H (eds). *Methods, Constants, Solar System. Landolt-Börnstein-Group VI*

Astronomy and Astrophysics. Springer Berlin: 257-272

Rieder R, Gellert R, Anderson R C, et al. 2004. Chemistry of rocks and soils at Meridiani Planum from the alpha particle X-ray spectrometer. *Science*, 306: 1746-1749

Sanloup C, Jambon A, Gillet P. 1999. A simple chondritic model of Mars. *Physics of the Earth and Planetary Interiors*, 112: 43-54

Schubert G, Spohn T. 1990. Thermal history of Mars and the sulfur content of its core. *Journal of Geophysical Research: Solid Earth*, 95: 14095-14104

Sohl F, Spohn T. 1997. The interior structure of Mars: Implications from SNC meteorites. *Journal of Geophysical Research: Planets*, 102: 1613-1635

Squyres S W, Grotzinger J P, Arvidson R E, et al. 2004. In situ evidence for an ancient aqueous environment at Meridiani Planum, Mars. *Science*, 306: 1709-1714

Squyres S W, Knoll A H. 2005. Sedimentary rocks at Meridiani Planum: Origin, diagenesis, and implications for life on Mars. *Earth and Planetary Science Letters*, 240: 1-10

Stolper E, Walker D. 1980. Melt density and the average composition of basalt. *Contributions to Mineralogy and Petrology*, 74: 7-12

Symes S J K, Borg L E, Shearer C K, et al. 2008. The age of the Martian meteorite Northwest Africa 1195 and the differentiation history of the shergottites. *Geochimica et Cosmochimica Acta*, 72: 1696-1710

Treiman A H, Jones J H, Drake M J. 1987. Core formation in the shergottite parent body and comparison with the Earth. *Journal of Geophysical Research: Solid Earth*, 92: E627-E632

Wänke H, Brückner J, Dreibus G, et al. 2001. Chemical Composition of Rocks and Soils at the Pathfinder Site. *Space Science Reviews*, 96: 317-330

Wanke H, Dreibus G. 1988. Chemical composition and accretion history of terrestrial planets. *Philosophical Transactions of the Royal Society of London A: Mathematical, Physical and Engineering Sciences*, 325: 545-557

Wyatt M B, Hamilton V E, McSween H Y, et al. 2001. Analysis of terrestrial and Martian volcanic compositions using thermal emission spectroscopy: 1. Determination of mineralogy, chemistry, and classification strategies. *Journal of Geophysical Research: Planets*, 106: 14711-14732

本章作者

杨　蔚　中国科学院地质与地球物理研究所研究员,地球化学专业,主要研究方向为火山岩岩石学、同位素地质年代学、非传统同位素地球化学和离子探针分析技术等。

林杨挺　中国科学院地质与地球物理研究所研究员,从事比较行星学研究。

胡　森　中国科学院地质与地球物理研究所副研究员,从事比较行星学研究。

第 9 章

火星的岩石与矿物

　　火星探测和火星陨石的研究结果表明,火星表面以玄武岩为主,可能出露少量安山岩,说明火星的岩浆演化停止在基性或基性至中性岩浆活动阶段,介于地球与月球之间。目前为止,还没有发现火星存在板块运动的证据。虽然今天的火星表面非常干燥寒冷,但火星早期的环境可能与现在的地球相似,表面存在过短暂性的水体,甚至海洋,因此,火星表面的岩石类型和后期形成的次生矿物不仅可以认识火星的岩浆演化,还可以揭示火星古气候演化。本章将主要围绕火星探测和火星陨石的研究结果,从岩石和矿物的视角来认识火星。

　　火星地质单元可以划分为诺亚纪(或前诺亚纪与诺亚纪)、西方纪和亚马孙纪三个大的地质时代(图9.1)。火星大规模的岩浆活动主要集中在诺亚纪—西方纪早期,如太阳系中最高的火山萨希斯从诺亚纪就开始喷发,一直持续到亚马孙纪晚期。火星古环境演化是火星岩浆演化的表面响应,也可以分为三个阶段:诺亚纪中期以前主要以水蚀变为主;由于萨希斯火山集中爆发,喷出的富硫气体溶入表面水体导致西方纪地体上形成大量的硫酸盐;随着火山活动逐渐减弱以及火星磁场消失而引发表面水的强烈逃逸,火星环境在亚马孙纪逐渐变成干燥寒冷的环境,主要表现为无水氧化物环境(图9.1)。

9.1 岩浆岩

9.1.1 全球分布(轨道探测)

　　"火星全球勘测者"对火星全球的岩石普查结果显示,火星表面主要由玄武岩和安山岩覆盖。火星表面玄武岩和安山岩的分布特征与火星南北二元结构相关(图9.2),火星南部较老的高地和大型盆地富玄武岩(斜长石和辉石),而火星北部年轻的洼地地体以安山岩为主(斜长石和火山玻璃为主要组成矿物)(Bandfield et al.,2000)。然而后续研究表明,玄武岩表面附着的灰尘会严重影响其光谱特征,影响解译结果(Johnson et al.,2006a;Johnson et al.,2006b),火星北部的安山岩露头可能就是风化程度较高的玄武岩(Hamilton,2003;Wyatt et al.,2002),因而火星表面是否存在安山岩还有待进一步证实。

　　在火星局部地区,如辛梅利亚高地地区的热辐射光谱仪光谱表明该地区主要由长石和单斜辉石组成,可能还有少量橄榄石和页硅酸盐,是玄武岩的主要组成矿物

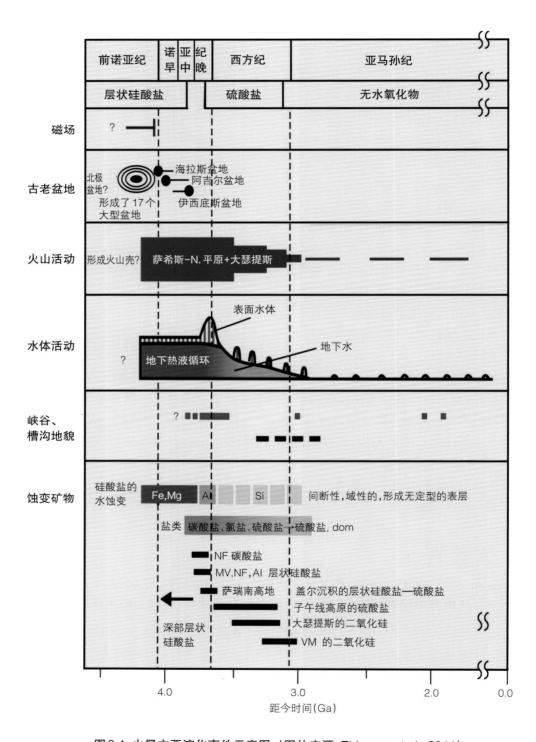

图9.1 火星主要演化事件示意图。(图片来源:Ehlmann et al.,2011)

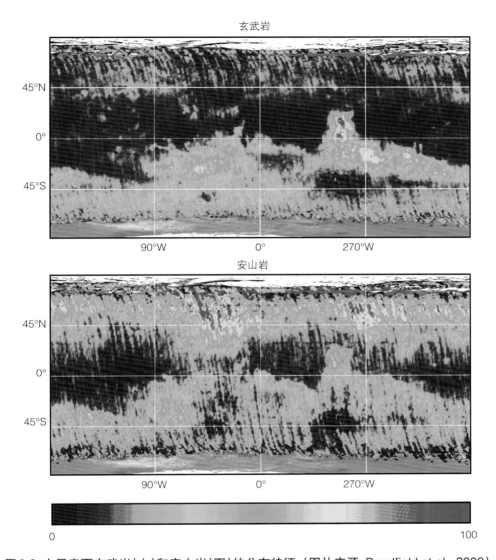

图9.2 火星表面玄武岩(上)和安山岩(下)的分布特征。(图片来源:Bandfield et al., 2000)

(Christensen et al., 2000)。另外,在火星大瑟提斯高原附近的两个撞击坑中央峰检测到疑似花岗岩的岩石,热辐射光谱仪(TES)和热辐射成像系统(THEMIS)光谱数据显示这些岩石主要富含石英、长石、富硅玻璃、页硅酸盐和碳酸盐,与地球花岗岩相似,但不能说明火星曾经存在板块运动,可能是变质玄武岩部分熔融形成,与地球TTG花岗岩类似(Bandfield, 2006; Bandfield et al., 2004)。最近的研究表明,疑似花岗岩中的石英可能是蚀变成因(Ehlmann et al., 2009; Smith et al., 2012),因而其花岗岩岩性还有待确认。

9.1.2 岩石类型(巡视探测)

岩石在所有着陆点都很常见(子午线除外),直径从几厘米到数米,大多数为悬浮状或单独出现,并伴随露头或岩石,表面落满灰尘(图9.3)。岩石暴露在大气中,表面会生成风化物质。目前火星着陆探测中探测到的岩石以玄武岩质岩浆岩为主,遭受了不同程度的蚀变作用,根据SiO_2和Na_2O+K_2O含量可以细分为安山岩质、玄武岩质和碱性岩质几种类型(图9.4)。另外,火星车在火星表面还发现过几块铁陨石(Fairén et al., 2011;

图9.3 火星岩石。(a)"火星探路者"在着陆区发现的Yogi岩石;(b)"勇气号"发现的Adirondack岩石;(c)"机遇号"发现的Bounce岩石;(d)"机遇号"发现的Heat Shield铁陨石;(e)"好奇号"发现的Jake_M岩石。(a图片来源:McSween et al., 1999;b图片来源:NASA;c图片来源:Zipfel et al., 2011;d图片来源:Fairén et al., 2011;e图片来源:Stolper et al., 2013)

Fleischer et al., 2011；Schröder et al., 2008），如 Heat Shield（图 9.3d）、Zhong Shan、Allan Hill、Meridiani Planum 等。

9.1.2.1 安山岩

　　"火星探路者"在其着陆点附近通过 α 质子激发 X 射线谱仪（APXS）分析了 5 块岩石（Barnacle Bill、Shark、Yogi、Wedge 和 Half Dome），其中 Barnacle Bill 和 Shark 岩石的化学成分分析结果表明这些岩石的 SiO_2、Na_2O+K_2O 含量与安山岩相似（图 9.4）（McSween et al., 1999）。然而这些岩石并没有表现出明显的 1μm 辉石特征吸收峰，一种可能是在该岩石中存在较多的火山玻璃或冲击玻璃，导致 1μm 吸收峰往长波段方向移动；另一种可能是该岩石含有较多的磁铁矿或富铁的辉石和橄榄石，导致 1μm 吸收峰往长波段方向移动（McSween et al., 1999）。"火星探路者"着陆点附近，类似安山岩的岩石不可能是火星幔部分熔融后形成的，除非火星幔中含有大量的含水矿物，且先前形成的玄武质火星壳岩石（火星壳在火星幔外形成一个外层）也发生了部分熔融。另一种说法是，前面提到的岩石并不是真正的安山岩，而是富硅玄武岩的风化表层（Kraft et al., 2003），可能是表面水携带沉积物随后沉积形成的，这个观点也更为合理。如果这种猜测是正确的，则说明火星是一个玄武岩覆盖的世界。

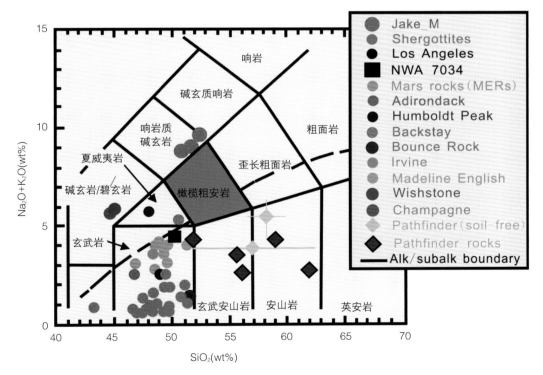

图 9.4 火星车分析的主要岩石的岩性投图。（图片改自：Stolper et al., 2013）

表9.1 古谢夫撞击坑Husband Mons和内部盆地化学成分及CIPW计算得到的矿物成分(McSween et al.,2008)

化学成分	Adr	Hump	Maz	Rt66	Irv	Esp	Wsh	Chm	Bks	Lab	Sem	Alg	Com	Pos	PaS	PaC
化学组成(wt%)																
SiO_2	45.7	45.9	45.8	44.8	47.0	47.9	43.8	43.5	49.5	39.7	44.1	40.6	41.3	45.4	46.0	46.6
TiO_2	0.48	0.55	0.59	0.59	1.06	1.05	2.59	2.96	0.93	1.19	0.61	0.35	0.25	1.01	0.93	1.11
Al_2O_3	10.9	10.7	10.7	10.8	8.29	8.40	15.0	14.8	13.3	8.49	7.72	4.00	2.93	9.31	9.30	9.98
Fe_2O_3	3.55	3.55	2.10	1.40	7.68	9.20	5.16	6.25	3.44	4.56	5.15	2.59	5.53	8.73	9.77	8.90
Cr_2O_3	0.61	0.60	0.54	0.53	0.20	0.20	0.00	0.00	0.15	0.19	0.39	0.87	0.71	0.32	0.39	0.34
FeO	15.6	15.6	17.0	15.9	12.3	11.9	6.96	6.88	10.7	16.4	14.7	18.9	17.6	7.54	8.11	7.39
MnO	0.41	0.41	0.42	0.39	0.36	0.38	0.22	0.25	0.24	0.37	0.36	0.38	0.43	0.32	0.31	0.29
MgO	10.8	10.4	9.72	8.67	10.6	8.45	4.50	3.98	8.31	11.2	12.4	22.3	24.8	9.48	9.59	10.3
CaO	7.75	7.84	8.02	7.83	6.03	5.57	8.89	8.75	6.04	6.40	4.66	2.61	1.93	6.65	6.50	6.74
Na_2O	2.41	2.54	2.78	2.88	2.68	3.40	4.98	5.02	4.15	2.78	2.98	1.59	1.12	3.50	3.25	3.36
K_2O	0.07	0.10	0.16	0.23	0.68	0.52	0.57	0.53	1.07	0.54	0.66	0.12	0.04	0.42	0.21	0.32
P_2O_5	0.52	0.56	0.65	0.74	0.97	0.91	5.19	5.05	1.39	2.89	0.91	0.63	0.45	1.37	1.12	1.27
SO_3	1.23	1.28	1.48	4.20	2.37	2.36	2.20	1.96	1.52	4.80	4.65	4.32	2.69	4.81	3.75	2.91
Cl	0.20	0.26	0.23	0.55	0.45	0.47	0.35	0.60	0.35	0.93	1.24	0.87	0.61	1.94	1.74	1.35
总	100.2	100.3	100.2	99.5	100.7	100.7	100.4	100.5	101.1	100.4	100.5	100.1	100.4	100.8	101.0	100.9
氧化程度和矿物蚀变指数																
$Fe^{3+}/Fe_总$	0.17	0.17	0.10	0.07	0.36	0.41	0.41	0.45	0.23	0.20	0.24	0.11	0.22	0.51	0.52	0.52
MAI	7	9	5	7	4	4	30	23	15	16	20	7	21	15	27	27
APXS数据校正SO_3和Cl含量后,使用CIPW方法归一化计算得到的矿物模式含量																
Qz						1.6		0.4							1.9	0.5
Cor							2.4	2.1								
Plag	39.5	39.6	41.0	41.6	35.3	38.0	55.7	56.1	55.9	35.8	34.8	17.6	12.6	40.6	38.9	41.5
Or	0.4	0.6	1.0	1.4	4.0	3.1	3.4	3.1	6.3	3.2	3.9	0.7	0.2	2.5	1.2	1.9
Ab	20.4	21.5	23.7	24.4	22.7	28.8	42.1	42.5	35.1	23.5	25.2	13.5	9.5	29.6	27.5	28.4
An	18.7	17.5	16.3	15.8	8.6	6.1	10.2	10.5	14.5	9.1	5.7	3.4	2.9	8.5	10.2	11.2

（续表）

化学成分	Adr	Hump	Maz	Rt66	Irv	Esp	Wsh	Chm	Bks	Lab	Sem	Alg	Com	Pos	PaS	PaC
Di	13.5	14.7	16.1	15.2	12.2	12.7	0	0	5.2	2.6	9.4	4.4	3.1	12.4	11.7	11.0
Wo	6.8	7.4	8.1	7.6	6.3	6.5			2.7	1.3	4.8	2.3	1.6	6.5	6.2	5.8
En	3.5	3.7	3.7	3.4	3.8	3.8			1.5	0.7	2.7	1.4	1.0	4.8	4.5	4.4
Fs	3.2	3.6	4.4	4.2	2.1	2.4			1.1	0.6	1.9	0.8	0.5	1.1	1.0	0.8
Hy	16.0	15.1	7.5	6.8	32.8	27.9	13.7	13.0	11.8	9.3	14.1	13.8	26.8	22.6	23.8	25.1
Ol	21.7	21.1	27.8	25.6	1.8	0.0	1.5	0.0	16.1	31.0	25.0	52.0	44.1	0.3	0.0	0.0
Fo	10.7	10.2	12.0	10.7	1.1		1.0		8.8	15.6	14.0	31.8	29.6	0.2		
Fa	11.0	10.9	15.8	14.9	0.7		0.5		7.3	15.4	11.0	20.2	14.5	0.1		
Mt	5.2	5.2	3.0	2.0	11.0	13.3	7.5	9.1	4.8	6.6	7.5	3.8	8.0	12.7	14.2	12.9
Cm	0.9	0.9	0.8	0.8	0.3	0.3	0.0	0.0	0.2	0.3	0.6	1.3	1.1	0.5	0.6	0.5
Hm	0.0	0.0	0.0	0.0	0.0	0.0	0.0	0.0	0	0	0	0	0	0	0	0
Ilm	0.9	1.0	1.1	1.1	2.0	2.0	4.9	5.6	1.8	2.3	1.2	0.7	0.5	1.9	1.8	2.1
Ap	1.2	1.3	1.5	1.8	2.3	2.2	12.3	12.0	3.3	7.1	2.2	1.5	1.1	3.2	2.7	3.0

矿物名称：石英（Qz），刚玉（Cor），长石（Plag），钾长石（Or），钠长石（Ab），钙长石（An），透辉石（Di），硅辉石（Wo），顽辉石（En），铁辉石（Fs），紫苏辉石（Hy），橄榄石（Ol），镁橄榄石（Fo），铁橄榄石（Fa），磁铁矿（Mt），铬铁矿（Cm），赤铁矿（Hm），钛铁矿（Ilm），磷灰石（Ap）。
岩石名称：Adirondack（Adr），Humphrey（Hump），Mazatzal（Maz），Route66（Rt66），Irvine（Irv），Esperanza（Esp），Wishstone（Wsh），Champagne（Chm），Backstay（Bks），Larry's Bench Lab），Seminole（Sem），Algonquin（Alg），Comanche（Com），Posey（Pos），Cool PapaBell-Stars（PaS），Cool PapaBell-Crawford（PaC）。

　　"火星探路者"在其着陆区分析的另外三块岩石（Yogi、Wedge 和 Half Dome）为玄武岩—安山岩过渡岩性（McSween et al.，1999），其 SiO_2 含量介于52—56wt%之间。随着"火星探路者"APXS仪器的校正方法的不断修正，发现 Barnacle Bill 和 Shark 两块岩石的 SiO_2 含量分别为53.8wt%和55.2wt%（Foley et al.，2003；Wanke et al.，2001），与其他三块岩石的 SiO_2 含量相当，可能还不能划分为安山岩。由于"火星探路者"发现的岩石外表包裹一层火星风化层，因而通过 APXS 测定的 S 含量，假设 S 来自表面的风化层，估算 Yogi、Wedge 和 Half Dome 的平均 SiO_2 含量为57.0wt%，Barnacle Bill 和 Shark 两块岩石的 SiO_2 含量为58.0wt%，应该属于安山岩（Wanke et al.，2001）。

9.1.2.2 玄武岩

　　火星车在着陆区发现的岩石大部分是玄武岩，遭受过不同程度的蚀变。"勇气号"在着陆区附近发现的 Adirondack、Humphrey 和 Mazatzal 三块岩石是苦橄质玄武岩，具有暗色、细粒和气孔等特征(Herkenhoff et al.,2004)。这些岩石可能遭受了一定程度的蚀变,在其表面可见蚀变表层及内部可见蚀变脉体。APXS、穆斯堡尔谱仪、全景摄影机和微型热辐射光谱仪分析结果显示,这些岩石主要由橄榄石、辉石、长石组成,包含少量Fe-Ti氧化物等副矿物(McSween et al.,2004)。这些岩石具有高Al/Si比值,可能是古老的未亏损火星幔部分熔融的产物,但是全岩的K、P等不相容元素含量较低,指示亏损火星幔来源(McSween et al.,2004)。在古谢夫撞击坑发现的这些岩石与"火星探路者"分析的岩石和土壤具有明显的差别,后者落在火星陨石的分布线上,而前者明显富Al(McSween et al.,2004),说明火星壳的岩石分布非常不均匀。这几块火星岩石可能来自旁边的阿波里那环形山,当火山爆发时充填到古谢夫撞击坑(Hamilton et al.,2012)。这三块岩石的矿物组成(橄榄石含量20—30vol%,Fo_{60-40},与低钙辉石、高钙辉石、斜长石、Fe-Ti-Cr氧化物和磷酸盐共生)、岩石结构、Ni-Mg、Cr-Mg均与含橄榄石斑晶质玄武岩质火星陨石(如EETA 79001)相似,说明其深部来源。然而两者的Al_2O_3和Na_2O含量、Ca/Si—Mg/Si图、形成年代均有显著差异,还不能完全确认火星壳含有大量的含橄榄石质玄武岩(McSween et al.,2006c)。此外,在火星恒河峡谷和厄俄斯深谷(Edwards et al.,2008)、阿瑞斯峡谷(Ares Vallis)(Rogers et al.,2005)、古谢夫撞击坑(Ruff et al.,2007)、伊西底斯平原(Isidis Planitia)(Mustard et al.,2007;Tornabene et al.,2008)、尼利槽沟(Nili Fossae)(Hamilton et al.,2005;Hoefen et al.,2003)等处,均发现了橄榄石含量大于15vol%、Fo值约68的露头,说明在火星演化史中发生过多期次不同规模的富橄榄石玄武岩喷发事件。

"勇气号"在哥伦比亚山(Columbia Hill)侧翼发现了Irvine、Backstay和Wishstone岩石。APXS分析发现这三块岩石主要由钠—钾长石、高钙辉石、低钙辉石、富铁橄榄石、Fe-Ti-Cr氧化物、磷酸盐和玻璃组成。Wishstone的岩石结构与火成碎屑玄武岩(Pyroclastic basalt)相符,而Irvine和Backstay可能是岩脉。这三块岩石的全岩化学成分虽然与Adirondack群岩石有差异,但整体趋势落在后者的结晶液相线上,说明两者具有相似的来源(McSween et al.,2006b)。这说明古谢夫下覆岩浆房具有碱性特征,有别于其他火星壳源的母岩性质。

根据主要化学成分APXS测量结果,对古谢夫撞击坑地区的岩石进行了分类,该岩石分类是建立在地球岩石分类基础上的。每一个定义的种类都是以这个种类内的比较突出的岩石命名的。有6个种类(Squyres et al.,2006):(1)Adirondack Class,(2)Clovis Class,(3)Wishstone Class,(4)Peace Class,(5)Watchtower Class,(6)Backstay Class,以及被提议的Independence(独立类型)。Squyres et al.(2006)利用"勇气号"着陆器上所有仪器数据,对这6个岩石种类进行了具体的描述。除了Adirondack种类,其他岩石种类由于形成时水体环境不同,会有不同程度的蚀变差异。Morris et al.(2006)详细分析了这些岩石的穆斯堡尔谱数据,发现这些岩石的蚀变程度差异较大,常富集P、S、Cl和Br。这些岩石主要由玄武岩质玻璃、橄榄石和硫酸盐组成,橄榄石含量与硫酸盐负相关,与水蚀变有关,橄榄石经水蚀变后减少,硫酸盐随之增多。Adirondack型火星岩石的橄榄石含量最高,其次为二氧化硅(McSween et al.,2006);岩石孔隙中存在大量暗色晶体,被认为也是橄榄石;但岩石的表面蚀变层说明岩石与水之间的相互作用有限。富橄榄石的玄武岩,是由来自火星幔的熔融"原始岩浆"冷却形成,它们在向表面上升过程中,晶体从液体中分离并使液体成分逐步发生改变,因此可以用来揭示火星幔源区的性质。Clovis型岩石的穆斯堡尔谱显示其中含有针铁矿(Goethite),针铁矿只能在水成条件下形成,因而是火星存在过水体的直接证据;此外,岩石和露头的穆斯堡尔谱显示其橄榄石含量明显较低。Wishstone含大量的长石,少量橄榄石和无水硫酸盐。Peace型岩石中可见硫磺和显著的吸附水,可能含有富水硫酸盐。Watchtower型岩石不含橄榄石,可能因水蚀变太强全部发生了蚀变。这些岩石的特征表明,Adirondack几乎没有遭受过蚀变,Peace和Backstay蚀变程度较弱,WoolyPach、Keel和Paros蚀变程度中等,Clovis、Uchben、Wachtower、Keel和Paros遭受了强烈的蚀变(Morris et al.,2006)。Clovis中最富针铁矿,提示形成于水成环境。

　　"勇气号"在古谢夫撞击坑一个岬角的Husband Mons上,探测到山的露头与平原的玄武岩又有些不同。有块状、层状等结构,大部分被蚀变且风化严重。岩石明显比平原岩石软,研究认为此类岩石是由于撞击或爆炸性火山喷发而形成的混合物,并且随后受到了流体的影响。Husband Mons西北翼的两类岩石大致显示出层状;下层岩石上,具棱角和浑圆的层状物质分布在基质中,有不同程度的蚀变;上层岩石为细粒的层状沉积岩,被硫酸盐固定,没有遭受后期水蚀变,保持了玄武岩堆积特征。山上的暗色玄武岩质岩石,只有少量被水蚀变的痕迹。

　　"机遇号"在着陆区也遇到了两类比较特殊的岩石。一是在子午线高原上,火星车退

表9.2 古谢夫撞击坑的主要岩石类型(Morris et al.,2006)

岩石类型	产地	主要岩石和露头
1. Adirondack Class	Plains	Adirondack、Humphrey、Mazatzal、Route66、Papertack
2. Peace Class	Cumberland Ridge	Peace 和 Alligator露头
3. Backstay Class	Cumberland Ridge	Backstay
4. Clovis Class		
Clovis Subclass	West Spur	Clovis、Temples、Ebeneezer、Tetl、Uchben 和 Lutefisk露头
WoolyPatch Subclass	West Spur	WoolyPatch露头
5. Wishstone Class	Cumberland Ridge	Wishstone、WishingWell、Champagne 岩石
6. Watchtower Class		
Watchtower Subclass	Cumberland Ridge	Watchtower、Paros 和 Pequod露头
Keystone Subclass	Cumberland Ridge	Keystone露头
Keel Subclass	Cumberland Ridge	KeelReef 和 KeelDavis露头
7. Other Rocks Class		
Joshua Subclass	Plains	MimiShoe 和 Joshua
PotOfGold Subclass	West Spur	PotofGold、FortKnox、Breadbox 和 StringOfPearls

出鹰撞击坑时,发现了一块被命名为Bounce Rock的岩石,通过对其化学组成进行测量,发现它的组成与玄武岩质的火星陨石类似,矿物组成主要为辉石和斜长石(Zipfel et al.,2011)。显然,这块岩石可能是受到陨石撞击后溅射到此。二是一块被命名为Heat Shield的岩石,前文已提及,它是一块铁陨石,由铁—镍合金组成,与坠落到地球上的一些铁陨石类似(Schröder et al.,2008)。

9.1.2.3 碱性岩

"勇气号"越过Husband Mons山顶到达底部后,发现了一个高孔隙的岩石(矿渣)堆,初步判定为小火山造成的火山灰。在古谢夫撞击坑中,发现了成分相对固定的火成岩,碱性元素含量明显高于其他火星岩石,划归为碱性岩,这是在火星上发现的第一个碱性岩(McSween et al.,2006c)。分析古谢夫撞击坑岩石的APXS数据,发现Wishstone和Champagne的SiO_2含量为44.0—44.4wt%,Na_2O+K_2O总和约5.6wt%(Gellert et al.,2006;Ming et al.,2008),明显不同于Adirondack型及其他岩石(McSween et al.,2004),属于碱性岩。Backstay岩石的Na_2O+K_2O含量仅次于Wishstone岩石,明显高于Adirondack及其他岩石。最近,"好奇号"发现一块叫Jake_M的岩石富含Na_2O和K_2O,两者总和可达15wt%,属于橄榄粗安岩(Mugearite)(Stolper et al.,2013),这是迄今为止发现最富碱性元素的岩石。"好奇号"分析Preble岩石裂隙中的充填物和Stark岩石的成分发现,其主要由碱性长石和石英组成(Sautter et al.,2014)。另外,在火星局部地区检测到富钙长石的光谱信号,如赞西(Xanthe)地体(Popa et al.,2010;Wray et al.,2013)、海拉斯北部(Carter et al.,2013)、诺亚地体(Wray et al.,2013)和尼利环形山(Nili Patera)地区(Wray et al.,2013)可能存在斜长岩,与月球斜长岩地体相似(Ohtake et al.,2009),代表火星岩浆洋结晶的产物。然而火星表面富钙长石的区域常与蚀变矿物共生,可能受到后期表面蚀变的影响(Wray et al.,2013;Wyatt et al.,2002),或者局部地区的长石露头只能代表局部的火山侵入活动(Ehlmann et al.,2014)。

火星表面岩石的主要类型说明,火星的岩浆活动主要以基性火山活动为主,但局部发现过富碱性的火成岩和富钙长石的露头,然而火星表面的风化和蚀变作用可能会影响火星岩石类型的判别。

9.1.2.4 火星陨石

火星陨石是目前人类唯一获得的火星岩石标本,目前已经通过命名的火星陨石有157块(截至2015年10月),其中有部分为成对陨石。已发现的火星陨石有5种岩石类型(Agee et al.,2013;McSween,1994):辉玻质无球粒陨石(S),辉橄质无球粒陨石(N),纯橄质无球粒陨石(C),斜方辉岩质无球粒陨石,表土角砾岩质陨石。

辉玻质无球粒陨石根据岩石结构还可以细分为三种亚型:玄武岩质、含橄榄石斑晶质和二辉橄榄质。玄武岩质辉玻质无球粒陨石的岩石结构与地球玄武岩相似,主要由易变辉石、普通辉石和长石组成,辉石和长石粒间主要由钛磁铁矿、钛铁矿、磷灰石、磁黄铁矿等副矿物组成,代表性样品如QUE 94201(Harvey et al.,1996)。含橄榄石斑晶质辉玻质无球粒陨石主要由粗粒的橄榄石斑晶(1—3mm)、易变辉石、普通辉石和长石组成,副矿物主要以铬铁矿、磷酸盐、磁黄铁矿组成，代表性样品如Tissint（Lin et al.，2014）。二辉橄榄岩质辉玻质无球粒陨石具有两种明显不同的岩石结构，即嵌晶结构和粒间结构，嵌晶结构主要由易变辉石主晶和橄榄石客晶组成，橄榄石常被易变辉石包裹，还可见少量铬铁矿被橄榄石和易变辉石包裹（Hu et al.，2011；Lin et al.，2005；Lin et al.，2013）；粒间结构主要由易变辉石、橄榄石、长石和普通辉石组成，粒间可见少量的钛铁矿、铬铁矿、磷酸盐等副矿物，代表性样品如我国在南极发现的火星陨石GRV 99027和GRV 020090。

辉橄质无球粒陨石主要由普通辉石、少量橄榄石和粒间填隙物组成，普通辉石呈堆晶接触，粒间填隙物主要由细粒的长石、辉石、钛磁铁矿、钛铁矿、石英、磷灰石、硫化物、斜锆石和火星原生蚀变矿物组成，代表性样品如Nakhla（Treiman，2005）。纯橄质无球粒陨石主要由橄榄石组成（含量常大于80%），其余的主要组成矿物为普通辉石、低钙辉石、斜长石、钾长石和铬铁矿，也可见少量的蚀变矿物，代表性样品如Chassigny（Mason et al.，1976）。斜方辉岩质无球粒陨石只有一块，为ALH 84001，主要由斜方辉石组成（含量大于97%），粒度可达6mm，含少量长石、铬铁矿、普通辉石、磷灰石和黄铁矿等副矿物，特别是其中发现的碳酸盐，还引发了探索火星生命的热潮（McKay et al.，1996）。表土角砾岩质陨石由于其岩石结构非常特殊，将集中在9.3章节详细介绍。

火星陨石全岩的化学成分分析结果表明，火星样品与地球火山岩相比，明显富铁贫铝，如火星陨石中FeO的含量为17.3—27wt%（ALH 84001，17.3wt%；Chassigny，27wt%），地球大洋玄武岩和安山岩的FeO含量常小于10wt%；火星陨石中Al_2O_3的含量为0.7—11wt%（Chassigny，0.7wt%；QUE 94201，11wt%），地球大洋玄武岩的Al_2O_3含量一般为16.4wt%。火星陨石和火星岩石的分析结果表明，火星幔与地幔相比也具有富铁的特征（McSween，1994）。火星核的大小被认为只有火星总重的22%（Dreibus et al.，1985），且富硫贫亲铜元素（Dreibus et al.，1985）。火星核与地核相比明显偏小（地核占地球总重的30%），必然导致火星幔富FeO（火星，19wt%；地球，8wt%）。

辉玻质无球粒陨石一般认为是上火星幔部分熔融形成的玄武岩，根据全岩的稀土配分模式，可分为亏损型、中间型和富集型三种类型（图8.9），可能代表辉玻质无球粒陨石来自不同的源区（Bridges et al.，2006），或受到火星壳源不同程度的混染（Lin et al.，2013）。虽然同一岩性火星陨石的全岩稀土配分模式有明显差异，然而统计不同火星陨石的稀土配分模式可以发现，大多数富集型火星陨石为含橄榄石斑晶质，大部分中间型火星陨石为二辉橄榄岩质，大部分亏损型火星陨石为玄武岩质。此外，不同富集程度的玄武岩质火星陨石还具有明显不同的初始Sr同位素比值，如175Ma之前的富集型、中间型、亏损型火星陨石的$^{87}Sr/^{86}Sr$比值分别为0.722、0.711和0.701（Borg et al.，2002），也指示火星陨石经历了不同程度的火星壳源混染（Nyquist et al.，2001）。根据副矿物氧逸度计估算，纯橄质无球粒陨石的氧逸度为QFM +0.5，辉橄质无球粒陨石的氧逸度为QFM-0.5，富集型辉玻质无球粒陨石的氧逸度为QFM-1，亏损型辉玻质无球粒陨石的氧逸度为QFM-4，说明火星幔还原程度较高，且可能不均匀，或受到不同程度的火星壳源混染（Bridges et al.，2006）。

目前火星探测发现的岩石主要是玄武岩，与火星陨石的岩性相符，如Bounce岩石与玄武岩质火星陨石相似。虽然"火星探路者"在其着陆点附近发现了疑似安山岩质的岩石（SiO_2 57.7wt%，K_2O 1.20wt%，MgO 0.8wt%），但很可能是由于火星表面的风化作用和蚀变作用所致。火星探测和火星陨石的结果表明火星的火山活动仍然停留在玄武岩阶段。

9.2 沉积岩

火星除了岩浆岩之外，另一类常见的岩石是沉积岩（图9.5），主要包括风成沉积岩和水成沉积岩，还存在一些富碳酸盐（图9.5）、硫酸盐和SiO_2的露头。

9.2.1 风成沉积岩（沉积韵律与气候变化周期）

火星表面在很长的历史时期内环境干燥（图9.1），因而火星探测发现火星表面存在大量的风成地貌。火星的风成地貌特征与地球的沙漠或干旱地区的地貌相似，如在火星表面的岩石上可见明显的磨圆和凹坑（McSween et al.，1999），背风面可见线状沙尾，还可以看到不少局部区域存在风棱石；在撞击坑等局部地区还可看到明显的风成地貌特征，如沙丘和沙陇等地貌，尺度大小不一（图9.6），主要取决于风速和方向。在很长时间的地质演化过程中，风力作用还能形成典型的风成沉积层，如"机遇号"在维多利亚撞击坑北部的坑壁上发现7m厚的风成砂岩地层（图9.6b和9.6d），主要由风成沙丘和席状砂岩相组成（Edgett，2002；Grotzinger et al.，2005；Squyres et al.，2009），主要矿物相为硅酸盐和硫酸盐矿物（黄钾铁矾），含较多的赤铁矿（可达11%）。沉积露头中检测到的黄钾铁矾说明

图9.5 火星沉积岩。(a)盖尔撞击坑中富含碳酸盐的露头Comanche,周围可见大量的碎石;(b)维多利亚撞击坑(Victoria Crater)壁上出露的风成沉积岩层。(a图片来源:Morris et al.,2010;b图片来源:Hayes et al.,2011)

子午线高原沉积地层形成时火星已经是非常干燥和氧化的酸性环境(Squyres et al.,2005)。然而"机遇号"着陆区沉积岩也有撞击成因的解释(Knauth et al.,2005)。"机遇号"在厄瑞玻斯撞击坑(Erebus Crater)中也发现了沙丘地貌,成分分析表明沙丘连接处有明显的硫酸盐,可能曾经还叠加过地下水渗透作用(Metz et al.,2009)。火星轨道器上的高空间分辨率相机也探测到火星表面存在一些大小不一的风成地貌,如在盖尔撞击坑南部可见千米级别的沙垄(Malin et al.,2010),在火星赤道附近的康多深谷也发现沉积地层剖面。由于该地区还没有发现明显水流作用,可能也是风成沉积地层(Murchie et al.,2009a;Murchie et al.,2009b)。

火星表面沙丘的成分有较大的差异,主要以铁镁质矿物为主,另外,沙丘的成分还与纬度相关。与火星大部分铁镁质暗色沙丘相比(Rogers et al.,2003;Ruff et al.,2007;Tirsch et al.,2011),北极奥林匹亚沙丘(Olympia Undae)中富含含水矿物(可能是石膏)(Fishbaugh et al.,2007;Horgan et al.,2009;Langevin et al.,2005)。光谱探测表明,石膏在

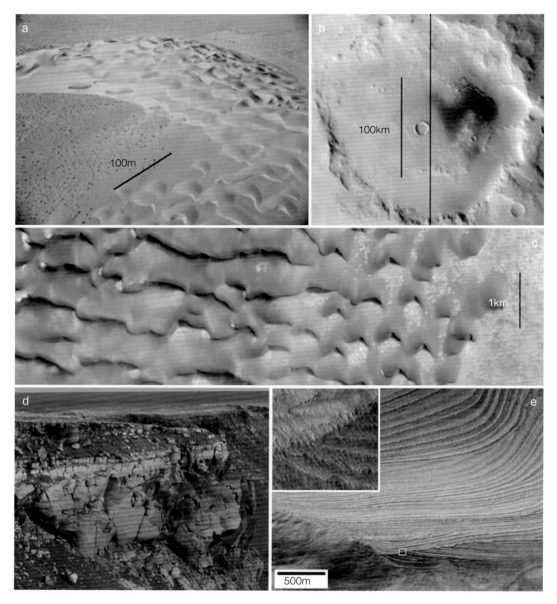

图9.6 火星与地球表面风蚀地貌(a—c)和火星的风成地层(d、e)。(a)摩洛哥亚特兰大沙漠的巨型沙丘；(b)火星的凯撒撞击坑，可见黑色沙丘；(c)凯撒沙丘放大图；(d)火星维多利亚撞击坑北部7m厚的风成砂岩地层；(e)火星盖尔撞击坑中的风成地层，遥感观察到的风成沉积地层(52.3°S, 330.0°E)，幅宽2.9km，左上角图为白色方框放大区域，幅宽125m。(a—c图片来源：Claudin et al., 2006；d图片来源：Squvres et al., 2009；e图片来源：Malin et al., 2010)

奥林匹亚沙丘的分布特征与沙丘形貌特征相关，从沙丘顶部往沙丘连接处石膏含量逐渐降低(Calvin et al., 2009)。沙丘中石膏的分布特征可能的形成过程为：(1)富钙矿物与富含硫酸的冰发生化学反应形成石膏，(2)石膏形成于温暖的气候条件(Langevin et al., 2005)。中低纬度的沙丘成分也以铁镁质矿物为主，如辉石和橄榄石，部分沙丘[如阿拉伯高地(Tirsch et al.,2011)]中检测到含水矿物,这些含有含水矿物的沙丘常分布在富含含水矿物岩石露头周围,可能是附近岩石的风化剥离物质经过风搬运加入到周围的沙丘中(Murchie et al.,2009a;Roach et al.,2009)。大约30%的中低纬度沙丘中都含有橄榄石(Tirsch et al.,2011),可能来自附近富橄榄石岩石(Ehlmann et al.,2010;Mustard et al.,2009)。

火星上大部分沙丘是静止的,不随时间发生移动,或移动速度非常慢,但也存在一些小型的移动沙丘。如高分辨率的遥感影像多次覆盖数据表明,在火星上某些沙丘会发生移动,如火星尼利环形山地区的沙丘以2m/15周的速度往西南西方向移动(Silvestro et al.,2010),说明火星表面的风成作用存在周期性的活动。与静止的沙丘相比,小型的移动沙丘中经常能检测到橄榄石,其原因有三点:(1)这种沙丘形成时间短,(2)橄榄石还没来得及完全蚀变,(3)风力筛选(Mangold et al.,2011)。目前,越来越多的探测结果表明,中低纬度沙丘的物源主要来自当地的搬运,如撞击坑中沙丘的成分与撞击坑壁和底部的成分非常相似(Cornwall et al.,2010;Tirsch et al.,2011)。

最近"好奇号"分析盖尔撞击坑的Rocknest风成沉积层的成分时,发现了微摩尔(μmol)级的H_2O、SO_2、CO_2和O_2,还含有纳摩尔(nmol)级的HCl、H_2S、NH_3、NO和HCN,说明沉积层中存在富水的玻璃质、黏土矿物、盐类、碳酸盐和富氮的物质(可能是有机质)(Archer et al.,2014;Stern et al.,2015)。

9.2.2 水成沉积岩

"火星探路者"和"海盗1号"着陆点周围的很多岩石,被认为是发生特大洪涝灾害时在水中形成的浑圆砾石沉积。"火星探路者"降落点附近的岩石,有的看起来为层状结构,是火山爆发后沉积形成;有的类似枕状玄武岩,是水出现时熔岩迅速冷却形成;有的为砾岩,由圆润的鹅卵石镶嵌在细粒的基质中形成。

通过APXS分析"火星探路者"着陆点附近岩石的同时,也检查了最邻近区域内火星车和着陆器的相机资料,相机空间分辨率为每像素0.7—1mm(McSween et al.,1999)。联合使用时,两台仪器能够确定被研究岩石的岩性。然而,岩石有模糊的纹理,有些有线理和/或槽纹,而有些有坎坷和/或凹坑(McSween et al.,1999)。一些岩石的结构类似于火山泡。然而,这些小泡也可能已经由岩石的化学侵蚀而形成,以产生一个凹坑的纹理。此外,小泡也可以由蜂窝状风化作用产生,此类风化作用通常形成化学盐类反应和物理风化结合形成的砂岩(Robinson et al.,1994)。

岩石图像和化学分析都支持在岩石上有不同数量的土壤覆盖。由于土壤中含有显著的多硫物质,硫含量被用来推断早期使用线性回归的SFR图中的组分(McSween et al.,1999;Rieder et al.,1997)。该SFR组合物可以被用来推断岩石可能的岩性。

"火星探路者"着陆点的图片显示,一些岩石可能是砾岩,指示了火星表面的强烈的河流风化作用(Ward et al.,1999)。另一种可能性是,这些岩石是杂砂岩(McSween et al.,1999)。Pettijohn(1975)描述了杂砂岩为暗灰色砂岩,有显著杂基成分,岩屑(岩屑杂砂岩)或长石(长石杂砂岩)占主导地位。杂砂岩形成所有(地球)砂岩的1/5—1/4,常见于古生代及更早期造山带。砂岩在稳定克拉通或地盾的未变形沉积序列中缺失。它们通常是海相的,在许多地球样品中被认为是浊积岩(Pettijohn,1975)。值得注意的是,砂岩通常根据结构和模式矿物(肉眼目测)成分进行分类(Pettijohn,1975)。由于只有标准(全岩化学分析的矿物丰度)矿物成分和火星车观察到的岩石表面图像,因而"火星探路者"的SFR归类为沉积岩是有问题的。

"机遇号"着陆点附近的岩石,大部分都暴露在撞击坑的峭壁上,表面布满薄的灰尘。对鹰撞击坑露头进行详细研究表明,岩石中有细粒夹层,呈现交错层理,质地很软;在微观尺度上,这是由细粒胶结物在一起形成的沙粒带;灰色的小球粒,称为蓝莓,镶嵌在岩石上(小球粒实际上是灰色,但假彩色图上显示偏蓝);岩石中硫、氯和溴(高度溶于水的元素)的浓度非常高,可能由硫酸盐和卤化物组成;存在硫酸亚铁,光谱分析表明也存在镁和钙硫酸盐。在子午线地区发现的小球至少有一半是赤铁矿,可能是砂岩经卤水环境侵蚀并经历风干、蒸发等反复循环过程,形成了玄武岩和含硫酸盐的蒸发岩,岩石沉积后又经历不同阶段、不同成分地下水的搬运、沉淀,最终形成了以赤铁矿小球(结核)形式存在的铁和高度可溶性矿物,并留下了空隙。

古谢夫撞击坑的本垒板(Home Plate)是一个层状高地,主要由中度风化的碱性玄武岩组成,富含强挥发性元素。底部地层的粒度明显大于顶部地层,可能是火成碎屑物堆积形成,而顶部的细粒地层可能代表原地的风蚀产物堆积形成(Squyres et al.,2007)。MGS图像显示,在火星表面存在大量的层状沉积岩露头,其厚度可达4km,浑圆形的表面特征、层状结构、多期次的堆积表明,火星早期可能经历过几次沉积成岩事件(Malin et al.,2000)。

盖尔撞击坑的黄刀湾(Yellowknife Bay)区域可见5m厚的河流或湖泊沉积地层,该套地层由可见泥岩和砂岩组成,在垂向上,页岩出露在底部,砂岩层覆盖在页岩层上方(Mangold et al.,2015)。砂岩层中发现了与页岩下层相当的H含量,可能来自蒙脱石(Mangold et al.,2015;Vaniman et al.,2014)。火星Gillespie Lake Member(<3.7Ga)区域可见疑似微生物沉积地层,其分布特征具有空间和时间上的连续性,指示火星环境随时间的演化特征(Noffke,2015)。

9.2.2.1 富Si岩石

"勇气号"在古谢夫撞击坑的东部谷(Eastern Valley)地区的土壤和露头上均发现了非晶质的石英沉积物,其SiO_2含量可高达93wt%(Squyres et al.,2008),属于蛋白石,表明该地区可能存在过水体活动。"火星勘测轨道器"在水手大峡谷区域探测到火星表面存在蛋白石质的石英,证实石英是火星表面玄武岩最常见的风化产物,可能是晚西方世或亚马孙纪蚀变形成的沉积物(Milliken et al.,2008)。"火星勘测轨道器"在尼利槽沟区域也发现了水成非晶质石英,指示该地区发生过多期次的水蚀变(Ehlmann et al.,2009)。而之前,仅在子午线高原区域发现的浅色的岩石露头中发现存在富Al的蛋白石(Glotch et al.,2006)。沉积形成的石英常形成于火星表面的蚀变过程,是火星古环境演化的指示参数(McLennan,2003)。实验室模拟表明,火星表面的岩石可能会被富Si风化层包裹(Kraft et al.,2003)。在火星局部发现的蛋白石质石英可能也是组成火星表面玄武岩—

安山岩或安山岩的主要物质（Bandfield et al.，2000；Kraft et al.，2003；Michalski et al.，2005）。

9.2.2.2 碳酸盐岩

解译"水手6号"和"水手7号"探测的红外光谱和地基望远镜光谱时，推测火星表面可能存在10%—20wt%的含水碳酸盐（Calvin et al.，1994）。计算机模拟也表明在火星早期的湿润环境中，含水碳酸盐可以保存在火星表面之下（Bullock et al.，2007；Griffith et al.，1995）。然而在很长一段时间内，在火星表面并没有检测到碳酸盐，对该现象的解释为火星早期火山喷发出大量的富S气体形成酸性水体，使早期形成的碳酸盐重新被分解掉（Fairén et al.，2004；Mukhin et al.，1996）。"火星全球勘测者"于2003年首次在火星表土中发现碳酸盐，主要以$MgCO_3$产出，含量2—5wt%，广泛存在于火星表面，没有明显异常的区域（Bandfield et al.，2003）。"火星勘测轨道器"于2008年首次在尼利槽沟地区发现了富$MgCO_3$的岩石，碳酸盐与层状硅酸盐和富橄榄石的岩石共生，可能形成于水成环境（Ehlmann et al.，2008），说明火星局部可以保存早期形成的碳酸盐。在火星北部洼地，"凤凰号"着陆区附近的土壤中也检测到$CaCO_3$，含量3—5wt%（Boynton et al.，2009）。在6km深的雷顿撞击坑（Leighton Crater）内发现了碳酸盐—层状硅酸盐岩石露头，可能是较早形成的富碳酸盐沉积岩被陨石撞击而暴露在表面（Michalski et al.，2010）。"勇气号"在古谢夫撞击坑的哥伦比亚山发现了镁碳酸盐露头，其碳酸盐含量高达16—34wt%（Morris et al.，2010）。古谢夫撞击坑底部也发现了大量的碳酸盐组分（Carter et al.，2012）。火星表面的碳酸盐普遍被认为是水成产物，同时也可以指示火星水的酸碱度。至今为止，还未发现岩浆成因的火星碳酸盐。

9.2.2.3 硫酸盐岩

地基望远镜光谱观察表明火星索利斯高原东部、阿吉尔盆地、萨希斯东部和水手大峡谷地区存在硫酸盐的特征（Blaney et al.，1995）。"火星快车"在火星层状地体（水手大峡谷、珍珠湾和子午线高原）中首次发现了水成硫酸盐，包括硫酸镁、硫酸钙和多水硫酸盐（Gendrin et al.，2005）。"火星快车"在环绕北极地区也检测到硫酸钙（Langevin et al.，2005）。"机遇号"在子午线高原地区的岩石中发现Burns型岩石中存在水解矾（Jarosite），与赤铁矿共生，指示酸性水成环境成因（Morris et al.，2006）。"火星全球勘测者"在欧罗姆混杂地形（Aureum Chaos）和亚尼混杂地形（Iani Chaos）地区也发现了与子午线高原地区相似的硫酸盐和赤铁矿（Glotch et al.，2007）。酸性的水成环境不仅能形成硫酸盐，还常会有赤铁矿共生，这种现象不仅出现在"机遇号"着陆区，在火星表面其他硫酸盐露头也均有发现（Bibring et al.，2007），说明酸性水成环境在火星表面普遍存在，硫酸盐中还可能含有有机物质（Aubrey et al.，2006）。整体看，硫酸盐主要富集在水手大峡谷、北极乌托邦平原周围、子午线高原地区和卡普里深谷（Capri Chasma）附近（Bibring et al.，2007；Flahaut et al.，2010）。在"勇气号"和"机遇号"着陆区（古谢夫撞击坑和子午线高原）也检测到硫酸盐出露（Grotzinger et al.，2005；Squyres et al.，2004；Wang et al.，2006）。目前检测到的硫酸盐与沉积矿物共生，结合硫酸盐的出露位置和地质背景说明，火星全球气候从诺亚纪到西方纪逐渐由碱性水体演变成酸性环境,气候越来越干燥(Bibring et al.,2006)。在子午线高原着陆区发现的 Jarosite、Ca-Mg 硫酸盐的 SO_3 含量可以高达 25wt%(Clark et al.,2005;Rieder et al.,2004)。在哥伦比亚山的 West Spur 区域发现岩石露头及岩石内部的 SO_3 含量可达 8wt%(Ming et al.,2006)。在着陆区附近的土壤中的 SO_3 含量一般在 5—14wt% 之间(Gellert et al.,2004;Haskin et al.,2005)。火星表面硫酸盐的成因有以下几种解释(Golden et al.,2005):(1)富硫化物超基性火山岩的氧化和风化产物(Burns,1988;Burns et al.,1990a,1990b,1990c),(2)玄武岩质岩石的富 S 酸性风化产物(Morris et al.,2000),(3)玄武岩质岩石的酸性雾气风化产物(Banin et al.,1997;Clark et al.,1979)。

9.3 表土角砾岩质陨石

目前只在火星陨石中鉴定出一块来自火星的表土角砾岩,即 NWA 7034 及其成对陨石(Agee et al.,2013;Humayun et al.,2013)。NWA 7034 火星陨石具有典型的角砾结构,可见大量的玄武岩质角砾、矿物碎屑和细粒胶结物,主要的组成矿物为辉石和长石(图9.7)。NWA 7034 火星陨石全岩的 SiO_2 含量常小于 52wt%,属于玄武岩—超基性岩(图9.4)。在 SiO_2 和 Na_2O+K_2O 含量岩浆岩划分图上可见火星表土角砾岩 NWA 7034 的 Na_2O+K_2O 含量与火星车分析的岩石非常相似(图9.4)。NWA 7034 火星陨石的 Mg/Si 比值和 Al/Si 比值与火星 γ 射线谱仪(GRS)分析的火星表面成分以及部分火星岩石样品非常一致(Agee et al.,2013)。此外,NWA 7034 全岩的 Ni 含量也与火星土壤相同(Agee et al.,2013),说明 NWA 7034 是火星表面岩石经过撞击后,胶结了大量的火星土壤形成。NWA 7034 全岩的稀土配分模式明显富集轻稀土元素,与其角砾岩石结构相符(Agee et al.,2013)。

NWA 7034 的全岩水含量可以高达 6000ppm,是迄今为止最富水的火星陨石(Agee et al.,2013),然而目前通过分析其中的主要含水矿物,如磷灰石、赤铁矿、磁赤铁矿、水铁矿、皂石等的水含量发现(Muttik et al.,2014),累计计算得到的全岩水含量最多为4150ppm,远小于 6000ppm,说明 NWA 7034 可能还存在更富水的矿物相,或受到了地球风化的影响。

NWA 7034 的基质和角砾中均发现存在不少锆石、斜锆石和磷酸盐。锆石的定年结果表明 NWA 7034 具有两个年龄,部分锆石具有 4350±13Ma 谐和年龄,另一部分锆石的年龄不谐和,上交点年龄为 4333±38Ma,下交点年龄为 1434±65Ma(Yin et al.,2014)。NWA 7034 的锆石年龄与其成对陨石 NWA 7533 的锆石年龄相近(4428±25Ma 和 1712±85Ma)(Humayun et al.,2013),说明火星壳形成的年代非常早。相比之下,NWA 7034中的磷酸盐只有 1345±47Ma 一个年龄(Yin et al.,2014),磷酸盐的年龄与锆石的下交点年龄相当,可能代表后期撞击事件的年龄或另一次岩浆活动(Humayun et al.,2013;Yin et al.,2014)。

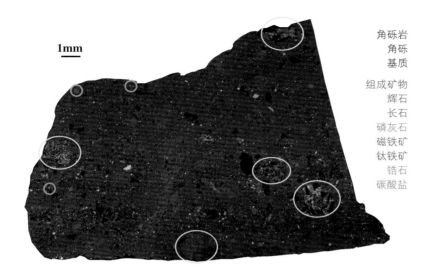

图9.7 NWA 7034背散射电子图像,可见大量的玄武岩角砾(黄色圆圈),基质中有较多的矿物碎屑,如长石(黑色)和磷灰石(绿色圆圈)。NWA 7034的主要组成矿物为辉石和长石,含少量磷灰石、磁铁矿、钛铁矿、硫化物、锆石和碳酸盐。(图片来源:由胡森提供)

9.4 火星的矿物

在"好奇号"火星车着陆前,火星表面还没有直接的矿物成分分析方式,各种火星矿物成分的间接测量方式被提出和使用。间接测量方式主要包括元素分析与矿物化学之间的关联性、火星遥感光谱测量、生物学模拟及其他实验,以及各种不同的热力学模型。遥感探测技术主要依靠反射光谱学测定化学成分。太阳光产生的电磁辐射,以可见光和红外光为主。火星表面反射太阳光的同时,表层矿物晶格也会吸收某些波段能量。去掉反射的太阳光谱和被大气吸收的光谱,就可以得到被行星吸收的光谱,通过实验室比对,界定出火星表面的矿物成分。很多重要的矿物和大气吸收谱出现在红外波段,频率为 3×10^{11}—3×10^{14}Hz,或波长为1μm—1mm。

地球大气会吸收波长更长的红外能量,因此地基望远镜只能限制在近红外波段使用。哈勃空间望远镜上使用的近红外相机和多目标光谱仪也在近红外波段,波长为0.8—2.5μm。

近期的火星探测任务中,利用成像光谱仪进行矿物(岩石)层面的探测是主要发展方向,例如"火星快车"对火星表面物质在紫外谱段、红外谱段、近红外谱段等进行了探测,美国的"火星勘测轨道器"利用高光谱成像仪CRISM的558个波段,从可见光到中波红外(0.4—4.05μm)谱段,对火星矿物进行了探测。

由于"海盗号"不能进行矿物学的直接分析,样品的矿物成分和特征是通过间接推导获得。根据"海盗号"的探测结果可以得出,火星表面的土壤物质主要是富铁的风化产物,而不是原生矿物。

表 9.3 火星表面原位探测到的矿物种类（Ehlmann et al.,2014）

	类型	矿物	分子式
原生矿物	硅酸盐	橄榄石	$(Mg,Fe)_2SiO_4$
		斜方辉石	$((Mg,Fe)_{0.95+x},Ca_{0.05-x})Si_2O_6$
		单斜辉石	$(Ca,Mg,Fe)Si_2O_6$
		斜长石	$(Ca,Na)(Al,Si)AlSi_2O_8$
		碱性长石	$(K,Na)AlSi_3O_8$
	硫化物	磁黄铁矿	$Fe_{1-x}S$
		黄铁矿/白铁矿	FeS_2
	氧化物	磁铁矿	$Fe_{3-x}Ti_xO_4$
		钛铁矿	$FeTiO_3$
次生矿物	氧化物	赤铁矿	Fe_2O_3
		针铁矿	$FeO(OH)$
		正方针铁矿	$Fe(O,OH,Cl)$
	层状硅酸盐	Fe/Mg蒙脱石（如绿脱石,皂石）	$(Ca,Na)_{0.3-0.5}(Fe,Mg,Al)_{2-3}(Al,Si)_4O_{10}(OH)_2 \cdot nH_2O$
		Al 蒙脱石（如蒙脱石,贝得石）	$(Na,Ca)_{0.3-0.5}(Al,Mg)_2(Al,Si)_4O_{10}(OH)_2 \cdot nH_2O$
		高岭石族（高岭石,多水高岭石）	$Al_2Si_2O_5(OH)_4$
		绿泥石	$(Mg,Fe^{2+})_5Al(Si_3Al)O_{10}(OH)_8$
		蛇纹石	$(Mg,Fe)_3Si_2O_5(OH)_4$
		高Al/K层状硅酸盐（如白云母,伊利石）	$(K,H_3O)(Al,Mg,Fe)_2Al_xSi_{4-x}O_{10}(OH)_2$
	其他含水硅酸盐	葡萄石	$Ca_2Al(AlSi_3O_{10})(OH)_2$
		方沸石	$NaAlSi_2O_6 \cdot H_2O$
		蛋白石/石英	$SiO_2 \cdot nH_2O$
	碳酸盐		$(Mg,Fe,Ca)CO_3$
	硫酸盐	硫酸镁石	$(MgSO_4 \cdot H_2O)$

（续表）

类型	矿物	分子式
	水铁矾	$(FeSO_4 \cdot H_2O)$
	石膏/烧石膏/硬石膏	$CaSO_4 \cdot nH_2O$
	明矾石	$KAl_3(SO4)_2(OH)_6$
	黄钾铁矾	$KFe_3(OH)_6(SO4)_2$
	未命名硫酸盐	$Fe^{3+}SO_4(OH)$
卤化物	食盐，氯化镁	$NaCl, MgCl_2$
高氯酸盐	高氯酸盐	$(Mg,Ca)(ClO_4)_2$

9.4.1 岩浆岩的主要造岩矿物

硅酸盐是地球表面最丰富的矿物。火星探测及对SNC陨石研究结果表明，火星表面的硅酸盐矿物主要为橄榄石、辉石和斜长石，最新研究结果表明可能还有石英质矿物（Bandfield et al., 2004）。"火星全球勘测者"的TES、"火星奥德赛2001"的THEMIS、"火星快车"的可见光及红外矿物制图光谱仪（OMEGA）等获得的探测数据，使人类对火星表面的橄榄石、辉石和斜长石进行了细致探测并绘制了分布图（Bandfield et al., 2000；Christensen et al., 2003；Christensen et al., 2005）。TES发现了斜长石，尽管最近的研究表明，可能这些光谱和陨石撞击形成的冲击长石吻合更好（Johnson et al., 2006c）。

9.4.1.1 橄榄石

根据THEMIS探测结果，橄榄石主要分布在尼利槽沟（Hamilton et al., 2005）。"火星快车"OMEGA探测结果显示，橄榄石一般出现在特定的位置，例如撞击坑的边缘或底部（Mustard et al., 2005）。橄榄石的含量在火星表面具有非常大的变化范围，主要在南半球45°—0°之间产出（图9.8）（Koeppen et al., 2008；McSween et al., 2006c；Ody et al., 2013），分布在诺亚纪早期的大型古老盆地及其周围，如伊西底斯盆地（Tornabene et al., 2008）、尼利槽沟（Hamilton et al., 2005；Hoefen et al., 2003；Mustard et al., 2009；Mustard et al., 2007）阿吉尔盆地和海拉斯盆地（Buczkowski et al., 2010；Koeppen et al., 2008；Ody et al., 2013）。在火星古老地质单元检测到的橄榄石说明橄榄石可能来自火星早期的岩浆侵入（Hoefen et al., 2003），或上火星幔物源的堆晶岩（Mustard et al., 2009；Mustard et al., 2007），或含水的科马提型岩浆（Hamilton et al., 2005；Tornabene et al., 2008）。橄榄石（大于15%）另一主要产出的地区为撞击坑底部和侵蚀过的河道壁部（Edwards et al., 2009；Edwards et al., 2014；Rogers et al., 2009；Rogers et al., 2005；Rogers et al., 2011），如水手大峡谷底部的恒河深谷和厄俄斯深谷，地质年代为诺亚纪中期至西方纪，这一期橄榄石的规模明显大于古老盆地的规模，可达上千千米的范围，可能是萨希斯火山省最早一期的喷发物（Edwards et al.，2008）。不同时代形成的橄榄石在化学成分上也有明显差异，如在古老盆地的橄榄石贫Fe，以镁橄榄石为主，Fo值可达90（Koeppen et al.，2008）；而在年轻地质单元的橄榄石明显富Fe，Fo值为50—70。在更年轻的地质单元内没有发现富橄榄石的区域。

在局部地区也发现了一些富橄榄石的露头，如古谢夫撞击坑的平原地区，橄榄石含量一般大于20vol%（McSween et al.，2006c）。橄榄石在古谢夫撞击坑和子午线高原上的火星土壤中也被发现（Morris et al.，2004）。橄榄石在古谢夫撞击坑区域分布较为广泛，类似于含橄榄石斑晶质辉玻质无球粒陨石（McSween et al.，2006c）。橄榄石在局部地区的含量可高达40vol%，如哥伦比亚山的Comanche岩石露头（Morris et al.，2010）。

在火星陨石中，橄榄石是主要的组成矿物，但其成分和含量会有显著的差异，如纯橄质火星陨石中，平均橄榄石含量为92vol%，Fo值为68—80；在二辉橄榄岩质火星陨石中，橄榄石含量为40—60vol%，Fo值为60—76；在含橄榄石斑晶质火星陨石中，橄榄石含量7—29vol%，Fo值为53—76；在辉橄质火星陨石中，橄榄石含量小于20vol%，Fo值为15—42；在斜方辉岩质火星陨石和玄武岩质火星陨石中几乎没有橄榄石（表9.4）。虽然橄榄石的含量和成分在不同类型的火星陨石中差异较大，但是所有火星陨石中橄榄石的FeO含量和MnO含量均落在同一斜率的斜线上，并与地球岩石、月球岩石和HED族陨石有明显不同的斜率（图9.9）。

9.4.1.2 辉石

已经证实，在火星南部壳层上存在两种类型的辉石：高钙辉石（HCP或单斜辉石）大多分布在西方纪高地上（图9.8）；而低钙辉石（LCP或斜方辉石）主要分布在诺亚纪高地上（Bibring et al.，2005；Mustard et al.，2005）。"火星快车"光谱特征显示，在火星北部壳层中并无明显的辉石存在标志（Mustard et al.，2005），但被解释为富硅的安山岩质玄武岩。另外，蚀变后的玄武岩大多富集页硅酸盐，也能解释这种现象。即使页硅酸盐在TES数据上并不能单独显示，其中的富硅成分，包括沸石或纯硅岩石也能被识别出。纯硅物质的出现，常被用来建立橄榄石和辉石风化过程中的地球化学模型。地球化学模型显示出，子午线高原的露头可能含有20wt%的无定形硅物质（Clark et al.，2005）。另外在阿西达利亚平原区域的撞击坑壁和溅射物中均含有较多的橄榄石，说明北部洼地下覆岩石主要为铁镁质和超铁镁质岩石（Salvatore et al.，2010）。北部洼地的光谱特征可以用玄武岩表面的氧化层（Salvatore et al.，2013）和蚀变形成的富铁玻璃（Horgan et al.，2012）来解释。因而目前一般认为火星北部主要是由玄武岩组成，表面受到不同程度的风化和蚀变（Ehlmann et al.，2014）。水合硅酸盐中的沸石，很可能是火星表面水存储场所，火星表面TEM光谱存在1630cm⁻¹的吸收峰，可能指示火星土壤中存在沸石，但因该波段的吸收峰较弱，不能排除是含水长石所致（Ruff，2004）。

根据"火星探路者"APXS分析得到的化学成分，扣除表面S含量的影响，利用CIPW算法得到"火星探路者"着陆点附近的岩石主要由石英、钠长石、透辉石、紫苏辉石、钙长石和钾长石组成。

辉石是火星陨石的最主要的组成矿物之一，主要包括易变辉石、普通辉石和斜方辉

橄榄石

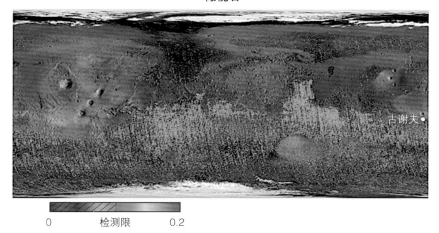

高钙辉石

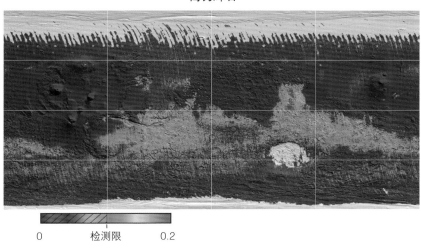

长石

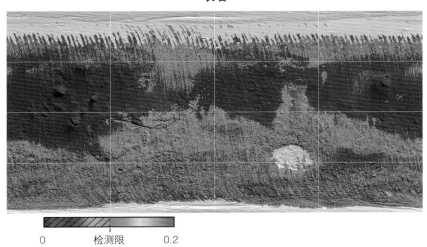

图 9.8 火星的橄榄石、高钙辉石和长石的全球分布图。(图片来源:橄榄石引自 McSween et al.,
  2006c;高钙辉石和长石引自 Bibring et al.,2005)

表9.4 火星陨石中主要造岩矿物的模式含量和化学成分（Bridges et al., 2006）

	玄武岩质辉玻质无球粒陨石	含橄榄石斑晶质辉玻质无球粒陨石	二辉橄榄岩质辉玻质无球粒陨石	辉玻质无球粒陨石	纯橄质无球粒陨石	斜方辉岩质火星陨石
主要矿物相						
橄榄石		7—29	40—60	5—20	92	
辉石	43—70	48—63	35	69—85	5	97
熔长石	22—47	12—26	< 10	5—20	2	1
铬铁矿			< 2		1	2
矿物成分						
辉石	$En_{1-7}1Fs_{1-94}Wo_{0-30}$	$En_{66-77}Wo_{7-33}Fs_{16-31}$	$En_{69-77}Wo_{3-8}Fs_{19-21}$	$En_{37-62}Wo_{37-43}Fs_{24-41}$	$En_{49}Wo_{33}Fs_{17}$	$En_{69}Wo_{3}Fs_{28}$
橄榄石			Fo_{53-76}	Fo_{60-76}	Fo_{15-42}	Fo_{68-80}
长石	An_{39-68}	An_{45-60}	An_{45-60}	$An_{23}Ab_{60-68}$	$An_{10-60}Ab_{30-80}Or_{10}$	An_{31-37}
结构						
	熔脉、颗粒的流动线型排列	斑晶	嵌晶结构			
	熔脉、颗粒的流动线型排列	捕获晶	嵌晶结构			
堆积岩						
	堆积和熔融	堆积和熔融	堆积岩	堆积岩	堆积岩	堆积岩

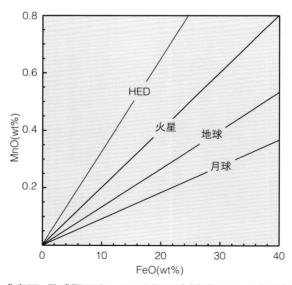

图9.9 火星陨石、地球岩石、月球陨石和HED族陨石中橄榄石FeO含量与MnO含量的相关性。（图片来源：改自 Papike et al., 2003）

石。与橄榄石相似,辉石的含量和化学成分在火星陨石中也有显著变化,如在斜方辉岩质火星陨石中,斜方辉石是该样品最主要的组成矿物,模式含量为97vol%,化学成分为$En_{68}Wo_3Fs_{28}$;在辉橄质火星陨石中辉石主要有普通辉石组成,模式含量为69—85vol%,化学成分为$En_{37—62}Wo_{37—43}Fs_{24—41}$;在辉玻质无球粒陨石中,易变辉石、普通辉石和斜方辉石均有产出,模式含量为35—70vol%;在纯橄质火星陨石中,辉石主要为普通辉石,模式含量约5vol%,平均化学成分为$En_{49}Wo_{33}Fs_{17}$(表9.4)。另外,辉石的化学成分在不同类型的火星陨石中有明显的不同,如在二辉橄榄岩质火星陨石中,辉石的成分与岩石结构相关,嵌晶结构的易变辉石及易变辉石边部的普通辉石比粒间结构贫FeO(Hu et al.,2011;Lin et al.,2005;Lin et al.,2013;Miao et al.,2004)。火星陨石中辉石的FeO/MnO比值与其橄榄石的FeO/MnO比值相似,与化学成分变化不相关,均落在同一斜率的直线上,并显著不同于地球岩石、月球岩石和HED族陨石的斜率(Lin et al.,2004)。

9.4.1.3 长石

火星表面长石主要分布在诺亚纪高地上(图9.8),仅在西方纪北部洼地局部可见少量的长石(Bibring et al.,2005;Mustard et al.,2005)。火星车在着陆地区分析的玄武岩主要以斜长石为主,有部分碱性岩石中的长石成分富含Na和K,属于碱性长石(Gellert et al.,2006;McSween et al.,2006;Ming et al.,2006;Sautter et al.,2014;Stolper et al.,2013)。另外,在火星局部地区检测到富钙长石的光谱信号,如赞西地体(Popa et al.,2010;Wray et al.,2013)、海拉斯北部(Carter et al.,2013)、诺亚地体(Wray et al.,2013)和尼利环形山地区(Wray et al.,2013),可能存在斜长石。

所有的火星陨石中均包含长石,模式含量为1—47vol%,其中斜方辉质火星陨石和纯橄质火星陨石的长石含量最低,一般小于2vol%;玄武岩质火星陨石的长石含量最高,可达47vol%(表9.4)。S型火星陨石中长石主要以斜长石为主,An牌号一般在50左右;辉橄质和纯橄质火星陨石相比S型火星陨石富Na,Ab牌号可达60—80(表9.4)。几乎在所有的火星陨石中,长石都因强烈冲击发生熔长石化,变质为玻璃相。

9.4.2 岩浆岩的副矿物

火星陨石中主要的副矿物为铬铁矿、钛铁矿、钛磁铁矿、磁黄铁矿、石英、锆石和斜锆石,总含量常小于2vol%。除铬铁矿之外,这些副矿物常与长石共生,分布在橄榄石和辉石的粒间,是岩浆晚期的结晶矿物。副矿物虽然含量少,但是副矿物的化学成分、矿物组合是反映母岩浆性质、氧逸度、结晶温度和结晶年龄的重要矿物,如钛磁铁矿—钛铁矿矿物对可以计算岩浆的结晶温度,锆石和斜锆石可以用来测定火星陨石的结晶年龄等。

9.4.3 岩浆岩的含水矿物

火星陨石中的最主要含水矿物为磷灰石,普遍以副矿物的形式产出于火星陨石中,在火星陨石熔融包裹体中有时也可见少量的磷灰石。部分火星陨石中的熔融包裹体中

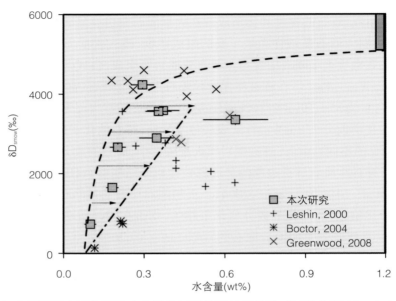

图9.10 火星陨石中磷灰石的水含量和H同位素的相关性。(图片来源:Hu et al.,2014)

还可见少量的角闪石和云母(He et al.,2013;Johnson et al.,1991;McCubbin et al.,2010;
Monkawa et al.,2006;Watson et al.,1994)。Chassigny陨石中角闪石的水含量为0.10—
0.74wt%(Johnson et al.,1991;McCubbin et al.,2010;Monkawa et al.,2006;Watson et al.,
1994),δD为823‰—1879‰(Watson et al.,1994);NWA 2737纯橄质火星陨石中可见角
闪石和磷酸盐,根据电子探针分析估算角闪石的水含量为0.44—0.61wt%(He et al.,
2013)。根据水在角闪石与熔体的分配系数和母岩浆结晶程度,估算火星岩浆的水含量
为0.43—0.84wt%(He et al.,2013;McCubbin et al.,2010)。Sherotty中角闪石的水含量为
0.10—0.20wt%,δD为512±89‰(Watson et al.,1994)。Zagami中角闪石的δD为1498‰—
1672‰,明显高于Shergotty中的角闪石。Chassigny中云母的水含量约0.5wt%,δD为
987±40‰(Watson et al.,1994)。Zagmai磷灰石的水含量为0.3—0.4wt%,δD为2963‰—
4358‰(Watson et al.,1994)。QUE 94201中磷灰石的水含量0.22—0.64wt%,δD为
1683‰—3565‰(Leshin,2000),两者负相关,指示火星岩浆的H同位素组成是地球的2
倍,然而由于磷灰石裂隙非常发育,很可能是受到制样或地球污染(Boctor et al.,2003)。
GRV 020090中磷灰石的水含量0.10—0.58wt%,δD为737‰—4239‰,两者正相关,指示
磷灰石的水含量和H同位素组成可能受到分异结晶和壳源混染的影响(图9.10)(Hu et
al.,2014),该结论也得到研究月球磷灰石水含量和H同位素结果的证实(Boyce et al.,
2014)。由于熔融包裹体中包裹的含水矿物和晚期结晶的磷灰石会经历岩浆侵入而发生
去气丢失,此外,随着岩浆侵入还会与壳源物质发生混染,会严重影响估算母体岩浆水含
量的不确定性。目前火星陨石含水矿物的水含量和H同位素结果表明,火星至少存在三
个储水单元:一是火星幔的水,其含量有富水和贫水的争议,H同位素组成一般认为与地
幔相当;二是火星大气的水,其H同位素组成明显富D,δD可达7000‰;三是火星壳源的
浅表水,其H同位素组成与火星大气发生交换,略低于火星大气的H同位素(Hu et al.,
2014;Leshin et al.,2013;Watson et al.,1994)。

9.4.4 冲击成因高压相矿物

火星陨石降落到地球上,必须遭受强烈的冲击使火星岩石摆脱火星引力场进入太空,根据实验模拟表面,火星岩石离开火星的撞击压力为5—55GPa(Fritz et al.,2005)。在高温高压条件下,组成火星陨石的主要矿物相会发生相变,转变成对应的高压相矿物。

9.4.4.1 橄榄石的高压相

火星陨石中的橄榄石遭受强烈撞击后会发生相变,在火星陨石中发现的橄榄石高压相矿物主要包括林伍德石和瓦茨砾石,分子式与橄榄石相同,代表橄榄石在不同温压条件的稳定矿物相。目前在火星陨石Chassigny(Fritz et al.,2009)、NWA 4468(Boonsue et al.,2012)、EETA 79001(Walton,2013)、DaG 670(Greshake et al.,2013)和Tissint(Ma et al.,2015;Walton et al.,2014)中都发现有林伍德石(Fa<50),当Fa值大于50时,一般称为ahrensite(Ma et al.,2014)。在火星陨石Chassigny(Fritz et al.,2009)中发现瓦茨砾石。形成林伍德石和瓦茨砾石的压力为12—25GPa,与上地幔的压力条件相当。当压力继续升高,橄榄石会相变成钙钛矿和方镁石(图9.11),由于钙钛矿极不稳定而发生退变质形成玻璃,因而在火星陨石中常常只能观察到$MgSiO_3$玻璃与方镁石共生。目前在火星陨石Chassigny(Fritz et al.,2009)、Zagami(Langenhorst et al.,2000)、Tissint(Ma et al.,2014;Ma et al.,2015;Walton et al.,2014)、DaG 735(Miyahara et al.,2011)和Yamato 000047(Imae et al.,2010)中均发现钙钛矿玻璃和方镁石,其相变压力约25GPa(图9.12)。

9.4.4.2 辉石的高压相

在火星陨石中发现的主要辉石高压相矿物只有阿基墨石(Akimotoite),分子式与辉石相同。在Yamato 000047二辉橄榄岩质火星陨石的熔脉中边部发现树枝状阿基墨石,熔脉中央有短柱状阿基墨石,阿基墨石常被玻璃包裹(Imae et al.,2010)。

9.4.4.3 长石的高压相

在火星陨石发现的长石高压相矿物主要有熔长石、富Ca和Na的铝硅酸盐、锰钡矿(hollandite)和最近新发现的Tissintite。绝大部分火星陨石的长石遭受强烈撞击后都玻璃化,形成熔长石。在Zagmai、Shergotty、Los Angeles、SaU 005、NWA 480、NWA 856、NWA 1068的冲击熔融囊中发现富Ca和Na的铝硅酸盐(Hexaluminosilicate)(Beck et al.,2004),分子式为:$(Ca_xNa_{1-x})Al_3+xSi_{3-x}O_{11}$,可能是俯冲板块最主要的携带Na和Al的矿物,该矿物在火星陨石的熔脉中常与斯石英和锰钡矿共生(Beck et al.,2004;Boonsue et al.,2012)。Tissintite具有长石的成分$[(Ca,Na,\square)AlSi_2O_6]$,但拥有辉石的结构(Ma et al.,2015)。

9.4.4.4 石英的高压相

在火星陨石发现的石英高压相矿物主要有斯石英、后斯石英(post-stishovite)和方石英(cristobalite)。目前在火星陨石NWA 4468(Boonsue et al.,2012)、Zagami(Langenhorst

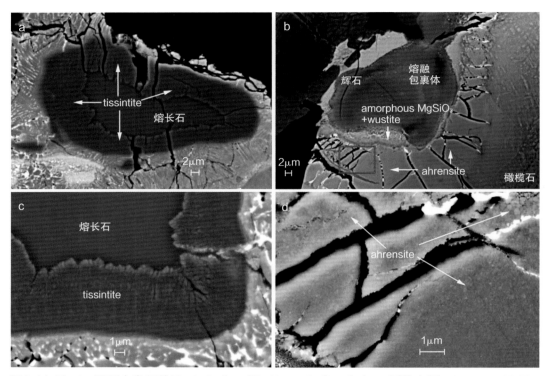

图9.11 Tissint陨石中发现的Tissintite（a，c）和Ahrensite（b，d）。（a、c图片来源：Ma et al.，2015；b、d图片来源：Ma et al.，2014）

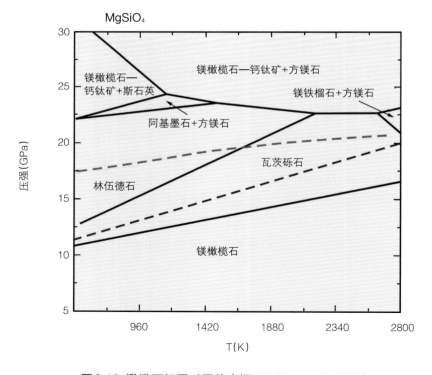

图9.12 橄榄石相图。（图片来源：Walton et al.，2014）

et al.，2000）、Tissint（Walton et al.，2014）和 Shergotty（El Goresy et al.，2000；Sharp et al.，1999）中发现存在斯石英。仅在 Shergotty 中发现存在后斯石英（El Goresy et al.，2000；Sharp et al.，1999），具有 α-PbO₂ 的结构，斜方晶系（Sharp et al.，1999）。另外，El Goresy et al.（2000）在这个样品中还发现具有单斜晶系的后斯石英，透射电镜分析结果显示，在FIB切片中除了后斯石英，还有斯石英和方石英伴生（El Goresy et al.，2000），形成于同一次撞击事件。

9.4.4.5　其他高压相矿物

在火星陨石中还发现一些副矿物的高压相矿物，如在火星陨石 NWA 4468 和 Chassigny 中发现磷酸盐的高压相涂氏磷灰石（Tuite）（Boonsue et al.，2012；Fritz et al.，2009）。在 Chassigny 陨石中发现铬铁矿的高压相，具有 $CaTi_2O_4$ 结构（Fritz et al.，2009）。在 Zagami 陨石中发现榍石结构的硅酸盐（含少量 Ca）（Langenhorst et al.，2000）。最近在 Tissint 陨石的冲击熔脉和母岩裂隙中发现有部分富 C 物质转变为金刚石（Lin et al.，2014）。

高温高压试验表明，长石在高温高压条件下有限形成硬玉（Jadeite），由于硬玉的形成，会延缓斯石英的形成（Kubo et al.，2010），可以合理解释火星陨石中为何不容易同时发现硬玉和斯石英。根据高压相矿物中的微量元素含量及其分布特征，可以估算撞击过程的持续时间，进而通过撞击速度可以推测火星陨石来自多大的撞击坑（Head et al.，2002）。陨石中的高压相矿物，对于研究火星陨石的撞击历史及研究地球深部的物质组成具有重要的意义。

9.4.5　表生矿物

9.4.5.1　硫和硫酸盐类矿物

硫是了解火星表面演化的关键元素，相比于地球，硫在火星表面更为富集。"海盗号"多次探测到硫的富集，SO₃ 含量可达 10wt%；"火星探路者"的结果显示，SO₃ 含量最高可达 8wt%；"机遇号"在子午线高原着陆区发现的 Jarosite、Ca-Mg 硫酸盐的 SO₃ 含量可以高达 25wt%（Clark et al.，2005；Rieder et al.，2004）。

火星表面富硫的主要原因是玄武质基岩蚀变后产生了硫酸盐。"勇气号"上的 Mini-TES 获得的吸收光谱大多为碳酸盐类，与其伴生的是含铁硫酸盐类，包括叶绿矾、四水白铁矾或水铁矾等（Lane et al.，2004）。除了在火星土壤中存在硫，在子午线高原，"机遇号"利用穆斯堡尔谱仪探测到岩石露头中也存在硫酸盐类矿物，SO₃ 含量最高可达 25wt%（Rieder et al.，2004），其主要的硫酸盐类矿物为黄钾铁矾、石膏和硫酸镁（Clark et al.，2005；Wang et al.，2006）。在哥伦比亚山区的露头岩石中，"勇气号"探测到了镁、铁或钙硫酸盐类矿物，含量最高可占大约 40%（Ming et al.，2006）。

此外，"火星快车"上的 OMEGA 也探测到了火星表面硫酸盐的存在（Bibring et al.，2005），包括石膏、硫酸镁石、多水硫酸盐化合物等，呈层状结构分布，大约十千米宽、几千米厚(Gendrin et al.,2005)。其成因据推测应该是,在水体中出现蒸发岩类,随着蒸发岩类沉积出现硫酸盐类风化沉积,或富硫玄武质岩在富硫酸环境中蚀变沉积(Gendrin et al.,2005)。但在靠近北极冰盖区域,发现了大量的石膏沉积,说明在局部的源岩中可能相对富集钙,但整个火星表面主要富集铁和镁。"机遇号"在子午线高地东侧发现富水硫酸镁($MgSO_4 \cdot H_2O$)(Arvidson et al.,2005)覆盖在富含赤铁矿的盆地中。

针对火星表面如此高的硫酸盐含量,目前主要有两种观点:富硫酸盐岩石的蚀变和高SO_2环境下(酸雾或地下水)硫酸盐沉积。所有的含铁硫酸盐(例如黄钾铁矾)主要是硫化物风化后成矿作用形成。此外,火星表面的风化模式也支持硫酸盐矿物是由大型硫化物(磁黄铁矿)风化沉积而成,这个过程和地球上的科马提岩形成类似,最终通过热液作用形成黄铁矿。如此大量的硫酸盐类矿物沉积,可能和火星壳硫的富集过程有关,这一过程与火星分异、增生紧密相伴。硫化物的蚀变主要在酸性水溶液中,可能是围岩中硅酸盐的分解造成。火星表面硫的另一个来源就是火星的排气过程,首先形成酸雾,改变玄武质岩石的表面,产生结晶质的硫酸盐类矿物,但这个过程要求时间较长,这种情况下,多见到新的沉积覆盖在老的沉积之上。目前认为,早期形成的不溶于水的硫酸盐类(黄钾铁矾)可能和后期新生成的矿物有一定的差别,因为后期火星上是干燥、无水环境,后期可能更易形成溶于水的硫酸盐类矿物。硫酸盐中多见到有结构水的存在,因此可以作为火星表面水的存储场所,依照水的分压,硫酸盐类矿物在火星表面不同地点、时间均可能有所不同(Vaniman et al.,2004)。

9.4.5.2 碳酸盐类矿物

分析表明,火星大气中存在着大量的CO_2和H_2O。因此,碳酸盐类应该是火星表面演化过程中的一种重要矿物相,是火星大气、水圈和岩石圈相互作用的产物。火山在喷发过程中,会有大量气体进入大气,浓厚的大气能够产生温室效应,在此条件下液态水能够在火星表面存在较长时间。在地球上,富CO_2的大气、水和富铁的玄武质岩石表面相互作用后,可以生成菱铁矿。以此类推,火星表面含有较高含量的铁,大量的碳酸盐应该是在火星原始环境条件下(富CO_2和H_2O)沉积而成。热力学研究表面,目前火星环境干燥、寒冷且缺氧,在这种环境下,菱铁矿是稳定矿物相。TES在火星表面发现碳酸盐,含量2—5wt%,主要为白云石,全球分布,无明显的富集区域(Bandfield et al.,2003)。"火星勘测轨道器"的CRISM在尼利槽沟地区发现了富含镁碳酸盐的岩石,与富层状硅酸盐岩石和富橄榄石岩石接触,形成于诺亚纪—早西方世碱性环境中(Ehlmann et al.,2008)。"凤凰号"火星车附近发现了钙碳酸盐,含量3—5wt%,水与大气二氧化碳反应形成(Boynton et al.,2009)。Michalski et al.(2010)在6km深的雷顿撞击坑壁上发现存在含碳酸盐和层状硅酸盐的基岩,是古老沉积岩露头。"勇气号"(Morris et al.,2010)在古谢夫撞击坑的哥伦比亚山上发现了镁—铁碳酸盐的岩石露头,其碳酸盐含量可高达16—34wt%,该结果与"火星勘测轨道器"发现的结果完全相符(Carter et al.,2012)。

基于质量平衡理论,通过研究SNC族陨石发现,火星风化层钙含量较少,预示着火星表面演化过程中可能存在除钙过程,因此在火星某些位置可能存在着大量的碳酸盐类沉积。这种解释似乎合理,但目前火星表面碳酸盐类沉积仅存在有少量痕迹。在"水手

6 号"和"水手 7 号"任务中,利用了含水镁碳酸盐,例如水菱镁矿或纤维菱镁矿,来校正获得的火星表面红外光谱数据。在"火星全球勘测者"TES 光谱数据中,碳酸盐类矿物含量低于 5%,在火星土壤中非常分散。"勇气号"在古谢夫撞击坑也探测到了碳酸盐类矿物,含量大约 5%,但矿物光谱仍接近一些含铁硫酸盐。最有力的证据来自火星陨石ALH 84001,在这块陨石中,发现了钙—镁—铁碳酸盐类矿物,但这些碳酸盐类的来源也有很多争议,包括地球大气蚀变作用、低温水成溶解作用、热液作用等。SNC 陨石中的菱铁矿也被认为是和共生的蒸发岩有关。

目前,对于火星上碳酸盐类矿物稀少有多种解释。(1)碳酸盐在蒸发盐沉积序列中,由于较低的溶解性,被首先析出并沉积。先沉积的碳酸盐类可能会被后期的盐类沉积所覆盖,例如硫酸盐或其他卤化物沉积。碳酸盐能够在贫水的条件下形成微米级的沉积厚度。假定风化层 1km 厚,那么碳酸盐沉积的数量不超过 1wt%,很难被光谱辐射计探测到,这个沉积过程不要求丰富的液态水或厚层大气,但这种条件下碳酸盐类形成并沉积下来需要非常长的时间,大约需要 1Ga。在目前火星表面富 CO_2、缺水条件下,该类碳酸盐类形成机制已经在火星土壤中得到证实(Bandfield et al.,2003)。(2)在 CO_2 为主的富水大气环境中,应该更易于形成碳酸盐类沉积层,这类似于地球上碳酸盐沉积模式。有观点认为硫酸盐类和碳酸盐类形成的环境条件不同,火星上火山喷发,释放出 SO_2 或硫化物造成酸雨,导致早期存在的碳酸盐类被溶解或阻止它们进一步结晶(Fairén et al.,2004),酸的溶解过程使得碳酸盐类只富集于火星风化层的下部,或仅在永冻层才能见到。

9.4.5.3 层状硅酸盐

层状硅酸盐(包括黏土矿物、蛇纹石和滑石)是在有水参与的条件下,硅酸盐经过风化蚀变形成的矿物相。

"海盗号"的无机化学分析结果表明存在黏土矿物相。根据地面实验或类似物参考分析,火星表面的黏土矿物主要为蒙脱石组,包括绿脱石、蒙脱石等。分析"海盗号"的探测数据可知,火星上存在因冲击或热液形成的绿脱石,这也可以解释火星表面为什么呈红色或相关的磁学性质。火星陨石中黏土矿物和铁氧化物(例如伊丁石)的相关性,也用来推断黏土矿物的存在及其可能经历的早期火星壳蚀变过程。在子午线高原区域,利用 Mini-TES 也发现了黏土矿物的存在。针对古谢夫撞击坑,实际探测数据分析结果与地球化学模型建立的质量平衡总会出现一定偏差,例如硅和铝含量往往偏多,表明存在某些岩石。

"火星快车"OMEGA 在近红外谱段也探测到了黏土矿物的存在,主要分布在诺亚纪火星壳南部(图 9.13),与光谱特征匹配最好的是富铁(绿脱石)、富镁(皂石)和富铝(蒙脱石)型黏土(图 9.14)。南部火星壳黏土矿物的存在暗示诺亚纪的气候条件可能存在着较多的水(水量过多可能会形成高岭石),要比形成硫酸盐的条件多。

9.4.5.4 铁氧化物和氢氧化物

铁氧化物相是火星表面最为显著的矿物相之一,火星表面呈现红色主要因为铁氧化物的存在。火星风化层中大约含有20wt%的Fe^{3+}（Foley et al.，2003；Rieder et al.，1997），主要以铁氧化物或氢氧化物形式存在。火星轨道器在可见光和近紫外光谱段探测到了各种铁氧化物存在的证据，最主要的相为赤铁矿，从微晶质红色赤铁矿晶体到灰白色针铁矿。同时，这些矿物相在"海盗号"、"火星探路者"、"机遇号"和"勇气号"的不同着陆点得到证实。

反射率和辐射光谱被用来探测特定的矿物。如果矿物表现不出较明显的光谱特征，可利用矿物的磁学性能进行探测，例如尖晶石。利用磁学特征来探测矿物，并不能代表这些矿物来自本体，也可能火星土壤中存在这一磁性矿物的复杂组合，例如黏土矿物和磁性铁（氧）氢氧化物混合。除了利用磁学性质探测矿物外，"机遇号"和"勇气号"搭载的

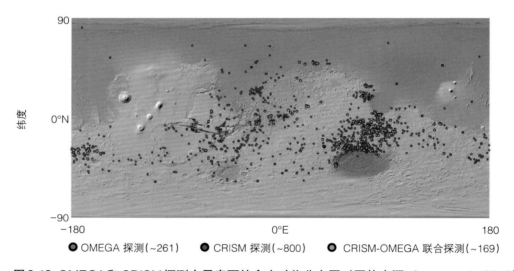

图9.13 OMEGA和CRISM探测火星表面的含水矿物分布图。（图片来源：Carter et al.，2013）

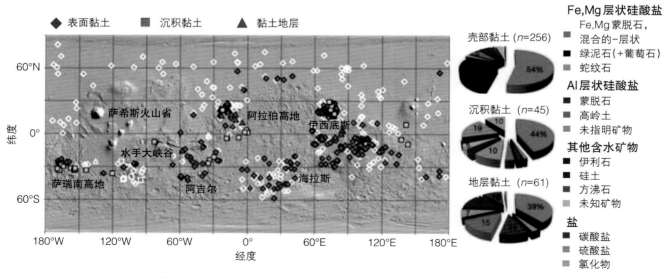

图9.14 不同黏土矿土矿物的全球分布特征。（图片来源：Ehlmann et al.，2011）

穆斯堡尔谱仪,也能够直接确定含铁相,可以用来直接区别硅酸盐(橄榄石、辉石等)、氧化物(尖晶石、赤铁矿或其他铁氢氧化物)及其他含铁硫酸盐类。其探测灵敏度高,可以补充光谱探测的不足(Wdowiak et al., 2003)。另一方面,穆斯堡尔谱仪能够比轨道器(例如 MGS-TES)获得更多关于结晶赤铁矿的信息。事实上,赤铁矿球粒也多出现在铁硫酸盐(黄钾铁矾)蒸发阶段。降落在古谢夫撞击坑的"机遇号",发现了在火星环境下存在的铁氧化物或氢氧化物矿物相(Morris et al., 2004;Morris et al., 2006)。

"海盗号"虽然没有直接对火星土壤开展矿物学研究,但是进行了热分解释放和碳同位素实验、气体交换实验和气体标定实验,均发现了地球上意想不到的化学作用。在热分解释放实验中,火星土壤样品加热到500℃后,硫酸盐、碳酸盐、针铁矿等矿物相分解,产生了 CO_2 和 H_2O。在火星土壤加水实验中,火星土壤在湿润过程中释放出氧气。这些实验表明,可能在表面火星土壤中存在着某种强氧化剂,其自然特性并不稳定。研究者认为可能是火星表面存在铁氢氧化物,例如磁赤铁矿。这些矿物目前在火星表面并没有大面积存在,但少量存在的可能性仍非常大。

(1)赤铁矿

赤铁矿(α-Fe_2O_3)广泛分布于火星表面陆地蚀变环境中,是火星表面主要的矿物相。赤铁矿形成于热液过程,例如火山灰、玻璃经过低温蚀变或在热带红土环境条件下就可转化形成赤铁矿。赤铁矿是在目前火星环境条件下热力学性质较为稳定的矿物相,可通过化学或热交换方式形成其他氧化物或(氧)氢氧化物。火星上赤铁矿可能存在于不同的结晶过程中。

MGS-TES探测结果显示,在子午线高原上存在数百平方千米的灰色微晶质赤铁矿矿床,这些矿床层状分布,可能是沉积而成。"机遇号"在子午线高原证实了赤铁矿结核的存在(图9.15),其成因可能和蒸发盐的形成有关。微晶质红色赤铁矿,用来解释"火星探路者"获得的光谱特征(Chevrier et al., 2007)。超顺磁性纳米赤铁矿,用来解释火星土壤的磁学性质,描述火星表面的风化层。在哥伦比亚地区,"勇气号"也发现了赤铁矿集合体(Morris et al., 2006)。

(2)针铁矿

针铁矿(α-FeOOH)在火星表面的分布仅次于赤铁矿(Morris et al., 2000)。赤铁矿和针铁矿在火星陨石中常见。在地球上,针铁矿通常和赤铁矿相伴生。"勇气号"穆斯堡尔谱仪在一些露头中探测到了针铁矿(Clovis岩石)的存在(Morris et al., 2006),并和赤铁矿伴生,具有顺磁性特征,这是首次通过原位探测发现针铁矿。

针铁矿多为反磁性物质,或具有非常弱的铁磁性,因此它并不能解释火星风化层为什么呈现强磁性特征。针铁矿在现今火星环境条件下并不稳定,它的形成可能与原始富水和二氧化碳的大气环境有关(Chevrier et al., 2004)。火星上非常缓慢的动力学转化过程,导致了针铁矿能够长期以亚稳相方式存在。通过分析MGS-TES观察到的结晶质赤铁矿的形貌和结构,发现含有针铁矿的火星水环境介质是赤铁矿的原始起源(Zolotov et al., 2005),这已经在实验室中得到证实,通过加热针铁矿可以获得火星赤铁矿光谱

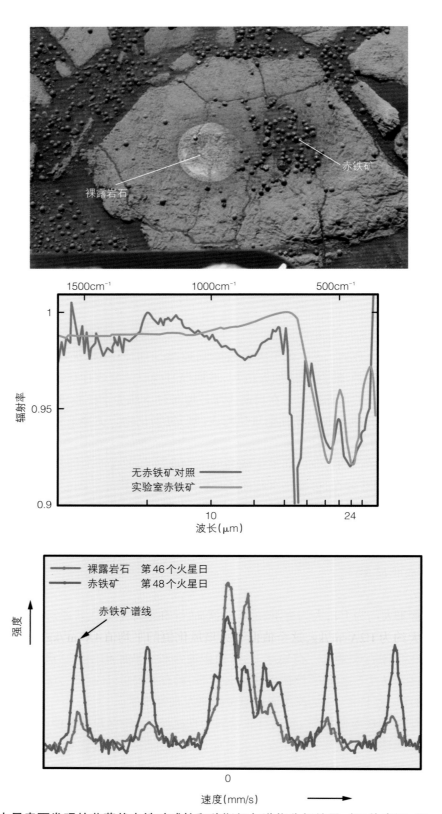

图 9.15 火星表面发现的蓝莓状赤铁矿球粒和穆斯堡尔谱仪分析结果。（图片来源：Chevrier et al.，2007）

（Glotch et al., 2004）。

（3）水铁矿

水铁矿（$5Fe_2O_3 + 9H_2O$）是准非晶态铁（氧）氢氧化物，无磁性。水铁矿也经常在地球上类似于火星土壤的物质中见到，特别是在火山灰沉积区。在不同的水活度、pH和温度条件下，水铁矿可以进一步转化为赤铁矿或针铁矿。在液态水中，低温低pH条件下，可以形成针铁矿；而提高温度和pH，则可能形成赤铁矿（Schwertmann et al., 1989）。

考虑到现今的火星表面是无水环境，可能更易于发现弱结晶质（氧）氢氧化物，例如水铁矿。MER着陆器上的穆斯堡尔谱仪发现了顺磁性Fe^{3+}的存在，其矿物相为纳米级结晶相，其体积既非纯超顺磁性水铁矿，也非含铁硅酸盐。或许，在火星过去的环境中，水铁矿可以快速转化为其他晶质相，如针铁矿或赤铁矿，这个过程可能是火星表面化学演化的一个重要阶段。

（4）磁铁矿和钛磁铁矿

这些矿物同属于尖晶石族，分子式为M_3O_4，其中M可以为Fe、Ti、Al、Cr、Mg等。钛磁铁矿是原始岩石中主要的磁性物质，多见于地球土壤中，也被认为是火星风化层中的主要磁性矿物（Madsen et al., 2003）。MER任务中，"勇气号"携带的穆斯堡尔谱仪的探测结果证实，火星岩石中存在阳离子缺陷的磁铁矿（Morris et al., 2004），而黏结在MER火星车车轮上的磁性颗粒也表明火星表面存在丰富的磁铁矿（Goetz et al., 2005）。研究结果表明，火星土壤中存在的氧化特性，可能对钛磁铁矿的富集更为有利（Chevrier et al., 2006）。

钛磁铁矿或钛磁赤铁矿一般认为是母岩风化的产物。实验结果表明，即使在强氧化条件下，磁铁矿也相当稳定（Chevrier et al., 2004）。火星玄武质次表层岩石很可能是富铁尖晶石类氧化物，这种情形在火星SNC陨石中可见到。但钛磁铁矿磁性特征的主要来源是岩浆结晶过程中钛成分的加入。随着钛的加入，磁饱和状态呈线性下降趋势。研究表明，在辉玻质无球粒陨石中，主要的磁性载体是磁黄铁矿而不是钛磁铁矿，且钛含量较高并不能很好解释火星土壤的磁学特征。Hargraves et al.(2000)曾经提出，火星风化层中的钛含量大约为1%，大约有4%的钛磁铁矿，这和地球上玄武岩或SNC陨石一致，其磁化强度大约为$1.2A \cdot m^2/kg$，这个值低于火星风化值的平均值$4A \cdot m^2/kg$。然而，这个说法中，全球磁化强度饱和值并未考虑磁性物质相互作用的因素。因此，钛磁铁矿的存在，不能作为局部磁化强度饱和值存在偏差的唯一来源。

（5）磁赤铁矿

火星风化层中的磁赤铁矿，其磁性强度仅次于磁铁矿，也是陆地风化作用的产物。磁赤铁矿不含钛成分，因此具有较强磁性。光谱数据也显示，火星土壤中存在磁赤铁矿。磁赤铁矿也是亚稳相矿物，能够转变为水铁矿、纤铁矿或绿脱石。铁氧化矿物（或氢氧化物）在火星环境条件下转化率相对很低，以至于现今仍能在寒冷而干燥的火星表面存在（Chevrier et al., 2006）。

（6）纤铁矿

纤铁矿主要用来解释"火星探路者"获得的 TES 光谱偏差（Morris et al., 2000）。在地球环境条件下，纤铁矿的形成要求溶液中存在二价铁的状态，这种环境应是一种还原环境，pH 要求接近中性。纤铁矿和针铁矿主要是玄武质岩石水化蚀变产物，酸性岩石更易形成赤铁矿和针铁矿。纤铁矿和赤铁矿是火星土壤中性质相反的两种端元相。如果 CO_2 存在，那么针铁矿更易形成和存在。模拟火星环境条件下的实验结果表明，富水和二氧化碳的溶液在局部高压条件下能够形成纤铁矿，同时伴生针铁矿。一些研究者也认为，纤铁矿是磁赤铁矿或赤铁矿的母源矿物相，因为纤铁矿可以转变为赤铁矿（Glotch et al., 2008）。

（7）方针铁矿

类似于纤铁矿，方针铁矿也是为解释"火星探路者"光谱数据而提出的，为纳米顺磁性（氧）氢氧化物（Morris et al., 2006）。然而，在火星风化层中，方针铁矿存在的可能性非常小。事实上，方针铁矿的形成要求环境条件高度富氯，因此方针铁矿只有可能在卤水蒸发岩区存在。

（8）斯沃特曼铁矿

斯沃特曼铁矿是含铁的氢氧根硫酸盐类，结构上类似方针铁矿。在地球上，斯沃特曼铁矿多与酸性环境条件下的黄钾铁矾、针铁矿伴生（Regenspurg et al., 2004）。该矿物的存在可能暗示，火星表面岩石曾经历过酸性或富硫酸盐环境（King et al., 2005），这个结果已经在子午线高原黄钾铁矾的探测中得到了证实。"勇气号"在哥伦比亚山区利用穆斯堡尔谱仪获得的数据显示，斯沃特曼铁矿主要特征表现为顺磁性、纳米相，同时和赤铁矿、针铁矿伴生，尤其是高富硫酸盐环境条件下更为富集（Morris et al., 2006）。斯沃特曼铁矿也是一种亚稳相矿物，可以在短时间转化为针铁矿。因此，斯沃特曼铁矿可以看作是其他铁氧化物或氢氧化物的母源矿物。

（9）六方纤铁矿

六方纤铁矿是最为奇特的一种矿物。该矿物形成于特殊的环境条件，在地球上也非常少见。六方纤铁矿的颜色可以用于校正轨道器探测数据的偏差，它的分光光谱特征类似于铁磁性矿物，可能是风化层具有较为强烈磁性的主要来源。六方纤铁矿具有较强的氧化性和接触反应特征。不过，在火星上是否存在六方纤铁矿也有争议。六方纤铁矿具有两种类质同象：一种是人工合成的强磁性的 $\delta-FeOOH$，另一种是自然产出弱磁性的 $\delta 0-FeOOH$，这似乎和火星环境并不一致。但是，"海盗号"发现的强氧化环境，可能有利于这两种类质同象矿物和其他铁氧化物保持共存。

目前火星探测结果表明，火星地形南高北低，在诸多局部区域还可见大量网状槽沟、冲击扇、峡谷等地貌,说明火星早期可能存在过海洋,但在40亿年之前火星已经变得非常干燥,主要的储水端员分布在火星两极和浅表区域。火星表面的矿物分布特征与地形和年代具有相关性,橄榄石、辉石和长石主要分布在南部古老高地地体,而北部洼地表面可能覆盖了非常厚的后期风化和蚀变层。除了主要造岩矿物之外,在火星局部地区还发现存在大量的蒸发矿物、沉积矿物和蚀变矿物,如盐类矿物、碳酸盐、硫酸盐、针铁矿、富硅玻璃、蒙脱石等,其分布区域主要在火星低纬度至赤道附近,且不同矿物出露的地质年代呈现规律变化,如火星早期(诺亚纪)以水蚀变矿物为主,碳酸盐主要出露在晚诺亚世至早西方世地体,富硅质玻璃质主要分布在晚西方世地体,指示火星从早期湿润气候逐渐变得干燥。

火星表面目前虽然发现了疑似花岗岩和安山岩,但由于后期的风化和蚀变作用,目前还无法最终确认。火星探测发现的岩石主要以玄武岩为主,其化学成分和岩石结构与火星陨石相似,说明火星的岩浆活动主要停止在玄武岩阶段。火星陨石作为目前唯一能够获取的火星样品,是研究火星的岩浆活动和气候演化的重要样品,可以在实验室中进行精细分析。火星陨石的结晶年龄跨度为4.5Ga—150Ma,说明火星局部地区在150Ma之前还有火山活动。

目前发现的火星陨石主要以玄武岩为主,可能来自火星不同的源区,但也可能受到不同程度的火星壳源混染。在一些火星陨石中发现了原生的蚀变矿物,主要以伊利石和伊丁石为主,主要分布在硅酸盐粒间,说明火星在晚期可能还存在水体活动,可能是岩浆侵入的热量融化了浅表冰层形成了液态水,导致硅酸盐发生了蚀变。火星陨石离开火星必然遭受强烈撞击,在部分火星陨石中有多种高压相矿物,为研究火星内部结构和物性提供了一个窗口。

参考文献

Agee C B, Wilson N V, McCubbin F M, et al. 2013. Unique meteorite from early Amazonian Mars: Water-rich basaltic breccia Northwest Africa 7034. *Science*, 339: 780−785

Archer P D, Franz H B, Sutter B, et al. 2014. Abundances and implications of volatile - bearing species from evolved gas analysis of the Rocknest aeolian deposit, Gale Crater, Mars. *Journal of Geophysical Research : Planets*, 119: 237−254

Arvidson R E, Poulet F, Bibring J P, et al. 2005. Spectral reflectance and morphologic correlations in eastern Terra Meridiani, *Mars. Science*, 307: 1591−1594

Aubrey A, Cleaves H J, Chalmers J H, et al. 2006. Sulfate minerals and organic compounds on Mars. *Geology*, 34: 357−360

Bandfield J L. 2006. Extended surface exposures of granitoid compositions in Syrtis Major, Mars. *Geophysical Research Letters*, doi: 10.1029/2005GLO25559

Bandfield J L, Glotch T D, Christensen P R. 2003. Spectroscopic identification of carbonate minerals in the martian dust. *Science*, 301: 1084−1087

Bandfield J L, Hamilton V E, Christensen P R. 2000. A global view of Martian surface compositions from MGS-TES. *Science*, 287: 1626−1630

Bandfield J L, Hamilton V E, Christensen P R, et al. 2004. Identification of quartzofeldspathic materials on Mars. *Journal of Geophysical Research:Planets*, doi: 10.1029/2004JE002290

Banin A, Han F X, Kan I, et al. 1997. Acidic volatiles and the Mars soil. *Journal of Geophysical Research:Planets*, 102: 13341−13356

Beck P, Gillet P, Gautron L, et al. 2004. A new natural high-pressure (Na,Ca)-hexaluminosilicate [(Ca$_x$Na$_{1-x}$)Al$_{3+x}$Si$_{3-x}$O$_{11}$] in shocked Martian meteorites. *Earth and Planetary Science Letters*, 219: 1−12

Bibring J P, Arvidson R E, Gendrin A, et al. 2007. Coupled ferric oxides and sulfates on the Martian surface. *Science*, 317: 1206−1210

Bibring J P, Langevin Y, Gendrin A, et al. 2005. Mars surface diversity as revealed by the OMEGA/ Mars Express observations. *Science*, 307: 1576−1581

Bibring J P, Langevin Y, Mustard J F, et al. 2006. Global mineralogical and aqueous mars history derived from OMEGA/Mars Express data. *Science*, 312: 400−404

Blaney D L, Mccord T B. 1995. Indications of sulfate minerals in the Martian soil from earth-based Spectroscopy. *Journal of Geophysical Research:Planets*, 100: 14433−14441

Boctor N Z, Alexander C M O, Wang J, et al. 2003. The sources of water in Martian meteorites: Clues from hydrogen isotopes. *Geochimica et Cosmochimica Acta*, 67: 3971−3989

Boonsue S, Spray J. 2012. Shock-Induced Phase Transformations in Melt Pockets within Martian Meteorite NWA 4468. *Spectroscopy Letters*, 45: 127−134

Borg L E, Nyquist L E, Wiesmann H, et al. 2002. Constraints on the petrogenesis of Martian meteorites from the Rb-Sr and Sm-Nd isotopic systematics of the lherzolitic shergottites ALH77005 and LEW88516. *Geochimica et Cosmochimica Acta*, 66: 2037−2053

Boyce J W, Tomlinson S M, McCubbin F M, et al. 2014. The lunar apatite paradox. *Science*, 344: 400−402

Boynton W V, Ming D W, Kounaves S P, et al. 2009. Evidence for calcium carbonate at the Mars Phoenix landing site. *Science*, 325: 61−64

Bridges J C, Warren P H. 2006. The SNC meteorites: Basaltic igneous processes on Mars. *Journal of the Geological Society*, 163: 229−251

Buczkowski D L, Murchie S, Clark R N, et al. 2010. Investigation of an Argyre basin ring structure using Mars Reconnaissance Orbiter/Compact Reconnaissance Imaging Spectrometer for Mars. *Journal of Geophysical Research*, 115: E12011

Bullock M A, Moore J M. 2007. Atmospheric conditions on early Mars and the missing layered carbonates. *Geophysical Research Letters*, doi:10.1029/2007GL030688

Burns R G. 1988. Gossans on Mars. *LPSC 19*, 713−721

Burns R G, Fisher D S. 1990a. Chemical evolution and oxidative weathering of magmatic iron sulfides on Mars. *LPSC 21*, 145

Burns R G, Fisher D S. 1990b. Evolution of Sulfide Mineralization on Mars. *Journal of Geophysical Research: Solid*, 95: 14169−14173

Burns R G, Fisher D S. 1990c. Iron-sulfur mineralogy of Mars—Magmatic evolution and chemical-weathering products. *Journal of Geophysical Research: Solid*, 95: 14415−14421

Calvin W M, King T V V, Clark R N. 1994. Hydrous Carbonates on Mars? : Evidence from Mariner 6/7 infrared spectrometer and ground-based telescopic Spectra. *Journal of Geophysical Research: Planets*, 99: 14659−14675

Calvin W M, Roach L H, Seelos F P, et al. 2009. Compact Reconnaissance Imaging Spectrometer for Mars observations of northern Martian latitudes in summer. *Journal of Geophysical Research:*

Planets, doi: 10.1029/2009JE003348

Carter J, Poulet F. 2012. Orbital identification of clays and carbonates in Gusev crater. *Icarus*, 219: 250–253

Carter J, Poulet F. 2013. Ancient plutonic processes on Mars inferred from the detection of possible anorthositic terrains. *Nature Geoscience*, 6: 1008–1012

Carter J, Poulet F, Bibring J P, et al. 2013. Hydrous minerals on Mars as seen by the CRISM and OMEGA imaging spectrometers: Updated global view. *Journal of Geophysical Research : Planets*, 118: 831–858

Chevrier V, Mathe P E. 2007. Mineralogy and evolution of the surface of Mars: A review. *Planetary and Space Science*, 55: 289–314

Chevrier V, Mathe P E, Rochette P, et al. 2006. Magnetic study of an Antarctic weathering profile on basalt: Implications for recent weathering on Mars. *Earth and Planetary Science Letters*, 244: 501–514

Chevrier V, Rochette P, Mathe P E, et al. 2004. Weathering of iron-rich phases in simulated Martian atmospheres. *Geology*, 32: 1033–1036

Christensen P R, Bandfield J L, Bell III J F, et al. 2003. Morphology and composition of the surface of Mars: Mars Odyssey THEMIS results. *Science*, 300: 2056–2061

Christensen P R, Bandfield J L, Smith M D, et al. 2000. Identification of a basaltic component on the Martian surface from Thermal Emission Spectrometer data. *Journal of Geophysical Research: Planets*, 105: 9609–9621

Christensen P R, McSween H Y, Bandfield J L, et al. 2005. Evidence for magmatic evolution and diversity on Mars from infrared observations. *Nature*, 436: 504–509

Clark B C, Baird A K. 1979. Is the Martian lithosphere sulfur rich. *Journal of Geophysical Research*, 84: 8395–8403

Clark B C, Morris R V, McLennan S M, et al. 2005. Chemistry and mineralogy of outcrops at Meridiani Planum. *Earth and Planetary Science Letters*, 240: 73–94

Claudin P, Andreotti B. 2006. A scaling law for aeolian dunes on Mars, Venus, Earth, and for subaqueous ripples. *Earth and Planetary Science Letters*, 252: 30–44

Cornwall C, Titus T N. 2010. Compositional analysis of 21 Martian equatorial dune fields and possible sand sources. *LPI Contributions*, 1552: 17–18

Dreibus G, Wanke H. 1985. Mars, a volatile-rich planet. *Meteoritics*, 20: 367–381

Edgett K S. 2002. Low-albedo surfaces and eolian sediment: Mars Orbiter Camera views of western Arabia Terra craters and wind streaks. *Journal of Geophysical Research: Planets*, doi: 10.1029/2001JE001587

Edwards C S, Bandfield J L, Christensen P R, et al. 2009. Global distribution of bedrock exposures on Mars using THEMIS high-resolution thermal inertia. *Journal of Geophysical Research: Planets*, 114: 11001

Edwards C S, Bandfield J L, Christensen P R, et al. 2014. The formation of infilled craters on Mars: Evidence for widespread impact induced decompression of the early martian mantle? *Icarus*, 228: 149

Edwards C S, Christensen P R, Hamilton V E. 2008. Evidence for extensive olivine-rich basalt bedrock outcrops in Ganges and Eos chasmas, Mars. *Journal of Geophysical Research: Planets*, doi: 10.1029/2008JE003091

Ehlmann B L, Edwards C S. 2014. Mineralogy of the Martian Surface. *Annual Review of Earth and Planetary Sciences*, 42: 291–315

Ehlmann B L, Mustard J F, Murchie S L. 2010. Geologic setting of serpentine deposits on Mars. *Geophysical Research Letters*, 37: L06201

Ehlmann B L, Mustard J F, Murchie S L, et al. 2011. Subsurface water and clay mineral formation during the early history of Mars. *Nature*, 479: 53−60

Ehlmann B L, Mustard J F, Murchie S L, et al. 2008. Orbital identification of carbonate‐bearing rocks on Mars. *Science*, 322: 1828−1832

Ehlmann B L, Mustard J F, Swayze G A, et al. 2009. Identification of hydrated silicate minerals on Mars using MRO-CRISM: Geologic context near Nili Fossae and implications for aqueous alteration. *Journal of Geophysical Research*, doi: 10.1029/2009JE003339

El Goresy A, Dubrovinsky L, Sharp T G, et al. 2000. A monoclinic post‐stishovite polymorph of silica in the shergotty meteorite. *Science*, 288: 1632−1635

Fairén A G, Dohm J M, Baker V R, et al. 2004. Inhibition of carbonate synthesis in acidic oceans on early Mars. *Nature*, 431: 423−426

Fairén A G, Dohm J M, Baker V R, et al. 2011. Meteorites at Meridiani Planum provide evidence for significant amounts of surface and near-surface water on early Mars. *Meteoritics & Planetary Science*, 46: 1832−1841

Fishbaugh K E, Poulet F, Chevrier V, et al. 2007. On the origin of gypsum in the Mars north polar region. *Journal of Geophysical Research: Planets*, doi: 10.1029/2006JE002862

Flahaut J, Quantin C, Allemand P, et al. 2010. Identification, distribution and possible origins of sulfates in Capri Chasma (Mars), inferred from CRISM data. *Journal of Geophysical Research: Planets*, doi: 10.1029/2009JE003566

Fleischer I, Schroder C, Klingelhofer G, et al. 2011. New insights into the mineralogy and weathering of the Meridiani Planum meteorite, Mars. *Meteoritics & Planetary Science*, 46: 21−34

Foley C N, Economou T, Clayton R N. 2003. Final chemical results from the Mars Pathfinder alpha proton X‐ray spectrometer. *Journal of Geophysical Research: Planets*, doi: 10.1029/2002JE002019

Fritz J, Artemieva N, Greshake A. 2005. Ejection of Martian meteorites. *Meteoritics & Planetary Science*, 40: 1393−1411

Fritz J, Greshake A. 2009. High-pressure phases in an ultramafic rock from Mars. *Earth and Planetary Science Letters*, 288: 619−623

Gellert R, Rieder R, Anderson R C, et al. 2004. Chemistry of rocks and soils in Gusev Crater from the alpha particle x-ray spectrometer. *Science*, 305: 829−832

Gellert R, Rieder R, Bruckner J, et al. 2006. Alpha particle X-ray spectrometer (APXS): Results from Gusev crater and calibration report. *Journal of Geophysical Research: Planets*, doi: 10.1029/2005JE002555

Gendrin A, Mangold N, Bibring J P, et al. 2005. Sulfates in martian layered terrains: The OMEGA/Mars Express view. *Science*, 307: 1587 −1591

Glotch T D, Bandfield J L, Christensen P R, et al. 2006. Mineralogy of the light-toned outcrop at Meridiani Planum as seen by the Miniature Thermal Emission Spectrometer and implications for its formation. *Journal of Geophysical Research: Planets*, 111: E12S03

Glotch T D, Kraft M. 2008. Thermal transformations of akaganeite and lepidocrocite to hematite: Assessment of possible precursors to Martian crystalline hematite. *Physics and Chemistry of Minerals*, 35: 569−581

Glotch T D, Morris R V, Christensen P R, et al. 2004. Effect of precursor mineralogy on the thermal infrared emission spectra of hematite: Application to Martian hematite mineralization. *Journal of*

Geophysical Research: Planets, 109: E07003

Glotch T D, Rogers A D. 2007. Evidence for aqueous deposition of hematite- and sulfate-rich light-toned layered deposits in Aureum and Iani Chaos, Mars. *Journal of Geophysical Research: Planets*, 112: E06001

Goetz W, Bertelsen P, Binau C S, et al. 2005. Indication of drier periods on Mars from the chemistry and mineralogy of atmospheric dust. *Nature*, 436: 62−65

Golden D C, Ming D W, Morris R V, et al. 2005. Laboratory-simulated acid-sulfate weathering of basaltic materials: Implications for formation of sulfates at Meridiani Planum and Gusev crater, Mars. *Journal of Geophysical Research: Planets*, 110: E12S07

Greshake A, Fritz J, Bottger U, et al. 2013. Shear-induced ringwoodite formation in the Martian shergottite Dar al Gani 670. *Earth and Planetary Science Letters*, 375: 383−394

Griffith L L, Shock E L. 1995. A geochemical model for the formation of hydrothermal carbonates on Mars. *Nature*, 377: 406−408

Grotzinger J P, Arvidson R E, Bell J F, et al. 2005. Stratigraphy and sedimentology of a dry to wet eolian depositional system, Burns formation, Meridiani Planum, Mars. *Earth and Planetary Science Letters*, 240: 11−72

Hamilton V E. 2003. Are oxidized shergottite-like basalts an alternative to "andesite" on Mars? *Geophysical Research Letters*, doi: 10.1029/2003GL017839

Hamilton V E, Christensen P R. 2005. Evidence for extensive, olivine-rich bedrock on Mars. *Geology*, 33: 433−436

Hamilton V E, Ruff S W. 2012. Distribution and characteristics of Adirondack-class basalt as observed by Mini-TES in Gusev crater, Mars and its possible volcanic source. *Icarus*, 218: 917−949

Hargraves R B, Knudsen J M, Bertelsen P, et al. 2000. Magnetic enhancement on the surface of Mars? *Journal of Geophysical Research*, 105: 1819

Harvey R P, McCoy T J, Leshin L A. 1996. Shergottite QUE 94201: Texture, Mineral Compositions, and Comparison with Other Basaltic Shergottites. *LPSC 27*, 497

Haskin L A, Wang A, Jolliff B L, et al. 2005. Water alteration of rocks and soils on Mars at the Spirit rover site in Gusev crater. *Nature*. 436: 66−69

Hayes A G, Grotzinger J P, Edgar L A, et al. 2011. Reconstruction of eolian bed forms and paleocurrents from cross-bedded strata at Victoria Crater, Meridiani Planum, Mars. *Journal of Geophysical Research: Planets*, 116: E00F21

He Q, Xiao L, Hsu W B, Balta J B, et al. 2013. The water content and parental magma of the second chassignite NWA 2737: Clues from trapped melt inclusions in olivine. *Meteoritics & Planetary Science*, 48: 474−492

Head J N, Melosh H J, Ivanov B A. 2002. Martian meteorite launch: High-speed ejecta from small craters. *Science*, 298: 1752−1756

Herkenhoff K E, Squyres S W, Arvidson R, et al. 2003. Discovery of olivine in the Nili Fssae region of Mars. *Science*, 302: 627−630

Herkenhoff K E, Squyres S W, Arvidson R, et al. 2004. Textures of the soils and rocks at Gusev crater from Spirit's Microscopic Imager. *Science*, 305: 824−826

Hoefen T M, Clark R N, Bandfield J L, et al. 2003. Discovery of loivine in the Nili Fssae region of Mars. *Science*, 302: 627−630

Horgan B, Bell III J F. 2012. Widespread weathered glass on the surface of Mars. *Geology*, 40: 391−394

Horgan B H, Bell J F, Dobrea E Z N, et al. 2009. Distribution of hydrated minerals in the north polar region of Mars. *Journal of Geophysical Research: Planets*, 114: E01005

Hu S, Feng L, Lin Y T. 2011. Petrography, mineral chemistry and shock metamorphism of Yamato 984028 lherzolitic shergottite. *Chinese Science Bulletin*, 56: 1579–1587

Hu S, Lin Y, Zhang J, et al. 2014. NanoSIMS analyses of apatite and melt inclusions in the GRV 020090 Martian meteorite: Hydrogen isotope evidence for recent past underground hydrothermal activity on Mars. *Geochimica et Cosmochimica Acta*, 140: 321–333

Humayun M, Nemchin A, Zanda B, et al. 2013. Origin and age of the earliest Martian crust from meteorite NWA 7533. *Nature*, 503: 513–516

Imae N, Ikeda Y. 2010. High-pressure polymorphs of magnesian orthopyroxene from a shock vein in the Yamato-000047 lherzolitic shergottite. *Meteoritics & Planetary Science*, 45: 43–54

Johnson J R, Grundy W M, Lemmon M T, et al. 2006a. Spectrophotometric properties of materials observed by Pancam on the Mars Exploration Rovers: 2. Opportunity. *Journal of Geophysical Research: Planets*, 111: E12S16

Johnson J R, Grundy W M, Lemmon M T, et al. 2006b. Spectrophotometric properties of materials observed by Pancam on the Mars Exploration Rovers: 1. Spirit. *Journal of Geophysical Research: Planets*, 111: E02S14

Johnson J R, Staid M I, Titus T N, et al. 2006c. Shocked plagioclase signatures in Thermal Emission Spectrometer data of Mars. *Icarus*, 180: 60–74

Johnson M C, Rutherford M J, Hess P C. 1991. Chassigny petrogenesis: Melt compositions, intensive parameters, and water contents of Martian (?) magmas. *Geochimica et Cosmochimica Acta*, 55: 349–366

King P L, McSween H Y. 2005. Effects of H_2O, pH, and oxidation state on the stability of Fe minerals on Mars. *Journal of Geophysical Research: Planets*, 110: E12S10

Knauth L P, Burt D M, Wohletz K H. 2005. Impact origin of sediments at the Opportunity landing site on Mars. *Nature*, 438: 1123–1128

Koeppen W C, Hamilton V E. 2008. Global distribution, composition, and abundance of olivine on the surface of Mars from thermal infrared data. *Journal of Geophysical Research: Planets*, 113: E05001

Kraft M D, Michalski J R, Sharp T G. 2003. Effects of pure silica coatings on thermal emission spectra of basaltic rocks: Considerations for Martian surface mineralogy. *Geophysical Research Letters*, 30: 2288

Kubo T, Kimura M, Kato T, et al. 2010. Plagioclase breakdown as an indicator for shock conditions of meteorites. *Nature Geoscience*, 3: 41–45

Lane M D, Dyar M D, Bishop J L. 2004. Spectroscopic evidence for hydrous iron sulfate in the Martian soil. *Geophysical Research Letters*, 31: 19702

Langenhorst F, Poirier J P. 2000. Anatomy of black veins in Zagami: Clues to the formation of high-pressure phases. *Earth and Planetary Science Letters*, 184: 37–55

Langevin Y, Poulet F, Bibring J P, et al. 2005. Sulfates in the north polar region of Mars detected by OMEGA/Mars Express. *Science*, 307: 1584–1586

Leshin L A. 2000. Insights into martian water reservoirs from analyses of martian meteorite QUE94201. *Geophysical Research Letters*, 27: 2017–2020

Leshin L A, Mahaffy P R, Webster C R, et al. 2013. Volatile, isotope, and organic analysis of martian fines with the Mars Curiosity rover. *Science*, 341: 1238937

Lin Y T, El Goresy A, Hu S, et al. 2014. NanoSIMS analysis of organic carbon from the Tissint Martian meteorite: Evidence for the past existence of subsurface organic-bearing fluids on Mars.

Meteoritics & Planetary Science, 49: 2201–2218

Lin Y T, Guan Y B, Wang D D, et al. 2005. Petrogenesis of the new lherzolitic shergottite Grove Mountains 99027: Constraints of petrography, mineral chemistry, and rare earth elements. *Meteoritics & Planetary Science*, 40: 1599–1619

Lin Y T, Hu S, Miao B K, Xu L, et al. 2013. Grove Mountains 020090 enriched lherzolitic shergottite: A two-stage formation model. *Meteoritics & Planetary Science*, 48: 1572–1589

Lin Y T, Wang D D, Wang G Q. 2004. A tiny piece of basalt probably from asteroid 4 vesta. Acta *Geologica Sinica-English Edition*, 78: 1025–1033

Ma C, Tschauner O, Beckett J R, et al. 2014. Discovery of ahrensite γ-Fe$_2$SiO$_4$ and Tissintite（Ca, Na, □）AlSi$_2$O$_6$: Two new high pressure minerals from the Tissint martian meteorite. *LPI Contributions*, 1800: 1222

Ma C, Tschauner O, Beckett J R, et al. 2015. Tissintite, （Ca, Na, □）AlSi$_2$O$_6$, a highly-defective, shock-induced, high-pressure clinopyroxene in the Tissint martian meteorite. *Earth and Planetary Science Letters*, 422: 194–205

Madsen M B, Bertelsen P, Goetz W, et al. 2003. Magnetic Properties Experiments on the Mars Exploration Rover mission. *Journal of Geophysical Research: Planets*, 108: E128069

Malin, M C, Edgett K S. 2000. Sedimentary rocks of early Mars. *Science*, 290:1927–1937

Malin M C, Edgett K S, Cantor B A, et al. 2010. An overview of the 1985–2006 Mars Orbiter Camera science investigation. *International Journal of Mars Science and Exploration*, 5: 1–60

Mangold N, Baratoux D, Arnalds O, et al. 2011. Segregation of olivine grains in volcanic sands in Iceland and implications for Mars. *Earth and Planetary Science Letters*, 310: 233–243

Mangold N, Forni O, Dromart G, et al. 2015. Chemical variations in Yellowknife Bay formation sedimentary rocks analyzed by ChemCam on board the Curiosity rover on Mars. *Journal of Geophysical Research: Planets*, 120: 452–482

Mason B, Nelen J A, Muir P, et al. 1976. The composition of the Chassigny meteorite. *Meteoritics*, 11: 21–27

McCubbin F M, Smirnov A, Nekvasil H, et al. 2010. Hydrous magmatism on Mars: A source of water for the surface and subsurface during the Amazonian. *Earth and Planetary Science Letters*, 292: 132–138

McKay D S, Gibson E K, Jr Thomas-Keprta K L, et al. 1996. Search for past life on Mars: Possible relic biogenic activity in martian meteorite ALH84001. *Science*, 273: 924–930

McLennan S M. 2003. Sedimentary silica on Mars. *Geology*, 31: 315–318

McSween H Y. 1994. What We Have Learned About Mars from Snc Meteorites. *Meteoritics*, 29: 757–779

McSween H Y, Arvidson R E, Bell J F, et al. 2004. Basaltic rocks analyzed by the Spirit Rover in Gusev Crater. *Science*, 305: 842–845

McSween H Y, Murchie S L, Crisp J A, et al. 1999. Chemical, multispectral, and textural constraints on the composition and origin of rocks at the Mars Pathfinder landing site. *Journal of Geophysical Research: Planets*, 104: 8679–8715

McSween H Y, Ruff S W, Morris R V. et al. 2006. Alkaline volcanic rocks from the Columbia Hills, Gusev Crater, Mars. *Journal of Geophysical Research: Planets*, 111: E09S51

McSween H Y, Ruff S W, Morris R V. et al. 2008. Mineralogy of volcanic rocks in Gusev Crater, Mars: Reconciling Mossbauer, Alpha Particle X-ray Spectrometer, and Miniature Thermal Emission Spectrometer spectra. *Journal of Geophysical Research: Planets*, 113: E06S04

McSween H Y, Wyatt M B, Gellert R. et al. 2006c. Characterization and petrologic interpretation of olivine-rich basalts at Gusev Crater, Mars. *Journal of Geophysical Research: Planets*, 111: E02S10

Metz J M, Grotzinger J P, Rubin D M. et al. 2009. Sulfate-Rich eolian and wet interdune Deposits, Erebus Crater, Meridiani Planum, Mars. *Journal of Sedimentary Research*, 79: 247−264

Miao B K, Ouyang Z Y, Wang D D, et al. 2004. A new Martian meteorite from Antarctica: Grove Mountains (GRV) 020090. *Acta Geologica Sinica-English Edition*, 78: 1034−1041

Michalski J R, Kraft M D, Sharp T G, et al. 2005. Mineralogical constraints on the high-silica martian surface component observed by TES. *Icarus*, 174: 161−177

Michalski J R, Niles P B. 2010. Deep crustal carbonate rocks exposed by meteor impact on Mars. *Nature Geoscience*, 3: 751−755

Milliken R E, Swayze G A, Arvidson R E, et al. 2008. Opaline silica in young deposits on Mars. *Geology*, 36: 847−850

Ming D W, Gellert R, Morris R V, et al. 2008. Geochemical properties of rocks and soils in Gusev Crater, Mars: Results of the Alpha Particle X-Ray Spectrometer from Cumberland Ridge to Home Plate. *Journal of Geophysical Research: Planets*, 113: E12S39

Ming D W, Mittlefehldt D W, Morris R V, et al. 2006. Geochemical and mineralogical indicators for aqueous processes in the Columbia Hills of Gusev crater, Mars. *Journal of Geophysical Research: Planets*, 111: E02S12

Miyahara M, Ohtani E, Ozawa S, et al. 2011. Natural dissociation of olivine to (Mg, Fe) SiO_3 perovskite and magnesiowustite in a shocked Martian meteorite. *Proceedings of the National Acadamy of Science of the United States of America*, 108: 5999−6003

Monkawa A, Mikouchi T, Koizumi E, et al. 2006. Determination of the Fe oxidation state of the Chassigny kaersutite: A microXANES spectroscopic study. *Meteoritics & Planetary Science*, 41: 1321−1329

Morris R V, Golden D C, Bell J F, et al. 2000. Mineralogy, composition, and alteration of Mars Pathfinder rocks and soils: Evidence from multispectral, elemental, and magnetic data on terrestrial analogue, SNC meteorite, and Pathfinder samples. *Journal of Geophysical Research: Planets*, 105: 1757−1817

Morris R V, Klingelhofer G, Bernhardt B, et al. 2004. Mineralogy at Gusev Crater from the Mossbauer spectrometer on the Spirit Rover. *Science*, 305: 833−836

Morris R V, Klingelhofer G, Schroder C, et al. 2006. Mössbauer mineralogy of rock, soil, and dust at Gusev crater, Mars: Spirit's journey through weakly altered olivine basalt on the plains and pervasively altered basalt in the Columbia Hills. *Journal of Geophysical Research: Planets*, doi: 10.1029/2005 JE002584

Morris R V, Ruff S W, Gellert R, et al. 2010. Identification of carbonate-rich outcrops on Mars by the Spirit rover. *Science*, 329: 421−424

Mukhin L M, Koscheev A P, Dikov Yu P, et al. 1996. Experimental simulations of the photodecomposition of carbonates and sulphates on Mars. *Nature*, 379: 141−143

Murchie S, Roach L, Seelos F, et al. 2009a. Evidence for the origin of layered deposits in Candor Chasma, Mars, from mineral composition and hydrologic modeling. *Journal of Geophysical Research*, 114: E00D05

Murchie S L, Seelos F P, Hash C D, et al. 2009b. Compact Reconnaissance Imaging Spectrometer for Mars investigation and data set from the Mars Reconnaissance Orbiter's primary science phase. *Journal of Geophysical Research: Planets*, 114: E00D07

Mustard J F, Ehlmann B L, Murchie S L, et al. 2009. Composition, morphology, and stratigraphy of Noachian crust around the Isidis basin. *Journal of Geophysical Research*, 114: E00D12

Mustard J F, Poulet F, Gendrin A, et al. 2005. Olivine and pyroxene diversity in the crust of Mars. *Science*, 307: 1594−1597

Mustard J F, Poulet F, Head J W, et al. 2007. Mineralogy of the Nili Fossae region with OMEGA/ Mars Express data: 1. Ancient impact melt in the Isidis Basin and implications for the transition from the Noachian to Hesperian. *Journal of Geophysical Research: Planets*, 112: E08S03

Muttik N, Agee C B, McCubbin F M, et al. 2014. Looking for a Source of Water in Martian Basaltic Breccia NWA 7034. *LPSC 45*, 2783

Noffke N. 2015. Ancient sedimentary structures in the <3.7 Ga Gillespie Lake Member, Mars, that resemble macroscopic morphology, spatial associations, and temporal succession in terrestrial microbialites. *Astrobiology*, 15: 169−192

Nyquist L E, Bogard D D, Shih C Y, et al. 2001. Ages and geologic histories of Martian meteorites. *Space Science Reviews*, 96: 105−164

Ody A, Poulet F, Bibring J P, et al. 2013. Global investigation of olivine on Mars: insights into crust and mantle compositions. *Journal of Geophysical Research: Planets*, 118: 234

Ohtake M, Matsunaga T, Haruyama J, et al. 2009. The global distribution of pure anorthosite on the Moon. *Nature*, 461: 236−240

Papike J J, Kamer J M, Shearer C K. 2003. Determination of planetary basalt parentage: A simple technique using the electron microprobe. *American Mineralogist*. 88: 469−472

Pettijohn F J. 1975. *Sedimentary Rocks*(Third Edition). New York: Harper & Row, 628

Popa C, Esposito F, Mennella V, et al. 2010. Occurrence of anorthosite on Mars in Xanthe Terra. In *European Planetary Science Congress*, p. 589

Regenspurg S, Brand A, Peiffer S. 2004. Formation and stability of schwertmannite in acidic mining lakes. *Geochimica et Cosmochimica Acta*, 68: 1185−1197

Rieder R, Gellert R, Anderson R C, et al. 2004. Chemistry of rocks and soils at Meridiani Planum from the Alpha Particle X-ray Spectrometer. *Science*, 306:1746−1749

Rieder R, Wanke H, Economou T, et al. 1997. Determination of the chemical composition of Martian soil and rocks: The alpha proton X-ray spectrometer. *Journal of Geophysical Research: Planets*, 102: 4027−4044

Roach L H, Mustard J F, Murchie S L, et al. 2009. Testing evidence of recent hydration state change in sulfates on Mars. *Journal of Geophysical Research: Planets*, 114: E00D02

Robinson M S, Hawke B R, Lucey P G, et al. 1994. Mariner 10 multispectral images of the moon and Mercury. *LPSC*, Abstracts

Rogers A D, Aharonson O, Bandfield J L. 2009. Geologic context of in situ rocky exposures in Mare Serpentis, Mars: Implications for crust and regolith evolution in the cratered highlands. *Icarus*, 200: 446−462

Rogers A D, Christensen P R, Bandfield J L. 2005. Compositional heterogeneity of the ancient Martian crust: analysis of Ares Vallis bedrock with THEMIS and TES data. *Journal of Geophysical Research: Planets*, 110: E05010

Rogers A D, Fergason R L. 2011. Regional-scale stratigraphy of surface units in Tyrrhena and Iapygia Terrae, Mars: Insights into highland crustal evolution and alteration history. *Journal of Geophysical Research*, 116: E08005

Rogers D, Christensen P R. 2003. Age relationship of basaltic and andesitic surface compositions on Mars: Analysis of high-resolution TES observations of the northern hemisphere. *Journal of Geophysical Research: Planets*, 108: 5030

Ruff S W. 2004. Spectral evidence for zeolite in the dust on Mars. *Icarus*, 168:131−143

Ruff S W, Christensen P R. 2007. Basaltic andesite, altered basalt, and a TES-based search for smectite clay minerals on Mars. *Geophysical Research Letters*, 34: 10204

Salvatore M R, Mustard J F, Head J W, et al. 2013. Development of alteration rinds by oxidative weathering processes in Beacon Valley, Antarctica, and implications for Mars. *Geochimica et Cosmochimica Acta*, 115: 137−161

Salvatore M R, Mustard J F, Wyatt M B, et al. 2010. Definitive evidence of Hesperian basalt in Acidalia and Chryse planitiae. *Journal of Geophysical Research*, 115: E07005

Sautter V, Fabre C, Forni O, et al. 2014. Igneous mineralogy at Bradbury Rise: The first ChemCam campaign at Gale crater. *Journal of Geophysical Research: Planets*, 119: 30−46

Schröder C, Rodionov D S, McCoy T J, et al. 2008. Meteorites on Mars observed with the Mars Exploration Rovers. *Journal of Geophysical Research*, 113: E06S22

Schwertmann U, Gasser U, Sticher H. 1989. Chromium-for-Iron Substitution in Synthetic Goethites. *Geochimica et Cosmochimica Acta*, 53: 1293−1297

Sharp T G, Goresy A E, Wopenka B, et al. 1999. A post-stishovite SiO_2 polymorph in the meteorite Shergotty: implications for impact events. *Science*, 284: 1511−1513

Silvestro S, Fenton L K, Vaz D A, et al. 2010. Ripple migration and dune activity on Mars: Evidence for dynamic wind processes. *Geophysical Research Letters*, 37: 20203

Smith M R, Bandfield J L. 2012. Geology of quartz and hydrated silica-bearing deposits near Antoniadi Crater, Mars. *Journal of Geophysical Research*, 117: E06007

Squyres S W, Aharonson O, Clark B C, et al. 2007. Pyroclastic activity at Home Plate in Gusev Crater, Mars. *Science*, 316:738−742

Squyres S W, Arvidson R E, Bell, J F, et al. 2004. The Spirit Rover's Athena Science Investigation at Gusev Crater, Mars. *Science*, 305: 794−799

Squyres S W, Arvidson R E, Blaney D L, et al. 2006. Rocks of the Columbia Hills. *Journal of Geophysical Research: Planets*, 111: E02S11

Squyres S W, Arvidson R E, Ruff S, et al. 2008. Detection of silica-rich deposits on Mars. *Science*, 320: 1063−1067

Squyres S W, Knoll A H. 2005. Sedimentary rocks at Meridiani Planum: Origin, diagetiesis, and implications for life on Mars. *Earth and Planetary Science Letters*, 240: 1−10

Squyres S W, Knoll A H, Arvidson R E, et al. 2009. Exploration of Victoria crater by the Mars rover Opportunity. *Science*, 324: 1058−1061

Stern J C, Sutter B, Freissinet C, et al. 2015. Evidence for indigenous nitrogen in sedimentary and aeolian deposits from the Curiosity rover investigations at Gale crater, Mars. *Proceedings of the National Acadamy of Science of the United States of America*, 112: 4245−4250

Stolper E M, Baker M B, Newcombe M E, et al. 2013. The petrochemistry of Jake_M: A martian mugearite. *Science*, 341: 1239463

Tirsch D, Jaumann R, Pacifici A, et al. 2011. Dark aeolian sediments in Martian craters: Composition and sources. *Journal of Geophysical Research: Planets*, 116:E03002

Tornabene L L, Moersch J E, McSween H Y, et al. 2008. Surface and crater-exposed lithologic units of the Isidis Basin as mapped by coanalysis of THEMIS and TES derived data products. *Journal of Geophysical Research: Planets*, 113: E10001

Treiman A H. 2005. The nakhlite meteorites: Augite-rich igneous rocks from Mars. *Chemie Der Erde-Geochemistry*, 65: 203−270

Vaniman D T, Bish D L, Chipera S J, et al. 2004. Magnesium sulphate salts and the history of water on Mars. *Nature*, 431: 663−665

Vaniman D T, Bish D L, Ming D W, et al. 2014. Mineralogy of a mudstone at Yellowknife Bay, Gale crater, Mars. *Science*, 343: 1243480

Walton E L. 2013. Shock metamorphism of Elephant Moraine A79001: Implications for olivine-ringwoodite transformation and the complex thermal history of heavily shocked Martian meteorites. *Geochimica et Cosmochimica Acta*, 107: 299–315

Walton E L, Sharp T G, Hu J, et al. 2014. Heterogeneous mineral assemblages in martian meteorite Tissint as a result of a recent small impact event on Mars. *Geochimica et Cosmochimica Acta*, 140: 334–348

Wang A, Haskin L A, Squyres S W, et al. 2006. Sulfate deposition in subsurface regolith in Gusev crater, Mars. *Journal of Geophysical Research: Planets*, 111: E02S17

Wanke H, Bruckner J, Dreibus G, et al. 2001. Chemical composition of rocks and soils at the Pathfinder site. *Space Science Reviews*, 96: 317–330

Ward A W, Gaddis L R, Kirk R L, et al. 1999. General geology and geomorphology of the Mars Pathfinder landing site. *Journal of Geophysical Research*, 104: 8555–8572

Watson L L, Hutcheon I D, Epstein S, et al. 1994. Water on Mars: Clues from Deuterium/Hydrogen and Water Contents of Hydrous Phases in SNC Meteorites. *Science*, 265: 86–90

Wdowiak T J, Klingelhofer G, Wade M L, et al. 2003. Extracting science from Mossbauer spectroscopy on Mars. *Journal of Geophysical Research: Planets*, 108: E128089

Wray J J, Hansen S T, Dufek J, et al. 2013. Prolonged magmatic activity on Mars inferred from the detection of felsic rocks. *Nature Geoscience*, 6: 1013–1017

Wyatt M B, McSween H Y. 2002. Spectral evidence for weathered basalt as an alternative to andesite in the northern lowlands of Mars. *Nature*, 417: 263–266

Yin Q Z, McCubbin F M, Zhou Q, et al. 2014. An Earth-Like beginning for ancient Mars Indicated by alkali-rich volcanism at 4.4 Ga. *LPSC 45*, 1320

Zipfel J, Schroder C, Jolliff B L, et al. 2011. Bounce Rock—A shergottite-like basalt encountered at Meridiani Planum, Mars. *Meteoritics & Planetary Science*, 46: 1–20

Zolotov M Y, Shock E L. 2005. Formation of jarosite-bearing deposits through aqueous oxidation of pyrite at Meridiani Planum, Mars. *Geophysical Research Letters*, 32: L21203

本章作者

胡　森　中国科学院地质与地球物理研究所副研究员,从事比较行星学研究,主要包括月球陨石、火星陨石、太空风化和分析技术研发。

林杨挺　中国科学院地质与地球物理研究所研究员,从事比较行星学研究。

张　婷　中国科学院地质与地球物理研究所博士研究生,从事比较行星学研究。

火星土壤

　　火星土壤通常指分布于火星表面松散、未固结的土状细粒风化物质（Gellert et al.，2004），它是火星表面岩石长期风化形成的风化层（regolith），与火星表面的岩石、基岩以及强胶结物质有明显区别。虽然地球科学家强调生物活动和有机化合物是"土壤"的重要组成部分，但是"风化层"和"土壤"（soil）两个术语在行星科学领域中经常交互使用，行星科学家通常用"土壤"来指代行星表面的风化物质层。火星土壤是固体火星壳直接与火星大气相接触的地带，它记录了火星表面经历的地质作用、风化作用、撞击作用以及演化过程等信息，对研究火星表面地质过程、水的作用、生命物质、宜居环境、大气活动等具有重要意义。另外，火星土壤是火星表面普遍存在的一种物质，对火星着陆探测与巡视探测有直接的影响。可以说，火星土壤不仅是研究火星演化历史、表面地质作用过程、资源就位利用、火星生命等的重要研究对象，也是火星着陆探测和巡视探测工程实施需要考虑的主要因素之一。目前，多次火星着陆探测和巡视探测都对火星土壤的基本性质进行了探测分析，主要包括：物质组成、物理与力学性质、磁性、有机化合物、水的探测等。本章根据火星的就位探测（着陆探测与巡视探测）资料，首先，总结"海盗 1 号"、"海盗 2 号"、"火星探路者"、"勇气号"、"机遇号"、"凤凰号"和"好奇号"对火星土壤的探测结果，主要包括火星土壤的颗粒特征、化学成分、矿物组成、物理与力学性质、磁性特征等；其次，分析火星尘埃基本特征和火星土壤的形成过程；最后，简单地介绍模拟火星土壤的研制意义与现状。

10.1 探测概况

　　自 1976 年人类首次将着陆器送往火星表面以来，已经多次实现了火星表面的就位探测（着陆探测和巡视探测），每次就位探测都携带多种探测载荷对着陆区火星土壤的基本性质进行了详细的就位分析，获得了火星土壤的颗粒形态、物质组成、物理性质、力学性质、磁性等数据。在已经实现的 7 次就位探测中，"海盗 1 号"、"海盗 2 号"、"凤凰号"开展了 3 次着陆探测，而"火星探路者"、"勇气号"、"机遇号"和"好奇号"则实现了 4 次巡视探测。这 7 个着陆区分布在火星表面 7 个不同的区域（图 10.1），其中"海盗 1 号"、"海盗 2 号"和"火星探路者"着陆于火星北部，"凤凰号"着陆于火星北极地区，"勇气号"、"机遇号"和"好奇号"着陆于火星南部高地地区。

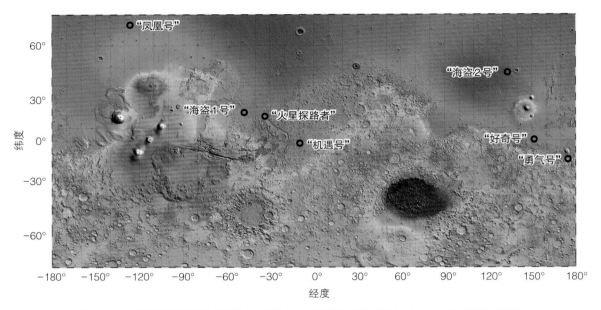

图 10.1　7 个火星着陆器的着陆点位置分布。(图片来源:据 Smith et al., 1999 修改)

10.1.1 "海盗 1 号"

"海盗 1 号"着陆器于 1976 年 7 月 20 日在克里斯平原 (22.48°N, 49.97°W) 着陆,搭载了 X 射线荧光光谱仪、气相色谱—质谱仪、三轴地震仪等科学仪器,对着陆区火星土壤的物质组成、物理性质、微生物存在证据和挥发分等进行了探测。

图 10.2　"海盗 1 号"着陆点图像。(图片来源:JPL/NASA)

通过"海盗1号"着陆器获取的影像资料可以看出,"海盗1号"着陆区分布着大量的堆积物、土壤和岩石(图10.2),与地球上多岩石的沙漠比较相似,呈黄褐色,地势起伏不大。当用采样臂(sample arm)撬动火星土壤时,发现其呈块状,物理性质与地球上中等密度的土壤相似。一些堆积物呈现交错重叠的现象,与风成沉积或河流沉积的现象相似。

10.1.2 "海盗2号"

1976年9月3日,"海盗2号"着陆器着陆于乌托邦平原(47.97°N,225.74°W),它搭载了与"海盗1号"相同的探测设备,也对着陆区火星土壤的物质组成、磁性、微生物存在的证据、机械力学性质、挥发分等进行了探测。

"海盗2号"着陆点位于一个岩石分布比较均匀的平原(图10.3),与"海盗1号"着陆点相比,"海盗2号"着陆点的地势更为平坦,分布着更多的岩石,大多数岩石呈棱角状,土壤分布于岩石之间,其表面覆盖着细小颗粒物质或小土块。"海盗2号"着陆器采样区很少出现堆积物,但在较远的区域却覆盖着大量的堆积物和壳状土壤物质,约占40%的面积。"海盗2号"着陆区的表面岩石分布特征可能与撞击作用有关,可能来源于附近的三重撞击坑的撞击溅射物。

图10.3 "海盗2号"着陆点图像。(图片来源:JPL/NASA)

10.1.3 "火星探路者"

1997年7月,"火星探路者"携带首个火星巡视器(即火星车)"旅居者"(Sojourner)着陆于阿瑞斯峡谷(19.33°N,33.55°W)。"火星探路者"着陆器和"旅居者"携带火星探路者

图 10.4 "火星探路者"着陆器拍摄的火星表面,灰色的岩石被红棕色的火星尘埃所覆盖。(图片来源:JPL/NASA)

成像仪（Imager for Mars Pathfinder，IMP）、大气和气象传感器（Atmospheric Structure Instrument/Meteorology Package，ASI/MET）、α质子激发X射线谱仪等科学仪器，对着陆区火星土壤和岩石的物质组成、磁性、机械力学性质等进行了分析。

与"海盗1号"和"海盗2号"着陆区相比，"火星探路者"着陆区分布着更多的岩石（图10.4），呈现出洪水搬运作用和沉积作用的地形地貌特征，较大的扁平状、次棱角状岩石呈叠瓦状或堆积状分布，与地球上洪水冲积作用的现象类似。该区域表面分布着大量的堆积物和土块状土壤，其中堆积物是一种颗粒非常细小的物质，具有反射率高、多孔、可压缩等特点，被认为是火星大气中沉降到表面的黏土级尘埃，而块状物质是一种由细小颗粒物质、中砾、粗砾和岩石碎块混合的物质，与地球上中等密度土壤相似。

10.1.4 "勇气号"

2004年1月3日，"勇气号"火星车在古谢夫撞击坑（14.572°S，175.478°E）着陆，携带显微成像仪（Microscopic Imager，MI）、α粒子激发X射线谱仪、穆斯堡尔谱仪、微型热辐射光谱仪等仪器，探测了着陆区火星土壤和岩石的化学成分、矿物组成和物理性质等。

"勇气号"着陆区是一个分布着大量风成沉积物的撞击坑（图10.5）。在探测期间，

图10.5 "勇气号"着陆点图像。（图片来源：JPL/NASA）

"勇气号"观察到一个新鲜的大撞击坑里面分布着由撞击作用产生的达10m厚的土壤,而其他的大型撞击坑里也分布着大量的沉积物。"勇气号"着陆区的火星土壤通常含有5种组分:最上层是一薄层火星大气中沉降的尘埃(<1mm),下面为一层粗沙和细砾物质,再下面是一层毫米级大小的次棱角状碎屑物质,然后是几毫米厚的黏性壳层("硬壳"),底部是由暗色土壤构成的风化层。虽然"海盗1号"和"火星探路者"着陆点的细粒堆积物比"海盗2号"和"勇气号"着陆区多,但古谢夫撞击坑风化层与"火星探路者"、"海盗1号"和"海盗2号"着陆区风化层仍然存在许多相似的地方(Greeley et al.,2006)。

10.1.5 "机遇号"

2004年1月25日,"机遇号"火星车着陆于子午线高原(1.946°S,354.473°W),它携带与"勇气号"相同的探测仪器,对着陆区的火星土壤和表面岩石进行了探测。"机遇号"着陆区地形非常平坦(图10.6),表面分布着大量的玄武岩质火星沙粒,土壤中存在直径为几毫米的球状赤铁矿,这些赤铁矿小球通常被认为来源于玄武岩质沙粒中的结核。子午线高原反照率较低(~0.12),表面颜色较暗,表面尘埃比其他着陆区少,通过火星车轮子挖掘的沟槽,可以明显看出暗色表层下面分布着一层反射率较高的火星土壤。

10.1.6 "凤凰号"

2008年5月,"凤凰号"火星车在火星北极地区(68.22°N,234.3°E)着陆(图10.7),它是目前唯一在极区着陆的探测器。"凤凰号"携带大量科学探测仪器,包括机械臂相机(RAC),火星降落成像仪(MARDI),表面立体成像仪(SSI),热逸出气分析仪(TEGA),显微术、电化学与传导率分析仪(MECA),气象站(MET)等,用于研究火星北极地区的水冰,分析极区的气候和大气组成,以及探测表层火星土壤中吸附的气体、有机物含量、磁性等。

10.1.7 "好奇号"

2012年8月6日,"好奇号"在盖尔撞击坑中心山脉的山脚下(4.5°S,137.4°E)成功着陆(图10.8)。"好奇号"是目前最先进的火星车,它携带桅杆相机(Mast Camera,MastCam)、火星手持透镜成像仪(Mars Hand Lens Imager,MAHLI)、火星降落成像仪、α粒子激发X射线谱仪、化学与矿物学分析仪(CheMin)、火星样品分析仪等十多种先进的科学载荷,主要用于探测火星土壤物质组成、寻找火星过去存在生命的证据、研究火星表面的地质和气候条件、确定是否存在适合生命生存的环境等。

NASA先后成功地对火星进行了7次就位探测分析,其中"海盗1号"、"海盗2号"和"凤凰号"为着陆器,仅能对着陆点附近的火星土壤进行探测,而"旅居者"、"勇气号"、"机遇号"和"好奇号"为火星车,能在火星表面自由行走,对不同区域火星土壤进行探测。迄今为止,多次的火星着陆探测和巡视探测已经获得了火星土壤颗粒特征、化学成分、矿物

图10.6 "机遇号"着陆点图像。(图片来源:JPL/NASA)

图 10.7 "凤凰号"着陆点图像。(图片来源：JPL/NASA)

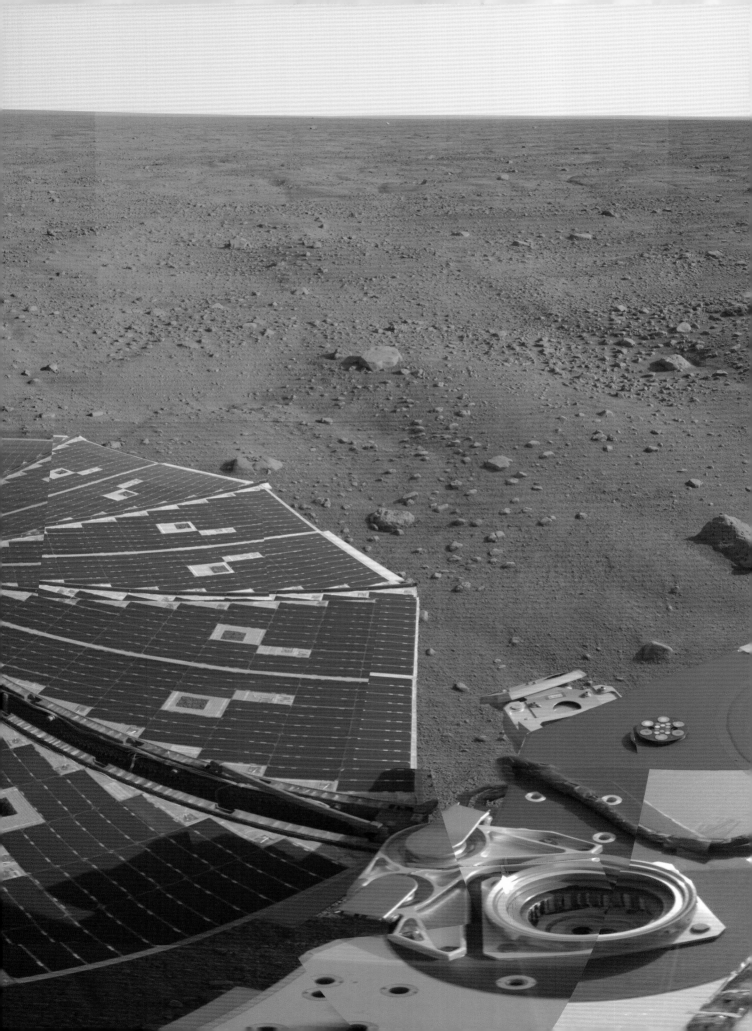

图 10.8 "好奇号"着陆点图像。(图片来源:JPL/NASA)

表 10.1 火星土壤基本性质探测概况

	"海盗1号"	"海盗2号"	"火星探路者"	"勇气号"	"机遇号"	"凤凰号"	"好奇号"
颗粒特征	✓	✓	✓	✓	✓	✓	✓
主量元素	✓	✓	✓	✓	✓		
微量元素				✓	✓	✓	✓
矿物组成				✓	✓		✓
物理与力学性质	✓	✓	✓	✓	✓		✓
磁性		✓	✓	✓	✓	✓	
挥发分	✓	✓					✓
有机化合物	✓	✓					✓
同位素							✓

组成、机械力学性质、挥发分和有机化合物等大量科学数据(表10.1),对火星土壤基本性质有了一定的认识。

10.2 火星土壤的类型与分布

火星土壤广泛分布于火星表面,通常呈红色、暗红色和灰色,颜色差异主要与含铁矿物成分、蚀变程度、颗粒大小和颗粒形状有关。火星土壤由细小颗粒物质组成,颗粒粒径从微米级到厘米级都有分布。根据颗粒粒径大小,火星土壤通常分为尘埃和沙粒。虽然土壤科学家通常认为黏土为粒径<5μm的颗粒,粉沙为粒径5—50μm的颗粒,沙粒为粒径50μm—2mm的颗粒(表10.2)。但对于火星,行星科学家通常将尘埃(dust)定义为火星土壤中容易被风搬运的细小颗粒物质(<5μm),分布在火星表层,容易被风搬运到火星大气中,在尘暴作用下能长距离搬运;沙粒则是火星土壤中的细小颗粒组分(通常粒径为5μm—2mm),包括土壤科学家定义的沙粒(50μm—2mm)和粉沙(5—50μm)。沙粒和尘埃在风的作用下容易形成沙丘(dunes)、波痕(ripples)等地貌类型(图10.9),火星表面的细小尘埃物质通常被称作堆积物或者风成堆积物(aeolian drift)。

表10.2 火星土壤颗粒粒径分级(Wentworth,1922)

砾				沙					泥	
巨砾	粗砾	中砾	细砾	极粗沙	粗沙	中沙	细沙	极细沙	粉沙	黏土
粒径 (mm) 256	64	4	2	1	0.5	0.25	0.125	0.0625	0.004	
Φ值 −8	−6	−2	−1	0	1	2	3	4	8	

(Φ =−log₂S,S为颗粒长轴粒径,单位mm)

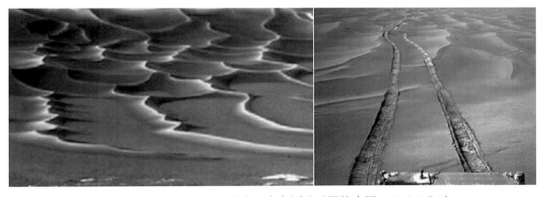

图10.9 火星表面的沙丘(左)和波痕(右)。(图片来源:JPL/NASA)

通常,火星着陆探测区的土壤主要由中砾、细砾、沙粒及极其细小的颗粒物质组成。表层土壤在风的改造作用下,被分选成不同粒径的颗粒物质:形成堆积物的黏土颗粒,形成沙丘的沙粒,通过跳跃、蠕动等方式形成波痕的细砾。这些物质尽管在物质组成上都比较相近,但是由于颗粒大小和胶结程度的不同,具有不同的物理性质。根据火星土壤的颗粒特征和力学性质,火星土壤一般被分为:主要由细粒物质与黏性物质组成的堆积物,由弱胶结黏土级颗粒组成的壳状至土块状物质(crusty to cloddy material),强胶结沙粒级和更小颗粒组成的块状物质(blocky material)。

10.3 火星土壤的基本性质

10.3.1 颗粒特征

火星着陆探测均携带相机,对着陆区土壤进行观察分析,表10.3为火星着陆器和火星车携带相机的主要参数。根据火星就位探测的立体图像、全景图像、显微图像,可以获

表10.3 火星着陆器/火星车携带相机的参数

探测器	相机	IFOV*(mrad)	最佳分辨率**
"海盗1号"/"海盗2号"	全景相机	0.7	1500μm
"火星探路者"	全景相机	1.0	3000μm
"旅居者"	全景相机	2.9—3.4	2000μm
"勇气号"/"机遇号"	全景相机	0.27	1400μm
"勇气号"/"机遇号"	显微相机	N/A	100μm
"凤凰号"	机器臂相机		22μm/像素
"凤凰号"	光学显微镜		4μm/像素
"好奇号"	火星手持透镜成像仪		13.9μm/像素

*瞬时视场角(Insatantaneous Field of View)。

**能观察到的最小颗粒大小。

图10.10 "海盗1号"和"海盗2号"着陆点火星土壤,可见"海盗1号"着陆区的堆积物(a)和块状物质(b),"海盗2号"着陆区的壳状至土块状物质(c)。(图片来源:JPL/NASA)

得着陆区火星土壤的颗粒形态、颗粒大小、分选程度、磨圆程度、粒径分布等信息,为研究火星土壤的颗粒特征、物质来源、搬运过程、沉积过程等提供重要线索。

"海盗 1 号"和"海盗 2 号"探测发现,其着陆区主要分布着四种物质:堆积物、壳状至土块状物质、块状物质和岩石。"海盗 1 号"着陆点附近的基岩表层分布着大量土壤和堆积物,堆积物表面光滑,颗粒非常细小,从极细粉到黏土级均有分布,含量约占 14%(图 10.10)。在"海盗 1 号"着陆区堆积物和岩石之间,分布着大量的土块状物质,占了"海盗 1 号"采样区(sample field)78% 的面积。块状物质主要为呈厘米大小的菱形土块,它是"海盗 1 号"和"海盗 2 号"着陆区胶结强度最大的土壤(图 10.10)。

相比"海盗 1 号"着陆点,"海盗 2 号"着陆点附近的堆积物分布较少,更多地分布了直径从几厘米到 1m 的岩石,岩石之间主要覆盖着厘米大小或者更小的土块物质,被称作壳状至土块状物质,分布范围占采样区约 86%。土块状物质表面光滑且有断裂的痕迹,分裂成粒径 0.5—1cm 的土块,与地球上风化作用造成的泥裂现象类似(图 10.10)。

与"海盗 1 号"和"海盗 2 号"着陆区类似,"旅居者"火星车也探测到着陆区分布着大

图 10.11 "旅居者"观察到的堆积物、土块状物质和砾石。(图片来源:JPL/NASA)

量的堆积物、土壤物质和岩石(图 10.11)。"火星探路者"着陆区至少可以观察到两种类型的土壤物质:堆积物和土块状物质。堆积物主要分布在岩石和土壤表面,是一种颜色明亮、颗粒非常细小、多孔、可压缩的尘埃物质,主要来源于火星大气中尘埃颗粒的沉降。在表层堆积物之下,则分布着一层颜色较深且分选较差的土块状物质。这些土块状物质由尘埃大小到细砾大小的矿物和岩石颗粒混合组成,含有少量的中砾、小岩石碎块和块状物质,与地球上中等密度的土壤类似(Moore,1999)。

通过"勇气号"显微成像仪获得的高分辨率图像,能够对着陆区火星土壤的颗粒形状、大小、分选、磨圆度以及粒径分布等结构特征进行详细的分析。根据土壤的结构特征,可以把"勇气号"着陆区的火星土壤分为以下几种类型:明亮尘埃(bright dust)、黑色土壤(dark soil)、底部壳层(bedform armor)、岩屑(lithic fragments)、双峰混合土(bimodal mixed soil)和次表土(subsurface soil)等(McGlynn et al.,2011)。

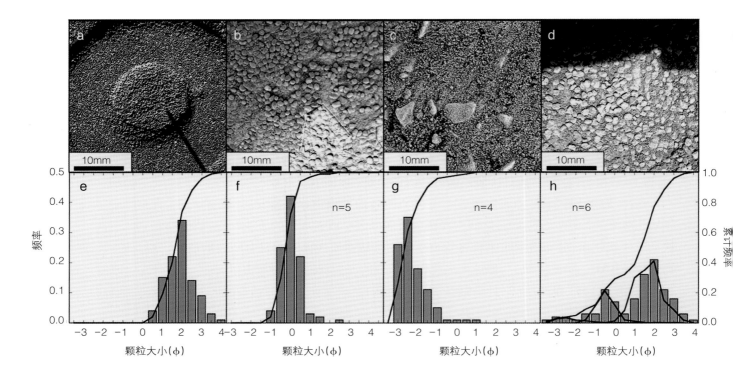

图 10.12 根据土壤的颗粒大小及土壤特征划分的主要土壤类型[分别为黑色土壤(a、e)、底部壳层(b、f)、岩屑(c、g)、双峰混合土(d、h)]的显微图像以及平均颗粒分布频率直方图和对应的粒度累计分布曲线。横坐标 $\phi=-\log_2 S$，S 为颗粒长轴粒径，单位 mm。（图片来源：McGlynn et al.，2011）

　　明亮尘埃是分布在土壤表层非常细小的细粒物质，粒径<100μm，厚度~1mm。由于其颗粒粒径小于显微成像仪的分辨率（100μm），因此，没有分析明亮尘埃的颗粒结构。黑色土壤分布在明亮尘埃之下，粒径从极细沙到粗沙都有分布，平均颗粒粒径在中沙到细沙的范围内，分选极差，呈单峰分布，磨圆度为圆状到极圆状（图 10.12a、e）。底部壳层是毫米级风化颗粒组成的沉积层，平均颗粒粒径在细砾到极粗砂的范围内，比黑色土壤的颗粒粒径要大，并且含有一定量的尘埃，所有的底部壳层物质分选极差，呈单峰分布，磨圆度为圆状到极圆状（图 10.12b、f）。岩屑是表层土壤中粗大的颗粒，岩屑中最大的颗粒为中砾颗粒，最小的为粗沙到极粗沙颗粒，磨圆度从次圆状到圆状，分选从差到极差（图 10.12c、g）；双峰混合土与其他类型的土壤颗粒形状不同，其颗粒形状呈次棱角状到次圆状，粒径分布在极细沙到中砾的范围内，表现出明显的双峰分布特征（图 10.12d、h）。次表土为土壤的底层物质，其颗粒结构与表面颗粒存在差异，分选极差，颗粒为中砾大小，磨圆度从次棱角状到次圆状（McGlynn et al.，2011）。

　　"机遇号"和"勇气号"一样，也携带显微成像仪对着陆区土壤的颗粒特征进行了观察。根据其获取的火星土壤高分辨率图像（图 10.13），"机遇号"着陆点的火星土壤主要由明亮尘埃、黑色土壤、毫米大小富赤铁矿的小球粒、玄武质碎屑（basaltic clasts）等组成。明亮尘埃分布在表层或者次表层；黑色土壤颗粒细小，主要分布在表层；"机遇号"着陆区还分布着大量毫米级大小的富赤铁矿球粒，球粒直径<1—2mm，赤铁矿球粒之间有角状和泡状的岩屑分布（Yen et al.，2005）。

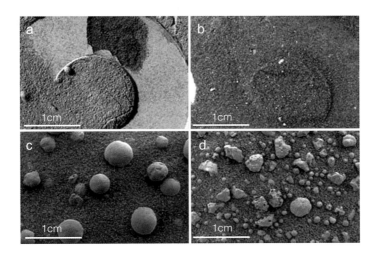

图10.13 子午线高原火星土壤显微图像,分别为明亮尘埃(a)、黑色土壤(b)、赤铁矿球粒(c)和次角状岩屑(d)。(图片来源:Yen et al.,2005)

图10.14 "凤凰号"着陆点火星土壤颗粒图像。(图片来源:Goetz et al., 2010)

　　"凤凰号"利用光学显微镜获得的火星土壤彩色图像(图10.14),分析了着陆区的火星土壤颗粒特征。根据其颜色、大小和形状,"凤凰号"着陆区的火星土壤主要分为4种类型:(1)红色细颗粒(reddish fines),大多数很难观察到,与火星表面大气尘埃类似;(2)粉沙到沙粒大小的棕色颗粒;(3)粉沙到沙粒大小的黑色颗粒;(4)少量的白色细颗粒(可能是盐类物质)。最小的颗粒呈红色,而较大的颗粒($20—100\mu m$)呈棕色或黑色。土壤颗粒的粒径分布曲线上有两个不同的峰,分别在$<10\mu m$和$20—100\mu m$,与古谢夫撞击坑土壤明显不同。另外,该区域的火星土壤缺乏粒径从中沙到粗砂范围内的颗粒,大多数沙粒大小的颗粒呈次圆状,并且具有不同的结构。棕色颗粒颜色多变,黑色颗粒是分布最多的铁镁质颗粒物质(Goetz et al.,2010)。

　　"好奇号"利用样品采样器(sample acquisition)、样品加工和处理系统(sample processing and handling subsystem)在盖尔撞击坑处的沙粒堆积物中挖掘了5个30—40mm深的沟槽,并利用椭杆相机获得了其中4个沟槽的光滑切面图像。从图像可以看出在沟槽顶部的光滑表面为一层浅色层(light-toned layer)。根据火星手持透镜成像仪获得的图像(图10.15),沙粒堆积物从上到下主要有以下几层火星土壤:(1)一层粒径约1mm的浅色表层颗粒,底部为细小的细粒物质(粒径<0.1mm,接近火星手持透镜成像仪图像的分辨率);(2)浅色层;(3)约12mm厚的深色层;(4)约8mm厚的浅色层。这些物质层都与沙丘的表面平行,浅色层之下是第二个黑色区域(掉入松散沙粒覆盖的沟槽底部)(Fisk et al.,2013)。

　　"海盗1号"、"海盗2号"、"火星探路者"、"勇气号"、"机遇号"、"凤凰号"和"好奇号"都携带相应的探测设备对着陆区火星土壤的颗粒特征进行了探测。虽然各个着陆区火星土壤都具有独特的特征,但总体而言,火星表层土壤的粒径从几微米到几毫米都有分布,主要由沙粒级大小的颗粒物质组成,粒径一般在60—200μm的范围内,也含有一些厘米级的岩石碎屑。最表层通常覆盖着薄薄一层黏土级的细小颗粒物质(平均粒径2—4μm),这是火星大气中的尘埃沉降在火星表面的物质,颜色较浅。土壤中的壳状至土块状物质一般在从几微米到500μm的范围都有分布,块状物质的粒径大小均在50μm以上,较大的可达3mm左右(Christensen et al.,1992;Golombek et al.,2008)。

　　此外,由于火星表面经常发生强烈的尘暴,局部性、区域性和全球性的尘暴作用使火星土壤表层分布着一层风成沉积物(火星尘埃和沙粒)。这些物质在风的长期搬运作用下,通过蠕动、跳跃、悬浮等运动方式,不断地相互磨蚀,使火星土壤上层沉积物的颗粒形态呈次棱角状到圆状(Meslin et al.,2013)。图10.16分别为"好奇号"、"机遇号"、"勇气号"着陆区表层火星土壤的颗粒图像。

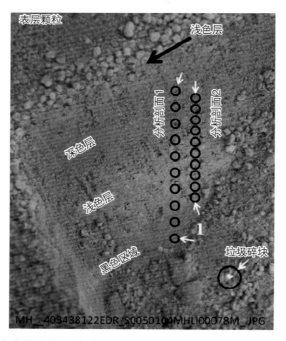

图10.15 火星手持透镜成像仪获取的第二铲挖掘的火星土壤图像。(图片来源:Fisk et al.,2013)

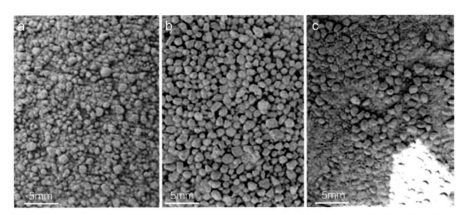

图10.16 "好奇号"(a)、"机遇号"(b)和"勇气号"(c)着陆区表层火星土壤的颗粒图像。(图片来源：Yen et al.,2013)

10.3.2 化学成分

　　火星土壤化学成分探测是着陆探测与巡视探测的主要目标之一。"海盗1号"、"海盗2号"、"火星探路者"、"勇气号"、"机遇号"和"好奇号"均携带相关的仪器设备探测了火星土壤的化学成分。随着探测活动和探测技术水平的不断发展，火星土壤化学成分的探测从最初的少量元素的探测，发展到后来火星土壤中主量元素和部分微量元素的探测。表10.4为6次探测火星土壤化学成分所使用的探测仪器。探测发现，火星土壤主要由Si、Fe、Al、Mg、Ca等元素组成，相对地球上的土壤，含有较多的S和Cl元素。

表10.4　火星土壤化学成分探测装置

探测器	探测装置	评测目标
"海盗1号"	X射线荧光光谱仪	原子序数大于12(Z>12)的元素
"海盗2号"	X射线荧光光谱仪	原子序数大于12(Z>12)的元素
"火星探路者"	α质子激发X射线谱仪	主量元素
"勇气号"	α粒子激发X射线谱仪	主量元素，部分微量元素(Ni、Zn和Br)
"机遇号"	α粒子激发X射线谱仪	主量元素，部分微量元素(Ni、Zn和Br)
"好奇号"	α粒子激发X射线谱仪	主量元素，部分微量元素(Ni、Zn和Br)

　　"海盗1号"和"海盗2号"着陆器首次利用X射线荧光光谱仪探测了克里斯平原和乌托邦平原两个着陆区21个土壤样品的化学成分，并对其中17个土壤样品进行了精确的分析。分析发现，火星土壤是一种铁镁质的物质，含有大量的硫。由于所使用的X射线荧光光谱仪只能测定原子序数大于12(Z>12)的元素的含量，因此只获得了土壤中大多数的主要元素和次要元素的含量数据(表10.5)。

表 10.5 "海盗 1 号"和"海盗 2 号"着陆点火星土壤的化学成分(wt%)(Clark et al., 1982)

土壤	类型	MgO	Al₂O₃	SiO₂	SO₃	Cl	K₂O	CaO	TiO₂	Fe₂O₃
					"海盗 1 号"					
C-1	细粒物质	6	7.5	43	7	0.7	0	6	0.65	17.6
C-2	壳状物质			42	9	0.7	0	5.5	0.57	17.3
C-5	壳状物质	7	6.9	42	9.5	0.9	0	5.6	0.6	17.4
C-6	底部颗粒	6	7.3	44	6.7	0.8	0.4	6	0.61	17.3
C-7	细粒物质	5	7.4	44	6.8	0.6	0	6	0.63	19
C-8	细粒物质	6	7.1	43	5.9	0.65	0	5.8	0.71	18.8
C-9	总体成分	5	7.5	45	7.2	0.8	0	6	0.71	18.9
C-11	底部颗粒	6	7.2				0	5.4	0.64	17.7
C-13	壳状物质	7	7	43	9	0.9	0	5.4	0.59	18.2
					"海盗 2 号"					
U-1	细粒物质			42	8.4	0.3	0.03	5.8	0.6	18.9
U-2	岩石底部			43	8.1	0.6	0.02	5.8	0.63	17.6
U-3	细粒物质			44	7.6		0	5.95	0.64	18.3
U-4	岩石底部			43	7.9	0.45	0	5.7	0.52	16.9
U-5	表层物质			42	8.3	0.6	0	53	0.44	16.3
U-6	底部颗粒			42	7.9	0.3	0	5.5	0.48	16.9
U-7	底部颗粒			41	7.6	0.4	0	5.5	0.51	17.1
U-8	总体成分				8.5		0	5.6	0.47	17.5
					分析精度					
仪器精度		±1	±0.4	±2	±0.7	±0.25	±0.15	±0.2	±0.1	±0.5
矫正精度		±1	±2.5	±3	±2	±0.2	±0.1	±1	±0.1	±2
总精度		-3—±5	±4	±6	-23—±6	-0.53—±1.5	±0.5	±2	±0.25	-23—±5

与地球土壤和月球土壤相比,"海盗 1 号"和"海盗 2 号"着陆区火星土壤中的 Al 元素含量相对较低,Fe 含量相对较高,并且富含 S 和 Cl 元素。S 元素含量是地球土壤 S 元素含量的 100 倍,而 K 元素仅为地球的 1/5。虽然"海盗 1 号"和"海盗 2 号"着陆点相距半个火星(纬度接近,经度相差约 180°),但这两个着陆点火星土壤的化学成分探测结果比较相近,这说明火星表层土壤的物质成分比较均一。

相对"海盗 1 号"和"海盗 2 号"着陆器,"火星探路者"携带的探测设备更先进,它所搭

表10.6 "火星探路者"着陆区火星土壤的探测结果(wt%)(Foley et al.,2003)

土壤	Na$_2$O	MgO	Al$_2$O$_3$	SiO$_2$	P$_2$O$_5$	SO$_3$	Cl	K$_2$O	CaO	TiO$_2$	Cr$_2$O$_3$	MnO	Fe$_2$O$_3$
A-2	3.2±0.7	8.7±2.0	10.4±0.8	40.9±0.8	0.9±0.2	6.0±1.2	0.7±0.2	0.50±0.04	6.1±0.4	0.7±0.2	0.3±0.1	0.5±0.1	21.2±0.9
A-4	3.2±0.7	8.0±1.9	10.6±0.8	41.0±0.9	1.2±0.2	6.9±1.4	0.8±0.2	0.50±0.07	5.6±0.4	1.0±0.3	0.4±0.1	0.4±0.1	20.4±0.8
A-5	3.2±0.6	7.1±1.7	10.4±0.8	40.7±0.9	0.6±0.1	5.7±1.1	0.8±0.2	0.50±0.05	6.1±0.4	0.6±0.1	0.5±0.1	0.20±0.06	23.7±1.0
A-9	2.6±2.4	6.4±1.6	10.2±0.9	41.7±0.9	0.8±0.2	6.6±1.4	1.2±0.3	0.70±0.09	6.4±0.5	0.8±0.2	0.2±0.1	0.1±0.1	22.2±1.0
A-10	1.8±0.7	7.5±1.7	9.8±0.7	41.3±0.9	0.6±0.1	6.4±1.3	0.8±0.2	0.40±0.04	6.0±0.4	0.8±0.2	0.3±0.1	0.4±0.1	24.0±1.0
A-15	2.7±0.8	6.7±1.6	9.9±0.8	43.2±1.0	0.6±0.1	5.2±1.1	0.8±0.2	0.70±0.07	5.5±0.4	0.8±0.2	0.3±0.1	0.3±0.1	23.2±1.0
硬化土壤													
A-8	3.1±0.8	6.4±1.5	10.5±0.8	45.0±1.0	0.5±0.1	5.5±1.1	0.9±0.2	0.80±0.06	7.0±0.5	0.7±0.2	0.1±0.1	0.3±0.1	19.1±0.8

载的"旅居者"利用α质子激发X射线谱仪对阿瑞斯峡谷的表层土壤进行了化学成分探测。表10.6为"火星探路者"着陆区火星土壤化学成分的探测结果。

探测发现,"火星探路者"着陆点的火星土壤含有铁镁质物质的蚀变产物,其主要由流体或者富S/Cl体参与的蚀变作用所致。火星土壤中FeO/MnO比值、S含量和Cl含量都较高,也说明了火星土壤经历了一定的蚀变作用。"火星探路者"着陆区火星土壤的FeO/MnO比值为68±15,某些土壤(如A-5)中的FeO/MnO比值甚至高达135±30,远高于火星陨石(SNC)的FeO/MnO比值。

"勇气号"使用了改进过的α粒子激发X射线谱仪对古谢夫撞击坑土壤进行了探测。由于α粒子激发X射线谱仪的灵敏度得到了提高,它不仅能探测火星土壤样品中的主要造岩元素和次要造岩元素,还能探测到Ni、Zn和Br等部分微量元素。探测结果与"海盗1号"和"海盗2号"探测结果相似,均为铁镁质土壤。

分析发现,"勇气号"着陆区大部分区域原生土壤(soil undisturbed)的化学成分比较相近(表10.7),与火星土壤平均组成相似,是一种典型的火星土壤。但是,火星土壤与火星表面岩石的化学组成差别较大,与古谢夫撞击坑的玄武岩相比,火星土壤中相对富含P、S、Cl、K、Ti、Ni和Zn元素,而贫乏Mg、Cr、Mn和Fe元素。

表层土壤中Ni含量相对较高,约500ppm,是古谢夫撞击坑玄武岩中含量的3倍。火星土壤中的Ni含量较高,被认为一部分来自火星表面岩石的风化产物,另一部分来源于陨石组分的加入(Gellert et al.,2006)。玄武岩中Ni含量与Mg含量有一定的关系。若火星土壤中玄武岩组分的Mg/Ni比值为400,5wt%的Mg元素对应的Ni含量为125ppm,玄武质岩石对火星土壤Ni含量的贡献不超过125ppm。然而,火星土壤的Ni含量达到了500ppm,远高于该数值,说明火星土壤中的Ni很大一部分源于外来物质。根据火星土壤与表面岩石之间Ni含量的差异,可以推测火星土壤中含有约3%的CI型碳质球粒陨石,也可能是0.4wt%的铁陨石(富含Ni元素)加入到火星土壤之中。

"勇气号"着陆区大部分区域原生土壤的Mg/Si比值基本一致,约为0.236±0.0004,而

表 10.7 "勇气号"着陆区火星土壤的探测结果(Gellert et al.,2006)

样品	类型	主量元素(wt%)													微量元素(ppm)		
		Na$_2$O	MgO	Al$_2$O$_3$	SiO$_2$	P$_2$O$_5$	SO$_3$	Cl	K$_2$O	CaO	TiO$_2$	Cr$_2$O$_3$	MnO	FeO	Ni	Zn	Br
A014	SU	2.76	8.34	9.89	46.3	0.87	6.61	0.78	0.48	6.36	0.86	0.31	0.33	16	556	293	31
A043	SD	2.88	8.45	10.3	46.8	0.81	5	0.6	0.45	6.52	0.91	0.41	0.36	16.5	364	257	56
A045	SC	3.09	8.59	9.96	45.5	0.78	6.19	0.78	0.48	6.69	0.68	0.38	0.3	16.5	551	211	69
A047	SU	3.13	8.41	10.05	46	0.86	6.33	0.73	0.44	6.32	0.89	0.33	0.34	16.1	318	288	19
A049	ST	2.44	8.9	9.83	46.2	0.68	6.11	0.69	0.38	6.14	1	0.43	0.34	16.8	443	318	61
A050	ST	2.65	8.77	9.96	46.1	0.73	5.69	0.77	0.37	6.24	1.02	0.4	0.35	16.8	592	255	65
A052	SU	3.18	8.47	9.67	45.6	0.83	6.1	0.8	0.41	6.6	0.81	0.37	0.34	16.7	429	229	63
A065	SU	3.2	8.57	9.86	45.9	0.81	6.76	0.84	0.47	6.04	0.83	0.31	0.31	15.9	620	435	0
A071	SU	2.91	8.25	9.56	45	0.91	7.61	0.88	0.49	6.17	0.89	0.31	0.31	16.5	641	409	30
A074A	SD	2.89	8.86	10.12	46.7	0.66	4.39	0.54	0.4	6.57	0.94	0.46	0.36	17	475	210	53
A074B	SU	2.23	9.06	9.54	46	0.15	6.56	0.85	0.4	6.57	0.88	0.44	0.31	16.9	450	391	108
A105	SU	3.01	8.43	9.68	46.3	0.79	6.67	0.72	0.44	6.45	0.89	0.32	0.34	15.8	237	308	11
A113	SU	3.1	8.39	9.92	46.1	0.88	6.37	0.79	0.47	6.07	1	0.37	0.31	16.1	467	192	32
A122	SD	3.07	8.41	10.65	47	0.95	5.45	0.63	0.47	6.38	0.88	0.33	0.28	15.4	391	239	31
A126	SU	3.06	8.15	10.02	46.3	0.83	6.4	0.77	0.45	6.5	0.96	0.29	0.32	15.9	641	402	0
A135	SD	3.04	8.73	10.71	47	0.77	4.67	0.54	0.42	6.27	0.89	0.42	0.34	16.1	483	291	19
A158	SD	3.25	8.73	11.29	47.8	0.75	4.1	0.52	0.45	6.31	0.67	0.36	0.33	15.3	536	200	36
A227	SU	2.77	8.42	9.59	45.7	0.87	7.5	0.94	0.49	5.88	0.84	0.28	0.31	16.3	533	264	263
A259	SD	3.21	8.42	10.13	46.4	0.9	6.65	0.76	0.46	6.22	0.84	0.29	0.3	15.3	467	293	24
A280	SD	3.17	8.94	9.8	45	1.02	6.48	0.87	0.42	6.36	0.88	0.34	0.34	16.2	469	252	101
A315	SD	3.37	8.68	10.31	46.9	0.88	5.82	0.68	0.43	6.24	0.84	0.31	0.32	15.1	412	237	13
A342	SD	3.45	9.42	10.63	46.7	0.84	4.8	0.57	0.4	6.2	0.7	0.33	0.31	15.5	679	162	37
A477	SU	3.09	8.58	10.78	47.7	0.83	4.75	0.55	0.43	6.37	0.83	0.34	0.33	15.3	427	228	32
A502	SU	2.48	8.44	12.62	45.8	2.56	4.81	1.02	0.43	7.03	1.9	0.21	0.22	13.4	390	106	80
A587	SU	3.18	8.61	9.79	45.4	0.93	7.42	0.83	0.45	6.08	0.86	0.26	0.31	15.7	433	411	31
A588	SD	3.17	8.84	9.86	45.6	0.93	6.95	0.76	0.43	6.1	0.87	0.28	0.31	15.8	460	367	48
A607	SD	3.48	8.13	11.38	47	1.11	5.28	0.6	0.46	6.33	1.17	0.28	0.28	14.4	313	248	60
A611	SU	3.6	7.24	12.34	47.7	2.1	6.16	0.78	0.51	7.13	1.2	0.13	0.22	10.8	168	155	104

注:Fe含量以FeO表示;SU指原生土壤;SD指混合土壤;ST指沟槽中的土壤。

扰动土壤(soil disturbed)的 Mg/Si 比值则为 0.242±0.01。原生土壤的平均 Fe/Mn 比值为 50.8±3.4,略高于古谢夫撞击坑玄武质岩石的平均值45.7±0.5,说明了火星土壤的源区物质并没有经历氧化作用等风化过程的较大改造。

火星土壤中的 S 和 Cl 两种元素含量变化较大,但大多数火星土壤的 Cl/S 比值则相对一致,约为 0.3。总的来说,火星原生土壤的化学成分变化比较小,但 Ni、Zn 和 Br 等微量元素含量的变化较大,这与这些化学元素的迁移性有关。例如:溴盐通常来说比 Cl 和 S 更容易溶解,容易在土壤中迁移。不同区域火星土壤之间具有相似的化学成分则可能是数千万至数亿年的全球或区域性的尘暴活动所致。

与"勇气号"一样,"机遇号"同样也使用α粒子激发 X 射线谱仪对子午线高原的土壤化学成分进行了探测,发现了少量不含赤铁矿球粒的原生土壤(表10.8)。探测发现,古

表 10.8 "机遇号"着陆区火星土壤的探测结果(Gellert et al.,2006)

样品	类型	主量元素(wt%)												微量元素(ppm)		
		Na₂O	MgO	Al₂O₃	SiO₂	P₂O₅	SO₃	Cl	K₂O	CaO	TiO₂	Cr₂O₃	MnO	FeO	Ni	Zn	Br
玄武岩质土壤
B011	SU	1.83	7.58	9.26	46.3	0.83	4.99	0.63	0.47	7.31	1.04	0.45	0.37	18.8	423	241	32
B025	ST	2.03	7.49	9.21	45.9	0.8	6.96	0.7	0.49	6.69	1.13	0.4	0.35	17.7	634	428	159
B026	ST	1.92	7.42	9.05	45.3	0.75	5.69	0.59	0.45	6.72	1.24	0.46	0.36	19.9	631	348	130
B060	SU	2.24	7.63	9.22	45.3	0.94	7.34	0.79	0.48	6.59	1.02	0.33	0.34	17.6	470	404	26
B081	ST	2.34	7.59	9.88	47.1	0.74	4.57	0.49	0.41	6.73	1.23	0.48	0.36	17.9	592	256	40
B090	SD	2.35	7.78	9.25	45.6	0.86	5.81	0.6	0.44	6.7	1.09	0.46	0.38	18.5	456	320	232
B123	SU	2.38	7.61	9.21	45.3	0.87	7.12	0.84	0.51	6.73	0.97	0.36	0.37	17.6	503	376	35
B166	SU	2.4	7.14	10.04	47.7	0.81	5.19	0.64	0.55	7.32	0.85	0.34	0.39	16.6	339	226	25
B237	SU	2.39	6.9	10.41	48.8	0.84	4.56	0.58	0.59	7.38	0.85	0.28	0.35	15.9	323	178	21
B249	SU	2.39	7.65	9.59	46.7	0.85	4.62	0.59	0.48	7.3	0.91	0.45	0.4	18	344	184	24
B499	SD	2.32	7.05	8.74	44.8	0.91	6.59	0.72	0.47	7.06	1.02	0.41	0.39	19.4	445	298	130
B507	SD	2.13	7.02	8.7	44.1	0.94	7.36	0.76	0.5	6.75	1.05	0.35	0.37	19.8	463	452	121
富含赤铁矿土壤
B023	SU	2.12	7.5	8.59	42.7	0.81	4.77	0.68	0.43	6.13	0.78	0.3	0.31	24.8	633	312	37
B080	SU	2.21	6.81	7.66	38.6	0.77	4.9	0.68	0.37	5.1	0.68	0.3	0.27	31.5	882	304	35
B091	SU	2.34	7.27	7.67	38.8	0.82	4.83	0.7	0.34	4.93	0.7	0.28	0.28	30.9	1089	361	53
B100	SU	2.44	6.89	7.82	39.2	0.82	5.95	0.77	0.38	5.14	0.72	0.25	0.28	29.2	773	331	46

（续表）

样品	类型	主量元素（wt%）													微量元素（ppm）		
		Na_2O	MgO	Al_2O_3	SiO_2	P_2O_5	SO_3	Cl	K_2O	CaO	TiO_2	Cr_2O_3	MnO	FeO	Ni	Zn	Br
B369	SU	2.13	6.39	7.36	37.4	0.87	4.64	0.71	0.33	4.88	0.67	0.27	0.29	33.8	1292	357	101
B370	SU	2.17	6.61	7.83	39.8	0.82	5.05	0.68	0.4	5.67	0.78	0.32	0.29	29.4	750	300	47
B416	SU	2.21	6.75	8.19	41.5	0.86	5.21	0.67	0.42	6.17	0.85	0.33	0.33	26.3	608	282	39
B420A	SU	2.11	6.67	7.72	39.5	0.88	5.9	0.72	0.39	5.3	0.8	0.28	0.29	29.3	850	371	73
B420B	SU	2.19	6.61	7.76	39	0.84	5.15	0.7	0.36	5.27	0.78	0.27	0.29	30.6	965	348	96
B443	SU	2.01	6.43	7.78	40	0.83	5.54	0.72	0.43	5.69	0.79	0.32	0.32	29	729	354	48
B505	SU	2.15	6.54	7.8	39.3	0.82	5.24	0.65	0.39	5.39	0.75	0.32	0.28	30.2	743	331	48
B509	SU	2.18	6.37	7.94	39.9	0.8	5.07	0.66	0.42	5.54	0.73	0.29	0.26	29.7	865	328	45

注：Fe含量以FeO表示；SU指原生土壤；SD指混合土壤；ST指沟槽中的土壤。

谢夫撞击坑和子午线高原土壤的平均化学成分基本一致，最大的区别在于子午线高原土壤中Na含量较低，Fe含量较高。Fe含量高可能是由于火星土壤中混有磁铁矿的缘故，子午线高原和古谢夫撞击坑土壤化学成分的相似性也在一定程度上说明了火星表面土壤全球范围内的混合作用。

与“勇气号”和“机遇号”一样，“好奇号”同样也使用了α粒子激发X射线谱仪对盖尔撞击坑底部石巢的土壤化学成分进行了探测，α粒子激发X射线谱仪不仅能检测火星土壤样品中的主要造岩元素和次要造岩元素，还能探测到土壤和岩石样品中部分微量元素的含量。表10.9为“好奇号”着陆点火星土壤首次探测的结果，该探测结果与“勇气号”和“机遇号”着陆区火星土壤的平均化学成分相近（图10.17）。

“海盗1号”、“海盗2号”、“火星探路者”、“勇气号”、“机遇号”和“好奇号”均探测了火星表面不同地区土壤的化学成分（表10.10）。虽然不同着陆区的火星土壤都有其独特的性质特征，如：古谢夫撞击坑玄武质土壤中富含橄榄石；子午线高原土壤富含下覆基岩的赤铁矿结核颗粒；“火星探路者”着陆点处原生土壤与基岩中的Si和K含量差别很大。但总体来说，这些着陆区火星土壤之间的主量元素含量都比较接近。这种现象可能是由于火星土壤在局部、区域和全球范围的尘暴作用下，在火星表面充分混合，从而导致各个着陆区火星土壤化学成分比较相近。当然也可能是火星壳的化学组成在很大的区域范围内比较相似，其风化形成的火星土壤具有相似的化学成分。

相对地球上的土壤，火星土壤非常干燥，当被加热到500℃时，仅有0.1—1.0wt%的水分挥发出来（Biemann et al.，1977）。最近，“好奇号”利用携带的样品分析仪，将其登陆火星后获得的第一铲细粒土壤加热到835℃的高温，结果分解出水、二氧化碳以及含硫化合物等物质，其中水的质量约占2wt%（Leshin et al.，2013）。

“海盗1号”和“海盗2号”两个着陆器都搭载了用于探测和识别火星土壤样品中有机

表 10.9 "好奇号"着陆区火星土壤的化学成分(Gellert et al., 2013)

化学成分	含量(wt%)
SiO_2	42.88±0.47
TiO_2	1.19±0.03
Al_2O_3	9.43±0.14
FeO_T	19.19±0.12
Cr_2O_3	0.49±0.02
MnO	0.41±0.01
MgO	8.69±0.14
CaO	7.28±0.07
Na_2O	2.72±0.10
K_2O	0.49±0.01
P_2O_5	0.94±0.03
SO_3	5.45±0.10
Cl	0.69±0.02
总	99.85

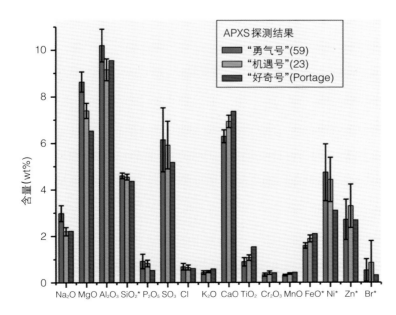

图 10.17 "好奇号"、"勇气号"、"机遇号"着陆点处火星土壤平均成分对比。(图片来源:Yen et al., 2013)

表 10.10　火星土壤的平均化学成分(wt%)(Taylor et al.,2009;Blake et al.,2013)

	"好奇号"	"勇气号"		"机遇号"	"火星探路者"	"海盗号"		平均成分
	石巢	古谢夫撞击坑	哥伦比亚平原	子午线高原	阿瑞斯峡谷	乌托邦平原	克里斯平原	
SiO_2	42.88±0.47	46.20	46.30	46.40	42.10	47.00	43.00	45.41
TiO_2	1.19±0.03	0.86	0.87	1.02	0.87	0.59	0.54	0.90
Al_2O_3	9.43±0.14	10.10	10.30	9.46	9.50	—	7.90	9.71
FeO_T	19.19±0.12	16.30	15.50	18.30	21.60	17.50	17.70	16.73
Cr_2O_3	0.49±0.02	0.38	0.30	0.40	0.29	—	—	0.36
MnO	0.41±0.01	0.33	0.31	0.37	0.31	—	—	0.33
MgO	8.69±0.14	8.64	8.67	7.29	7.78	—	6.50	8.35
CaO	7.28±0.07	6.45	6.20	7.07	6.37	6.30	6.20	6.37
Na_2O	2.72±0.10	2.89	3.21	2.22	2.84	—	—	2.73
K_2O	0.49±0.01	0.43	0.44	0.49	0.60	n.d.	n.d.	0.44
P_2O_5	0.94±0.03	0.75	0.92	0.83	0.74	—	—	0.83
SO_3	5.45±0.10	5.66	6.18	5.45	6.27	8.90	8.30	6.16
Cl	0.69±0.02	0.69	0.73	0.63	0.76	0.50	0.85	0.68
总	99.85	99.70	99.90	99.90	100.00	80.79	90.99	99.00

注:"—"表示未进行分析。

物的气相色谱—质谱仪。除了对土壤样品的直接分析,"海盗号"着陆器还设计了气体交换实验、碳14同位素示踪、热分解释放等三项生物实验来分析火星是否存在生命。遗憾的是,以上三项生物实验均未获得火星中存在生命的确凿证据。热分解释放实验结果证实,火星土壤样品在模拟环境条件下发生固碳过程,对比实验的结果暗示这可能是化学反应的结果而非生物成因。气体交换实验中确实检测到培养皿气体组分的变化,N_2、CO_2 和 Ar 含量的变化与水汽加入造成火星土壤的脱吸附作用有关,所检测到的氧气是土壤中过氧化物分解形成的。这些结果意味着火星土壤样品活跃的化学性质,但并不是火星土壤中存在生命的证据。碳14示踪实验是"海盗号"三项生物实验中唯一做出火星土壤样品中可能存在生命推论的实验。碳14标记的营养液加入火星土壤样品中之后生成 $^{14}CO_2$,但加热到160℃并保持3h的土壤样品加入营养液后无此现象。这些暗示火星土壤中存在利用氧气分解有机物产生 CO_2 的代谢过程,这与地球生物呼吸作用相近(付晓辉等,2014)。

10.3.3 矿物组成

虽然火星遥感探测对火星表面的矿物组成和含量进行了全方位的分析,但对火星土壤矿物组成的认识主要还是通过火星的就位探测获得。目前,仅有"勇气号"、"机遇号"和"好奇号"对火星土壤的矿物组成进行了就位分析,探测区域均位于火星南部高地。"勇气号"和"机遇号"使用微型热辐射光谱仪对着陆区火星土壤的矿物组成进行了分析,"好奇号"则利用更先进的化学与矿物学分析仪探测了火星土壤的矿物组成(表10.11)。

表10.11 火星土壤矿物组成探测仪器

火星车	探测仪器	主要参数
"勇气号"	微型热辐射光谱仪	波长范围为5—29μm;空间分辨率为5mrad
"机遇号"	微型热辐射光谱仪	波长范围为5—29μm;空间分辨率为5mrad
"好奇号"	化学与矿物学分析仪	根据X射线衍射确定矿物组成

"勇气号"利用微型热辐射光谱仪对古谢夫撞击坑火星土壤的矿物组成进行了探测,发现着陆区内的土壤主要由橄榄石、辉石、斜长石和少量的层状硅酸盐、硫酸盐、铁的氧化物以及非晶质组分等组成。表10.12是不同学者利用"勇气号"微型热辐射光谱仪探测数据反演的火星土壤矿物组成,结果与先前"火星全球勘测者"通过热辐射光谱仪获得的结果基本一致(Bandfield,2002)。

表10.12 "勇气号"着陆区火星土壤的矿物组成(Bandfield et al.,2002)

参考文献	矿物组成(体积百分含量)
Christensen et al.,2004	单斜辉石20%,易变辉石25%,斜长石40%(<An$_{50}$),橄榄石15%(Fo$_{45}$)
Yen et al.,2005	辉石~45%,斜长石~35%,橄榄石~15%,玻璃~5%,氧化物<5%
Wang et al.,2006	辉石40%,斜长石45%,橄榄石10%,硫酸盐<5—10%;氧化物<5—10%
McSween et al.,2006	单斜辉石30%,斜长石45%,橄榄石15%,层状硅酸盐5%,硫酸盐5%
McSween et al.,2010	斜方辉石+易变辉石37%,斜长石23%,橄榄石22%,层状硅酸盐4%,硫酸盐7%,其他8%

同样,"机遇号"也利用微型热辐射光谱仪对着陆区火星土壤的矿物组成进行了探测。表10.13是"机遇号"着陆区火星土壤矿物组成分析结果。McSween et al.(2010)利用"勇气号"和"机遇号"的微型热辐射光谱仪、α粒子激发X射线谱仪和穆斯堡尔谱仪探测数据,通过计算分别获得了两个着陆区土壤中的不含铁矿物、蚀变矿物与含铁矿物的含量,发现这两个着陆区的土壤主要由橄榄石、辉石、斜长石、磁铁矿、铬铁矿、磷灰石等火成岩造岩矿物组成,含量高达80—85wt%,并含有少量的硫酸盐、氯盐、赤铁矿、铁的氧化物、非晶质二氧化硅、黏土等蚀变矿物,含量为10—20wt%(McSween et al.,2010)。

表10.13 "机遇号"着陆区火星土壤的矿物组成(McSween et al.,2010)

参考文献	矿物组成(体积百分含量)
Christensen et al., 2004	辉石~20%,斜长石~30%(An$_{30-50}$),橄榄石~20%(Fo$_{60}$),玻璃~10%,氧化物15%
Yen et al., 2005	辉石~35%,斜长石~40%,橄榄石~10%,玻璃~15%,硫酸盐+氧化物<5%
Glotch et al., 2006	单斜辉石10%,易变辉石10%,斜长石30%,橄榄石10%,层状硅酸盐20%,硫酸盐5%,其他15%
McSween et al., 2010	高钙辉石7%,斜方辉石+易变辉石23%,斜长石25%,橄榄石17%,层状硅酸盐5%,硫酸盐8%,其他14%

与"勇气号"和"机遇号"相比,"好奇号"携带了更先进的分析装置——化学与矿物学分析仪,根据X射线衍射来探测火星土壤的矿物组成特征。探测发现,"好奇号"着陆区火星土壤除了斜长石(~An$_{57}$)、镁橄榄石(~Fo$_{62}$)、普通辉石和易变辉石以及少量的磁铁矿、石英、无水石膏、赤铁矿、钛铁矿等结晶组分外,还含有~27±14wt%的非晶质组分(表10.14)(Bish et al.,2013)。土壤中的结晶组分与古谢夫撞击坑的玄武岩和玄武质火星陨石的矿物组成类似。

"勇气号"、"机遇号"和"好奇号"探测的土壤均为玄武岩质的火星土壤,主要由橄榄石、辉石、斜长石、铁的氧化物(磁铁矿、磁赤铁矿、赤铁矿等)、层状硅酸盐、硫酸盐、碳酸盐等组成。尽管这三个着陆区土壤中都含有一定量的蚀变矿物,但同时也探测到大量的

表10.14 "好奇号"着陆区火星土壤的矿物组成[*](Bish et al.,2013)

矿物	质量百分比(wt%)	2σ(%)
斜长石(~An$_{57}$)	40.8	2.4
镁橄榄石(~Fo$_{62}$)	22.4	1.9
普通辉石	14.6	2.8
易变辉石	13.8	2.8
磁铁矿	2.1	0.8
无水石膏	1.5	0.7
石英	1.4	0.6
Sanidine[**]	1.3	1.3
赤铁矿[*]	1.1	0.9
钛铁矿[*]	0.9	0.9

[*]不含非晶质,归一化到100%。

[**]接近检测线。

橄榄石存在,这说明火星土壤在形成的过程中,以物理风化作用为主,化学作用相对较弱。根据实际探测结果,火星土壤中火成岩造岩矿物含量约占80—85wt%,蚀变矿物含量约占10—20wt%,这也说明了火星土壤在形成过程中,火星土壤主要来源于火星表面岩石的物理风化产物。

10.3.4 火星土壤的机械力学性质

火星土壤是火星表面普遍存在的松散物质,直接影响火星车在火星表面的机动性能,影响工程探测的顺利实施。2005年4月26日,"机遇号"企图横越一个波浪形沙丘时,6个轮子几乎都陷入表面松散的土壤之中,动弹不得。最终,NASA的科学家花了5个星期的时间,才将其从约30cm厚的土壤中"拯救"出来,这片涟漪状沙质土壤随后被命名为"炼狱沙丘"(图10.18)。2009年5月,"勇气号"也上演了相似的一幕。在通过特洛伊沙地时,"勇气号"车轮也陷入火星表面松散的土壤之中,寸步难行。NASA几次尝试解救,但都以失败告终。2010年1月,NASA宣布放弃拯救,"勇气号"从此转为静止观测平台(图10.18)。

火星土壤的机械力学性质是火星工程探测与火星车设计过程中需要考虑的重要参数之一。目前到达火星表面的着陆器和火星车虽然没有配备专门探测火星土壤机械力学性质的探测仪器,但是,通过观察着陆器和火星车搭载的机械装置(如车轮、手臂、磨具等)与火星土壤之间的相互作用,根据车轮在火星土壤上的碾压痕迹、车轮和穆斯堡尔谱仪接触盘(ring-shaped Mossbauer contact plate)与火星土壤之间的相互作用,以及着陆时安全气囊与地面作用痕迹等,结合地面模拟实验,可以获得火星土壤的体密度、内聚力、摩擦角、承压强度以及休止角等机械力学性质。

虽然"海盗1号"和"海盗2号"没有配备相关火星土壤机械力学性质的探测设备,但是通过观察火星着陆器与火星表面土壤的相互作用,"海盗1号"和"海盗2号"获得了着陆区火星土壤的机械力学性质,主要包括:内聚力、内摩擦角、孔隙度、热物性、颗粒大小、黏聚力。

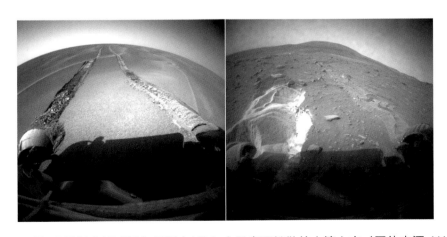

图10.18 "机遇号"(左)和"勇气号"(右)陷入火星表面松散的土壤之中。(图片来源:NASA)

"海盗1号"和"海盗2号"着陆点主要有堆积物、壳状至土块状物质和块状物质三种类型的土壤,这三种物质的机械强度依次增大。堆积物主要分布在"海盗1号"着陆区内,是一种松散的物质,覆盖了采样区域的14%的范围,表面相对较为平整,这说明它是一种未固结、颗粒非常细小的物质。分析发现,堆积物具有较小的摩擦角(18°),较低的内聚力(<3.7kPa,平均1.6kPa),其内聚力比大多数干燥、细小的地球沉积物的内聚力要小,估计堆积物的体密度为1150±150kg/m³。

壳状至土块状物质主要分布在"海盗2号"着陆区表面岩石之间,它占据了"海盗2号"采样区范围的86%。壳状至土块状物质的表面较为光滑,存在一定的裂痕,主要由细小的物质组成,胶结强度较弱。根据火星土壤中所挖沟渠边缘附近土壤的形变程度与沟渠壁的稳定性,估计壳状至土块状物质的内摩擦角~35°,内聚力<3.2kPa(平均1.1kPa),这比地球上干燥、细小土壤的内摩擦角和内聚力要小一些。

块状物质是"海盗1号"和"海盗2号"着陆区胶结强度最大的土壤物质,主要由厘米级大小的物质组成。"海盗1号"着陆点附近观察到了大量的块状物质,分布在表面堆积物和岩石之间,大约占了采样区范围的78%。通过分析块状物质所挖的沟渠估计其内摩擦角为31°,内聚力在2.2—10.6kPa之间,平均为5.5kPa。分析还发现这些物质中富含S和Cl元素,说明块状物质的内聚力与盐的胶结有关。

"火星探路者"携带的"旅居者"是着陆在火星表面的第一辆火星车,能获得火星表面多个地区火星土壤的机械力学性质。"火星探路者"着陆区的土壤主要有堆积物和土块状物质两种类型。表层堆积物质是一种细小的颗粒物质,内聚力较小,为0.21kPa,内摩擦角约34.3°,体密度为1285—1518kg/m³。另外,"火星探路者"着陆点还分布着大量与中等密度地球土壤相似的土块状物质,这种物质分选极差,由细粒物质、小卵石、大卵石和岩石碎块组成,内聚力、内摩擦角、体密度分别为0.17±0.18kPa、37°±2.6°、1422—1636kg/m³。

"勇气号"和"机遇号"通过穆斯堡尔谱仪接触盘与火星土壤之间的相互作用、车轮在火星表面行走留下的痕迹、车轮挖的沟槽等方式,获得了着陆区火星土壤的机械力学性质。土壤表层覆盖着一层火星尘埃,它很容易被火星车的车轮所扰动。探测发现,"勇气号"表层土壤的体密度、内聚力、内摩擦角、承压强度分别为:1200—1500kg/m³、1—15kPa、~20°、5—200kPa。而"机遇号"着陆区火星土壤的体密度、内聚力、内摩擦角、承压强度分别为:~1300kg/m³、1—5kPa、~20°、~80kPa(Arvidson et al.,2004a,2004b)。

"海盗1号"和"海盗2号"、"火星探路者"、"勇气号"和"机遇号"都对着陆区火星土壤的机械力学性质进行了详细的探测(表10.15)。所有着陆区土壤均主要由中砾、细砾、沙粒及极其细小的颗粒物质组成,表层土壤在风的改造作用下,被分选成不同粒径的物质:黏土颗粒、沙粒和细砾。尽管这些物质在成分上都比较相近,但由于颗粒大小和胶结程度的不同,呈现出不同的机械力学性质。根据火星土壤的颗粒特征和力学性质,一般将其分为堆积物、壳状至土块状物质和块状物质三类:(1)堆积物。它是一种松散、多孔且反射率较高的细粒物质,覆盖在岩石表面,具有较小的内摩擦角(15°—21°)、体密度(1000—1500kg/m³)、承压力和较好的压缩性,颗粒粒径仅有几微米大小,与火星尘埃颗粒粒径(2—4μm)相当,很可能是火星大气中尘埃沉降到火星表面堆积形成的物质;(2)壳状至土块状物质。大多数着陆点都观察到壳状至土块状物质的分布,颗粒大小从非常

表 10.15 火星土壤的物理与力学性质（Moore et al., 1989；Moore et al., 1999；Arvidson et al., 2004a, 2004b）

探测器	土壤类型	体密度(kg/m³)	内聚力(kPa)	内摩擦角(°)	承压强度(kPa)
"勇气号"	表层土壤	1200—1500	1—15	~20	5—200
"机遇号"	表面土壤	~1300	1—5	~20	~80
"火星探路者"	堆积物	1285—1518	0.21	34.3	
"火星探路者"	土块状物质	1422—1636	0.17±0.18	37±2.6	
"海盗1号"	堆积物	1150±150	1.6±1.2	18±2.4	
"海盗2号"	壳状至土块状物质	1400±200	1.1±0.8	34.5±4.7	
"海盗1号"	块状物质	1600±400	5.1±2.7	30.8±2.4	

细小的尘埃物质到沙粒、细砾、中砾都有分布，体密度大约在1100—1600kg/m³的范围内，具有较低的内聚力（1—4kPa）和中等内摩擦角（30°—40°）。其中"海盗2号"采样区分布着大量的壳状至土块状物质，"火星探路者"着陆区的壳状至土块状物质分选较差并含有少量的中砾颗粒；（3）块状物质。它是一种胶结程度较高的物质。"海盗1号"、"火星探路者"、"勇气号"和"机遇号"都观察到了块状的土壤，块状物质中的大颗粒碎块含量比土块状物质中的含量多。总体来说，块状物质具有相对较高的内聚力（3—10kPa）和中等内摩擦角（25°—33°），其体密度比堆积物和壳状至土块状物质的体密度要大。

表 10.16 火星着陆探测的磁性实验设备

探测器	磁铁名称	附加探测设备
"海盗1号"/"海盗2号"	Reference Test Chart 磁铁	相机
	采样反铲磁铁	相机和放大镜
"火星探路者"	底部磁铁阵列	火星探路者成像仪、立体相机
	底部磁铁阵列	火星探路者成像仪
	尖端磁铁	火星探路者成像仪
	偏坡磁铁	火星探路者成像仪、APXS
"勇气号"/"机遇号"	捕获磁铁	全景相机、显微成像仪、APXS、穆斯堡尔谱仪、导航相机
	Filter 磁铁	全景相机、显微成像仪、APXS、导航相机
	偏转磁铁	全景相机
	RAT 磁铁	全景相机、避险相机
"凤凰号"	改进偏转磁铁	MECA
	MECA 磁铁底座	

10.3.5 磁性

火星土壤中含有一定量的 Fe 的氧化物。火星着陆探测与巡视探测都携带永久磁铁（表10.16），对火星土壤与火星尘埃中的磁性物质和磁学性质进行了探测。

"海盗1号"和"海盗2号"着陆器携带3块磁铁，对火星土壤和火星尘埃的磁性进行探测。其中两块磁铁固定在取样臂上（图10.19），使其可以直接深入土壤之中，磁铁的磁场强度分别为0.25T和0.07T。第三块磁铁（磁场强度为0.25T）固定在着陆器上，暴露在火星大气之中，用于吸附大气尘埃中的磁性颗粒（Hargraves et al., 1977）。在"海盗1号"和"海盗2号"任务期间，"海盗1号"和"海盗2号"将安装在土壤取样器上的两块永久磁铁装置插入土壤中之后，磁铁上吸附大量的磁性颗粒，取样臂上的磁铁也吸附很多磁性颗粒而达到饱和。这些磁性颗粒物质可能是一种铁磁性氧化物，磁化强度在1—7A·m²kg之间。探测发现，火星表面松散的土壤中含有1—7wt%的磁性物质，由于早期使用的分光光度分析方法（spectrophotometric analysis）不能从火星表面常规的矿物中将这些弱磁性和强磁性矿物分辨出来，推测这些磁性矿物可能是铁的离散颗粒（discrete grains of

图10.19 "海盗1号"土壤采集器反铲上的磁铁阵列。(a)"海盗1号"着陆器采样臂反铲的位置；(b—d)"海盗1号"任务期间，反铲和磁铁的图像。(图片来源：Hargraves et al., 1977)

iron）、磁铁矿或者磁黄铁矿。

"火星探路者"携带10块磁铁装置，安装在着陆器上的两个天线阵之间，这些磁铁的磁场强度范围为0.011—0.280T，主要用于收集大气中的磁性尘埃物质（Madsen et al.，1999）。探测结果与"海盗号"着陆器的尘埃探测结果类似，分析认为：火星土壤和尘埃中肯定含有约2wt%的磁性矿物，这些磁性物质很可能是磁赤铁矿（γ-Fe_2O_3）或者是以磁赤铁矿为主的物质，仅有少量的赤铁矿（α-Fe_2O_3）和磁铁矿（Fe_3O_4）。

"勇气号"和"机遇号"均携带7块磁铁，其中的4块集成于岩石研磨器中，两块放置在火星车前端全景相机护罩附近，一块置于太阳能电池板上。岩石研磨器上的磁铁对火星土壤中的磁性颗粒进行了探测，全景相机附近的捕获磁铁（0.46T）和过滤磁铁（0.2T）以及太阳能电池板上的扫描磁铁（0.42T）均吸附了磁性颗粒物质。探测结果也表明，火星土壤中含有约2wt%的铁磁性矿物，结合火星土壤的穆斯堡尔谱仪探测数据分析，认为磁铁矿（Fe_3O_4）颗粒是火星尘埃和火星土壤具有磁性的主要原因，而不是早期认为的磁赤铁矿（γ-Fe_2O_3）（Bertelsen et al.，2004）。Morris et al.（2006）利用穆斯堡尔谱仪和APXS的探测数据，估计了古谢夫撞击坑火星土壤的饱和磁化强度为约$0.8A \cdot m^2/kg$。由于"勇气号"和"机遇号"着陆点火星土壤的化学成分和矿物组成与"海盗1号"、"海盗2号"和"火星探路者"着陆点火星土壤之间存在一定的差异，因此探测结果与"海盗1号"、"海盗2号"的探测结果（$2—6A \cdot m^2/kg$）相差较大。

图10.20 强磁铁上的磁性堆积物，两张图像均1mm宽，左图聚焦在磁性堆积物的顶部，右图聚焦在磁性堆积物的底部。（图片来源：Goetz et al.，2010）

"凤凰号"携带两种磁铁对火星土壤和火星尘埃颗粒的磁性进行了研究,它们分别是改进偏转磁铁(ISWEEP)和MECA磁铁底座。ISWEEP是"勇气号"和"机遇号"携带的偏转磁铁的升级版,用于把沉降的大气尘埃按照磁场强度进行分选,将其吸附到磁铁上指定的区域。观察发现,火星尘埃的沉降在磁铁上的速率是$1.08\mu m$/天,而沉降到ISWEEP磁保护区(magnetically protected areas)的速率是$0.06\mu m$/天(Drube et al.,2010)。

图10.20是强磁铁不同聚焦位置的两张图片,根据光学显微镜参数与聚焦移动的距离,推断磁性堆积物的厚度约为$300\mu m$。在"凤凰号"任务期间,强磁铁都吸附着约$300\mu m$厚的磁性堆积物,通过与探测前的地面模拟实验对照,估计"凤凰号"着陆点处火星土壤颗粒的饱和磁化强度在$0.5—2A\cdot m^2/kg$之间(Goetz et al.,2010)。

10.4 火星尘埃

火星尘埃是火星表面与火星大气中普遍存在的细小颗粒物质,平均粒径$2—4\mu m$,具有较高的反射率,是火星土壤的一个重要组成部分。相对于地球,火星重力加速度较小($g_{火}/g_{地}\approx0.4$),并且火星表面存在稀薄的大气,这就使得火星表面具有强烈而频繁的尘暴。每三年火星表面就会刮起一次全球性的尘暴,局部、区域、全球性的尘暴使火星尘埃在表面不断运移(Greeley et al.,2006)。火星尘埃在尘暴的作用下,可以在火星表面进行长距离的搬运,从而使全球范围内的火星尘埃充分混合。火星尘埃通常被认为具有均一的物质组成,代表了火星壳的物质组成(McSween et al.,2000)。

"勇气号"和"好奇号"分析了火星表面尘埃的化学成分,发现火星尘埃是一种玄武质的物质。"勇气号"和"好奇号"对火星尘埃的分析结果比较相近(表10.17),可能是由于火星尘埃在火星表面频繁而强烈的尘暴作用下被充分混合的结果(Morris et al.,2006b;Meslin et al.,2013)。

火星尘埃由主要矿物和次生矿物组成。主要矿物是表面岩石经昼夜温差循环、风成磨蚀作用、陨石撞击粉碎等物理风化的产物,包括:斜长石、橄榄石、辉石、磁铁矿、钛铁矿、赤铁矿等氧化物;次生矿物主要是一些可能在火星含水时期形成的赤铁矿、黏土、硫酸盐等矿物(Bandfield et al.,2003;Goetz et al.,2005;Hamilton et al.,2005;Madsen et al.,2009)。"勇气号"与"机遇号"利用穆斯堡尔谱仪,对磁铁上吸附的火星尘埃颗粒进行分析发现,这些尘埃颗粒主要由火成岩造岩矿物组成,而不是早期认为的铁的氧化物(Bertelsen et al.,2005)。吸附在磁铁上的尘埃中含有磁铁矿和橄榄石,说明火星尘埃主要来源于玄武质的岩石;磁铁上所吸附的尘埃含有一定量的三价铁氧化物,说明火星尘埃经历了一定的氧化作用;但在尘埃中有橄榄石的出现,说明了火星尘埃在形成过程中经历的化学风化作用并不是特别强烈,而是以物理风化作用为主(Goetz et al.,2005)。

火星大气中的尘埃颗粒主要是黏土级的颗粒(颗粒粒径<63μm),并没有沙粒大小的颗粒(颗粒粒径>63μm),平均粒径约为3μm,通常其浓度为1—10颗/cm³(Pollack et al.,1979;Greeley et al.,1987;Pollack et al.,1995;Smith et al.,1999;Tomasko et al.,1999;Clancy et al.,2003;Lemmon et al.,2004)。表10.18为火星尘埃的相关参数。

"海盗1号"、"海盗2号"、"火星探路者"、"勇气号"和"机遇号"均携带探测火星尘埃

表10.17 火星尘埃化学成分（wt%）（Morris et al.,2006b；Meslin et al.,2013）

成分	"勇气号"	"好奇号"
SiO_2	44.84	42
TiO_2	0.95	0.8
Al_2O_3	9.32	10.9
Cr_2O_3	0.32	—*
Fe_2O_3	7.79	
FeO	10.42	(13.7)**
MnO	0.33	—
MgO	7.89	7.3
CaO	6.34	7.8
Na_2O	2.56	2
K_2O	0.48	0.7
P_2O_5	0.92	—
SO_3	7.42	—
Cl	0.83	—
LOI	—	—
Total	99.86	85.2

* "—"代表未进行分析。

**FeO_T=13.7。

磁学性质的设备（Hargraves et al.,1979；Gunnlaugsson et al.,1998；Madsen et al.,2003）。这些设备由永久磁铁阵列组成,用于吸附悬浮在火星大气中的磁性尘埃颗粒。火星大气中的尘埃被着陆器或火星车所携带的磁铁吸附,说明火星尘埃中含有一定量的磁性组分（Hargraves et al.,1979；Hviid et al.,1997；Bertelsen et al.,2004）。总体来说,火星尘埃呈现出较强的磁性,但平均磁化强度相对较低。"勇气号"探测表明,悬浮在大气中的尘埃大约含有2wt%的铁磁性矿物（Bertelsen et al.,2004）,"勇气号"和"机遇号"通过穆斯堡尔谱仪探测,证实了磁铁矿是火星大气中尘埃存在磁性的原因,而不是早期认为的磁赤铁矿（Madsen et al.,1999；Goetz et al.,2005）,其饱和磁化强度约为2—4A·m²/kg（Hviid et al.,1997；Gunnlaugsson,2000；Bertelsen et al.,2004）。

火星尘埃在运动的过程中,会发生相互碰撞,以摩擦起电或接触起电的方式使其携带静电。此外,火星表面紫外线的辐射作用也可能是尘埃颗粒带电的原因之一（Mazumder et al.,2004）。在一些火星尘埃带电的实验室模拟研究中已经观察到了尘埃

表 10.18 火星尘埃基本参数（朱忠奎，2010）

参数名称	参数估值
火星大气尘埃颗粒大小	<60μm，平均粒径~3μm，最小颗粒尺度0.2μm
无尘暴时火星表面大气尘埃密度	~1.8×10⁻⁷kg/m³
尘暴时火星表面大气尘埃密度	~7×10⁻⁵kg/m³
表面附近大气尘埃浓度	1—2颗/cm³
15—20km高度处大气尘埃密度	1—0.2颗/cm³

带电的现象（Krauss et al.，2003；Mazumder et al.，2004）。Ferguson et al.（1999）根据"旅居者"在火星表面穿行过程中车轮上尘埃的积累，估算轮子获得了60—80V的充电电压。

10.5 火星土壤的形成过程

火星表面分布着大量松散的火星土壤，是撞击作用、温度变化、风成作用、沉积作用、蚀变作用等共同作用的结果。火星土壤来源非常复杂，由多种来源的组分混合组成，主要包括：（1）撞击溅射物，火星表面物质通过撞击作用形成的不同粒径颗粒物质；（2）风成沉积物，火星表面颗粒物质在风的改造作用下所形成的沙粒级或者更细小的沉积物质；（3）岩石或矿物的蚀变产物，表面岩石和矿物在水、二氧化碳、酸等的参与下，通过化学风化形成的蚀变物质；（4）火星尘埃，在局部、区域和全球尘暴的作用下，火星大气中的尘埃被长距离地输运，最终沉降在火星表面的非常细小的尘埃物质。

火星土壤主要来源于火星表面岩石的风化产物，包括物理风化和化学风化，即撞击作用、融冻破碎、矿物碎裂和风蚀作用等物理过程，以及氧化作用、水合作用、碳酸盐化和溶解等化学过程。由于火星表面存在大气和水（以气态和固态存在），表面岩石将会把气态水吸附和吸收到内部孔隙中，气温的昼夜交替使岩石内部的气态水不断冻结和气化，周期性冻结过程中产生的体积膨胀会导致岩石破碎。对于含水量较少的岩石，在昼夜交替、气温升降下产生的周期干湿变化可以使部分矿物产生脱水和重结晶，原生矿物和次生矿物间周期性的脱水和重结晶也会产生体积膨胀，最后导致岩石碎裂（Gooding et al.，1992）。从破碎机制而言，融冻破碎和次生矿物碎裂都是体积膨胀导致，而风蚀则是颗粒对岩石的摩擦碰撞导致破碎。探测已经证实，火星存在强烈的大气运动，通常以火星尘暴的形式体现。高速运动的尘埃颗粒与火星表面岩石碰撞和摩擦将导致岩石的破碎和磨蚀。物理风化从宏观特征而言主要体现在岩石破碎和颗粒粉碎上，是形成火星土壤的重要过程。相对物理风化，化学风化主要通过氧化作用、水合作用、碳酸盐化和溶解等化学过程侵蚀基岩，最后沉积形成细颗粒的火星土壤（Gooding et al.，1992）。对比上述火星土壤的形成机制，在火星存在大量液态水的早期，化学风化可能是形成土壤和尘埃的主要过程；而在液态水消失的后期，土壤的形成过程可能以物理风化为主。

火星土壤中除了岩石的风化产物之外,还存在一定量的含运移元素(S和Cl)的物质、磁性物质(Fe、Ti氧化物)、少量的陨石组分(Fe、Ni和少量亲铁元素)等(Banin et al.,1992;Yen et al.,2006;Chevrier et al.,2007)。对于这些组分的成因,前人已经开展了大量的研究工作(Gooding et al.,1978;Banin et al.,1997;Blaney,1998;McSween et al.,2000)。针对火星土壤中的岩石组分,早期研究认为经历了一定的热液蚀变作用(Newsom,1980),并在后续研究得到了进一步深入(Newsom et al.,1997)。Nelson et al.(2003)在后来的研究发现火星土壤中岩石组分的化学组成与玄武质火星陨石和玄武岩风化物的混合物相一致,这一研究排除了火星土壤经历了热液蚀变作用的可能(Nelson et al.,2003)。对于火星土壤中的运移元素(S和Cl),虽然可能来自热液过程,但通常认为来源于火山气溶胶(Clark et al.,1982)。此外,通常认为火星土壤中的磁性组分与陨石组分具有独立的来源,陨石组分来源于陨星撞击火星(Nelson et al.,2005),而磁性组分的来源由于缺乏详细的矿物学证据尚未有全面的认识。

总体而言,火星土壤的成因与形成过程极其复杂,是多种机制共同作用的结果,主要包括:物理风化作用(撞击作用、风蚀作用、温度变化等)、化学风化作用(水、冰等)、火山作用、沉积作用等。尽管在火星表面很多地区都发现了碳酸盐(Forget et al.,1997;Nakamura et al.,2001)、层状硅酸盐(Christensen et al.,2004a,2004b;Poulet et al.,2005;Wang et al.,2006a,2006b)、硫酸盐(Rieder et al.,2004;Wang et al.,2006a,2006b)等蚀变矿物,但是根据火星的轨道探测与着陆巡视探测的数据,火星土壤主要为玄武质的物质,并且都在火星土壤中探测到了橄榄石的广泛分布(Bandfield,2002;Christensen et al.,2004a,2004b;Morris et al.,2004;Bish et al.,2013),这说明火星土壤在形成过程中经历的风化作用以物理风化作用为主,化学风化作用相对较弱。另外,"勇气号"、"机遇号"和"好奇号"对火星土壤中矿物组成研究发现,火星土壤中火成岩造岩矿物含量达80—85wt%,其余蚀变矿物含量仅占10—20wt%(Christensen et al.,2004a,2004b;McSween et al.,2010;Bish et al.,2013),这也说明火星土壤主要来源于火星表面岩石的物理风化作用。

关于火星土壤的形成过程,McGlynn et al.(2011)提出了古谢夫撞击坑火星土壤的形成模型(图10.21)。该模型认为,火星表层土壤的形成主要经历了三个过程:(1)形成玄武岩质的基岩,最初火星表面是一层由玄武岩火星壳、化学风化产物(层状硅酸盐)、蒸发岩、火山碎屑物质和前期撞击产生的喷射物质所组成的基岩底板(图10.21a);(2)撞击粉碎作用,然后基岩底板通过陨星的撞击作用,使玄武岩火星壳被粉碎并产生大量松散有棱角的物质(图10.21b);(3)风成改造作用,火星在风成作用的改造之下(通过磨蚀、跳跃、蠕动等),使得松散有棱角碎屑物质的颗粒形态逐渐变圆,同时被运输到火星表面,在这个过程中,这些颗粒通过分选并被集中起来,最终形成了不同类型的土壤(图10.21c)(McGlynn et al.,2011)。

10.6 模拟火星土壤

在火星探测工程实施与火星科学研究中,可用在实验室里的真实火星样品非常有限。尽管已经开展了40多次的火星探测,但人类依然尚未采集到真实的火星土壤样品,

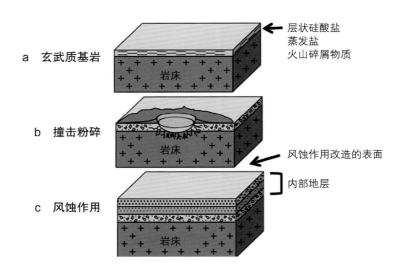

图10.21 古谢夫撞击坑土壤的形成过程。（图片来源：McGlynn et al.，2011）

仅收集到157块火星陨石样品（www.meteoritical-socie-ty.org），显然用这些珍贵的陨石样品进行探测载荷的定标与宇航设备的测试并不现实。火星样品的匮乏制约了火星科学问题的深入研究与火星探测工程的实施，因此，为了满足火星探测工程实施与火星科学研究对火星样品的需求，制备出与火星土壤具有类似性质特征的模拟火星土壤是解决真实火星土壤样品匮乏的途径之一。

模拟火星土壤就是火星土壤的"替代品"，它与火星土壤具有类似的性质特征：包括化学成分、矿物组成、颗粒大小、物理与力学性质、光谱特征等。目前成功对火星进行探测的国家都根据不同的应用需求，开展了模拟火星土壤的研制工作，这些模拟火星土壤在火星探测与火星科学研究中也得到了广泛的应用，主要包括：有效载荷的科学定标、着陆系统的设计、火星车的地面行走试验、探测设备的测试与验证、宇航服设计以及其他与火星探测有关的地面模拟实验和科学研究工作等（Gross et al.，2001；Anderson et al.，2009；Beegle et al.，2009；Moroz et al.，2009；Pirrotta，2010；ElShafie et al.，2012；Yeomans et al.，2013）。

此外，模拟火星土壤的研制也是火星科学深入研究的前提。由于缺少真实的火星土壤，火星表面的一些基本科学问题需要利用模拟火星土壤开展研究，例如：火星尘埃的带电特征、吸附特征、运动特性的研究（Krauss et al.，2003；Mazumder et al.，2004；Merrison et al.，2012），火星表面撞击玻璃光谱学研究（Moroz et al.，2009），火星表面的甲烷吸附作用研究（Gough et al.，2010）等。

总而言之，无论火星探测活动中的工程试验，还是火星科学问题的深入研究，都需要以模拟火星土壤为研究对象。根据公开发表的文献资料，欧洲空间局与NASA先后根据不同的应用需求，研制了4种主要的模拟火星土壤，包括：JSC Mars-1（Allen et al.，1998）、MMS（Peters et al.，2008）、Salten Skov I（Nornberg et al.，2009）和ES-X（Brunskill et al.，2011）。国内近年来也开展了模拟火星土壤的研制工作，研制出了JMSS-1模拟火星土壤

（Zeng et al.，2015）。下面简单介绍这几种模拟火星土壤的概况。

10.6.1 JSC Mars-1

JSC Mars-1是NASA约翰逊空间中心（JSC）研制的一种模拟火星土壤，它的初始物质来自夏威夷莫纳克亚山（Mauna Kea）侧面的晚更新世的玻璃质蚀变火山灰，这是一种玄武岩质物质，通过挑选、干燥并筛选出其中小于1mm的颗粒，利用这些颗粒最终研制出了JSC Mars-1模拟火星土壤。JSC Mars-1是一种与火星明亮区域（bright regions）具有相似光谱特征的模拟样品，相对火星土壤，JSC Mars-1中的TiO_2和Al_2O_3含量相对较高，MnO和SO_3含量偏低（表10.19），它主要由斜长石及少量的高钙辉石、橄榄石、钛磁铁矿、玻璃、三价铁氧化物颗粒（<20nm）组成，并含有少于1wt%的黏土矿物和层状硅酸盐，与火星土壤矿物组成类似。

虽然JSC Mars-1模拟火星土壤的光谱特征与火星明亮区域物质的光谱特征相近，但其他一些性质与火星土壤的实际探测结果相比，存在一定的差异，如：体密度相对较小（仅为835kg/m³）、磁性矿物含量较高（达25wt%，主要为含Ti磁铁矿）、挥发分含量较高（被加热到100℃时，挥发分含量为7.8wt%，加热到600℃时，挥发分含量为21.1wt%）（Allen et al.，1998）。

JSC Mars-1模拟火星土壤不仅在"勇气号"、"机遇号"、"凤凰号"等火星探测任务当中得到了应用，在实验室里也被用于开展一些与火星相关的模拟实验，例如：火星探测器的工程试验、火星土壤烧结模拟实验、火星土壤的光谱特性研究、土壤与水冰之间的物理过程研究等（Gross et al.，2001；Carpenter et al.，2003；Chevrier et al.，2007；Sharma et al.，2008；Moroz et al.，2009）。

10.6.2 MMS

NASA喷气推进实验室（JPL）研究人员对"凤凰号"进行地面模拟试验时，发现干燥的JSC Mars-1模拟火星土壤的吸湿速率太高，影响了实验过程，因此，他们研制出了另一种模拟火星土壤——Mojave Mars simulant（MMS）。MMS使用的初始物质是位于莫哈韦沙漠（Mojave Desert）西面新近纪Tropico组中的玄武岩，通过机械粉碎的方式，这些玄武岩被粉碎到不同的粒径，通过筛分与粒径配比，配制了火星沙粒（MMS Sand）和火星尘埃（MMS Dust）两种模拟火星土壤。

相对真实火星土壤的探测结果，MMS中的SiO_2、Al_2O_3和CaO含量相对较高，而Fe_2O_3、P_2O_5和SO_3的含量则偏低（表10.19），矿物组成主要由斜长石和富钙辉石以及少量的橄榄石、钛铁矿和磁铁矿组成，与火星表面玄武岩的物理风化产物类似。除了化学成分和矿物组成与火星土壤和火星尘埃类似之外，MMS的物理性质、力学性质、光谱特征、磁学性质也与火星就位探测结果相似（Peters et al.，2008）。

MMS模拟火星土壤已经被应用于"凤凰号"探测任务（Phoenix Scout Mission，2007）和"火星科学实验室"（Mars Science Laboratory，2009）的工程试验及相关的科学实验当中

表 10.19 模拟火星土壤平均化学成分（wt%）（Allen et al., 1998; Peters et al., 2008; Nornberg et al., 2009; Taylor et al., 2009; Zeng et al., 2015）

	JSC Mars-1	MMS	Salten Skov I	JMSS-1	平均组成
SiO_2	43.48	49.4	16.1	49.28	45.41
TiO_2	3.62	1.09	0.29	1.78	0.90
Al_2O_3	22.09	17.1	3.2	13.64	9.71
Cr_2O_3	0.03	0.05	—	—	0.36
Fe_2O_3	16.08	10.87	60.46	16.00	
FeO			1.46		16.73
MnO	0.26	0.17	1.66	0.14	0.33
MgO	4.22	6.08	0.16	6.35	8.35
CaO	6.05	10.45	0.2	7.56	6.37
Na_2O	2.34	3.28	0.19	2.92	2.73
K_2O	0.7	0.48	0.52	1.02	0.44
P_2O_5	0.78	0.17	0.47	0.30	0.83
SO_3	0.31	0.1	—	—	6.16
LOL	17.36	3.39	14.43	0.48	—
Total	99.7	99.4	99.15	99.47	99.00

注："—"表示未进行分析。

（Kriechbaum et al., 2010; Ladino et al., 2013）。

10.6.3 ES-X

ES-X（Engineering Soil）是欧洲空间局为2018年火星着陆探测所研制的一种工程用的模拟火星土壤，这种模拟火星土壤侧重于模拟样品的物理性质、力学性质、颗粒形态和粒径分布等，主要被用于火星车的地面工程试验，如：测试火星车的机动性能、稳定性、可靠性等（Brunskill et al., 2011）。为了获得符合要求的火星细小尘埃模拟样品（ES-1）、细粒风沙模拟样品（ES-2）和粗砂模拟样品（ES-3），在考虑初始物质的粒径大小、颗粒形态、获取难度等因素后，最终选取霞石粉末作为细小尘埃模拟样品（ES-1）的初始物质，选取石英砂作为细粒风沙模拟样品（ES-2）和粗砂模拟样品（ES-3）的初始物质，再通过粒径的配比，最终获得了所需要的模拟火星土壤（Gouache et al., 2011）。

由于ES-X主要用于开展火星车的地面模拟试验，侧重于模拟样品的物理与力学性质，因此它的化学成分、矿物组成、磁学性质等与火星土壤的性质差别非常大（Brunskill et al.，2011）。

10.6.4 Salten Skov I

Salten Skov I 是丹麦奥胡斯大学研制的一种模拟火星尘埃，初始物质是来源于丹麦中日德兰半岛（Mid-Jutland）的细小磁性铁氧化物沉积颗粒，通过干燥并筛选出沉积物颗粒中小于63μm的颗粒物质，然后经过超声波分散，最终获得了中值粒径~1μm的模拟火星尘埃。

Salten Skov I 主要由针铁矿、赤铁矿、磁赤铁矿等铁的氧化物组成，化学成分和矿物组成与火星尘埃差别比较大，但其颗粒粒径大小（<63μm，中值粒径~1μm）、磁学性质（饱和磁化强度为3.9A·m²/kg）、反射光谱特征与火星尘埃比较相似（Nornberg et al.，2009）。Salten Skov I 模拟火星尘埃已经被用在风洞实验当中，用来研究火星尘埃的运动特性、带电特征、颗粒间吸附特性等（Merrison et al.，2012；von Holstein-Rathlou et al.，2012）。

10.6.5 JMSS-1

为了满足中国火星探测工程实施以及火星科学研究对模拟火星土壤的需求，中国科学院地球化学研究所开展了模拟火星土壤的制备工作，并成功地研制了JMSS-1（Jing Martian Soil Simulant）模拟火星土壤，JMSS-1模拟火星土壤选取了与火星表面玄武岩和玄武岩质辉玻质无球粒火星陨石具有类似矿物地球化学特征的集宁玄武岩为主要初始物质，选取铁的氧化物（磁铁矿和赤铁矿）为添加物质，经过粉碎、研磨、粒径配制等操作，研制了JMSS-1模拟火星土壤。JMSS-1在制备过程中经历了粉碎研磨的过程，与火星表面的物理风化作用类似，代表了火星表面玄武岩的物理风化产物，它的化学成分、矿物组成、物理与力学性质、光谱特征等与火星表面玄武岩质火星土壤类似（Zeng et al.，2015）。

火星土壤是解决火星演化、表面地质过程、火星生命、宜居环境等问题的关键，就位探测是研究火星土壤基本性质的重要手段之一。目前，"海盗1号"、"海盗2号"、"火星探路者"、"勇气号"、"机遇号"、"凤凰号"和"好奇号"均获得了大量的就位探测数据，对着陆区火星土壤的颗粒特征、物质组成、物理与力学性质、磁性等都有了一定程度的认识：（1）火星土壤主要由微米级到毫米级的细小颗粒组成，表层分布着一层黏土级（<5μm）大小的火星尘埃，在风蚀作用的改造下，表层土壤颗粒呈次角状到圆状；（2）各着陆点之间火星土壤的化学成分相对均一，以Si、Fe、Al、Mg、Ca等为主，相对地球土壤，富含S和Cl两种元素；（3）火星土壤主要由橄榄石、辉石和斜长石硅酸盐矿物和少量的层状硅酸盐（黏土矿物、蛇纹石、云母等）、铁的氧化物及氢氧化物（磁铁矿、磁赤铁矿、赤铁矿、针铁矿等）、硫酸盐、碳酸盐等组成；（4）由于颗粒大小与胶结程度的不同，形成不同亮度的土壤，与地球中等密度的土壤类似；（5）火星土壤和尘埃中含有一定量的磁性物质，主要是以磁

铁矿为主的磁性物质。

虽然多次就位探测对火星土壤的基本性质都有了一定的认识,但针对火星科学研究和火星探测工程实施,在火星土壤性质探测、资源利用、模拟火星土壤研制等方面有待加强。(1)火星土壤性质探测:目前火星土壤化学成分的探测仅获取了火星土壤中的主量元素和部分微量元素(Ni、Zn和Br),火星土壤矿物组成的探测也有一定的局限性,随着探测手段和技术的进步,有必要高精度地获取火星土壤中的微量元素含量、同位素组成和矿物组成,为火星科学的深入研究提供更多的地球化学依据。(2)火星土壤资源就位利用研究:火星土壤是火星表面最容易获取的资源,火星土壤的资源就位利用是建设火星基地需要解决的问题之一。(3)模拟火星土壤研制:模拟火星土壤在火星科学研究和火星探测工程实施中都扮演着重要的角色,目前中国科学院地球化学研究所已研制了玄武岩质类型的模拟火星土壤,鉴于火星表面火星土壤的复杂性与多样性,有必要针对不同的需求,加强模拟火星土壤的研制。

参考文献

付晓辉, 欧阳自远, 邹永廖. 2014. 太阳系生命信息探测. 地学前缘, 1: 161—176

朱忠奎, 郭文瑾, 叶自煜. 2010. 火星尘埃探测器. 中国宇航学会深空探测技术专业委员会第七届学术年会论文集, 4

Allen C C, Jager K M, Morris R V, et al. 1998. JSC Mars-1: A Martian soil simulant. *Space*, 98: 469−476

Anderson R C, Beegle L W, Peters G H, et al. 2009. Particle transport and distribution on the Mars Science Laboratory mission: Effects of triboelectric charging. *Icarus*, 204: 545−557

Arvidson R E, Anderson R C, Bartlett P, et al. 2004. Localization and physical property experiments conducted by Opportunity at Meridiani Planum. *Science*, 306: 1730−1733

Arvidson R E, Anderson R C, Bartlett P, et al. 2004. Localization and physical properties experiments conducted by Spirit at Gusev Crater. *Science*, 305: 821−824

Bandfield J L, Glotch T D, Christensen P R. 2003. Spectroscopic identification of carbonate minerals in the martian dust. *Science*, 301: 1084−1087

Bandfield J L. 2002. Global mineral distributions on Mars. *Journal of Geophysical Research: Planets*, 107: 9−1−9−20

Banin A, Clark B, Wänke H. 1992. Surface chemistry and mineralogy. *Mars*, 1: 594−625

Banin A, Han F X, Kan I, et al. 1997. Acidic volatiles and the Mars soil. *Journal of Geophysical Research: Planets*, 102: 13341−13356

Barlow N. 2008. *Mars: An Introduction to Its Interior, Surface and Atmosphere*. New York: Cambridge University Press

Beegle L W, Peters G H, Anderson R C, et al. 2009. Particle sieving and sorting under simulated martian conditions. *Icarus*, 204: 687−696

Bertelsen P, Goetz W, Madsen M B, et al. 2004. Magnetic properties experiments on the Mars Exploration Rover Spirit at Gusev crater. *Science*, 305: 827−829

Bertelsen P, Madsen M B, Binau C S, et al. 2005. Backscattering Mössbauer spectroscopy of

Martian dust. *Hyperfine Interactions*, 166: 523–527

Biemann K, Oro J, Toulmin P, et al. 1977. The search for organic substances and inorganic volatile compounds in the surface of Mars. *Journal of Geophysical Research*, 82: 4641–4658

Bish D L, Blake D F, Vaniman D T, et al. 2013. X-ray diffraction results from Mars Science Laboratory: Mineralogy of Rocknest at Gale Crater. *Science*, 341: 1238932

Blake D F, Morris R V, Kocurek G, et al. 2013. Curiosity at Gale Crater, Mars: Characterization and Analysis of the Rocknest Sand Shadow. *Science*, 341: 1239505

Blaney D L. 1998. Mars dust formation by impact craters into volatile materials and aerosol formation of sulfate duricrust. *LPSC 29*, 1655

Brunskill C, Patel N, Gouache T P, et al. 2011. Characterisation of martian soil simulants for the ExoMars rover testbed. *Journal of Terramechanics*, 48: 419–438

Carpenter P, Sebille L, Boles W, et al. 2003. JSC Mars-1 Martian soil simulant: Melting experiments and electron microprobe studies. *Microscopy and Microanalysis*, 9: 30–31

Chevrier V, Sears D W G, Chittenden J D, et al. 2007. Sublimation rate of ice under simulated Mars conditions and the effect of layers of mock regolith JSC Mars-1. *Geophysical Research Letters*, 34: L02203

Christensen P R, Moore H J. 1992. The Martian surface layer. *In*: Kieffer H H, Jakosky B M, Snyder C W, et al (eds). *Mars*. Tucson: The University of Arizona Press, 686–729

Christensen P R, Ruff S W, Fergason R L, et al. 2004a. Initial results from the Mini-TES experiment in Gusev crater from the Spirit rover. *Science*, 305: 837–842

Christensen P R, Wyatt M B, Glotch T D, et al. 2004b. Mineralogy at Meridiani Planum from the Mini-TES experiment on the Opportunity Rover. *Science*, 306: 1733–1739

Clancy R T, Wolff M J, Christensen P R. 2003. Mars aerosol studies with the MGS TES emission phase function observations: Optical depths, particle sizes, and ice cloud types versus latitude and solar longitude. *Journal of Geophysical Research: Planets*, 108: 5098

Clark B C, Baird A K, Weldon R J, et al. 1982. Chemical composition of Martian fines. *Journal of Geophysical Research: Solid Earth*, 87: 10059–10067

Drube L, Leer K, Goetz W, et al. 2010. Magnetic and optical properties of airborne dust and settling rates of dust at the Phoenix landing site. *Journal of Geophysical Research: Planets*, 115: E00E23

ElShafie A, Chevrier V F, Dennis N. 2012. Application of planetary analog mechanical properties to subsurface geological investigations. *Planetary and Space Science*, 73: 224–232

Ferguson D C, Kolecki J C, Siebert M W, et al. 1999. Evidence for Martian electrostatic charging and abrasive wheel wear from the Wheel Abrasion Experiment on the Pathfinder Sojourner rover. *Journal of Geophysical Research: Planets*, 104: 8747–8759

Ferri F, Smith P H, Lemmon M, et al. 2003. Dust devils as observed by Mars Pathfinder. *Journal of Geophysical Research: Planets*, 108: 5133

Fisk M, Popa R, Meslin P Y, et al. 2013. Missing components in chemical profiles of a sand drift in Gale crater. *LPSC 44*, 2156

Foley C N, Economou T, Clayton R N. 2003. Final chemical results from the Mars Pathfinder alpha proton X-ray spectrometer. *Journal of Geophysical Research*, 108: 8096

Forget F and Pierrehumbert R T. 1997. Warming early Mars with carbon dioxide clouds that scatter infrared radiation. *Science*, 278: 1273–1276

Gellert R, Berger J A, Boyd N, et al. 2013. Initial MSL APXS Activities and Observations at Gale Crater. *LPSC 44*, 1432

Gellert R, Rieder R, Anderson R C, et al. 2004. Chemistry of rocks and soils in Gusev Crater from the Alpha Particle X-ray Spectrometer. *Science*, 305: 829–832

Gellert R, Rieder R, Brückner, J et al. 2006. Alpha Particle X-Ray Spectrometer (APXS): Results from Gusev crater and calibration report. *Journal of Geophysical Research*, 111: 997–999

Glotch T D, Bandfield J L. 2006. Determination and interpretation of surface and atmospheric Miniature Thermal Emission Spectrometer spectral end-members at the Meridiani Planum landing site. *Journal of Geophysical Research: Planets*, 111: E12S06

Goetz W, Bertelsen P, Binau C S, et al. 2005. Indication of drier periods on Mars from the chemistry and mineralogy of atmospheric dust. *Nature*, 436: 62–65

Goetz W, Pike W T, Hviid S F, et al. 2010. Microscopy analysis of soils at the Phoenix landing site, Mars: Classification of soil particles and description of their optical and magnetic properties. *Journal of Geophysical Research: Planets*, 115: 4881–4892

Golombek M, Haldemann A, Simpson R, et al. 2008. Martian surface properties from joint analysis of orbital, Earth-based, and surface observations. *In:* Bell J (ed). *The Martian Surface-Composition, Mineralogy, and Physical Properties.* Cambridge University Press, 384–468

Gooding J L, Arvidson R E, Zolotov M I. 1992. Physical and chemical weathering. *Mars*, 1: 626–651

Gooding J L, Keil K. 1978. Alteration of glass as a possible source of clay minerals on Mars. *Geophysical Research Letters*, 5: 727–730

Gouache T P, Patel N, Brunskill C, et al. 2011. Soil simulant sourcing for the ExoMars rover testbed. *Planetary and Space Science*, 59: 779–787

Gough R V, Tolbert M A, McKay C P, et al. 2010. Methane adsorption on a Martian soil analog: An abiogenic explanation for methane variability in the Martian atmosphere. *Icarus*, 207: 165–174

Greeley R, Iversen J D. 1987. *Wind as a geological process: On Earth, Mars, Venus and Titan.* New York: Lambridge Univerity Press

Greeley R, Whelley P L, Arvidson R E, et al. 2006. Active dust devils in Gusev crater, Mars: Observations from the Mars Exploration Rover Spirit. *Journal of Geophysical Research: Planets*, 111: E12S09

Gross F B, Grek S B, Calle C I, et al. 2001. JSC Mars-1 Martian Regolith simulant particle charging experiments in a low pressure environment. *Journal of Electrostatics*, 53: 257–266

Gunnlaugsson H P, Hviid S F, Knudsen J M, et al. 1998. Instruments for the magnetic properties experiments on Mars Pathfinder. *Planetary and Space Science*, 46: 449–459

Gunnlaugsson H P. 2000. Analysis of the magnetic properties experiment data on Mars: Results from Mars Pathfinder. *Planetary and Space Science*, 48: 1491–1504

Hamilton, V E, McSween, H Y, Hapke B, 2005. Mineralogy of Martian atmospheric dust inferred from thermal infrared spectra of aerosols. *Journal of Geophysical Research: Planets*, 110: E12006

Hargraves R B, Collinson D W, Arvidson R E, et al. 1977. The Viking magnetic properties experiment: Primary mission results. *Journal of Geophysical Research*, 82: 4547–4558

Hargraves R B, Collinson D W, Arvidson R E, et al. 1979. Viking magnetic properties experiment: Extended mission results. *Journal of Geophysical Research: Solid Earth*, 84: 8379–8384

Hviid S F, Madsen M B, Gunnlaugsson H P, et al. 1997. Magnetic properties experiments on the Mars Pathfinder lander: Preliminary results. *Science*, 278: 1768–1770

Krauss C E, Horanyi M, Robertson S. 2003. Experimental evidence for electrostatic discharging of dust near the surface of Mars. *New Journal of Physics*, 5: 70

Kriechbaum K, Brown K, Cady I, et al. 2010. Results from testing of two rotary percussive drilling systems. In *Earth and Space 2010: Engineering, Science, Construction, and Operations in Challenging Environments*, ASCE, 1394–1401

Ladino L, Abbatt J. 2013. Laboratory investigation of Martian water ice cloud formation using dust aerosol simulants. *Journal of Geophysical Research: Planets*, 118: 14–25

Leer K, Bertelsen P, Binau C S, et al. 2008. Magnetic properties experiments and the Surface Stereo Imager calibration target onboard the Mars Phoenix 2007 Lander: Design, calibration, and science goals. *Journal of Geophysical Research: Planets*, 113: E00A16

Lemmon M T, Wolff M J, Smith M D, et al., 2004. Atmospheric imaging results from the Mars exploration rovers: Spirit and Opportunity. *Science*, 306: 1753–1756

Leshin L A, Mahaffy P R, Webster C R, et al. 2013. Volatile, Isotope, and Organic Analysis of Martian Fines with the Mars Curiosity Rover. *Science*, 341: 1238937

Madsen M B, Bertelsen P, Goetz W, et al. 2003. Magnetic properties experiments on the Mars Exploration Rover mission. *Journal of Geophysical Research: Planets*, 108: 8069

Madsen M B, Goetz W, Bertelsen P, et al. 2009. Overview of the magnetic properties experiments on the Mars Exploration Rovers. *Journal of Geophysical Research: Planets*, 114: E06S90

Madsen M B, Hviid S F, Gunnlaugsson H P, et al. 1999. The magnetic properties experiments on Mars Pathfinder. *Journal of Geophysical Research: Planets*, 104: 8761–8779

Mazumder M K, Saini D, Biris A S, et al. 2004. Mars dust: characterization of particle size and electrostatic charge distributions. *LPSC 35*, 2022

McGlynn I O, Fedo C M, McSween H Y. 2011. Origin of basaltic soils at Gusev crater, Mars, by aeolian modification of impact‐generated sediment. *Journal of Geophysical Research: Planets*, 116: 287–296

McSween H Y, McGlynn I O, Rogers A D. 2010. Determining the modal mineralogy of Martian soils. *Journal of Geophysical Research: Planets*, doi: 10.1029/2010JE003582

McSween H Y, Wyatt M B, Gellert R, et al. 2006. Characterization and petrologic interpretation of olivine-rich basalts at Gusev Crater, Mars. *Journal of Geophysical Research: Planets*, 111: E02S10

McSween Jr H Y, Keil K. 2000. Mixing relationships in the Martian regolith and the composition of globally homogeneous dust. *Geochimica et Cosmochimica Acta*, 64: 2155–2166

McSween Jr H. Martian meteorites as crustal samples. 2008. Bell J (des). *The Martian Surface— Composition, Mineralogy, and Physical Properties*. New York: Cambridge University Press

Merrison J P, Gunnlaugsson H P, Hogg M R, et al. 2012. Factors affecting the electrification of wind-driven dust studied with laboratory simulations. *Planetary and Space Science*, 60: 328–335

Meslin P Y, Gasnault O, Forni O, et al. 2013. Soil Diversity and Hydration as Observed by ChemCam at Gale Crater, Mars. *Science*, 341: 1238670

Moore H J, Bickler D B, Crisp J A, et al. 1999. Soil-like deposits observed by Sojourner, the Pathfinder rover. *Journal of Geophysical Research: Planets*, 104: 8729–8746

Moore H J, Jakosky B M. 1989. Viking landing sites, remote‐sensing observations, and physical properties of Martian surface materials. *Icarus*, 81: 164–184

Moroz L V, Basilevsky A T, Hiroi T, et al. 2009. Spectral properties of simulated impact glasses produced from martian soil analogue JSC Mars-1. *Icarus*, 202: 336–353

Morris R V, Klingelhofer G, Bernhardt B, et al. 2004. Mineralogy at Gusev crater from the Mossbauer spectrometer on the Spirit rover. *Science*, 305: 833–836

Morris R V, Klingelhofer G, Schroder C, et al. 2006. Mossbauer mineralogy of rock, soil, and dust at Meridiani Planum, Mars: Opportunity's journey across sulfate-rich outcrop, basaltic sand and dust, and hematite lag deposits. *Journal of Geophysical Research: Planets*, 111: E12S15

Nakamura T, Tajika E. 2001. Stability and evolution of the climate system of Mars. *Earth Planets and Space*, 53: 851–859

Nelson M J, Newsom H E, Draper D S. 2005. Incipient hydrothermal alteration of basalts and the origin of martian soil. *Geochimica et Cosmochimica Acta*, 69: 2701−2711

Newsom H E, Hagerty J J. 1997. Chemical components of the Martian soil: Melt degassing, hydrothermal alteration, and chondritic debris. *Journal of Geophysical Research: Planets*, 102: 19345−19355

Newsom H E. 1980. Hydrothermal alteration of impact melt sheets with implications for Mars. *Icarus*, 44: 207−216

Nornberg P, Gunnlaugsson H P, Merrison J P, et al. 2009. Salten Skov I: A Martian magnetic dust analogue. *Planetary and Space Science*, 57: 628−631

Peters G H, Abbey W, Bearman G H, et al. 2008. Mojave Mars simulant—Characterization of a new geologic Mars analog. *Icarus*, 197: 470−479

Pirrotta S. 2001. Preliminary study on a novel coring system for planetary surface sampling. Proceedings of the 7th International Planetary Probe Workshop, Barcelona (Spain), 14−18

Pollack J B, Colburn D S, Flasar F M, et al., 1979. Properties and Effects of Dust Particles Suspended in the Martian Atmosphere. *Journal of Geophysical Research*, 84: 2929−2945

Pollack J B, Ockertbell M E, and Shepard M K. 1995. Viking Lander image analysis of Martian atmospheric dust. *Journal of Geophysical Research: Planets*, 100: 5235−5250

Poulet F, Bibring J-P, Mustard J, et al. 2005. Phyllosilicates on Mars and implications for early Martian climate. *Nature*. 438: 623−627

Rieder R, Gellert R, Anderson R C, et al. 2004. Chemistry of rocks and soils at Meridiani Planum from the Alpha Particle X-ray Spectrometer. *Science*, 306: 1746−1749

Sharma R, Clark D W, Srirama P K, et al. 2008. Tribocharging characteristics of the Mars dust simulant (JSC Mars-1) . *Ieee Transactions on Industry Applications*, 44: 32−39

Smith P H, Lemmon M. 1999. Opacity of the Martian atmosphere measured by the Imager for Mars Pathfinder. *Journal of Geophysical Research: Planets*, 104: 8975−8985

Taylor S R, McLennan S. 2009. *Planetary Crusts: Their Composition, Origin and Evolution*. New York: Cambridge University Press, 150−152

Tomasko M G, Doose L R, Lemmon M, et al. 1999. Properties of dust in the Martian atmosphere from the Imager on Mars Pathfinder. *Journal of Geophysical Research: Planets*, 104: 8987−9007

von Holstein-Rathlou C, Merrison J P, Braedstrup C F, et al. 2012. The effects of electric fields on wind driven particulate detachment. *Icarus*, 220: 1−5

Wang A, Haskin L A, Squyres S W, et al. 2006a. Sulfate deposition in subsurface regolith in Gusev crater, Mars. *Journal of Geophysical Research: Planets*, 111: 428−432

Wang A, Korotev R L, Jolliff B L, et al. 2006b. Evidence of phyllosilicates in Wooly Patch, an altered rock encountered at West Spur, Columbia Hills, by the Spirit rover in Gusev crater, Mars. *Journal of Geophysical Research: Planets*, 111: E02S16

Wentworth C K. 1922. A scale of grade and class terms for clastic sediments. *The Journal of Geology*, 30: 377−392

Yen A S, Gellert R, Clark B C, et al. 2013. Evidence for a global martian soil composition extends to Gale Crater. *LPSC 44*, 2495

Yen A S, Gellert R, Schroder C, et al. 2005. An integrated view of the chemistry and mineralogy of martian soils. *Nature*, 436: 49−54

Yen A S, Mittlefehldt D W, McLennan S M, et al. 2006. Nickel on Mars: Constraints on meteoritic material at the surface. *Journal of Geophysical Research: Planets*, 111: 6201−6222

Yen A S. 2005. An integrated view of the chemistry and mineralogy of martian soils. *Nature*, 436:

49–54

Yeomans B, Saaj C M, Van Winnendael M. 2013. Walking planetary rovers—Experimental analysis and modelling of leg thrust in loose granular soils. *Journal of Terramechanics*, 50: 107–120

Zeng X, Li X, Wang S, et al. 2015. JMSS-1: A new Martian soil simulant. *Earth Planets & Space*, 67: 1–10

本章作者

王世杰　中国科学院地球化学研究所研究员,绕月探测工程科学应用专家委员会主任助理,陨石学与天体化学专业委员会委员,中国南极陨石专家委员会委员,主要从事天体化学、比较行星学和环境地球化学研究。

李雄耀　中国科学院地球化学研究所研究员,地球化学专业。

曾小家　中国科学院地球化学研究所博士研究生,地球化学专业。

唐　红　中国科学院地球化学研究所副研究员,地球化学专业。

李　阳　中国科学院地球化学研究所副研究员,地球化学专业。

第 11 章

火星陨石

人类想要获取地球以外天体的样品,必须通过耗资巨大的各种行星探测任务来完成。即便如此,目前也只采集到少量的月球岩石样品(382kg)、行星际尘埃样品(毫克级)、近地小行星样品(毫克级)、彗星样品(毫克级)和太阳风样品(纳克级)。而陨石是上天赐予的礼物,通过研究地球上收集到的陨石样品,可以深入了解太阳系各类天体的形成和演化过程。火星陨石是目前人类唯一获得的火星岩石样品,对它们的研究,将有助于解答人们的很多疑问,如火星的岩石类型、火星的岩浆活动历史、火星是否曾经有过水、火星是否曾经有过生命等。火星陨石是了解这一红色星球的形成、物质组成、岩浆活动、大气圈的形成和演化等关键科学问题的重要样品。

目前在地球上总共发现了超过4万块陨石样品,其中只有157块(包括成对陨石)被确认来自火星(截至2015年10月),其中包括我国仅有的两块从南极回收的火星陨石(GRV 020090和GRV 99027)。1996年,科学家们在一块名为ALH 84001的火星陨石中,发现了疑似古老细菌化石存在的证据,尽管后来大部分学者认为这是地球污染或人为所致,但这些工作激起了人们探索火星的热情。

从区域来看,火星陨石大部分被发现于沙漠地区,少部分来自南极,其中有5块火星陨石是目击降落后即被发现的。

11.1 火星陨石概述

陨石是来自地球以外的太阳系其他天体的碎片,穿过大气层并到达地球表面。地球上大部分陨石来自近地小行星及其相互碰撞产生的碎块、土星和木星之间的小行星带,也有一部分来自月球和火星等天体。陨石根据其化学性质主要分为未分异型陨石和分异型陨石两大类。未分异型陨石中普遍含有一种球粒状的硅酸盐集合体,所以通常又被称为球粒陨石。火星陨石属于分异型陨石,经历过后期熔融分异,代表了太阳系早期的岩浆作用。火星陨石和月球陨石一样,都是特殊的无球粒陨石。

11.1.1 降落型火星陨石

当火星遭受某种小天体撞击后,其表面的部分岩石被抛射到太空中。大部分被抛射出来的物质的速度小于火星的逃逸速度,最终回落到火星表面。极少部分抛射物的速度大于火星的逃逸速度,它们将脱离火星引力场进入行星际空间,当个别抛射物的运行轨道与地球的运行轨道相交时,便穿过地球的大气层落到地球表面,成为火星陨石。在落到地球的火星陨石中,有一部分是由目击者看见它们坠落到地面而被收集起来的,被称为降落型火星陨石。

因为在很短的时间即被收集起来,所以降落型样品非常新鲜,对于研究火星的表生过程、环境演化、特别是火星生命具有重要意义,对于研究火星的有机质和水蚀变等尤为重要。此外,陨石在行星际空间运行时,由于受到宇宙空间各种粒子的辐射,其内部会产生各种高能或低能的核反应,形成多种放射性和稳定的核素,称为宇宙成因核素。新降落的陨石由于比较新鲜,其内部还可能保留多种宇宙成因核素,通过对它们进行测定,可以研究宇宙线的组成、通量及其随时间的变化等,测算陨石母体在行星际空间运行接受银河宇宙线和太阳宇宙线照射的时间,即宇宙线暴露年龄(CRE)等。

最著名的降落型火星陨石要属2011年7月坠落于摩洛哥沙漠中的Tissint火星陨石。该陨石被目击降落,且很快被收集起来,是目前最新鲜的火星陨石样品,最大限度地避免了地球的风化和污染,对研究火星的古环境和有机质而言,具有重大的科研价值。我国科学家对该陨石开展了精细研究,甚至在其中找到了有机碳颗粒,其富轻C的同位素组成与生物成因一致,这也是火星过去可能曾存在生命的重要证据(Lin et al., 2014)。

11.1.2 发现型火星陨石

陨石在坠入地球后,经历了很长的时间才被发现和收集起来,这类陨石被称为发现型陨石。从陨石坠入地球到被发现的这一段时间,被称为居地年龄,有的陨石居地年龄可长达数百万年。大部分火星陨石属于发现型陨石。

火星陨石主要发现于沙漠地区,部分在南极的蓝色冰盖被发现。南极由于其特殊的气候和自然环境,使陨石能够长时间在低温状态下被很好地保存和聚集,已经成为地球上的陨石宝库。相对于在沙漠发现的陨石而言,南极的陨石样品更为新鲜。我国目前拥有2块火星陨石GRV 020090和GRV 99027,它们都属于发现型陨石,由我国南极内陆科考队在东南极洲内陆格罗夫山地区发现并收集,目前存放于位于上海的中国极地研究中心。

发现型陨石通常由于居地时间较长,样品本身不同程度地受到地球表面风化作用的影响,并可能受到有机质的污染。GRV 99027是2002年由我国第16次南极内陆科考队在格罗夫山地区的蓝冰上发现的,重9.97g,样品非常新鲜,是已知的第四块二辉橄榄岩质火星陨石。发现型陨石虽然具有较长的居地年龄,但作为火星陨石而言,其本身仍然具有很大的科研价值。我国科学家就在GRV 020090中发现了火星在约2亿年之前仍然存在地下水活动的重要证据(Hu et al., 2014)。

11.2 火星陨石来源的证据

人类早在1815年就已经获得了火星陨石的样品,那是一块名为Chassigny的火星陨石，1815年被目击降落在法国Chassigny地区，随后被当地居民收集起来。后来，又有3块火星陨石降落后被收集到，分别是1865年在印度降落的Shergotty陨石、1911年在埃及降落的Nakhla陨石和1962年在尼日利亚降落的Zagami陨石。但是，当时人们还不知道它们来自火星，只是研究发现，它们的岩石矿物学等特征不同于已经被发现的无球粒陨石，无法将它们归类于某种已知陨石类型。通过对这些陨石进行测定，发现它们的年龄都比较年轻，主要为13亿年和2亿年左右。科学家们由此推断，这些陨石不太可能是来源于小行星，而更可能来源于质量大于月球的行星（大部分玄武岩的年龄>30亿年）。火星成为最有可能的来源行星，因为其质量明显大于月球，逃逸速度比较低（5km/s），也是距离地球最近的行星等。但是，根据撞击模拟计算的结果，并不支持小行星的撞击可以将火星表面的石块溅射出来并脱离火星的引力场。由于这几块样品与其他陨石样品具有明显不同的岩石结构和年轻的结晶年龄，且岩石结构也具有显著差异，无法将其划分到其他陨石群中。为了方便归类，就分别采用了印度、法国、埃及降落三块陨石的首字母来命名，将它们统称为SNC族陨石。

　　1969年，美国著名的"阿波罗11号"飞船在月球表面成功着陆。整个阿波罗计划共带回381.7kg的月岩样品，科学家们通过对这些样品的研究，不仅加深了我们对月球的认识，也让月球陨石的确定往前迈进了一大步。1979年，日本南极科考队在南极发现了一块陨石，编号为Yamato 791179。1981年，美国南极考察队也发现了一块陨石，并将其编号为ALHA 81005。当ALHA 81005被带回美国时，很快就被确定为月球陨石，因为它们与阿罗波计划所采集的斜长岩质角砾岩完全一致，而Yamato 791179也是典型的斜长岩质角砾岩，继而被确定为第二块月球陨石。这一发现具有非常重要的意义，因为它证实陨石可以来自月球，甚至火星，这完全颠覆了以往的撞击溅射模型。

　　小行星撞击到行星表面，理论上可以将其表面的物质抛射出来，被抛射出来的石块在行星际空间运行，当它的运行轨道与地球相交时，会最终坠入地球。月球的引力比火星小很多，因此石块只要达到2.5km/s的速度就能够逃出月球。而火星体积很大，如果通过撞击将一个物体抛出火星，摆脱火星的引力场至少需要5km/s的速度（即火星的第二宇宙速度——逃逸速度），这在理论上是比较困难的。但月球陨石的发现，促使科学家们对小行星的撞击模型进行了修正，让受到小行星的撞击而从月表溅射出的石块达到或超过2.5km/s的速度即可。同时，对火星表面的撞击摸拟也表明，在理论上可以形成火星陨石。火星陨石与月球陨石的情况不同，人类尚未从火星采集并返回样品，因此无法将已经收集到的无球粒陨石样品与火星岩石样品进行对比。就在人们还在对过去所发现的一些未分类陨石一筹莫展时，1976年，NASA的"海盗1号"和"海盗2号"火星探测器成功着陆火星，它们没有发现任何有机化合物和生命的迹象，这给一心想在火星上找到地外生命的科学家们浇了一盆冷水，却给火星陨石的确定带来希望。由于火星陨石中普遍存在由于小行星撞击高温熔融所形成的玻璃，这些玻璃中包裹的就是当时的火星大气样品。确认陨石来自火星最关键的证据，就是陨石中所捕获的火星大气成分与1976年"海盗号"火星探测器所分析的火星大气成分完全相同（图11.1）。近年来，通过火星车对火星表面的岩石进行分析，结果也与火星陨石相一致（图9.4）。通过对SNC族陨石的深入研究，提供了越来越多的有关火星陨石成因的证据。主要证据归结如下：

（1）球粒陨石的形成年龄一般为45.6亿年，而形成火星陨石物质的年龄较为年轻。辉橄质（N）火星陨石和纯橄质（C）火星陨石是岩浆侵入岩，其年龄为13亿年，这表明这两类样品是在13亿年前由行星内部的岩浆作用所形成。辉玻质（S）火星陨石更年轻，为150—700Ma。SNC族陨石年轻的年龄说明，它们必须来自一个母体足够大的天体，其质量应该比月球大。月球的火山活动在31亿年前已基本结束，所以根据这些证据推断，SNC陨石不可能来源于月球，而更可能形成于类似火星和金星这样大小的母体。

（2）对EETA 79001火星陨石中撞击熔融玻璃中的稀有气体进行同位素测量的结果说明，其成分和同位素组成与1976年"海盗号"火星探测器所测量的火星表面大气组成的差异在误差许可范围之内。如：$^{40}Ar/^{36}Ar \geqslant 2000$ 和 $^{129}Xe/^{132}Xe \geqslant 2.0$，都和"海盗号"所探测的火星大气中的这些比值相近，尤其是陨石玻璃包体中所包裹气体中的 N_2，与"海盗号"所探测的氮同位素含量一致，这是判断SNC族陨石来自火星的直接证据（Becker et al.，1984）。又如：EETA 79001所捕获的 N_2、CO_2，以及稀有气体的化学和同位素组成，都落在"海盗号"所测定的火星大气组成与地球大气组成的混合线上（Bogard et al.，1983），具有相同的 $\Delta^{17}O$（0.28‰）；EETA 79001中所捕获的 N_2 及稀有气体同位素组成在 $^{15}N/^{14}N$—$^{40}Ar/^{14}N$ 的对比图上显示出，火星大气与地球大气两种组分的混合；EETA 79001陨石玻璃中所捕获的 CO_2 组分相对于稀有气体及 N_2 的丰度，以及 $^{13}C/^{12}C$ 比值，都同火星大气的相一致（Carr et al.，1985；Wright et al.，1986）。

（3）火星陨石具有相同的氧同位素组成特征，且比地球和月球岩石略贫 ^{16}O。氧同位素组成是确定陨石来源的最重要的参数之一，不同化学群的陨石样品具有明显不同的氧同位素特征。各类火星陨石的氧同位素的组成变化均落在一条斜率为0.52，且平行于地球—月球的质量分馏线上，这说明火星初始的氧同位素组成有别于地球样品和其他陨石

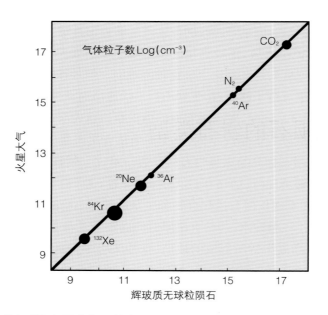

图11.1 "海盗号"探测到的火星大气组成与EETA 79001陨石中的玻璃所捕获的气体粒子数Log对比图。（图片来源：Pepin，1985）

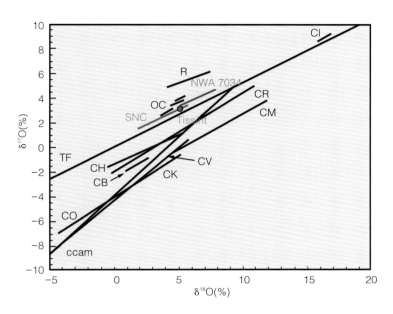

图 11.2 火星陨石与其他类型陨石的氧同位素组成对比图。（图片来源：改自 Clayton et al.，1996；Mittlefehldt et al.，2005。NWA 7034 的数据来自 Agee et al.，2013）

样品（图 11.2）。火星样品中，角砾岩 NWA 7034 的氧同位素与其他火星陨石略有不同，可能是记录了古老火星大气的成分，或受到表生蚀变和外来物质加入等影响（Cartwright et al.，2014）。

（4）化学成分存在差异。火星陨石中的橄榄石和辉石的 FeO/MnO 比值与地球、月球和灶神星样品不同，是其内部氧逸度较高所致，因而在火星陨石中可见较多的金属氧化物，如磁铁矿、铬铁矿和钛铁矿等，同时硫化物以磁黄铁矿为主，而不是以陨硫铁的形式产出。地球和月球相比，火星陨石全岩的 FeO 含量明显偏高，说明火星有部分金属进入到了地幔，而其核部金属的相对含量会明显低于地球，这与高温高压模拟实验一致（Fei et al.，1995）。

11.3 火星陨石的岩石类型

大部分陨石都是球粒陨石，其形成年龄为 45 亿年，是太阳星云早期凝聚形成的物质。然而，1815 年在法国的 Chassigny 地区、1865 年在靠近印度的 Shergahti 地区以及 1911 年在埃及的 El-Nakhla 周边回收到目击坠落的陨石样品，分别为纯橄质无球粒陨石（Chassignites）、辉玻质无球粒陨石（Shergottites）和辉橄质无球粒陨石（Nakhlites），因其类型有别于其他陨石样品，将它们统称为 SNC 族陨石，后被证实来自火星。随着南极陨石和沙漠陨石的大量收集，火星陨石的数量和类型也相应增加。如 ALH 84001 为第四类火星陨石，属于斜方辉岩；NWA 7034 发现于西北非洲，是目前唯一的一块火星角砾岩，代表了火星壳的组成。虽然"SNC 族"已经不再涵盖所有火星陨石，但仍沿用至今。

截至 2015 年 10 月，已经确定的火星陨石总数为 157 块，其中部分为成对陨石。从火星陨石的数量看,辉玻质火星陨石居多,其次是辉橄质火星陨石,纯橄质和角砾岩质再次之,斜方辉岩质只有 ALH 84001 一块样品。火星陨石中最重的样品为 Yamato 000593,达 13kg,而部分样品的质量还不到 10g。从火星陨石的发现地可以看出,火星陨石和其他陨石一样,主要集中在沙漠和南极地区,此外,还有 5 次火星陨石被目击坠落,为研究火星生命提供了重要的样品。

11.3.1 辉玻质无球粒火星陨石

辉玻质无球粒火星陨石(S)数量最多,约占火星陨石总数的 80%。第一块辉玻质无球粒火星陨石是 1865 年在印度的 Shergotty(现称为 Shergahti)被目击发现的,所有该类陨石通常又称为"Shergottites",也常称为 S 型火星陨石,其主要岩矿特征汇总于表 11.2。根据岩石结构和矿物学特征,辉玻质无球粒火星陨石可划分为三个亚类:玄武岩质、二辉橄榄岩质和含橄榄石斑晶质。

11.3.1.1 玄武岩质 S 型火星陨石

该类陨石主要由辉石(普通辉石和易变辉石, ~ 43—70vol%)和长石组成,其中辉石的化学成分不均匀,常具有富铁的辉石边,其变化范围一般为 $En_{1-71}Fs_{1-94}Wo_{0-30}$(Bridges et al., 2006)。长石大都受到冲击变质作用变为冲击玻璃(熔长石),An 牌号为 39—68(Bridges et al., 2006)。此外,还有少量的磁黄铁矿、白磷钙石、钛铁矿和钛磁铁矿等。辉石中常包含小的圆形到次圆形的熔体包裹体,包括钛角闪石、尖晶石和微晶基质等。全岩的镁指数为 23—52。代表性的玄武岩质 S 型火星陨石有 Shergotty、Zagami 和 EET 79001。除了 QUE 94201 和 Los Angeles 外,大部分玄武岩质 S 型火星陨石具有堆晶结构(图 11.3),辉石常呈现定向排列。辉石的定向排列是发生在熔岩流流动过程中而非岩浆房中的堆晶作用。与地球上的玄武岩相比,玄武岩质 S 型火星陨石的 Fe/(Fe+Mg)比值较高,Al_2O_3 含量低。该类型陨石的稀土配分形式比较复杂,有富集至亏损轻稀土的变化,无明显的 Eu 异常。初始的 Sr、Nd 和 Pb 同位素组成变化较大,可能反映了火星壳和同位素组成均匀岩浆的不同期次混染。

11.3.1.2 二辉橄榄岩质 S 型火星陨石

这些样品主要由嵌晶结构和粒间结构两部分构成(图 11.4)。在嵌晶结构中,主要由易变辉石和橄榄石组成,橄榄石客晶被易变辉石主晶包裹,两种结构中还常包裹一些更早形成的铬铁矿。另外,易变辉石边部往往有一层普通辉石。在粒间结构中,主要由橄榄石、辉石和长石组成,常见的副矿物主要为铬铁矿、钛铁矿、硫化物、磷酸盐和斜锆石等,副矿物常与长石伴生,一起充填于橄榄石和辉石粒间。这两种岩性不仅具有明显不同的岩石结构,同时也具有非常明显的成分差异,如嵌晶结构的橄榄石明显比粒间结构贫铁,铬铁矿相对贫钛,所以一般认为嵌晶结构可能稍早于粒间结构形成。数据统计表明,二辉橄榄岩质 S 型火星陨石的橄榄石、辉石、长石和铬铁矿的含量分别为 40—60vol%、~35vol%、12—26vol% 和 <2vol%,且在不同岩性中,矿物的模式组成具有明显的

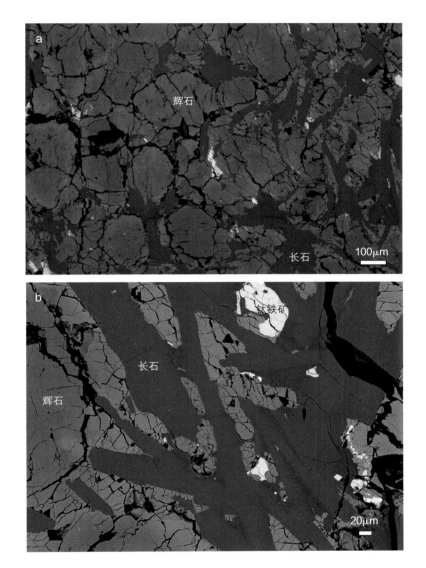

图 11.3 玄武岩质 S 型火星陨石 NWA 856 的背散射电子图像。(图片来源:由胡森提供)

差异(Hu et al., 2011; Lin et al., 2013; Lin et al., 2008; Lin et al., 2003; Miao et al., 2004)。橄榄石的 Fo 值为 60—76, 辉石的化学成分为 $En_{69-77}Wo_{3-8}Fs_{19-21}$, 长石 An 牌号为 45—60, 全岩的镁指数为 ~70(Bridges et al., 2006)。我国从南极回收到的两块火星陨石(GRV 99027 和 GRV 020090)均属于二辉橄榄岩质 S 型火星陨石。

11.3.1.3 含橄榄石斑晶质 S 型火星陨石

这类火星陨石的岩石结构介于玄武岩质与二辉橄榄岩质之间,可见橄榄石斑晶不均匀地分布在样品中(图 11.5),橄榄石斑晶的含量一般为 4—29vol%。这类样品的主要特征为:(1)具有橄榄石的斑状结构,但大多数橄榄石颗粒为自形到半自形的斑晶,它们代表未经历明显岩浆分异的火星熔岩;(2)除了钛磁铁矿和钛铁矿以外,还富含铬铁矿;(3)普通辉石的含量较低。从组成矿物和岩石结构看,这类样品的基质部分与二辉橄榄岩的

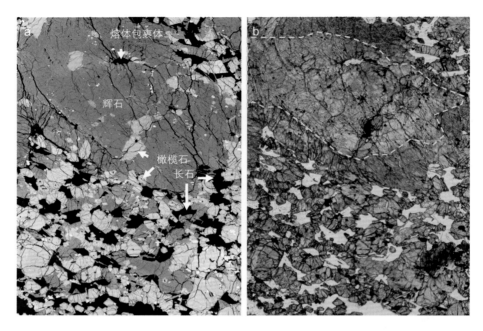

图 11.4 二辉橄榄岩质火星陨石 GRV 020090 的岩石结构。(a)背散射电子图像；(b)显微镜透射光图像，虚线圈出区域为嵌晶结构。(图片来源：Lin et al., 2013)

表 11.1 部分已知火星陨石汇总表(截至 2015 年 10 月)

类型	名称	发现地	降落或发现时间	质量(g)	稀土模式
纯橄质	Chassigny	法国 Chassigny	1815 年 10 月 3 日	~4000	
纯橄质	NWA 2737	摩洛哥或阿尔及利亚	2000 年	611	
纯橄质	NWA 8694	摩洛哥	2014 年	54.8	
辉橄质	Nakhla	埃及 Nakhla	1911 年 6 月 28 日	~9900	
辉橄质	Lafayette	美国伊利诺伊州(?)及普渡大学	1931 年	~800	
辉橄质	Governador Valadares	巴西 Governador Valadares	1958 年	158	
辉橄质	Yamato 000593/000749/000802	南极洲 Yamato 山	2000 年	13 713 / 1283 / 22	
辉橄质	NWA 817	摩洛哥	2000 年	104	
辉橄质	NWA 998	阿尔及利亚	2001 年	456	
辉橄质	MIL 03346/090030/090032/090136	南极洲横断山脉米勒地区	2003—2009 年	715 / 453 / 532 / 171	
辉橄质	NWA 5790/6148	巴里塔尼亚	2008—2009 年	145 / 270	
辉橄质	NWA 10153	阿尔及利亚(?)	2014 年	119	

（续表）

类型	名称	发现地	降落或发现时间	质量(g)	稀土模式
斜方辉岩质	ALH 84001	南极洲艾伦山	1984年	1939.90	
角砾岩质	NWA 7034/7475/7533/7906/7907/8114/8171/8674	摩洛哥拉卜特塞拜泰	2011—2014年	320/80.2/84/47.7/29.9/1.9/81.9/12	
二辉橄榄岩质	Yamato 793605	南极洲 Yamato 山	1979年	~16	中间型
二辉橄榄岩质	LEW 88516	南极洲刘易斯绝壁	1988年	13.2	中间型
二辉橄榄岩质	Yamato 984028/000027/000047/000097	南极洲 Yamato 山	1998—2000年	12.3/9.7/5.3/24.5	中间型
二辉橄榄岩质	YA 1075	南极洲 Yamato 山	1999年	55	中间型
二辉橄榄岩质	GRV 99027	南极洲格罗夫山	2000年	10	中间型
二辉橄榄岩质	NWA 1950 / 7721	阿尔及利亚阿特拉斯山脉	2001—2012年	797 / 32	中间型
二辉橄榄岩质	NWA 4797	摩洛哥米苏尔	2001年	15	中间型
二辉橄榄岩质	GRV 020090	南极洲格罗夫山	2002年	7.54	富集型
二辉橄榄岩质	NWA 2646	阿尔及利亚或摩洛哥南部	2004年	30.7	中间型
二辉橄榄岩质	RBT 04261/04262	南极洲罗伯茨地块	2004年	78.8 / 204.6	富集型
二辉橄榄岩质	NWA 4468	摩洛哥南部	2006年	675	富集型
二辉橄榄岩质	NWA 6342	阿尔及利亚	2010年	72.2	中间型
二辉橄榄岩质	NWA 7397/7387/7755/7937/8161	摩洛哥 Chwichiya	2012—2013年	2130/392/30/152.9/216	富集型
二辉橄榄岩质	NWA 10169	摩洛哥	2015年	22	中间型
玄武岩质	Shergotty	印度 Shergotty	1865年8月25日	~5000	富集型
玄武岩质	Zagami	尼日利亚 Zagami	1962年10月3日	~18000	富集型
玄武岩质	Los Angeles	美国经过洛杉矶的莫哈韦沙漠	~1980年(?)[1999年]	452.6 / 245.4	富集型
玄武岩质	QUE 94201	南极洲亚历山德皇后山脉	1994年	12	亏损型
玄武岩质	Dhofar 378	阿曼佐尔法	2000—2001年	15	富集型
玄武岩质	NWA 480/1460	摩洛哥	2000—2001年	28 / 70	
玄武岩质	NWA 1669	摩洛哥	2001年	35.9	富集型
玄武岩质	NWA 856	摩洛哥	2001年	320	富集型
玄武岩质	NWA 5029	摩洛哥	2003年	14.67	中间型

（续表）

类型	名称	发现地	降落或发现时间	质量(g)	稀土模式
玄武岩质	NWA 3171	阿尔及利亚	2004年	506	富集型
玄武岩质	NWA 2975/2986/2987/4766/4783/4857/4864/4878/4880/4930/5140/5214/5219/5313/5366/7182/7890/ 8116	阿尔及利亚	2005—2010年	70.1/201/82/225/120/24/94/130/81.6/117.5/7.5/50.7/60/5.3/39.6/17/5.1/0.5	富集型
玄武岩质	NWA 4480	阿尔及利亚或摩洛哥	2006年	13	中间型
玄武岩质	NWA 5718	阿尔及利亚或摩洛哥	2006年	90.5	富集型
玄武岩质	NWA 2800	阿尔及利亚或摩洛哥	2007年	686	富集型
玄武岩质	NWA 5298	摩洛哥 Bir Gandouz	2008年	445	富集型
玄武岩质	Jiddat al Harasis 479	阿曼	2008年	553	富集型
玄武岩质	NWA 5990	摩洛哥 Hamada du Drâa	2009年	59	亏损型
玄武岩质	Ksar Ghilane 002	突尼斯 Quibili	2010年	538	富集型
玄武岩质	NWA 6963/7258	摩洛哥 Fej Arrih	2011年	>8000 / 310	富集型
玄武岩质	NWA 7032/ 7272	阿尔及利亚（?）	2011年	85 / 58.7	亏损型
玄武岩质	NWA 7042	摩洛哥	2011年	3033	中间型
玄武岩质	NWA 7257	摩洛哥	2011年	180	富集型
玄武岩质	NWA 7320	摩洛哥南部	2011年	52	富集型
玄武岩质	NWA 7500	马里陶代尼	2012年	2040	富集型
玄武岩质	NWA 7944	摩洛哥 Al Mahbas	2013年	815	富集型
玄武岩质	NWA 8159	摩洛哥（?）	不明	149.4	亏损型
玄武岩质	NWA 8637	摩洛哥 Chwichiya 附近	2014年	4.2	富集型
玄武岩质	NWA 8656/8657	阿尔及利亚（?）	2014年	1655.8 / 233.6	富集型
玄武岩质	NWA 8653	巴里塔尼亚	2014年	214	富集型
玄武岩质	NWA 8679	摩洛哥	2014年	285	富集型
玄武岩质	NWA 10134	摩洛哥（?）	2014年	25.4	富集型
玄武岩质	NWA 10171	摩洛哥	2015年	23.4	富集型

（续表）

类型	名称	发现地	降落或发现时间	质量(g)	稀土模式
含橄榄石斑晶质	EETA 79001 A & B	南极洲大象冰碛	1980 年	7942	中间型
含橄榄石斑晶质	Dar al Gani 476/489/670/735/876/975/1037/1051	利比亚 Dar al Gani	1996—2000 年	2015/2146/1619/588/6.2/27.6/4012/40.1	亏损型
含橄榄石斑晶质	Yamato 980459 / 980497	南极洲大和山	1998 年	82.5 / 8.7	亏损型
含橄榄石斑晶质	Sayh al Uhaymir 005/008/051/060/090/094/120/125/130/150/587	阿曼赛赫艾哈迈尔	1999—2014 年	1344/8579/436/	亏损型
含橄榄石斑晶质	Dhofar 019/1668/1674	阿曼佐尔法	2000—2010 年	1056/6.1/49.2	亏损型
含橄榄石斑晶质	NWA 1068/1110/1183/1775/2373/2969	摩洛哥 Maarir	2001—2004 年	577/118/140/25/18/12	富集型
含橄榄石斑晶质	NWA 1195	摩洛哥或阿尔及利亚塞夫萨夫	2002 年	315	亏损型
含橄榄石斑晶质	NWA 2046	阿尔及利亚 Lakhbi	2003 年	63	亏损型
含橄榄石斑晶质	NWA 2626	阿尔及利亚	2004 年	31.1	亏损型
含橄榄石斑晶质	NWA 4222	阿尔及利亚或摩洛哥	2006 年	16.55	亏损型
含橄榄石斑晶质	NWA 4527/4925	阿尔及利亚	2006 年	10.06/282.3	亏损型
含橄榄石斑晶质	LAR 06319/12011	南极洲 Larkman Nunatak	2007—2012 年	78.6/701.2	富集型
含橄榄石斑晶质	NWA 2990/5960/6234/6710/10170	巴里塔尼亚	2007—2009 年	363/147/55.7/74.4/307	中间型
含橄榄石斑晶质	NWA 5789	摩洛哥	2009 年	49	亏损型
含橄榄石斑晶质	NWA 6162	摩洛哥 Lbirat	2010 年	89	亏损型
含橄榄石斑晶质	Tissint	摩洛哥 Tanzrou	2011 年 7 月 18 日	>12 000	亏损型
含橄榄石斑晶质	NWA 7635	摩洛哥 Dahkla	2012 年	195.8	亏损型
含橄榄石斑晶质	LAR 12095 / 12240	南极洲 Larkman Nunatak	2012 年	133.1 / 57.6	亏损型
含橄榄石斑晶质	Jrifiya	摩洛哥 Jrifiya	2014 年	3694	亏损型
含橄榄石斑晶质	NWA 8686	摩洛哥	2014 年	376	亏损型
含橄榄石斑晶质	NWA 8705	摩洛哥(?)	2014 年	6.2	中间型

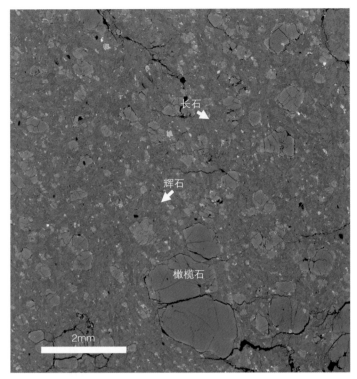

图 11.5 含橄榄石斑晶质 S 型火星陨石 Tissint 的背散射电子图像。（图片来源：由胡森提供）

粒间结构更接近，主要由易变辉石、橄榄石和长石组成，不透明矿物主要以铬铁矿为主，明显不同于玄武岩质 S 型火星陨石。易变辉石、橄榄石和长石的模式含量一般为 48—63vol%、7—29vol% 和 12—26vol%。这类样品中橄榄石斑晶具有明显的成分差异，呈现环带特征，边部相对核部明显富铁（图 11.5），其 Fo 值一般为 53—76。辉石也具有环带结构，其成分为 $En_{66-77}Wo_{7-33}Fs_{16-31}$。长石的 An 牌号为 50—70，全岩的镁指数为 59—68（Bridges et al.，2006）。

S 型火星陨石根据全岩的稀土元素含量及配分模式，具有富集型、中间型和亏损型三种特征。富集型 S 型火星陨石的稀土含量较高，其稀土配分模式比较平坦，没有轻稀土亏损的特征。亏损型 S 型火星陨石表现出明显的轻稀土亏损特征，重稀土与其他两种类型差异不大。中间型 S 型火星陨石也表现出轻稀土亏损的特征，但其亏损程度介于亏损型和富集型之间。稀土配分模式与岩相学是否出现较多的磷酸盐具有明显的相关性，如富集型的 S 型陨石中，白磷钙矿和磷灰石含量较高，且其稀土含量明显高于亏损型陨石。

根据 S 型火星陨石的稀土配分模式、氧逸度和岩石矿物学特征，有两种较流行的观点：(1)亏损型 S 型火星陨石可能来自亏损火星幔的部分熔融，而富集型 S 型火星陨石来自富集火星幔的部分熔融；(2)所有 S 型火星陨石都来自亏损火星幔的部分熔融，亏损型因直接喷出表面，没有受到火星壳源的混染，而富集型的样品可能在喷出表面时，已经受到了火星壳源的混染，导致轻稀土含量增加。上述两种过程在岩相学和矿物微量元素含

表 11.2 主要火星陨石的岩矿特征（Bridges et al.,2006）

		玄武岩质	含橄榄石斑晶质	二辉橄榄岩质	辉橄质	纯橄质	斜方辉岩质
主要矿物相（vol%）	橄榄石		7—29	40—60	5—20	92	
	辉石	43—70	48—63	35	69—85	5	97
	熔长石	22—47	12—26	<10	5—20	2	1
	铬铁矿			<2		1	2
矿物成分	辉石	$En_{1-71}Fs_{1-94}Wo_{0-30}$	$En_{66-77}Wo_{7-33}Fs_{16-31}$	$En_{69-77}Wo_{3-8}Fs_{19-21}$	$En_{37-62}Wo_{37-43}Fs_{24-41}$	$En_{49}Wo_{33}Fs_{17}$	$En_{69}Wo_{3}Fs_{28}$
	橄榄石			Fo_{53-76}	Fo_{60-76}	Fo_{15-42}	Fo_{68-80}
	长石	An_{39-68}	An_{45-60}	An_{45-60}	$An_{23}Ab_{60-68}$	$An_{10-60}Ab_{30-80}Or_{10}$	An_{31-37}
结构		熔脉、颗粒的流动线型排列	斑晶 捕获晶	嵌晶结构			
		堆积岩	堆积和熔融	堆积和熔融	堆积岩	堆积岩	堆积岩	堆积岩

量上表现出明显的差异，以 GRV 020090 和 GRV 99027 为例，两者均是二辉橄榄岩质 S 型火星陨石，GRV 020090 为富集型，而 GRV 99027 为亏损型。在 GRV 020090 较早结晶的嵌晶橄榄石和易变辉石的稀土配分模式与 GRV 99027 几乎完全相同，而在粒间结构稍晚结晶的易变辉石表现出明显更高含量的稀土特征（Lin et al., 2013；Lin et al., 2005）。GRV 020090 中磷灰石的水含量和 H 同位素的正相关性也说明，在粒间结晶的部分磷酸盐明显受到了火星壳源的混染，导致 H 同位素可达 4239‰（Hu et al., 2014）。

11.3.2 辉橄质无球粒火星陨石

辉橄质无球粒火星陨石的名称来源于 1911 年坠落在埃及的重约 10kg 的 Nakhla 陨石。目前有 15 块（其中有 3 组成对陨石）为 N 型陨石（表 11.1），其中有 7 块是根据其相似的岩相学和地球化学特征归类于 N 型陨石的，它们分别是：Nakhla、Lafayette、Governador Valadares、NWA 817、NWA 998、NWA 5790、NWA 6148、NWA 10153、Yamato 000593、Yamato 000749、Yamato 000802、MIL 03346、MIL 090030、MIL 090032 和 MIL 090136。N 型火星陨石具有斑状堆晶结构（图 11.6），主要由普通辉石（78—83vol%）组成，粒间充填长石（$An_{34-13}Or_{4-22}$），辉石中还常包裹橄榄石（Bridges et al., 2006），该岩石结构特点与其他类型火星陨石相比具有明显的差异。富钙辉石具有明显的环带特征，核部较均一，但靠近边缘处 Fs 值迅速升高。其另一显著特点为：该类陨石常见有含水的蚀变矿物，如伊丁石和蒙脱石等，并富含石膏等蒸发盐类矿物，这些蚀变矿物主要产出于矿物颗粒边界处。全岩稀土含量很高，富集程度随原子序数的增大而降低，且无明显 Eu 异常。这类陨石中等程度的富集挥发性组分，并且富集轻稀土元素。辉橄质火星陨石的 Sr 和 Nd 的同

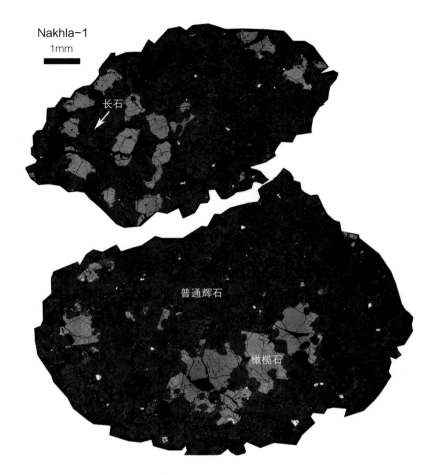

图 11.6 火星陨石 Nakhla 的背散射电子图像。(图片来源：由胡森提供)

位素组成比较一致，与 S 型火星陨石明显不同，表明两者来源于不同的岩浆源区。

11.3.3 纯橄质无球粒火星陨石

迄今总共收集了 3 块纯橄质无球粒火星陨石，第一块名为 Chassigny，于 1815 年在法国马恩的 Chassignite 被发现；第二块名为 NWA 2737（图 11.7），2000 年 8 月在摩洛哥（或撒哈拉）被发现；第三块名为 NWA 8694，2014 年回收于西北非沙漠（表 11.1）。

纯橄质无球粒火星陨石几乎由橄榄石晶体（~92vol%）堆积而成，含少量的易变辉石和普通辉石（~5vol%）、长石（~2vol%）和铬铁矿（~1vol%），以及其他微量矿物。这类样品中橄榄石的化学成分为 Fo_{68-80}，辉石的化学成分为 $En_{47}Fs_{13}Wo_{40}$，斜方辉石为 En_{68-71}，长石为 $An_{10-60}Ab_{30-80}Or_{10}$，长石明显比其他火星陨石富钠。橄榄石晶体常富含熔融包裹体，其中可见角闪石、云母、磷灰石等富水矿物。全岩的稀土配分模式为轻稀土（LREE）富集，重稀土（HREE）无明显分异，也无明显的 Eu 异常。C 型火星陨石的稀土配分模式与 N 型相差较大，说明两者的岩浆来源不同，但是两者的 Sr 同位素组成一致。纯橄质火星陨石和辉橄质火星陨石具有相同的结晶年龄，都为 1.3Ga，且它们的溅射年龄也一致，即它们可

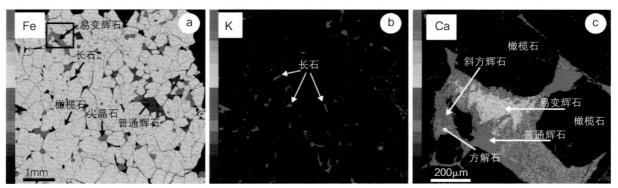

图11.7 火星陨石NWA 2737的能谱图像。（图片来源：Beck et al.，2006）

能由同一次撞击事件而形成。

11.3.4 斜方辉岩质火星陨石

著名的火星陨石ALH 84001（图11.8）是目前唯一已知的一块斜方辉岩质火星陨石（Orthopyroxinite），是由"美国南极陨石搜寻计划"小组于1984年12月27日在南极冰盖的艾伦山地区发现的，重约1.93kg。这是一种富含透辉石的火成岩，几乎全部由粗粒斜方辉石（97vol%）构成，含少量的铬铁矿（~2vol%）、熔长石（~1vol%）、橄榄石、磷酸盐、磁铁矿，以及黄铁矿等硫化物（Mittlefehldt，1994）。斜方辉石的组成为$En_{70}Wo_3$，橄榄石为Fa_{35}，熔长石为$An_{35}Or_3$。ALH 84001的全岩稀土配分模式较为平坦，稍微富集重稀土元素，略贫轻稀土元素。1996年，科学家们通过电子显微镜对其进行了仔细分析，发现了一种类似细菌的化石（McKay et al.，1996），可能和生命有关，这一重要发现掀起了探测火星的热潮。ALH 84001比SNC族火星陨石更为古老，其年龄为45亿年（Nyquist et al.，2001）。

11.3.5 火星表土角砾岩

2012年发现，从西北非回收的陨石中，有一块样品（NWA 7034）内部呈黑色的角砾岩石，其外表特征与碳质球粒陨石相似，但经研究证实它来自火星，因而拓展了火星陨石的类型。随后又在西北非陨石中发现与NWA 7034具有相似特征的几块陨石（表11.1）。以NWA 7034为例，它具有典型的角砾结构，可见大量的玄武岩质角砾、矿物碎屑和细粒胶结物，主要的组成矿物为辉石和长石（图11.9），包含少量磷灰石、硫化物、铬铁矿、钛铁矿、磁铁矿、锆石等副矿物，还含有一些蚀变矿物，如铁氧化物、碳酸盐等。NWA 7034火星陨石全岩的SiO_2含量常小于52wt%，属于玄武岩—超基性岩。在SiO_2和Na_2O+K_2O含量岩浆岩划分图上可见火星表土角砾岩（Martian regolithic breccia）NWA7034的Na_2O+K_2O含量与火星车分析的岩石非常相似。NWA 7034火星陨石的Mg/Si和Al/Si比值与火星GRS分析的火星表面成分以及部分火星岩石样品非常一致（Agee et al.，2013）。此外，NWA 7034全岩的Ni含量也与火星土壤相同（Agee et al.，2013），说明NWA 7034是火星表面岩石经过撞击后，胶结了大量的火星土壤而形成。NWA 7034全

图11.8 火星陨石ALH 84001的全貌图（a）和背散射电子图像（b）。（图片来源：a来自NASA，b由胡森提供）

岩的稀土配分模式明显富集轻稀土元素，与其角砾岩石结构相符（Agee et al.，2013）。

11.4 火星陨石的年龄

　　火星陨石的年龄可以根据其经历的过程来定义，本文主要提及结晶年龄、溅射年龄、宇宙线暴露年龄和居地年龄。结晶年龄是组成火星陨石的岩石从母体岩浆结晶的年龄，不同的结晶年龄代表不同时期的地质/岩浆活动。火星遭受小天体撞击后，火星岩石摆脱火星引力场的束缚，在太空遨游一定时间后落到地球上，其间涉及三个年龄：一是居地年龄，即火星陨石落到地球之后至被发现之前的时间跨度；二是宇宙线暴露年龄，指小天体撞击火星形成的火星陨石离开火星，在行星际空间运行与坠落地球之前的时间跨度；

图11.9 火星陨石NWA 7034的全貌和切面图（a）以及背散射电子图像（b）。（图片来源：Agee et al.，2013）

三是溅射年龄（ejection age），即宇宙线暴露年龄与居地年龄的和，代表火星岩石何时离开火星。在地质意义上，结晶年龄反演的是岩浆活动，而溅射年龄、宇宙线暴露年龄和居地年龄记录了火星岩石脱离火星之后的事件。在分析技术方面，为了获得上述年龄，分析手段也各不相同，结晶年龄主要借助U-Pb、Rb-Sr、Sm-Nd、Lu-Hf、Hf-W、Re-Os、Ar-Ar、K-Ar等地球化学分析技术来测定；宇宙线暴露年龄主要借助稀有气体分析技术来测定；居地年龄则使用加速器质谱来测定宇宙成因的Be-10或Al-26来确定。

11.4.1 火星陨石的结晶年龄

目前通常用Rb-Sr、Sm-Nd和U-Pb年龄来代表火星陨石的结晶年龄。分析结果表明火星陨石的结晶年龄大致可以分为四个时期(图11.10),即斜方辉岩质火星陨石的年龄为4.5Ga(Jagoutz et al.,1994;Nyquist et al.,2001),表土角砾岩质火星陨石的年龄为4.4Ga(Humayun et al.,2013;Yin et al.,2014),纯橄质和辉橄质火星陨石的年龄为1.3Ga(Nyquist et al.,2001),玄武岩质—二辉橄榄岩质火星陨石的年龄为150—600Ma(峰值在180Ma附近)(Bridges et al.,2006;Harry et al.,1994;Nyquist et al.,2001)。从不同富集程度的S型火星陨石年龄分布来看(图11.10),富集型S型火星陨石最年轻,随稀土富集程度增加,其年龄呈升高趋势。从数量看,S型陨石数量最多,但其结晶年龄反而年轻,说明火星的岩浆活动反而随时间变得更加活跃,与火星探测所勾勒的地质演化过程不相符(Carr et al.,2010)。造成这种现象可能有以下几种原因:(1)有大量的S型样品可能来自同一岩浆单元,会造成年龄丰度统计上的偏差;(2)S型陨石中的长石均因强烈撞击而玻璃化,撞击作用可能会重置同位素体系(El Goresy et al.,2013)。Bouvier et al.(2009)对Shergotty、Zagmai、EETA 79001A和RBT 04262四块S型火星陨石进行了全岩的Pb-Pb同位素分析,发现其Pb-Pb模式年龄为40亿年,明显老于Rb-Sr和U-Pb年龄,因而认为Rb-Sr或U-Pb年龄可能因撞击或者流体变质作用而被重置。Moser et al.(2013)为了解决S型火星陨石年龄的困局,在强烈冲击的S型火星陨石NWA 5298中找到一颗复杂的斜锆石,部分斜锆石的非放射成因^{204}Pb/^{206}Pb比值明显低于其他区域,该区域的Pb-Pb年龄与前人测定的结晶年龄一致,而高的普通Pb的区域不适于厘定年龄,但能指示其源区经历过近40亿年的长期分异,说明冲击作用并没有把S型火星陨石的年代重置。

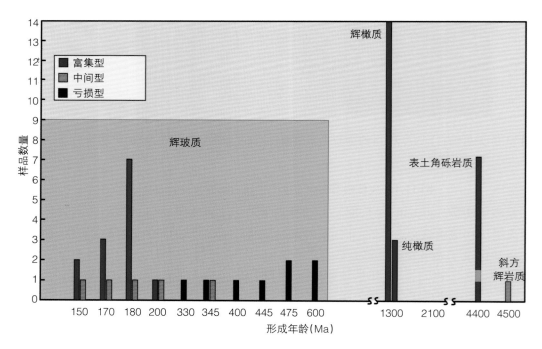

图11.10 火星陨石的结晶年龄分布图。[图片来源:改自International Meteorite Collectors Assoiation(IMCA)]

11.4.2 溅射年龄

溅射年龄等于宇宙线暴露年龄与居地年龄之和,代表火星陨石被抛射出火星的时间,也代表火星表面的一次撞击事件。从火星陨石溅射年龄的分布特征看(图11.11),存在至少11次撞击事件,将我们现在回收到的火星陨石从火星中溅射出来。最早从火星溅射出来的样品为 Dhofar 019(～20Ma 之前);最晚从火星溅射出来的样品为 EETA 79001(～0.73Ma 之前),两者均为含橄榄石斑晶质S型火星陨石;在0.73—20Ma之间,还发生过9次撞击事件,将其他火星陨石送出火星引力场。斜方辉岩 ALH 84001 的溅射年龄为15Ma,仅次于 Dhofar 019;C 型、N 型和角砾岩质火星陨石的溅射年龄几乎相同,均在11Ma 附近。溅射年龄晚于5Ma 都是S型火星陨石,且与其岩石特征没有明显相关性(图11.11)。

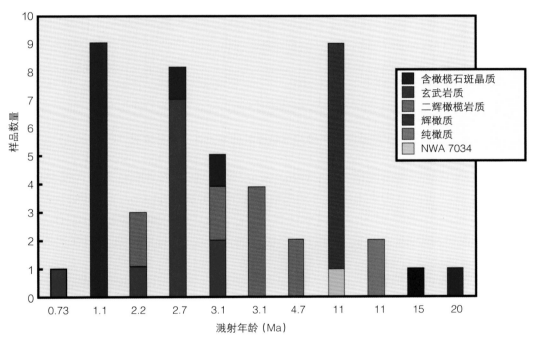

图例:
- 含橄榄石斑晶质
- 玄武岩质
- 二辉橄榄岩质
- 辉橄质
- 纯橄质
- NWA 7034

纵轴:样品数量(0—10)
横轴:溅射年龄(Ma):0.73 1.1 2.2 2.7 3.1 3.1 4.7 11 11 15 20

图 11.11 火星陨石溅射年龄直方图。(图片来源:改自 IMCA)

以火星陨石结晶年龄和溅射年龄为横纵坐标作图可以发现:(1)除 Dhofar 019 之外,不同类型的火星陨石具有显著的溅射年龄差异,不过C型和N型火星陨石不仅结晶年龄相近,溅射年龄也几乎相同(图11.12);(2)年轻样品的溅射年龄更年轻,说明晚期撞击更密集,其原因可能是同一次撞击事件溅射出了较多的S型陨石。

根据火星陨石的溅射年龄和结晶年龄,人们试图结合火星探测获得的高分辨率影像对火星陨石来自火星的地理位置进行限定。首先通过火星陨石的结晶年龄限定其源岩的地质时代,基于高分辨率高程和地形影响,以及撞击坑定年算法,Mouginis-Mark et al.(1992)在火星萨希斯平原区域圈定了25个候选区。综合火星表面撞击坑年代学和比对

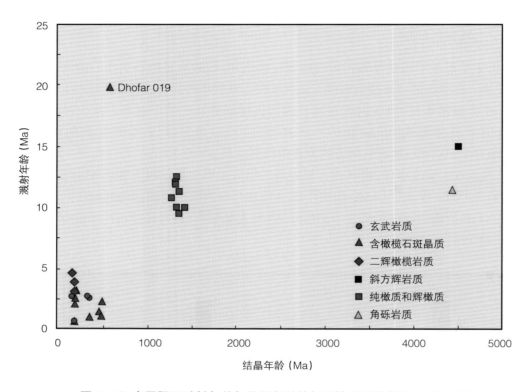

图 11.12 火星陨石溅射年龄与结晶年龄的相关性。(图片来源:改自 IMCA)

火星陨石与火星表面的光谱特征,Werner et al.(2014)认为火星陨石来自直径55km的莫哈韦撞击坑。曾经认为火星陨石可能来自很大的撞击坑(Vickery et al.,1987),但最近火星陨石 Zagami 中高压相的冷却速率计算(Beck et al.,2005)和计算机模拟(Head et al.,2002)撞击过程发现,火星陨石可以来自很小的撞击坑,这可以合理解释年轻样品的来源,但为溯源增加了难度。

11.4.3 宇宙线暴露年龄

陨石从火星表面被撞击抛射出来之后,在宇宙空间运行至降落地球表面之前,一直暴露在宇宙线的照射下。陨石物质与宇宙线反应形成一系列的宇宙成因核素,如^{3}He、^{21}Ne、^{38}Ar等。在已知宇宙线通量以及不同类型陨石的宇宙成因核素产率情况下,测定这些宇宙成因核素的产额,可计算出陨石在空间接受宇宙线照射的时间长短,即宇宙线暴露年龄(Honda et al.,1980;Kirsten et al.,1978;Ouyang,1983;Ouyang et al.,1987;Ouyang et al.,1983;Ouyang et al.,1984)。如果一些陨石属于相同的化学群,且它们的宇宙线暴露年龄分布又相同,那我们可以认为它们来自同一次破碎事件,并可能来自同一母体,这些同一次降落的陨石碎块被称为成对陨石。

通过对陨石的宇宙线暴露年龄的测定和研究,可以了解火星陨石的溅射年龄。火星陨石的宇宙线暴露年龄表明它们至少来自8个区域。根据火星陨石中由中子捕获产生的^{80}Kr和^{82}Kr的丰度,以及^{81}Kr和^{83}Kr的宇宙线暴露年龄,可以计算出火星陨石进入地球大气层前的体积。结果表明,火星陨石均具有相当大的体积和质量(最小半径22—25cm,最小质量150—220kg)。根据火星表面撞击的模拟计算也表明,能够逃逸出火星表面的火星陨石的半径应该在20—200cm的范围内(Head et al.,2002),进一步验证了上述测定结果。但是,GRV 99027仅重9.97g,其体积小于大多数火星陨石,可能的原因是,GRV 99027只是火星陨石的一个小碎块,该陨石的大部分样品仍然散落在南极洲的格罗夫山区域,或者相邻的其他区域。

11.4.4 居地年龄

居地年龄一般是指陨石降落到地球后,直到被发现的这段时间,也可称为陨石落地后的冷却时间。居地年龄可提供陨石降落、陨石的分布、陨石的风化作用及陨石富集机制的重要信息。通过对居地年龄的研究,可以判断陨石落地的时间,而且可以鉴别成对陨石,即同一次陨石雨降落的陨石。因为陨石在降落地球后,不再受到宇宙线的直接照射,又因为受到地球大气层的屏蔽,陨石体内的宇宙成因核素(^{14}C、^{26}Al、^{10}Be、^{53}Mn、^{36}Cl)不再产生,其丰度随时间的衰变而逐渐降低,根据测得的放射性强度与估算陨石落地时的放射性强度,可以计算出陨石的居地年龄。陨石的居地年龄一般在0—1.5Ma之间,大部分古老陨石的居地年龄分布在0—20 000 年之间(Wasson,1985)。沙漠地区和南极地区气候干燥,有利于陨石的保存。沙漠地区可以保存陨石数千至数十万年之久,南极地区特殊的气候条件更有利于陨石的保存,其居地年龄可达数十万年,有一些陨石甚至可超过200万年。

由于火星陨石数量稀少,用以解释整个火星的形成与演化有一定局限性,目前还有很多问题有待解决,如火星陨石的结晶年龄相对于火星大部分地区的表面年龄而言都偏低,虽然已有很多研究对此进行了解释,但并不能彻底明确这一成因机制。一些学者认为,这些年轻的年龄代表了强烈冲击事件的时间,而不是岩浆结晶的年龄,但科学家们通过对月球陨石中遭受强烈冲击变质后玻璃化的锆石进行Pb-Pb年龄分析,表明冲击变质对其Pb-Pb年龄基本上没有明显的影响。这说明大量年轻的(~180Ma)玄武岩质火星陨石可能来自火星局部的岩体,在一次或几次撞击事件中被溅射出火星,但年轻陨石所占的比例如此之高,仍然是待解之谜。

对于火星的探索将会是人类今后一个重要而漫长的目标,尤其是在以发现火星生命为主要目标的火星探测计划中,火星陨石将继续发挥不可替代的重要作用。火星陨石的研究正处于一个迅速发展的阶段,随着新发现火星陨石数量的增长,每一块独一无二的样品会伴随有越来越多的成果体现,进一步揭示火星的演化和起源。对于火星的研究,将会更多地关注火星核—幔—壳的形成和演化、火星的岩浆演化、火星表面的次生作用,以及与此有关的水和大气的形成和演化等。

参考文献

Agee C B, Wilson N V, McCubbin F M, et al. 2013. Unique meteorite from early Amazonian Mars:

Water-rich basaltic breccia Northwest Africa 7034. *Science*, 339: 780−785

Beck P, Barrat J A, Gillet P, et al. 2006. Petrography and geochemistry of the chassignite Northwest Africa 2737 (NWA 2737). *Geochimica Et Cosmochimica Acta*, 70: 2127−2139

Beck P, Gillet P, El Goresy A, et al. 2005. Timescales of shock processes in chondritic and martian meteorites. *Nature*, 435: 1071−1074

Becker R H, Pepin R O. 1984. The case for a Martian origin of the shergottites—Nitrogen and noble gases in EETA 79001. *Earth and Planetary Science Letters*, 69: 225−242

Bogard D D, Johnson P. 1983. Martian gases in an antarctic meteorite. *Science*, 221: 651−654

Bouvier A, Blichert-Toft J, Albarede F. 2009. Martian meteorite chronology and the evolution of the interior of Mars. *Earth and Planetary Science Letters*, 280: 285−295

Bridges J C, Warren P H. 2006. The SNC meteorites: Basaltic igneous processes on Mars. *Journal of the Geological Society*, 163: 229−251

Carr M H, Head J W. 2010. Geologic history of Mars. *Earth and Planetary Science Letters*, 294: 185−203

Carr R H, Grady M M, Wright I P, et al. 1985. Martian atmospheric carbon dioxide and weathering products in SNC meteorites. *Nature*, 314: 248−250

Cartwright J A, Ott U, Herrmann S, et al. 2014. Modern atmospheric signatures in 4.4 Ga Martian meteorite NWA 7034. *Earth and Planetary Science Letters*, 400: 77−87

Clayton R N, Mayeda T K. 1996. Oxygen isotope studies of achondrites. *Geochimica Et Cosmochimica Acta*, 60: 1999−2017

El Goresy A, Gillet P, Miyahara M, et al. 2013. Shock-induced deformation of Shergottites: Shock-pressures and perturbations of magmatic ages on Mars. *Geochimica et Cosmochimica Acta*, 101: 233−262

Fei Y, Prewitt C T, Mao H K, et al. 1995. Structure and density of FeS at high pressure and high temperature and the internal structure of mars. *Science*, 268: 1892−1894

Harry Y, McSween J. 1994. What we have learned about Mars from SNC meteorites. *Meteoritics*, 29: 757−779

Head J N, Melosh H J, Ivanov B A. 2002. Martian meteorite launch: High-speed ejecta from small craters. *Science*, 298: 1752−1756

Honda M, Horie K, Imamura M, et al. 1980. Irradiation history of kirin meteorite. *Meteoritics*, 15: 304−304

Hu S, Feng L, Lin Y T. 2011. Petrography, mineral chemistry and shock metamorphism of Yamato 984028 lherzolitic shergottite. *Chinese Science Bulletin*, 56: 1579−1587

Hu S, Lin Y, Zhang J, et al. 2014. NanoSIMS analyses of apatite and melt inclusions in the GRV 020090 Martian meteorite: Hydrogen isotope evidence for recent past underground hydrothermal activity on Mars. *Geochimica et Cosmochimica Acta*, 140: 321−333

Humayun M, Nemchin A, Zanda B, et al. 2013. Origin and age of the earliest Martian crust from meteorite NWA 7533. *Nature*, 503: 513−516

Jagoutz E, Sorowka A, Vogel J D, et al. 1994. ALH 84001: Alien or progenitor of the SNC family? *Meteoritics*, 29: 478−479

Kirsten T, Ries D, Fireman E L. 1978. Exposure and terrestrial ages of four Allan Hills Antarctic meteorites. *Meteoritics*, 13: 519−522

Lin Y, Hu S, Miao B, et al. 2013. Grove Mountains 020090 enriched lherzolitic shergottite: A two stage formation model. *Meteoritics & Planetary Science*, 48: 1572−1589

Lin Y, Liu T, Shen W, et al. 2008. Grove mountains (GRV) 020090: A highly fractionated lherzolitic shergottite. *Meteoritics & Planetary Science*, 43: A86–A86

Lin Y, Wang D, Miao B, et al. 2003. Grove Mountains（GRV）99027: A new Martian meteorite. *Chinese Science Bulletin*, 48: 1771–1774

Lin Y T, El Goresy A, Hu S, et al. 2014. NanoSIMS analysis of organic carbon from the Tissint Martian meteorite: Evidence for the past existence of subsurface organic-bearing fluids on Mars. *Meteoritics & Planetary Science*, 49: 2201–2218

Lin Y T, Guan Y B, Wang D D, et al. 2005. Petrogenesis of the new lherzolitic shergottite Grove Mountains 99027: Constraints of petrography, mineral chemistry, and rare earth elements. *Meteoritics & Planetary Science*, 40: 1599–1619

McKay D S, Gibson E K, Thomas-Keprta K L, et al. 1996. Search for past life on Mars: possible relic biogenic activity in martian meteorite ALH84001. *Science*, 273: 924–930

Miao B, Ouyang Z, Wang D, et al. 2004. A new Martian meteorite from Antarctica: Grove Mountains（GRV）020090. *Acta Geologica Sinica（English Edition）*, 78: 1034–1041

Mittlefehldt D W. 1994. ALH84001, A cumulate orthopyroxenite member of the Martain meteorite clan. *Meteoritics*, 29: 214–221

Mittlefehldt D W, Clayton R N, Drake M J, et al. 2005. Oxygen isotopic composition and chemical correlations in meteorites and the terrestrial planets. *In*: MacPherson G J, Mittlefehldt D W, Jones J H, et al (eds). *Workshop on Oxygen in Earliest Solar System Materials and Processes*, Gatlinburg, TN, 399–428

Moser D E, Chamberlain K R, Tait K T, et al. 2013. Solving the Martian meteorite age conundrum using micro-baddeleyite and launch-generated zircon. *Nature*, 499: 454–457

Mouginis-Mark P J, McCoy T J, Taylor G J, et al. 1992. Martian parent craters for the SNC meteorites. *Journal of Geophysical Research*, 97: 10213

Nyquist L E, Bogard D D, Shih C Y, et al. 2001. Ages and geologic histories of Martian meteorites. *Space Science Reviews*, 96: 105–164

Ouyang Z Y. 1983. The formation and the evolution process of the Jilin meteorite. *Chinese Physics*, 3: 69–78

Ouyang Z Y, Fan C Y, Yi W X, et al. 1987. Depth distribution of cosmogenic nuclides in boring core samples of Jilin meteorite and its cosmic-ray irradiation history. *Scientia Sinica Series A-Mathematical Physical Astronomical & Technical Sciences*, 30: 885–896

Ouyang Z Y, Heusser G. 1983. Reconstruction of the Jilin meteorite prior to its entrance into the atmosphere. *Kexue Tongbao*, 28: 1234–1237

Ouyang Z Y, Heusser G, Hubner M, et al. 1984. a study on cosmogenic nuclides in Jilin meteorite and its 2-stage irradiation history. *Scientia Sinica Series B-Chemical Biological Agricultural Medical & Earth Sciences*, 27: 320–332

Pepin R O. 1985. Meteorites: Evidence of martian origins. *Nature*, 317:473–475

Stolper E M, Baker M B, Newcombe M E, et al. 2013. The petrochemistry of Jake_M: A martian mugearite. *Science*, 341: 1239463

Vickery A M, Melosh H J. 1987. The large crater origin of SNC meteorites. *Science*, 237: 738–743

Wasson J. 1985. *Meteorites: Their Record of Early Solar-System History*. New York：W H Freeman and Co, 274

Werner S C, Ody A, Poulet F. 2014. The Source Crater of Martian Shergottite Meteorites. *Science*, 343: 1343–1346

Wright I P, Carr R H, Pillinger C T. 1986. Carbon abundance and isotopic studies of Shergotty and other shergottite meteorites. *Geochimica Et Cosmochimica Acta*, 50: 983–991

Yin Q Z, McCubbin F M, Zhou Q, et al. 2014. An Earth-like beginning for ancient Mars indicated by alkali-rich volcanism at 4.4 Ga. *LPSC 45,* 1320

本章作者

徐　琳　中国科学院国家天文台副研究员,一直从事天体化学与比较行星学领域的基础性研究工作,以及国内外深空探测战略研究,主要研究方向为陨石学,包括太阳星云的形成与演化、小行星的热变质、太阳系早期的岩浆分异作用等。

胡　森　中国科学院地质与地球物理研究所副研究员,从事比较行星学研究。

第 12 章

火星地质

火星的大小在太阳系的类地行星谱系中处于中间位置,这样的大小,一方面能够保证其在较长的地质历史时期中发生地质与构造活动,另一方面其活动性也不至于破坏早期历史演化的全部记录。因此火星是太阳系类地行星研究的关键所在。

火星表面及内部受到地质作用的影响。虽然行星地质学家对火星的地质和热演化过程仍然存在诸多的争议,但可以通过已经掌握的地球科学知识来研究现代行星表面特征,了解这些特征与不同地质作用过程之间的关系。

一切地质作用都源于能量,没有能量,地质作用就不可能发生,因此,由能量转化而成的、能够导致地质作用发生的力才能成为地质营力。像撞击作用的动能、风能、水能等来源于火星外部的能量称为外能,以外能作为营力的地质作用称为外动力地质作用,主要作用于火星的外圈和火星的表层系统,主要形式有风、水、极地冰川等作用方式。像放射性能、动能、化学能、结晶能等来源于火星内部的能量称为火星的内能,以内能作为营力的地质作用称为内动力地质作用,主要作用于火星的内部并最终反映到火星壳,主要形式有火山作用、构造运动和变质作用等方式。

12.1 火星地质总体特征

对于火星地质的研究,绝大多数的信息来自遥感数据,同时火星表面的形貌是各种地质作用综合作用的结果,因此在火星地质的研究和描述中,须密切结合火星表面形貌的特征。

Tanaka et al.(2014)根据多个探测器的数据,以撞击坑统计年代学为主线,结合地貌的特征划分出了 8 个地质单元,分别为高地(Highland)、平原(Lowland)、过渡区(Transition)、火山区(Volcanic)、盆地(Basin)、极区(Polar)、撞击坑(Impact)和冰川沉积区(Apron)(图 12.1)(Tanaka et al., 2014)。其中高地单元主要位于火星南半球,地层年龄主要为诺亚纪,其物质主要是撞击作用、火山作用和沉积作用形成的混合物质;平原单元位于火星北半球,地层年龄集中在晚西方世和中亚马孙世,其物质主要是熔岩、火山碎屑岩、水蚀作用的沉积物以及冰川作用的碎屑沉积物;过渡区单元位于南部高地和北部平原的交界区,地层年龄集中在西方纪和亚马孙纪,其物质主要是火山碎屑物质、滑塌堆积物和水蚀、风蚀作用的沉积物;火山区单元主要位于南北过渡带附近,其地层年龄集中在

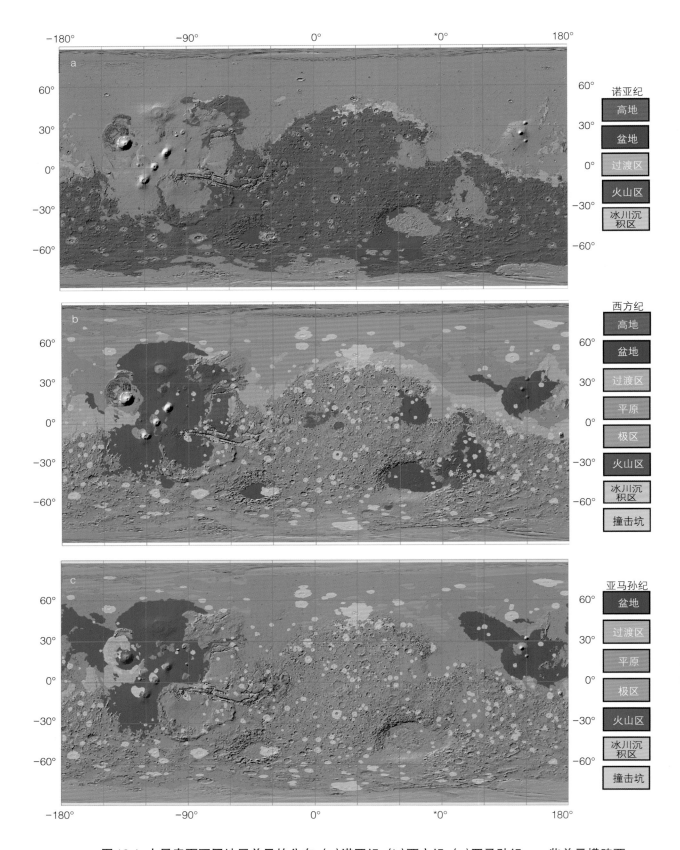

图 12.1　火星表面不同地层单元的分布。(a)诺亚纪；(b)西方纪；(c)亚马孙纪。一些单元横跨两
　　　　个年代。底图为经过渲染的 MOLA 的高程图(128pixels/deg)，采用简单圆柱投影，投影
　　　　中心为(0°,0°)。(图片来源:Tanaka et al.,2014)

西方纪和亚马孙纪,但诺亚纪也有火山活动,其物质主要是玄武质的熔岩流及火山碎屑沉积物;盆地单元在南北半球都有分布,盆地是在诺亚纪形成的,在西方纪和亚马孙纪,盆地内沉积了大量的水蚀、风蚀和冰川作用的沉积物;极区单元位于纬度70°以上的地区,地层年龄为西方纪和亚马孙纪,其物质主要是水冰和二氧化碳冰以及尘埃沉积物;撞击坑单元主要是撞击作用形成的,具有典型的坑缘、溅射物分布和次级坑链,保留下来的撞击作用主要发生在西方纪和亚马孙纪,其物质为冲击角砾岩、冲击熔融物以及后期的沉积物;冰川沉积区是过渡区中比较特殊的单元,分布在萨希斯和奥林匹斯火山周围、水手大峡谷底部,其主要物质为冰碛物、沉降物和滑坡堆积物。

火星表面的地质构造发育,主要为伸展构造、挤压构造和撞击构造,从形态上将其归为两类:线性构造和环形构造(图12.2),其中线性构造主要是地堑和皱脊构造,长达几十到几百千米,宽几千米,地堑构造主要位于伊利瑟姆火山群和萨希斯火山群,呈放射状分布,皱脊构造主要分布于乌托邦平原,呈似环状分布。另外,河道也是火星上一种重要的线性构造,主要集中在水手大峡谷附近。环形构造主要是撞击坑、盆地周围的山环、火山口和两极地区的螺旋槽沟构造。

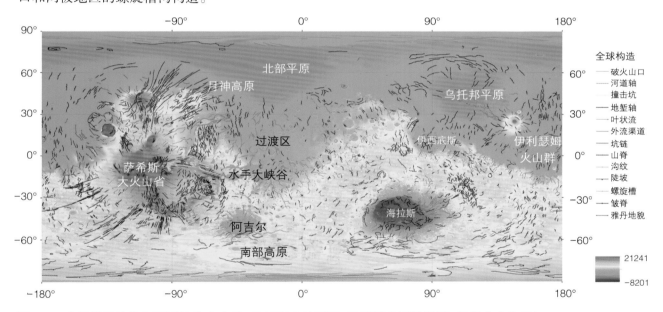

图12.2 火星线性构造与环形构造分布图,为MOLA地形图,采用简单圆柱投影,投影中心为(0°, 0°)。(图片来源:USGS网站)

12.2 火星外动力地质作用

以外能作为营力的地质作用称为外动力地质作用,主要作用于火星的外圈和火星的表层系统,包括撞击作用、风蚀作用、水蚀作用以及冰川作用,在表面刻画出大量撞击坑及盆地、多种山谷、水流渠道网络、冲沟、冰积地貌、滑坡坍塌、湖泊沉积、风成沙丘、两极冰盖与沉积等。本节主要介绍了火星撞击作用、风和流水的地质作用,以及极地冰川作用。

12.2.1 撞击作用

地球多活动的地质环境破坏了绝大多数的撞击记录，特别是形成早期的记录，如38亿年前大碰撞时期的撞击记录，而火星保存了整个太阳系演化期间绝大多数的撞击记录，提供了更多了解撞击坑的构造细节。另外，因为大气圈和次表层挥发分的存在，同月球相比，火星上撞击坑的形成与地球更为接近。

12.2.1.1 撞击坑形成机制

撞击坑是由宇宙物质（包括小行星、彗星等）高速撞击行星和小天体表面所形成的凹陷地形。撞击坑的发育可分为三个阶段：（1）接触—压缩阶段；（2）瞬态坑的挖掘与形成；（3）撞击坑的后期改造。

在目标物质的接触—压缩过程中，弹射体首次与表面物质接触，产生冲击波，冲击波在表面物质和弹射体中传播。冲击波的作用力与撞击点的距离成指数系数下降（图12.3），当冲击波能量降至1—2GPa时，冲击波变为地震波（弹性波）。当冲击波面临自由表面时（冲击物表面或溅射物的表面），冲击波在物体内移动的能量变小。大撞击形成的冲击波遇到物质时，形成的压力可以使某些物质熔融、蒸发。在目标物质的压缩阶段，溅射物移动时间一般只有几秒或更少，移动的距离等于溅射物直径。当冲击波在溅射物内移动时，破坏溅射物接触/挤压阶段结束。

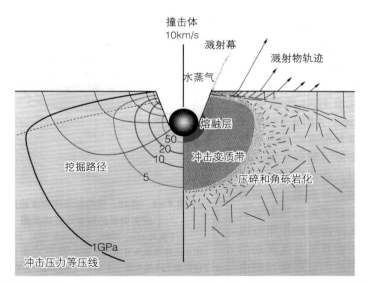

图12.3 撞击过程的接触—压缩阶段冲击波在被撞击体中传播以及溅射物被抛射的情况。（图片来源：French，1998）

当冲击波遇到自由表面时，一部分变为动能，其余能量变成反射的次级波。当次级波的张力超过岩石的机械力时，目标物破碎，而动能将加速碎片物质，使之向外抛出。向上加速并被抛出撞击坑外的物质，形成溅射堆积物，使撞击坑边缘抬高（图12.3）。其他物质则向下移动，形成碗状坑，称为瞬态坑。瞬态坑最深（d_t）时大约是瞬态坑直径（D_t）的3—4倍。根据实验室内的撞击试验（Melosh，1989），瞬态坑直径D_t与撞击速度、重力、撞击角度、撞击体性质(大小、密度、强度等)和被撞击体的性质(温度、密度、黏度、强度等)有一定关系。当瞬态坑达到最大时,挖掘阶段结束。对撞击坑来说,决定最终的形态和大小的因素主要是重力加速度,而不是目标物的力学强度。形成瞬态坑的时间(T)与D_t和g有以下关系(Melosh,1989):

$$T \cong 0.54 \left(\frac{D_t}{g} \right)^{1/2} \qquad (12.1)$$

撞击成坑作用过程中,溅射物主要分布于撞击坑周围,这些溅射物并不包括整个坑的物质。溅射物的厚度(d_{ex})接近1/3瞬态坑的深度:

$$d_{ex} \approx \frac{1}{3} d_t \approx \frac{1}{10} D_t \qquad (12.2)$$

溅射覆盖物可以被分为连续和不连续的两类。连续的溅射覆盖物分布于撞击坑的边缘,主要由撞击碎片组成,沿撞击坑边缘可以连续分布1—3个撞击坑半径距离的区域。而不连续溅射覆盖物主要分布于连续溅射物之外,与撞击坑成线性离散分布,次级撞击坑主要分布于不连续溅射物上(图12.4b)。

撞击坑的后期改造阶段从瞬态坑形成结束时开始,到撞击坑受地质作用完全破坏为止。在改造阶段,简单撞击坑常见碎片从撞击坑坑壁滑落,但简单撞击坑经历的掩埋作用主要是其他地质作用,如火山活动、风蚀作用以及流体作用等。复杂撞击坑内部结构复杂,形态与溅射物的结构、内部特征、撞击坑的大小以及在行星表面的位置有关(表12.1)。火星表面复杂撞击坑内常有山峰或凹陷。冲击波作用使撞击坑底部抬升,形成中央峰(图12.4b)。更大的撞击坑中央有环形山(图12.4e),这些环形山可能是由中央峰崩塌形成。巨大的撞击坑如海拉斯和阿吉尔,尽管外层环不清晰,但可能有多种环形山脉结构(图12.4c、d)。

表12.1 撞击坑直径范围与具体的内部地形

内部特征	直径范围(km)
中央峰	~6—175
中央凹陷	5—60
峰环盆地	~50—500
多环峰盆地	>500

12.2.1.2 火星上撞击坑分类

根据撞击坑的形态、大小和溅射物特点,可以将火星上的撞击坑分为简单撞击坑、复杂撞击坑和多环盆地。

(1)简单撞击坑

这类撞击坑直径较小,一般小于5km,类似于碗状(图12.4a),撞击坑的深度(d)与边缘直径(D_r)的关系为:

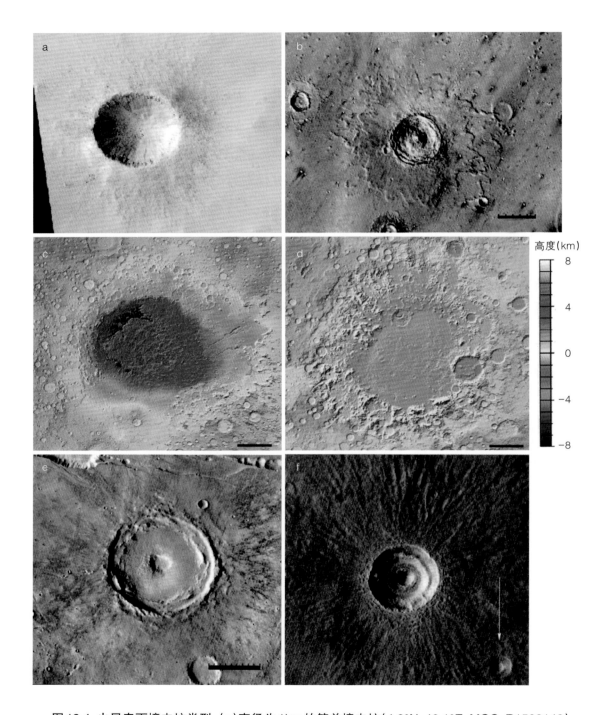

图12.4 火星表面撞击坑类型。(a)直径为1km的简单撞击坑(4.8°N, 46.1°E, MOC R1502146);
(b)直径为31km的复杂撞击坑(26°N, 321°E, THEMIS);(c)海拉斯撞击盆地(高程图)
为多环盆地;(d)阿吉尔撞击盆地(高程图)为多环盆地;(e)和(f)为两个典型的具有中央
坑的撞击坑,其中(f)中除了一个具有中央坑的大型撞击坑外,右下还有一个小的,如箭头
所指。(图片来源:据Frey et al., 2002)

$$d \approx \frac{D_r}{5} \qquad\qquad (12.3)$$

坑底的基岩物质被抛射在坑边附近,挖掘作用堆积在坑缘的松散物质由于重力作用滑向坑底和坑的中心。一些碗状坑中可见明显的暗色或亮色条痕,是比较新鲜的撞击坑。在坑的外缘,也可见放射状的抛物线。

(2) 复杂撞击坑

火星表面直径大于5—8km的撞击坑往往表现出复杂性。火星的复杂撞击坑具有以下特征的部分或全部:坑底开阔,存在小山一样的隆起区;存在中央峰;存在从坑壁向坑内的滑塌现象;坑壁有连续的台地,表面有整体垮塌现象。图12.4b的复杂撞击坑具备了上述所有的特征。随着直径的增加,中央峰的形态越来越复杂,坑缘内的阶梯状构造就更大。相对于小撞击坑,一般复杂撞击坑的深度更浅,典型的复杂撞击坑的深度为边缘直径的1/10。形成简单和复杂撞击坑的直径与g^{-1}正相关,有时也与目标体的形状有关。

表12.2 撞击坑地形参数与撞击坑直径(D)之间函数关系(Walton et al., 2007)

参数	简单撞击坑	复杂撞击坑
深度(d)	$d = 0.21D^{0.81}$	$d = 0.36D^{0.49}$
边缘高度(h)	$h = 0.04D^{0.31}$	$h = 0.02D^{0.84}$
中间峰高度(h_{cp})	—	$h_{cp} = 0.04D^{0.51}$
中间峰直径(D_{cp})	—	$D_{cp} = 0.25D^{1.05}$
坑内壁坡长(s)	$s = 28.40D^{0.18}$	$s = 23.82D^{0.28}$

(3) 多环盆地

火星表面直径大于130km的撞击坑中,中央突起常被一个中心环所代替,而对于直径更大者,则被一组同心环所替代,形成多环盆地。火星上已确定出3个巨大的环形盆地和大约20个较小的环形盆地,其直径为135—2000km,大多数直径约为200km。几乎所有的环形盆地均位于南部高原。

火星上最大的环形盆地是阿吉尔盆地、海拉斯盆地和伊西底斯盆地(图12.2)。其中最古老的环形盆地是阿吉尔盆地(图12.4d),其中心在43°W,50°S,它有一个直径大约为900km的内部平原单元,由一个崎岖的山环所围绕,山环周围沉积物覆盖的直径约为1400km。海拉斯盆地(243°W,42°S)(图12.4c)规模为1600km×2000km,深度为4km,具有一个不完整的山环,其宽度不等,最宽可达400km。伊西底斯盆地(270°W,15°N)直径约为1100km,并东北方向开口,沿着南部边缘,由一个300km的崎岖环边构成侧翼(图12.2)。

12.2.2 风的地质作用

火星上存在大气圈。大气圈是火星外圈的主要组成部分,其本身也经历着各种各样复杂的物理化学过程。但是大气圈除了自身的各种物理化学过程外,还与火星表面发生着各种复杂的地质作用,即风的地质作用。风的地质作用是指气流对火星表面物质的动力作用过程和产物,表现为气流沿火星表面流动时对表面物质的吹蚀、磨蚀、搬运和堆积作用。风的地质作用强度取决于风的类型和风力的大小。

12.2.2.1 风的形成

火星上存在大气,本书第6章已经作了详细的描述。火星的大气非常稀薄,平均压强只有700Pa,并且大气中CO_2和H_2O含量随季节变化,表面大气压的变化可达20%。火星稀薄的大气在受到太阳光照射时,根本无法起到保温作用,因此火星接受太阳照射的一面温度大约为27℃,而背向太阳的一面温度则只有−133℃,两者相差160℃。巨大的温差导致火星上大气运动十分剧烈,再加上火星表面没有建筑或树木一类的障碍物,所以火星上纵然空气极度稀薄,也会产生强烈的大风。

火星上的风速一般为每秒几米,有时会刮起50m/s的飓风,足以形成尘卷风,将火星表面的沙尘吹起来形成规模巨大的尘暴(图12.5),因此风的存在是改造火星表面的一个重要的地质营力。

12.2.2.2 风的地质作用

火星表面风的作用十分明显,每年有一半时间有沙尘暴活动,这些特征在轨道探测数据和着陆探测中可以直接观察到,对火星表面的改造也起到了一定的作用,主要表现在对松散沉积物的搬运和再沉积作用。风的搬运作用形式主要为悬浮、跳跃、撞击、蠕动和牵引。大体积的物质通过牵引沿表面滚动,而相对小体积的物质沿表面跳跃。根据风的速度以及行星表面大气厚度,悬浮的物质粒径≤60μm(尘埃),跳跃的物质粒径60—2000μm(沙),牵引移动的物质粒径>2000μm(鹅卵石)。在现有火星大气条件下,直径为115μm颗粒的静止的临界速度为1m/s,且静止的临界速度与颗粒的大小和摩擦界面粗糙度有很大关系(Tanaka,2014)。风搬运的物质最终会在合适的地方沉积下来,形成火星表面的各种风蚀地貌。

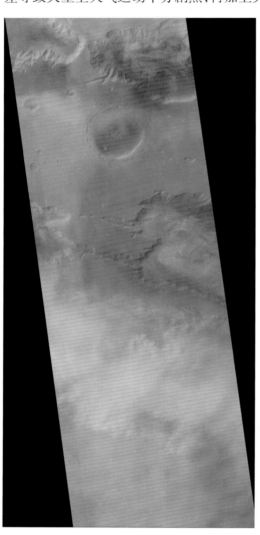

图 12.5 火星上的尘暴(MOC 图,编号:MOC2−130b)。(图片来源:JPL/MSSS/NASA)

尘埃通过悬浮移动,而沙子主要通过跳跃迁移。当风速降低时,粒子沉积,形成风蚀沉积地形。跳跃迁移沉积物形成沙丘或沙海,主要分布于火星北极冰盖周围(图12.6)。与沙丘相连最大的沙场沿经度180°分布,位于奥林匹亚平原区。对MOLA数据的分析认为,奥林匹亚平原区是极盖的延伸区(Fishbaugh et al., 2000)。奥林匹亚平原区沙丘的热惯量分析表明,沙丘粒子的粒径小于沙子,可能来源于附近极区富含硫化物的火山灰沉积物(Melosh, 1989; Byrne et al., 2002; Langevin et al., 2005a)。

小的跳跃迁移物形成沙丘。当风一直沿着同一方向吹时,形成娥眉月形的沙丘(图12.7a)。横向沙丘是火星上最常见的地形(图12.7b),常形成于沙多风强的

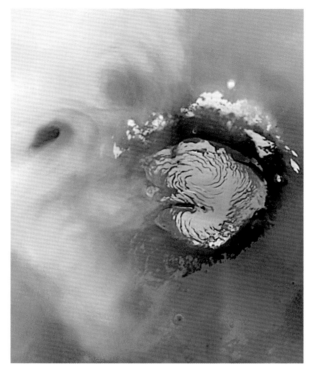

图12.6 火星北极冰盖区被跃动的沙丘物质环绕,沙丘分布在暗色区域,环绕残留的冰盖区,可见螺旋槽和沉积地层(MOC图,编号:MOC2-1607)。(图片来源:JPL/MSSS/NASA)

地方。纵向沙丘形成于中等数量沙的区域,沿季风方向分布(图12.7c)。对MGS的MOC数据分析认为有些沙丘仍然在活动和迁移中,而有些则不活动(Edgett et al., 2000)。更小一些的沙沉积物称为沙纹(图12.7d),在5个火星着陆点均有发现(Sullivan et al., 2005; Greeley et al., 2006)。

当空气成层状流动时,尘埃堆积形成厚厚的黄土。沿极盖分布的层状沉积物是在气候循环过程中,主要由冰和灰尘黏合形成。白色的风蚀纹是另外一种尘埃堆积地形(图12.8a),常沿顺风方向遇障碍物(如撞击坑)时沉积。细粒的尘埃明显比粗粒的亮,冰面上附着尘埃的地区明显比周围没有尘埃的地区亮。Pelkey et al.(2001)发现风蚀纹和周围地区的热惯量没有区别,推测白色风蚀纹的厚度为$1\mu m$—3mm(Pelkey et al., 2001)。白色风蚀纹是火星上少数几种通过环绕卫星观察到随时间而变化的地形。

火星上也存在暗色风蚀纹(图12.8b)。这种地形可能是由于暗色物质沉积或在障碍物后边的大气紊流作用,使沙丘与表面摩擦形成。热惯量分析表明,暗色风蚀纹明显与周围不同,表明沉积的沙子厚度超过几厘米(Pelkey et al., 2001)。暗色的风蚀纹也形成于风尘暴中(图12.9a)。层状流动的风很难移动表面的灰尘(粗糙的表面使灰尘更稳定),风尘暴可使表面的灰尘上升到层状流动风的上部,在全球范围内移动。

风蚀脊是风侵蚀容易受风化的物质而形成的高的脊梁(图12.9b)。常沿季风方向分布,抗风化强的地层可以形成不同方向的风蚀脊(Bradley et al., 2002)。火星上美杜莎槽

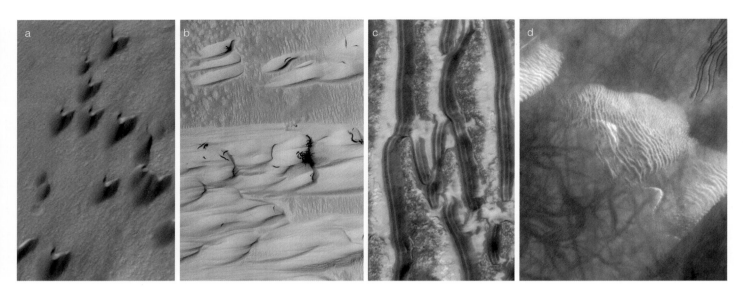

图 12.7 火星上可见各种沙丘：(a)娥眉月形沙丘(41.3°S,25°W,MOC 图,编号 MOC2-1564)；
(b)撞击坑坑底沙丘(51.9°S,31.2°W,MOC 图,编号 MOC2-597)；(c)理查德森撞击坑
(Richardson Crater)中呈现径向分布的沙丘(72.4°S,180.3°E,MOC 图,编号 MOC2-
1322)；(d)火星表面的沙纹(54.6°S,347.2°W,MOC 图,编号 MOC2-1272)。(图片来源：
JPL/MSSS/NASA)

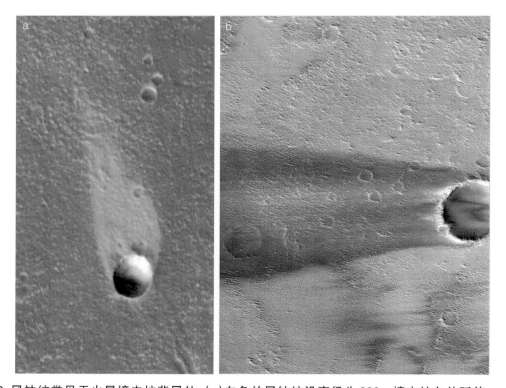

图 12.8 风蚀纹常见于火星撞击坑背风处。(a)白色的风蚀纹沿直径为 600m 撞击坑向外延伸
(42°N,234.2°E,MOC 图,编号：MOC2-1489)；(b)暗色风蚀纹沿直径为 688m 撞击坑向
外延伸(11.7°S,223.6°E,MOC 图,编号：MOC2-1298)。(图片来源：JPL/MSSS/NASA)

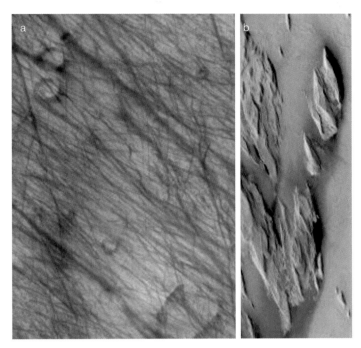

图 12.9 （a）尘暴清除了表面的细粒灰尘，留下暗色条纹，可以显示尘暴的运动轨迹（68.4°S，296.1°W，MOC图，编号：MOC2-1378）；（b）由风蚀作用形成的风蚀脊，这些风蚀脊位于奥林匹斯山西部火山平原（13.2°N，199.9°E，MOC图，编号：MOC2-1455）。（图片来源：JPL/MSSS/NASA）

沟构造是第一个被认为由细粒沉积物形成的风蚀脊（Ward，1979）。风蚀脊也见于火星极地沉积的地形中（Howard，2000）。

12.2.3 流水的地质作用

早期的航天探测认为火星是一个寒冷、干燥的世界，似乎水从来没有起过大的作用。液态水无法存在于现代低温低压条件的火星表面，但是，"水手9号"和"海盗号"的探测发现了纵横交错的河床、峡谷、河道、冲沟等地貌，因此，许多学者认为这是液态水留下的证据，在火星早期，水的地质作用也是火星表面地形地貌形成的主要动力之一。水的地质作用主要分为侵蚀作用、搬运作用和沉积作用，并形成相应的河流地貌，其中侵蚀作用和搬运作用主要发生在沟谷系统中，水的搬运作用类似于大气作用，均属于流体运动的原理，物质在流体中的迁移，主要以推移、跃移和悬移等方式，沉积作用主要发生在河流出水口或低洼地区（如撞击坑、低洼平原区），形成冲积扇或湖泊沉积。

流水的侵蚀、搬运和沉积三种作用并不是独立存在，通常情况下，上游以侵蚀作用为主，下游以沉积作用为主。

12.2.3.1 流水的侵蚀和搬运作用

流水在重力的作用下沿沟谷流动。水流动能的大小与水量和流速的平方成正比。当流水流过泥沙时，其上部流速快、压力小，下部的水流会受到较大阻力，流速小、压力大，因而在泥沙颗粒上下产生压力差，使泥沙颗粒获得了上升力。另外，水流对泥沙还有迎面压力。如果迎面压力和上升力共同对泥沙的作用超过了泥沙的重力（阻力），就会是泥沙脱离火星地面，形成侵蚀。水流在流动的过程中携带大量的泥沙和推动河底砾石，其搬运作用对河流的侵蚀也具有很大的促进作用，搬运方式主要为推移、跃移和悬移。

火星表面大量的沟谷系统，根据形貌特征，可以分为三类：山谷/峡谷（valley）、渠道（channel）和冲沟（gully）。山谷泛指所有的线性洼地，可以是多种成因的，如水流、冰川、断层、滑坡和火山作用。它们可能独立或联合形成山谷。渠道主要是指水流形成的，有时也指熔岩流形成沟渠。与水流成因的山谷相比，后者更宽和更深。目前比较通用的是，将火星表面由流水的作用形成的沟谷分为外流渠道（outflow channels）、河谷网（valley networks）和冲沟（gullies）（Carr，2006；Carr，2012），这些地形流水的侵蚀和搬运作用强烈。

（1）外流渠道

外流渠道是由灾难性洪水形成的河道，水的侵蚀作用和搬运作用强烈。外流渠道的变化很大，如最大的卡塞峡谷在出口处有400km宽，有些地方深达2.5km（图12.10a）。另一个典型的外流渠道是曼格拉峡谷（Mangala Vallis），长数百千米，局部宽度超过100km（图12.10b），起源于南部的一个断裂地堑。大多数渠道中都有明显的水流冲刷形成的地貌特征，它们弯曲度小、长宽比大，分支现象明显，渠道中间常可见河心洲。这些都与地球表面的洪水经过时形成的地貌相似，均是流水侵蚀和搬运作用的表现。

除卡塞峡谷和曼格拉峡谷外，还有许多其他这类外流渠道，只是规模较小，如萨希斯、亚马孙和伊利瑟姆平原区。有两种模型可以用来解释它们的成因：一是由于张性破裂引发

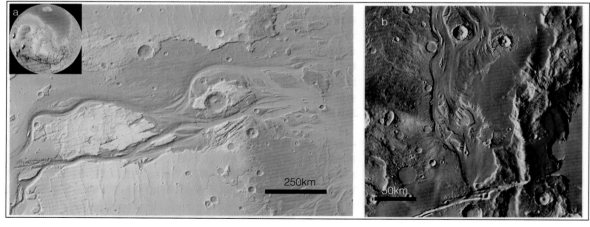

图12.10 火星表面典型的外流渠道：(a)卡塞峡谷地区的外流渠道（301°E，28.4°N，THEMIS图）；(b)曼格拉峡谷地区谷外流渠道（18°S，210°E，图像为MOLA叠加在THEMIS Day IR上）。（图片来源：NASA）

地下深层液态水快速流出,形成洪水泛流地貌(Carr,1979;Hanna et al.,2005);二是由于岩浆沿着岩脉侵入到冰冻层,引起冰冻水的融化并沿着裂隙流出(Head et al.,2003)。

(2) 河谷网

火星网状河谷是集中的河道系统(图12.11,图12.12),单个的河道宽达几千米,长度可达几百千米(Baker,1982)。网状河谷主要见于诺亚纪的地形单元中。在一些火山和水手大峡谷的翼部也有年轻的网状河谷分布,可能主要与热液(Gulick,1998)、降水(Mangold et al.,2004)和火山气体沉降(Dohm et al.,1999)有关。诺亚纪形成的网状河谷

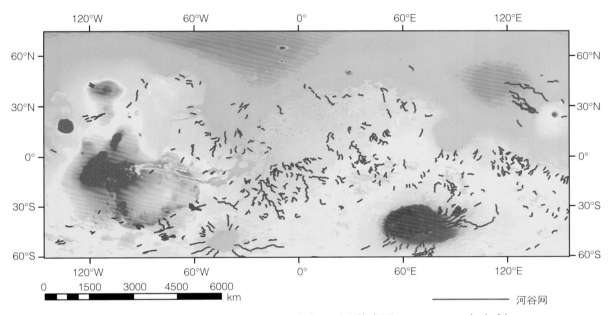

图12.11 火星全球表面较大的河谷网分布图。(图片来源:Carr,2012,有改动)

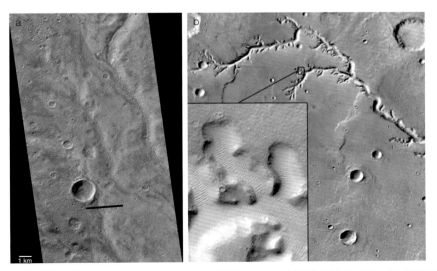

图12.12 火星表面小型的河谷网。(a)瓦伊哥(Warrego)河谷网(42.4°S,93.5°W,MOC图,编号:MOC2-868);(b)尼尔格(Nirgal)河谷(28°S,40°W,MOC图,编号:MOC2-254)。(图片来源:JPL/MSSS/NASA)

可能是由大范围降水(Craddock et al.,2002;Howard et al.,2005)或地下水断流形成塌陷(Malin et al.,1999),而大多数人支持降水形成网状河谷这一观点,主要是由于河道成高度集中和流域范围广等特点(Irwin et al.,2002),而形成的地下河道也是由降水作用形成(Irwin et al.,2005)。估算火星上河道的流量方法和估算地球上降雨形成流量类似,火星河道的流量约为300—3000m³/s(Irwin et al.,2005)。然而并不是所有的网状河谷都是降水作用形成,因此降水和地下水塌陷是形成火星网状河谷的主要原因。

鉴于这些河谷网都见于古老的诺亚纪地体上,有理由相信在火星形成之后不久,其表面是温暖、潮湿和有大量流水的,那么其侵蚀作用和搬运能力也是可以预见的,这些对火星的地形地貌具有一定的改造能力。

(3) 冲沟

冲沟是指火星表面陡立斜坡上发育的年轻的侵蚀痕迹。它们通常在上部有分叉,向下合成一个或多条沟谷,这些冲沟的宽一般为几到几十米,长几百米(图12.13),因此较前面的谷网渠道要小很多。这些冲沟形成的时间很短,因为在其表面几乎看不到撞击坑,它们在所经过的途中切割了所有其他构造行迹,包括沙丘。这些冲沟可能与近期的液态水的侵蚀作用有关,具有很大的研究意义。这些冲沟分布在南半球30°S以南的陡立斜坡上,如撞击坑壁、撞击坑的中央隆起、渠道的侧翼和凹坑中,也有在沙丘的陡坡上,而且都分布在面向南极区的较冷的北侧斜坡上。相反,北半球几乎没有,这可能和北半球很少有陡坡有关。

关于这类冲沟的成因有多种解释,首先被提出的是含水层的泄露侵蚀形成的(Malin et al.,2000)。但是这一假说难以成立,因为火星表面的环境温度很低(215K),远低于液态水稳定存在的温度。根据低温梯度计算的液态水存在深度应该超过200m。局部热异常导致地下水位抬升的可能性也与其空间分布不吻合,因此这些冲沟与火山地貌无关。此外,即使温度条件满足地下水位的要求,也不可能形成那些发育于撞击坑中央峰上的冲沟,以及一些延伸到斜坡顶端的冲沟,因为这里不可能存在液态水层。除此之外,在沙丘的表面也可以见到类似冲沟,也许这样的冲沟与融雪或融冰作用有关。但是,冲沟真正的成因还有待于研究。

12.2.3.2 流水的沉积作用

通常情况下,流水的沉积作用,自上游至下游普遍存在。流水携带的泥沙等物质,由于条件改变可引起搬运能力减弱而发成沉积,其原因归纳起来主要有:一是流速减小;二是流量减少;三是泥沙增多,超出流水的搬运能力。因此,沉积作用主要发生在河流出水口或低洼地区,形成冲积扇、三角洲或湖泊沉积。

火星上广泛的流水,说明侵蚀速度快,沉积速率也快。流水携带的大量物质也会在宽阔的平原或者低洼地沉积下来,形成一些冲积扇(图12.14)以及一些湖泊沉积。欧洲空间局的"火星快车"轨道探测器就在南部高原区的埃伯尔斯维德撞击坑(Eberswalde Crater)中发现了少见的古三角洲(图12.15)(Cabrol et al.,2001;Irwin et al.,2005)。

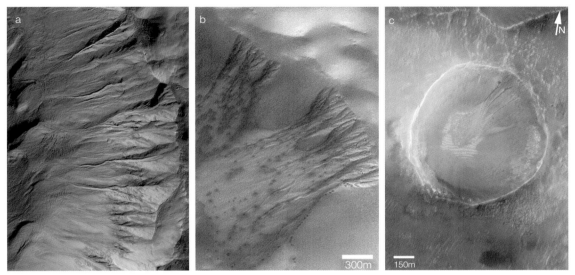

图 12.13 火星表面的冲沟。(a)撞击坑壁上的冲沟(40.4°S,155.3°W,MOC 图,编号:MOC2-
1609,宽度约 3km);(b)为撞击坑壁上不同规模的冲沟(71°S,95.5°W,MOC 图,编号:
MOC2-398);(c)撞击坑底的冲沟(37.9°S,169.3°W,MOC 图,编号:MOC2-914)。(图
片来源:JPL/MSSS/NASA)

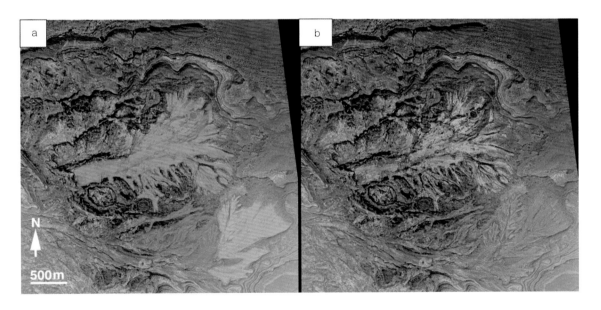

图 12.14 梅拉斯深谷附近的冲积扇(9.9°S,76.6°W)。(a)MOC 图,编号:R12-00541;(b)MOC
图,编号:R17-01687。(图片来源:JPL/MSSS/NASA)

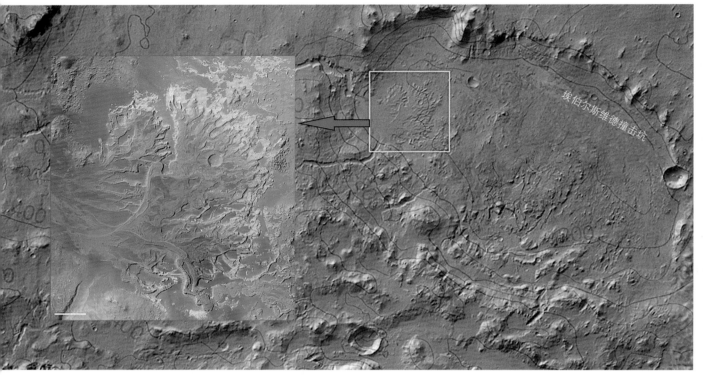

图12.15 埃伯尔斯维德撞击坑内低洼处可见一些沉积物,可能是湖泊沉积中的古三角洲(25°S,326°E,MOC图,编号:MOC2-1225)。(图片来源:JPL/MSSS/NASA)

12.2.4 极地冰川作用

12.2.4.1 极区冰盖的组成及特征

早期,"海盗号"就识别出火星两极有水冰,后来有人怀疑那是干冰(固态CO_2)。火星探测数据已经进一步证实了两极有大量的水冰(Bibring et al.,2004)。

火星的两极均有白色冰冠覆盖。火星极区主要为水冰、干冰和灰尘组成的厚极区沉积层(polar layered deposit,PLD),称为极区冰盖。每一个极区冰盖都由随季节变化(从秋季到冬季出现)的冰盖和永久性的冰盖(在夏天仍然存在)组成(图12.16)。火星北极永久性冰盖主要由水冰组成(Kieffer et al.,2001;Langevin et al.,2005),而火星南极水冰的永久性冰盖上部有约8m厚的干冰层(Titus et al.,2003;Bibring et al.,2004)。北极冰盖比周围平原要高约3km,自转轴穿过中心位置(Zuber et al.,1998)。直径1100km的冰盖覆盖了80°N以上的区域(Clifford et al.,2000),体积估计为$1.1×10^6$—$2.3×10^6 km^3$(Zuber, et al.,1998;Smith et al.,2001)。冰盖覆盖了大部分的PLD区,地质研究表明过去冰盖覆盖的区域更广(Zuber et al.,1998,2001)。南极冰盖的厚度约为6km,体积约为$1.2×10^6$—$2.7×10^6 km^3$(Smith et al.,2001),中心点87°S,315°E(Clifford et al.,2000),最高点位于87°S,10°E。南极冰盖的直径为400km,没有覆盖整个PLD区。同北极一样,过去冰盖覆盖的区域更广(Head et al.,2001;Tanaka et al.,2001)。

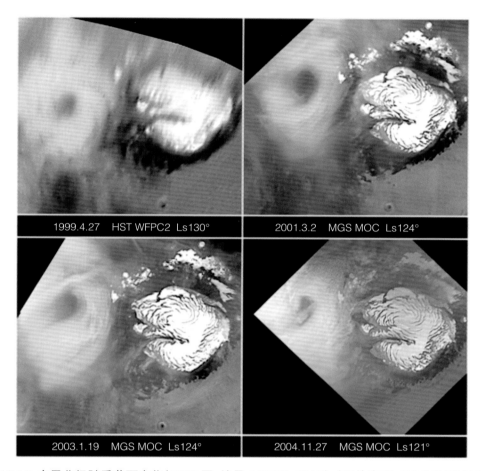

图12.16 火星北极随季节而变化（MOC图，编号：MOC2-1212）。（图片来源：JPL/MSSS/NASA）

12.2.4.2 冰川的地质作用

随季节变化退缩极快的部分主要是由一薄层干冰所组成的，如果北半球处于冬季，北半球内的大气中大量的CO_2（约占30%）凝结而形成季节性极冠，而后在春季蒸发并逐渐在南半球凝结起来；反之，南半球处于冬季时，南半球内的大气中大量的CO_2凝结成极冠。另外，在夏季继续存在的残余极冠主要是由水冰组成的。这是因为水冰能在比CO_2高得多的温度下凝结（水冰的凝结温度为-80℃，而CO_2为-125℃）。因此，极地冰川的地质作用的发生主要是由季节的变化引起的，作用方式主要为侵蚀和沉积作用。

（1）侵蚀作用

侵蚀作用主要是水冰和干冰的季节性消融，对极区地形进行改造。南极永久性冰盖呈现不同形状的洼地（图12.17），主要是由干冰的升华和坍塌作用形成的；而北极冰盖随覆盖的地形变化呈现凹陷、裂隙和凸起等特征，主要由于在强风作用下，水冰消融，溢流后形成不同地形（图12.18a和图12.18b）。

值得注意的是，北极冰盖有一系列螺旋状的凹槽，深度达1km（图12.18b）（Zuber et al.，1998），而南极冰盖有螺旋状的陡坡（图12.19a）。这些螺旋地形从极区中心向外，并

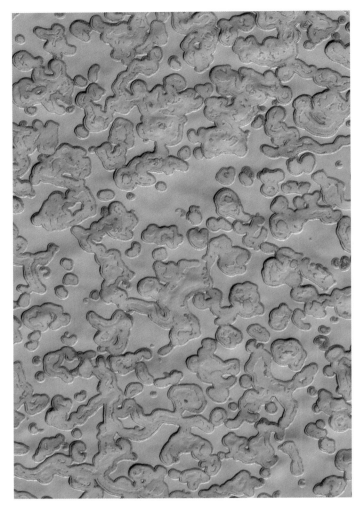

图12.17 南极呈现不同的地形,由CO_2冰在春季的升华作用形成(图宽1.5km,位于86°S,9.2°E,MOC图,编号:MOC2-780)。(图片来源:JPL/MSSS/NASA)

延伸到PLD区域。北极的螺旋凹槽分为20—70km和5—30km宽,几百千米长的凹槽(Howard,2000)。凹槽沿顺时针方向排列,而南极冰盖陡坡成逆时针方向排列。关于两种螺旋地形形成原因有以下几种推测:第一种模型认为,朝向太阳一面的冰优先消融,使螺旋起始于极区沉积物的边缘附近,向极区中心移动(Howard et al.,2005)。冰盖消融形成强的下降风,在科里奥利力的作用下使风偏离旋转,增加了侵蚀作用。另外一种模型认为,冰沿着冰盖聚集中心区向消融的极地沉积物边缘移动,螺旋地形是由冰移动过程不对称性分布形成(Fisher,2000)。

(2)沉积作用

火星极区主要为水冰、干冰和灰尘组成的厚极区沉积层,其厚度在几十米到几百米不等。极地地区的沉积作用也主要是由季节性变化引起的。火星南北两极的沉积作用比较类似,但是也存在一些差异。

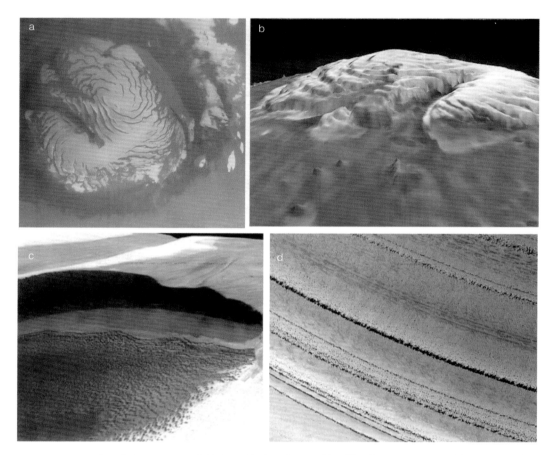

图 12.18 （a）和（b）中火星北极巨大的螺旋构造具有明显的凹槽（由 MGS-MOC 拍摄于 1999 年 3 月 13 日），白色物质主要是干冰，沉积物厚度在中心部位最大；（c）和（d）中层理在凹槽中表现得非常明显。（图片来源：Carr,2006）

　　火星北极的沉积分为两个单元：上部细粒褪色的浅色单元和下部深色、基底板状构造单元。上部层状沉积在春季和夏季最明显，此时北极冠的螺旋构造和细粒沉积层理在向阳一侧特别明显（图 12.18）。这些沉积构造延续稳定，可达数十千米。这些层理通过颜色不同的色带和斜坡断崖显示出来。有些地方可见到交错层理，但是不常见。

　　这些层状堆积可分为两类：一是具有全极区分布特征的沉积物，可能是涉及全球范围的火星尘暴或火山灰堆积形成；二是局部事件引起的沉积，层理的连续性支持风暴沉积，而某些角度不整合可能与火山活动有关。另外，有关风暴与水冰、干冰相间沉积可能也是存在的（Milkovich et al.,2005）。

　　火星南极与火星北极有相似的沉积特征，也有不同之处。它们都有上部的细粒沉积层，厚度都有 3km。但南极的沉积要比北极的形成得早，而且界线不如北极明显。南极区的沉积单元可分为三个：一是最高厚达 3km 的层状沉积，可由 3km 等高线圈定；二是与之相似但更薄的沉积，可由 2km 等高线圈定；三是最老的下部沉积，称为阿詹泰山脊（Dorsa Argentea）组（图 12.19）（Carr,2006）。

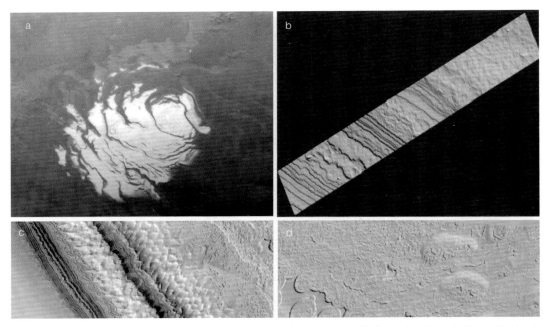

图 12.19 (a)南极极冠,螺旋构造也有发育;(b)和(c)层状沉积构造;(d)硬奶酪状构造。(图片来源:Carr,2006)

12.3 火星内动力地质作用

以内能作为营力的地质作用称为内动力地质作用,主要作用于火星的内部并最终反映到火星壳,主要形式有火山作用、构造运动和变质作用等方式。本节主要介绍这三种地质作用类型。

12.3.1 火山作用

岩浆从地下深处喷出表面、冷凝成岩的地质过程称为火山作用或火山活动,所形成的岩石称为火山岩或喷出岩。火山作用为内动力地质作用的一种,也是行星释放内能的一种重要的方式。火山作用是火星地质史中最重要的地质作用之一,从诺亚纪(约38亿年前)就开始有火山活动,持续到晚亚马孙世(约5亿年前)(Neukum et al.,2004),将近一半的火星表面物质被推测具有火山来源(Greeley et al.,1978;Greeley,2000),并且火星表面至今仍保存着大量的火山活动痕迹,包括火山熔岩平原、低矮的小型盾火山和大型盾火山,主要分布在北部平原南端、环海拉斯盆地火山省、萨希斯火山省和伊利瑟姆火山省。

12.3.1.1 火山类型

岩浆是一种高温熔融混合物,主要成分是熔融硅酸盐和挥发分气体。在火星上,岩浆上升的机制类似于地球的岩浆,均是底辟作用的结果。火星上火山作用的规模虽然和地球上不同,但是其影响火山作用的因素和地球上的类似,包括岩浆房的超负荷压力、火山通道的形态、岩浆的黏性(包括微晶的结晶和气泡的成分)、挥发分的成分和除气历史。但是由于火星环境的特殊性(低重力、低大气压等),火星的火山作用和地球上的也有一定的差异,主要表现在:火星上岩浆底辟作用发生的深度浅、具有规模巨大的熔岩流、具有大型的火山结构和广泛分布的细粒火山碎屑沉积物(Wilson et al.,1994)。火星上巨大的火山结构不仅仅与低重力的环境有关,而且与火星地幔柱的持续时间(Greeley et al.,1981;Baker,2007)和相对稳定的岩石圈也有很大关系(Zuber,2001)。

火山作用过程中形成的地形特征与岩浆或熔岩的黏度有关,而黏度与温度、物质组成、熔融物中是否存在固体物质以及岩浆中的气体含量有关。影响岩浆黏度最重要的因素是岩浆中SiO_2的含量,SiO_2含量越高,黏性越大。黏性大的岩浆含有更多的气体,因此更容易从地下喷发。当黏性小的岩浆遇到水时也容易喷发,这种喷发称为井喷,常容易形成大的环形坑,也称为火山口。另外火山作用形成的地形特征与喷发速度有关,如果两种黏度相同的岩浆,喷发速度快的岩浆比慢的岩浆形成地形更平坦。

火星上绝大多数的大型火山类似于地球上的盾形火山,主要是由流动的玄武岩质熔岩喷发形成的,还有一些中心火山口式塌陷火山以及岩浆溢流形成的平原式火山,因此,可以根据火山的地形特征将火星的火山分为三种类型:盾形火山、中心火山口塌陷火山和平原式火山。

(1)盾形火山

盾形火山具有宽广缓和的斜坡,底部较大,整体看来就像是一个盾牌(图12.20)。火星上绝大多数的大型火山类似于地球上的盾形火山,主要是由流动的玄武质熔岩喷发形成的。典型的盾形火山具有比较缓的坡度(小于10°),主要分布在萨希斯火山省、伊利瑟姆火山省和环海拉斯盆地火山省(图12.2)。另外,这些火山省中还分布着大量的小型盾形火山。

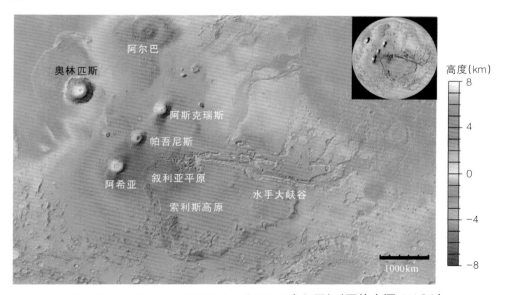

图12.20 萨希斯火山省中的大型盾形火山(MOLA高程图)。(图片来源:NASA)

（2）中心火山口塌陷火山

中心火山口塌陷火山表现为中心火山口的洼陷，这是由于火山作用喷出大量岩浆后，内部空虚，超过其载荷能力而发生塌陷形成的。其中心的地形比周围的地形低，类似于破火山口。主要分布于环海拉斯盆地火山省（图12.21）和大瑟提斯火山区。

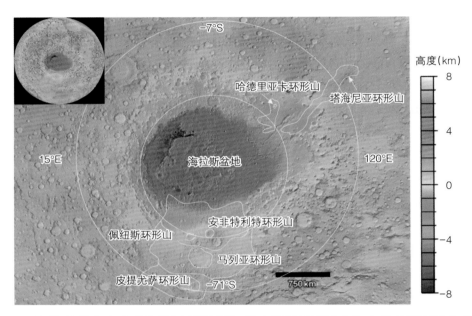

图 12.21　环海拉斯大火山省（MOLA 高程图），其中马列亚环形山和皮提尤萨环形山（Pityusa Patera）就是典型的中心火山口塌陷火山。（图片来源：NASA）

（3）平原式火山

平原式火山是岩浆沿裂隙或火山管道溢流出形成相对平坦的熔岩地区，类似于地球上的裂隙式喷发。这类火山不具有火山结构，是发育类似月海玄武岩的皱脊构造，它们有时跟低矮小盾形火山相连，如在叙利亚高原和大瑟提斯地区（图12.22）。这里所指的平原火山只包括皱脊平原区，它们主要包括克里斯平原、月神高原、希斯皮里亚高原（Hesperia Planum）、马列亚高原（Malea Planum）等。这些平原式火山覆盖了火星表面约30%的面积，大部分都发育皱脊构造。

12.3.1.2　岩浆性质和火山活动历史

火星上的大部分火山为由玄武岩构成的盾形火山，以及火山渣锥、熔岩流和小型盾形火山（本书第7章对火山的分布和地貌特征进行了详细的描述），这些火山景观都比地球上同类火山规模大。这可能是由于火星上不存在板块构造的缘故（可能曾经存在）（Sleep，1996；Fairén et al.，2004）。由于没有板块在火山热点上方移动形成链状火山，火山活动可以在同一地点不断累积形成大型火山。从地球火山活动的规模来看，如果将夏威夷火山链中的火山岩体积累在一起，就可以达到奥林匹斯山体积的一半。因此火星山形成巨型火山的机制是可以理解的。

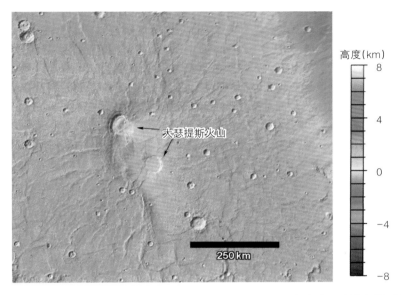

图12.22 大瑟提斯火山(76.3°E,9.5°N,MOLA高程图),可见两个火山口(黑色箭头),周边是皱脊平原,向东一直延伸到伊西底斯平原。(图片来源:NASA)

盾形火山的坡度角是岩浆黏度的直接表现。火星上除阿尔巴环形山外,其他较大坡度角的盾形火山在地球上是常见的,但它们较地球上玄武岩盾形火山的坡度角偏大,因此岩浆的黏度可能高于玄武岩。这可能是其中的SiO_2含量偏高的缘故。

目前所获得的成分鉴定结果表明,火星陨石大部分是喷发于火星表面或侵位于地下的玄武岩质岩石。其他一些为富橄榄石和辉石的超基性侵入岩。也有研究者认为部分火山岩的成分是玄武质岩安山岩(SiO_2含量52%—57%)。热辐射成像系统(THEMIS)在尼罗瑟提斯(Nilosyrtis)的火山识别出了更加酸性的英安岩和花岗岩,说明火星上某些地方的岩浆演化程度可能是很高的(Christensen et al.,2005)。

火星上火山活动的历史主要是通过数坑法来确定。由于最早期的火山(42亿年前)可能被覆盖了,现在获得的最古老的火山地貌的年龄在38亿—42亿年之间(Xiao et al.,2012),形成了广泛分布于南部高原区的大量小火山,后续的岩浆活动则集中在少数几个区域。这个阶段形成的火山构成了海拉斯、希斯皮里亚和塔海尼亚的基底和月神高原、索利斯高原和大瑟提斯高原等。另外几个大的平原如伊利瑟姆、亚马孙、诺亚和阿尔巴等稍微年轻一些,但可能也是25亿年前形成的。之后的火山活动主要局限于萨希斯地区,其他地区有阿西达利亚平原、乌托邦平原和阿尔伯火山等。其中萨希斯地区的火山活动一直持续了很长时间,甚至到最近的几百万年或现今仍在活动。

12.3.2 构造作用

近年来对于火星陨石的研究、火星全球高分辨率图像的获取以及重力测量结果,使得对火星的全球构造以及内部结构及其演化历史有了更好的了解。火星陨石同位素的研究数据,证明火星经历了分异作用,形成核、幔和壳的结构。这个过程很短,是在太阳系形成之后几千万年内形成的。对于古老单元磁场的异常研究发现,火星核在最先的7亿年内发生过强烈的对流,产生了全球性的磁场,而且全球的二分性以及萨希斯隆起的形成也都在这个时期,即这些事件是在前诺亚纪晚期形成的。本节重点介绍火星构造应力分析基础的一些基本概念及表面挤压变形构造、伸展变形构造等构造变形行迹。

12.3.2.1 构造应力分析基础

构造作用指由于表面的活动导致地壳变形,主要表现为断层和褶皱两种基本的岩石破裂类型。行星构造作用是指刚性岩石圈的应力和张力的作用。应力(σ)指物体单位面积受到的应力强度,而张力(ε)指物体受到应力变形后的应变强度。

富含冰的火星壳是一种黏弹性物质,由于黏弹性物质的应变强度是弹性强度和黏性强度的总和$[\varepsilon_v = \varepsilon_c + \varepsilon_f = \left(\dfrac{1}{E}\right)\dfrac{\mathrm{d}\sigma}{\mathrm{d}t} + \left(\dfrac{1}{2\eta}\right)\sigma$,其中$\varepsilon_v$为黏弹性物质的应变强度,$\varepsilon_c$为弹性应变强度,$\varepsilon_f$为黏性应变强度,$E$为杨氏模量,$t$指时间,$\sigma$为应力强度,$\eta$为黏性强度],而且黏弹性物质可以达到一段时间的最初状态,因此中纬度地区地形比较平缓,在形成撞击坑和平台地形过程中使地形变缓(图12.23)(Min et al.,2004)。

黏弹性物质的弹性响应时间比松弛时间短,而对黏性响应的时间比较长。物质对力的响应与温度有很大关系,当温度低时表现为脆性,而温度高时表现为延展性。行星岩石圈受应力作用时,首先表现为弹性,当应力增强时使岩石圈破碎,形成断层,而深部的软流圈成黏性,因此延展性强。

应力的强度可以决定岩石圈岩石形成褶皱(弯曲)和断层(破碎)。当应力强度达到一定值时,由于岩石的延展性形成褶皱。当应力和弹性比很大时,岩石发生破碎,形成断层。行星壳受应力作用发生移动时,形成的破碎带称为断层,而当行星壳受应力作用没有发生移动时,形成的破碎带称为缝合带。

1905年,安德森(E. M. Anderson)认识到地球上不同的构造特征与应力方向有关。当地壳一个方向受到应力作用时,垂直90°方向挤压形成断层。安德森理论认为断层是由三个方向的应力形成,形态与主应力方向有关。两种主应力位于岩石圈的水平方向,而第三种应力方向与地表垂直,这三种应力分别为σ_1(最大)、σ_2(中)、σ_3(最小)。

张应力可使地表分开形成正断层,多个正断层组合形成地堑(两侧被高角度断层围限,中间下降的槽形断块构造)。地堑是火星萨希

图12.23 近火星表面的冰使岩石强度变弱,为黏弹性物质。在火星中纬度地区常见圆状边缘地形,类似于两个撞击坑边缘。当近表面冰温度增加到很大时,可使此地形变形。图像的中心点位于43.7°S,357.4°W(THEMIS图像,编号:I07166004)。(图片来源:ASU/NASA)

斯隆起常见的伸展构造。另外,火星上的峡谷也是火星上主要的伸展构造。

挤压力使地壳物质聚集,形成逆断层和褶皱。逆断层的σ_1、σ_2与岩石圈平行,而σ_3与岩石圈垂直,被抬升的块体称为地垒。火星皱脊常见于火星平原脊部,由大量的火山熔岩流在重力作用下使火星壳发生沉降作用形成。

12.3.2.2 伸展构造

由于缺乏地震资料,现代火星上的构造活动情况还不清楚。在亚马孙平原和萨希斯区域最近有火山活动,暗示这些区域可能有地震活动。这些区域地体的横切关系表明在火星历史上有伸展和挤压构造活动,主要位于海拉斯和萨希斯区域(Anderson et al., 2001)。

火星上最常见的伸展构造特征是地堑,即狭长的线性洼陷,地堑的表面平整,两侧是正断层。萨希斯周围的放射状地堑是常见的,它们的延伸可达几千千米,如萨瑞南高地从隆起的中心向外延长4000km。发育最明显的简单地堑是在阿尔巴环形山上,有大量的线性平坦洼地清晰地被断层陡坎所限制(图12.24)。具有平坦地堑的排列也常见于坦佩高地(Tempe Terra)以及萨希斯等在内的老地形。并非所有的地堑都像萨希斯一样呈放射状,例如,尼利槽沟是在伊西底斯盆地周围展布的。根据模型研究,类比地球和月球上与之类似的地堑的两侧正断层壁进行观察,发现大多数地堑的边界断层的倾角被认为大约是60°(Loizeau et al., 2012)。从西半球地堑的边界断层之间的距离来推测,倾角为60°的断层能切穿表面之下0.5—5km的深度,表明只是上部火星壳破裂,而不是整个岩石圈(Min et al., 2004)。

在断裂更强烈的区域,并非所有的地堑都如上述地区那样平直简单。简单平坦地堑被两个直立的岩墙所约束也是罕见的。例如,在什洛尼斯高地发育了大量密集而复杂的地堑构造(图12.25)。这些地

图12.24 阿尔巴环形山区的简单地堑,其位置在29°N,242.4°E。图中可见地堑的底部较为平整,两侧是高度相当的正断层面,并呈现雁列式分布排列。(图片来源:NASA)

堑底部不平整,两侧不平直,存在多组断裂交叉切割现象。因此这些地堑可能是多期形成的,可能先前在不同的应力场下产生的地堑,后期又再次活化,以至于形成雁列式分布。在实践中,通常情况下地堑很难与张裂隙进行区分,其中裂缝之间没有下降盘。张裂隙往往没有平整的底部,两侧也不平直,在很多情况下两者之间无法进行区分,可能是与影像分辨率有关。刻耳柏洛斯槽沟深度可以超过1000km,这里一直是水和熔岩的来

源,可能是张裂隙。它们在剖面上具有V字型轮廓,是溢流的来源,但缺乏详细的直线切割证据,平面上是弯曲的。张裂隙在垂面上与最小主应力垂直,这样的张裂隙可以延伸到很深的深度,不服从地堑构造的深度规律,所以在相同深度控制的正断层不受地堑所约束。因此,它们可以延伸到比地堑断层更大的深度,能够使它们成为深层水和熔岩的来源。火星上最显著的伸展构造是在萨希斯隆起东侧的赤道峡谷。峡谷似乎有巨大的裂缝,断层间距及其可能的巨大的高程差表明,整个岩石圈断裂与一些地面裂缝有关。火星上最大的伸展构造位于水手大峡谷(图12.26)之间(250°—330°E),沿赤道附近伸展约4000km(Lucchitta et al.,1992)。水手大峡谷是一个巨大的峡谷体系,它跨越火星赤道地区的1/4有余。这个峡谷体系是张性构造所造成的,一些地段可以见到明显的断层三角面,峡谷曾受到各种各样的侵蚀和沉积作用的改造。水手大峡谷在晚诺亚世或早西方世,由叙利亚高原区岩脉的排列或萨希斯隆起抬升的应力作用(Smith et al.,2001a)下,在亚马孙纪由持续的沉陷和正断层作用形成(Mikouchi et al.,1997)。一部分峡谷比地平线高6km,比周围平原高11km(McSween et al.,2015)。根据地形变化,可以分成三个部分:西端的峡谷主要由一系列交错峡谷组成,称为夜迷宫;中部是由东西走向的峡谷组成,长约2400km;峡谷东部主要由不规则的凹陷洼地组成,包括一些不规则地体和流体通道等地形。MOLA资料分析表明,峡谷最深的区域在科普莱特斯深谷(300°E),峡谷的东段和西段都倾向这一点,东段的坡角约0.03°。根据地形估测,当水深大于1km时,可以沿峡谷向东流。峡谷出露不同年代的地层。薄(几十米)而硬的地层附着在厚(几百米)而软的地层中(Ehlmann et al.,2009)。这些硬地层可能是熔岩流(McSween et al.,2009),软地层可能是沉积物,为水蚀作用形成的产物,或是火山作用形成的薄而软的物质(Ehlmann

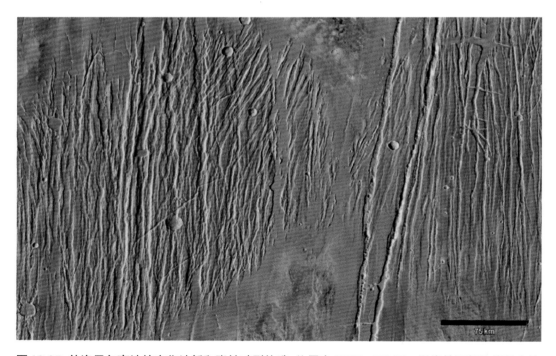

75 km

图12.25 什洛尼尔高地的密集地堑和张性破裂构造,位置在25°N,253°E。影像的西部边缘具有拉张裂隙,存在几个不同时代不同方向的地堑("海盗号"MDIM图像)。(图片来源:NASA)

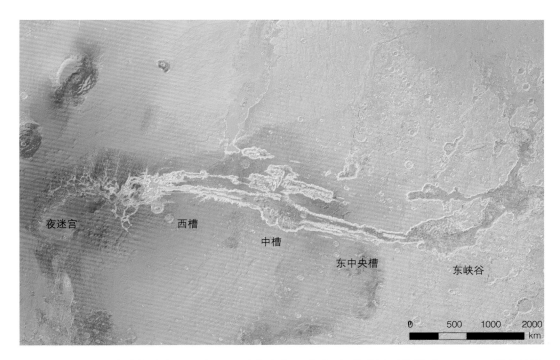

夜迷宫　　　西槽　　　中槽　　　东中央槽　　　东峡谷

图12.26　水手大峡谷的分布。它由一系列小峡谷组成,沿赤道附近延伸超过4000km,最大的阿斯克瑞斯山的最东面在图的左上角(MOMA高程图)。(图片来源:NASA)

et al.,2009)。

　　在萨希斯地区的构造变形研究方面,由于萨希斯的大规模火山堆积造成岩石圈挤压,足以导致影响覆盖整个西半球的构造特征(Anderson et al.,2001)。这些变形构造包括放射状展布的地堑和环绕萨希斯分布的皱脊(Fritz et al.,2009)。对萨希斯变形构造特征研究最全面的是安德森等人(Anderson et al.,2001),他们绘制了西半球25 000个构造特征的方向和位置,对萨希斯地区的构造形迹进行了详细的填图,对多个构造变形特征进行了描述,研究了它们的相互的切割关系。他们还在西半球地质图上根据地质单元的交切关系确定了相对年龄(Scott et al.,1986)。所有获取的数据,不管是相对年龄还是穹窿区的伸展构造特征,都说明完整的应力场中心是4°S,253°E,其在夜迷宫西部,接近萨希斯隆起的最高点。次级中心是在克拉瑞塔斯槽沟和坦佩高地。但数据也表明,应力中心随时间发生了变化,根据变形强度、位置和时间的关系对萨希斯地区建立了5个变形序列和变形中心(Anderson et al.,2001)。第一阶段主要的特点是形成伸展构造,位于萨希斯地区的诺亚纪地层区。形成这些伸展构造的中心地理位置坐标为27°S,254°E,这个中心虽然定义不清,但是沿南北方向扩展。第二阶段伸展构造形成于晚诺亚世—早西方世,拉伸构造中心刚好在水手大峡谷的南面,坐标为14°S,282°E。第三阶段为晚西方世形成,以夜迷宫(4°S,107°E)为中心的放射状伸展构造,远侧形成了皱脊。第四阶段为晚西方世—早亚马孙世,变形中心是位于阿尔巴环形山。第五阶段(亚马孙纪)的变形中心是位于阿斯克瑞斯山的位置。

　　在火星北部平原,特别是阿西达利亚平原和乌托邦平原区,发现有大多边形构造特征,这也可能与由张力作用形成的伸展构造有关。多边形的直径范围为2—32km,周围被宽度为0.5—7.5km的地堑环绕,深度为5—11.5m(Turner et al.,1997)。尽管形成这种地形的原因有多种推测,但最主要的有两种:构造作用和窗式折叠作用。构造作用模型认为,多边形地形是由于盆地抬升使大量的液态水消失而形成。而窗式折叠作用模式认为,沉积形成的地层覆盖在坚硬的表面上,沉积的物质发生分异作用,形成了与表面特征不一样的多边形构造特征。

12.3.2.3 挤压构造

与月球表面相似,火星表面最明显的挤压变形表现为皱脊构造。褶皱纹脊首先在月神高原上被确认,是火星上最常见的压缩特征(Loizeau et al.,2012),具有线性不对称的特征,许多是几十到几百千米长,几千米宽(图12.27),通常包括一个宽广的拱形,高约100—200m,其上叠加一个或多个窄的不连续的细褶皱或皱纹。主要分布在北部平原,在南部高地分布很少。

在西半球,皱脊在萨希斯周围发育,以在月神高原西面的萨希斯、东部的索利斯高原和克里斯平原尤为突出,也常见于萨希斯以北的北方大平原,围绕在萨希斯隆起的北部边缘。但在萨希斯的南部和东南部挤压构造是不太常见的,可能是因为在这些地区诺亚纪高地占主导地位,但这些区域有火山口平原,通常也有萨希斯周围的皱脊构造。

在东半球,皱脊构造基本上都在几个火山平原上分布,主要被局限于火山平原伊西底斯平原、希斯皮里亚高原和马列亚高原区上。东半球的皱脊构造形成似乎与萨希斯无关,皱脊的方向比萨希斯更加随机。特别的是,希斯皮里亚高原北部平行于二分边界,火山口高地可能存在逆断层(图12.28),并且压力可能以某种相关方式沿着该边界所释放(Schwenzer et al.,2008)。

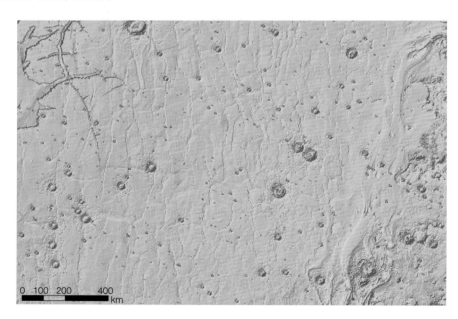

图12.27 月神高原上的皱脊构造。由于西部萨希斯火山造成这个区域东西向的压缩和南北向的皱脊构造。影像中心在15°N,293°E(MOLA高程图)。(图片来源:NASA)

图12.28 火山口高地的逆断层(2°N,110°E)平行于二分边界的断层,仅仅出现在这里所看到区域的北部("海盗号"MDIM图像)。(图片来源:NASA)

与西半球相比,东半球的挤压应力特征阐明了区域尺度的挤压应力特征,但是没有一种挤压构造模式在东半球大量出现。相对较强的挤压构造特征集中出现在希斯皮里亚高原,主要是在这个地区局部所出露的皱脊构造的结果(图12.30)。整体上形成了一个圆形的或者弓形的构造模式,其被东北以及西北走向的山脊所横切,并被东南以及东西向走向的山脊所截切。在辛梅利亚高地(40°S,200°W),山脊平原、高地物质的皱脊和叶状的陡坎呈抛物线形的区域走向(图12.30),其南部皱脊构造特征有一个主要的东北走向,向北延伸较远距离后,走向变成北—西北向,与火星壳二分性的陡坡边界走向相平行。这个西北走向也与大瑟提斯(10°N,290°W)以及阿拉伯高地(30°N,330°W)(图12.30)的山脊平原和高地物质的区域挤压应力的方向一致。

12.3.3 变质作用

变质作用既是重要的地质作用,又是自然界一系列复杂的物理和化学过程。地壳中已存在的岩石(包括火成岩、沉积岩和早期形成的变质岩)遭受构造运动、岩浆活动或地热变化等地质因素的影响时,进入新的物理—化学环境,为了适应这种新环境,原来的岩石必将被改造。这种改造就称为变质作用,其所形成的新岩石即为变质岩。

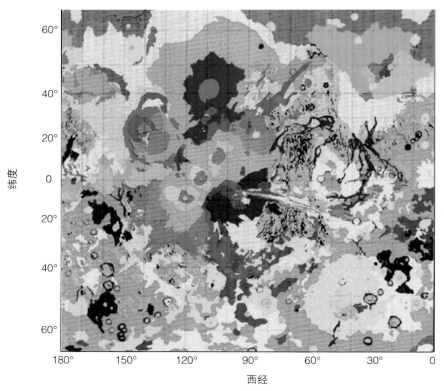

图12.29 火星西半球的挤压构造特征。皱脊(黑线)为数字化部分,叶状陡坎(蓝绿色线)以及高的山脊(红线)叠加在Tanaka et al.所汇编的地质图上。单元的颜色来自在西半球所使用的1:150 000 000地质图。(图片来源: Tanaka et al.,1987)

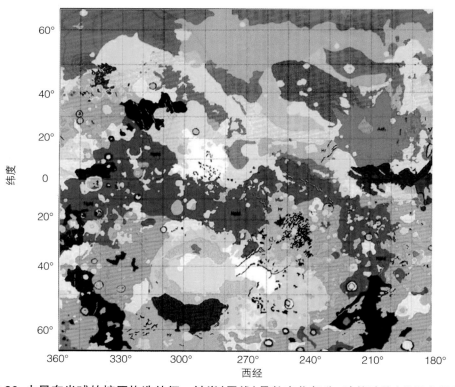

图12.30 火星东半球的挤压构造特征。皱脊(黑线)是数字化部分,叶状陡坎(蓝绿色线)以及高的山脊(红线)叠加在Tanaka et al.所汇编的地质图上。单元的颜色来自在东半球所使用的1:150 000 000地质图。(图片来源: Tanaka et al.,1987)

根据火星遥感、就位探测以及火星陨石的研究,火星上的岩石主要是玄武岩质和超基性岩石(Hoefen,2003;Rogers,2007;Ehlmann et al.,2009),因此,在不同的温压条件下,变质作用主要发生在这两类岩石中,可形成不同的变质矿物组合(Ehlmann,2011)。火星上发现了大量的蚀变矿物相,主要是低级变质作用/热液变质作用的产物,而高级变质作用的证据还未发现(Ehlmann et al.,2009;Ehlmann,2011)。另外,火星上广泛分布着大大小小的撞击坑,其冲击变质作用也是相当发育的。因此,本节简单介绍玄武岩质岩石区域变质作用和超基性岩石的气—液变质作用及火星的冲击变质作用。

12.3.3.1 玄武岩质岩石的区域变质作用

火星上存在大量基性的玄武岩质岩石,在温压条件改变的情况下易于发生变质反应(Arkai et al.,2003),是变质作用的主要原岩。目前,多个火星轨道探测和就位探测发现了火星表面存在大量的蚀变矿物相,如沸石、绿泥石、葡萄石等,证实了火星上确实存在变质作用(Ehlmann et al.,2009;Ehlmann,2011)。对于玄武岩质岩石变质作用的研究,主要根据发现的蚀变矿物及火星陨石,结合理论相图进行分析,表12.3给出玄武岩质原岩变质作用过程典型的矿物组合。

表12.3 玄武岩质原岩的变质相中常见的成岩矿物组合和特征矿物组合(Ehlmann,2011)

P-T组合/相	特征矿物组合	常见矿物组合
成岩作用	绿泥石,伊利石或白云母,混合层黏土(绿泥石/蒙脱石,伊利石—蒙脱石);绿鳞石+铁、镁皂石	绿泥石,伊利石或白云母,混合层黏土(绿泥石/蒙脱石,伊利石—蒙脱石);绿鳞石+铁、镁皂石
沸石相	沸石	片沸石+方沸石+石英,浊沸石,辉沸石,斜钙沸石
亚绿片岩相(葡萄石—绿纤石相)	葡萄石,绿纤石	葡萄石+绿泥石+绿纤石,葡萄石+绿泥石+绿帘石+石英,方解石+石英+绿泥石
绿片岩相	阳起石,镁铁闪石	绿泥石+钠长石+阳起石(镁铁闪石)+绿帘石+黝帘石+石英
角闪岩相	角闪石	角闪石+钠长石+绿帘石+绿泥石,角闪石+斜长石+石英+(CA石榴石)
蓝片岩相	蓝闪石,硬柱石	蓝闪石+硬柱石+石榴石+石英,蓝闪石+硬柱石,蓝闪石+硬柱石+翡翠

当在玄武岩质岩石中第一次出现了方沸石—钠长石的转变或者沸石相(浊沸石)时,一般认为这是玄武岩质岩石变质作用的开始。伴随着压力的增大,葡萄石—阳起石(PrA)过渡相转变成葡萄石—绿纤石相。其中绿纤石—阳起石相(PA)主要发生在高压环境条件下,黝帘石(绿帘石)形成在高温条件下,绿泥石及阳起石发生在整个这些矿物相中。对于火星的玄武质岩石的低级变质作用的研究中,用ACF相图进行了描述,其中$A=A= Al_2O_3+Fe_2O_3-Na_2O-K_2O,C = CaO-3.3P_2O_5,F = MgO+FeO+MnO$,均用摩尔比表示。

McSween et al.(2015)将火星玄武岩质岩石(玄武岩质的火星陨石和火星车分析的玄武岩)的成分投在 ACF 图上(图 12.31)。根据图 12.31 的分析,可以说明火星上的玄武岩质岩石在低级变质条件下形成以下矿物组合:(1)在沸石相中,矿物组合为绿泥石、阳起石、浊沸石或蛇纹石/滑石、钠长石和石英;(2)在葡萄石—阳起石相中,矿物组合为绿泥石、阳起石、葡萄石或蛇纹石/滑石、钠长石和石英;(3)在绿纤石—阳起石相中,矿物组合为绿泥石、阳起石、绿纤石或蛇纹石/滑石、钠长石和石英。这些变质矿物中,葡萄石可以为地下的热液/变质蚀变提供充分的证据,将温度条件限制在 200—400℃,并且在尼利槽沟附近也识别出了葡萄石、绿泥石和钠长石的变质矿物组合(Ehlmann,2011),也说明火星确实存在低级的区域变质作用。随着火星探测的深入,有待于对玄武岩质岩石的变质作用更深一步的研究。

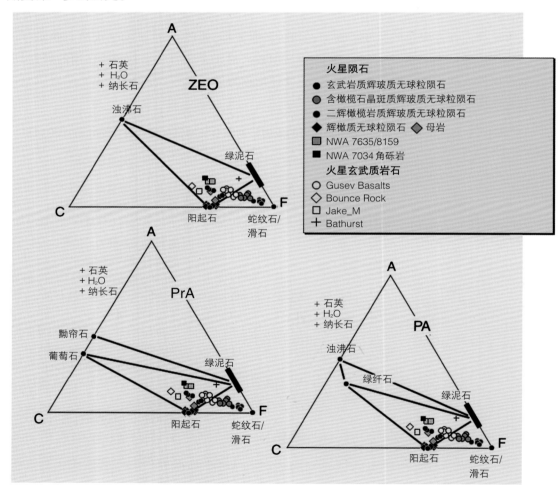

图 12.31 ACF 图中标出了在沸石相(ZEO)、葡萄石—阳起石相(PrA)和绿纤石—阳起石相(PA)的低级变质相中的方沸石、葡萄石、绿纤石的矿物组合(图内连线表示共生的组分,包括绿泥石和固溶体),并将火星陨石及就位探测器分析的玄武岩质岩石成分投在上面一幅图中。(图片来源:McSween et al.,2015)

12.3.3.2 超基性岩石的气—液变质作用

火星上除了分布广泛的玄武岩质岩石外,超基性岩石也是火星上主要的岩石类型。超基性岩石可以用 $MgO-FeO-CaO-SiO_2$ 系统来表示,且在辉石或尖晶石中含有少量的 Al_2O_3 和 Cr_2O_3。超基性岩石气—液变质作用的产物主要是蛇纹石、滑石、水镁矿或菱镁矿和铁氧化物。如果在变质作用的过程中,橄榄石和辉石中的 FeO 被氧化成磁铁矿,并且有水存在的话,可以用 $MgO-SiO_2-H_2O$ 系统来表示超基性岩石的气—液变质作用。

有流体存在的低级蛇纹石化的作用过程可以用 P–T 图来解释(图 12.32a),并且将 6个超基性的火星陨石样品成分投在了图中的 $MgO-SiO_2$ 线上,说明火星上这样的矿物组合(McSween, et al., 2015),从理论上可以推断出可能的变质反应(表 12.4)。这 6 个火星陨石成分分布在顽辉石(En)的两侧(图 12.32),说明这些蚀变矿物产生是在低级变质作用中形成的,并且有含水层状硅酸盐的参与。另外,火星探测器在尼利槽沟附近,发现了蛇纹石、滑石和菱镁矿的存在,分布于撞击坑的中央峰和溅射物中(Ehlmann, 2011),这与火星陨石的分析结果是比较一致的。因此,蛇纹石和滑石的变质矿物组合可以将变质温度限制在 350—400℃,在这一温度下,蛇纹石在 $X_{CO_2}<0.1$ 的环境中能够稳定存在,而滑石在 $X_{CO_2}=0.1—0.3$ 的环境中能够稳定存在。

由于火星探测手段的限制以及样品的缺失,对超基性岩变质作用的研究还是远远不足的,因此在今后还要对目前的研究结果进行不断补充和修正。

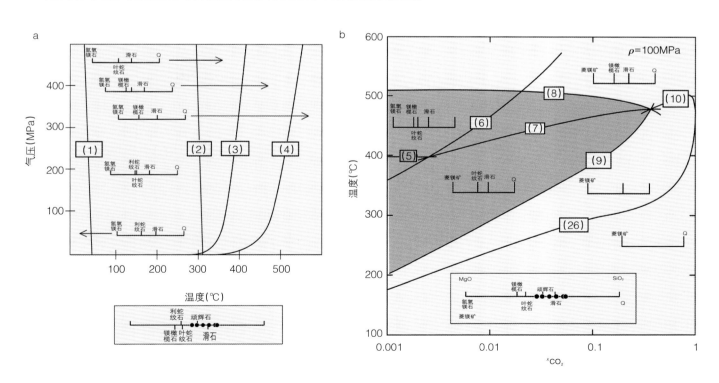

图 12.32 (a)在 $P_{H_2O}=P_总$ 条件下的 $MgO-SiO_2-H_2O$ 系统中稳定的矿物组合;(b)在 $T-X_{CO_2}$ 条件下矿稳定的矿物组合(压力 P=100MPa),黑点是投在 $MgO-SiO_2$ 成分线上的 6 块火星陨石。(图片来源:McSween et al., 2015)

表 12.4 图 12.32 中在低级变质作用下的超基性岩石的反应

利蛇纹石+滑石=叶蛇纹石
叶蛇纹石+氢氧镁石=利蛇纹石
叶蛇纹石+氢氧镁石=镁橄榄石+ H_2O
叶蛇纹石=镁橄榄石+滑石+ H_2O
氢氧镁石+ CO_2 =菱镁矿+ H_2O
菱镁矿+叶蛇纹石=镁橄榄石+ H_2O + CO_2
菱镁矿+滑石=叶蛇纹石+ CO_2
菱镁矿+ 石英 + H_2O =滑石+ CO_2
菱镁矿+滑石=镁橄榄石+ H_2O + CO_2

12.3.3.3 火星的冲击变质作用

火星上表面广泛分布着大小不均的撞击坑,尤其是南部高原地区。因此,火星上的冲击变质作用(Impact Metamorphism)是相当发育的。冲击变质作用主要分布在撞击坑(包括撞击盆地)附近,是陨石撞击火星表面产生的强大冲击波作用下产生的变质作用。

冲击变质作用与一般的地质作用有明显的区别,其主要特征为:(1)作用时间极短,冲击波通过岩石的时间为数微秒;(2)峰值压力大,最高可达100GPa;(3)温度高,通常高于2000℃,局部可达10 000℃;(4)化学和物理状态不平衡,因作用极快,岩石的淬火亦极迅速,因而往往达不到化学和物理上的平衡。因此,瞬时的高压、高温条件是其最主要的控制因素,变形和伴随的部分熔融是其主要的变质机制。在地球上,典型的冲击变质岩为冲击角砾岩(suevite)和冲击熔融岩(impact melt),瞬时的高压使石英出现变形纹、变形带,甚至出现超高压石英变体柯石英和斯石英。瞬时的高温使长石、石英熔融形成玻璃。

目前,对火星的探测还没有实现样品返回,因此火星陨石是研究火星冲击变质作用的唯一样品来源。火星陨石是由撞击体高速撞击火星后,溅射速度超过5km/s逃逸出来的,随后被地球引力捕获而降落到地球上,这一过程中火星陨石又经历了非常强烈的二次冲击变质作用,因此在研究火星表面的冲击作用时需要扣除叠加其上的二次冲击变质作用的影响。对火星陨石冲击效应的研究,目前主要局限于少数几个陨石(例如ALH 77005,Yamato 793605,LEW 88516,GRV 99027,NWA 1950等)(Harvey et al.,1993;Murakami et al.,1994;Treiman et al.,1994;Ikeda,1997;Miao et al.,2004;Gillet et al.,2005;Walton et al.,2007;谢志东,2008;胡森,2011)。

冲击变质中矿物的变形、转变特征是冲击变质作用的最重要的标志之一。尽管火星陨石样品很少,且可能来自火星上不同的位置,但是火星陨石中常见的造岩矿物如石英、斜长石、碱性长石、橄榄石等,在冲击变质作用下表现出的变形行为、相转变特征等可以作为判别冲击变质存在及其强度的标志。以下简单总结了火星陨石中常见的冲击变质作用的特征:(1)石英,在经受较弱的冲击变质作用下,发生破碎,形成裂纹,随着冲击变质作用的进一步增强,可形成半玻璃质石英或石英玻璃,也可形成柯石英、斯石英等超高压矿物相。(2)长石,在经受较弱的冲击变质作用下,表现为破碎,形成变形纹。在更高的压力下,长石可以转变为长石玻璃,常见的为斜长石玻璃和碱性长石玻璃,也可形成熔长石等高压相矿物。(3)橄榄石、辉石等在超高压下可以转变为尖晶橄榄石等高压相矿物。(4)冲击熔融脉中表现出的流动结构,是在冲击作用下物质发生熔融,重结晶形成细粒物质,例如橄榄石边缘呈现重结晶现象。

　　由于火星样品的缺乏,对火星上的冲击变质作用的研究还是远远不足的。随着火星探测的深入,今后的研究工作也将继续深入,从而补充和修正之前的成果。

12.4 火星地质演化

　　对于地球及类地行星的地质研究而言,地质年代是地质演化的轴线,对认识地质演化过程具有不可代替的作用。但是,对有关火星的形成与早期历史(40亿年之前)的认识,都是建立在一般的行星起源假说和火星内部构造及其热演化假说的基础上的。火星历史上的晚期事件(尤其是30亿年以来)都记录在其表面上,由于样品的缺乏,事件的相对时代只能通过它们的叠置、切割关系、撞击坑的统计以及零星的火星陨石的同位素年龄来划分(图12.33)。

　　当前,火星地质年代表分为三个阶段(表12.5):

　　(1)诺亚纪。距今46亿—37亿年,名字来源于火星南半球古老的诺亚高地。

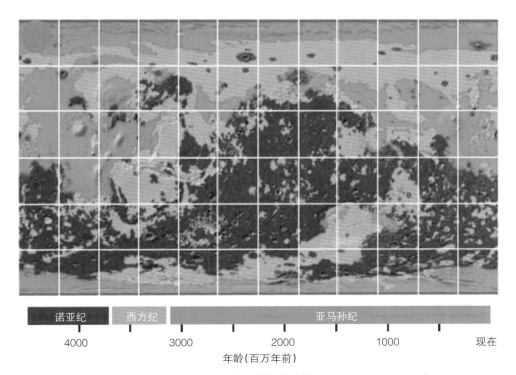

图12.33 火星地层年龄分布图。(图片来源:Rossi et al.,2010)

表 12.5 火星地质演化年表

地质年代单元		年龄界限（亿年）	主要事件
亚马孙纪	晚亚马孙世	2—现在	最年轻的熔岩流见于萨希斯和奥林匹斯火山，水手大峡谷和奥林匹斯山的滑坡垮塌
	中亚马孙世	14—2	火山作用和构造作用持续减弱，奥林匹斯等火山到达现今的规模，熔岩流充填只发生在北部平原，水手大峡谷的滑坡作用
	早亚马孙世	31—14	由灾难式的洪水作用形成大量河道，沉积作用对北部平原的改造，以及全球构造作用减弱，萨希斯及周边的断裂和裂谷作用减弱
西方纪	晚西方世	34—31	强烈的侵蚀作用和流水河道发育，撞击作用的频率持续降低，大型裂谷作用，形成水手大峡谷
	早西方世	37—34	在萨希斯地区形成大型中心式火山（萨希斯、阿尔巴和伊利瑟姆等火山）
诺亚纪	晚诺亚世	38—37	南部高原区持续的玄武岩岩浆作用，萨希斯隆起强烈的断裂作用
	中诺亚世	39.5—38	形成伊西底斯、海拉斯、阿吉尔和南极区的多环盆地以及大量的不同尺度的撞击坑，玄武岩基性的岩浆作用强烈，南部高原形成中心式的火山，如大瑟提斯火山岩省
	早诺亚世	46—39.5	火星形成，从岩浆洋分异形成火星核、幔、壳（在30Ma以内），形成萨希斯隆起和全球的南高北低的二分性（700Ma以内）

Hartmann et al.(2001)根据撞击坑的密度将诺亚纪分为早诺亚世（约39.5亿年前）、中诺亚世（39.5亿—38亿年前）和晚诺亚世（38亿—37亿年前）。这个时期火山活动旺盛，经历了晚期重轰击（Later Heavy Bombardment, LHB），形成了诸多大型的环状盆地，大气层较厚，也可能更温暖潮湿，可能存在湖泊甚至海洋，侵蚀旺盛，形成河谷，水流也带来沉积物沉积。

（2）西方纪。距今37亿—31亿年，分为早西方世和晚西方世，名字来源于南半球的处于中年的希斯皮里亚高原。此时期是一个过渡时期，大量的水开始渗入到地下冻结，由于水的减少，侵蚀搬运减少，该时期主要形成了大片熔岩平原。

（3）亚马孙纪。31亿年前至今，分为早亚马孙世、中亚马孙世、晚亚马孙世，名字来源于火星北半球的一个年轻的、被熔岩充填的亚马孙平原。此时期与火星现在的环境类似，干、冷，地质作用和撞击事件更少。

参考文献

胡森，冯璐，林杨挺. 2011. Y984028 火星陨石的岩石矿物学特征和冲击变质. 科学通报, 56: 1050—1059

谢志东，托马斯·夏普，保尔·迪卡利. 2008. 火星陨石 Zagami 中冲击熔融脉的矿物学研究：冲击压力及溅射机制. 矿物岩石地球化学通报, 27: 351—355

Anderson R C, Dohm J M, Golombek M P, et al. 2001. Primary centers and secondary concentrations of tectonic activity through time in the western hemisphere of Mars. *Journal of Geophysical Research Atmospheres*, 106: 20563–20585

Arkai P S, Faryad W, Vidal O, et al. 2003. Very low-grade metamorphism of sedimentary rocks of the Meliata unit, Western Carpathians, Slovakia: implications of phyllosilicate characteristics. *International Journal of Earth Sciences*, 92: 68–85

Baker V R. 2007. Planetary science—Water cycling on Mars. *Nature*, 446: 150–151

Bibring J P, Y Langevin, Poulet F, et al. 2004. Perennial water ice identified in the south polar cap of Mars. *Nature*, 428: 627–630

Bradley B A, Sakimoto S E H, Frey H. 2002. Medusae Fossae Formation: New perspectives from Mars Global Surveyor. *Journal of Geophysical Research: Planets*, 107: 2-1–2-17

Byrne S, Murray B C. 2002. North polar stratigraphy and the paleo-erg of Mars. *Journal of Geophysical Research: Planets*, 107: 11-1–11-12

Cabrol N A, Grin E A. 2001. The evolution of lacustrine environments on Mars: Is Mars only hydrologically dormant? *Icarus*, 149: 291–328

Carr M H. 1979. Formation of Martian flood features by release of water from confined aquifers. *Journal of Geophysical Research*, 84: 2995–3007

Carr M H. 2006. *The surface of Mars*. New York: Cambridge University Press

Carr M H. 2012. The fluvial history of Mars. *Philosophical Transactions of the Royal Society A-Mathematical Physical and Engineering Sciences*, 370: 2193–2215

Christensen P R, McSween H Y, Bandfield J L, et al. 2005. Evidence for magmatic evolution and diversity on Mars from infrared observations. *Nature*, 436: 504–509

Clifford S M, Fisher D A, Rice J W. 2000. Introduction to the Mars Polar Science Special Issue: Exploration platforms, technologies, and potential future missions. *Icarus*, 144: 205–209

Craddock R A, Howard A D. 2002. The case for rainfall on a warm, wet early Mars. *Journal of Geophysical Research: Planets*, 107: 21-1–21-36

Dohm J M, Tanaka K L. 1999. Geology of the Thaumasia region, Mars: plateau development, valley origins, and magmatic evolution. *Planetary and Space Science*, 47: 411–431

Edgett K S, Malin M C. 2000. New views of Mars eolian activity, materials, and surface properties: Three vignettes from the Mars Global Surveyor Mars Orbiter Camera. *Journal of Geophysical Research: Planets*, 105: 1623–1650

Ehlmann B L, Clark R N, Swayze G A, et al. 2011. Evidence for low-grade metamorphism, hydrothermal alteration, and diagenesis on mars from phyllosilicate mineral assemblages. *Clays and Clay Minerals*, 59: 359–377

Ehlmann B L, Mustard J F, Swayze G A, et al. 2009. Identification of hydrated silicate minerals on Mars using MRO-CRISM: Geologic context near Nili Fossae and implications for aqueous alteration. *Journal of Geophysical Research: Planets*, 114:538−549

Fairén A G, Dohm J M. 2004. Age and origin of the lowlands of Mars. *Icarus*, 168: 277−284

Fishbaugh K E, Head J W. 2000. North polar region of Mars: Topography of circumpolar deposits from Mars Orbiter Laser Altimeter（MOLA）data and evidence for asymmetric retreat of the polar cap. *Journal of Geophysical Research: Planets*, 105: 22455−22486

Fisher D A. 2000. Internal layers in an "accublation" ice cap: A test for flow. *Icarus*, 144: 289−294

French P W. 1998. The impact of coal production on the sediment record of the Severn Estuary. *Environmental Pollution*, 103: 37−43

Fritz J, Greshake A. 2009. High-pressure phases in an ultramafic rock from Mars. *Earth and Planetary Science Letters*, 288: 619−623

Gillet P, Barrat J A, Beck P, et al.2005. Petrology, geochemistry, and cosmic-ray exposure age of lherzolitic shergottite Northwest Africa 1950. *Meteoritics & Planetary Science*, 40: 1175−1184

Greeley R, Arvidson R E, Barlett P W, et al. 2006. Gusev crater: Wind-related features and processes observed by the Mars Exploration Rover Spirit. *Journal of Geophysical Research: Planets*, 111:516−531

Greeley R, Spudis P D. 1978. Volcanism in Cratered Terrain Hemisphere of Mars. *Geophysical Research Letters*, 5: 453−455

Greeley R, Spudis P D. 1981. Volcanism on mars. *Reviews of Geophysics*, 19: 13−41

Greeley R, Nathan T, David A, et al. 2000. Volcanism on the red planet: Mars. *In*: Zimbelman J R, Gregg T K P (eds). *Environmental Effects on Volcanic Eruptions: From Deep Oceans to Deep Space*. New York：Kluwer Academic/Plenum Publishers，75−112

Gulick V C. 1998. Magmatic intrusions and a hydrothermal origin for fluvial valleys on Mars. *Journal of Geophysical Research: Planets*, 103: 19365−19387

Hanna J C, Phillips R J. 2005. Hydrological modeling of the Martian crust with application to the pressurization of aquifers. *Journal of Geophysical Research: Planets*, 110:211−226

Harvey R P, Wadhwa M, McSween H Y. 1993. Petrography, mineral chemistry, and petrogenesis of Antarctic Shergottite Lew88516. *Geochimica Et Cosmochimica Acta*, 57: 4769−4783

Head J W, Pratt S. 2001. Extensive Hesperian-aged south polar ice sheet on Mars: Evidence for massive melting and retreat, and lateral flow and pending of meltwater. *Journal of Geophysical Research: Planets*, 106: 12275−12299

Head J W, Wilson L, Mitchell K L. 2003. Generation of recent massive water floods at Cerberus Fossae, Mars by dike emplacement, cryospheric cracking, and confined aquifer groundwater release. *Geophysical Research Letters*, 30:389−401

Hoefen T M, Clark R N, Bandfield J L, et al. 2003. Discovery of olivine in the Nili Fossae region of Mars. *Science*, 302: 627−630

Howard A D. 2000. The role of eolian processes in forming surface features of the Martian polar layered deposits. *Icarus*, 144: 267−288

Howard A D, Moore J M, Irwin R P. 2005. An intense terminal epoch of widespread fluvial activity on early Mars: 1. Valley network incision and associated deposits. *Journal of Geophysical Research: Planets*, 110:292−309

Ikeda Y. 1997. Petrology of the YAMATO 793605 lherzolitic shergottite. *Meteoritics & Planetary Science*, 32: A64−A65

Irwin R P, Craddock R A, Howard A D. 2005. Interior channels in Martian valley networks: Discharge and runoff production. *Geology*, 33: 489−492

Irwin R P, Howard A D. 2002. Drainage basin evolution in Noachian Terra Cimmeria, Mars.

Journal of Geophysical Research: Planets, 107: 10-1-10-23

Kieffer H H, Titus T N. 2001. TES mapping of Mars' north seasonal cap. *Icarus*, 154: 162-180

Kolb E J, Tanaka K L. 2001.Geologic history of the polar regions of Mars based on Mars global surveyor data- Ⅱ. Amazonian period. *Icarus*, 154: 22-39

Langevin Y, Poulet F, Bibring J P, et al. 2005a. Sulfates in the north polar region of Mars detected by OMEGA/Mars express. *Science*, 307: 1584-1586

Langevin Y, Poulet F, Bibring J P, et al. 2005b. Summer evolution of the north polar cap of Mars as observed by OMEGA/Mars express. *Science*, 307:1581-1584

Loizeau D, Carter J, Bouley S, et al. 2012. Characterization of hydrated silicate-bearing outcrops in Tyrrhena Terra, Mars: Implications to the alteration history of Mars. *Icarus*, 219: 476-497

Lucchitta B K, Mcewen A S, Clow G D, et al. 1992. The canyon system on Mars. *Mars*, 1: 453-492

Malin M C, Carr M H. 1999. Groundwater formation of martian valleys. *Nature*, 397: 589-591

Malin M C, Edgett K S. 2000. Evidence for recent groundwater seepage and surface runoff on Mars. *Science*, 288: 2330-2335

Mangold N, Quantin C, Ansan V, et al. 2004. Evidence for precipitation on Mars from dendritic valleys in the valles marineris area. *Science*, 305: 78-81

McSween H Y, Labotka T C, Viviano-Beck C E. 2015. Metamorphism in the Martian crust. *Meteoritics & Planetary Science*, 50: 590-603

McSween H Y, Taylor G J, Wyatt M B. 2009. Elemental Composition of the Martian Crust. *Science*, 324: 736-739

Melosh H J. 1989. *Impact cratering: A geologic process*. New York: Oxford University Press, 853

Miao B K, Ouyang Z Y, Wang D D, et al. 2004. A new Martian meteorite from Antarctica: Grove Mountains（GRV）020090. *Acta Geologica Sinica-English Edition*, 78: 1034-1041

Mikouchi T, Miyamoto M, McKay G A. 1997. Crystallization histories of basaltic Shergottites as inferred from chemical zoning of pyroxene and maskelynite. *Meteoritics & Planetary Science*, 32: A92-A93

Milkovich S M, Head J. 2005. North polar cap of Mars: Polar layered deposit characterization and identification of a fundamental climate signal. *Journal of Geophysical Research: Planets*, 110: 974-985

Min K, Reiners P W, Nicolescu S, et al. 2004. Age and temperature of shock metamorphism of Martian meteorite Los Angeles from（U-Th）/He thermochronometry. *Geology*, 32: 677-680

Murakami T, Ikeda Y. 1994. Petrology and Mineralogy of the Yamato-86751 Cv3 Chondrite. *Meteoritics*, 29: 397-409

Neukum G, Jaumann R, Hoffmann H, et al. 2004. Recent and episodic volcanic and glacial activity on Mars revealed by the High Resolution Stereo Camera. *Nature*, 432: 971-979

Pelkey S M, Jakosky B M, Mellon M T. 2001. Thermal inertia of crater-related wind streaks on Mars. *Journal of Geophysical Research: Planets*, 106: 23909-23920

Rogers A D, Christensen P R. 2007. Global spectral classification of Martian low-albedo regions with Mars Global Surveyor Thermal Emission Spectrometer（MGS-TES）data. *Journal of Geophysical Research: Planets*, 112:1074-1086

Rossi A P. van Gasselt S. 2010. Geology of Mars after the first 40 years of exploration. *Research in Astronomy and Astrophysics*, 10: 621-652

Schwenzer S, Fritz P J, Stoeffler D, et al. 2008. Helium loss from Martian meteorites mainly induced by shock metamorphism: Evidence from new data and a literature compilation. *Meteoritics & Planetary Science*, 43: 1841-1859

Sleep N H. 1996. Lateral flow of hot plume material ponded at sublithospheric depths. *Journal of Geophysical Research: Solid Earth*, 101: 28065–28083

Smith P H, Reynolds R, Weinberg J, et al. 2001. The MVACS Surface Stereo Imager on Mars Polar Lander. *Journal of Geophysical Research: Planets*, 106: 17589–17607

Sullivan R, Banfield D, Bell J F, et al. 2005. Aeolian processes at the Mars Exploration Rover Meridiani Planum landing site. *Nature*, 436: 58–61

Tanaka K L, Fortezzo C M, Skinner J A, et al. 2014. The digital global geologic map of Mars: Chronostratigraphic ages, topographic and crater morphologic characteristics, and updated resurfacing history. *Planetary and Space Science*, 95: 11–24

Tanaka K L, Isbell N K, Scott D H, et al. 1988. The resurfacing history of Mars—A synthesis of digitized, viking-based geology. *LPSC 19*, 665–678

Tanaka K L, Kolb E J. 2001. Geologic history of the polar regions of Mars based on Mars global surveyor data I. Noachian and Hesperian Periods. *Icarus*, 154: 3–21

Tanaka K L, Scott D H. 1987. Geologic map of the polar regions of mars. *Center for Integrated Data Analytics Wisconsin Science Center*, 1–23

Titus T N, Kieffer H H, Christensen P R. 2003. Exposed water ice discovered near the south pole of Mars. *Science*, 299: 1048–1051

Treiman A H, Mckay G A, Bogard D D, et al. 1994. Comparison of the Lew88516 and Alha77005 Martian Meteorites：Similar but Distinct. *Meteoritics*, 29: 581–592

Turner G, Knott S F, Ash R D, et al.1997. Ar-Ar chronology of the Martian meteorite ALH84001: Evidence for the timing of the early bombardment of Mars. *Geochimica Et Cosmochimica Acta*, 61: 3835–3850

Walton E L, Herd C D K. 2007. Dynamic crystallization of shock melts in Allan Hills 77005: Implications for melt pocket formation in Martian meteorites. *Geochimica Et Cosmochimica Acta*, 71: 5267–5285

Ward A W. 1979. Yardangs on Mars-evidence of recent wind erosion. *Journal of Geophysical Research*, 84: 8147–8166

Wilson L, Head J W. 1994. Mars-review and analysis of Volcanic-Eruption Theory and relationships to observed landforms. *Reviews of Geophysics*, 32: 221–263

Zuber M T. 2001. The crust and mantle of Mars. *Nature*, 412: 220–227

Zuber M T, Smith D E, Phillips R J, et al. 1998. Shape of the northern hemisphere of Mars from the Mars Orbiter Laser Altimeter（MOLA）. *Geophysical Research Letters*, 25: 4393–4396

本章作者

刘建忠　中国科学院地球化学研究所研究员，主要从事月球科学与比较行星学研究。

籍进柱　中国科学院地球化学研究所博士研究生，天体化学专业。

罗　林　中国科学院地球化学研究所博士研究生，天体化学专业。

刘敬稳　中国科学院地球化学研究所，博士研究生，天体化学专业。

王庆龙　吉林大学博士研究生，岩石学专业。

欧阳自远　中国科学院地球化学研究所研究员，中国科学院院士，长期从事各类地外物质、月球科学、比较行星学和天体化学研究。

鸣谢：感谢中国科学院地球化学研究所赵宇鸫副研究员为本章写作提供帮助。

第 13 章

火星内部结构

通过对火星陨石、火星全球高分辨率影像、地形和重力观测结果的研究，我们对火星的物理场和内部结构及其演化有了一定的了解。火星陨石的同位素数据证明火星经历了分异作用，具有核、幔、壳结构。对古老单元的磁异常研究发现，火星核在最先的 7 亿年内发生过强烈的对流，产生了全球性的磁场。火星重力场、磁场分布、电导率分层、地震波速度以及内部热通量等物理特征，是研究火星内部结构、物质组成和演化历史的重要手段。

13.1 火星重力场与内部结构

火星重力场不仅是火星表面地形、质量分布和内部物理结构的综合反映，而且对火星探测器的轨道有直接影响（何志洲等，2012），通过重力场数据联合地形数据可以反演火星内部结构（Zuber et al.，2000）。对火星重力场的研究方法与对地球和月球重力场的研究方法类似，由于测量手段的限制，对火星重力场的解算主要是基于大量的地面测站轨道跟踪数据，结合轨道动力学理论，在对火星探测器进行精密定轨的同时，解算火星重力场模型位系数，建立相应的火星重力场模型。

13.1.1 火星的重力场模型

火星不仅偏离标准圆球具有各向异性，而且地形和物质差异使其表面拓扑结构和质量分布展示出不同的变化，因此环绕火星飞行的卫星实际轨道与预测轨道间存在差异，这种差异反映了火星的重力异常分布，同时也为研究火星重力场分布提供了一种方法。

火星物质对其表面以外产生的引力势 U 满足拉普拉斯方程：

$$\nabla^2 U = 0 \tag{13.1}$$

方程 13.1 的通解可以表示为：

$$U = \frac{GM}{r}\left\{1 + \sum_{l=1}^{n}\sum_{m=0}^{l}\left(\frac{R}{r}\right)^2 P_l^m(\cos\theta)\left[C_{lm}\cos(m\lambda) + S_{lm}\sin(m\lambda)\right]\right\} \tag{13.2}$$

其中，R 为参考椭球的平均半径，M 为火星质量，n 为展开多项式阶数的限制值。r、λ、θ 分别为空间流动点的径向距离、经度、纬度。P_l^m 为正交连带勒让德多项式，C_{lm} 和 S_{lm} 为归一化的正交球谐系数。球谐函数展开的最高或截断阶次决定了模型的空间分辨率。模型的精度由观测技术的精度和解算方法的精度共同决定。火星的大地水准面为 COM 坐标系中半径为 3396km 的球面（Neumann et al.，2004），由于表面不平坦和内部密度不均匀，实际引力势会偏离大地水准面，产生重力异常。重力异常的单位为伽（gal），由于绝大多数重力异常数值很小，所以通常用毫伽（mgal）来度量。

对火星全球重力场的研究始于 1971 年 5 月发射的"水手 9 号"（Lorell et al.，1973），基于 10×10 阶的火星重力场模型，发现在火星的萨希斯区域，火星大地水准面扰动达 1km，此后利用"水手 9 号"轨道数据又得到了多个火星的重力场模型。1975 年发射的"海盗 1 号"和"海盗 2 号"，与"水手 9 号"一起在轨道倾角上相互补充，为解算更高分辨率的火星重力场模型提供了可能，基于"水手 9 号"和"海盗号"的数据先后得到了阶数为 6×6、12×12 和 18×18 的重力场模型（Gapcynski et al.，1977；Christensen et al.，1979；Balmino et al.，1982）。进入 20 世纪 90 年代后，随着计算机技术和地面跟踪技术的发展以及大量新型火星探测器的发射，火星重力场模型得到了更大程度的发展，得到了 50×50 阶的火星重力场模型 GMM-1（Smith et al.，1993）和 Mars50c（Konopliv et al.，1995）。分别于 1996 年和 1997 年发射的"火星全球勘测者"（MGS）和"火星奥德赛 2001"两个火星探测器探测任务的成功实施，为火星重力场观测提供了更丰富的数据，得到了一系列解算阶数更高的模型，包括：75×75 阶的 MGS75B、MGS75D、MGS75E，80×80 阶的 GMM-2B、GGM1025，85×85 阶的 MGS85F、MGS85F2、MGS85H2，90×90 阶的 GGM1041C 和最新的 95×95 阶的 MGS95J。2005 年 8 月发射的"火星勘测轨道器"（MRO）对以往数据进行了补充，目前已得到了近 90 阶重力场模型 MRO110B 和 MRO110B2（Konopliv et al.，2011），并于后来由 Hirt et al.（2012）在此基础上得到了更优化的模型 MGM2011（图 13.1）。

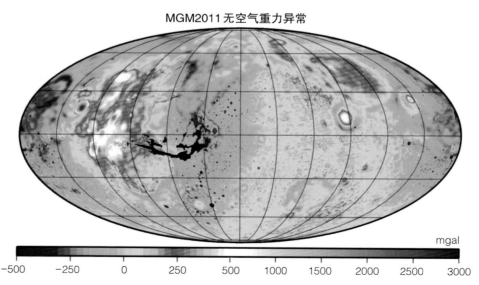

图 13.1 MGM2011 模型的无空气重力异常。（图片来源：科廷大学大地测量学系网站，采用摩尔维特投影）

根据MGM2011模型，火星的无空气重力异常整体上比较均匀，但在北半球比在南半球波动大，在萨希斯火山群和伊利瑟姆火山群两个地方出现异常峰值，意味着这两处重力均衡未达到平衡。无空气重力异常的一个主要特征是在萨希斯处非常高的异常值，且呈现复杂的形状，相似的异常也出现在伊西底斯平原，但它们的边界没有明显的联系。另一个特征是水手大峡谷系统在重力异常图上有明显的特征，表现为在萨希斯东部急剧变化的链状低值区。此外，大型撞击坑和盆地（如海拉斯盆地和大瑟提斯盆地）通常出现正的重力异常，可能是因为撞击后引起撞击点下的MOHO面（行星壳与行星幔之间的边界层）抬升以及火山岩浆和沉积物再次充填到坑中。

13.1.2 火星壳厚度模型

结合对火星重力场和地形的研究可以了解其内部结构。通过从地形中剥离重力信号，可以得到表层岩石圈的密度异常，同时可以反映表面地形的力学补偿机制，提供行星岩石圈的应力和力学效应等信息（何志洲等，2012）。通过假设火星壳层和地幔中物质密度的变化，再利用重力场探测、地形学数据可以建立火星壳厚度变化模型。第一个基于遥感观测得到的可靠的火星壳、幔结构来自Zuber et al.(2000)，他们使用火星轨道器激光高度计（MOLA）地形数据和基于"火星全球勘测者"轨道数据得到了全火星壳和上火星幔结构模型，在处理中将火星壳的密度假设为统一值$2900kg/m^3$。此后，Neumann et al.(2004)使用有限振幅反演法（Finite Amplitude Inversion），充分考虑了重力场的地形校正，得到了新的火星壳厚度模型（图13.2）。

根据Neumann et al.(2004)的火星壳厚度模型，火星壳平均厚度为45km，且具有明显的南北二分性，北部平原区的平均厚度约为32km，而南部高地区域的火星平均厚度约为58km。值得注意的是，火星南北半球壳层厚度的过渡区域与南北半球分界线并不完全重合，因此有人认为撞击并不是造成火星南北二分的起源（Zuber et al., 2000）。火星壳形成之后经历各种改造，主要包括四次明显的撞击（乌托邦、海拉斯、伊西底斯和阿吉尔）、火山作用、构造变形、大尺度的边界退化以及可能存在于北部低平原之下隐藏的几次主要撞击事件。

13.1.3 火星的岩石层（圈）

岩石层（圈）是火星具有弹性性质的坚硬外壳，而不包括塑性变形内部结构。早期估计弹性岩石层厚度是通过将观测到的重力和地形之间的关系与地形载荷下弹性薄壳应力模型不同厚度变形进行对比（Turcotte et al., 1981），这种方法必须对火星壳的厚度、壳幔之间的密度变化等进行假设。由于MGS数据获取之前，重力和地形的空间分辨率不足以区分地区差异，只能进行火星全球的岩石层平均估计。Comer et al.(1985)认为，长期的载荷积累导致岩石层弯曲，并在最大弯曲处形成围绕火山分布的断裂，基于这种假设，他们估计了萨希斯等6个火山以及伊西底斯盆地附近岩石层厚度。

1996年发射的MGS获得了较之前更好的地形和重力场数据，使得对岩石层厚度的

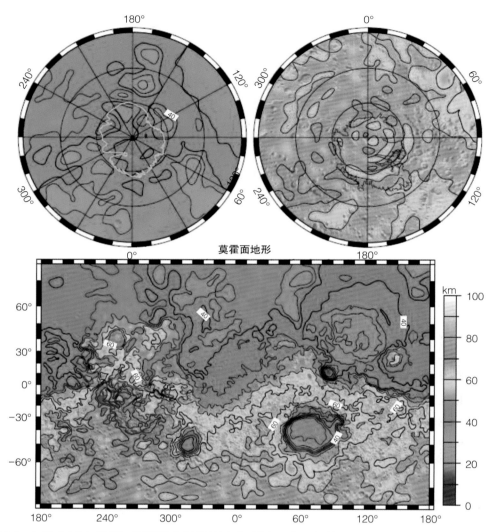

图 13.2 火星壳厚度模型,采用墨卡托投影和极射赤平投影,等值线间隔为 5km。(图片来源: Neumann et al.,2001)

区域变化进行更准确计算成为可能。McGovern et al.(2002)提出了一种称为空间—频谱定位(spatio-spectral localization)的方法计算岩石层厚度,使用 MGS 地形和重力数据计算,谐度(harmonic degree and order)高达 60。计算通道(重力与地形的比例)以大小不同的窗口中心的不同特性作为谐度函数球谐函数(functions of spherical harmonic degree),这些曲线会通过与重力/地形关系的预测模型进行对比,找到不同岩石层厚度的最佳拟合。基于 MGS 的空间—频谱定位,能够估计在不同位置下岩石层厚度特征和广泛的年龄信息(Belleguic et al.,2005)。通过计算,得到对火星岩石层厚度的如下认识(图 13.3):(1)地质形迹年轻的地方,岩石层厚度大,这与行星冷却历史吻合;(2)年轻的火山,如奥林匹斯、阿斯克瑞斯、帕吾尼斯都位于厚度为 70—170km 的岩石层上,而相对老的地貌区,如阿尔巴环形山和伊利瑟姆山的岩石层厚度只有 40—80km;(3)古老的诺亚纪地层区,岩石层的厚度可能不到 15km。

鉴于弹性岩石层厚度与温度的对应关系,岩石层有效弹性厚度(Te)可以被视为

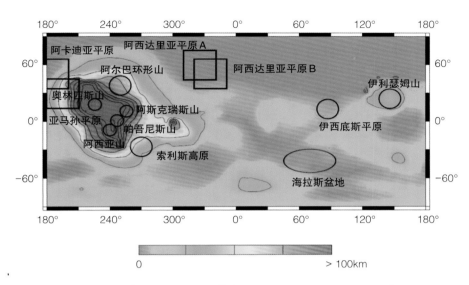

图13.3 火星岩石层厚度。(图片来源:Kalousová et al.,2010)

~650°C的等温线深度,这个深度以下的结构太脆弱,不足以支撑较长地质时间间隔(~10⁸年)的重压(Zuber et al.,2000)。因此,厚度值可以转变为热梯度和热通量,如图13.4。实际上,岩石层厚度是作为热通量的替代,从通道数据导出的热通量大大低于那些来自内部热演化模型的值(Stevenson et al.,1983;Schubert et al.,1992),也比根据火星陨石中放射性生热元素计算的值要低(Laul et al.,1986)。因此,有关岩石层厚度的计算模型,及其与其他物理参数之间的关系,还有待深入研究。

13.2 火星内部磁场

13.2.1 火星磁场

磁场是行星的一个重要物理量,在空间物理研究中具有举足轻重的作用。行星的磁场是各种不同来源的磁场的总和,可以分为内源磁场和外部磁场。在太阳系中,不同行星按是否具有内源磁场来划分,可以分为两类,第一类是金星和火星,它们没有较强的、大尺度的、通过自身内部产生的内禀磁场,但它们具有电离层,通过电离层和太阳风相互作用进而产生感应磁场。第二类是水星、地球、木星、土星、天王星和海王星,这些行星具有较强的内禀磁场,并且几乎都具有类似于偶极子磁场的结构。依据磁流体发电机理论,内禀磁场是由内部液态核的电流产生,尽管有的行星内部发电机可能已经停止。外部磁场主要包括太阳风磁场,以及通过位于行星磁层内的各种电流所产生的感应磁场。

对于火星磁场开展的一系列关于理论、数值模拟以及卫星观测等方面的研究,为我们提供了关于火星磁场的一些基本认识。对于火星磁场,目前科学界一致认为,火星不具有大尺度的内禀磁场,但通过与太阳风相互作用,在其周围能够产生感应磁场,这已经被卫星观测所证实。同时,卫星观测的数据表明,火星有多极子弱磁场,甚至南半球有火

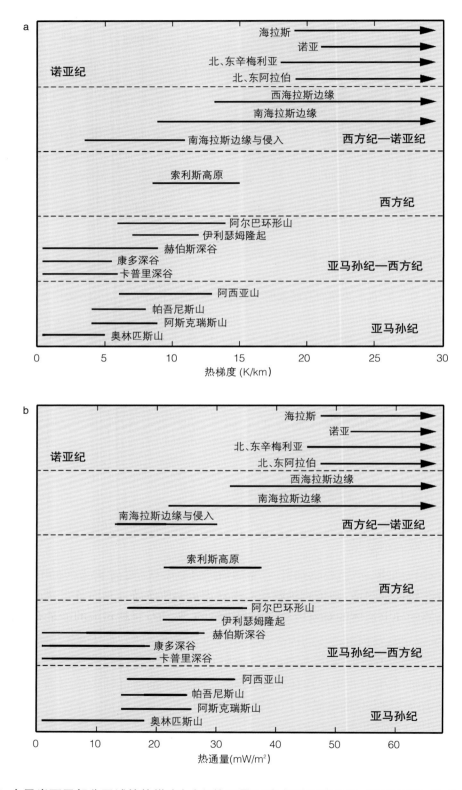

图13.4 火星岩石层部分区域的热梯度(a)和热通量(b)在各时期的分布。(图片来源：McGovern et al.,2002)

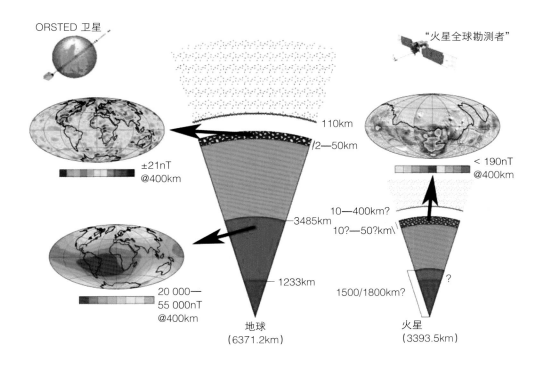

图13.5 火星与地球磁场的比较。（图片来源：NASA）

星壳磁场异常的现象。图13.5显示了火星磁场与地球磁场的差异。

13.2.2 火星内部磁场的基本理论

13.2.2.1 发电机理论

目前科学界普遍用行星发电机理论来解释行星磁场的起源机制，它的基本思想是行星外核的导电流体在某种或多种能源的驱动下进行对流运动，而与对流相应的电流产生磁场，也就是一个驱动能转化成流体动能，动能再转化成磁能的过程。如果转化的磁能可以抵抗欧姆耗散的话，则该磁场就可以由对流运动所维持。总而言之，行星磁场是由行星液态核的导电流体的对流运动产生和维持的，驱动行星核对流的能量有数种来源，其中讨论最多的是重力。在行星吸积过程中聚集的巨大的重力能转化成热能，导致行星内核熔化，形成高温高压的液核。行星形成后开始缓慢冷却，释放大量热量（也可能伴随液核内放射性元素释放热量），从而引起液态核内物质的密度不均匀和温度不均匀，这两种不均匀性都可以驱动液核对流，进而产生行星磁场。

近年来，行星发电机理论在各国科学家的共同努力下得到了长足的发展，尤其是发电机的数值模拟给出了许多令人惊喜的成果（Roberts et al., 2000）。几乎所有的发电机模型都能模拟出轴对称的磁偶极子成分，这些特征和地球磁场的磁偶极子占优的观测结果一致，许多模型模拟都得出其他的磁偶极子和非磁偶极子成分出现的概率有很大的随机性。然而仍然还有一些关键性问题需要解答，如行星发电机发生的充分条件等。

13.2.2.2 火星发电机作用的动力机制

对于地球而言,地震学的证据显示地球内核物质密度只是纯铁密度的90%,所以内核中除了铁性物质之外,还有其他密度较轻的物质,也就是所谓的轻物质成分(Li et al.,2001)。火星内部压力比地球内部压力要低,Bertka et al.据此认为(1998),火星核内占主导成分的轻物质应该是硫,而宇宙化学的研究结果表明,火星内核可能几乎全由高纯度的铁构成,或许还混杂了一些镍元素在其中,而外核几乎全由硫元素构成。火星核的流体物质中加入了硫后,液态核发生对流运动的能力大大地增强了。如果火星冷却过程足够快的话,从内外核边界上释放出来的热量也会对对流运动起到一定的促进作用。现有观测资料不能为火星发电机动力机制的很多细节提供有力的约束。目前一般认为火星发电机大约维持了数亿年。虽然 Williams et al.(2008)提出只靠处于停滞状态的盖状圈层的冷却过程并不能解释火星发电机过程如何持续数亿年之久,然而只要火星核的初始温度比火星幔的初始温度高 150—200K,发电机就可以维持数亿年。

Nimmo et al.(2000)提出不同的看法,认为板块构造可以为火星提供一个初期寿命不长的发电机。板块构造早期的某一个阶段可能让火星幔快速冷却,这样内核能够释放出足够的热流量驱动对流运动的发生;而板块运动的终止能很快抑制火星核对流运动。这个理论面临的最大挑战是,没有足够证据表明火星的板块构造运动过程中确实存在着这样一个阶段(Zuber,2001)。当然,如果火星存在固态内核,则内核凝聚过程可延长发电机寿命。因为,凝聚过程中释放的轻量物质能更有效地驱动液核对流。

完全认识火星发电机的动力机制,还有很多的问题需要深入研究和探讨,其中最为重要、基本的,是弄清楚控制火星液核发生对流运动的动力机制以及触发发电机作用的充分必要条件等。在工作中,主要用数值模拟方法探讨这些条件。

13.2.3 火星内部磁场的探测

磁场是火星重要的物理量之一,通过对火星磁场的研究可以深入了解其内部的动力学过程以及周围的大气环境、水的演化过程。更为重要的是,对火星磁场产生和消失的物理机制进行研究,其结果可以为人类认识地球磁场的演化提供参考。

研究火星磁场的方法有三种:(1)发送携带磁场探测载荷的火星探测器;(2)通过研究来自火星的辉玻质无球粒陨石、辉橄质无球粒陨石和纯橄质无球粒陨石即SNC族陨石的物理化学性质来认识火星磁场;(3)通过行星发电机理论来研究火星磁场。多年来,利用火星探测器返回的观测数据、火星陨石的试验分析数据,结合行星发电机理论指导下的数值模拟,对火星磁场开展了大量的研究工作。

有人通过SNC族火星陨石的剩磁研究推测,火星可能曾经存在一个强度与地球磁场相当的火星表面磁场(Curtis et al.,1988),也有人(Leweling et al.,1997)提出火星壳的不同地区的岩石可能被不同强度和方向的磁场磁化,这些不同强度和方向的磁场显示了火星内源磁场在其演化过程中不同阶段的特征。

利用探测器对火星进行磁场探测始于1965年美国发射的"水手4号",它在离火星表面约$0.9R_M$处,第一次探测到火星磁场的存在,证实了火星有弱的磁场。此后,探测火星的"水手2号"、"水手3号"、"水手5号"的观测资料表明,磁鞘区的磁场强度达到10—20nT,但也观测到了磁场弱的区域,磁场有强烈的扰动,同时磁鞘区内的波动现象十分频繁(Dolginov,1978a,1978b;Dolginov et al.,1991)。1997年MGS到达火星,其携带磁强计/电子反射器(MAG/ER),第一次实现在火星电离层下探测火星磁场,获得大量有关火星磁场和等离子体的数据(Bertucci et al.,2003;Vennerstrom,2011)。MGS的探测数据(图13.6)表明,尽管火星不存在行星尺度的全球磁场,但火星南半球岩石圈存在较强的磁场,并且在南半球的局部区域存在火星壳磁场异常的现象(Ness,1979;Acuña et al.,2001)。

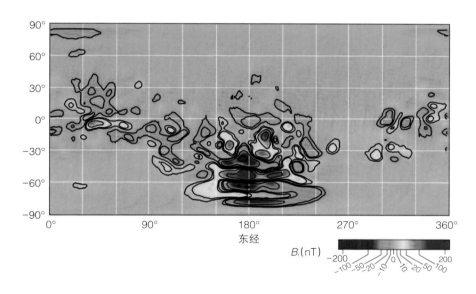

图13.6 MGS探测到的高度约400km的火星磁场。(图片来源:Connerney et al.,2001)

从图13.6中可以看出,火星磁异常大都在南部古老的高地,北部平原只有小的异常区。磁异常最明显的是辛梅利亚高地和萨瑞南高地两个地区,这两个地区有较宽的东西向的磁异常带。对这种线形磁异常的一种解释是,在强磁场存在时,由多条几十米宽、几百千米长的岩墙或岩墙群的侵位形成(Nimmo et al.,2000)。但是火星上已经不存在全球性的磁场,观测数据的进一步分析表明,在年轻的大型撞击盆地如乌托邦、海拉斯、伊西底斯和阿吉尔都没有磁异常。最简单的解释是,当这些撞击事件发生时,火星已经没有全球磁场,而盆地的形成又破坏了早先存在的磁异常,没有新的磁异常形成于撞击熔融事件的冷却过程中。这些盆地形成的时间尚不清楚,但与月球对比可以发现,它们大约形成于38亿—40亿年前,因此火星应该是40亿年前就丧失了全球性内禀磁场。

另外,如图13.7所示,卫星上磁强计的记录显示火星南半球东西方向平行带状的古老岩石磁场的极性是交替的。这些条带宽约200km,长度平均2000km,像马路上的斑马

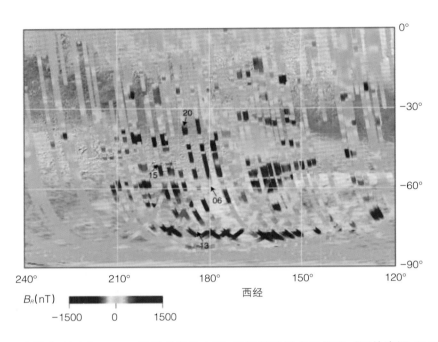

图13.7 火星表面以上400km处的磁场分布图,采用横轴墨卡托投影。(图片来源:NASA)

线。关于其形成原因,一种学说认为大约在火星形成的最初5亿年,必定有一个全球性的强磁场,该磁场像地球的磁场一样,几百万年就倒转方向一次,后来当岩浆从火星长长的裂缝中上涌时,岩浆里的铁被磁场磁化,当岩浆冷却并凝固时,新的火星壳岩石中的铁就像一架大型录音机保存了火星壳磁场。在地球上,横跨洋中脊的年轻地壳也有类似现象,这是由于地磁场周期性地倒转其极性,致使海底山脊也呈现出交替磁极的条带状景观。另一种学说认为,如果火星也发生过类似地球上的板块构造,则当单一的高度磁化了的火星壳板块破裂成小块时,会沿破裂的边沿产生相反极性的磁极。

13.2.4 火星内部磁场演化

行星的磁场如何产生和消失,是困扰我们的难题,相关领域的专家和学者已经做了一些研究,提出了很多观点来解释行星磁场的起源和消失问题,虽然这些观点能解释一些现象,但各有缺陷。

地球的磁场产生于内核和外核的对流,火星早期可能也存在类似的过程。火星成核时产生的大量热能使之熔化,进而引起对流,时间大约在45亿年前。全球性磁场的消失可能是由于核的热能消失,大部分核的固化和/或幔对流机制的改变(Solomon et al.,2005)。火星陨石ALH 84001中41亿—39亿年前形成的碳酸盐中的矿物的磁化,说明火星在这个时间仍然有磁场,这就意味着火星在其前5亿年存在磁场,关闭时间大约是40亿年前,刚好是在大型撞击盆地形成之前。火星磁场的一个演化模型如图

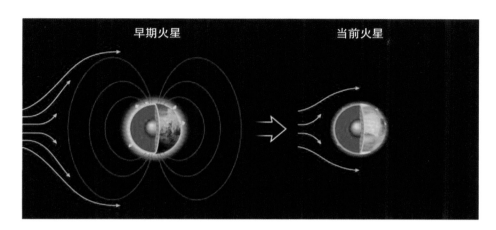

图 13.8 火星磁场演化历史。(图片来源:Galleryship 网站)

13.8 所示。

综上所述,火星磁场的演化过程为:(1)火星在吸积过程中聚集了大量能量;(2)火星早期(大约 45 亿年前),在某种发电机机制下,火星核发生对流,液体转化为固体,释放大量的能量,产生电流并形成磁场;(3)在后期(大约 40 亿年前),发生大型撞击事件和其他机制作用,造成大部分磁场消退;(4)目前的剩磁在太阳风和电离层的作用下得以维系。

关于火星磁场的研究,有三个问题一直是各国学者研究的重点与热点:(1)火星发电机的开始和停止。目前根据陨石同位素的测定、火山口和古老地壳的分布以及其他表面地质特征的分析,对火星磁场有了一定的认识,但对火星发电机开始和停止的时间仍缺乏支撑,其停止的原因更是一个谜;(2)火星磁场分布的不对称性。这种不对称性是先天的还是后期改造作用形成的,需要更多证据的支持;(3)太阳风—火星磁场相互作用与大气演化之间的关系,火星剩余磁场的存在与太阳风的关系。

相信在未来,随着探测仪器及模型的精进,这些问题将逐一被解决,从而为地球乃至类地行星、太阳系的磁场的研究提供参考。

13.3 火星内部物质组成

通常认为类地行星的物质组成大致相同。一般将类地行星由外至内划分为壳、幔、核三部分:壳、幔主要是由固态的硅酸盐组成,与地球相似,主要含橄榄石、斜方辉石、单斜辉石、石榴石这 4 种矿物,其中每一种矿物在不同的温度、压强条件下又呈现出不同的矿相,不同矿相的热力学性质不相同;核主要由 Fe 构成,另含有少量的轻元素,如 H、S、O 等,核的状态可能是固态也可能是液态,或者固液共存(由液态的外核和固态的内核组成),这主要取决于核内轻元素的含量以及行星内部温度分布。

13.3.1 火星的壳—幔—核成分

火星内部结构分为火星壳、火星幔和火星核。火星的平均密度可以结合主要来自陨石分析的地质化学和来自重力场、地形学和磁场数据的行星物理分析得到,而更加细致地确定火星整体构成需要分析火星的岩石。图13.9反映的是一种从火星表面至火星核的结构密度变化关系,火星核的密度最大。虽然对火星壳层物质的分析有许多来自火星表面探测计划和火星轨道器探测计划提供的一些信息,但目前对火星整体构成成分的认知主要是从分析火星陨石中获得的。通过分析火星陨石,特别是玄武岩质辉玻质无球粒陨石,人们获得了火星主要元素和稀有元素的丰度。从这些信息人们能够进一步了解到这颗行星的整体构成成分以及它的演化历史。

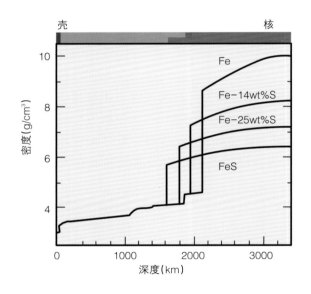

图13.9 火星表面至火星核的结构密度变化关系。(图片来源:欧阳自远等,2011)

重力和地形学分析结果显示火星壳层主要由玄武岩质岩石构成,平均密度为2350—2900kg/m³,火星幔密度平均为3350—3930kg/m³(Smith et al.,1999;Zuber et al.,2000;Zuber,2001;McGovern et al.,2002;Neumann et al.,2004;Wieczorek et al.,2004)。火星表层是由相对原始的混合火成岩形成的,上面覆盖着高度氧化的风化产物,氧化的含铁矿物使得它的表面呈现微红色。"海盗号"的着陆探测表明,在区域尺度上,火星表面可能含有过氧化物和活性氧化剂。火星幔主要由橄榄石和尖晶石构成,延伸到1700—2100km的深度(Zuber,2001)。由于火星重力比地球小,火星幔从低密度向高密度转换的过渡区比地球的过渡区更深,例如地球上橄榄石—尖晶石过渡区在400km深的地方,但在火星上这个过渡区估计在1000km深处。火星壳层及火星幔上部构成了火星的刚性外层,称为岩石层。岩石层的形变主要由脆性断裂造成,产生了在火星表面可以观察到的结构特征。火星幔较深的部分由岩流层构成,在岩流层中延展性形变占主导地位。从脆裂形变过渡到延展形变的过渡层称为岩石—岩流边界层。发现岩石层的厚度在12—

200km之间变化（McGovern et al.，2002）。热传导是岩石层中主要的热流传输机制，而在岩流层中对流被认为是主要的传输机制。

在研究火星内部的结构演化时，重点需要关注火星核。关于火星核的成分，主要存在两种观点，一种认为是固态Fe-Ni核（Smith et al.，2001），另一种认为是液态的Fe-FeS核（Yoder et al.，2003），它们相应的密度分别为8g/cm³和6g/cm³，而幔的密度则分别为3.54g/cm³和3.42g/cm³。因而有两种火星内部结构的模型，液态核比固态核的半径要大500km，相应模型的火星幔厚度也不一样。图13.10为液态核模型的火星内部结构和热演化历史简图，可以看出，在40亿年前，火星壳温度为1000—1400℃，火星内部为Fe-FeS液体；随着时间推进，高温区在向火星核推进，而火星壳的温度不断降低，火星具有一个富含FeS的内核，其半径为1300—1700km，并处于行星的中央部位。由于火星目前不存在活跃的磁场发电机机制，这表明火星内核目前没有活跃的对流，或者液态内核的固化过程没有发生。

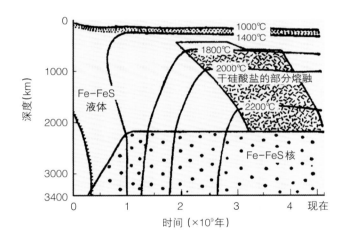

图13.10 火星内部结构和热的演化史简图。

13.3.2 火星的内部物质组成模型

关于火星的内部物质组成，目前存在多个模型，主要包括DW模型（Dreibus et al.，1985）、LF模型（Lodders et al.，1997）和SJG模型（Sanloup et al.，1999）等。

表13.1列出了各模型间的物质组成比较，其中前10行数据对应为相应物质组成模型中硅酸盐岩石层内所含化合物的质量占比，13—16行数据为火星核内所含化合物的质量占比。

DW模型是以SNC族陨石的化学组成为基准建立的火星幔内矿物组成模型（Dreibus et al.，1985），由于火星处于地球和小行星带之间，故这里假设组成火星的物质由两部分组成：一部分来自小行星带，另一部分来自类地行星形成初期太阳和火星之间的环带，早期的火星胚胎不断吸积这两部分物质继而形成了现在的火星。DW火星物质组成模型中这两种组分的比例设为40:60,这两种类地行星的形成均受到了太阳系中最早形成的行星木星的影响。

LF模型是基于氧同位素的约束得到的,计算结果表明,火星硅酸盐的壳和幔占据了全部组成成分的80%,其中火星幔FeO浓度为17.2%,火星核由金属硫化物构成,占据全部火星成分的20%,其中含有10.6%的硫元素(Lodders et al.,1997)。LF模型与DW模型的成分整体上较一致,但碱金属和卤族元素含量更高。美国"海盗1号"和"海盗2号"任务的火星表面X射线荧光光谱测量,以及苏联"火卫一号"任务的火星表面γ射线实验,也都发现了火星表面具有较高的K、Rb、Cl和Br。

SJG模型是一个简单球粒陨石模型(Sanloup et al.,1999)。火星陨石的氧同位素研究表明,它们来源于H型普通球粒陨石和EH顽辉石球粒陨石的中间状态。由于火星位于地球和含有普通球粒陨石的小行星带之间,SJG模型假设火星的组成是两种球粒陨石的混合,其比例只依据氧同位素的质量平衡进行确定,于是产生了两种可能的模型,模型一中H和EH型的比例为30:70,模型二中两者比例为55:45。SJG模型可以方便计算火星在不同温压条件下的内部密度。

表13.1 火星物质组成模型比较

物质组成	含量(wt%)		
	模型		
	DW(1985)	LF(1998)	SJG(1999)
SiO_2	44.4	45.39	47.5
TiO_2	0.14	0.14	0.1
Al_2O_3	3.02	2.89	2.5
FeO	17.9	17.22	17.7
MnO	0.46	0.37	0.4
MgO	30.2	29.71	27.3
CaO	2.45	2.35	2
Na_2O	0.5	0.98	1.2
P_2O_5	0.16	0.17	1.2
Cr_2O_3	0.76	0.68	—
Mg#	75	75.5	72
硅酸盐	78.3	79.37	76
Fe	77.8	79.8	76.6
Ni	8	8.05	7.2
S	14.2	10.6	16.2
Fe_3P	—	1.55	—
火星地核	21.7	20.63	24

注:表中Mg#为矿物中镁值的含量,$Mg^\# = \dfrac{Mg+Fe}{Fe}$。

13.3.3 火星内部的水和硫元素

火星陨石也提供了关于火星壳层中水含量的信息。通过比较水相对于其他种类挥发物的丰度以及假定双成分水增长模型,发现火星的壳层中目前含有36%的水(Dreibus et al.,1985)。增长模型显示出火星在形成初期可能富含水,其他的水已经在火星的早期与金属铁反应形成富含氧化铁的壳层,同时释放出氢气渗透到火星的内核,或者通过外逸和流体力学逃逸机制从大气中损失掉(Hunten et al.,1987)。结合后期置放富含挥发物薄层在火星的表面以及火星缺少板块运动阻止表面水体再循环到行星内部这两种机制,可以解释目前火星缺少水的现象。从直接分析火星陨石中水含量的数据(Karlsson et al.,1992),人们设想火星含有较多的水。对火星陨石内含有的融化物进行分析的结果,以及火星岩浆洋的行星物理模拟,也支持火星含有较多的水(Elkins-Tanton et al.,2006)。这些研究所得到的结论同时包含了较大的不确定性,需结合新数据进行更深入的探讨(Barlow,2008)。

火星陨石研究结合表面探测数据表明,火星岩石含有大量硫元素。硫在硅酸盐溶液中的溶解性取决于溶液中铁的含量(Wallace et al.,1992),因为火星幔中含有较多的铁,因此也可能含有大量的硫。火星的内部区域由于氧化和富含硫,引起中等亲铁性元素表现出岩石层的行为,因而在火星壳和火星幔中——而不是在火星的内核里——含有较多这种中等亲铁性元素。行星内核形成的过程中应该从行星的壳和幔汲取亲铁性元素,但是火星的陨石分析结果显示,火星壳和火星幔中亲铁元素P、Mn、Cr和W缺失与地球岩石相比较轻微,这表明这些元素由于氧化和富含硫的原因而表现出岩石层的行为特性(Wanke,1981)。高度亲铁性元素显现出较强的缺失,与内核形成理论相一致(Barlow,2008)。

13.4 火星热流与内部能量

类地行星诞生初期受重力位能加热,后来又被长周期放射性同位素^{40}K、^{238}U、^{232}Th衰变进一步加热。尽管大部分火星重力位能在早期就损失掉了(Leweling et al.,1997),但是这种早期的加热为后期整个地质时代类地行星随放射能衰减而冷却设定了初始热物理条件。在这种初始条件下,行星幔的热对流是其散热的主要方式(Mars,1972)。可以通过描述对流状态参数、对流过程的热传递效率、内部生热与表面散热比率、行星幔平均势温度、黏性参数、边界热流和边界厚度等物理参数,研究和比较类地行星在行星幔热对流机制和岩石层热传导机制下的热演化历史。

13.4.1 火星热流的一些基本理论

对行星表面热流的测量可以为产热的放射性同位素分布以及行星幔热对流给定一个范围。热流定义为在某时间间隔内通过特定区域的热量。像火星这样的行星,热流主要由两种机制承载,一种是传导,另一种是对流。热传导是通过晶格的震动来传递能量,而对流是通过不同温度物质间物质的物理流动来传递能量。行星的外边缘刚硬层包括行星壳层和上部幔层,称为岩石层。传导是岩石层主要的热传递机制。对流发生在温度较高的、可以发生形变的底部幔层,这部分区域又称为岩流层。对流也可能出现在行星的内核,特别是内核还处于熔融状态时。对流不仅发生在流体介质,在固体介质中也可以发生,只要固体在高温、高压下能够变形。固体中出现对流称为固态对流。

13.4.1.1 热传导

行星温度(T)是垂直指向行星中心深度(Z)的函数,温度随深度的变化率$\Delta T/\Delta Z$称为热梯度。在热传导占主导的区域,热流与热梯度的关系符合傅里叶定律。

13.4.1.2 热对流

对流是将热量传递出行星内部一种非常有效的方式,而且对流在行星的深层区域是占主导地位的。当温度梯度超过某个临界值时,对流将出现。这是因为热的物质要向上升起,而冷的物质要向下沉降。这种对流发生在温度高而密度低于周围的物质中,从而引起较热的物质浮起。

热的物质上升,并不断膨胀,冷却至与周围的物质的温度相适应。对流运动受到守恒定律和流体力学定律(也就是刘维尔—斯托克斯方程)的约束。对流运动的完整描述需要有限元的模型,这超出本书所要讨论的范畴。有兴趣的读者可以参考相关论著(Turcotte et al.,2003)。

13.4.1.3 火星的热流通量

迄今为止还没有任何一个着陆器在火星的表面测量过热流,所有的热流计算都是在模型的基础上估计的。可以利用MGS重力场和地形数据估计弹性岩石层的厚度(McGovern et al.,2002;McGovern et al.,2004),从这个厚度来确定表面热流。估算到表面热通量大于$40mW/m^2$时,最古老的火星表面就被取代,并且表面热通量将逐渐下降到小于$20mW/m^2$(McGovern et al.,2004)的当前数值,这些数值与其他模型的估算相一致。以板块褶皱山脊间的空间大小为基础,估算出35亿—39亿年之间火星表面的热通量约为$37mW/m^2$。但是,也有人认为在35亿—39亿年之间,表面热通量约为54—$66mW/m^2$(Grott et al.,2012),这个估算是以科拉奇斯(Coracis)槽沟地区弹性岩石层厚度为基础的。

火星表面热流可能随着不同区域而变化,这正像地球的情形。因此在不同区域,研究不同时期的热流所得结论可能不一样,并不表示这些结论是相互冲突的。对热流估值范围的进一步精确化需要等到在火星全球表面布置地震和地热测量站网络才能实现。

13.4.2 火星热流的探索

关于内热的探索和内热演化的研究,都需要确定内热的温度、内热成分、热源及其分布。目前为止并没有直接探测到火星内部温度的数据,大部分是通过来源于火星幔的陨石、高温高压实验、行星物理及遥感数据、理论模型等进行估算。

在"海盗号"数据获取之前就有了关于火星内热的探索,通过地形模型计算得到了关于内热演化的早期模型（Hanks et al., 1969；Johnston et al., 1974；Toksoez et al., 1977；Young et al., 1974），其不同时期内部深度与温度的关系如图13.11所示。通过MGS获取的重力和地形数据推断了火星表面演化史与火星内热的关系（Zuber et al., 2000），对火星内热模型有了一些理解，但只得到了对火星内部结构与热演化的部分推论，并未给出具体结果。基于地球物理模型得出，无数随机分布的裂隙式和中心式火山应该存在于早期的火星表面（Xiao et al., 2012），如图3.12所示。随着中诺亚世的快速冷却火星内部产热量降低，岩浆体固结，只有少数较小的、孤立的岩浆区域仍然活跃，构造了南部高原的火山。最后，火星幔柱活动构造了萨希斯和伊利瑟姆等火山。

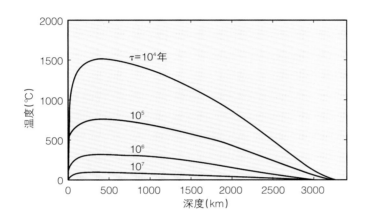

图13.11 不同时期火星内部深度与温度的关系。（图片来源：Hanks et al., 1969）

利用早期熔融结晶的ALH 84001火星陨石并结合生热元素在火星壳的分布，认为火星表面热通量为25—30mW/m²，火星核温度2000—2200K，即火星核为熔融状态，压强40GPa（McSween et al., 1993；Sohl et al., 1997）。通过"火星探路者"和"火卫一2号"轨道的γ数据（McLennan, 2001），分析出火星表面富铁并在玄武岩中富含生热元素（U、Th、K）。经过模型推导，认为富铁火星核和亏损火星幔的分离发生在大于4Ga之前，并且认为如果火星壳厚度大于30km，则有大于50%的生热元素传导到火星表面，那么火星幔大部分熔融的可能性会降低。生热元素在火星的不均匀分布也为内热伴随板块运动演化的模型提供了数据支持，并在诸多方面得到发展（Schubert et al., 1990；Stevenson, 2001；Sohl et al., 2005）。火星磁场的演化揭示的火星内部结构和状态演化过程与火星内热演化过程具有强烈的相关性（Stevenson, 2001）。

综上，关于火星内热的探索常与岩石圈强度的研究、生热元素含量的推算、火山特征的分析、火星磁场演化和火星内部模型等联系在一起。具体过程一般是：（1）将放射生热元素与表面热流作为时间函数推算比较；（2）推算与岩石圈的热演化有关的演化石圈强度的时间序列；（3）将时间与其他火星历史上重大事件联系起来，推断内热演化、火星幔演化的温度、核心发电机的具体过程。

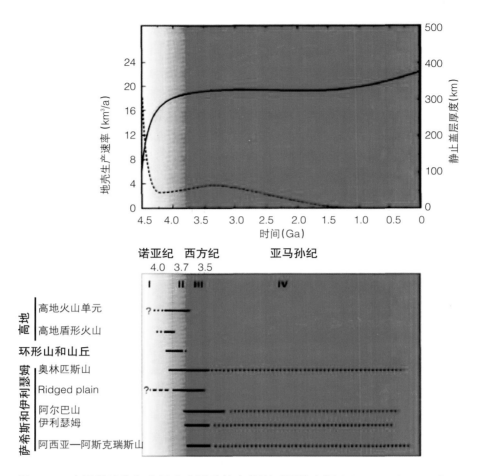

图13.12 火星热演化与火星火山活动综合模型。(图片来源：Xiao et al.，2012)

13.4.3 火星热流演化的过程

通过地球物理数值模拟的方法和火星陨石的地球化学分析，建立了许多火星热演化的模型。这些模型普遍认为在诺亚纪的早期（约4.0Ga），大部分的火星壳已经形成。热演化过程的热冷却模型主要包括以下三种（图4.6）。

第一种是最简单的热演化模型，火星开始的时候很热但是迅速冷却。火星核始终保持完全的液态形式。随着冷却速率的下降，从核释放出的热流可以仅依靠热传导达到，将永远无法形成内核。这个模型要求火星核是富硫的，硫可能占10%或更高的质量百分比。大部分已发表的模型是这种类型（Leweling et al.，1997；Connerney et al.，2001）。

第二种模型与第一种模型形成对照。在这个模型中，火星核中硫的含量相当低，早期有一个固体内核并迅速发展。液体的外核逐渐富硫，这与火星核外部存在1400K左右温度的实验数据吻合。作为比较受认可的火星幔对流模型（Nimmo et al.，2000），其预计现在核幔边界的温度至少为1850K，这样的话火星外核很难完全固化。但是，其说明火星外核将逐渐变薄，火星发电机很难长期维持。

第三种模型考虑了火星幔对流引起火星发电机停止的现象,认为早期火星壳参与对流,岩石层是可循环的。在地球上,这种现象被解释为板块运动,这也可能发生在火星上(Nimmo et al.,2000)。但是这种循环不像地球上形成真正的循环,因此没有必要认为火星发生了与地球上完全一样的板块运动(Curtis et al.,1988)。也许仅仅过去几百万年,这种活动便停止,火星进化出静止的火星壳(目前除了地球外,其他类地行星都是静止的壳层)。由于热损失是低效率的,这种假设必须要求火星幔是处于加热状态的,换句话说,在火星历史早期火星幔的温度最低。这个模型的优势在于其符合所有的核中可能的硫含量,因为如果在火星的早期历史中火星幔达到最低温度,那也许存在一个永远不会驱动发电机的内核。内核只有增长时才能驱动发动机,而内核只有在冷却时才会增长。这个模型存在的一个问题是它需要有一个特定"板块构造"停止时间,还意味着火星在整个地质年代中都能够发生火山活动。

所有这些模型都认为,在火星吸积后,延迟一段时间,火星发电机开始活动,直到在最底部的幔层热边界层形成,而这个边界层的形成取决于核幔分异初始温度,延迟时间一般不超过100Ma。

目前为止,有关火星内热的理论研究都是基于火星陨石、火星表面探测数据和火星热演化模型等进行反演的,而对火星内热研究最重要的地震探测、内部温度探测等还没有有效开展。因此在火星内热研究中需重点关注以下几个问题:(1)火星幔、火星内核和火星外核的温度是多少,黏度是多少;(2)火星内热对流时火星的内部结构模型是怎样的;(3)火星对流的活跃期是否足以产生火星发电机,现在是否还有对流的发生;(4)火星内热与火星表面、火星磁场、火星表面地貌的形成之间的关系。

随着行星研究的未来发展,尤其是NASA将于2016年发射"洞察号"(InSight)火星登陆器,深入火星表层下面探查火星内部的情况,其搭载的热流和物理性质套件(HP3)有望测量记录来自火星内部的热流量,这将为揭示火星内热演变历史、找机会了解控制早期行星形成的过程、研究火星内热翻开新的篇章。

13.5 火星内部结构模型

行星的内部结构现状必然与其初期的形成和后来的演化过程密切相关。星云说认为,行星是在气态行星盘内部形成的。行星盘冷却形成尘埃颗粒并最终凝结成为小尺度的星子;若吸积盘质量较大,则星子能形成行星胚胎。最终,行星胚胎的剧烈碰撞形成了太阳系现有的4个类地行星:水星、金星、地球、火星。行星的演化和现今的特征主要受行星的质量、组成及其与太阳的距离所制约。一般认为,类地行星具有共同的演化途径,其演化可分为5个阶段:(1)行星形成和行星核的分离(第一次分异阶段,约47亿年前);(2)初始行星壳的形成和随后发生的高密度星子轰击阶段,估计在第一阶段后数亿年里发生;(3)第二次分异阶段,伴随广泛的玄武岩浆喷出;(4)连续的构造活动阶段;(5)板块构造活动和物质再分异阶段。

13.5.1 类地行星的内部结构模型研究方法

对于类地行星内部的物质组成及结构,无法通过测量手段直接测定,但可通过一系列的物理、化学约束,如行星重力场、行星密度、行星上地震波速和地震波的传播特征、行星磁场、太阳系的元素丰度、太阳系的化学演化理论、行星地质学调查和矿物成分分析等,建立一系列的行星物质组成模型和内部结构模型,对其内部构造进行估算(龚盛夏等,2013)。关于火星内部物质组成和内部结构模型的理论都是建立在地球物理和地球化学的一些相关结论上,如地球物理的相关测量中常用转动惯量 I、LOVE 数 k_2、行星质量、半径、形状,以及重力场系数作为约束条件。针对于火星自转的相关测量也能为火星内部结构模型提供新的约束条件,火星的章动幅度可用以约束火星液态核的大小和火星幔的动力学参数(Barriot et al.,2001;Dehant et al.,2011)。

研究类地行星的内部结构主要通过物理模型实现。若假定行星球对称、无自转且处于流体静平衡态,将其由球心至外沿半径方向分成一系列同心球壳层,同时假定每一层的物质组成、物理性质等都相同,则对于每一层可以得到流体静平衡态下关于行星内部压强、引力、质量的一系列微分方程:

$$\frac{\mathrm{d}P(r)}{\mathrm{d}r} = -\rho(r)g(r) \tag{13.3}$$

$$\frac{\mathrm{d}g(r)}{\mathrm{d}r} = 4\pi G\rho(r) - \frac{2}{r}g(r) \tag{13.4}$$

$$\frac{\mathrm{d}m(r)}{\mathrm{d}r} = 4\pi r^2 \rho(r) \tag{13.5}$$

其中,G 是万有引力常数,$P(r)$、$\rho(r)$、$g(r)$、$m(r)$ 对应为每一球壳层的压强、密度、引力和质量。通过解以上三个方程可以得到行星内部结构。

此外,还可采用另一种方法——贝叶斯反演法来计算类地行星的内部结构模型,贝叶斯反演能有效地解决病态反演问题。贝叶斯理论中观测数据和所求解的模型参数等都通过概率密度函数来描述。Rivolini et al.(2011)曾根据此方法模拟计算火星幔内结构模型,由于迄今为止仍未有火星全球性的地震学、电磁学测量数据,故进行反演时,预先根据现有的内部结构模型研究,选取合适的参数值,得到一个确定的内部结构模型。假定此模型即是火星内部结构的真实模型,根据此模型计算出相应的导电系数、地震波波速、相应球壳层的转动惯量,将这些结果看作是通过观测手段得到的各项观测数据,再根据前面所描述的贝叶斯方法进行火星内部结构模型的反演,得到反演模型,最后将反演模型与选取的真实模型进行比较,即可对贝叶斯方法的优劣进行评估。

13.5.2 火星的内部结构模型

在建立火星内部结构模型时,火星的内部物质组成模型是人们须考虑的主要问题之一。每种矿物在相应的温压条件下呈现出矿相的变化,而每个矿相在不同的温压条件下其密度、弹性系数都会发生改变。当给定火星的幔内矿物组成模型时,即可根据状态方程确定具体矿相的弹性系数、密度等参数与模型参数 P、T 之间的数值关系,并可根据内部结构微分方程、状态方程结合幔内温度模型求解相应温压条件下矿物的密度、弹性系数等参数(龚盛夏等,2013)。根据火星内部不同深度的密度、弹性系数等分布情况,可计算得到火星的质量、转动惯量、LOVE数等值;把这些数值与现有测量结果比较,又可以反过来对火星的内部结构模型参数的取值范围予以约束。在火星内部结构模型的研究中使用较多的是DW内部物质组成模型。

在得到"火星探路者"的跟踪数据前,已有许多文章对火星内部结构模型的建立进行过详细的讨论(Zharkov et al.,1991;Mocquet et al.,1996;Sohl et al.,1997;Yoder et al.,1997),他们所用的研究方法如前所述,将火星由内至外进行分层,一般是分为核、幔、壳三层,或者更精细地将壳分为外部多孔层和合并壳层。这些文章中所用到的约束条件,如惯性极矩值,精度较低,对内部结构模型的约束差。随着后续火星探测任务的顺利开展,通过对跟踪数据的分析与解算,惯性极矩的精度得到了较大的提高(Yoder et al.,1997;Yoder et al.,2003),随着约束条件的增强,又有新的火星内部结构模型被研究出来(Bertka et al.,1998;Sanloup et al.,1999;Zharkov et al.,2000;Kavner et al.,2001;Gudkova et al.,2004)。这些新研究所用的建模方法也与之前介绍的方法大致相同,且其中大部分的研究选用的均是DW火星幔内矿物组成模型,但在壳厚度、壳密度等参数的选取与设定上有所差异,故导致了不同的反演结果。

除此之外,火星的重力场、潮汐LOVE数的测量对内部结构也有着非常重要的约束作用。由于火星是非刚性体,在太阳、火卫一等附近天体引潮力的作用下,火星与地球一样会发生形变,称为潮汐形变。LOVE数k_2表征的即是潮汐变形后的火星相对于未变形火星的附加引力位与平衡潮引力位之比,k_2所反映的是火星对于附加引力的响应,它的大小与火星内部物质的密度、弹性系数相关。通过一系列预先给定的火星内部模型,即其内部各层的密度、体积模量、剪切模量等参数的分布,由此则可计算出相应模型的k_2值,与通过MGS或其他探测器的追踪数据间接算得的k_2值进行比较,即可剔除不符合的模型,约束模型参数的取值范围。研究人员已利用不同的数据得到了一系列的k_2值(Smith et al.,2001;Yoder et al.,2003;Konopliv et al.,2006;Marty et al.,2009;Konopliv et al.,2011),可以对火星内部结构模型进行约束。

利用本征模弛豫理论可建立火星内部结构模型(Pithawala et al.,2011),主要集中于探讨火星内部结构中存在的非弹性结构部分。通过弛豫理论来计算给定火星模型的二阶潮汐LOVE数k_2,以火卫一引起的潮汐力作为扰动力,研究球对称分层黏弹模型。将火星划分为核、幔、薄弱层和弹性岩石圈四层,用麦克斯韦弛豫时间来表示每一层的黏滞性。结果发现,由于所观测到火星上的潮汐能为3.2MW,若要耗散此潮汐能,则火星内部必须存在一个弛豫时间约为10^3—10^5s的软质层,并进一步针对此软质层的位置作出两种假设,如图13.13所示。计算发现若火星的k_2值大于0.1,则它有可能是由软质层包裹弹性核组成,如图13.13a中所示,且此软质层较薄,约为200km。

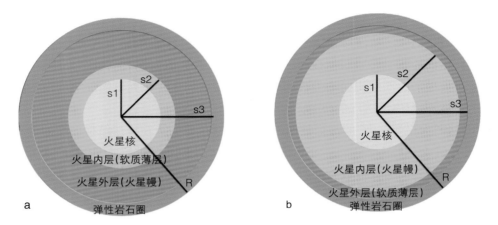

图13.13 （a）由内至外分别是火星核、软质薄层、火星幔、弹性岩石圈，这里假定此软质薄层存在于核幔交界处；（b）由内至外分别是火星核、火星幔、软质薄层、弹性岩石圈，这里假定软质薄层在火星幔与外部弹性岩石圈层的交界处。（图片来源：Pithawala，2011）

参考文献

龚盛夏, 黄乘利. 2013. 太阳系内类地行星内部结构模型研究进展. 天文学进展, 31: 391—410

何志洲, 黄乘利, 张冕, 2012. 火星重力场模型发展回顾及对萤火一号的展望. 天文学进展, 30: 220—235

欧阳自远, 肖福根. 2011. 火星探测的主要科学问题. 航天器环境工程, 28: 205—217

Acuña M H, Connerney J E P, Wasilewski P, et al. 2001. Magnetic field of Mars: summary of results from the aerobraking and mapping orbits. *Journal of Geophysical Research: Planets*, 106: 23403−23417

Balmino G, Moynot B, Vales N. 1982. Gravity field model of Mars in Spherical harmonics up to degree and order 18. *Journal of Geophysical Research*, 87: 9735−9746

Barlow N. 2008. *Mars: An Introduction to Its Interior, Surface and Atmosphere*. New York: Cambridge University Press

Barriot J P, Dehant V D, Folkner W, et al. 2001. The netlander ionosphere and geodesy experiment. *Advances in Space Researoh*, 28: 1237−1249

Belleguic V, Lognonne P, Wieczorek M. 2005. Constraints on the Martian lithosphere from gravity and topography data. *Journal of Geophysical Research : Planets*, 110：E11005

Bertka C M, Fei Y W. 1998. Density profile of an SNC model Martian interior and the moment-of-inertia factor of Mars. *Earth and Planetary Science Letters*, 157: 79−88

Bertucci C, Mazelle C, Crider D H, et al. 2003. Magnetic field draping enhancement at the Martian magnetic pileup boundary from Mars global surveyor observations. *Geophysical Research Letters*, 30doi:10.1029/2002GL015713

Chambaudet A, Mars M, Rebetez M, et al. 1985. Track length distribution and thermal history of apatites. *Nuclear Tracks and Radiation Measurements*, 10: 406−406

Christensen E J, Balmino G. 1979. Development and analysis of a 12th-degree and order gravity model for Mars. *Journal of Geophysical Research*, 84: 7943−7953

Comer R P, Solomon S C, Head J W. 1985. Mars: Thickness of the lithosphere from the tectonic response to volcanic loads. *Reviews of Geophysics*, 23: 61−92

Connerney J E P, Acuña M H, Wasilewski P J, et al. 2001. The global magnetic field of Mars and implications for crustal evolution. *Geophysical Research Letters* , 28: 4015−4018

Curtis S A, Ness N F, 1988. Remanent magnetism at Mars. *Geophysical Research Letters*, 15: 737−739

Dehant V, Le Maistre S, Rivoldini A, et al. 2011. Revealing Mars' deep interior: Future geodesy missions using radio links between landers, orbiters, and the Earth. *Planetary and Space Science*, 59: 1069−1081

Dolginov S S. 1978a. Magnetic-field of Mars—Mars-2 and Mars-3 evidence. *Geophysical Research Letters*, 5: 89−92

Dolginov S S. 1978b. Magnetic-field of Mars—Mars-5 evidence. *Geophysical Research Letters*, 5: 93−95

Dolginov S S, Zhuzgov L N. 1991. The Magnetic-field and the magnetosphere of the planet Mars. *Planetary and Space Science*, 39: 1493−1510

Dreibus G, Wanke H. 1985. Mars, a volatile-rich planet. *Meteoritics*, 20: 367−381

Elkins-Tanton L T, Parmentier E M. 2006. Water and carbon dioxide in the Martian Magma Ocean: early atmospheric growth, subsequent mantle compositions, and planetary cooling rates. *LPSC 37*, abstract no.2007

Gapcynski J P, Tolson R H, Michael W H. 1977. Mars gravity field—Combined Viking and Mariner-9 results. *Transactions-American Geophysical Union*, 58: 827−828

Grott M, Wieczorek M A. 2012. Density and lithospheric structure at Tyrrhena Patera, Mars, from gravity and topography data. *Icarus*, 221: 43−52

Gudkova T V, Zharkov V N. 2004. Mars: interior structure and excitation of free oscillations. *Physics of the Earth and Planetary Interiors*, 142: 1−22

Hanks G E, Bagshaw M A. 1969. Megavoltage Radiation Therapy and Lymphangiography in Ovarian Cancer1. *Radiology*, 93;64,9

Hirt C, Claessens S J, Kuhn M, et al. 2012. Kilometer-resolution gravity field of Mars: MGM2011. *Planetary and Space Science*, 67: 147−154

Hunten D M, Pepin R O, Walker J C G. 1987. Mass fractionation in hydrodynamic escape. *Icarus*, 69: 532−549

Johnston D H, Mcgetchi T R, Toksoz M N. 1974. The thermal state and internal structure of Mars. *Journal of Geophysical Research*, 79: 3959−3971

Kalousov K, Soucek O, Cadek O. 2010. Global model of elastic lithosphere thickness on Mars. *European Planetary Science Congress*, 608

Karlsson K R, Clayton R N, Gibson E K, et al. 1992. Water in SNC meteorites: Evidence for a martian hydrosphere. *Science*, 255: 1409−1411

Kavner A, Duffy T S, Shen G Y. 2001. Phase stability and density of FeS at high pressures and temperatures: implications for the interior structure of Mars. *Earth and Planetary Science Letters*, 185: 25−33

Konopliv A S, Asmar S W, Folkner W M, et al. 2011. Mars high resolution gravity fields from MRO, Mars seasonal gravity, and other dynamical parameters. *Icarus* , 211: 401−428

Konopliv A S, Sjogren W L. 1995. The JPL Mars gravity field, Mars50c, based upon Viking and Mariner 9 Doppler tracking data. National Aeronautics and Space Adminstration, Jet Propulsion Laboratory, California Institute of Technology

Konopliv A S, Yoder C F, Standish E M, et al. 2006. A global solution for the Mars static and seasonal gravity, Mars orientation, Phobos and Deimos masses, and Mars ephemeris. *Icarus*, 182:

23-50

Laul J C, Smith M R, Wanke H, et al. 1986. Chemical systematics of the Shergotty meteorite and the composition of its parent body (Mars). *Geochimica et Cosmochimica Acta*, 50: 909-926

Leweling M, Spohn T. 1997. Mars: a magnetic field due to thermoremanence? *Planetary & Space Science*, 45: 1389-1400

Li J, Agee C B. 2001. Element partitioning constraints on the light element composition of the Earth's core. *Geophysical Research Letters*, 28: 81-84

Lodders K, Fegley B. 1997. An oxygen isotope model for the composition of Mars. *Icarus*, 126: 373-394

Lorell J, Born G H, Christen E J, et al. 1973. Gravity Field of Mars from Mariner 9 Tracking Data. *Icarus* , 18: 304-316

Mars P. 1972. Thermal analysis of *p-n* junction second breakdown initiation. *International Journal of Electronics*, 32: 39-47

Marty J C, Balmino G, Duron J, et al. 2009. Martian gravity field model and its time variations from MGS and Odyssey data. *Planetary and Space Science*, 57: 350-363

McGovern P J, Solomon S C, Smith D E, et al. 2004. Localized gravity/topography admittance and correlation spectra on Mars: Implications for regional and global evolution (vol 107, pg 5136, 2002). *Journal of Geophysical Research: Planets*, 109：E07007

McLennan S M 2001. Crustal Heat Production and the Thermal Evolution of Mars. *Geophysical Research Letters*, 28: 4019-4022

McSween H Y, Harvey R P. 1993. Outgassed water on Mars: Constraints from melt inclusions in SNC meteorites. *Science*, 259: 1890-1892

Mocquet A, Vacher P, Grasset O, et al. 1996. Theoretical seismic models of Mars: The importance of the iron content of the mantle. *Planetary and Space Science*, 44: 1251-1268

Ness N F. 1979. Magnetic - fields of Mercury, Mars, and Moon. *Annual Review of Earth and Planetary Sciences*, 7: 249-288

Neumann G A, Zuber M T, Wieczorek M A, et al. 2004. Crustal structure of Mars from gravity and topography. *Journal of Geophysical Research: Planets*, 109：E08002

Nimmo F, Stevenson D J. 2000. Influence of early plate tectonics on the thermal evolution and magnetic field of Mars. *Journal of Geophysical Research: Planets*, 105: 11969-11979

Pithawala T M, Ghent R R, Bills B G. 2011. Modeling the Internal Structure of Mars Using Normal Mode Relaxation Theory. *LPSC 42*, 1549

Rivoldini A, Van Hoolst T, Verhoeven O, et al. 2011. Geodesy constraints on the interior structure and composition of Mars. *Icarus*, 213: 451-472

Roberts P H, Glatzmaier G A. 2000. Geodynamo theory and simulations. *Reviews of Modern Physics*, 72: 1081-1123

Sanloup C, Jambon A, Gillet P. 1999. A simple chondritic model of Mars. *Physics of the Earth and Planetary Interiors*, 112: 43-54

Schubert G, Solomon S C, Turcotte D L, et al. 1992. Origin and thermal evolution of Mars. *Mars*, 1: 147-183

Schubert G, Spohn T. 1990. Thermal history of Mars and the sulfur content of its core. *Journal of Geophysical Research Atmospheres*, 95: 14095-14104

Smith D E, Lerch F J, Nerem R S, et al. 1993. *An Improved Gravity Model for Mars: Goddard Mars Model*. *Journal of Geophysical Research: Plants*, 98: 20871-20889

Smith D E, Zuber M T, Neumann G A. 2001. Seasonal variations of snow depth on Mars. *Science*,

294: 2141–2146

Smith D E, Zuber M T, Solomon S C, et al. 1999. The global topography of Mars and implications for surface evolution. *Science*, 284: 1495–1503

Sohl F, Schubert G, Spohn T. 2005. Geophysical constraints on the composition and structure of the Martian interior. *Journal of Geophysical Research Planets*, 110: 5863–5864

Sohl F, Spohn T. 1997. The interior structure of Mars: Implications from SNC meteorites. *Journal of Geophysical Research : Planets*, 102: 1613–1635

Solomon S C, Aharonson O, Aurnou J M, et al. 2005. New perspectives on ancient Mars. *Science*, 307: 1214–1220

Stevenson D J. 2001. Mars' core and magnetism. *Nature*, 412: 214–219

Stevenson D J, Spohn T, Schubert G. 1983. Magnetism and thermal evolution of the terrestrial planets. *Icarus*, 54: 466–489

Toksoez M N, Johnston D H. 1977. *The evolution of the moon and the terrestrial planets*. NASA Special Publication, 370

Turcotte B, Schubert. 2003. *Geodynamics*. New York: Cambridge University, 179

Turcotte D L, Willemann R J, Haxby W F, et al. 1981. Role of Membrane Stresses in the Support of Planetary Topography. *Journal of Geophysical Research*, 86: 3951–3959

Vennerstrom S. 2011. Magnetic storms on Mars. *Icarus*, 215: 234–241

Wallace P, Carmichael I S E. 1992. Sulfur in Basaltic Magmas. *Geochimica et Cosmochimica Acta*, 56: 1863–1874

Wanke H. 1981. Constitution of Terrestrial Planets. *Philosophical Transactions of the Royal Society A-Mathematical Physical and Engineering Sciences*, 303: 287–302

Wieczorek M A, Zuber M T. 2004. Thickness of the Martian crust: Improved constraints from geoid-to-topography ratios. *Journal of Geophysical Research: Planets*, 109:E01009

Williams J P, Nimmo F, Moore W B, et al. 2008. The formation of Tharsis on Mars: What the line-of-sight gravity is telling us. *Journal of Geophysical Research: Planets*, 113:E10011

Xiao L, Huang J, Christensen P R, et al. 2012. Ancient volcanism and its implication for thermal evolution of Mars. *Earth and Planetary Science Letters*, 323–324: 9–18

Yoder C F, Konopliv A S, Yuan D N, et al. 2003. Fluid core size of mars from detection of the solar tide. *Science*, 300: 299–303

Yoder C F, Standish E M. 1997. Martian precession and rotation from Viking lander range data. *Journal of Geophysical Research: Planets*, 102: 4065–4080

Young R E, Schubert G. 1974. Temperatures Inside Mars: Is the core liquid or solid? *Geophysical Research Letters*, 1: 157–160

Zharkov V N, Gudkova T V. 2000. Interior structure models, Fe/Si ratio and parameters of figure for Mars. *Physics of the Earth and Planetary Interiors*, 117: 407–420

Zharkov V N, Koshliakov E M, Marchenkov K I. 1991. The composition, structure, and gravitational field of Mars. *Astronomicheskii Vestnik*, 25: 515–547

Zuber M T. 2001. The crust and mantle of Mars. *Nature*, 412: 220–227

Zuber M T, Solomon S C, Phillips R J, et al. 2000. Internal structure and early thermal evolution of Mars from Mars Global Surveyor topography and gravity. *Science*, 287: 1788–1793

本章作者

刘建忠　中国科学院地球化学研究所研究员,主要从事月球科学与比较行星学研究。
郭弟均　中国科学院地球化学研究所博士研究生,天体化学专业。
王俊涛　中国科学院地球化学研究所博士研究生,天体化学专业。
张敬宜　中国科学院地球化学研究所硕士研究生,天体化学专业。
张　珂　中国科学院地球化学研究所硕士研究生,天体化学专业。

第 14 章

火星生命信息

14.1 火星生命的提出

寻找地外生命是人类开展太阳系探测的根本出发点。如果发现地外生命,那将是科学史上最重大的发现之一。地外生命探测将为生命起源的难题打开新的突破口,极大丰富对生命的基本认识,也将为生命起源于太阳系早期演化等重大科学问题提供新的科学论据。

行星系统的"宜居带"理论为我们探寻地外生命提供了新的启示。一颗行星是否是宜居星球,主要取决于其表面温度是否适合液态水长期存在。一颗恒星的宜居带指的是距离该恒星的某一环状区域,位于该区域的行星表面温度能够维持液态水的长期存在。假定一颗恒星的光度是 L,在距离该恒星为 d 的行星温度可由公式得到:

$$L=4\pi d^2\sigma T^4 \tag{14.1}$$

其中 σ 是斯特藩—玻尔兹曼常量。因此一颗行星的表面温度取决于其中心恒星光度(辐射强度)以及该行星与其中心恒星的距离。液态水可在 273—373K 的温度范围内存在,因而任意恒星的宜居带都是一个带状区域(胡永云,2013)。

根据行星与中心恒星的距离(横坐标)和中心恒星的质量大小(纵坐标),在理论上可以估算出任何一个行星系统的生命宜居范围。从横坐标看,宜居带中的行星接受中心恒星所辐射的热量,既不会少得使水结冰,也不会多得使水沸腾甚至形成水蒸气,而是刚好维持一个液态水的海洋。在一个有一定碳含量的岩石行星表面,如果有一个稳定的液态水海洋,它就具备了产生和驻留生命的条件。从纵坐标看,中心恒星的质量过大,寿命比较短,行星不足以演化出比较复杂的生命;中心恒星过小,行星距离恒星过近,生存条件险恶,中心恒星的引潮效应致使行星一面朝向太阳,形成行星一面温度极高,另一面温度极低,生命难以生存和繁衍。太阳的寿命大约100亿年,现今的年龄约50亿年,地球的年龄46亿年,地球诞生后8亿年才出现原始的生命。因此,恒星的寿命要大于宜居带的寿命,才能使宜居带内的行星诞生和繁衍生命,甚至出现高等智慧生物。如图 14.1、图 14.2 和图 14.3 所示,太阳系的行星系统中唯有地球位于太阳系的宜居带内,火星最接近太阳系的宜居带。火星与地球之间存在最多的相似之处,因此,火星也是一颗承载人类最多探寻生命梦想的星球。火星是除地球之外,被认为最有可能孕育和存在生命的另一颗行星,因而也是火星探测最激动人心的科学目标。对于光度比太阳大的恒星,宜居带距离恒星较远,而对于光度最小的恒星,例如红矮星 Gliese 581,其宜居带距离恒星不到0.1AU。图 14.1 中 Gl 581d 和 Gl 581c 被最早认为是适合生命存在的两颗系外行星,它们都环绕着红矮星 Gliese 581 运行,分别位于 Gliese 581 宜居带的外侧和内侧边沿,它们最小预估质量大约是地球的 5 倍和 8 倍(Udry et al., 2007),但其实际质量仍有可能超出地球质量的 10 倍以上,所以也可能是类似海王星那样的冰行星,而非类地行星。Gl 581g 是2010 年 9 月发现的另外一颗环绕 Gliese 581 的系外行星,位于 Gl 581c 和 Gl 581d 之间,正好位于 Gliese 581 宜居带中间,质量约为地球的 3.5 倍,所以被认为是比 Gl 581c 和 Gl 581d 更适合生命存在的星球(Vogt et al., 2010)。可是,这颗行星是否真的存在还没有得到完全确认(Gregory, 2011)。

现在天文学家在浩瀚的银河系中发现了上千颗"太阳系外的行星",但是这些"太阳系外的行星"距离我们的地球太遥远了,按照"行星宜居带"的概念,科学家们分析后猜想,最多只有 2—3 颗"太阳系外的行星"可能比较接近地球的环境。

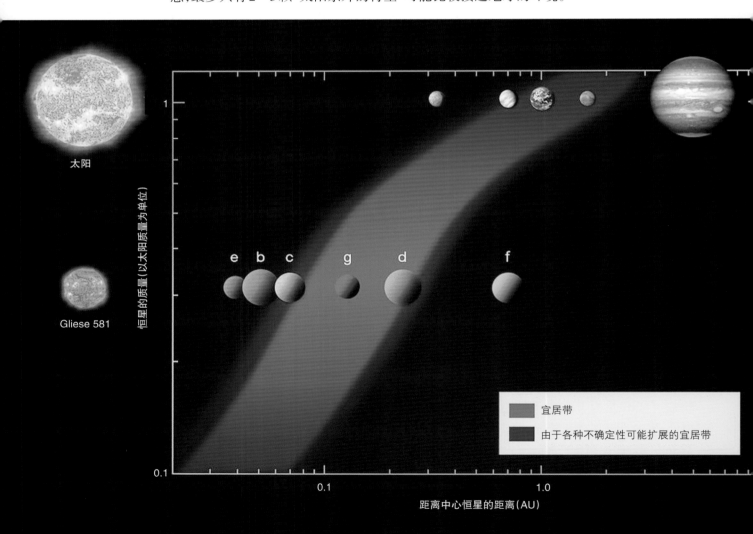

图 14.1 Gliese 581 的宜居带与太阳系的宜居带比较。纵坐标为中心恒星质量的大小(以太阳的质量为单位),横坐标为行星与中心恒星的距离(AU 为单位)。(图片来源:维基百科网站)

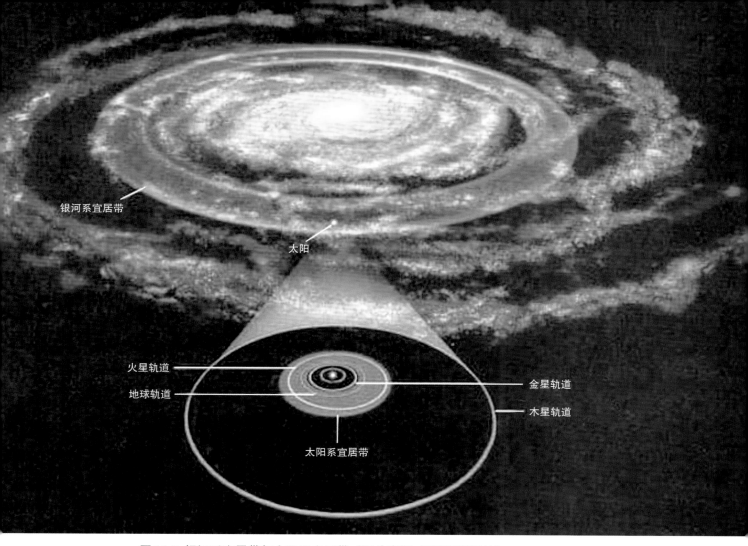

图 14.2 银河系宜居带与太阳系宜居带。(图片来源:维基百科网站)

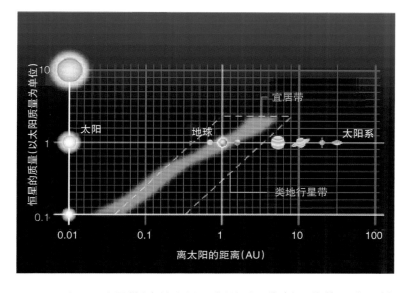

图 14.3 太阳系宜居带(未按比例尺绘制)。(图片来源:维基百科网站)

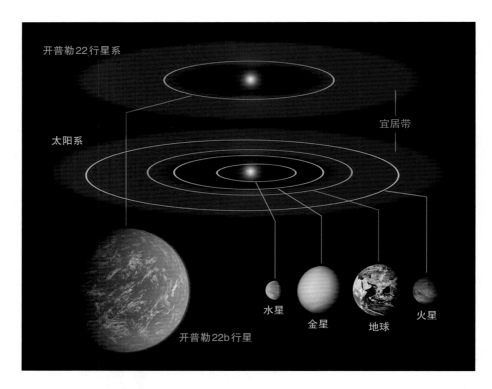

图 14.4 开普勒 22 行星系中的行星开普勒 22b，可能是位于宜居带里的行星。（图片来源：维基百科网站）

图 14.5 开普勒 186f 行星位于开普勒 186 行星系的宜居带，约为地球大小的 1.1 倍。该系统内另外 4 颗行星即开普勒 186b、开普勒 186c、开普勒 186d 和开普勒 186e 的公转周期分别为 4 天、7 天、13 天和 22 天，它们都离母恒星太近，故表面温度太高，不适于生命存在。这 4 颗行星的大小都小于地球的 1.5 倍。（图片来源：维基百科网站）

1877年火星大冲时,意大利天文学家斯基亚帕雷利利用天文望远镜进行观测,发现火星上有许多相对直的暗线,似乎与一些较大的暗区相连,宛如海峡连通大海一般。意大利语称这些暗线为canali,意为"水道"。富有戏剧性的是,人们将canali错误翻译成英语中的canals,从"水道"变成了"运河"。水道可以是天然的,运河却是由智慧生命开掘的。人们推测,火星表面分布着运河,火星上的农业发达,必然有火星人。

一字之差,造成误导:难道火星上会有生命? 因此,人类便把解开火星生命之谜作为宇宙探测的一个重要任务。哈勃空间望远镜拍摄的图像显示,斯基亚帕雷利描述的沟渠虽然和火星表面的低反照率区域有一定的吻合,但人们仍不得不承认这位科学家确实把其超乎寻常的想象力运用到他的观测中。

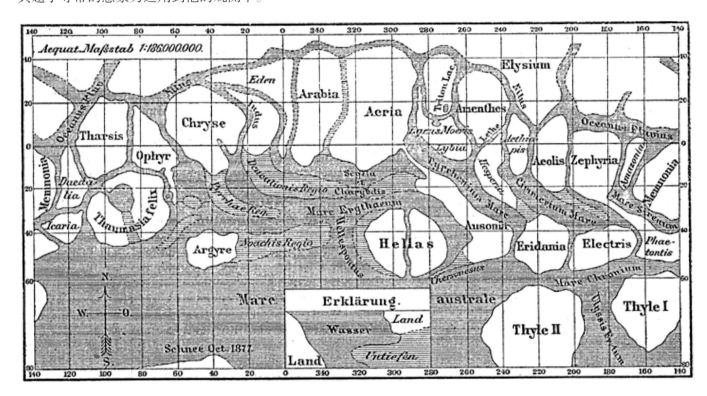

图14.6 斯基亚帕雷利制作的早期火星地图。(图片来源:维基百科网站)

19世纪末和20世纪初,有些天文学家认为火星上存在智慧生命。美国人洛厄尔1894年在亚利桑那州的弗拉格斯塔夫建立了洛厄尔天文台,此后15年深入研究火星,致力于寻找火星运河。洛厄尔根据他的观测绘制了许多火星表面的图画,并且在《火星》(*Mars*,1895)、《火星与运河》(*Mars and Its Canals*,1906)与《火星,生命的居所》(*Mars As the Abode of Life*,1908)这三本书中公布了他的观点,详细描绘了火星表面那些他称为"非自然特征"的现象,特别是"运河"与"绿洲"(洛厄尔将这些运河交会处的黑斑称为绿洲),这些特征会随着火星季节而变化。洛厄尔认为这些运河是因为火星缺乏水资源而建设的设施。

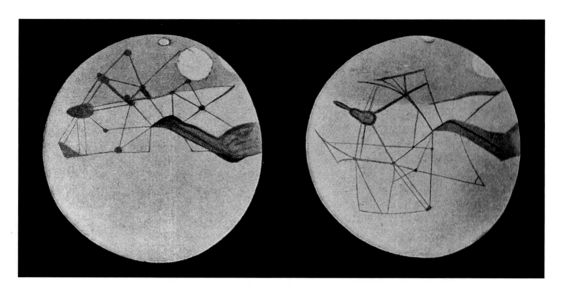

图14.7　1898年洛厄尔描绘的火星运河。(图片来源:维基百科网站)

14.1.1　火星生命探测历程

火星很接近太阳系的宜居带。火星是否存在水和生命这一问题,激发了人类探测火星的好奇心,成为人类持续探测火星的推动力。为了人类的可持续发展,火星能否被改造为适宜人类居住的绿色星球,为人类提供第二个栖息地,也成了探测和研究火星的落脚点。

对火星的空间探测始于20世纪60年代。从1960年10月10日苏联发射"马尔斯尼克1号"火星探测器以来,截至2016年,人类共开展了45次火星探测。

"海盗号"是首先成功登陆火星并对火星样品开展生命检测的探测器,其主要任务是基于对地球生命新陈代谢活动的认识而设计实验,以此来检测火星是否存在生命。"海盗号"着陆器生物实验是人类首次也是唯一一次在地外天体上开展的生命探测试验,三项实验均未获得火星存在生命的确凿证据。之后的40年来,"寻找水和甲烷"是美国NASA火星生命探测的基本科学战略。通过"火星全球勘测者"、"火星奥德赛2001"、"勇气号"、"机遇号"、"火星勘测轨道器"和"凤凰号"等探测任务,确认了火星上水的存在,包括液态水(Brack et al.,2004)。2012年8月6日成功着陆的"好奇号"搭载了专门用于火星样品中有机物分析的样品分析仪(SAM),计划2020年发射的"火星2020"火星车上搭载宜居环境有机物与化合物拉曼及荧光扫描仪(SHERLOC),将为火星生命问题的解答提供更多的证据。到目前为止,所有的火星探测结果都表明火星现在没有任何生命活动的迹象。尽管如此,人类并没有放弃对火星生命活动信息的探索。从火星独特的地形地貌特征(如河网体系、海洋盆地、极区冰盖的消长等)和接近地球的表面环境,仍有理由认为火星过去存在生命活动(欧阳自远等,2011)。

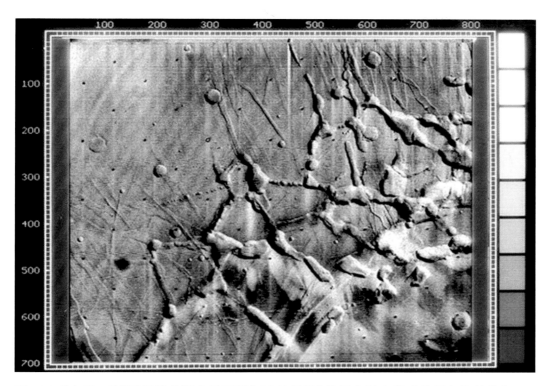

图14.8 "水手9号"返回的首张火星干涸河流的照片[位于火星南半球的尼尔格峡谷(Nirgal Vallis)]。(图片来源:维基百科网站)

14.1.2 与生命有关的要素

任何形式的生命都需要必要的环境条件以支持其新陈代谢和生长繁殖。根据对地球生命的认识,科学家推测地外生命存在的必要条件包括:液态水或其他液态介质,它既是生物体的必要组成部分,也是各种生物化学反应的必要溶剂;组成有机物的必要化学元素,如碳、氢、氧、氮、磷等;合适的温度;大气层的保护;足够长的时间。因此相比直接探测生命,研究火星适宜生命存在的环境可能更简单可行。

14.1.2.1 水

水是生命之源。在地球上,生命最初就是在海洋中形成的。地球上生命存在的关键因素是液态水。在液体中,各种分子可以很自由地游荡,它们可以很方便地相遇,容易发生各种化学反应,容易彼此结合,形成越来越复杂的产物。有关火星生命的探测一直以探测火星上的液态水为核心,分析火星上过去和现在是否存在适宜生命繁衍的环境条件。

火星是除地球之外,最有可能存在或曾经存在生命的行星。火星表面的地形地貌特征、水蚀变矿物的存在、硫酸盐等蒸发盐类的发现等大量证据表明,其表面曾经有过水体,甚至有过海洋,具备孕育生命的基本要素。

14.1.2.2 有机碳

近20年来火星的轨道和表面巡视探测活动已经基本揭示了火星过去和现在的环境特征,使我们认识到40多亿年来水对火星表面形态的塑造及对火星表面环境形成的重要影响(Grotzinger et al.,2012)。适于生命存在和繁衍的环境不仅仅需要液态水,还需要支持生命新陈代谢的有机碳和能量来源。

地球型生命都以各种有机化合物为基础。构成这些有机化合物的化学元素,最主要的是碳,其次是氢、氧、氮、硫和磷。1953年的米勒实验,利用密闭环境中的水、氨、甲烷和氢的混合物,用电弧放电模拟太阳提供能源,让上述化合物循环地通过电弧达一个星期。结果,发现有1/6的甲烷变成了比较复杂的有机化合物分子,其中包括两种最简单的氨基酸——甘氨酸和丙氨酸。氨基酸是组成蛋白质的基本单元,蛋白质则是生物体的主要组成物质之一,是生命活动的基础。这意味着生命乃是高概率化学反应的必然结果,在宇宙中生命的出现是不可避免的。

在组成生物体的大量元素中,碳是最基本的元素。碳原子本身的化学性质,使它能够通过化学键连接成链或环,从而形成各种生物大分子。一切组成动植物体的有机物如蛋白质、脂肪、糖类等,都是碳的化合物;重要的生物大分子,如叶绿素、血红素、激素,都离不了碳。多糖、蛋白质、核酸等生物大分子,都是由许多基本单位连接而成的,这些基本单位称为单体,这些生物大分子又称为多聚体。例如,组成多糖的单体是单糖,组成蛋白质的单体是氨基酸,组成核酸的单体是核苷酸。每一个单体都以若干个相连的碳原子构成的碳链为基本骨架,由许多单体连接成多聚体。正是由于碳原子在组成生物大分子中具有重要作用,科学家才说"碳是生命的核心元素","没有碳,就没有生命"。碳是生命最重要的元素,其他元素不具有碳原子这样的化学性质。在火星上找到有机碳,就能发现火星曾经有过什么。

14.1.2.3 甲烷

甲烷是最简单的碳氢化合物,地球上90%—95%的甲烷都是生物成因的。2004年"火星快车"轨道探测器在火星大气中探测到30ppb的甲烷。火星大气中存在微量甲烷特别是火星目前仍存在甲烷的生成活动,激发了新一轮的火星探测高潮。耗资20亿美元的"好奇号"火星车,其科学目标就是揭示火星的古环境和古气候,最终寻找火星上生命存在的痕迹。这也标志着美国火星生命探测战略从主要寻找水转变为寻找生命遗迹。

14.1.3 能否改造火星和人类移民火星

人类从出现在地球上的那一刻开始,就一直不停地为生存空间和生存环境而奋斗。人口问题、能源问题、生态和环境问题一起,成为制约人类社会发展的天然瓶颈。当地球再无力支持人类生存的时候,我们该怎么办? 与地球最为相似的火星能否被改造成另一个地球? 在遥远的未来,移民火星是人类可以期待的一种出路,虽然遥远而艰难。

现在火星是一个寒冷、干燥、贫瘠、荒芜的世界,也许在遥远的未来,它将会是唯一适合我们居住的行星。要将火星作为地球人类的下一个栖息地，还需要将它的环境变得更为温和。以现有的技术条件看，最简单的办法莫过于增加火星大气的温室效应，以逐渐升高火星的表面温度，同时大气的密度和组分也能够得到改善。要在火星上诱发产生与地球相似的温和环境，第一步就是提高表面温度，使火星表面在20年之内再升温5℃左右。届时火星表面气压将能够达到地球的1/10，液态水也能在表面局部地区存在。改造的第二步是设法让火星大气的组分向地球大气组成模板靠近。最后一步是火星城市的建造，与火星土壤和大气成分改造同时进行，巨大的穹顶状天幕包裹的一座座城市错落地分布在红色星球的表面。

按照上述设想，火星环境有可能在数百年内转变得对人类而言较为温和，并在1000年或更长的时间内达到完全的地球化。从空间看，火星的色彩将完成红色—绿色—蓝色的转变（欧阳自远等，2009）。

14.2 火星生命探测的重大事件

从1976年"海盗号"着陆火星开始，尽管它开展的生物科学实验没有获得火星存在生命的确凿证据，但是近20年来，以美国为主的火星探测，利用高分辨率成像、光谱、质谱、雷达、中子分析等多方面的探测手段，获得了河流侵蚀地貌、古湖泊河流沉积物、水成矿物、极地冰盖、大气中水蒸气组分等一系列证据，都反映了火星早期曾经存在表面水体。这些发现暗示了火星过去或现在存在适宜生命繁衍的环境特征。2004年欧洲发射的"火星快车"在火星大气中检测到30ppb的低浓度甲烷气体，更激发了科学界探索火星的热情。美国于2011年底发射了人类有史以来最昂贵和最先进的火星探测装置——"好奇号"火星车，其使命就是探索火星的古环境和古气候，为最终发现火星生命作准备。"好奇号"检测到火星大气甲烷的波动，甲烷浓度为7ppb。它还确认岩石中发现了有机碳，但这些有机碳还未能确定身份，而这将是下一步火星生命探测的突破点。美国计划2020年发射新一代火星探测器"火星2020"，将重点分析火星远古生命的迹象及其环境潜在的宜居性。

14.2.1 "海盗号"

"海盗号"任务包括"海盗1号"和"海盗2号"两个完全相同的探测器。"海盗1号"着陆在克里斯地区（22.48°N，49.97°W），靠近火星一个冲击河谷。"海盗2号"降落在乌托邦地区（47.97°N，225.74°W），接近火星北极冰盖边缘。两个着陆器都搭载了用于探测和识别火星样品中有机物的气相色谱—质谱仪（GC/MS）。除了对土壤样品的直接分析，"海盗号"着陆器还设计了气体交换实验（GEX）、碳14同位素示踪（LR）和热分解释放实验（PR）等三项生物实验来分析火星是否存在生命。这些生物实验都是基于对地球生命新陈代谢活动的认识而设计的。新陈代谢是地球生命的基本特征之一，生命体作为一个开放的系统，要维持其内部的新陈代谢，就需要不断地与环境进行物质和能量的交换。"海盗号"生物实验的基本假设是，火星土壤中的生命体可利用实验所提供的二氧化碳或有机营养液,并在实验的时间范围内产生可探测到的新陈代谢组分。

实验一:气体交换实验。通过分析火星土壤中释放出的气体,寻找生命的信息。实验过程中火星样品密封在容器中,原有火星大气被抽空,容器内填充测试气体,气体组分为91.65%He、5.51%Kr和2.84%CO_2,气压为2×10^4Pa;同时给土壤样品提供富含有机物和无机物的营养液,并对密封容器内的气体进行持续监测,来观察生物新陈代谢活动是否造成O_2、CO、CH_4等气体组分变化。同时,还开展了不同温度、湿度、培育时间条件下的对照试验,并对其中一个样品加热处理。

在地球上,生命体不断与大气交换着气体。例如,动物吸入氧气释放二氧化碳,绿色植物则通过光合作用吸收二氧化碳放出氧气。而在火星上进行这项实验时,未检测到反映生命新陈代谢的气体交换。

实验二:碳14同位素示踪。该实验原理是火星有机物中的碳与大气中的CO_2存在与地球上的碳循环类似的化学反应过程,若土壤样品中存在生命,其新陈代谢过程会消耗有机物,同时释放出CO_2。实验中把火星土壤样品放入^{14}C标记的营养液中培养,通过分析是否有放射性^{14}C标记的CO_2生成,来判断火星样品中是否存在生命。火星土壤样品密封在容器中与大气隔离,仅将水和^{14}C标记的营养液加入其中培养52个火星日。其中一个样品进行了杀菌消毒处理,2个样品加热到50℃。放射性监测采用盖革计数器,同时对地球土壤样品进行培养,进行参照对比。

未进行杀菌处理的样品很快出现放射活度增加,但之后很快降低。地球土壤的反应与此类似。杀菌处理后的样品没有任何放射活度增加,与地球土壤样品不同。加热到50℃的样品同样出现放射活度增大,但均低于未处理的火星样品和地球土壤样品。地球样品培养腔中出现CO、CO_2和CH_4。

实验三:热分解释放实验。该实验假设火星生物的固碳过程可将CO_2转变为有机碳化合物。实验从光照(320nm波长光照)、大气组分等方面模拟火星环境的基本特征,其中模拟火星大气中含碳气体(CO_2、CO用^{14}C标记)。将土壤样品放置在以上气体环境中,在光照和8—26℃温度条件下培育5天。如果火星上存在通过光合作用或化学合成实现固碳的生物(如地球上的植物和蓝藻),则模拟气体中的$^{14}CO_2$和^{14}CO会转变成有机物。培育之后的火星土壤样品移去气体环境,加热到120℃清除吸附的CO_2和CO,之后加热到625℃将有机物完全氧化。如果确实有部分放射性^{14}C转变成有机物,则在加热氧化过程中会以$^{14}CO_2$的形式释放出来并被检测到。

以上3项生物实验均未获得火星中存在生命的确凿证据。热分解释放实验结果证实火星土壤样品在模拟环境条件下发生固碳过程,对比实验的结果暗示这可能是化学反应的结果而非生物成因。气体交换实验中确实检测到培养皿气体组分的变化,N_2、CO_2和Ar含量的变化与水汽加入造成火星土壤的脱吸附作用有关,所检测到的氧气是土壤中过氧化物分解形成的。这些结果暗示火星土壤样品化学性质活跃,但并不是火星土壤中存在生命的证据。碳14同位素示踪实验是"海盗号"3项生物实验中唯一做出火星土壤样品中存在生命的推论的实验。碳14标记的营养液加入火星土壤样品中之后生成$^{14}CO_2$,但加热到160℃并保持3小时的土壤样品加入营养液后无此现象。这些暗示火星土壤中存在利用氧气分解有机物产生CO_2的代谢过程,这与地球生物呼吸作用相近(付晓辉等,2014)。

除了以上生物实验,GC/MS加热着陆区土壤样品到50℃、200℃、350℃、500℃进行直接检测,火星土壤中水和二氧化碳含量分别为0.1—1wt%和50—700ppm,但两个着陆点的样品中均未检测到生物成因有机物。"海盗1号"着陆器检测到土壤中含量约15ppb的一氯甲烷(CH_3Cl),"海盗2号"着陆器检测到含量为2—40ppb的二氯甲烷(CH_2Cl_2)。根据$^{37}Cl/^{35}Cl$比值判断,这些有机物来自地球物质的污染,而非生物成因。GC/MS此项结果颇让人意外。据估算,每年$2×10^8$g的还原碳通过陨石撞击方式降落到火星,分析精度达到10^{-9}级(ppb级)的GC/MS本应探测到这些陨石中引入有机物。研究人员推测,火星表面长时间的太阳紫外辐射破坏了表面土壤中的有机物,或者火星土壤中的过氧化物快速将有机物氧化为CO_2。另外,"凤凰号"在火星土壤中发现强氧化性的高氯酸盐,其在加热后可与有机分子发生反应生成一氯甲烷和二氯甲烷。这是对生命存在极为不利的化学成分。因此,"海盗号"分析的土壤样品中即使存在有机物,在加热的过程中也可能被分解从而无法被GC/MS探测到(付晓辉等,2014)。

"海盗号"着陆器生物实验是人类首次也是目前唯一一次在地外天体上开展生命探测实验。该实验的结果至今仍存在巨大争议。实验中检测到的固碳过程、CO_2的产生等与地球生物的新陈代谢类似的过程,并不能排除是化学反应的结果。

"海盗号"生物实验的结果凸显了我们对地球生命(还有地球之外可能的生命)的认识还不够透彻,特别是还缺少火星环境特征的基本数据。相比直接探索生命,研究火星的环境可能更简单可行。

14.2.2 "凤凰号"

2008年"凤凰号"着陆器搭载的热蒸发分析仪探测到次表层土壤中水蒸气在低温段(29—735℃)和高温段(>735℃)释放,这对应了火星土壤样品中不同的含水矿物相(Smith et al.,2009)。在探测器着陆火星时,传回地球的图像显示出有液体喷溅到"凤凰号"着陆支架上,科学家认为那些液体珠串是液态水,但也有科学家认为,火星传回来的图像模糊,不足以确定那就是液态水(Rennó et al.,2009)。

14.2.3 "火星快车"

2004年3月30日,欧洲空间局的"火星快车"的傅里叶行星光谱仪(Planetary Fourier Spectrometer,PFS)宣布探测到火星大气中的甲烷,火星全球甲烷气体含量是10±5ppb,有0—30ppb的波动,暗示每年从表面有超过100吨的气体释放(Peplow,2005),有可能是生物成因,也有可能是非生物成因,或可能是地下微生物释放,或热液活动所致,或彗星撞击所致(Formisano et al.,2004),对此科学家一直存在争论。

地球上的大部分甲烷都来自甲烷菌。同时,地壳中还存在一些原始甲烷,是地球在形成碳水化合物过程中的残留物。原始甲烷因为火山爆发等地壳运动进入大气。科学家认为,火星表面的甲烷不可能存在成百上千年,因为它会在太阳光作用下与羟基结合,

图 14.9 第 8 个火星日,当地平均太阳时 14:45,机械臂相机拍摄的图片,从图中可以看到"凤凰号"着陆支架上这些扁球体似乎正以凝结的方式变大。球体 4 似乎要掉下来,而且部分与球体 5 融合。(图片来源:Rennó et al.,2009)

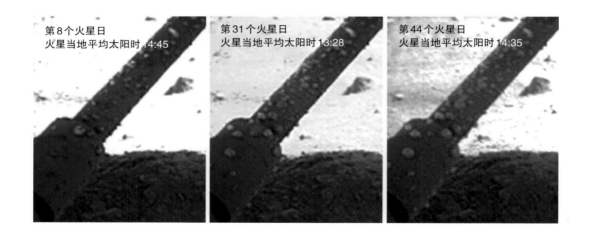

图 14.10 机械臂相机分别在第 8、31、44 个火星日拍摄的图片。选中作为研究对象的仍是图 14.9 中标识的扁球体。确切的证据是球体 4 已掉落,所以,事实是火星必定存在液体,液滴在消失前变得模糊,在原来的位置已不再变大。"凤凰号"着陆支架上较细的部分直径为 3.05cm。(图片来源:Rennó et al.,2009)

图14.11 各火星日和时间段,"凤凰号"着陆支架上球体的外观图片。球体最大也最圆的时刻出现在第44个火星日下午中间时段,可能是由于相对湿度和温度已达到峰值。这些球体是液体的、并且由于凝结而变大的观点得到支持。球体在第96个火星日变得很小,表明相对湿度已低于饱和相对湿度,并且球体开始部分蒸发。球体逐渐变小也有可能是因为温度降低到熔点之下,这些球体冻住,由于升华作用而逐渐变小。这与第90个火星日夏至过后每天的最高温度和最低温度逐渐下降相一致。实际上,第96个火星日的温度要比第44个火星日低5K左右。(图片来源:Rennó et al.,2009)

图14.12 (a)第143个火星日表面立体成像仪获得的霜的图像和(b)第142个火星日机械臂相机拍摄的球体的图像。注意,其中的一些球体非常模糊(不是像素缺失)。正如研究人员所期望的,如果是冰,随温度降低,冰就会从溶液中析出,留下盐度更大的溶液。(图片来源:Rennó et al.,2009)

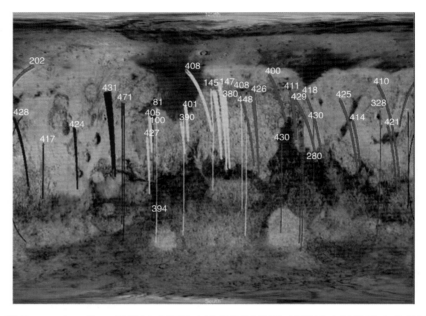

图 14.13　截至 2004 年 5 月 23 日傅里叶行星光谱仪探测结果，甲烷浓度随轨道变化的地理分布：
　　　　 红色（高甲烷混合比），黄色（中等甲烷混合比），蓝色（低甲烷混合比）。每个类别内都存
　　　　 在剧烈波动，表明存在有局部释放源。（图片来源：Peplow，2005）

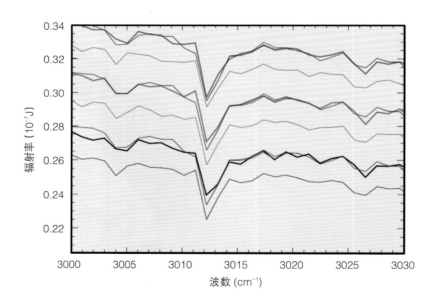

图 14.14　甲烷浓度变化与经度的关系。傅里叶行星光谱仪检测到的 1 月（粗线）和 5 月（细线）的
　　　　 甲烷平均浓度。为清晰起见，曲线已垂直对齐。对应的信噪比范围在 900—1040。1 月
　　　　 经度 55°—170°之间（粗黑线）、20—30ppb 浓度的甲烷合成谱如图所示。甲烷浓度的最
　　　　 佳拟合结果是 25 ± 5ppb。与之相似，绿色曲线是 10—20ppb 浓度的甲烷合成谱，甲烷
　　　　 浓度的最佳拟合结果是 15 ± 5ppb。红色曲线是 0—10ppb 浓度的甲烷合成谱，甲烷浓
　　　　 度的最佳拟合结果略小于 10ppb。细线（5 月测得的谱）显示相同行为，为清晰起见未进
　　　　 行拟合。（图片来源：Formisano et al.，2004）

形成水和二氧化碳。因此,目前观测到火星上持续存在甲烷,可以断定火星上有甲烷源,这个甲烷源很可能就是制造这种气体的甲烷菌,也就是火星生命。

参加欧洲"火星快车"项目的美国密歇根大学的阿特雷亚(Sushil K. Atreya)认为,火星上的水与岩石进行化学反应后产生了一种含镁的硅酸盐,在这一化学反应中有氢气产生。氢气与空气中的二氧化碳反应,产生了甲烷。不过这一假设还需要许多的观测数据来验证。

14.2.4 "好奇号"

14.2.4.1 "好奇号"探测到7ppb甲烷

NASA在当地时间2014年12月16日宣布,"好奇号"样品分析仪在20多个月(时间跨度为2012年8月—2014年9月,即火星车着陆后第1个火星日到第750个火星日)的时间里测量了火星大气12次,发现有几次峰值甲烷排放浓度的平均值竟是背景浓度的10倍左右(图14.15),这一发现对于"好奇号"一年前发布的"没有价值"的探测结果来说,是一个令人激动的逆转。"好奇号"项目科学家阿特雷亚表示,这一现象说明火星上肯定有相对稳定的物质,这种物质或是生物性,或是非生物性(Webster et al.,2015)。"好奇号"在过去两个月中,监测到了平均甲烷含量大幅增长的迹象,虽然很快消散,且波动的原因未知,但仍然激起了人们对火星上存在生命的猜想。

目前推测火星大气中的甲烷可能有以下四种来源:(1)火星内部地质作用形成,如火山活动;(2)陨石、彗星、小行星、行星际介质等火星之外物质带入;(3)火星超基性岩的水热反应形成;(4)甲烷菌等生物产生。当前,有限的探测和观测数据还不能揭示大气中的微量甲烷是生物成因还是非生物成因。要确证生物成因的甲烷,需要精确测定大气中极微量甲烷气体的碳同位素组成具有富轻的碳同位素特征。

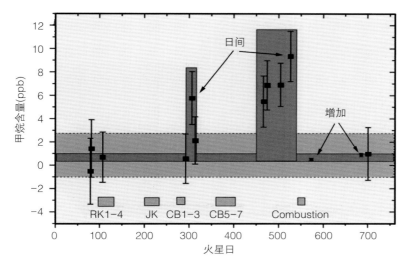

图14.15 通过"好奇号"样品分析仪的一系列检测,发现"好奇号"周围火星大气甲烷浓度飙升了10倍的现象。(图片来源:JPL-Caltech/NASA)

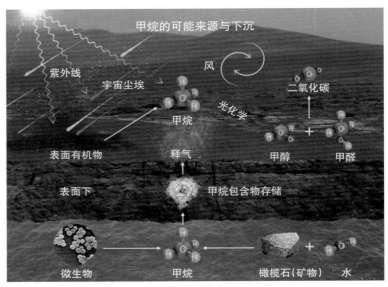

图 14.16 甲烷增加的几种可能。一是来自火星大气（来源），二是从大气中分离出来的（下沉）。"好奇号"探测到大气甲烷的波动，意味着现在火星上两种类型的活动同时存在。（图片来源：NASA）

14.2.4.2 "好奇号"打钻取样发现有机碳颗粒

NASA 在当地时间 2014 年 12 月 16 日宣布，"好奇号"首次在钻取火星岩石过程中还发现了有机物，不过，科学家表示，这些有机物的来源还未能确定身份。如果被证实是微生物活动所产生的甲烷，那将是爆炸性的新闻——火星上发现了生命。

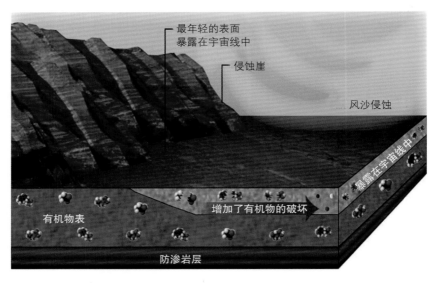

图 14.17 寻找火星有机物极具挑战性。火星有可能产生了有机物，但送到火星表面时有可能被改变或被破坏。（图片来源：NASA）

14.2.4.3 "好奇号"发现火星岩石中存在氮化物

氮是地球上生物重要的营养来源,氮在生命中也扮演着不可或缺的角色。火星盖尔撞击坑有丰富的黏土层,是寻找过去宜居环境标志的一个理想点。"好奇号"已挺进到位于盖尔撞击坑中心位置的夏普山。科学家研究了"好奇号"在盖尔撞击坑三处钻取的样品,发现了火星岩石中存在氮化物的证据。岩石样品在火星样品分析仪中被加热至870℃,最终产生气体,其中存在大量的一氧化氮,这可能来自被加热之前的硝酸盐。随

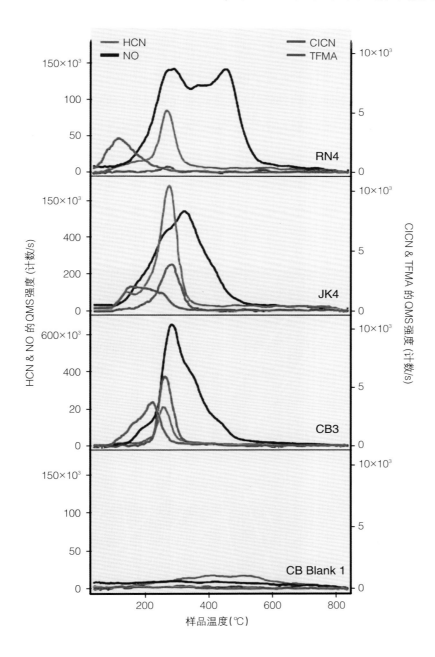

图14.18 RN、JK和CB三处样品的四级质谱(QMS)裂解色谱图。(图片来源:Stern et al., 2015)

后，研究人员对一氧化氮进行检测，并仔细减去来自火星车自身的污染量，以确保没有得到一个错误的信号。完成后发现仍剩余大量氮，相当于硝酸盐在地球上极为干燥地方的数量，如南美洲的阿塔卡马沙漠。

每份样品氮浓度为 20—250nmol，减去火星样品分析仪已知的氮，分别得到 Rocknest（RN）风成岩样品中氮含量约 110—300ppm，John Klein（JK）泥岩沉积的氮含量约 70—260ppm 和 Cumberland（CB）泥岩沉积的氮含量约 330—1100ppm（Stern et al.，2015）。这一发现也进一步支持了这颗贫瘠干旱的红色行星可能曾有适合生物居住的环境的观点。

硝酸盐是一种重要的分子，因为它让生物获得氮元素，并让氮元素行使功能变得更加容易。大气中的氮通常以氮氮三键存在，使其具有牢固的分子结构，不易被分割。而硝酸盐中的一个氮原子与三个氧原子以单键或双键形式相连，比较容易拆开。地球上的大部分硝酸盐是由生物产生的，但研究人员认为在火星上，硝酸盐是在一个热冲击过程如雷击或小行星撞击中产生的。探索的下一步是寻找火星上是否还有其他地方有生成这类硝酸盐的过程（Stern et al.，2015）。

14.2.5 "火星2020"

2011年NASA公布的《美国2013—2020年行星探测规划》中，提出了未来十年火星探测的"新任务"——火星采样返回。2014年7月31日，公布了新一代火星探测器"火星

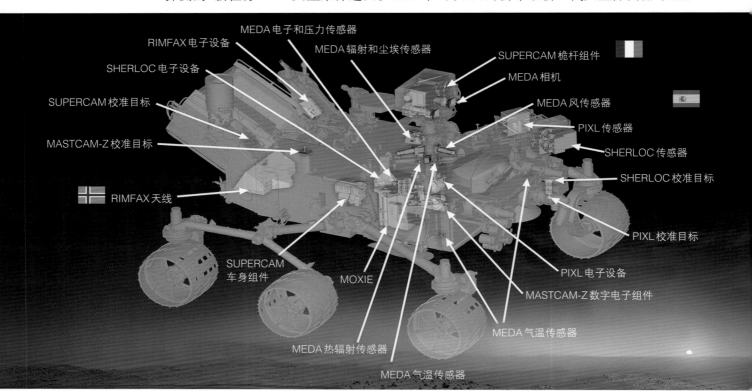

图 14.19 "火星 2020"搭载的有效载荷。（图片来源：NASA）

2020"搭载的科学有效载荷。"火星2020"火星车将搭载7台科学载荷,包括桅杆相机系统(MASTCAM-Z)、火星原位氧资源利用实验装置(TMOXIE)、火星环境动态分析仪(MEDA)、超级相机(SUPERCAM)、行星岩石化学X射线装置(PIXL)、宜居环境有机物与化合物拉曼及荧光扫描仪(SHERLOC)、火星地下实验雷达成像仪(RIMFAX),重点分析火星远古生命的迹象及其环境潜在的宜居性。7台载荷中有四台载荷(超级相机、行星岩石化学X射线装置、宜居环境有机物与化合物拉曼及荧光扫描仪、火星地下实验雷达成像仪),参与探寻火星上可能存在的生命过程相关的遗迹(这是首次将紫外拉曼光谱仪带上火星表面)。与此同时,它还将收集岩石样品,并将样品用密封罐储存起来,放置于火星表面,以便被未来执行任务的航天器带回地球,继而展开实验室的研究工作。通过样品分析,才可以获取火星是否曾经存在生命等重大科学问题的更加精准而明确的答案。

14.3 火星陨石提供的生命信息

探索火星,包括火星的古环境和可能存在的生命遗迹,还有另外一条途径,那就是研究火星陨石。火星陨石是人类采集并返回火星样品之前唯一能得到的火星表面岩石。利用地面实验室的各种高精尖现代分析仪器,可以对这些火星陨石样品进行非常详尽的分析,得到各种实验分析证据,从而揭示火星的形成,以及岩浆活动和表生环境的整个演化历史。但是,大部分火星陨石有一个问题:它们掉到地球之后,往往经过了很长时间才被发现,在这个过程中有可能受到地球物质的污染,特别是有机质的污染。

14.3.1 ALH 84001、Nakhla 和 Shergotty

1984年在南极艾伦山发现了一块重约1.9kg的火星陨石,编号为ALH 84001,由98%粗粒状的斜方辉石和陨玻长石、橄榄石、铬铁矿与二硫化铁及碳酸盐与页硅酸盐组成。1996年在ALH 84001陨石中发现了疑似蠕虫化石的结构(图14.20)。美国科学家研究认为,它们可能是细菌化石。在化石中发现了磁铁矿和黄铁矿颗粒的形态及排列、碳酸盐的微结构、多环芳烃的特征,以及生物膜的微结构等,这暗示火星在36亿年前可能存在原始形态的微生物。

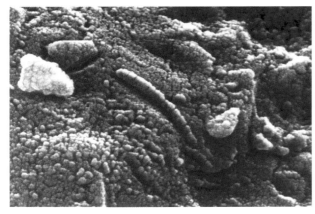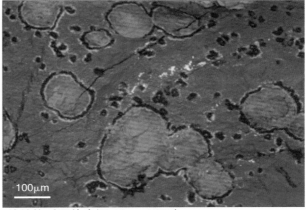

图 14.20 ALH 84001陨石中发现了疑似蠕虫化石的结构。(图片来源:Kerr,1996)

图 14.21 ALH 84001中碳酸盐小球在光学显微镜下的照片。碳酸盐小球典型直径范围是100—300μm，小球边缘环绕着黑—白—黑条纹。碳酸盐的典型成分富含镁和铁，钙净含量小于10wt%。碳酸盐小球边缘的黑—白—黑环富含高丰度磁铁矿（黑色条带和白色区域由只含有痕量磁铁矿的硅酸盐构成）。（图片来源：Gibson et al.，2001）

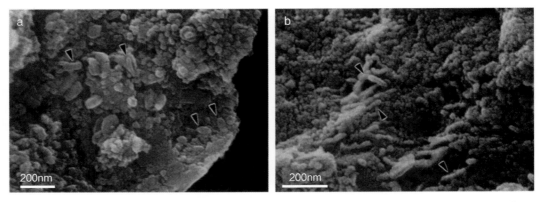

图 14.22 高分辨率扫描电子显微镜（SEM）照片显示的疑似微型细菌颗粒的形态和大小，大部分卵球形体直径约100nm，管形体约30—170nm。（图片来源：Mckay et al.，1996）

　　不过这些结构实在太小，很多卵球形体微细菌颗粒直径为100nm，长度约相当于300多个原子排列起来，宽度约相当于60多个原子，体积约为现在已知的地球上最小的细菌的1/200—1/100。这么微小的生命是怎么完成新陈代谢的呢？一个简单的载有遗传信息的DNA分子就大于100nm（一对核苷酸约为1nm，一般来说，一个DNA分子由成千上万个核苷酸对组成），大小在100nm的颗粒远远小于维持最低生命要求的有机体（袁训来等，1997）。甚至不能确定它们是不是通过有机过程产生的，因为这些结构所代表的脂类分子既可以由生物体分解产生，也可以通过非有机过程产生（欧阳自远等，2009）。但是人们一直努力，从中找到了火星曾经有过或仍然有生命存在的证据，并由此引发了一场迄今仍未停止的争论。持反对意见的科学家认为：类似细菌形态微生物结构属于非生物成因即火星地质过程形成，包括南极水冰的污染、多环芳烃等有机物的非生物成因

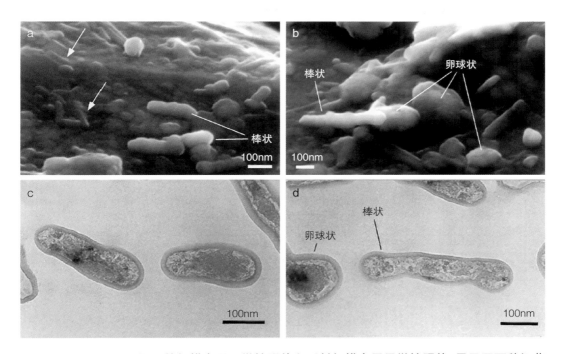

图14.23 Tatahouine陨石的扫描电子显微镜照片和透射扫描电子显微镜照片,显示了两种细菌的形状。棒状(RSF)约70—80nm宽,100—600nm长;卵球形状(OVF)直径为70—300nm。它们是单个细胞,周围是细胞壁。同时检测到Na、K、C、O、N、P和S。通过化学分析和电子衍射确认RSF和OVF不是磁铁矿或其氧化铁、铁氢氧化物、硅酸盐或碳酸盐。虽然RSF和OVF的大小小于通常观察到的细菌,但是非常类似于ALH 84001陨石中的疑似细菌。(图片来源:Gilleta et al.,2000)

机制、类似细菌形态微结构的非生物成因、碳酸盐的高温成因等。例如Mckay et al. (1996)最初将其解释为化石中的纳米级生物。随后,Bradley et al.(1997)认为颗粒太小,不是化石细菌,不存在纳米化石,大部分是非生物成因。但Gilleta et al.(2000)申明在Tatahouine陨石中发现了纳米级生物,Gibson et al.(2001)在两块新的火星陨石——13亿年前的Nakhla陨石和3亿—1.65亿年前的Shergotty陨石中发现了火星生命新信息,发现有各种形态的"微生物结构"。

Nakhla陨石的母岩体是在约13亿年前冷却结晶的,随后经历了两次严重的撞击。这两次撞击,第一次约发生在9.1亿年前,第二次则约发生在6.2亿年前。第二次的撞击事件孕育发生时,很显然有一股热泉流过了出露的Nakhla陨石母岩体。接着,约在1000万年前,又一次撞击事件让Nakhla陨石离开了火星,进入太空围绕太阳运转,并终于在1911年坠落在埃及境内。Nakhla火星陨石的电镜图像显示出一个奇特的椭圆形结构。通过Nakhla火星陨石中特异椭圆形构造的透射鲜亮微镜图像,可知椭圆结构大小约为80μm×60μm,这一大小远超过大多地球上的细菌种类,但依旧处在地球真核微生物大小范围内。单细胞真核微生物是一类特殊生命体,有细胞核和核外细胞器。科学家认为这一构造属于该陨石本身所含有,而非由于落到地球上以后遭受的污染所致。但多数科学家认为这一椭圆形物体主要的成分是富铁的黏土,何况其中还含有许多其他类型的矿物。这一结构最有可能是后期形成的矿物充填了岩石中原有孔洞(如水汽挥发遗留的空

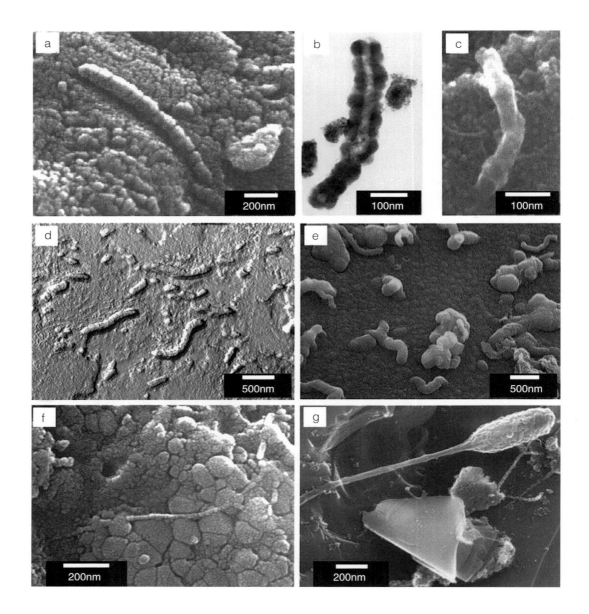

图 14.24 ALH 84001 中类似生物的特征(a、d、f)和哥伦比亚河玄武岩类似特征(b、c、e、g)。
　　　　ALH 84001 中的特征与玄武岩内样品中找到的类似石化的细菌的特征基本一致。(图片
　　　　来源:Gibson et al.,2001)

穴)后构成的,它是地质成因的可能性要大于生物学成因的可能性。

　　Shergotty 陨石尽管与 ALH 84001 及 Nakhla 一样,具有早期地球微生物化石特征,但
是最终也未被证实。总之,对 ALH 84001、Nakhla 和 Shergotty 陨石的研究,激发了人们对
火星生命的好奇心,而确定的答案可能存在于尚未出现的陨石中或未来采样返回的火星
样品中。

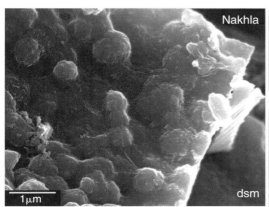

图 14.25 嵌入 Nakhla 火星陨石的伊丁石缝隙中的微米尺度特征（场发射扫描电子显微镜照片）。伊丁石年龄约为 7 亿年，而火星陨石形成年龄约为 13 亿年，黏土中出现明显的簇状结构。（图片来源：Gibson et al.，2001）

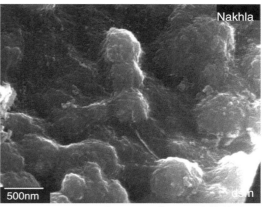

图 14.26 Nakhla 火星陨石内三重结构的特写（场发射扫描电子显微镜照片）。20nm 长的细丝从末端球体的顶点沿三重结构的反方向延伸。球体似乎涂覆着生物膜或是较晚形成的伊丁石。（图片来源：Gibson et al.，2001）

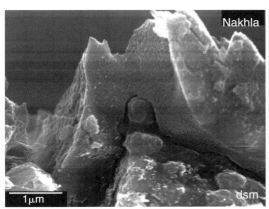

图 14.27 Nakhla 火星陨石内附着在硅酸盐宿主上的球状结构（场发射扫描电子显微镜照片），被后形成的伊丁石所覆盖。地层分析表明，球体是火星物质。伊丁石与辉橄质无球粒陨石相似，Swindle et al. 研究确认伊丁石形成年代为 7 亿年前，即火星陨石形成后 6 亿年。（图片来源：Gibson et al.，2001）

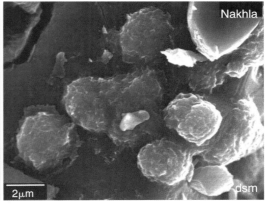

图 14.28 Nakhla 火星陨石上的球状结构（场发射扫描电子显微镜照片），这些球状结构似乎直接形成在初级硅酸盐上，覆盖或环绕着伊丁石。（图片来源：Gibson et al.，2001）

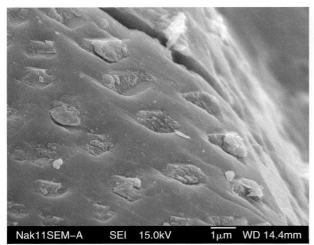

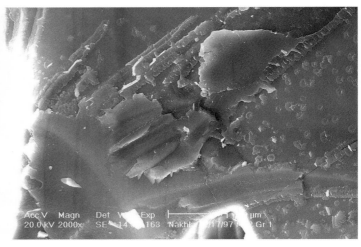

图 14.29 火星陨石一个矿物颗粒表面的一系列部分填充凹坑（扫描电子显微镜照片）。在地球上暴露并受到微生物侵蚀的矿物上经常会发现类似的凹坑。通常解释为由微生物及其生物膜生成的有机酸作用的腐蚀特征。在火星矿物上的凹坑部分填充着碎片，可能是黏土状的有机微生物遗体。（图片来源：维基百科网站）

图 14.30 一小片火星陨石的扫描电子显微镜照片，描绘了可能的生物物质形态：较大的宽刀状和小的甜甜圈状特征。（图片来源：维基百科网站）

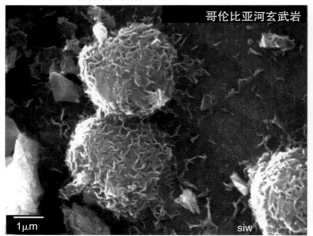

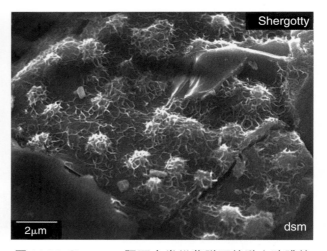

图 14.31 哥伦比亚河玄武岩样品中球状特征（场发射扫描电子显微镜照片）。这些是无菌控制所缺乏的特征，形态上与火星陨石的特征类似（图 14.28）。火星陨石中的卵形特征的能量色散 X 射线谱分析结果显示，相比于邻近的伊丁石，这些卵形富含铁成分。（图片来源：Gibson et al., 2001）

图 14.32 Shergotty 陨石内类似蒙脱石的黏土胶膜的球状特征（场发射扫描电子显微镜照片）。这些特征与在哥伦比亚河玄武岩样品（图 14.31）和火星陨石（图 14.28）中观察到的特征非常相似。（图片来源：Gibson et al., 2001）

14.3.2 Tissint 陨石中发现有机碳

2011年7月降落在摩洛哥沙漠里的Tissint陨石,是第5块降落型火星陨石,更是迄今为止最新鲜的火星陨石样品,为研究火星古环境乃至探索可能存在的火星生命痕迹等提供了极好的机会。除了Tissint陨石之外,其他4块火星陨石降落于1815—1962年,距今50—100年,并且在1983年之前,科学界并不知道这些陨石来自火星,因此这些样品实际上也没有被很好地保存。这也是为什么Tissint陨石具有非常重要的科学价值的原因。

林杨挺研究团队利用中国科学院地质与地球物理研究所的激光拉曼光谱仪和纳米离子探针,对2011年降落在摩洛哥沙漠的Tissint火星陨石开展了系统的精细分析测试与研究,发现了火星陨石中几微米大小的碳颗粒,并证明这些碳是来自火星的有机质,进而测定出它们是由具有典型生物成因特征的、富轻的碳同位素组成。

他们利用激光拉曼光谱仪对这些碳颗粒进行分析,得到的光谱特征跟煤很相似,而不是与石墨相似。他们进一步利用纳米离子探针,分析了氢、碳、氮、氧、磷、硫、氯和氟等元素和氢、氮和碳的同位素组成,得到的结果进一步证实这些碳颗粒是跟煤相似的有机质(欧阳自远,2015)。

Tissint陨石非常新鲜,因此受到地球污染的机会很小。不仅如此,为了进一步确证这些有机质来自火星本身,研究团队利用纳米离子探针分析了氢及其稳定同位素氘的比

图14.33 Tissint火星陨石。(图片来源:由林杨挺提供)

值（D/H）。分析结果表明，这些有机质的氢同位素组成完全不同于地球上的有机质，而是富氘的典型的火星物质特征，因此可以确定它们是来自火星。这些碳颗粒在陨石样品中以两种形式出现，即大部分颗粒充填在矿物晶体的微细裂隙中（图14.34a、b），还有一部分颗粒被完全包裹在硅酸盐熔脉中（图14.34c—e）。这些硅酸盐熔脉是玄武岩质类型火星陨石中最常见的冲击变质现象，是小行星在火星表面强烈撞击产生的高温高压使样品局部熔融而形成。碳颗粒包裹在这些冲击熔脉之中，表明它们的形成比火星上的小行星撞击事件还早，这也是火星来源的另一重要证据。此外，包裹在冲击熔脉中的碳颗粒

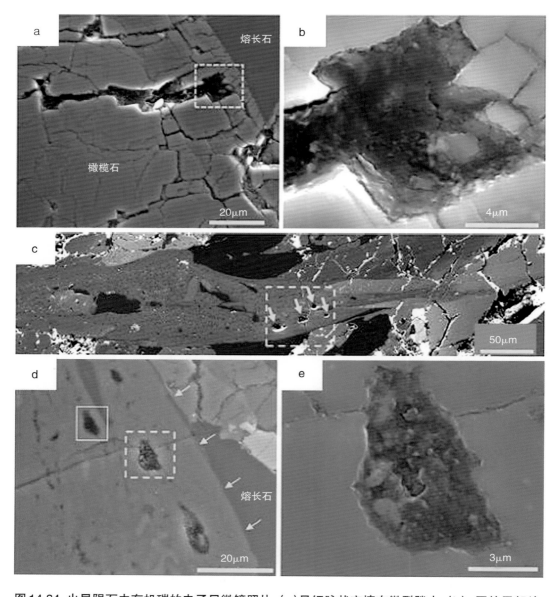

图14.34 火星陨石中有机碳的电子显微镜照片。(a)呈细脉状充填在微裂隙中；(b)a图的局部放大照片；(c)陨石样品切片的局部照片，中间是由于小行星撞击产生高温熔融而形成的熔脉，箭头所指处为包裹在其中的有机碳颗粒；(d)c图虚线框中的局部放大，逆时针旋转了90°；(e)d图虚线框的放大图。(图片来源：Lin et al.，2014)

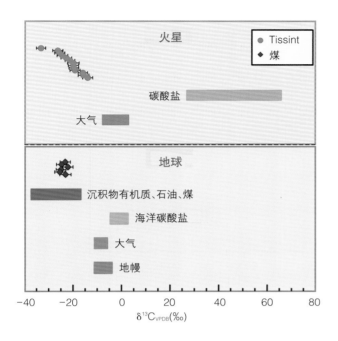

火星与地球上各种含碳物质的碳同位素对比。横坐标是碳的同位素组成，负值表示更轻。Tissint火星陨石中有机碳的碳同位素比火星大气二氧化碳、碳酸盐等都要轻。作为对比，地球上的煤、沉积物以及石油等也具有轻的碳同位素组成，而地幔、大气、海洋碳酸盐等的碳同位素均较重。

图14.35 Tissint火星陨石中有机碳颗粒的碳同位素组成（红色圆点），与火星上的大气CO_2、碳酸盐相比，明显富轻的碳同位素。作为对比，图中下半部给出地球上有机质与其他源区碳的同位素组成。Tissint火星陨石中有机碳颗粒的碳同位素组成与地球的煤（蓝色菱形点）的碳同位素组成极其相似，都是明显富轻的碳同位素。这也是迄今所报道的火星上可能曾有过生命活动的最有力证据。（图片来源：Lin et al.,2014）

有一部分在高温高压条件下还发生了高压相变，形成纳米粒度的金刚石。

　　碳的同位素组成是指示含碳物质是否具有生物成因的关键证据。生物作用一方面会产生明显的同位素组成变化，即同位素分馏；另一方面，这种变化朝向富轻的同位素方向。因此，地球上有机质（沉积岩中、石油、煤）的碳同位素组成与其他含碳物质（如海相碳酸盐、大气二氧化碳、地幔）相比，具有明显富轻的碳同位素特征。研究团队同样利用纳米离子探针对这些碳颗粒进行了精确的碳同位素组成分析，结果表明，它们相对于火星大气的CO_2和火星上的碳酸盐而言，更富集轻的碳同位素，而且它们之间的碳同位素组成具有明显的差异，与地球上的情形非常类似。火星陨石中有机碳颗粒的碳同位素组成与地球沉积岩中的有机质、煤和石油的碳同位素组成一样都具有富轻的碳同位素组成特征。这也是迄今为止所报道的火星上可能有过生命活动的最有力证据。

14.3.3 火星2亿年前左右还存在地下水的活动

　　中国科学院地质与地球物理研究所比较行星学学科组博士后胡森与合作导师林杨挺研究员等人借助该所的纳米离子探针，对在南极洲格罗夫山发现的GRV 020090火星陨石中的岩浆包裹体和磷灰石的水含量以及H同位素组成进行分析，发现样品岩浆包裹体的水含量和H同位素具有非常好的对数相关性（图14.36），指示火星大气水交换的结

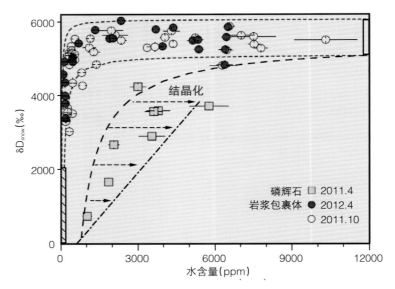

图14.36 GRV 020090火星陨石磷辉石和岩浆包裹体的水含量和H同位素的相关性。(图片来源:Hu et al.,2014)

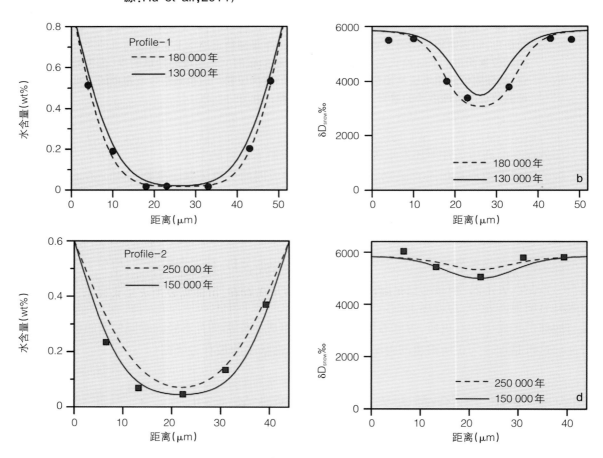

图14.37 GRV 020090火星陨石岩浆包裹体的水含量和H同位素剖面。GRV 020090中的岩浆包裹体具有明显的水含量和H同位素环带,边部富水,核部贫水,表明经历了后期的水化过程。根据H扩散系数计算,液态水持续的时间约0.15Ma。(图片来源:Hu et al., 2014)

果,从而推断火星大气的H同位素组成为6034±72‰,与美国"好奇号"火星探测器对火星土壤水最新的探测结果一致。此外,这些岩浆包裹体的水含量和D/H比值非常不均匀,两者都从中央向外逐渐升高(图14.37),表明这些水是由外部通过扩散进入冷却后的岩浆包裹体。因此,该研究表明这是火星大气水而不是岩浆水,这是首次发现火星存在大气降水的同位素证据。通过对水在这些岩浆包裹体中的扩散模拟,可进一步对液态水存在的最长时间进行估算。结果表明,在0℃的条件下,液态水最长可存在13万—25万年左右,如果温度升高到40℃,则时间缩短至700—1500年。这表明GRV 020090火星陨石的岩浆上侵至火星近表面时,其热量熔化了周围的冻土层,形成了一个区域性的、有限时间的地下热水体系。同时,由于所测得的D/H比值远高于之前报道的结果,表明有更多的水逃离了火星,意味着火星早期曾经有过更深的海洋。对GRV 020090火星陨石中磷灰石进行分析,发现水含量和H同位素呈正相关(图14.36),指示了水在残留岩浆中由于无水矿物的结晶而不断富集,以及岩浆在上升过程中加入了含水火星壳源物质。采用最早结晶的磷灰石的水含量进行估算,得到火星幔的水含量仅约为38—45ppm,与地球的地幔相比具有明显贫水的特征(Hu et al.,2014)。

14.3.4 火星陨石的未来用途

火星是深空探测的热点。人类不懈地探索火星,最主要的动力是期盼发现地球以外的生命,最终将火星改造为人类的第二个栖息地。人类开展了多方面的探索研究,除了代价高昂的深空探测之外,研究火星的另一条有效途径是在实验室对火星陨石进行各种精细的分析测试。到目前为止,收集并确认的火星陨石已达157块。迄今为止,人类还没有开展火星采样返回,火星陨石是人类目前唯一获取的火星岩石样品,是人类可直接在实验室进行分析的宝贵材料。未来收集到足够多的火星陨石,人类将获取有关火星表面各种岩石的类型、年龄、成因的相关信息,进一步了解火星历史。

14.4 未来探寻火星生命的两个方向

跌宕起伏的火星生命探测历程,已展示出令人鼓舞的前景。要最终确证现在火星有生命或火星曾经有生命,需要进一步确认生物成因的有机质存在,可能需要由火星采样返回的样品来发现与证实,或者在火星表面的沉积岩中直接发现火星的古生物化石。

火星是一颗承载人类最多梦想的星球,火星生命探测任重而道远,人类的探索和追求精神将勇往直前。

参考文献

卞毓麟. 1999. 探索地外文明. 南宁:广西教育出版社
付晓辉, 欧阳自远, 邹永廖. 2014. 太阳系生命信息探测. 地学前缘, 21:161—176
胡永云. 2013. 太阳系外行星大气与气候. 大气科学, 37: 451—466
欧阳自远. 2015. 跌宕起伏的火星生命探测. 科学中国人, 2

欧阳自远,刘茜. 2009. 再造一个地球. 北京:北京理工大学出版社

欧阳自远,肖福根. 2011. 火星探测的主要科学问题. 航天器环境工程,28:205—217

袁训来,李军. 1997. 读《寻找火星上的古老生命——火星陨石ALH84001号残存有可能的生命活动痕迹》一文后的思考. 微体古生物学报,14:214,224

中国科学院月球与深空探测总体部. 2014. 月球与深空探测. 广州:广东科技出版社

Awramik S M, Schopf J W, Walter M R. 1983. Filamentous fossil bacteria from the Archean of western Australia. *Precambrian Research*, 20: 357-374

Brack A, Pililinger C T, Sims M R. 2004. The beagle 2 lander and the search for traces of life on mars. *In*: Seckbach J, Chela-Flores J, Owen T, et al (eds). *Life in the Universe.* Berlin:Springer, 227-331

Bradley J P, Harvey R P, McSween H Y, et al. 1997. No 'nanofossils' in Martian meteorite. *Nature*, 390: 454-456

Conrad P G. 2014. Scratching the surface of martian habitability. *Science*, 346: 1288-1289

Formisano V, Atreya S, Encrenaz T, et al. 2004. Detection of Methane in the Atmosphere of Mars. *Science*, 306: 1758-1761

Gibson E K, McKay D S, Wentworth S J, et al. 2001. Life on Mars: Evaluation of the evidence within Martian meteorites ALH84001, Nakhla, and Shergotty, *Precambrian Research*, 106: 15-34

Gilleta P H, Barrat J A, Heulin T, et al. 2000. Bacteria in the Tetahouine meteorite: -imometric-scale life in rocks. *Earth and Planetary Science Letters*, 175: 161-167

Gregory P C. 2011. Bayesian re-analysis of the Gliese 581 exoplanet system. *Monthly Notices of Royal Astronomical Society*, 415: 2523-2545

Grotzinger J P, Milliken R E. 2012. *Sedimentary Geology of Mars*. Tulsa: SEPM

Hu S, Lin Y, Zhang J, et al. 2014. NanoSIMS analyses of apatite and melt inclusions in the GRV 020090 Martian meteorite: Hydrogen isotope evidence for recent past underground hydrothermal activity on Mars. *Geochimica et Cosmochimica Acta*, 140: 321-333

Kerr R A. 1996. Ancient life on Mars? *Science*, 273: 864-866

Lin Y T, A E Goresy, Hu S, et al. 2014. NanoSIMS analysis of organic carbon from the Tissint Martian meteorite: Evidence for the past existence of subsurface organic-bearing fluids on Mars. *Meteoritics & Planetary Science*, 49: 2201-2218

Mckay D S, Gibson Jr E K, Thomas K L, et al. 1996. Search for past life on Mars Possible relic biogenic activity in Martian meteorite ALH84001. *Science*, 273: 924-929

Peplow M. 2005. Martian methane probe in trouble. *Nature*, doi:10.1038/news050905-10

Rennó N O, Bos B J, Catling D, et al. 2009. Possible physical and thermodynamical evidence for liquid water at the Phoenix landing site. *Journal of geophysical research*, 114: E00E03

Schopf J W, Barghoom E S, Maser M D, et al. 1965. Electron microscopy of fossil bacteria two billion years old. *Science*, 149: 1365-1367

Stern J C, Sutter B, Freissinet C, et al. 2015. Evidence for indigenous nitrogen in sedimentary and aeolian deposits from the Curiosity rover investigations at Gale crater, Mars. *Proceedings of the National Academy of Sciences*, 112: 4245-4250

Smith P H, Tamppari L K, Arvidson R E, et al. 2009. H$_2$O at the Phoenix Landing Site. *Science*, 325: 58-61

Udry S, Bonfils X, Delfosse X, et al. 2007. The HARPS search for southern extra-solar planets XI. Super-earths (5 and 8 M) in a 3-planet system. *Astronomy & Astrophysics*, 469: 43-47

Vogt S S, Butler R P, Rivera E J, et al. 2010. The lick-carnegie exoplanet survey: A 3.1 M planet in the habitable zone of the Nearby M3V start Gliese 581, *The Astrophysical Journal*, 723: 954-

965

Webster C R, Mahaffy P R, Atreya S K, et al. 2015. Mars methane detection and variability at Gale crater. *Science*, 347：415–417

Zahnle V. 2015. Play it again, SAM. *Science*, 347：370–371

http://en.wikipedia.org/wiki/Life_on_Mars

http://en.wikipedia.org/wiki/Percival_Lowell

https://www.e-education.psu.edu/astro801/content/l12_p4.html

http://www.nasa.gov/mission_pages/kepler/multimedia/images/planet_distribution.htmlhttp://www.nasa.gov/mission_pages/kepler/news/kepler-discovery.html#.VOMQLdJUGlY

http://www.nature.com/news/2005/050905/full/news050905-10.html

http://www.smithsonianmag.com/science-nature/life-on-mars-78138144/?no-ist

本章作者

王　　琴　中国科学院国家天文台副研究员，测试计量技术及仪器专业，主要从事月球与深空探测的战略研究。

欧阳自远　中国科学院地球化学研究所研究员，中国科学院院士，长期从事各类地外物质、月球科学、比较行星学和天体化学研究。

第 15 章

火星的形成与演化

　　火星的形成是太阳系形成的一部分,经历了太阳星云盘的冷凝(从尘埃和气体形成毫米—厘米大小的集合体)、星子生长(小行星大小)、行星胚胎等过程,最后形成行星。火星的初始物质组成比地球更富挥发分、氧化程度更高。火星基本形成之后,由于放射性衰变能量和行星生长过程中动能和势能转化为热能,其内部温度不断升高并发生熔融,导致金属—硅酸盐分异,形成了金属核与硅酸盐幔。火星轨道周边残留的物质,在引力作用下最后全部加入火星,即后增生阶段。这一过程对于火星幔的铂族等强亲铁元素和挥发成分的含量有重要影响。火星幔可能经历了类似月球岩浆洋的结晶分异,并由于重力不稳定发生翻转(详见15.4节),最终形成现在火星幔—壳的垂向物质分布。

　　火星地貌上由北部低地和南部高地构成的二元结构,或形成于很早期的一次大撞击事件,或源于行星尺度的单个火星幔柱对流。火星早期曾存在全球性偶极子磁场,其强度和持续时间与火星外核的金属—硫化物低共熔体规模、火星核—幔边界的热通量等有关,前者受火星的硫含量影响,后者在岩浆洋结晶晚期的翻转事件中,由于顶部温度较低的物质下沉至核—幔边界而显著提高。

　　火星南部古老岩石所记录的条带状剩磁,暗示其早期或存在板块运动,但很快转变为火星幔柱的上升隆起。位于南北二元结构边界处的萨希斯隆起是太阳系规模最大的火山结构,虽然其表面年龄可小至200Ma,但其开始隆起的时间可能很早,起源于其下一个或多个火星幔柱。萨希斯隆起还对应于海拉斯大撞击盆地,两者之间或存在成因联系。一种假说认为,形成海拉斯撞击盆地的事件引发了萨希斯之下超级火星幔柱的产生。由于没有或很早就停止了板块运动,火星缺少类似地球板块俯冲—地幔柱上升构成的物质循环机制,其火山活动表现为单向的去气过程,造成火星幔不断脱水而变干。

　　火星表面岩石在分布上似乎存在南北差异,即南半球主要为玄武岩质,而北部岩石的光谱特征被解释为安山岩质,但后者可能是由于表面风化所致。需要进一步了解火星表面岩石类型的分布规律,进而判别火星幔的去气脱水与其部分熔融产生的岩浆之间是否存在联系。

　　大量的火星表面形貌探测结果表明,火星表面曾存在河流、湖泊甚至海洋。火星的光谱探测和火星陨石的实验室分析,均发现硫酸盐和碳酸盐等蒸发盐类矿物,以及黏土等含水蚀变矿物,这进一步证明火星上液态水的存在。由于大量水的存在,火星早期的风化作用形成了各种黏土矿物,而蒸发盐类矿物的大量沉淀发生在火星古环境向干旱和寒冷转变的过程中。从30亿年前开始,火星表面就已演化成目前这种干旱和寒冷状态。

一个重要科学问题是,火星上的水哪儿去了?一部分水可能以地下冰川和冻土的形式被保存下来;还有相当一部分水由于火星很早就失去了磁场的保护,受太阳风的剥蚀而逃逸,这也是造成火星的氢同位素极富氘的原因。火星次表层存在的冰川或冻土,在岩浆侵入时可融化形成地下水循环系统,提供了支撑生命存在的必要条件。火星有机质的发现,包括大气中的甲烷、土壤中的有机质,以及火星陨石中的有机大分子等,为发现火星生命提供了令人鼓舞的线索。

15.1 火星的形成与初始物质组成

火星的形成是太阳星云凝聚形成整个太阳系的一个部分。根据现代行星形成理论,类地行星的形成包括4个阶段:(1)星云凝聚阶段,形成了构成球粒陨石中的各种组分,包括富Ca-Al难熔包体、硅酸盐球粒、金属—硫化物集合体等,其大小在微米至毫米范围。这一阶段持续的时间大约2Ma或略长一些,其主要的约束是难熔包体与球粒之间的同位素间隔年龄约为2Ma,星云演化数值模拟给出毫米大小粒子的寿命不到1Ma (Alexander et al.,2001)。这一阶段形成的各种集合体的化学组成特征,很大程度上决定于其形成区域的氧化—还原程度。(2)星子形成阶段,由上述大至毫米的尘粒,向星云盘面沉降,并聚集生长至1—10km的星子。星子的形成很快,仅需数十万年,在这一过程中,星云中的涡流起着重要的作用。(3)行星胚胎形成阶段,包括快速吸积(runaway)和寡

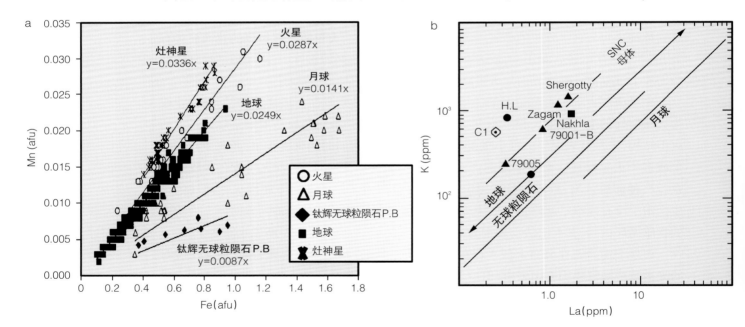

图15.1 火星富挥发分证据。(a)火星和其他星体上玄武岩辉石的Mn-Fe原子含量关系。Mn和Fe在玄武岩浆结晶过程中具有相似的结晶分异行为,但在太阳星云凝聚过程中前者的挥发程度相对较高。火星样品落在斜率较地球和月球大的直线上,反映了其初始物质较富挥发分。(b)火星与其他星体的La-K含量相关性。La与K在岩浆结晶中的行为相同,但K为挥发性元素。火星样品落在代表地球和月球的直线之上,表明前者母体富挥发分。(图片来源:Papike et al.,2003)

头生长(oligarchic growth)前后两过程,由星子相互碰撞聚集,形成几十到近100个月球至火星大小的行星胚胎。(4)行星形成阶段,由行星胚胎之间以及行星胚胎与残存星子之间发生高速碰撞[又称大撞击(giant impact)],最后在10—100Ma期间形成类地行星。在上述行星的形成过程中,物质会在星云盘的径向上发生迁移,产生化学分馏(Chambers, 2004;Righter et al.,2011),从而造成火星与地球和其他类地行星之间的成分差异。

火星与地球等类地行星在物质组成上的差异主要表现在氧化—还原程度,以及挥发分的含量。火星具有一个相对较小的金属核,而硅酸盐中含有更丰富的FeO(Righter et al.,2011),表明在更氧化的条件下,较多的铁以Fe^{2+}形式存在于硅酸盐中。火星幔部分熔融形成的玄武岩,其全岩和矿物的一些元素对比值(相似的相容性,不同的挥发程度,如Mn/Fe 和 K/La,见图15.1)表现为较地球玄武岩更富挥发分(Dreibus et al.,1985, 1987)。水是典型的挥发分,又是最主要的氧化剂,因此,火星富挥发分的组成特征也与其较地球氧化程度更高的特性相一致。

火星的氧同位素较地球略贫 ^{16}O,其$\Delta^{17}O$ 为+0.28‰(Clayton et al.,1996),$\varepsilon^{54}Cr$ 为−0.21(Qin et al.,2010),$\varepsilon^{50}Ti$ 为−0.5。在$\varepsilon^{54}Cr$与$\Delta^{17}O$,$\varepsilon^{54}Cr$与$\varepsilon^{50}Ti$的关系上,火星与地球、月球、灶神星陨石、普通球粒陨石等落在一个相临的区域,完全不同于各类碳质球粒陨石(图15.2)。因此,在同位素组成上,火星的初始物质组成应与碳质球粒陨石无关,但可以由普通球粒陨石、顽辉石球粒陨石、灶神星陨石混合构成。

火星的组成可以划分为硅酸盐和金属核两大部分。硅酸盐部分的组成主要决定于火星形成的位置,以及熔融过程中金属—硅酸盐之间的元素分配。太阳星云凝聚吸积形成各大行星过程中,其化学组成在星云盘径向上的分馏与元素的挥发性(用50%凝聚温

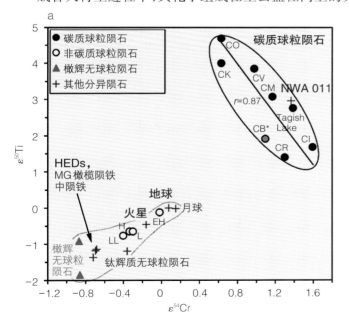
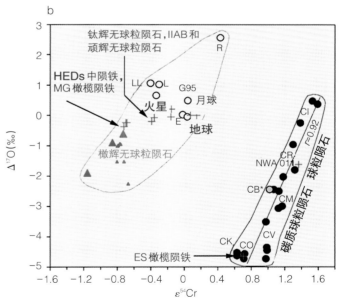

图15.2 火星的同位素组成:Ti-Cr同位素(a)和O-Cr同位素(b)。从同位素组成看,火星与地球、月球、灶神星、非碳质球粒陨石落在一个区,而明显区别于碳质球粒陨石;火星的Ti-Cr-O同位素组成可以由普通球粒陨石和顽辉石陨石混合构成。(图片来源:Warren, 2011)

度定量表示)相关。在 Mg/Si—Al/Si 图中(图 15.3),火星陨石表现出 Mg/Si 比值与 Al/Si 比值之间呈负相关性,反映了岩浆结晶的分异趋势,这与地球玄武岩、科马提岩和橄榄岩构成的趋势线平行。相反,在该图解中,不同化学群球粒陨石的 Mg/Si 比值与 Al/Si 比值表现出近似的正相关性,反映了太阳星云在空间上的分馏趋势。因此,由球粒陨石构成的太阳星云分馏线与火星和地球分馏线的交点,可能分别代表了火星和地球的初始物质组成,并且前者更近似于普通球粒陨石,这与上述 O、Cr、Ti 同位素的制约也是吻合的。

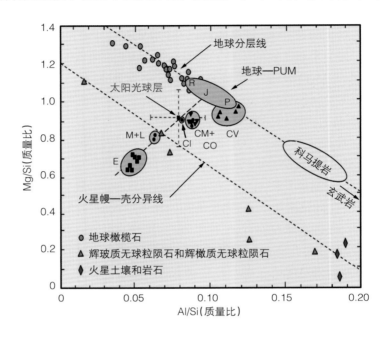

图 15.3 火星陨石、地球岩石以及球粒陨石的 Mg/Si—Al/Si 图。火星陨石落在一条代表火星幔—壳的分异线上,平行于地球分异线。不同化学群球粒陨石的 Mg/Si 比值和 Al/Si 比值呈正相关,反映了太阳星云的化学分馏过程,其趋势线与火星和地球幔—壳分异线的交点,分别代表了两者的初始物质组成。(图片来源:Drake et al.,2002)

15.2 火星的核—幔分异

火星吸积生长的晚期,其内部由于温度升高,发生熔融并分异形成金属核与硅酸盐幔。火星熔融形成核—幔的时间,可以利用灭绝核素 ^{182}Hf(半衰期 9Ma)衰变产生 ^{182}W 来测定。Hf 是典型的亲石元素,而 W 具有一定的亲铁性,在火星核—幔分异过程中,W 主要进入金属核,而 Hf 保留在硅酸盐部分。如果火星核—幔分异很早(如<36Ma,即小于 ^{182}Hf 的 4 个半衰期), ^{182}Hf 尚未完全衰变,则硅酸盐部分由于 ^{182}Hf 衰变产生 ^{182}W,使得 ^{182}W 出现正异常。火星核—幔分异越早,其硅酸盐部分的 ^{182}W 正异常程度越高。因此,根据火星陨石的 ^{182}W 异常程度,以及火星幔的 Hf/W 比值(~4),获得火星核—幔分异距太阳系形成时间起始点的间隔年龄约为 12±5Ma(Kleine et al.,2004b)。作为对比,地球的核—幔分异明显较晚,其间隔年龄>30Ma(Kleine et al.,2004a)。另一方面,月核的形成时间约 30Ma(Kleine et al.,2002)至>60Ma(Touboul et al.,2007)。

火星核—幔分异可能发生在一个较地球远为氧化的条件下。如前所述，火星的金属核所占比例较小，而且硅酸盐具有更高的 FeO 含量。氧化—还原程度对 W 在金属—硅酸盐相之间的分配有明显的影响，随着氧逸度的升高，W 更多存在于硅酸盐中，从而使其 Hf/W 比值降低。火星幔的 Hf/W 比值约为 4，明显低于地球的 Hf/W 比值（~18）（Righter et al.，2003），同样指示了火星在更为氧化条件下的核—幔分异。对于火星幔部分熔融形成的玄武岩质火星陨石 GRV 99027 的全岩化学组成分析表明，W 和 Ga 相对于其他亲石元素没有亏损的特征，也表明由于氧逸度较高，W 和 Ga 很少进入金属核，而主要保留于硅酸盐中（Lin et al.，2008）。

15.3 后增生吸积

火星核—幔分异之后，火星轨道附近还可能残留一些星子等原始物质。在引力作用下，这一部分未分异的物质继续加入火星，即后增生吸积。原始物质的加入，使火星硅酸盐部分，特别是上部圈层的组成发生改变。在火星核—幔分异中，强亲铁元素（包括铂族元素、Re、Au）几乎全部进入火星的金属核，其在硅酸盐相中的含量极低。因此，富含强亲铁元素的原始物质加入，基本决定了火星幔的强亲铁元素组成。对火星陨石强亲铁元素的分析表明，其元素比值与球粒陨石相似，指示了这种未分异的球粒陨石物质的加入（图 15.4）。根据强亲铁元素的丰度估算出后增生加入的球粒陨石物质约占火星幔的 0.5%—1.0%（Jones et al.，2003；Lin et al.，2008；Walker，2009）。根据行星形成的数值模拟计算（Bottke et al.，2010），残留在星云盘中的原始物质最终分别被其附近的地球、月球、火星等行星吸积，质量越大，加入的物质越多。由该模型计算得到的后增生物质的量与相应行星硅酸盐中强亲铁元素的富集程度吻合。

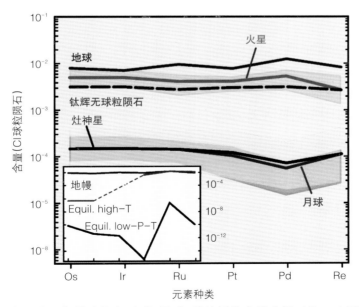

图 15.4 铂族元素在火星幔的含量与地球、月球、灶神星等上的含量对比。火星幔的铂族元素用 CI 群球粒陨石含量标准化之后，呈近似平行的直线，其平均值约为 0.05×CI。地球、月球和灶神星也呈相似的配分模式，但平均值明显不同。（图片来源：Dale et al.，2012）

对地幔橄榄岩的S、Se、Te分析表明,后增生吸积不仅对地幔的强亲铁元素起决定性的影响,也是决定挥发分的关键因素(Wang et al.,2013)。基于S、Se、Te以及强亲铁元素的比值,表明地球后增生吸积所加入的物质更加类似于CM群碳质球粒陨石,它们可能还贡献了地球20%—100%的水和碳。后增生吸积对火星的水和挥发分影响尚无定量的估计,但很可能与地球较为类似。

15.4 岩浆洋结晶与壳—幔分异

月球表面,特别是月球背面,主要分布着由纯钙长石组成的斜长岩质高地。月球正面的月海盆地为暗色的玄武岩所充填,其微量元素组成上表现出明显Eu负异常的稀土配分模式。这些特征可以用月球岩浆洋的结晶分异解释,即现在流行的月球岩浆洋假说。该假说认为月球早期分布一个全球性、深度达数百千米的岩浆洋。橄榄石、辉石首先从岩浆洋中结晶出来,并由于密度较大而下沉至岩浆洋底部。当岩浆洋约80%结晶为固相时,长石开始析出。长石由于密度较小,上浮至表面形成了斜长石月壳。

火星的早期历史很可能也经历了相似的岩浆洋阶段,一个重要的证据是火星陨石均一的O同位素组成(Clayton et al.,1983;Franchi et al.,1999)。不同化学群陨石之间,以及与地球—月球系统之间O同位素组成具有显著的差异,指示了它们形成于不同的O同位素源区(Clayton,2003;Clayton,2007,2008)。火星是一个很大的星体,但不同类型火星陨石的$\Delta^{17}O$在分析误差(0.014‰)内完全相同(Franchi et al.,1999),为此,岩浆洋假说提供了一个有效的均一化机制。与月球相比,火星的岩浆洋至少存在两大差异:(1)在能量上,月球由大撞击后的高温液体和气体构成,而火星岩浆洋的热能可能主要来自放射性同位素衰变能和星子吸积势能。(2)火星表面不存在由斜长岩构成的地块。造成月球、火星、地球等岩浆洋结晶差异的一个重要原因是压力。相对于同一深度的月球岩浆洋,火星和地球具有更高的压力,因此矿物的液相线降低,从而结晶出更多的固相,并构成网络,其结果是岩浆的黏度升高到使较轻的矿物(如长石)无法上浮至岩浆洋表面形成斜长岩(Elkins-Tanton,2012)。

火星岩浆洋的模拟计算表明,岩浆洋早期结晶并堆积在底部的铁镁质硅酸盐具有较高的Mg值,随着岩浆洋的结晶,后期析出的矿物逐渐更富Fe,从而造成下层物质比重小,而上层比重大的重力不稳定,最终导致翻转,使上层物质沉入底部,而原来下层的物质上升至火星幔的上部。翻转事件使火星幔物质产生复杂的混合,并改变了原有的物质分层。另外,底部物质的上升会产生部分熔融,形成的玄武岩岩浆喷出火星表面,构成火星壳的组成部分(Elkins-Tanton et al.,2003;Elkins-Tanton et al.,2005a;Elkins-Tanton et al.,2005b;Elkins-Tanton,2008)。

火星岩浆洋的结晶分异,形成了火星幔和壳,其时间可由$^{146}Sm-^{142}Nd$体系测定,其中,^{146}Sm为灭绝核素(半衰期68Ma),^{142}Nd为衰变子体。火星壳—幔的分异会造成Sm/Nd比值的不同变化,其比值在火星壳中降低,而在火星幔中升高。如果火星壳—幔分异时^{146}Sm尚未完全衰变,则火星壳中将出现^{142}Nd亏损,而火星幔的^{142}Nd表现为过剩,并且火星壳—幔的分异时间越早,则^{142}Nd的亏损或过剩程度越大。基于$^{146}Sm-^{142}Nd$体系,获得

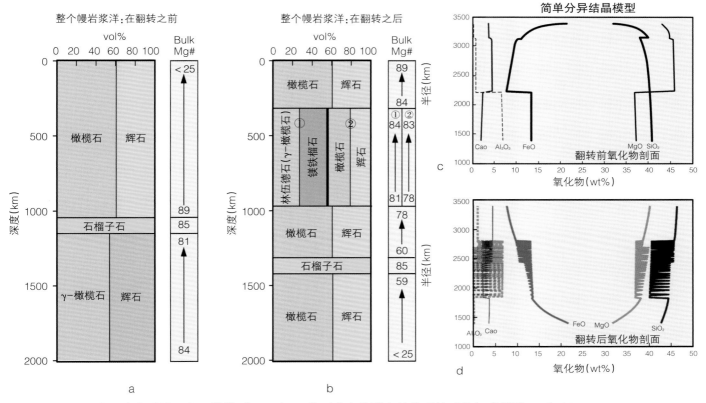

图15.5 火星岩浆洋结晶和翻转模型。(a)与(b)分别为岩浆洋翻转前后的矿物组成模型,(c)与(d)分别为岩浆洋翻转前后的主要化学组成模型。(图片来源:Elkins-Tanton et al.,2003; Elkins-Tanton et al., 2005a)

的火星壳—幔分异时间为距今4516+15—4516-16Ma。斜方辉岩质火星陨石ALH 84001是已知最古老的火星岩石样品,同位素年龄测定给出其结晶年龄为45亿年(Jagoutz et al.,1994),是古老火星壳的物质。近年新发现的唯——块火星表土角砾岩NWA 7034代表了火星壳的样品,其中含有较多的锆石碎屑,离子探针U-Pb同位素分析给出年龄为44亿年(Humayun et al.,2013)。

15.5 火星南北二元结构的起源

火星表面最显著的特征之一,是由北半球低地平原与南半球高地构成的南北二元结构,两者平均高差约4km。在形貌上北部低地平原分布的撞击坑不明显,似乎指示了较为年轻的表面;相反,南半球高地分布大量撞击盆地和撞击坑,表明是火星古老的表面。但是,火星轨道器激光高度计在北半球低地平原探测到大量准圆形凹陷,很可能是被掩埋的撞击坑,表明这一区域实际上也非常古老(Frey et al.,2002)。"火星快车"轨道器所搭载的雷达对火星次表层的结构探测(Watters et al.,2006),以及"火星全球勘测者"的重力探测(Edgar et al.,2008),均揭示火星北半球低地平原大量被埋藏的大型撞击盆地,证实这些低地平原与南半球高地同样古老,表明火星南北二元结构形成于一个很早期的重大事件。火星南北二元结构的成因是火星的关键科学问题之一,其假说大致可划分为撞击说和大规模火星幔对流说。虽然有人提出多次较大撞击共同作用形成了北半球的低地平原(Frey et al.,1988),但主流观点倾向于火星早期一次行星规模的巨大撞击事件(Wilhelms et al.,1984),或直接撞击北极并挖掘出北半球盆地(Andrews-Hanna et al.,2008;Marinova et al.,2008;Nimmo et al.,2008),或撞击南极形成南半球岩浆洋并固化(Leone et al.,2014)。基于重力观测,扣除了萨希斯隆起影响之后,古老火星壳在北半球低地与南半球高地之间的边界处呈现椭圆形(Andrews-Hanna et al.,2008)。行星尺度的3D撞击模拟表明,30°—60°倾斜撞击可以形成长半轴与短半轴之比为约1.25的椭圆(Marinova et al.,2008)。该巨大的撞击作用,使北半球原火星壳基本被挖掘,取而代之的是由撞击熔融火星幔形成的薄壳(Nimmo et al.,2008)。解释火星南北二元结构的另一主流假说是行星尺度的火星幔对流假说(Harder et al.,1996;Roberts et al.,2006),并常将其与萨希斯隆起的形成联系在一起。超级火星幔柱的迁移可造成火星壳厚度的变化,而萨希斯隆起代表了该火星幔柱的最终位置(Roberts et al.,2006,2007;Zhong,2009;Šrámek et al.,2012)。此外,萨希斯隆起的位置与半球另一端海拉斯撞击盆地在空间上呈对应关系,两者可能相关。一种可能是,形成海拉斯盆地的强烈撞击事件,同时触发了火星幔的热异常,导致萨希斯隆起形成。

由于火星南北二元构造形成于火星很早的阶段,其形态等受到后期的火山活动和小行星撞击改造,因此基于重力和地震等地球物理探测,恢复火星深部构造是最终揭示其成因的关键。行星尺度的大撞击,应该造成区域性的、显著的岩石地球化学差异。因此,其关键是如何去除后期风化作用的改造,恢复基岩的原始岩石地球化学特征。南北半球的显著高差,也从重力补偿的要求上对火星壳的物质组成差异(比重)提出制约。此外,无论是大撞击还是火星幔的对流,都对火星的热演化历史、火山活动等产生显著的影响,这些特征也提供了重要的验证依据。

15.6 发电机与磁场

现代火星可能跟地球一样,具有一个液态的外核和一个固态的内核,但是其发电机很早就停止工作(Stevenson,2001)。太阳潮汐引起的变形计算表明,火星外核、甚至整个火星核都是液态的(Yoder et al.,2003);高温高压实验也支持火星具有一个完全液态的核,但它不太可能像地球一样,形成一个向外结晶的内核,而是由外核析出的金属+硫化物晶体沉降到内核,或硫化物在内核结晶(Stewart et al.,2007)。火星早期存在一个类似地球的全球性偶极子磁场,但其发电机可能只在45亿—39亿年间工作。火星表面岩石的剩磁在强度上有很大的变化(10^{-9}—10^{-4}T,地球为$5×10^{-5}$T),总体上,南半球表现出很强的剩磁特征,而北半球的剩磁信号很弱,这也与其地形地貌的南北二元结构对应(Acuña et al.,1999)。但是,火星南半球的大撞击坑,如海拉斯和阿吉尔,未探测到剩磁信号(Acuña et al.,1999)。此外,火星南半球的剩磁信号有条带状的分布特征(Connerney et al.,1999)。

火星磁场发电机的停止,可能是由于火星内部热传导模式改变,从一个有效的模式(如板块运动引起的热对流)变为目前观察到的、停滞的盖片模式(以热扩散为主),从而使火星幔、核的冷却显著减缓,导致火星核对流停滞和发电机关闭(Nimmo et al.,2000)。火星南部高地岩石剩磁的条带状特征表明,火星早期可能经历了板块运动(Connerney et al.,2005)。另一种能显著改变火星热流,从而影响其发电机工作的机制是火星岩浆洋结晶后的翻转。同月球类似,火星早期可能存在全球性的岩浆洋,其分异结晶的结果也造成了火星幔的重力失稳,导致上部温度较低、密度较大的物质下沉,从而在核—幔边界造成大的温度梯度和高的热流,驱动火星核部发电机产生很强的磁场。当翻转结束后,火星核—幔温度梯度趋于消失,其发电机很快停止工作。根据火星幔翻转模型,火星全球性偶极子磁场可一直持续到翻转事件之后约150Ma(图15.6)。

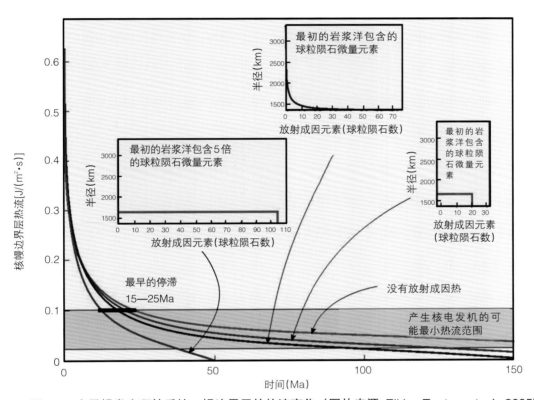

图15.6 火星幔发生翻转后核—幔边界层的热流变化。(图片来源:Elkins-Tanton et al.,2005b)

除了解释火星古磁场的时间演化特征之外,相关的假说还需要解释火星剩磁南北二元分布的特征。火星北半球低剩磁的特征,或不能用形成北部盆地的大撞击消磁作用来解释,因为南北半球的表面年龄没有显著的差异。另一种可能的机制是火星幔的大尺度对流,其优势在于能够较好地解释火星地形地貌与岩石剩磁等在空间分布上的重合。数值计算表明,形成火星南北二元结构的半球对流模型(degree-1),可以产生一个南北不均一分布的磁场(Stanley et al.,2008)。此外,南北剩磁强度分布的差异可能是由热液变质作用造成,该假说认为火星南北半球岩石剩磁强度的变化,实际上只是由于岩石中磁铁矿等物质的含量不同造成。在火星初期,含有大量CO_2的水溶蚀了火星壳的火成岩,并沉淀出富铁碳酸盐。在南半球高地,这种富铁的碳酸盐在变质作用过程中发生热分解,形成大量磁铁矿;在北部低地,由于高的水—岩比值,制约了富铁碳酸盐的形成或分解,或即使形成磁铁矿,也不能得以保存(Scott et al.,2004)。还有一种蛇纹石化假说(Quesnel et al.,2008),认为火星具有一个均一、基性的原始火星壳,由于火星南半球超级火星幔柱的加热,产生部分熔融和脱水,导致南半球岩石圈发生蛇纹石化。蛇纹石化的结果使岩石圈的密度降低,基于重力补偿,呈现南部高地与北部低地平原的形貌差异,而形成的磁铁矿,使南部具有强的剩磁。火星壳中橄榄石和辉石与水发生反应,形成蛇纹石、磁铁矿和H_2。模型计算表明,消耗覆盖火星表面500m深的水体,所产生的富磁铁矿壳层的厚度可以解释"火星全球勘测者"所探测到的岩石剩磁强度(Chassefière et al.,2013)。同时,所产生的H_2的一部分(而不是水)发生逃逸导致火星氢同位素极高的D/H比值,另一部分与C反应形成CH_4,并释放到火星大气中(Chassefiere et al.,2011;Blamey et al.,2015)。

如果火星地形地貌的二元结构是大撞击成因,则解释火星磁场的各种假说需要考虑大撞击事件的影响。模拟计算表明,由金属核—硅酸盐幔构成的天体撞击火星北极,可以使撞击体的金属核下沉融入火星核部,对火星核的加热使其热结构产生很大的改变,从而显著影响了火星发电机的工作(Monteux et al.,2014)。蛇纹石化假说需要验证火星南北半球蛇纹石化差异的存在、伴随蛇纹石化的南半球火星壳富水而火星幔脱水的特征,以及证明火星的氢同位素分馏机制是H_2而不是H_2O逃逸等。

15.7 火星壳的岩石学模型

根据火星表面的形貌和重力数据、火星壳—幔的平均比重等,估算火星壳的平均厚度为45—50km;根据火星陨石REE和Nd同位素的分析结果,基于模型的质量平衡,估算出火星壳平均厚度≤45km(Norman,1999)。与火星南北二元结构对应,火星壳的厚度也具有明显的南北差异。根据质量平衡,北半球的平均厚度约35km,而南半球的平均厚度约为60km(Zuber,2001)。需要指出的是,迄今为止人类尚未对火星的内部结构开展任何地震探测。

同地球和月球相比,对火星壳的地球化学区域划分十分不清晰,主要基于热辐射光谱和γ射线谱提出了一些区域的划分方案(Rogers et al.,2015)。与火星地形地貌的南北二元结构相对应,火星壳的物质组成在侧向空间(即经度)上也表现出显著的变化。"火星全球勘测者"的热辐射光谱数据将火星表面的岩石大致分为两大类,即北部的安山岩和南部的玄武岩(Bandfield et al.,2000)。但是,如此巨量安山岩的分布,难以用火星的地质演化解释。另一种解释是,火星北半球低地平原可能是受到低温水蚀变的玄武岩,并不是安山岩(Wyatt et al.,2002)。火星全球γ射线谱的探测,获得了Cl、Fe、H、K、S、Th等元素的空间分布及其相关性,其中K和Th相关且明显富集于北部典型区域,而Si并没有增高,说明北半球岩石更可能是形成于一个组成不同的火星幔,而不是由于玄武岩的水蚀变结果(Karunatillake et al.,2006)。虽然对火星全球表面探测数据存在不同的解译,但已获得的共识是,火星表面很少或没有类似地球板块俯冲环境下部分熔融/分异结晶形成的硅质和钙碱质岩石,也很少有分异的硅酸盐出露(McSween et al.,2009)。热辐射光谱仪对火星壳的物质组成的探测结果,落在更富SiO_2的区域,区别于γ射线谱仪、就位探测,以及火星陨石的范围(图8.12a、图8.13b)。

火星陨石是目前唯一能获得的火星样品,是小行星撞击火星表面挖掘并抛射出来的基岩。一方面,它们基本上不受火星表面风化作用的改造;另一方面,它们的形成年龄分布与火星表面年龄有很明显的不一致性,因此其对火星壳物质组成的代表性受到质疑。仅有两块火星陨石具有最古老的形成年龄,即著名的斜方辉岩质火星陨石 ALH 84001(~45亿年)和火星表土角砾岩 NWA 7034(~44亿年)。全部纯橄质和辉橄质火星陨石具有相同的~13亿年的形成年龄。绝大部分火星陨石为玄武岩质,它们具有非常年轻的年龄,分布在~6亿—1.8亿年区间。这些年轻的玄武岩质火星陨石形成于一个"干"的火星幔的部分熔融,这与火星幔长期脱水变干一致。

火星壳的物质组成存在明显的垂向分层特征,从深部往表面方向,不相容元素更加富集,氧逸度升高(图15.7)。事实上,玄武岩质火星陨石基于稀土的含量和配分模式,可以划分出3个化学类型,即富集型、亏损型和中间型(Shearer et al., 2008)。玄武岩质火星陨石的氧逸度与轻/重稀土比值(La/Lu)(Warren et al., 2005)、ε^{143}Nd 初始值(Herd et al., 2002)、普通辉石 D_{Eu}/D_{Gd} 比值(Wadhwa, 2001)等均表现出很好的相关性,或解释为玄武岩浆上侵过程中受到氧化的火星壳混染,或反映火星幔源区的不均一性(Herd et al., 2002)。对我国在南极洲格罗夫山收集到的 GRV 020090 二辉橄榄岩质火星陨石深入的岩石矿物学研究表明,该陨石经历了两个阶段的形成历史(Lin et al., 2013):(1)亏损火星幔的部分熔融形成原始岩浆。其主要依据是最早结晶形成的低钙辉石斑晶核部及其包裹的橄榄石客晶,具有低的 REE 含量和 LREE 贫化特征。(2)该岩浆上侵过程中,受到火星壳物质的混染,表现出强的 LREE 和不相容元素的富集。对该陨石磷灰石水含量和氢同位素组成的分析,也显示了由于火星壳物质的加入,使从混染的岩浆中结晶出的磷灰石 D/H 比值不断升高(Hu et al., 2014),进一步证实了其二阶段史。

解译火星全球表面探测数据,需要特别注意后期风化物覆盖层的影响,特别是由于火星巨大规模的尘暴对火星表面物质搬运所产生的改变。火星北半球的撞击坑形态清楚表明,其低地平原被一层厚厚的沉积物覆盖,根据最大撞击坑形态,可估计其厚度为~8.5km(海拉斯与乌托邦的深度差)。有关南北半球光谱数据的不同解译,或代表了

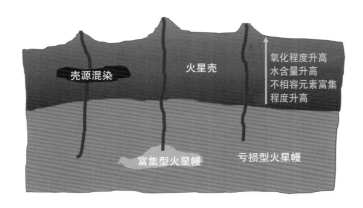

图15.7 火星壳的垂向分布模型。火星壳从底部到表面,其不相容元素富集程度、氧化程度、水含量等不断升高。火星幔部分熔融形成玄武岩浆并上升喷发至表面,存在几种可能的情况。

ゔ

玄武岩与安山岩的差异,或反映了风化作用的不同,还需要更多的探测数据进行佐证。例如,如果探测到高 Si 火山玻璃,则支持安山岩,如果发现水—岩相互作用产生的非晶 SiO_2 覆盖(Wyatt et al.,2002),则说明是低温水蚀变的结果。"勇气号"对古谢夫撞击坑中的岩石分析表明,存在这样的非晶 SiO_2 覆盖(与碾磨出的新鲜表面相比)。

15.8 火星幔的地球化学模型

与地球相比,火星的硅酸盐部分在化学组成上具有高 FeO(17.9 vs 7.8)、低 MgO(30.2 vs 38.3)、Al_2O_3(3.0 vs 4.0)和 CaO(2.4 vs 3.5)的特征。基于火星特定的化学组成,通过高温高压实验,科学家建立了火星内部的矿物组成模型(图15.8)。根据模型,上火星幔(50—1100km)由橄榄石—辉石—石榴子石构成,下火星幔(1100—1850km)由尖晶石—镁铁榴石(majorite)构成,在更深处为方镁铁矿—钙钛矿薄层(1850—2000km)。如前所述,火星可能经历了岩浆洋分异结晶,以及随后由于重力不稳定出现的翻转,从而在很大程度上决定了火星幔的矿物组成和化学组成的深度变化(图15.5)。

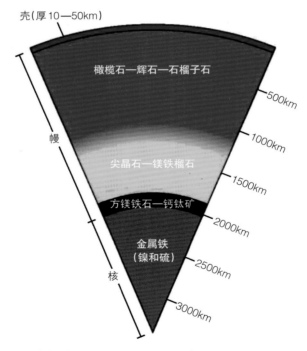

图15.8 火星内部的矿物组成模型。(图片来源:Bertka et al.,1997)

玄武岩质火星陨石由火星幔部分熔融形成,因此携带火星幔源区的物质组成信息。如前所述,玄武岩质火星陨石具有富集型、亏损型和中间型3个化学群。问题是,它们是反映了火星幔的不均一性,还是岩浆上侵过程中受到壳源物质的混染所致? 火星幔是否也与地幔类似,存在富集和亏损等不同端元区域? 基于 La/Lu 比值和 $^{87}Sr/^{86}Sr$ 比值的混合模型计算,可以将 LREE 含量与 $\log_{10}fO_2$ 相关性归结为火星幔的不均一性,而不是壳源物质的混染结果(Bridges et al.,2006)。但是,由于火星缺少板块运动,如何形成一个富集型火星幔并不清楚。另一个解释是,富集型玄武岩质火星陨石形成于幔源岩浆受到壳源物质的混染(Jones,2003;Lin et al.,2013)。"勇气号"对着陆区古谢夫撞击坑的玄武岩穆斯堡尔谱仪的fO$_2$测量结果,其原始氧逸度为-3.6—$+0.5$(ΔQFM),并与LREE富集程度(用K$_2$O/TiO$_2$表示)相关,反映了不同氧逸度和REE特征源区的岩浆或流体的混合(Schmidt et al.,2013)。火星深部低的氧逸度表明,火星的构造运动缺乏循环,未能将氧化的表面物质带入火星深部。纯橄质和辉橄质火星陨石,也被解释为原始贫LREE岩浆堆结晶之后,加入了外来的富Cl、富LREE的流体(McCubbin et al.,2013)。相对于亏损上火星幔(MORB),辉橄质火星陨石的幔源区约亏损1倍,而玄武岩质火星陨石的幔源区亏损可达5倍。前者放射性元素产生的热可能仅够全火星幔的对流和玄武岩浆的产生,而后者则远不足在2亿年前还形成岩浆。由此,Jones et al.(2003)提出一种火星的内部结构模型,认为辉橄质火星陨石的源区位于下火星幔,而玄武岩质火星陨石的源区位于上火星幔。

挥发分包括水(广义的H)、Cl、F、S、CO$_2$等,其含量对于岩石的强度和熔点,以及流体的黏滞系数等有很大影响,进而制约了火星岩石圈的动力学演化、部分熔融和结晶等。同时,挥发分随着岩浆的去气作用,在很大程度上决定了火星大气圈的组成和演化。火星幔的水含量存在"干"与"湿"之争。常用的方法是分析磷灰石的水含量,然后根据水在磷灰石与岩浆之间的分配系数,计算出岩浆的水含量,最后基于火星幔的部分熔融模型,估算出其水的含量。相同火星陨石中磷灰石的水含量变化实际较大,反映了岩浆分异结晶过程中水的富集,以及火星壳源物质的加入。同时,磷灰石的水含量还取决于岩浆中H/Cl+F相对比值。这些因素造成了由磷灰石水含量估算火星幔水含量出现显著的差异。利用D/H比值可以识别火星壳源物质的加入,基于磷灰石水含量与D/H比值变化趋势,Hu et al.(2014)给出约2亿年前GRV 020090火星幔源区的水含量仅约为38—75ppm。如果火星的初始物质具有地球相似的水和挥发分含量,则火星很可能由于单向的去气脱水而不断变"干"。

火星幔的卤素以富Cl为特征,显著区别于月幔物质的富F特性。月海玄武岩的磷灰石以富F为特点(Boyce et al.,2014),而玄武岩质火星陨石主要落在富Cl端元。"勇气号"火星车在古谢夫撞击坑发现一块含有大量气泡的玄武岩,其挥发性组分主要为Cl(McSween,2009)。伴随玄武岩喷发所发生的以Cl组分为主的去气作用,很可能是决定火星表面化学风化作用的主要因素之一,也是火星表面广泛发现高氯酸盐和氯化物的主要原因。

15.9 早期岩石圈演化

火星的地质史基于一些大型事件被划分为几个纪(Carr et al.,2010)。海拉斯撞击盆地形成于约41亿年前,是诺亚纪(距今4.6—3.7Ga)的上界。这一时期的主要特征是高撞击率、高侵蚀速率以及峡谷网络的形成。这一时期还形成了萨希斯隆起的主体,以及广泛分布的层状硅酸盐等水蚀变产物。西方纪(距今3.7—3.1Ga)火山活动逐渐减弱,形成峡谷和冲刷渠道,以及硫酸盐等沉淀。亚马孙纪(距今3.1Ga至现在)以冰川及相关的活动为主。对诺亚纪早期所知甚少,主要包括全球性偶极子磁场的形成、形成大盆地的撞击事件,以及可能包括二元结构的形成。除了条带状剩磁的分布外,基本上没有更多的证据表明火星早期有过板块运动。板块运动可有效提高火星表面的热通量,从而影响了火星核的对流,进而决定了火星磁场(Nimmo et al.,2000)。

利用撞击坑定年技术,估计不同区域火山喷出物和火山口的年龄,从而获得了火星的火山活动信息(Werner,2011)。萨希斯隆起的火山活动几乎一直没有停止,从早至41亿年前开始一直持续到2亿年前左右;南半球高地的火山活动约在30亿年前基本停止,但少数小规模火山活动甚至可持续至2Ma(Neukum et al.,2004)。对于火星陨石的同位素定年,获得斜方辉岩45亿年、表土角砾岩锆石44亿年以及纯橄岩和辉橄岩13亿年的年龄分布。火星陨石占绝大多数的玄武岩类型,它们的喷发年龄分布在575Ma、474Ma、332Ma和180Ma。有关火星岩浆活动的演化历史还需要更多的探测,特别是未来火星岩石原位年龄的同位素测定和对火星岩石的返回样品的探测。

15.10 火星表生环境的演化

火星的表生环境是在岩浆去气、小行星撞击以及太阳风和太阳辐射共同作用下不断演化的(图9.1)(Jakosky et al.,2001)。由于火星早期很可能存在液态水,具备孕育生命的基本条件,因此火星表生环境一直是火星探测的热点。火星环境的演化至少可依据表面水的存在与否划分为两大阶段:前一阶段液态水发挥关键作用,而在后一阶段火星表面为寒冷干旱条件,以物理风化为主导,但局部地区由于地下冰川受上侵岩浆融化可形成地下水系统。最近基于红外光谱分析,从火星一些撞击坑壁上的季节性斜坡条纹中识别出水合盐类,从而证明这些季节性条纹是盐水冲刷形成,火星上现今仍可存在液态的水活动(Ojha et al.,2015)。

火星全球广泛分布的黏土矿物指示了37亿年前(诺亚纪)水—岩相互作用的环境及其演变历史。这是火星表面可能存在过的最温暖和湿润的短暂时期,形成的黏土矿物包括各种铁—镁质层状硅酸盐、绿泥石,以及较少见的蛇纹石、依丁石、水化二氧化硅等。黏土矿物主要分布在火星古老的高地区域(Poulet et al.,2005;Bibring et al.,2006;Bishop et al.,2008;Mustard et al.,2008)。北部低地平原仅在大撞击坑发现有黏土矿物(Carter et al.,2010),可能是由于这些低洼区域被后期的风成沉积物所充填掩埋。黏土矿物的产状可划分成三大类型,即火星壳型、沉积型和地层型(Ehlmann et al.,2011)。火星壳型主要由铁镁质蒙脱石和绿泥石组成,形成于地下热液循环,主要发现于撞击坑的壁、抛射物或中央峰,但撞击事件与热液系统的形成关系并不清楚。沉积型黏土发现于一些推测的古湖泊和河流沉淀盆地,由黏土和蒸发盐组成,其中黏土可能来自流域,而蒸发盐为原地产出。该类型黏土矿物的组成在不同河流系统中变化大,但未发现含水的其他硅酸盐。地层型黏土在地形上位于高地,由不同含黏土岩石相接触构成剖面,可形成于原地风化、风成堆积。通常铝黏土层覆盖在铁镁质黏土之上。

火星表面黏土的形成与火山喷发产生的CO_2、Cl和S等挥发性组分、水/岩比值、酸度、作用时间、体系的开放或封闭性质等因素密切相关。当大气中CO_2的分压大于

500Pa时,可产生碳酸盐与铁镁质黏土矿物的共生(Chevrier et al.,2007)。当水的供给充足时,风化作用表现出开放体系的性质,金属阳离子被淋滤出来,留下富铝黏土层,阳离子被搬运到盆地,与从大气中溶解出的阴离子反应形成盐类,通过蒸发形成碳酸盐、硫酸盐、氯化物和高氯酸盐。因此,火星化学风化的演化序列随时间变化,最早的风化以形成层状硅酸盐为特征。进一步形成以富Al黏土矿物和二氧化硅为主的风化。最后形成碳酸盐、硫酸盐和各种蒸发盐类的沉淀。例如,水手大峡谷区域的风化特征为,底部为可能形成于玄武岩水蚀变的Fe/Mg层状硅酸盐(蒙脱石),上部是由于更强烈水蚀变淋滤Fe、Mg后形成的富含水化SiO_2、蒙脱石、高岭土的岩层(Bishop et al.,2008)。

火星表面蒸发盐类的分布明显少于黏土矿物。硫酸盐发现于较晚形成的围绕水手大峡谷的地质单元(Gendrin et al.,2005)。氯化物发现于南部高地的低反射区域,出现在晚诺亚世地体的中部,少量在早西方世地体,其出现和分布表明,在火星历史早期存在近表面水,并广泛分布(Osterloo et al.,2008)。碳酸盐的分布明显少于预期。火星早期大气富CO_2并存在水体,通过对火成岩的侵蚀,预期产生碳酸盐的沉淀。但是火星轨道探测或未发现碳酸盐,或所发现的碳酸盐分布很有限。仅"火星勘测轨道器"近红外光谱仪在尼利槽沟区域发现可能存在镁质碳酸盐(Ehlmann et al.,2008),"凤凰号"在着陆区发现高氯酸盐、氯化物、镁质碳酸盐和硫酸盐等可溶性盐类(Hecht et al.,2009),以及钙质碳酸盐(Boynton et al.,2009)。另外,小行星撞击也有揭露出深部的碳酸盐(Michalski et al.,2010)。火星大气成分主要为CO_2,南北二极存在大量干冰,表明火星或未发生大规模的碳酸盐沉淀。很显然,火星与地球的CO_2演化具有很大的差异,火星只有大陆风化作用一种机制将CO_2从大气中移出,而地球还具有生物圈和洋中脊扩张这两种极有效的固定CO_2机制。另一方面,热力学计算表明,由于火星表面温度的降低,CO_2在水中的溶解度提高,阻止碳酸盐在火星表面沉淀,仅在次表层,酸性流体通过与玄武岩反应而被中和,可以形成碳酸盐(Fernández-Remolar et al.,2011)。

在火星的表生环境演化中,水起着最为关键的作用。与水直接相关的科学问题包括:火星早期存在多少水量? 火星表面水不断减少最后消失,这些水哪儿去了? 火星表面水的酸碱度和化学组成如何演化? 火星表面水如何与大气相互作用,并通过电离层逃离火星? 火星地下冻土和冰川的水量如何估计? 火星地下水系统如何形成及特征是什么? 全球中子分布的探测,提供了现存H的总量和分布估计(Feldman et al.,2002),并且可能以水冰的形成存在于次表层(Mitrofanov et al.,2002)。γ射线谱也证实存在富H的区域(Boynton et al.,2002)。黏土是水—岩相互反应的产物,因此可以根据黏土的量,估算火星曾经有过的水量。但是,由于后期风化堆积物的覆盖,直接探测黏土的量存在困难,而探测未被蚀变的岩石分布,可间接反映水蚀变的强度及相关的水量。此外,雷达探测可以获得火星地下冰川的分布和厚度。测量火星大气降水的H同位素组成,则提供了一个可能最有效和准确的水量的估算方法。火星全球性偶极子磁场很早就消失,因此失去磁场保护的火星大气长期受到太阳风的剥蚀,造成水不断丢失。由于H的逃逸速度大于D的逃逸速度,其结果是火星表面水的D/H比值不断升高。因此,基于H同位素的瑞利分馏模型,根据测定的火星大气降水的H同位素组成,即可获得初始的水量。长期以来,火星的D/H比值被估计为地球的6±3倍(基于地基望远镜光谱分析)(Owen et al.,1988)

或5.4倍(基于火星陨石H同位素分析)(Watson et al.,1994)。而通过对南极洲格罗夫山GRV 020090火星陨石中熔融包裹体H同位素的分析,获得了2亿年前火星地下水的更为准确的δD值为6034±72‰(或为地球D/H比值的7倍)(Hu et al.,2014)。"好奇号"对着陆区年龄超过30亿年泥岩的阶段加热H同位素分析,得到δD值为3870‰—7010‰(Leshin et al.,2013),可能代表了早期与现代火星H同位素的两个端元。而其于地基望远镜光谱的最新探测,获得的火星大气D/H比值约为地球的8倍,对应于火星初始水的全球分布不少于137m(Villanueva et al.,2015)。由于30多亿年以来火星表面一直处于寒冷干旱的状况,现代火星大气中的H含量很低且主要来源于南北二极季节性的变化,其D/H比值与火星地下冰川之间缺少同位素交换。因此,采用火星陨石H同位素分析得到的火星地下水的δD值(6034‰)估算火星初始的水量更为合理。

"好奇号"在着陆区——盖尔撞击坑的黄刀湾的就位探测,发现了代表河床沉积的砾石、砂岩和交错层理,代表河流三角洲的砂岩和斜坡堆积,以及代表湖相沉积的纹层泥岩,表明该撞击坑在约30亿—33亿年前存在湖泊(Grotzinger et al.,2015)。该湖泊存在时间可长达几万至几十万年,并具有中性pH、低盐度和不同的氧逸条件,可以支撑生命的存在(Grotzinger et al.,2014)。可以预期,火星北半球的低地平原很大可能也曾被海洋或湖泊所覆盖。萨希斯隆起不仅通过巨大规模的火山活动释放出大量的水和CO_2,造成一个气候变暖时期,其对岩石圈的变形作用还决定了峡谷网络的分布和走向,形成一些河流冲刷地貌(Baker,2001;Phillips et al.,2001;Solomon et al.,2005)。更年轻的火山活动,通过熔化地下冰川和冻土,可以形成局部的地下水循环系统,并可持续长达25万年之久(Hu et al.,2014)。此外,小行星撞击冻土层,也可产生短暂的温湿条件,形成地下水系统,并驱动热液活动(Abramov et al.,2005;Schwenzer et al.,2012;Kite et al.,2014)。

有机质在火星的挥发分中所占比例虽然很低,但它不仅是探索火星生命的关键一环,也对火星环境有很重要的指示作用。火星的有机质存在几种来源:(1)碳质球粒陨石和彗星等撞击火星表面而加入的外源有机质;(2)水热反应合成的有机质;(3)生命活动相关的有机质;(4)火星陨石中地球有机质的污染和火星车带上的地球有机质等。对于地球有机质的污染,一方面可以采取措施(如刚降落的火星陨石样品,火星探测工程中作为重要技术指标)加以避免或将其降低到最低程度,另一方面可利用高的D/H比值、极低的^{14}C等同位素特征加以监测。同时,揭示不同来源有机质的同位素组成特征,以及火星主要碳源的C同位素组成,对于研究火星有机质的形成和演化,以及对火星表生环境的指示将起关键的作用。

火星是整个太阳系的有机组成部分,因此需要从太阳系形成的层面来研究火星形成的具体细节。太阳系的形成还确定了火星的初始物质组成、大小和状态,而这决定了火星演化的主要框架,以及与地球等类地行星的主要差异。另一方面,太阳系早期的一些事件,如行星形成之后的小行星撞击等,无疑对火星的演化路径产生影响。火星的演化还需考虑类地行星演化的一些共性过程,如金属核—硅酸盐幔的分异、岩浆洋分异结晶和翻转等。火星通过岩浆活动的去气作用,释放出水、CO_2 和其他挥发分,形成早期的海洋和大气。由于缺少板块运动,火星岩石圈与深部难以产生物质循环,火星幔很可能表现为单向的去气作用而不断脱水变干。另一方面,火星由于失去磁场保护,火星大气一直受到太阳风的强烈剥蚀作用,造成包括水在内大量挥发分丢失。液态水仅在早期较短的时期内出现在火星表面,随后主要通过上侵岩浆融化地下冰川和冻土,形成区域分布的地下水循环系统。火星的形成和演化提供了认识地球的一个最好的参照体系。

参考文献

Abramov O, Kring D A. 2005. Impact-induced hydrothermal activity on early Mars. *Journal of Geophysical Research: Planet*. 110: E12S09

Acuña M H, Connerney J E P, Ness N F, et al. 1999. Global distribution of crustal magnetization discovered by the Mars Global Surveyor MAG/ER experiment. *Science*, 284: 790

Alexander C M O D, Boss A P, Carlson R W. 2001. The early evolution of the inner solar system: A meteoritic perspective. *Science*, 293: 64-68

Andrews-Hanna J C, Zuber M T, Banerdt W B. 2008. The Borealis basin and the origin of the martian crustal dichotomy. *Nature*, 453: 1212-1215

Baker V R. 2001. Water and the martian landscape. *Nature*, 412: 228-236

Bandfield J L, Hamilton V E, Christensen P R. 2000. A global view of martian surface compositions from MGS-TES. *Science*, 287: 1626-1630

Bertka C M, Fei Y. 1997. Mineralogy of the Martian interior up to core-mantle boundary pressures. *Journal Geophysical Research*, 102: 5251-5264

Bibring J P, Langevin Y, Mustard J F, et al. 2006. Global mineralogical and aqueous Mars history derived from OMEGA/Mars Express data. *Science*, 312: 400-404

Bishop J L, Dobrea E Z N, McKeown N K, et al. 2008. Phyllosilicate diversity and past aqueous activity revealed at Mawrth Vallis, Mars. *Science*, 321: 830-833

Blamey N J F, Parnell J, McMahon S, et al. 2015. Evidence for methane in Martian meteorites. *Nature Communications*, 6: 7399

Bottke W F, Walker R J, Day J M D, et al. 2010. Stochastic late accretion to Earth, the Moon, and Mars. *Science*, 330: 1527-1530

Boyce J W, Tomlinson S M, McCubbin F M, et al. 2014. The lunar apatite paradox. *Science*, 344: 400-402

Boynton W V, Ming D W, Kounaves S P, et al. 2009. Evidence for calcium carbonate at the Mars Phoenix landing site. *Science*, 325: 61-64

Boynton W V, Feldman W C, Squyres S W, et al. 2002. Distribution of hydrogen in the near surface of Mars: Evidence for subsurface ice deposits. *Science*, 297: 81-85

Bridges J C, Warren P H. 2006. The SNC meteorites: Basaltic igneous processes on Mars. *Journal of the Geological Society*, 163: 229-251

Carr M H, Head J W. 2010. Geologic history of Mars. *Earth and Planetary Science Letters*, 294: 185-203

Carter J, Poulet F, Bibring J P, et al. 2010. Detection of hydrated silicates in crustal outcrops in the northern plains of Mars. *Science*, 328: 1682-1686

Chambers J E. 2004. Planetary accretion in the inner Solar System. *Earth and Planetary Science*

Letters, 223: 241−252

Chassefière E, Langlais B, Quesnel Y, et al. 2013. The fate of early Mars' lost water: The role of serpentinization. *Journal of Geophysical Research: Planets*, 118: 1123−1134

Chassefière E, Leblanc F. 2011. Constraining methane release due to serpentinization by the observed D/H ratio on Mars. *Earth and Planetary Science Letters*, 310: 262−271

Chevrier V, Poulet F, Bibring J P. 2007. Early geochemical environment of Mars as determined from thermodynamics of phyllosilicates. *Nature*, 448: 60−63

Clayton R N. 2003. Oxygen Isotopes in the Solar System. *Space Science Reviews*, 106:19−32

Clayton R N. 2007. Isotopes: From Earth to the Solar System. *Annual Review of Earth and Planetary Sciences*, 35:1−19

Clayton R N. 2008. Oxygen isotopes in the Early Solar System—A historical perspective. *Reviews in Mineralogy and Geochemistry*, 68: 5−14

Clayton R N, Mayeda T K. 1983. Oxygen isotopes in eucrites, shergottites, nakhlites, and chassignites. *Earth and Planetary Science Letters*, 62:1−6

Clayton R N, Mayeda T K. 1996. Oxygen isotope studies of achondrites. *Geochimica et Cosmochimica Acta*, 60: 1999−2017

Connerney J E P, Acuña M H, Ness N F, et al. 2005. Tectonic implications of Mars crustal magnetism. *Proceedings of the National Academy of Sciences*, 102: 14970−14975

Connerney J E P, Acuña M H, Wasilewski P J, et al. 1999. Magnetic lineations in the ancient crust of Mars. *Science*, 284: 794−798

Dale C W, Burton K W, Greenwood R C, et al. 2012. Late accretion on the earliest planetesimals revealed by the highly siderophile elements. *Science*, 336: 72−75

Drake M J, Righter K. 2002. Determining the composition of the Earth. *Nature*, 416: 39−44

Dreibus G, Waenke H. 1985. Mars, a volatile-rich planet. *Meteoritics*, 20: 367−381

Dreibus G, Waenke H. 1987. Volatiles on Earth and Mars: A comparison. *Icarus*, 71: 225−240

Edgar L A, Frey H V. 2008. Buried impact basin distribution on Mars: Contributions from crustal thickness data. *Geophysical Research Letters*, 35: L02201

Ehlmann B L, Mustard J F, Murchie S L, et al. 2008. Orbital identification of carbonate-bearing rocks on Mars. *Science*, 322: 1828−1832

Ehlmann B L, Mustard J F, Murchie S L, et al. 2011. Subsurface water and clay mineral formation during the early history of Mars. *Nature*, 479: 53−60

Elkins-Tanton L T, Hess P, Parmentier E. 2005a. Possible formation of ancient crust on Mars through magma ocean processes. *Journal of Geophysical Research*, 110:E12S01

Elkins-Tanton L T. 2008. Linked magma ocean solidification and atmospheric growth for Earth and Mars. *Earth and Planetary Science Letters*, 271:181−191

Elkins-Tanton L T. 2012. Magma oceans in the inner solar system. *Annual Review of Earth and Planetary Sciences*, 40:113−139

Elkins-Tanton L T, Parmentier E M, Hess P C. 2003. Magma ocean fractional crystallization and cumulate overturn in terrestrial planets: Implications for Mars. *Meteoritics & Planetary Science*, 38:1753−1771

Elkins-Tanton L T, Zaranek S E, Parmentier E M, et al. 2005b. Early magnetic field and magmatic activity on Mars from magma ocean cumulate overturn. *Earth and Planetary Science Letters*, 236: 1−12

Feldman W C, Boynton W V, Tokar R L, et al. 2002. Global distribution of neutrons from Mars: Results from Mars Odyssey. *Science*, 297: 75−78

Fernández-Remolar D C, Sánchez-Román M, Hill A C, et al. 2011. The environment of early Mars and the missing carbonates. *Meteoritics & Planetary Science*, 46: 1447−1469

Franchi I A, Wright I P, Sexton A S, et al. 1999. The oxygen-isotopic composition of Earth and Mars. *Meteoritics & Planetary Science*, 34: 657−661

Frey H, Schultz R A. 1988. Large impact basins and the mega-impact origin for the crustal dichotomy on Mars. *Geophysical Research Letters*, 15: 229−232

Frey H V, Roark J H, Shockey K M, et al. 2002. Ancient lowlands on Mars. *Geophysical Research Letters*, 29: 22−1−22−4

Gendrin A, Mangold N, Bibring J P, et al. 2005. Sulfates in Martian layered terrains: The OMEGA/Mars Express view. *Science*, 307: 1587−1591

Grotzinger J P, Gupta S, Malin M C, et al. 2015. Deposition, exhumation, and paleoclimate of an ancient lake deposit, Gale crater, Mars. *Science*, doi:10.1126/science.aac7575

Grotzinger J P, Sumner D Y, Kah L C, et al. 2014. A habitable fluvio-lacustrine environment at Yellowknife Bay, Gale Crater, Mars. *Science*, doi:10.1126/science.1242777

Harder H, Christensen U R. 1996. A one-plume model of Martian mantle convection. *Nature*, 380: 507−509

Hecht M H, Kounaves S P, Quinn R C, et al. 2009. Detection of perchlorate and the soluble chemistry of Martian soil at the Phoenix Lander site. *Science*, 325: 64−67

Herd C D K, Borg L E, Jones J H, et al. 2002. Oxygen fugacity and geochemical variations in the martian basalts: Implications for martian basalt petrogenesis and the oxidation state of the upper mantle of Mars. *Geochimica et Cosmochimica Acta*, 66: 2025−2036

Hu S, Lin Y T, Zhang J C, et al. 2014. NanoSIMS analyses of apatite and melt inclusions in the GRV 020090 Martian meteorite: Hydrogen isotope evidence for recent past underground hydrothermal activity on Mars. *Geochimica et Cosmochimica Acta*, 140: 321−333

Humayun M, Nemchin A, Zanda B, et al. 2013. Origin and age of the earliest Martian crust from meteorite NWA 7533. *Nature*, 503: 513−516

Jagoutz E, Sorowka A, Vogel J D, et al. 1994. ALH 84001: Alien or progenitor of the SNC family? *Meteoritics*, 29: 478−479

Jakosky B M, Phillips R J. 2001. Mars' volatile and climate history. *Nature*, 412: 237−244

Jones J H. 2003. Constraints on the structure of the martian interior determined from the chemical and isotopic systematics of SNC meteorites. *Meteoritics & Planetary Science*, 38: 1807−1814

Jones J H, Neal C R, Ely J C. 2003. Signatures of the highly siderophile elements in the SNC meteorites and Mars: a review and petrologic synthesis. *Chemical Geology*, 196: 5−25

Karunatillake S, Squyres S W, Taylor G J, et al. 2006. Composition of northern low-albedo regions of Mars: Insights from the Mars Odyssey Gamma Ray Spectrometer. *Journal of Geophysical Research: Planets*, 111: E06013

Kite E S, Williams J P, Lucas A, et al. 2014. Low palaeopressure of the martian atmosphere estimated from the size distribution of ancient craters. *Nature Geoscience*, 7: 335−339

Kleine T, Munker C, Mezger K, et al. 2002. Rapid accretion and early core formation on asteroids and the terrestrial planets from Hf-W chronometry. *Nature*, 418: 952−955

Kleine T, Mezger K, Palme H, et al. 2004a. The W isotope evolution of the bulk silicate Earth: Constraints on the timing and mechanisms of core formation and accretion. *Earth and Planetary Science Letters*, 228: 109−123

Kleine T, Mezger K, Munker C, et al. 2004b. ^{182}Hf-^{182}W isotope systematics of chondrites, eucrites, and martian meteorites: Chronology of core formation and early mantle differentiation in Vesta and Mars. *Geochimica et Cosmochimica Acta*, 68: 2935–2946

Leone G, Tackley P J, Gerya T V, et al. 2014. Three-dimensional simulations of the southern polar giant impact hypothesis for the origin of the Martian dichotomy. *Geophysical Research Letters*, 41: 8736–8743

Leshin L A, Mahaffy P R, Webster C R, et al. 2013. Volatile, isotope, and organic analysis of martian fines with the Mars Curiosity rover. *Science*, 341: 1238937

Lin Y, Qi L, Wang G, et al. 2008. Bulk chemical composition of lherzolitic shergottite Grove Mountains (GRV) 99027—Constraints on the mantle of Mars. *Meteoritics & Planetary Science*, 43:1179–1187

Lin Y, Hu S, Miao B, Xu L, et al. 2013. Grove Mountains (GRV) 020090 enriched lherzolitic shergottite: A two stage formation model. *Meteoritics & Planetary Science*, 48: 1572–1589

Marinova M M, Aharonson O, Asphaug E. 2008. Mega-impact formation of the Mars hemispheric dichotomy. *Nature*, 453: 1216–1219

McCubbin F M, Elardo S M, Shearer C K, et al. 2013. A petrogenetic model for the comagmatic origin of chassignites and nakhlites: Inferences from chlorine-rich minerals, petrology, and geochemistry. *Meteoritics & Planetary Science*, 48: 819–853

McSween H Y. 2009. Planetary science: Volatility in Martian magmas. *Nature*, 458: 45–45

McSween H Y, Taylor G J, Wyatt M B. 2009. Elemental composition of the Martian crust. *Science*, 324: 736–739

Michalski J R, Niles P B. 2010. Deep crustal carbonate rocks exposed by meteor impact on Mars. *Nature Geoscience*, 3: 751–755

Mitrofanov I, Anfimov D, Kozyrev A, et al. 2002. Maps of subsurface hydrogen from the high energy neutron detector, Mars Odyssey. *Science*, 297: 78–81

Monteux J, Arkani-Hamed J. 2014. Consequences of giant impacts in early Mars: Core merging and Martian dynamo evolution. *Journal of Geophysical Research: Planets*, 119: 480–505

Mustard J F, Murchie S L, Pelkey S M, et al. 2008. Hydrated silicate minerals on Mars observed by the Mars Reconnaissance Orbiter CRISM instrument. *Nature*, 454: 305–309

Neukum G, Jaumann R, Hoffmann H, et al. 2004. Recent and episodic volcanic and glacial activity on Mars revealed by the High Resolution Stereo Camera. *Nature*, 432: 971–979

Nimmo F, Stevenson D J. 2000. Influence of early plate tectonics on the thermal evolution and magnetic field of Mars. *Journal of Geophysical Research: Planets*, 105: 11969–11979

Nimmo F, Hart S D, Korycansky D G, et al. 2008. Implications of an impact origin for the martian hemispheric dichotomy. *Nature*, 453: 1220–1223

Norman M D. 1999. The composition and thickness of the crust of Mars estimated from REE and Nd isotopic compositions of Martian meteorites. *Meteoritics & Planetary Science*, 34: 439–449

Ojha L, Wilhelm M B, Murchie S L, et al. 2015. Spectral evidence for hydrated salts in recurring slope lineae on Mars. *Nature Geoscience*, 8: 829–833

Osterloo M M, Hamilton V E, Bandfield J L, et al. 2008. Chloride-bearing materials in the southern highlands of Mars. *Science*, 319: 1651–1654

Owen T, Maillard J P, de Bergh C, et al. 1988. Deuterium on Mars: The abundance of HDO and the value of D/H. *Science*, 240: 1767

Papike J J, Karner J M, Shearer C K. 2003. Determination of planetary basalt parentage: A simple technique using the electron microprobe. *American Mineralogist*, 88: 469–472

Phillips R J, Zuber M T, Solomon S C, et al. 2001. Ancient geodynamics and global-scale hydrology on Mars. *Science*, 291: 2587–2591

Poulet F, Bibring J P, Mustard J F, et al. 2005. Phyllosilicates on Mars and implications for early martian climate. *Nature*, 438: 623–627

Qin L, Alexander C M O D, Carlson R W, et al. 2010. Contributors to chromium isotope variation of meteorites. *Geochimica et Cosmochimica Acta*, 74: 1122–1145

Quesnel Y, Sotin C, Langlais B, et al. 2008. Serpentinization of the martian crust during Noachian. *Earth and Planetary Science Letters*, 227:184–193

Righter K, Shearer C K. 2003. Magmatic fractionation of Hf and W: Constraints on the timing of core formation and differentiation in the Moon and Mars. *Geochimica et Cosmochimica Acta*, 67: 2497–2507

Righter K, O'Brien D P. 2011. Terrestrial planet formation. *Proceedings of the National Academy of Sciences*, 108:19165–19170

Roberts J H, Zhong S. 2006. Degree-1 convection in the Martian mantle and the origin of the hemispheric dichotomy. *Journal of Geophysical Research: Planets*, 111: E06013

Roberts J H, Zhong S. 2007. The cause for the north-south orientation of the crustal dichotomy and the equatorial location of Tharsis on Mars. *Icarus*, 190: 24–31

Rogers A D, Hamilton V E. 2015. Compositional provinces of Mars from statistical analyses of TES, GRS, OMEGA and CRISM data. *Journal of Geophysical Research: Planets*, 120: 62–91

Schmidt M E, Schrader C M, McCoy T J. 2013. The primary fO_2 of basalts examined by the Spirit rover in Gusev Crater, Mars: Evidence for multiple redox states in the martian interior. *Earth and Planetary Science Letters*, 384: 198–208

Schwenzer S P, Abramov O, Allen C C, et al. 2012. Puncturing Mars: How impact craters interact with the Martian cryosphere. *Earth and Planetary Science Letters*, 335: 9–17

Scott E R D, Fuller M. 2004. A possible source for the Martian crustal magnetic field. *Earth and Planetary Science Letters*, 220: 83–90

Shearer C K, Burger P V, Papike J J, et al. 2008. Petrogenetic linkages among Martian basalts: Implications based on trace element chemistry of olivine. *Meteoritics & Planetary Science*, 43: 1241–1258

Solomon S C, Aharonson O, Aurnou J M, et al. 2005. New perspectives on ancient Mars. *Science*, 307:1214–1220

Šrámek O, Zhong S. 2012. Martian crustal dichotomy and Tharsis formation by partial melting coupled to early plume migration. *Journal of Geophysical Research: Planets*, 117:E01005

Stanley S, Elkins-Tanton L, Zuber M T, et al. 2008. Mars' paleomagnetic field as the result of a single-hemisphere dynamo. *Science*, 321: 1822–1825

Stevenson D J. 2001. Mars' core and magnetism. *Nature*, 412: 214–219

Stewart A J, Schmidt M W, van Westrenen W, et al. 2007. Mars: A new core-crystallization regime. *Science*, 316: 1323–1325

Touboul M, Kleine T, Bourdon B, et al. 2007. Late formation and prolonged differentiation of the Moon inferred from W isotopes in lunar metals. *Nature*, 450: 1206–1209

Villanueva G L, Mumma M J, Novak R E, et al. 2015. Strong water isotopic anomalies in the martian atmosphere: Probing current and ancient reservoirs. *Science*, 348:218–221

Wadhwa M. 2001. Redox state of Mars' upper mantle and crust from Eu anomalies in shergottite pyroxenes. *Science*, 291: 1527–1530

Walker R J. 2009. Highly siderophile elements in the Earth, Moon and Mars: Update and implications for planetary accretion and differentiation. *Chemie der Erde-Geochemistry*, 69: 101–125

Wang Z, Becker H. 2013. Ratios of S, Se and Te in the silicate Earth require a volatile-rich late veneer. *Nature*, 499: 328-331

Warren P H. 2011. Stable-isotopic anomalies and the accretionary assemblage of the Earth and Mars: A subordinate role for carbonaceous chondrites. *Earth and Planetary Science Letters*, 311: 93-100

Warren P H, Bridges J C. 2005. Geochemical subclassification of shergottites and the crustal assimilation model. *LPSC 36*, 2098

Watson L L, Hutcheon I D, Epstein S, et al. 1994. Water on Mars: Clues from deuterium/hydrogen and water contents of hydrous phases in SNC meteorites. *Science*, 265: 86-90

Watters T R, Leuschen C J, Plaut J J, et al. 2006. MARSIS radar sounder evidence of buried basins in the northern lowlands of Mars. *Nature*, 444: 905-908

Werner S C. 2011. The global martian volcanic evolutionary history. *Icarus*, 201: 44-68

Wilhelms D E, Squyres S W. 1984. The martian hemispheric dichotomy may be due to a giant impact. *Nature*, 309: 138-140

Wyatt M B, McSween H Y. 2002. Spectral evidence for weathered basalt as an alternative to andesite in the northern lowlands of Mars. *Nature*, 417: 263-266

Yoder C F, Konopliv A S, Yuan D N, et al. 2003. Fluid core size of mars from detection of the solar tide. *Science*, 300: 299-303

Zhong S. 2009. Migration of Tharsis volcanism on Mars caused by differential rotation of the lithosphere. *Nature Geoscience*, 2: 19-23

Zuber M T. 2001. The crust and mantle of Mars. *Nature*, 412: 220-227

本章作者

林 杨 挺 　中国科学院地质与地球物理研究所研究员,纳米离子探针实验室主任,中国空间科学学会常务理事,中国矿物岩石地球化学学会理事、陨石学与天体化学专业委员会主任委员,中国南极陨石专家委员会主任委员,从事陨石学与比较行星学研究,包括太阳星云凝聚、月球和火星等行星的形成与演化。

欧阳自远 　中国科学院地球化学研究所研究员,中国科学院院士,长期从事各类地外物质、月球科学、比较行星学和天体化学研究。

第 16 章

火星探测的发展趋势与展望

　　经过长期的观测和50多年的近距离探测,人类已经对火星有了一定的了解,在火星科学研究领域取得了巨大的成就,但这还远远不够。无论是火星电离层、火星大气层、火星土壤、火星内部结构,还是火星的形成与演化过程等,都存在着许许多多的科学问题有待我们进一步探索和考证。而火星作为地球的近邻,其表面是否存在或曾经存在生命,一直以来更是得到高度重视。探寻火星过去或现存的生命迹象,探索能否将火星改造成人类的第二个栖息地,将是未来国际火星探测的一大主流。

16.1 国际火星探测发展态势

16.1.1 美国的火星之旅

　　2004年,美国提出了"新太空计划",着手制造新一代宇宙飞船,主目标是在2030年前后把人类送上火星。2011年,NASA再次制订了详细的《2013—2022行星科学十年规划与展望》,囊括了美国未来十年行星探测的科学目标、发展规划及科学探测任务,把火星探测规划为重中之重,并明确了在21世纪30年代实现载人登陆火星的发展目标。在此基础上,2015年,美国NASA就火星探测发展政策和战略规划公布了《NASA的火星之旅——开拓太空探索下一步》,充分展示了美国加快火星探测步伐之决心。

16.1.1.1 载人登陆火星计划

　　2015年10月公布的《NASA的火星之旅——开拓太空探索下一步》,是一份人类登陆火星的详细计划。NASA火星之旅的总体战略是将近期开展的空间活动、能力建设工作等与未来实现可持续的载人深空驻留工作联系起来,在基准目标、短期效益、预算变化、政治优先选择、新的科学发现、技术突破和不断发展的合作伙伴关系之间作出平衡。总体战略原则包括:适应近期预算水平;探索活动与科学研究互为助力;短期任务采用成熟技术,为未来任务持续开展技术和能力开发;平衡近期载人和无人任务机会,渐进式建设未来更复杂任务所需的能力;为美国商业航天提供发展机遇;弹性体系架构采用多用途、可演进的空间基础设施;发展新的国际和商业合作伙伴关系。

　　火星之旅将分三个阶段推进,每个阶段随着探索的距离更远也必将面临更多挑战。

NASA将通过渐进式的步伐开发和验证各项能力,从而解决相关难题。三大阶段分别是:

第一阶段:依赖地球阶段。依赖地球的探索将聚焦于在国际空间站(ISS)上开展研究活动,包括微重力试验和一系列相关测试研究,为宇航员的长期驻留提供技术支撑,以支持未来深空探测长期任务。

图16.1 NASA火星之旅的三步走。(图片来源:NASA)

第二阶段:深空试验场阶段。本阶段的任务主要是探索在距离地球几天航程的深空环境中如何开展复杂的载人运行,提升和验证在距地球更远距离时(如火星上)人类生存和工作所需的各项能力。

第三阶段:独立于地球阶段。此阶段的活动将以上述前两个阶段为基础,使载人活动到达火星附近(如低火星轨道或某个火星卫星),并最终到达火星表面。未来的火星任务将由NASA和合作伙伴共同开展,探索在地球以外生命延续的潜在可能。

NASA认为火星之旅面临的技术和运行挑战主要包括三个方面:(1)空间运输,即高效、安全、可靠地输运航天员和货物;(2)空间工作,即航天员和机器人系统可高效地工作;(3)维护健康,即开发可保障安全、健康和可持续载人探索的居住系统。后勤工作将这三类挑战联系在一起,目标是支持开展持续1100天的载人任务以及长达10年以上的各类探索活动。

为此,NASA正在开展一系列战略投资活动,开发弹性体系架构概念,聚焦各类潜在任务所需的关键能力,同时投资可产生巨大回报的技术,并通过通用化、模块化和可重复使用化等,最大限度地提高技术的灵活性和适应性。具体包括在ISS开展的各类研究活动、运输能力建设和商业航天活动、小行星重定向任务(ARM)、地基设施和服务,以及过去40年间开展的一系列火星无人探索任务等。此外,NASA及其合作伙伴持续开展科学研究,试图回答关于火星地外生命的基本问题。

16.1.1.2 火星登陆新技术——超音速降落伞

NASA低密度超音速减速器(LDSD)项目在2015年6月8日进行了第二次测试,尽管测试取得了部分成功,但最终超音速降落伞展开再次以失败告终。

LDSD是NASA空间技术任务部的一项技术演示任务,是在地球平流层全面测试可在超音速下展开的下一代增阻设备的突破性技术,目的是验证其未来在火星载人任务中使航天员和大型载荷安全着陆的应用前景。

LDSD质量为3088kg,包含有充气后直径6m的超音速充气式气动减速器和展开后直径达30.5m的超音速降落伞。进入、下降和着陆技术对于实现火星载人探索至关重要,为了在火星上安全降落大型航天器,必须开发可在超音速下展开的超大降落伞和增阻设备。这些新型设备是实现载人登陆火星的技术开发道路中的第一步。目前NASA最先进的着陆技术可在火星表面降落1500kg载荷,LDSD技术有望实现2000—3000kg载荷的安全着陆,增加2—3km可用着陆高度,并将着陆精度从10km缩减至3km,从而极大提升载人和无人火星任务的探测能力。

16.1.1.3 "猎户座"飞船和深空发射系统将运送航天员到火星

NASA在21世纪30年代将航天员送上火星所需的核心能力在近年继续推进。"猎户座"(Orion)载人飞船、深空发射系统(SLS)火箭、小行星重定向任务取得重大进展,肯尼迪航天中心的太空发射综合设施翻新等,都体现了NASA对此行动的决心。

基于2014年"猎户座"飞船的首次成功飞行试验,NASA在2015年完成了"猎户座"飞船的严格技术性和程序性审查,对项目的技术、成本、进度基线进行了全面规划。

2015年3月,"猎户座"飞船的发射终止系统(LAS)测试,表明它可以承受发射失败情况下的极端温度、压力、噪声以及震动等,保证乘员的安全。2015年6月,飞船的热屏蔽系统到达NASA兰利研究中心。2016年飞船在那里进行了水冲击试验。飞船乘员舱的焊接工作也在2016年完成。

SLS火箭方面,助推器和发动机都通过了关键性试验。升级版的火箭助推器在2015年3月进行了2分钟的地面点火试验,时间长度相当于它在正式发射时推动SLS火箭的时间。助推器还在2016年接受了第二次点火试验以及第三次资格认证试验。2016年8月,NASA在密西西比州圣路易斯湾附近的斯坦尼斯航天中心完成了研发中的RS-25发动机的第一批系列试验。

用于支持SLS火箭和"猎户座"飞船的基础设施的工作也已经启动。2015年5月,马歇尔航天中心开始建设高达66m的SLS火箭试验台。2015年8月,NASA完成了对之前仅用于运送航天飞机的"飞马座"驳船的改造。现在它的总长度从853米增加到了1017米,新任务是运送SLS火箭芯级。

此外,肯尼迪航天发射场用于支持SLS火箭和"猎户座"飞船发射的新的工作平台以及巨大的钢架也都在建设与安装过程中。肯尼迪航天中心的"脐带系统"开始进行测试,它将为移动发射塔、SLS火箭和"猎户座"飞船供电并提供彼此间的通信。

16.1.2 ESA的火星探索战略

2003年,欧洲空间局(ESA)提出了"曙光计划",确立了欧洲未来30年太阳系探测的发展战略和路线图,提出以机器人和载人登陆火星为主,探寻太阳系中地外生命存在迹象,揭示太阳系起源。经过细化论证,2005年ESA正式发布了《宇宙憧憬2005—2025》,描述了未来20年空间科学的发展蓝图,指出火星探测是ESA未来10—20年将要开展的重要空间科学探测活动。2015年,ESA公布最新的《空间探索战略》,火星仍是其重点探索目标。

ESA在《空间探索战略》中提出,火星是其三个优先探索目标之一,主要任务包括"火星生命探测计划"(ExoMars)系列任务和火星机器人探测预备任务(Mars Robotic Exploration Preparatory Programme, MREP)。其中最为突出的一点就是广泛的国际合作。ESA特别指出,当前处于筹备期,潜在的国际合作伙伴包括美国、俄罗斯、加拿大、日本、中国等国的国家航天部门以及私营部门。

在任务路线图方面,ESA未来火星空间探索的主要活动是通过ExoMars系列任务开展火星生命演化研究,确保欧洲在国际火星取样返回中占有一席之地,与俄罗斯建立战略伙伴关系,参与首次火星采样返回任务及未来的载人登陆火星。

根据《空间探索战略》,ExoMars系列任务迈出了ESA探索红色星球的第一步。事实上,ExoMars在2005年就通过了ESA成员国的正式批准,此后该计划有几次几乎停止。在美国放弃将ExoMars作为优先任务后,俄罗斯联邦航天局作为新的合作伙伴加入ExoMars任务,为ExoMars两个项目提供关键部件和科学仪器,包括为运送卫星的"质子号"火箭提供到达火星所需的一切硬件。ExoMars任务的预算约为13亿欧元。

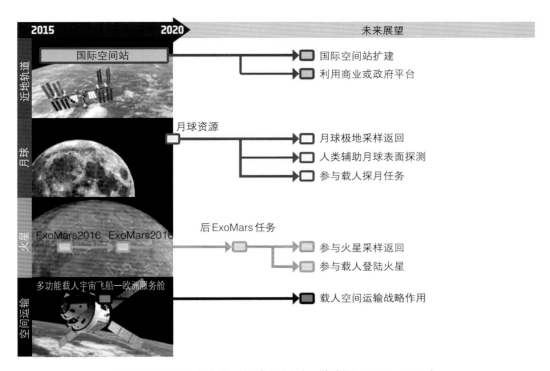

图16.2 ESA未来空间探索规划。(图片来源:ESA,2015)

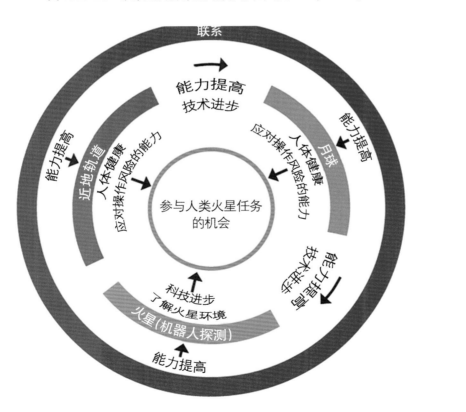

图16.3 空间探索任务之间的相互联系。(图片来源:ESA,2015)

ExoMars项目一共分为两个阶段。第一阶段的"痕量气体轨道器"和"斯基亚帕雷利号"着陆器已于2016年3月14日在哈萨克斯坦的拜科努尔发射场发射升空,10月抵达火星,探测器的主要目的是探测火星上的生命迹象。"痕量气体轨道器"重达3732kg,装有遥感实验设备,将对火星大气中的气体进行详细记录,关键科学目标之一是研究火星大气中的甲烷。"斯基亚帕雷利号"着陆器质量为600kg,它将尝试降落在火星的子午线高原上。"斯基亚帕雷利号"能运行环境传感器并将收集的数据发回地球。

第二阶段的ExoMars火星车将于2018年发射,展开一段长达9个月的旅程后到达火星。ExoMars火星车是一台高自动化的六轮"越野车",质量约270kg,可以在火星表面自动导航。一对立体摄影机让火星车可以建立火星表面的三维地形图,其使用的导航程序可以用来判定周围地形,让火星车避开阻碍、找出最有效率的路线。与此同时,火星车上安装的一个钻头将能够在火星表面钻一个2m深的孔,进而采用红外光谱仪对钻孔中的岩石进行研究,并为火星车上的分析实验室提取样品。

ESA已敲定火星车着陆区为欧克西亚平原(Oxia Planum)。该着陆区的东部包括一个宽15km、长21km的扇形沉积层遗迹。这一平原特征可能是一个古老三角洲或冲积扇的遗迹。ExoMars火星车的主要目标是搜索当前或过去火星生命存在的证据,并开展太空生物学和地球化学研究。

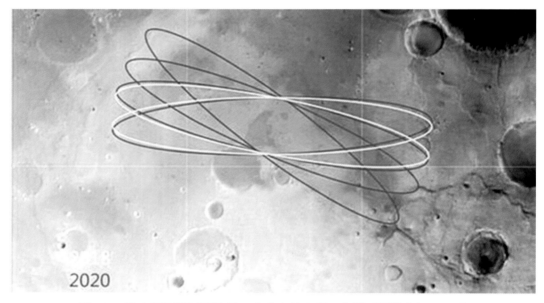

图16.4 欧克西亚平原可能是一个古老的火星三角洲。(图片来源:ESA)

16.1.3 俄罗斯的火星探测计划

俄罗斯没有因早期(苏联时期)火星探测系列任务和2011年"火卫一——土壤号"火星探测任务的失败而气馁。2012年3月,俄罗斯联邦航天局制订并公布了《2030年前航天活动发展规划》草案,其中涉及建立火星试验站等一系列目标。2012年4月,其又制订了《2012—2025太阳系探测总体规划》。这两份规划都把火星列为首要探测目标。2016年

3月,俄罗斯政府批准了《2016—2025俄罗斯十年太空计划》。

《2016—2025俄罗斯十年太空计划》指出,俄罗斯未来10年将把精力集中在金星近地轨道、太空辐射和太阳活动的研究。目前俄罗斯正积极参与ESA的ExoMars火星车任务,该火星车将于2018年发射。

在以对火星土壤进行检测、采样返回的"大卫——土壤号"任务失败后,2014年,俄罗斯重新提出自己的火星土壤采样返回的Expedition-M任务,更改为"火卫一表面探测和土壤采样返回"任务,并纳入2015年财政预算,共计约51亿卢布。Expedition-M探测器计划于2024年使用安加拉5型(Angara-5)火箭发射。该任务将为2030年的火星采样返回作准备。

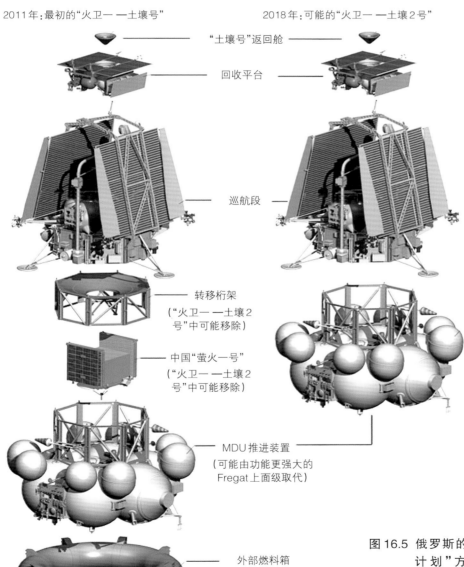

2011年:最初的"火卫一——土壤号" 2018年:可能的"火卫一——土壤2号"

"土壤号"返回舱

回收平台

巡航段

转移桁架
("火卫一——土壤2号"中可能移除)

中国"萤火一号"
("火卫一——土壤2号"中可能移除)

MDU推进装置
(可能由功能更强大的Fregat上面级取代)

外部燃料箱
(2018年发射窗口条件好的情况下可能不需要)

图16.5 俄罗斯的"火卫一——土壤采样返回计划"方案的修正。(图片来源:Copyright © 2012 Anatoly Zak/Russian)

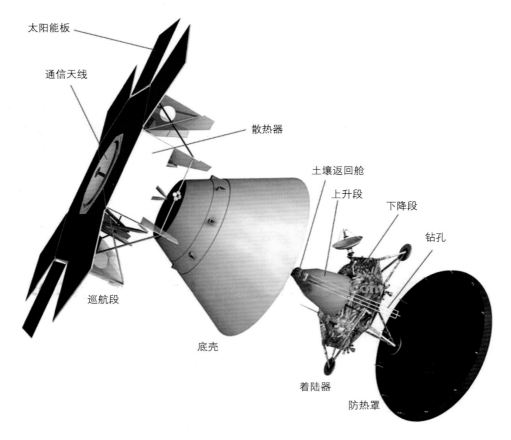

太阳能板
通信天线
散热器
土壤返回舱
上升段
下降段
钻孔
巡航段
底壳
着陆器
防热罩

图 16.6 俄罗斯 Expedition-M 探测器示意图。（图片来源：Copyright ⓒ 2012 Anatoly Zak/ Russian Space Web. Com）

16.1.4 日本的火星探测规划

2005年，日本制订了跨越20年的航天发展路线图，即《日本宇宙航空研究开发机构长期发展规划——JAXA2025》，提出了未来20年空间活动的发展目标、发展方向、发展规划与设想。该规划指出，下一代太阳系探索的重点是实现探测器飞往火星，重点探测火星气候。总体思路是首先建立月球基地，以月球作为中转站奔赴火星。

1998年7月3日，日本首个火星探测器"希望号"发射升空，使得日本成为世界上第三个发射火星探测器的国家。但是"希望号"在太空中艰难飞行了5年之后，于2003年12月9日宣布失败。

日本宇宙航空研究开发机构（JAXA）计划最早于2022年发射飞向火星的卫星——火卫一和火卫二的探测器，将利用小行星探测技术，首次从火星卫星上带回沙子、岩石等样本加以研究。

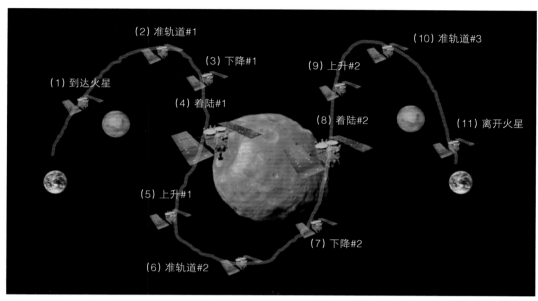

图16.7 日本的火卫一采样返回任务概述。(图片来源:JAXA,2015)

16.1.5 印度的火星探测之路

2007年,印度空间研究组织(ISRO)正式对外发布探测火星计划。2012年8月计划启动,2013年11月15日"曼加里安号"火星探测器发射升空,2014年9月成功进入火星轨道,在500km×80 000km椭圆轨道上开展科学探测任务。印度成为亚洲首个成功进行火星探测的国家。"曼加里安号"的成功,大大激发了印度对火星探测的雄心,目前ISRO已启动了后续火星探测任务的论证工作。

16.2 未来火星探测的科学聚焦点

对于任何行星而言,要了解其形成与演化,首先必须了解其表面与空间环境、形貌构造、物质成分和内部结构这四大科学内涵。同时,对火星而言,探寻生命迹象也同样重要。未来火星探测的科学聚焦点包括哪些方面呢?

16.2.1 火星表面与空间环境

对于火星航天器、科学仪器乃至未来登上火星的航天员来说,火星空间辐射环境是异常危险的,是任何火星探测活动必须首先了解与研究的重要科学内容。

火星空间辐射的来源主要有两个:银河宇宙线和太阳高能粒子事件。由于火星大气密度只有地球大气的1%,且火星没有全球性的内禀磁场来阻止高能粒子的轰击,火星探测器等很容易受到空间辐射的损害。

太阳高能粒子事件在太阳活动峰年前后频繁出现,可以导致辐射总量和辐射剂量变化率快速增长,从而有可能危及航天员的健康和生命。银河宇宙线能量比太阳高能粒子事件的粒子能量要高得多,也比太阳宇宙线更难防护,对卫星辐射防护材料的要求更高。

此外,空间辐射还是一种影响行星系统演化的重要营力。如对地球来说,太阳辐射提供了地面和大气中各种过程的绝大部分物质运动的能量,太阳辐射与地球大气之间的耦合作用,也使地球系统维持了一种有利于生物生存的平衡状态。对火星而言,其空间辐射环境的分布特征又是怎样的呢? 它是如何作用于火星的各个圈层的? 又是怎样影响火星演化进程的?

根据目前流行的行星科学理论,太阳系各大行星在其早期演化阶段都有一个全球性的内禀磁场。目前的火星探测表明,火星没有全球性的内禀磁场,只存在着多极子磁场。那么,火星的全球性磁场是如何消失、何时消失的呢? 在整个火星演化的历史中,火星磁场与其他的物理场又是怎样相互作用的? 其作用结果又是怎样影响火星演化进程的?

也正是因为没有全球性的内禀磁场及其保护,近火星的空间环境与地球的空间环境明显不同,火星大气层直接受到太阳风等的"侵蚀"。尽管目前对火星大气已经有了相当的了解,但有关火星大气及火星气候还存在许多研究难点,如:

(1)类地行星的大气演化至今仍是学术界争论不休的难题,火星大气的形成与演化机制也一直是国际火星研究的核心问题。研究方向包括:火星现今稀薄的大气成分是原生的、次生的还是混合的? 其消失机制是什么? 在火星的整个演化进程中,发生于电离层中的气体逃逸及其机制对现今的火星大气演化到底起到什么样的作用?

(2)探寻火星大气是否也像地球大气层那样存在对流层、平流层等层次结构,是火星表面与空间环境研究的重要内容。

(3)火星上频繁发生的强大尘暴是火星大气运动的一个特色。火星风场的特性及其短期、长期的时空变化规律,以及火星尘暴形成和扩展的机制、控制因素、活动规律等,也是目前火星环境研究的热点。

(4)太阳风与火星大气的耦合机制是目前学术界存在争议的问题,这一难题涉及在缺失恒定偶极子磁场的情况下的能量交换。尽管目前学术界认为热辐射是大气运动的主要驱动力,但电化学的重要作用也得到了越来越多的认可。

16.2.2 火星地形地貌与地质构造

火星地形地貌与地质构造是外力和内力综合作用的结果,不但受其成分、结构构造等的制约,也受气候分带的制约。固体行星外壳演化历史的宏观"图解",也是研究其地质历史的最基础信息。火星平坦的北半球与凹凸不平的南半球反映出怎样的地质作用? 火星表面布满的古水流体系又是在什么时候形成的? 其成因是什么? 火星上的古河床、熔岩流、风蚀构造等地貌特征,反映了火星地质演化历史中的哪一个阶段和什么样的气候特征?

火星的地质构造变形反映了其内力作用下产生的断裂、弯曲、压扁等变形现象,是火星内动力地质作用的直接表现之一,其形态和分布往往有一定的规律性。现今的火星构造体系究竟反映出火星在其漫长的地质历史中具有何种构造应力场,又发生了怎样规模的构造运动?

火星上满布的各种类型的环形山,哪些是撞击成因,哪些是火山成因?其大小、分布等反映出不同时期怎样的撞击历史?这些撞击历史对火星自身的演化进程又有多大的影响?对认识包括地球在内的其他类地行星又有什么样的启示?

16.2.3 火星的物质成分

火星表面物质成分(岩石、矿物、化学元素)及其分布特征是火星表面地质学研究的主要内容。不同的岩石组合是不同地质作用历史的记录,不同的矿物组分则指示了矿物形成时的地质—地球化学环境,而不同岩石、矿物的化学成分特征以及元素的分布规律则是了解火星整体化学成分,特别是火星壳化学成分及火星壳演化的最基本要素。火星岩石和矿物的种类有多少?分布情况如何?特别是沉积岩、含水矿物的分布情况如何?出露于火星表面的这些物质受到了太空风化、流水侵蚀等外界作用的何种影响?这些反映火星在其漫长地质历史时期如何演变的信息,目前我们还知之甚少。

与所有类地行星一样,火星表面同样覆盖一层松散堆积物,即我们通常所说的土壤层。它不但是火星外壳参与外动力地质作用的最活跃部分,更是火星内部物质演化在其表面的最终体现,是了解火星化学演化历史的最直接、最基础的样本,是火星在其地质史上水的作用载体,更是可能存在的生命信息储存库。因此,土壤的成分、组成结构(粒度分布、颗粒几何特性、颗粒表面性状等)、厚度及空间分布等,仍是目前国际火星探测的重点。

16.2.4 火星的火山活动和内部结构

火山活动是内动力地质作用的主要表现之一。火山岩的成分可以提供火星内部结构方面的信息。大规模火山活动喷出的尘埃改变了空气的透明度,影响火星表面对太阳辐射的接收,故可能改变气候;细粒的火山灰则可能成为风的搬运对象,从而成为火山表面风成堆积物的组成部分。

迄今已在火星表面发现了为数众多的火山,有的被认为是太阳系内最大的火山,有的火山目前还在活动。这说明火山活动的强烈性和频繁性可能是火星地质作用的一个特点,因此火山活动有可能在火星环境演化中起了主要作用。

火星火山岩的种类、成分及其分布,尤其是火山表面远离火山口地区有无凝灰岩类岩石或火山灰的存在,火山构造(穹窿)的物质成分、空间分布规律等,是了解火星的过去、现在和将来的火山活动特征、规律及控制因素等科学难题的重要内容。

从火星地震可以获取火星内部结构信息和火星演化程度的最重要、最直接的参数,因此火星地震也是目前火星探测中重要的科学问题。地震主要是新构造活动的表现,也是火山活动的表现。通过火星与地球地震活动的比较性研究,还可进一步综合研究固体行星外壳活动的最终动力来源。

16.2.5 火星的水体与可能的生命信息

　　火星上是否存在或曾经存在生命物质,一直都是火星探测的热点与重点。寻找火星上具备生命物质产生、存在与发展的环境条件,是开展本项科学探测的基本出发点,如水的存在、水体发育程度、气候条件的综合性探测与研究等。找寻火星岩石和土壤中可能存在的微生物或生物化石,则是解决这一科学谜团的一个关键。

　　开展与生命信息相关的综合性探寻与分析,是探索火星生命物质存在与演变的延伸。例如:极地是火星上气候较稳定而磁场、空间辐射环境可能较复杂的特殊区域,其冰盖中保存了有关大气、水等环境演化的历史记录,因此冰盖的成分和冰层的结构、厚度、分布、活动过程及控制因素,也是目前国际火星探测的热点之一。火星沉积岩和含水矿物的种类及其分布,是了解火星过去水体发育程度的一个重要指标,而水体的发育程度是探索火星生命的重要内容。火星表面古河道体系的大小、规模和分布规律对于理解火星水体及其发育程度非常重要,结合地形地貌特征,可以了解火星水的演化历史、消失机制,对于开展火星地貌研究具有重要的科学意义。探寻火星大气和土壤中的有机组分,如生物成因的甲烷等,则能够为确认火星生命存在与否提供重要佐证。

16.3 中国的火星探测工程

　　我国火星探测起步较晚,但随着探月工程取得重要进展,我国已具备开展火星探测的能力。适时开展火星探测,可以在空间科学、空间技术和空间应用领域加速实现从跟踪研究向自主创新转变,实现从航天大国向航天强国迈进。

16.3.1 我国未来火星探测发展设想

　　2030年前,我国火星探测的主要任务是环绕遥感探测、软着陆巡视探测和采样返回,实现对火星从全球普查到局部详查再到样品实验室分析的科学递进。通过环绕遥感探测,实现火星表面和大气的全球性与综合性调查,主要包括火星土壤和水冰分布,全球形貌、物质成分、地质构造和大气总体特征,火星表面变化特征。局部区域详查主要包括探明其地质构造和形貌特征,为软着陆巡视探测和采样返回提供基础数据;通过软着陆巡视探测,获得形貌、岩石、土壤、物质成分和气象特征等就位和巡视探测数据,为火星资源环境和科学研究提供基础资料。通过采样返回,获得火星样品,进行系统的实验室分析,研究火星岩石或土壤样品的结构、物理特性、物质组成,深化对火星成因和演化历史的认识。

　　环绕遥感探测的科学目标着眼于对火星的全球性探测,致力于建立火星的总体、全局的科学概念;软着陆巡视探测科学目标着眼于对火星局部地区的重点探测,主要开展火星科学试验;采样返回的科学目标着眼于着陆点的现场调查与分析、火星样品的分析研究,主要开展比较行星学研究。

16.3.2 我国首次火星探测任务的科学目标

2016年4月22日,我国首次火星探测任务正式立项,计划在2020年通过一次发射实现火星轨道器环绕探测和火星车软着陆巡视探测。

首次火星探测的科学目标是:通过环绕探测,开展火星全球性和综合性的探测;通过巡视探测,开展火星表面重点地区高精度、高分辨率的精细探测。

具体科学目标包括:

(1)研究火星形貌与地质构造特征。探测火星全球地形地貌特征,获取典型地区的高精度形貌数据,开展火星地质构造成因和演化研究。

(2)研究火星表面土壤特征与水冰分布。探测火星土壤种类、风化沉积特征和全球分布,搜寻水冰信息,开展火星土壤剖面分层结构研究。

(3)研究火星表面物质组成。识别火星表面岩石类型,探查火星表面次生矿物,开展表面矿物组成分析。

(4)研究火星大气电离层及表面气候与环境特征。探测火星空间环境及火星表面气温、气压、风场,开展火星电离层结构和表面天气季节性变化规律研究。

(5)研究火星物理场与内部结构。探测火星磁场特性。开展火星早期地质演化历史及火星内部质量分布和重力场研究。

星空浩瀚无比,探索永无止境。火星探测等深空探测任务的逐步推进是一项长期而艰巨的工程,我们相信,通过航天人的不懈努力,中国的深空探测一定会不断取得突破,火星也必将是21世纪人类踏上的第一颗地外行星。

参考文献

ESA Space Exploration Strategy, 2015

National strategy: Space environments and human spaceflight, UK Space Agncy, 2015.7

National Space Policy, HM Government, 2015.12

Government Space Programs: Strategic Outlook, Benchmarsk& Forecasts to 2024. A Euroconsult Executive Report, 2015

NASA's Journey to Mars pioneering next steps in space exploration, NASA, 2015.10

Introduction to JAXA's Exploration of the Two Moons of Mars, with Sample Return from Phobos, 2015.10

http://www.russianspaceweb.com/expedition_m.html

http://www.russianspaceweb.com/phobos_grunt2.html

本章作者

邹永廖　中国科学院国家天文台研究员，博士生导师，中国科学院月球与深空探测重点实验室副主任，国家"863计划"空间探测专家，中国空间科学学会副理事长，曾担任探月工程地面应用系统副总指挥等职务，主要从事行星科学、中国月球与深空探测工程任务研制和管理等工作。

王　琴　中国科学院国家天文台副研究员，测试计量技术及仪器专业，主要从事月球与深空探测的战略研究。

火星地名表

火星地名主要是根据火星的地形地貌形态而命名的。火星地名主要划分为火星链坑（Catena）、火星凹地（Cavi/Cavus）、火星混杂地形（Chaos）、火星深谷（Chasmata/Chasma）、火星山丘（Colles）、火星撞击坑（Crater）、火星山脊（Dorsa/Dorsum）、火星波痕（Fluctus）、火星槽沟（Fossa/Fossae）、火星坡地（Labes）、火星迷宫（Labyrinthus）、火星舌状体（Lingula）、火星桌山（Mensa/Mensae）、火星山（脉）（Mons/Montes）、火星沼泽（Palus）、火星环形山（Patera）、火星平原（Planitia）、火星高原（Planum）、火星悬崖（Rupes）、火星断崖（Scopuli/Scopulus）、火星沟（Sulci）、火星高地（Terra）、火星山丘（Tholus/Tholi）、火星沙丘（Undae）和火星峡谷（Vallis/Valles）等25种类型。

火星链坑（Catena）

英文名	中文名	纬度（°N）	经度（°E）	长度（km）	命名时间（年份）
Acheron Catena	阿克戎链坑	37.47	259.2	421.77	1979
Alba Catena	阿尔巴链坑	35.04	245.42	144.86	1985
Artynia Catena	阿泰尼亚链坑	47.69	240.55	279.28	1985
Baphyras Catena	巴法拉斯链坑	38.83	275.84	95.52	1991
Ceraunius Catena	什洛尼尔斯链坑	37.1	251.91	50.49	1985
Coprates Catena	科普莱特斯链坑	−15	297.91	302.06	1973
Cyane Catena	西亚涅链坑	36.25	241.7	204.06	1985
Elysium Catena	伊利瑟姆链坑	17.69	149.73	48.5	1985
Ganges Catena	恒河链坑	−2.7	291.22	81.27	1973
Hyblaeus Catena	修布腊诶乌丝链坑	21.6	140.62	10.49	1985
Labeatis Catenae	拉贝阿提斯链坑	19.49	266.83	220.6	1988
Ophir Catenae	俄斐链坑	−9.46	300.6	509	2006
Phlegethon Catena	佛勒革同链坑	38.83	256.72	399.69	1979
Stygis Catena	斯提吉斯链坑	23.25	150.57	65.38	1985
Tithoniae Catenae	提托努利林链坑	−5.5	278.18	562	1987
Tractus Catena	特拉克图斯链坑	27	257.21	910.57	1976

火星凹地（Cavi/Cavus）

英文名	中文名	纬度(°N)	经度(°E)	长度(km)	命名时间(年份)
Amenthes Cavi	阿蒙蒂斯凹地	16.23	114.52	1330.5	2006
Argyre Cavi	阿吉尔凹地	−48.31	319.88	72.33	1991
Ausonia Cavus	奥索尼亚凹地	−31.92	96.55	49.5	1991
Avernus Cavi	阿佛纳斯凹地	−3.72	172.52	115	1985
Boreum Cavus	北极凹地	84.64	339.85	62.13	2006
Cavi Angusti	奥古斯特凹地	−78.16	285.25	640.04	1976
Ganges Cavus	恒河凹地	−10.09	308.55	43.11	2006
Hadriacus Cavi	哈德里亚卡凹地	−27.25	78.05	59.09	2014
Hydrae Cavus	修都腊凹地	−7.93	298.69	64.5	2014
Hyperborei Cavi	许珀耳玻瑞亚凹地	79.91	310.3	92.81	1988
Ismenius Cavus	伊斯美纽斯凹地	33.9	17.08	90.61	2009
Juventae Cavi	尤文达凹地	−3.91	301.84	94.4	2014
Octantis Cavi	奥克坦底斯凹地	−52.57	314.03	71.21	1991
Olympia Cavi	奥林匹亚凹地	85.06	182.23	342.78	2006
Ophir Cavus	俄斐凹地	−9.89	304.96	36.72	2006
Oxus Cavus	奥克苏斯凹地	37.41	359.48	37.87	2012
Peraea Cavus	佩里亚凹地	−29.61	95.43	56.24	1991
Scandia Cavi	斯坎迪亚凹地	77.55	209.65	663.8	2003
Sisyphi Cavi	西西弗凹地	−72.2	353.7	423.63	1976
Tenuis Cavus	特纽伊斯凹地	84.76	1.39	51.53	2006

火星混杂地形(Chaos)

英文名	中文名	纬度(°N)	经度(°E)	长度(km)	命名时间(年份)
Aram Chaos	阿兰姆混杂地形	2.52	337.61	283.81	1976
Aromatum Chaos	阿瑞玛特姆混杂地形	−1.03	317.03	72.8	1979
Arsinoes Chaos	阿斯欧斯混杂地形	−7.66	332.08	200.08	1982
Atlantis Chaos	亚特兰蒂斯混杂地形	−34.28	182.69	181.37	1985
Aureum Chaos	欧罗姆混杂地形	−3.89	333.04	351.03	1976
Aurorae Chaos	奥罗拉混杂地形	−8.47	325.19	713.92	1991
Baetis Chaos	拜提斯混杂地形	−0.17	299.6	66.66	2006
Candor Chaos	康多混杂地形	−6.94	287.42	773	1985
Caralis Chaos	卡拉里斯混杂地形	−37.2	178.6	103.35	2014
Chryse Chaos	克里斯混杂地形	9.86	322.81	658.89	2008
Echus Chaos	艾彻斯混杂地形	10.79	285.28	480.51	1985
Eos Chaos	厄俄斯混杂地形	−16.82	313.48	497.85	1982
Erythraeum Chaos	厄瑞斯瑞姆混杂地形	−21.84	347.62	147.63	2007
Galaxias Chaos	伽拉科思尔斯混杂地形	33.83	146.52	234.48	1985
Ganges Chaos	恒河混杂地形	−9.76	313.96	113.73	2006
Gorgonum Chaos	戈尔贡混杂地形	−37.26	189.1	150.71	1985
Hellas Chaos	海拉斯混杂地形	−47.12	64.41	590.62	1994
Hydaspis Chaos	海德斯皮斯混杂地形	3.09	333.07	336.04	1976
Hydrae Chaos	修都腊混杂地形	−5.9	300.03	66	2014
Hydraotes Chaos	海德拉奥特斯混杂地形	1.12	324.71	419.04	1976
Iamuna Chaos	亚穆拉混杂地形	−0.28	319.39	21.72	2006
Iani Chaos	亚尼混杂地形	−2.19	342.96	450.51	1976
Ister Chaos	伊斯特混杂地形	12.95	303.44	109.1	1985
Margaritifer Chaos	珍珠混杂地形	−9.3	338.3	383.67	1976
Nilus Chaos	尼罗斯混杂地形	25.39	283.05	283	1985
Oxia Chaos	欧克西亚混杂地形	0.22	320.13	24.12	2006
Pyrrhae Chaos	丕腊混杂地形	−10.46	331.6	162.35	1982
Xanthe Chaos	赞茜混杂地形	11.87	317.78	34.37	2006

火星深谷（Chasmata/Chasma）

英文名	中文名	纬度（°N）	经度（°E）	长度（km）	命名时间（年份）
Arsia Chasmata	阿西亚深谷	−7.47	240.65	97.06	1991
Ascraeus Chasmata	阿斯克瑞斯深谷	8.77	254.37	105.2	1991
Australe Chasma	奥斯加勒深谷	−82.35	95.03	352.61	1973
Baetis Chasma	拜提斯深谷	−4.29	295.13	92.21	1985
Boreale Chasma	北极深谷	82.54	312.36	459.88	1973
Candor Chasma	康多深谷	−6.53	289.22	810.61	1973
Capri Chasma	卡普里深谷	−8.27	317.93	1471.56	1973
Ceti Chasma	西太深谷	−5.03	291.63	49.77	1985
Coprates Chasma	科普莱特斯深谷	−13.37	299.26	958.31	1973
Echus Chasma	艾彻斯深谷	2.47	280.04	391.1	1976
Elysium Chasma	伊利瑟姆深谷	22.39	141.51	130	1985
Eos Chasma	厄俄斯深谷	−12.15	320.83	1305.69	1973
Ganges Chasma	恒河深谷	−7.96	312.11	574.08	1973
Hebes Chasma	赫伯斯深谷	−1.07	283.94	316.74	1973
Hyblaeus Chasma	修布腊诶乌丝深谷	21.98	141.26	56.61	1985
Hydrae Chasma	修都腊深谷	−6.75	297.99	55.18	1985
Ius Chasma	尤斯深谷	−7.29	275.61	839.91	1973
Juventae Chasma	尤文达深谷	−3.37	298.61	304.99	1973
Melas Chasma	梅拉斯深谷	−10.52	287.46	563.52	1973
Ophir Chasma	俄斐深谷	−4	287.65	314.71	1973
Pavonis Chasma	帕吾尼斯深谷	2.73	248.98	45.94	1991
Promethei Chasma	普罗米修斯深谷	−82.66	141.39	295.28	2006
Tithonium Chasma	提托努利林深谷	−4.6	275.71	802.78	1973
Ultimum Chasma	尤提姆深谷	−81.1	151.37	322.09	2006

火星山丘(Colles)

英文名	中文名	纬度(°N)	经度(°E)	直径(km)	命名时间(年份)
Abalos Colles	阿瓦洛斯山丘	76.83	288.35	235.83	2003
Acidalia Colles	阿西达利亚山丘	50.34	336.91	356.3	2000
Alpheus Colles	阿尔斐俄斯山丘	−39.38	61.53	633.03	1985
Arena Colles	阿雷纳山丘	24.63	82.93	580.12	1985
Ariadnes Colles	阿里阿德涅山丘	−34.5	172.78	188.01	1982
Astapus Colles	阿斯塔普斯山丘	35.46	88.08	597	1985
Avernus Colles	阿佛纳斯山丘	−1.73	171.02	238.7	1985
Candor Colles	康多山丘	−6.63	284.43	37.38	2012
Chryse Colles	克里斯山丘	8.15	318.14	48.66	2006
Nili Colles	尼利山丘	38.72	62.88	653.67	1988
Cydonia Colles	塞多尼亚山丘	39.07	347.78	362.78	2003
Deuteronilus Colles	德特罗尼鲁斯山丘	41.95	21.7	59.01	1982
Galaxias Colles	伽拉科思尔斯山丘	36.8	147.48	610.34	1985
Hydraotes Colles	海德拉奥特斯山丘	−0.02	326.32	47.5	2014
Ortygia Colles	奥提伽岛山丘	53.9	350.7	255.62	2003
Oxia Colles	欧克西亚山丘	21.24	333.73	595.24	1985
Scandia Colles	斯坎迪亚山丘	65.47	220.87	1521.68	1985
Simois Colles	西摩伊斯山丘	−37.72	183.41	86.94	2013
Syria Colles	叙利亚山丘	−13.46	259.27	630	2015
Tartarus Colles	塔耳塔洛斯山丘	21.24	175.19	1672.69	1985
Tempe Colles	坦佩山丘	33.75	277.44	34.49	1991
Ulysses Colles	尤利西斯山丘	6.14	236.91	84.81	2012

火星撞击坑（Crater）

英文名	中文名	纬度(°N)	经度(°E)	直径(km)	命名时间(年份)
Aban Crater	阿班撞击坑	15.91	111.1	4.28	1988
Achar Crater	阿查尔撞击坑	45.43	123.16	5.36	1979
Ada Crater	艾达撞击坑	−3.06	356.78	2.09	2006
Adams Crater	亚当斯撞击坑	30.91	163.1	90.22	1973
Agassiz Crater	阿加西撞击坑	−69.88	271.11	108.77	1973
Airy Crater	艾里撞击坑	−5.14	0.05	43.05	1973
Airy-0 Crater	艾里-0撞击坑	−5.07	0	0.79	2003
Ajon Crater	阿尤撞击坑	16.49	103.14	8.08	1988
Aki Crater	阿基撞击坑	−35.46	299.76	7.87	1979
Aktaj Crater	阿尔塔撞击坑	20.41	313.51	5.01	1988
Alamos Crater	阿拉莫斯撞击坑	23.48	322.88	6.44	2006
Albany Crater	阿尔巴尼撞击坑	22.96	310.98	2.15	1979
Albi Crater	阿尔必撞击坑	−41.47	324.99	9.07	1976
Alexey Tolstoy Crater	阿列克谢·托尔斯泰撞击坑	−47.44	125.34	93.04	1982
Alga Crater	阿尔加撞击坑	−24.34	333.32	18.72	1976
Alitus Crater	阿利图斯撞击坑	−34.91	321.86	50	1979
Amsterdam Crater	阿姆斯特丹撞击坑	23	313	1.66	1979
Angu Crater	安古撞击坑	20.01	105.64	2.08	1988
Aniak Crater	阿尼亚克撞击坑	−31.84	290.44	50.97	1979
Annapolis Crater	安纳波利斯撞击坑	23.16	312.27	1.11	1979
Antoniadi Crater	安东尼亚第撞击坑	21.38	60.83	400.95	1973
Apia Crater	阿皮亚撞击坑	−37.28	89.02	10.06	1991
Apt Crater	阿普特撞击坑	39.88	350.53	9.57	1976
Arago Crater	阿拉哥撞击坑	10.22	29.93	152.35	1973
Arandas Crater	阿兰达斯撞击坑	42.41	344.97	24.76	1976
Argas Crater	阿尔戈斯撞击坑	23.33	309.83	3.55	1988
Arica Crater	阿里卡撞击坑	−23.8	110.24	15.77	1991
Arima Crater	阿里马撞击坑	−15.84	296.32	53.59	2012
Arkhangelsky Crater	阿尔汉格尔斯基撞击坑	−41.09	335.21	116.83	1979
Arrhenius Crater	阿伦尼乌斯撞击坑	−40.04	122.71	122.72	1973
Arta Crater	阿尔塔撞击坑	21.38	305.71	3.96	1988
Artik Crater	阿缇可撞击坑	−34.8	130.98	5.36	2013
Asau Crater	阿绍撞击坑	−3.63	154.68	25.05	2013
Asimov Crater	阿西莫夫撞击坑	−46.97	4.93	80.82	2009
Aspen Crater	阿斯彭撞击坑	−21.39	336.85	18.48	1976

（续表）

英文名	中文名	纬度(°N)	经度(°E)	直径(km)	命名时间(年份)
Auce Crater	奥采撞击坑	−27.17	80.14	37.01	2014
Avarua Crater	阿瓦鲁阿撞击坑	−35.93	109.66	49.99	2010
Aveiro Crater	阿威罗撞击坑	21.28	281.03	9.11	1985
Avire Crater	维尔撞击坑	−40.82	200.24	6.85	2008
Ayacucho Crater	阿亚库乔撞击坑	38.18	267.97	2.59	1991
Ayr Crater	埃尔撞击坑	−38.98	91.58	12.74	1991
Azul Crater	阿苏尔撞击坑	−42.07	317.49	19.53	1976
Azusa Crater	阿苏萨撞击坑	−5.48	319.68	39.25	1976
Babakin Crater	巴贝金撞击坑	−36	288.56	76.66	1985
Bacht Crater	巴赫撞击坑	18.66	102.7	7.86	1976
Bacolor Crater	贝克鲁撞击坑	32.99	118.6	21.58	2006
Bada Crater	巴达撞击坑	20.35	309.31	2.52	1988
Badwater Crater	巴德沃特撞击坑	−32.79	62.14	33.14	2015
Bahn Crater	巴恩撞击坑	−3.5	316.68	11.93	1976
Bak Crater	包克撞击坑	18.05	103.78	3.13	1988
Bakhuysen Crater	贝克豪斯撞击坑	−22.97	15.73	152.9	1973
Balboa Crater	巴尔博亚撞击坑	−3.82	326.12	21.95	1976
Baldet Crater	巴尔德特撞击坑	22.76	65.48	181.31	1973
Balta Crater	巴尔塔撞击坑	−23.82	333.45	17.28	1976
Baltisk Crater	波罗的斯克撞击坑	−42.27	305.34	50.75	1976
Balvicar Crater	博尔维卡撞击坑	16.2	306.76	20.35	1988
Bamba Crater	班巴撞击坑	−3.36	318.41	22.57	1976
Bamberg Crater	班贝格撞击坑	39.71	356.9	55.7	1976
Banff Crater	班夫撞击坑	17.51	329.29	5	1976
Banh Crater	班撞击坑	19.42	304.5	14.4	1976
Bar Crater	巴尔撞击坑	−25.25	340.5	2.06	1976
Barabashov Crater	巴拉巴晓夫撞击坑	47.33	291.25	120.67	1973
Barnard Crater	巴纳德撞击坑	−61.06	61.59	121.11	1973
Baro Crater	巴罗撞击坑	−24.8	110.7	16.93	1991
Barsukov Crater	巴索科夫撞击坑	7.97	330.98	68.45	2003
Basin Crater	贝森撞击坑	17.82	107	15.53	1976
Batoka Crater	巴托卡撞击坑	−7.55	323.35	14.96	1976
Batoş Crater	巴托什撞击坑	21.5	330.5	17.33	1976
Baucau Crater	包考撞击坑	−28.37	304.9	17.94	2012
Baykonyr Crater	拜科努尔撞击坑	46.41	132.68	3.9	1979
Bazas Crater	巴扎斯撞击坑	−27.78	93.38	16.43	1991

（续表）

英文名	中文名	纬度(°N)	经度(°E)	直径(km)	命名时间(年份)
Becquerel Crater	贝克勒耳撞击坑	21.89	352.06	165.23	1973
Beer Crater	贝尔撞击坑	−14.47	351.83	85.5	1973
Beloha Crater	贝卢哈撞击坑	−39.58	56.71	31.74	2006
Beltra Crater	贝尔特拉撞击坑	18.01	102.4	7.17	1988
Belyov Crater	别廖夫撞击坑	−45.02	201.99	0.2	2013
Belz Crater	贝尔兹撞击坑	21.57	316.77	10.21	1976
Bend Crater	本德撞击坑	−22.4	332.26	3.7	1976
Bentham Crater	本瑟姆撞击坑	−55.78	319.45	11.36	1991
Bentong Crater	文冬撞击坑	−22.31	340.96	10.32	1976
Bernard Crater	伯纳德撞击坑	−23.24	205.79	128.1	1985
Berseba Crater	贝尔塞巴撞击坑	−4.4	322.4	36.83	1976
Beruri Crater	贝鲁里撞击坑	5.27	81.24	45.12	2006
Betio Crater	贝蒂欧撞击坑	−23.13	281.35	32.44	2013
Bhor Crater	波尔撞击坑	41.75	134.53	5.73	1979
Bianchini Crater	比昂希尼撞击坑	−63.85	264.71	70.71	1973
Bigbee Crater	比格比撞击坑	−24.78	325.25	20.86	1976
Bira Crater	比拉撞击坑	25.1	314.46	2.7	1988
Bise Crater	备濑撞击坑	20.22	303.17	9.21	1976
Bison Crater	拜森撞击坑	−26.31	330.85	15.28	1976
Bjerknes Crater	比耶克内斯撞击坑	−43.01	171.48	88.64	1973
Bland Crater	布兰德撞击坑	18.3	108.76	6.63	1988
Bled Crater	布莱德撞击坑	21.58	328.54	7.69	1976
Blitta Crater	布利塔撞击坑	−25.9	339.04	12.95	1976
Blois Crater	布洛瓦撞击坑	23.6	304.15	11.58	1976
Bluff Crater	布拉夫撞击坑	23.47	110.03	6.75	1976
Blunck Crater	布隆克撞击坑	−27.23	323.1	66.49	2013
Boeddicker Crater	贝克撞击坑	−14.82	162.49	107.12	1973
Bogia Crater	博吉亚撞击坑	−44.31	83.27	37.68	2008
Bogra Crater	博格拉撞击坑	−24.16	331.2	21.31	1976
Bok Crater	博克撞击坑	20.58	328.4	7.34	1976
Bole Crater	博莱撞击坑	25.35	306.01	8.54	1976
Bombala Crater	邦巴拉撞击坑	−27.6	106.13	37.14	1991

（续表）

英文名	中文名	纬度(°N)	经度(°E)	直径(km)	命名时间(年份)
Bond Crater	邦德撞击坑	−32.79	324.06	104.69	1973
Bonestell Crater	博尼斯泰尔撞击坑	42	329.61	40.67	1997
Boola Crater	博拉撞击坑	81.26	254.81	17.25	2006
Bopolu Crater	博波卢撞击坑	−2.96	353.7	18.89	2006
Bor Crater	博尔撞击坑	18.17	326.32	4.28	1976
Bordeaux Crater	波尔多撞击坑	23.13	311.11	2.01	1979
Boru Crater	博鲁撞击坑	−24.34	332.13	10.87	1976
Bouguer Crater	布盖撞击坑	−18.46	27.27	107.78	1973
Boulia Crater	波里亚撞击坑	−22.89	111.32	9.99	1991
Bozkir Crater	博兹克尔撞击坑	−44.14	327.82	79.89	1976
Brashear Crater	布拉希尔撞击坑	−53.81	240.97	77.45	1973
Bree Crater	布雷撞击坑	37.64	149.63	28.79	2014
Bremerhaven Crater	不来梅哈芬撞击坑	23.7	311.36	2.69	1979
Briault Crater	布里奥特撞击坑	−9.98	89.68	93.06	1973
Bridgetown Crater	布里奇顿撞击坑	21.9	312.92	1.57	1979
Bristol Crater	布里斯托尔撞击坑	22.09	313.07	3	1979
Broach Crater	布罗奇撞击坑	23.51	303.11	11.31	1976
Bronkhorst Crater	布鲁克豪斯特撞击坑	−10.7	304.79	17.75	2006
Brush Crater	布拉什撞击坑	21.7	111.34	6.49	1976
Bulhar Crater	布尔哈尔撞击坑	50.36	134.52	18.24	1979
Bunge Crater	邦奇撞击坑	−33.82	311.41	70.83	1979
Burroughs Crater	巴勒斯撞击坑	−72.29	117.1	112.69	1973
Burton Crater	伯顿撞击坑	−13.88	203.67	119.26	1973
Buta Crater	布塔撞击坑	−23.25	327.59	11.27	1979
Butte Crater	巴特撞击坑	−5.08	321.09	12.55	1976
Byala Crater	比亚拉撞击坑	−25.73	293.53	26.23	2013
Byrd Crater	伯德撞击坑	−65.22	127.83	123.27	1976
Byske Crater	比斯克撞击坑	−4.97	326.05	12.56	1976
Cádiz Crater	加的斯撞击坑	23.15	310.97	1.38	1979
Cairns Crater	凯恩斯撞击坑	23.56	312.54	8.73	1976
Calahorra Crater	卡拉奥拉撞击坑	26.46	321.35	34.22	1997
Calamar Crater	卡拉马尔撞击坑	18.27	305.13	7.21	1988
Calbe Crater	卡尔伯撞击坑	−25.14	331.13	13.14	1976
Camargo Crater	卡马戈撞击坑	17.7	109.64	4.77	1988
Camichel Crater	卡米歇尔撞击坑	2.26	308.39	65.26	2012
Camiling Crater	卡米灵撞击坑	−0.71	322	21.91	1976
Camiri Crater	卡米里撞击坑	−44.65	317.83	31.36	1976
Campbell Crater	坎贝尔撞击坑	−54.25	165.58	125.26	1973

（续表）

英文名	中文名	纬度(°N)	经度(°E)	直径(km)	命名时间(年份)
Campos Crater	坎普斯撞击坑	−21.8	332.19	8.25	1976
Can Crater	恰恩撞击坑	48.21	345.41	8.62	1976
Canala Crater	卡纳拉撞击坑	24.35	279.92	12	2011
Cañas Crater	卡尼亚斯撞击坑	−31.19	89.86	41.52	1991
Canaveral Crater	卡纳维拉尔撞击坑	46.83	135.83	3.18	1979
Canberra Crater	堪培拉撞击坑	47.2	132.66	3.1	1979
Cangwu Crater	苍梧撞击坑	41.85	270.41	13.64	1991
Canillo Crater	卡尼略撞击坑	10.23	116.48	33.93	2009
Cankuzo Crater	坎库佐撞击坑	−19.42	52.03	48.45	2010
Canso Crater	坎索撞击坑	21.36	299.38	26.42	1988
Cantoura Crater	坎图尔撞击坑	14.84	308.28	51.59	1988
Capen Crater	卡彭撞击坑	6.58	14.31	68.99	2008
Cartago Crater	卡塔戈撞击坑	−23.25	342.03	36.57	1976
Cassini Crater	卡西尼撞击坑	23.35	32.11	408.23	1973
Castril Crater	卡斯特里尔撞击坑	−14.7	175.3	2.19	2006
Cave Crater	凯夫撞击坑	21.61	324.36	8.2	1976
Caxias Crater	卡希亚斯撞击坑	−28.95	259.32	25.88	1991
Cayon Crater	卡永撞击坑	−35.93	113.62	27.31	2012
Cefalù Crater	切法卢撞击坑	23.64	321.11	5.53	2006
Cerulli Crater	森努尼撞击坑	32.2	22.12	114.28	1973
Chafe Crater	查费撞击坑	15.1	102.41	4.67	1988
Chaman Crater	杰曼撞击坑	−60.86	50.96	47.92	2006
Chamberlin Crater	钱伯林撞击坑	−65.84	235.71	120.25	1973
Changsŏng Crater	长城撞击坑	23.47	302.66	33.54	1976
Chapais Crater	沙佩撞击坑	−22.35	339.45	36.67	1976
Charleston Crater	查尔斯顿撞击坑	22.63	312.2	1.96	1979
Charlier Crater	沙利叶撞击坑	−68.56	191.53	106.28	1973
Charlieu Crater	沙尔略撞击坑	38.15	276.01	18.63	1991
Chatturat Crater	乍都拉撞击坑	35.38	265.06	7.84	1991
Chauk Crater	稍埠撞击坑	23.35	304.09	9.97	1976
Cheb Crater	海布撞击坑	−24.2	340.56	8.28	1976
Chefu Crater	谢富撞击坑	−22.91	112.24	11.27	1991
Chekalin Crater	切卡林撞击坑	−24.28	333.19	87.78	1976
Chia Crater	奇亚撞击坑	1.57	300.35	91.91	1985
Chimbote Crater	钦博特撞击坑	−1.42	320.32	62.86	1976

（续表）

英文名	中文名	纬度(°N)	经度(°E)	直径(km)	命名时间(年份)
Chincoteague Crater	钦科蒂格撞击坑	41.2	124.12	34.03	1979
Chinju Crater	晋州撞击坑	−4.52	317.86	65.71	1976
Chinook Crater	奇努克撞击坑	22.5	304.54	18.1	1976
Chive Crater	奇韦撞击坑	21.68	303.99	9.1	1976
Choctaw Crater	查克托撞击坑	−41.19	322.76	23.96	1976
Chom Crater	卓木撞击坑	38.57	357.48	5.58	1976
Choyr Crater	乔伊尔撞击坑	−32.43	18.72	36.42	2015
Chupadero Crater	丘帕德罗撞击坑	6.13	83.43	8.04	2006
Chur Crater	库尔撞击坑	16.93	330.69	4.39	1976
Circle Crater	瑟克尔撞击坑	−22.17	334.47	11.8	1976
Clark Crater	克拉克撞击坑	−55.14	226.8	97.5	1973
Clogh Crater	克洛赫撞击坑	20.56	312.33	11.2	1976
Clova Crater	克洛瓦撞击坑	21.47	307.95	7.75	1988
Cluny Crater	克吕尼撞击坑	−23.86	332.7	14.84	1976
Cobalt Crater	科博尔特撞击坑	−25.79	332.97	10.53	1976
Coblentz Crater	科布伦茨撞击坑	−54.9	269.69	101.75	1973
Cobres Crater	科夫雷斯撞击坑	−11.7	206.4	93.76	1985
Coimbra Crater	科英布拉撞击坑	4.18	354.69	34.53	2008
Colón Crater	科隆撞击坑	22.75	312.93	1.36	1979
Columbus Crater	哥伦布撞击坑	−29.29	194.02	112.6	1976
Comas Sola Crater	科马斯–索拉撞击坑	−19.59	201.49	120.24	1973
Conches Crater	孔什撞击坑	−4.22	325.8	20.89	1976
Concord Crater	康科德撞击坑	16.53	325.98	20.46	1976
Cooma Crater	库马撞击坑	−23.69	251.65	17.85	1991
Copernicus Crater	哥白尼撞击坑	−48.84	191.17	301.83	1973
Corby Crater	科比撞击坑	42.88	137.56	6.62	1979
Corinto Crater	科林图撞击坑	16.95	141.71	13.69	2008
Corozal Crater	科罗萨尔撞击坑	−38.79	159.42	8.33	2011
Cost Crater	科斯特撞击坑	14.98	104.02	11.07	1976
Cray Crater	克雷撞击坑	44.1	343.88	6.98	1976
Creel Crater	克里尔撞击坑	−6.05	321.15	9.19	1976
Crewe Crater	克鲁撞击坑	−24.84	340.47	3.68	1976
Crivitz Crater	克里维茨撞击坑	−14.55	174.79	6.19	2003
Crommelin Crater	克罗姆林撞击坑	5.08	349.86	110.08	1973
Cross Crater	克罗斯撞击坑	−30.2	202.31	66.57	2009

（续表）

英文名	中文名	纬度(°N)	经度(°E)	直径(km)	命名时间(年份)
Crotone Crater	克罗托内撞击坑	82.21	290.69	6.28	2006
Cruls Crater	库尔斯撞击坑	−42.91	163.03	87.89	1973
Cruz Crater	科鲁兹撞击坑	38.46	358.03	5.33	1976
Cue Crater	库伊撞击坑	−35.84	93.23	10.54	1991
Culter Crater	库尔特撞击坑	−8.84	306.07	4.87	2006
Curie Crater	居里撞击坑	28.78	355.25	111.11	1973
Cypress Crater	赛普瑞斯撞击坑	−47.28	312.65	14.67	1976
Daan Crater	大安撞击坑	−40.48	91.58	12.22	1991
Daet Crater	达特撞击坑	−7.29	318.2	10.58	1976
Daly Crater	达利撞击坑	−66.29	336.88	79.72	1973
Dana Crater	丹纳撞击坑	−72.49	327.21	88.49	1973
Danielson Crater	丹尼尔森撞击坑	7.97	352.95	64.3	2009
Dank Crater	丹克撞击坑	21.96	107	8.29	1976
Darvel Crater	达弗尔撞击坑	17.78	308.99	22.36	1988
Darwin Crater	达尔文撞击坑	−56.97	340.85	176.38	1973
Davies Crater	戴维斯撞击坑	45.96	0.09	48.06	2006
Da Vinci Crater	达芬奇撞击坑	1.47	320.74	96.3	1973
Dawes Crater	道斯撞击坑	−9.11	38.06	185.32	1973
Deba Crater	德巴撞击坑	−23.95	342.7	8.8	1976
Dein Crater	邓恩撞击坑	38.21	357.49	25.52	1976
Dejnev Crater	迭日涅夫撞击坑	−25.14	195.36	152.09	1985
Delta Crater	德尔塔撞击坑	−45.96	320.83	7.89	1976
Denning Crater	丹宁撞击坑	−17.43	33.52	159.71	1973
Dersu Crater	德尔苏撞击坑	22.64	308.11	5.88	1988
Dese Crater	德塞撞击坑	−45.41	329.39	13.14	1976
Deseado Crater	德塞亚多撞击坑	−80.62	70.29	27	2006
Dessau Crater	德绍撞击坑	−42.76	306.87	9.95	1976
de Vaucouleurs Crater	德沃库勒尔撞击坑	−13.31	171	302.27	2000
Dia-Cau Crater	迪阿考撞击坑	−0.36	317.34	29.47	1976
Dilly Crater	帝力撞击坑	13.27	157.22	2.13	2006
Dingo Crater	丁戈撞击坑	−23.71	342.51	15.56	1976
Dinorwic Crater	迪诺威克撞击坑	−30.03	258.54	51.33	1991
Dison Crater	迪松撞击坑	−25.03	343.5	20.67	1976
Dixie Crater	迪西撞击坑	17.78	304.09	28.44	1988
Doba Crater	多巴撞击坑	10.92	119.62	25.89	2009

（续表）

英文名	中文名	纬度(°N)	经度(°E)	直径(km)	命名时间(年份)
Dogana Crater	多加纳撞击坑	−10.01	306.33	41.2	2011
Dokka Crater	多卡撞击坑	77.17	214.24	51.1	2006
Dokuchaev Crater	多库恰耶夫撞击坑	−60.62	232.92	74.74	1982
Dollfus Crater	多尔弗斯撞击坑	−21.59	355.74	363.08	2013
Domoni Crater	多米尼撞击坑	51.38	234.39	13.82	2012
Doon Crater	杜恩撞击坑	23.53	109.51	3.79	1988
Douglass Crater	道格拉斯撞击坑	−51.34	289.46	92.95	1973
Dowa Crater	多瓦撞击坑	−31.66	110.24	40.84	2010
Downe Crater	唐尼撞击坑	−15.98	175.78	28.13	2003
Dromore Crater	德罗莫尔撞击坑	19.88	310.42	14.75	1976
Dubki Crater	杜布基撞击坑	−34.97	304.8	9.19	1979
Dukhan Crater	杜汉撞击坑	7.76	320.86	34.04	2012
Dulovo Crater	杜洛沃撞击坑	3.62	84.56	17.38	2006
Du Martheray Crater	毛里斯撞击坑	5.45	93.58	96.12	1973
Dunhuang Crater	敦煌撞击坑	−80.84	311.47	11.73	1991
Dush Crater	杜什撞击坑	22.49	305.98	2.39	1988
Du Toit Crater	托伊特撞击坑	−71.62	310.4	81.82	1973
Dzeng Crater	丹曾撞击坑	−80.51	289.53	10.88	1991
Eads Crater	伊兹撞击坑	−28.48	330.09	2.74	1976
Eagle Crater	鹰撞击坑	43.81	351.83	12.5	1976
Eberswalde Crater	埃伯尔斯维德撞击坑	−23.98	326.7	62.19	2006
Echt Crater	埃赫特撞击坑	−21.97	331.81	2.15	1976
Edam Crater	埃丹撞击坑	−26.28	339.96	19.49	1976
Eddie Crater	埃迪撞击坑	12.32	142.2	86.38	1973
Eger Crater	埃格河撞击坑	−48.29	308.13	12.25	1976
Ehden Crater	埃登撞击坑	8.23	119.01	57.4	2009
Eil Crater	伊尔撞击坑	41.73	350.26	5.56	1976
Eilat Crater	埃拉特撞击坑	−56.53	50.2	29.7	2006
Ejriksson Crater	伊瑞克森撞击坑	−19.2	186.17	46.63	1967
Elath Crater	伊拉思撞击坑	45.87	346.4	13.23	1976
Elim Crater	伊利姆撞击坑	−80.17	96.8	43.63	2006
Ellsley Crater	伊尔斯勒撞击坑	36.29	276.7	10.94	1991
Elorza Crater	埃洛萨撞击坑	−8.76	304.79	45.16	2006
Ely Crater	伊莱撞击坑	−23.62	332.7	10.43	1976
Endeavour Crater	奋斗撞击坑	−2.28	354.8	21.78	2008

英文名	中文名	纬度(°N)	经度(°E)	直径(km)	命名时间(年份)
Escalante Crater	伊斯克兰特撞击坑	0.19	115.39	75.26	1973
Escorial Crater	埃斯科瑞尔撞击坑	76.89	304.96	22.24	1991
Esira Crater	埃西拉撞击坑	8.96	313.39	16.26	2014
Esk Crater	埃斯科撞击坑	45.21	352.98	3.67	1976
Espino Crater	埃斯皮诺撞击坑	−19.69	110.34	12.05	1991
Eudoxus Crater	欧多克索斯撞击坑	−44.52	212.78	98.51	1973
Evpatoriya Crater	叶夫帕托里亚撞击坑	46.95	134.36	1.04	1979
Faith Crater	信念撞击坑	42.92	348.17	5.3	1976
Falun Crater	法伦撞击坑	−23.96	335.33	10.01	1976
Fancy Crater	凡西撞击坑	−35.45	113.6	49.44	2012
Faqu Crater	法库撞击坑	−24.54	106.34	12.25	1991
Farim Crater	法里姆撞击坑	−44.31	139.28	3.92	2013
Fastov Crater	法斯托夫撞击坑	−25.04	339.63	11.12	1976
Fenagh Crater	费纳撞击坑	34.29	144.37	6.22	1991
Fesenkov Crater	费先科夫撞击坑	21.66	273.47	87.38	1973
Firsoff Crater	菲尔索夫撞击坑	2.73	350.63	90	2010
Fitzroy Crater	菲兹罗伊撞击坑	−35.69	112.06	38.17	2010
Flammarion Crater	弗拉马利翁撞击坑	25.22	48.28	173.7	1973
Flat Crater	弗拉特撞击坑	−25.42	340.45	3.04	1976
Flaugergues Crater	福楼日阁撞击坑	−16.8	19.22	236.06	1973
Floq Crater	弗洛克撞击坑	14.94	107.16	2.55	1988
Flora Crater	弗洛拉撞击坑	−44.67	308.55	18.31	1976
Focas Crater	福卡斯撞击坑	33.56	12.75	72.02	1973
Fontana Crater	冯塔纳撞击坑	−62.91	287.88	80.06	1973
Foros Crater	福洛斯撞击坑	−33.4	332.13	24.54	1979
Fournier Crater	福尼尔撞击坑	−4.3	72.64	114.28	1973
Freedom Crater	自由撞击坑	43.36	351.02	12.74	1976
Funchal Crater	丰沙尔撞击坑	22.98	310.56	1.62	1979
Gaan Crater	加安撞击坑	38.66	356.6	3.01	1976
Gagra Crater	加格拉撞击坑	−20.64	337.9	13.41	1976
Gah Crater	加阿撞击坑	−44.69	327.36	2.78	1976
Galap Crater	加拉普撞击坑	−37.66	192.93	5.99	2009
Galdakao Crater	盖达口撞击坑	−13.34	176.63	33.44	2003
Gale Crater	盖尔撞击坑	−5.37	137.81	154.08	1991
Gali Crater	加利撞击坑	−43.75	322.81	25.86	1976

（续表）

英文名	中文名	纬度(°N)	经度(°E)	直径(km)	命名时间(年份)
Galilaei Crater	加利利撞击坑	5.72	333.09	137.17	1973
Galle Crater	加勒撞击坑	−50.63	329	223.53	1973
Galu Crater	加卢撞击坑	−22.08	338.33	13.57	1976
Gamboa Crater	甘博阿撞击坑	40.77	315.64	30.82	2006
Gan Crater	甘恩撞击坑	61.72	229	20.63	2013
Gander Crater	甘德撞击坑	−31.26	94.22	36.08	1991
Gandu Crater	甘杜撞击坑	−45.38	312.72	9.49	1976
Gandzani Crater	甘达里撞击坑	34.24	269.17	51.91	1991
Gardo Crater	加多撞击坑	−26.67	335.23	15.53	1976
Gari Crater	加里撞击坑	−35.88	288.77	9.43	1979
Garm Crater	加蒙撞击坑	48.25	350.94	4.8	1976
Garni Crater	加尼撞击坑	−11.52	290.31	2.57	2015
Gasa Crater	加莎撞击坑	−35.72	129.4	7.03	2009
Gastre Crater	加斯特雷撞击坑	24.61	112.53	7.1	1976
Gilbert Crater	吉尔伯特撞击坑	−68	86.08	121.34	1973
Gill Crater	吉尔撞击坑	15.76	5.55	83.17	1973
Glazov Crater	格拉佐夫撞击坑	−20.62	333.41	22.02	1976
Gledhill Crater	格莱德希尔撞击坑	−53.17	87.1	78.47	1973
Glendore Crater	格棱多撞击坑	18.34	308.33	8.23	1988
Glide Crater	格莱德撞击坑	−8.13	316.82	9.85	1976
Globe Crater	格洛布撞击坑	−23.68	332.65	50.74	1976
Goba Crater	戈巴撞击坑	−23.22	338.99	10.9	1976
Goff Crater	戈夫撞击坑	23.26	104.86	7.95	1976
Gol Crater	高尔撞击坑	47.15	349.36	9.53	1976
Gold Crater	高德撞击坑	20.03	328.76	8.91	1976
Golden Crater	戈尔登撞击坑	−22.01	326.51	19.59	1976
Goldstone Crater	金石撞击坑	47.77	134.58	1.03	1979
Gori Crater	哥里撞击坑	−22.95	331.17	6.43	1979
Graff Crater	格拉夫撞击坑	−21.18	153.81	154.49	1973
Gratteri Crater	格拉泰里撞击坑	−17.71	199.94	7.56	2006
Greeley Crater	格里利撞击坑	−36.79	3.92	457.45	2015
Green Crater	格林撞击坑	−52.3	351.46	182.07	1973
Greg Crater	格雷戈撞击坑	−38.59	112.89	68.12	2010
Grindavik Crater	蓝湖撞击坑	25.4	321.01	11.71	2006
Gringauz Crater	格伦瓜支撞击坑	−20.67	324.3	71.02	2013

英文名	中文名	纬度(°N)	经度(°E)	直径(km)	命名时间(年份)
Grójec Crater	哥杰克撞击坑	−21.47	329.16	37.31	1976
Groves Crater	格罗夫斯撞击坑	−4.06	315.45	10.27	1976
Guaymas Crater	瓜伊马斯撞击坑	25.66	314.97	20.12	1976
Guir Crater	吉尔撞击坑	−21.54	339.5	18.2	1976
Gulch Crater	古勒克撞击坑	15.85	109.02	8.32	1976
Gunjur Crater	贡朱尔撞击坑	−0.17	146.66	26.85	2013
Gunnison Crater	甘尼森撞击坑	−43.67	102.92	39.57	2003
Gusev Crater	古谢夫撞击坑	−14.53	175.52	158.12	1976
Gwash Crater	高瓦西撞击坑	38.96	356.84	4.75	1976
Hadley Crater	哈德利撞击坑	−19.26	156.97	115.46	1973
Halba Crater	哈巴撞击坑	−26.01	303.86	31.41	2013
Haldane Crater	霍尔丹撞击坑	−52.75	129.26	76.75	1973
Hale Crater	黑尔撞击坑	−35.69	323.64	137.31	1973
Halley Crater	哈雷撞击坑	−48.34	300.73	83.72	1973
Ham Crater	哈蒙撞击坑	−44.67	327.5	1.59	1976
Hamaguir Crater	哈马吉尔撞击坑	48.68	132.51	0.82	1979
Hamelin Crater	哈梅林撞击坑	20.25	327.25	9.74	1976
Handlová Crater	哈德瓦撞击坑	37.69	271.41	4.39	1991
Haraḍ Crater	哈德撞击坑	−27.46	331.99	8.06	1976
Hargraves Crater	哈格雷夫斯撞击坑	20.74	75.74	60.28	2006
Harris Crater	哈里斯撞击坑	−21.9	66.81	81.56	2010
Hartwig Crater	哈特维希撞击坑	−38.66	344.14	99.33	1973
Hashir Crater	哈希尔撞击坑	3.19	85.01	16.15	2006
Heaviside Crater	海维赛德撞击坑	−70.5	264.78	83.28	1973
Heimdal Crater	喜姆达尔撞击坑	68.33	235.44	10.49	2008
Heinlein Crater	海因莱因撞击坑	−64.48	116.31	85.34	1994
Helmholtz Crater	亥姆霍兹撞击坑	−45.4	338.73	111.26	1973
Henbury Crater	亨伯里撞击坑	−63.49	212.27	25.36	2007
Henry Crater	亨利撞击坑	10.79	23.45	167.57	1973
Henry Moore Crater	亨利穆尔撞击坑	−59.72	53.9	65.47	2006
Herculaneum Crater	赫库兰尼姆撞击坑	19.31	301.35	34.71	1988
Herschel Crater	赫歇尔撞击坑	−14.48	129.89	297.92	1973
Hipparchus Crater	喜帕恰斯撞击坑	−44.45	208.8	94.81	1973
Hīt Crater	赫特撞击坑	47.06	138.35	7.09	1979
Holden Crater	霍尔顿撞击坑	−26.04	325.98	152.66	1973

（续表）

英文名	中文名	纬度(°N)	经度(°E)	直径(km)	命名时间(年份)
Holmes Crater	霍姆斯撞击坑	−74.86	66.55	114.06	1973
Honda Crater	本田撞击坑	−22.4	343.6	9.26	1976
Hooke Crater	胡克撞击坑	−44.92	315.6	137.65	1973
Hope Crater	霍普撞击坑	44.84	349.7	7.26	1976
Horowitz Crater	霍洛维茨撞击坑	−32.06	140.75	64.9	2009
Houston Crater	休斯敦撞击坑	48.23	135.95	1.98	1979
Hsūanch'eng Crater	休切恩撞击坑	46.72	132.69	1.99	1979
Huancayo Crater	万卡约撞击坑	−3.64	320.23	24.34	1976
Huggins Crater	哈金斯撞击坑	−49.04	155.84	82.64	1973
Hunten Crater	亨滕撞击坑	−39.18	23.69	82.44	2015
Hussey Crater	赫西撞击坑	−53.32	233.41	99.71	1973
Hutton Crater	赫顿撞击坑	−71.63	104.6	91.74	1973
Huxley Crater	赫胥黎撞击坑	−62.67	100.77	106.52	1973
Huygens Crater	惠更斯撞击坑	−13.88	55.58	467.25	1973
Iazu Crater	伊竹撞击坑	−2.71	354.82	6.83	2006
Ibragimov Crater	伊布拉基莫夫撞击坑	−25.43	300.43	86.77	1982
Igal Crater	伊高尔撞击坑	−20.09	110.9	8.83	1991
Ikej Crater	伊克杰撞击坑	20.96	112.5	4.51	1988
Imgr Crater	伊蒙哥撞击坑	19.12	111.18	3.42	1988
Innsbruck Crater	因斯布鲁克撞击坑	−6.39	320.04	59	1976
Ins Crater	因斯撞击坑	24.49	108.9	2.78	1988
Inta Crater	因塔撞击坑	−24.36	334.9	16.12	1976
Inuvik Crater	伊努维克撞击坑	78.59	331.68	20.52	1988
Irbit Crater	伊尔比特撞击坑	−24.34	335.09	12.73	1976
Irharen Crater	伊哈仁撞击坑	34.49	140.82	6.48	1991
Isil Crater	伊里撞击坑	−27.02	87.93	77.12	1991
Istok Crater	伊斯托克撞击坑	−45.1	274.18	4.82	2014
Izendy Crater	伊仁德撞击坑	−28.88	258.56	22.26	1991
Jal Crater	亚尔撞击坑	−26.25	331.24	4.81	1976
Jama Crater	亚马撞击坑	21.39	306.82	2.9	1988
Jampur Crater	占浦撞击坑	38.71	278.45	27.9	1991
Janssen Crater	詹森撞击坑	2.69	37.61	153.63	1973
Jarry-Desloges Crater	亚里-德洛热撞击坑	−9.37	83.85	93.36	1973
Jeans Crater	琼斯撞击坑	−69.64	154.18	73.6	1973
Jen Crater	珍撞击坑	39.88	349.43	8.88	1976

（续表）

英文名	中文名	纬度(°N)	经度(°E)	直径(km)	命名时间(年份)
Jezero Crater	耶泽洛撞击坑	18.41	77.69	47.52	2007
Jezža Crater	杰札撞击坑	−48.42	322.08	9.22	1976
Jijiga Crater	日日亚河撞击坑	25.11	306.05	16.16	1976
Jodrell Crater	乔德雷尔撞击坑	47.47	132.3	3.02	1979
Johannesburg Crater	约翰内斯堡撞击坑	47.92	133.19	1.22	1979
Johnstown Crater	约翰斯敦撞击坑	−9.8	308.93	3.36	2006
Jojutla Crater	乔朱塔撞击坑	81.59	190.2	19.32	2006
Joly Crater	乔利撞击坑	−74.5	317.31	76.99	1973
Jones Crater	琼斯撞击坑	−18.88	340.17	90.11	1973
Jörn Crater	耶恩撞击坑	−27.19	76.43	20.47	2006
Jumla Crater	久姆拉撞击坑	−21.29	86.44	49.23	2006
Kachug Crater	卡丘格撞击坑	18.15	107.59	4.86	1988
Kagoshima Crater	鹿儿岛撞击坑	47.32	135.73	1.32	1979
Kagul Crater	卡胡尔撞击坑	−23.73	340.97	9.13	1976
Kāid Crater	海道撞击坑	−4.46	315.3	7.67	1976
Kaiser Crater	凯撒撞击坑	−46.19	19.11	201.67	1973
Kaj Crater	卡伊撞击坑	−27.05	330.61	1.83	1976
Kakori Crater	卡科里撞击坑	−41.49	330.15	28.09	1976
Kalba Crater	卡尔巴撞击坑	−5.89	154.83	14.15	2013
Kaliningrad Crater	加里宁格勒撞击坑	48.47	134.96	1.47	1979
Kalocsa Crater	考洛乔撞击坑	6.92	353.05	34.15	2008
Kamativi Crater	卡马蒂维撞击坑	−20.5	99.99	58.81	1991
Kamloops Crater	甘露市撞击坑	−53.45	327.4	63.96	1991
Kamnik Crater	卡姆尼克撞击坑	−37.21	198.21	10.37	2009
Kampot Crater	贡布撞击坑	−41.78	314.41	13.23	1976
Kanab Crater	卡纳布撞击坑	−27.2	341	14.55	1976
Kandi Crater	康迪撞击坑	−32.75	122.1	8.24	2009
Kansk Crater	坎斯克撞击坑	−20.52	342.73	33.35	1976
Kantang Crater	干当撞击坑	−24.44	342.42	52.44	1976
Karpinsk Crater	卡尔平斯克撞击坑	−45.57	327.85	28.84	1976
Karshi Crater	卡尔希撞击坑	−23.28	340.68	21.52	1976
Kartabo Crater	卡塔波撞击坑	−40.85	307.54	19.41	1976
Karzok Crater	卡罗克撞击坑	18.4	228.26	15.29	2006
Kasabi Crater	卡萨比撞击坑	−27.77	89.06	41.09	1991
Kashira Crater	卡希拉撞击坑	−27.09	341.69	65.8	1976

（续表）

英文名	中文名	纬度(°N)	经度(°E)	直径(km)	命名时间(年份)
Kasimov Crater	卡西莫夫撞击坑	−24.63	337.06	87.18	1976
Kasra Crater	卡斯拉撞击坑	21.98	103.63	3.46	1988
Katoomba Crater	卡通巴撞击坑	−79.01	127.81	51.24	2006
Kaup Crater	考普撞击坑	22.63	326.84	3.21	1976
Kaw Crater	科镇撞击坑	16.4	104.28	10.72	1976
Kayne Crater	凯恩撞击坑	−15.5	173.56	33.82	1997
Keeler Crater	基勒撞击坑	−60.69	208.76	90.19	1973
Kem' Crater	凯姆撞击坑	−44.94	327.03	3.62	1976
Kepler Crater	开普勒撞击坑	−46.69	140.98	228.24	1973
Keren Crater	克伦撞击坑	20.98	337.5	28.63	2012
Keul' Crater	库尔撞击坑	45.99	122.23	5.81	1979
Khanpur Crater	坎布尔撞击坑	20.73	102	2.68	1988
Kholm Crater	霍尔姆撞击坑	−7.21	318	11.08	1976
Khurli Crater	霍夫里撞击坑	−20.94	112.96	8.78	1991
Kibuye Crater	基布耶撞击坑	−29.13	181.82	7.14	2010
Kifrī Crater	基夫里撞击坑	−45.64	305.69	13.89	1976
Kimry Crater	基姆雷撞击坑	−20.14	343.68	20.64	1976
Kin Crater	金斯敦撞击坑	20.2	326.62	8.1	1976
Kinda Crater	金达撞击坑	−25.69	254.85	14.04	1991
Kingston Crater	金斯顿撞击坑	22.11	312.96	1.52	1979
Kinkora Crater	金坷拉撞击坑	−24.95	112.88	51.09	1991
Kipini Crater	基皮尼撞击坑	25.86	328.44	67.26	1976
Kirs Crater	基尔斯撞击坑	−26.31	340.56	3.46	1976
Kirsanov Crater	基尔萨诺夫撞击坑	−22.2	334.88	15.08	1976
Kisambo Crater	基桑博撞击坑	34.07	271.08	15.22	1991
Kita Crater	基塔撞击坑	−22.78	342.82	10.72	1976
Knobel Crater	克罗伯撞击坑	−6.57	133.31	123.31	1973
Koga Crater	古贺撞击坑	−28.96	256.24	19.17	1991
Kok Crater	科克撞击坑	15.65	331.93	6.13	1976
Kolonga Crater	科隆加撞击坑	8.32	305.06	41.09	2012
Kong Crater	孔撞击坑	−5.36	321.43	11.66	1976
Kontum Crater	孔特撞击坑	−32.04	292.93	22.26	2006
Korolev Crater	科罗廖夫撞击坑	72.77	164.58	81.37	1973
Korph Crater	科夫撞击坑	19.34	105.45	7.33	1988
Koshoba Crater	科绍巴撞击坑	22.93	77	10.33	2013

（续表）

英文名	中文名	纬度(°N)	经度(°E)	直径(km)	命名时间(年份)
Kotka Crater	科特卡撞击坑	19.25	169.88	39.45	2014
Kourou Crater	库鲁撞击坑	46.73	132.78	1.84	1979
Koval'sky Crater	科瓦利斯凯撞击坑	−29.56	218.46	296.67	1985
Koy Crater	科伊撞击坑	21.47	309.59	7.12	1988
Krasnoye Crater	克拉斯诺耶撞击坑	35.85	143.84	6.55	1991
Kribi Crater	克里比撞击坑	−43	316.49	13.18	1976
Krishtofovich Crater	科里斯科费雷思撞击坑	−48.09	97.34	111.09	1982
Kuba Crater	库巴撞击坑	−25.31	340.36	26.59	1976
Kufra Crater	库夫拉撞击坑	40.36	120.3	37.48	1979
Kuiper Crater	柯伊伯撞击坑	−56.99	202.87	81.78	1976
Kular Crater	库拉尔撞击坑	16.39	108.14	8.48	1988
Kumak Crater	库墨撞击坑	−35.47	291.93	13.5	1979
Kumara Crater	库马拉撞击坑	43.03	128.56	11.87	1979
Kunes Crater	库内斯撞击坑	−25.24	107.94	15.13	1991
Kunowsky Crater	库鲁夫斯基撞击坑	56.82	350.36	66.29	1973
Kushva Crater	库什瓦撞击坑	−43.96	324.49	37.55	1976
Labria Crater	拉布里亚撞击坑	−34.94	311.93	52.64	1979
Lachute Crater	拉许特撞击坑	−4.27	320.24	15.15	1976
Laf Crater	拉斐特撞击坑	48.01	354.1	2.86	1976
Lagarto Crater	拉加托撞击坑	49.86	351.71	19.79	1976
Lamas Crater	拉马斯撞击坑	−26.99	339.36	22.99	1976
Lambert Crater	兰伯特撞击坑	−19.97	25.39	92.53	1973
Lamont Crater	拉蒙特撞击坑	−58.17	246.46	76.62	1973
Lampland Crater	拉普兰撞击坑	−35.54	280.48	76.78	1973
Land Crater	兰德撞击坑	48.26	351.28	5.2	1976
La Paz Crater	拉巴斯撞击坑	21.05	310.97	1.39	1979
Lapri Crater	拉普里撞击坑	20.32	107.49	3.01	1988
Lar Crater	拉尔撞击坑	−25.83	330.9	6.85	1979
Lassell Crater	拉塞尔撞击坑	−20.61	297.54	85.6	1973
Lasswitz Crater	拉斯维兹撞击坑	−9.31	138.31	108.04	1976
Lau Crater	劳撞击坑	−74.3	252.52	106.92	1973
Laylá Crater	蕾拉撞击坑	−61.11	107.12	19.36	2007
Lebu Crater	莱布撞击坑	−20.29	340.53	19.34	1976
Lederberg Crater	莱德伯格撞击坑	13.01	314.08	87.25	2012
Leighton Crater	雷顿撞击坑	3.08	57.75	65.94	2009

（续表）

英文名	中文名	纬度(°N)	经度(°E)	直径(km)	命名时间(年份)
Leleque Crater	莱莱克撞击坑	36.46	138.17	8.43	1991
Lemgo Crater	莱姆戈撞击坑	−42.5	325.21	15.73	1976
Lenya Crater	莱尼亚撞击坑	−26.72	253.2	14.96	1991
Leuk Crater	洛伊克撞击坑	23.91	304.99	3.44	1988
Le Verrier Crater	勒维耶撞击坑	−37.71	17.1	137.55	1973
Lexington Crater	列克星敦撞击坑	21.81	311.37	5.17	1979
Liais Crater	莱伊思撞击坑	−75.3	106.93	122.78	1973
Liberta Crater	利伯塔撞击坑	35.23	304.55	25.1	2012
Libertad Crater	利伯塔德撞击坑	23.06	330.59	31.19	1976
Li Fan Crater	李梵撞击坑	−46.88	206.94	105.58	1973
Linpu Crater	临浦撞击坑	18.14	113.21	18.16	1976
Lins Crater	林斯撞击坑	15.76	330.2	6.17	1976
Lipany Crater	利帕尼撞击坑	−0.22	79.67	50.1	2010
Lipik Crater	里皮克撞击坑	−38.41	111.61	48.95	2009
Lisboa Crater	里斯本撞击坑	21.24	312.41	1.17	1979
Lismore Crater	利斯莫尔撞击坑	27.04	318.35	9.34	2006
Littleton Crater	立托顿撞击坑	15.7	107.14	7.35	1988
Liu Hsin Crater	刘歆撞击坑	−53.2	188.45	134.51	1973
Livny Crater	利夫内撞击坑	−27.16	330.88	9.29	1976
Llanesco Crater	莱内思科撞击坑	−28.18	258.89	29.4	1991
Locana Crater	洛卡纳撞击坑	−3.39	321.91	6.64	1976
Lockyer Crater	洛基尔撞击坑	27.84	160.51	71.35	1973
Lod Crater	洛德撞击坑	20.98	328.46	7.6	1976
Lodwar Crater	洛德瓦尔撞击坑	−55.09	316.68	15.01	1991
Lohse Crater	罗斯撞击坑	−43.24	343.31	151.01	1973
Loja Crater	洛哈撞击坑	41.22	136.21	9.9	1979
Lomela Crater	洛梅拉撞击坑	−81.65	303.81	11.16	1991
Lomonosov Crater	罗蒙诺索夫撞击坑	65.04	350.76	130.53	1973
Lonar Crater	罗纳尔撞击坑	72.99	38.29	11.07	2007
Longa Crater	隆加撞击坑	−20.67	334.06	10.97	1976
Loon Crater	卢恩撞击坑	−18.84	113.45	7.71	1991
López Crater	洛佩斯撞击坑	−14.57	98.04	85	2014
Lorica Crater	罗里卡撞击坑	−19.83	331.67	58.49	1976
Los Crater	洛斯撞击坑	−35.08	283.77	8.05	1979
Lota Crater	洛塔撞击坑	46.32	348.2	14.68	1976

（续表）

英文名	中文名	纬度(°N)	经度(°E)	直径(km)	命名时间(年份)
Loto Crater	洛托撞击坑	−21.88	337.56	22.14	1976
Louth Crater	劳斯撞击坑	70.19	103.24	36.29	2007
Lowbury Crater	洛伯里撞击坑	42.41	267.08	17.18	1991
Lowell Crater	洛厄尔撞击坑	−51.96	278.5	202.22	1973
Luba Crater	卢巴撞击坑	−18.26	323	38.33	2013
Lucaya Crater	卢卡亚撞击坑	−11.55	51.91	34.21	2013
Luck Crater	卢克撞击坑	17.26	323.09	7.75	1976
Luga Crater	卢高撞击坑	−44.25	312.58	44.56	1976
Luki Crater	路基撞击坑	−29.53	322.63	20.8	1979
Luqa Crater	卢加撞击坑	−18.23	131.82	17.14	2010
Lutsk Crater	卢茨克撞击坑	38.7	356.91	4.85	1976
Luzin Crater	卢津撞击坑	27.06	31.28	101.04	1976
Lydda Crater	卢德撞击坑	24.42	328.05	33.83	1997
Lyell Crater	莱伊尔撞击坑	−69.91	344.53	121.83	1973
Lyot Crater	利奥撞击坑	50.47	29.34	221.53	1973
Mädler Crater	马德勒撞击坑	−10.65	2.77	124.16	1973
Madrid Crater	马德里撞击坑	48.45	135.44	3.8	1979
Mafra Crater	马夫拉撞击坑	−44.02	306.85	13.35	1976
Magadi Crater	马加迪撞击坑	−34.52	313.93	50.79	1979
Magelhaens Crater	麦哲伦撞击坑	−32.36	185.42	103.8	1976
Maggini Crater	马基尼撞击坑	27.78	9.5	139.06	1973
Mago Crater	马戈撞击坑	15.92	105.36	2.74	1988
Magong Crater	马公撞击坑	11.89	313.31	46.56	2014
Maidstone Crater	梅德斯通撞击坑	−41.56	305.78	9.39	1976
Main Crater	迈因撞击坑	−76.54	49.01	110.99	1973
Majuro Crater	马朱罗撞击坑	−33.26	84.33	43.43	2011
Makhambet Crater	马汉别特撞击坑	28.43	319.53	15.85	2006
Manah Crater	迈耐赫撞击坑	−4.66	326.39	9.9	1976
Mandora Crater	曼多拉撞击坑	12.22	306.37	55.94	1988
Manti Crater	曼泰撞击坑	−3.58	322.43	15.64	1976
Manzī Crater	曼济撞击坑	−22.15	332.53	7.52	1976
Maraldi Crater	马拉迪撞击坑	−61.92	328.04	118.24	1973
Marbach Crater	马巴赫撞击坑	17.65	111.03	24.74	1976
Marca Crater	马尔卡撞击坑	−9.98	201.85	78.35	1985
Mari Crater	马里撞击坑	−52.01	314.12	37.05	1991

（续表）

英文名	中文名	纬度(°N)	经度(°E)	直径(km)	命名时间(年份)
Maricourt Crater	马利库尔撞击坑	53.34	288.83	9.9	2007
Mariner Crater	马里内尔撞击坑	−34.68	195.76	156.58	1967
Marth Crater	马尔斯撞击坑	12.94	356.55	96.69	1973
Martin Crater	马丁撞击坑	−21.34	290.75	61.11	2006
Martynov Crater	马丁诺夫撞击坑	−30.36	323.59	61.13	2013
Martz Crater	马尔茨撞击坑	−34.91	144.18	92.74	1973
Masursky Crater	马瑟斯基撞击坑	12.07	327.7	115.34	1997
Matara Crater	马塔拉撞击坑	−49.61	34.59	48.84	2009
Maunder Crater	蒙德撞击坑	−49.6	1.75	90.84	1973
Mazamba Crater	麦纳麦撞击坑	−27.53	290.33	52.29	2006
McLaughlin Crater	麦克劳克林撞击坑	21.9	337.63	90.92	1973
McMurdo Crater	麦克摩多撞击坑	−84.38	0.59	26.9	2000
Medrissa Crater	梅丽莎撞击坑	18.64	303.43	19.52	1988
Mega Crater	梅加撞击坑	−1.43	323.1	16.95	1976
Meget Crater	梅格特撞击坑	18.86	107.31	4.59	1988
Mellish Crater	梅丽师撞击坑	−72.63	336.26	104.95	1994
Mellit Crater	梅里特撞击坑	7.12	358.27	22.53	2008
Mena Crater	米娜撞击坑	−32.11	341.24	29.91	1979
Mendel Crater	孟德尔撞击坑	−58.78	161.25	77.32	1973
Mendota Crater	蒙多特撞击坑	35.83	138.33	8.86	1991
Micoud Crater	米库撞击坑	50.56	16.34	51.85	2011
Mie Crater	三重撞击坑	48.16	139.65	100.91	1973
Mila Crater	米拉撞击坑	−27.16	339.25	10.87	1976
Milankovič Crater	米兰科维奇撞击坑	54.46	213.42	113.51	1973
Milford Crater	米尔福德撞击坑	−52.41	318.51	24.97	1991
Millman Crater	密尔曼撞击坑	−53.95	210.36	73.84	1994
Millochau Crater	米洛豪撞击坑	−21.19	85.1	112.89	1973
Milna Crater	米尔纳撞击坑	−23.46	347.76	27.48	2010
Mirtos Crater	米尔托斯撞击坑	22.12	308.24	6.38	1988
Mistretta Crater	米斯特雷塔撞击坑	−24.68	250.87	16.56	1991
Mitchel Crater	米切尔撞击坑	−67.53	76.01	135.9	1973
Miyamoto Crater	宫本撞击坑	−2.87	353.05	145.21	2007
Mliba Crater	梅里巴撞击坑	−39.61	87.98	11.85	1991
Moanda Crater	穆安达撞击坑	−35.93	320.05	38.88	2012
Mohawk Crater	莫霍克撞击坑	42.89	354.65	17.49	1976

（续表）

英文名	中文名	纬度(°N)	经度(°E)	直径(km)	命名时间(年份)
Mojave Crater	莫哈韦撞击坑	7.48	327.01	57.97	2006
Molesworth Crater	摩耳斯沃思撞击坑	−27.5	149.27	168.87	1973
Montevallo Crater	蒙特瓦洛撞击坑	15.25	305.73	50.42	1988
Morella Crater	莫雷拉撞击坑	−9.58	308.61	76.97	2006
Moreux Crater	莫罗撞击坑	41.79	44.54	131.55	1973
Moroz Crater	莫罗兹撞击坑	−23.77	339.43	116.3	2007
Moss Crater	莫斯撞击坑	19.23	109.49	9.09	1976
Muara Crater	穆阿拉撞击坑	24.32	340.69	3.83	2013
Müller Crater	缪勒撞击坑	−25.74	127.89	120.51	1973
Murgoo Crater	默古撞击坑	−23.64	337.55	22.64	1976
Mut Crater	姆特撞击坑	22.36	324.24	6.97	1976
Mutch Crater	马奇撞击坑	0.6	304.79	198.81	1985
Naar Crater	纳尔撞击坑	22.91	317.87	11.34	1976
Naic Crater	奈克撞击坑	24.45	107.44	8.68	1976
Nain Crater	奈恩撞击坑	41.47	126.84	6.89	1979
Naju Crater	罗州撞击坑	44.99	122.86	8.03	1979
Nakusp Crater	纳卡斯普撞击坑	24.73	324.55	7.26	2006
Nan Crater	纳恩撞击坑	−26.69	340.06	2.29	1976
Nansen Crater	南森撞击坑	−49.92	219.58	74.63	1967
Nardo Crater	纳尔多撞击坑	−27.51	327.16	25.1	1976
Naruko Crater	鸣子撞击坑	−36.24	198.3	4.17	2008
Naryn Crater	纳伦撞击坑	14.89	123.3	3.94	2008
Naukan Crater	纳乌坎撞击坑	21.25	329.42	7.47	1976
Navan Crater	纳文撞击坑	−25.89	336.5	24.86	1976
Nazca Crater	纳斯卡撞击坑	−31.63	93.67	15.01	1991
Negele Crater	奈格勒撞击坑	−35.8	96	36.93	1991
Neive Crater	内伊韦撞击坑	23.18	107.07	2.79	1988
Nema Crater	涅马撞击坑	20.7	307.87	14.54	1976
Nepa Crater	涅帕撞击坑	−24.97	340.33	16.16	1976
Never Crater	奈文撞击坑	23.5	105.77	2.75	1988
Neves Crater	内维斯撞击坑	−3.39	151.31	22.13	2013
New Bern Crater	纽伯恩撞击坑	21.53	310.85	1.73	1979
Newcomb Crater	纽科姆撞击坑	−24.27	1.04	254.13	1973
New Haven Crater	纽黑文撞击坑	22.08	310.74	1.51	1979
New Plymouth Crater	新普利茅斯撞击坑	−15.78	175.87	31.54	2003

（续表）

英文名	中文名	纬度(°N)	经度(°E)	直径(km)	命名时间(年份)
Newport Crater	纽波特撞击坑	22.24	311.04	1.97	1979
Newton Crater	牛顿撞击坑	−40.5	201.97	299.94	1973
Nhill Crater	尼尔撞击坑	−28.68	256.67	23.7	1991
Nicholson Crater	尼科尔森撞击坑	0.21	195.57	102.45	1973
Nier Crater	尼尔撞击坑	42.79	106.11	46.3	1997
Niesten Crater	尼耳森撞击坑	−28	57.75	114.81	1973
Nif Crater	尼夫撞击坑	19.91	303.76	8.48	1976
Nipigon Crater	尼皮贡撞击坑	33.76	278.16	8.89	1991
Niquero Crater	尼克罗撞击坑	−38.79	194.03	10.7	2008
Nitro Crater	奈特罗撞击坑	−21.26	336	29.34	1976
Njesko Crater	诺杰索科撞击坑	−35.25	85.11	27.77	1991
Noma Crater	诺马撞击坑	−25.43	335.69	40.49	1976
Noord Crater	努德撞击坑	−19.27	348.73	7.8	2011
Nordenskiöld Crater	诺登舍尔德撞击坑	−52.37	201.24	85.6	1982
Northport Crater	诺斯波特撞击坑	18.52	305.52	18.44	1988
Novara Crater	诺瓦拉撞击坑	−24.9	349.31	86.98	1997
Nune Crater	努内撞击坑	17.55	321.24	8.47	1976
Nutak Crater	努塔克撞击坑	17.41	329.74	11.26	1976
Obock Crater	奥博克撞击坑	−2.01	150.53	14.45	2013
Ocampo Crater	奥坎波撞击坑	32.66	138.3	7.16	1991
Ochakov Crater	奥查科夫撞击坑	−42.11	328.14	31.05	1976
Oglala Crater	奥格拉拉撞击坑	−3.11	321.89	17.59	1976
Ohara Crater	大原撞击坑	4.92	82.48	9.37	2006
Okhotsk Crater	鄂霍次克撞击坑	22.97	312.67	1.67	1979
Okotoks Crater	奥克托克斯撞击坑	−21.21	84.41	21.78	2006
Olenek Crater	奥列尼奥克撞击坑	19.87	305.78	3.06	1988
Olom Crater	奥洛姆撞击坑	22.96	302.34	5.89	1988
Ome Crater	奥米撞击坑	20.6	104.02	2.85	1988
Ōmura Crater	大村撞击坑	−25.36	334.79	8.47	1976
Onon Crater	鄂嫩撞击坑	16.13	102.48	3.42	1988
Oodnadatta Crater	乌德纳达塔撞击坑	−52.43	325.83	25.44	1991
Oraibi Crater	奥赖比撞击坑	17.22	327.66	32.37	1976
Ore Crater	奥尔撞击坑	16.78	326.07	7.15	1976
Orinda Crater	奥林达撞击坑	45.37	126.98	9.03	1979
Orson Welles Crater	奥森威尔斯撞击坑	−0.19	314.1	115.99	2003

（续表）

英文名	中文名	纬度(°N)	经度(°E)	直径(km)	命名时间(年份)
Ostrov Crater	奥斯特罗夫撞击坑	−26.55	331.89	72.98	1976
Ottumwa Crater	奥塔姆瓦撞击坑	24.58	304.25	51.62	1976
Oudemans Crater	奥德曼斯撞击坑	−9.84	268.23	124.16	1973
Oyama Crater	小山撞击坑	23.57	339.89	100.78	2010
Pabo Crater	帕博撞击坑	−26.9	336.92	9.18	1976
Paks Crater	波克什撞击坑	−7.66	317.96	6.9	1976
Pál Crater	帕尔撞击坑	−31.31	108.7	71.21	2010
Palana Crater	帕拉纳撞击坑	21.04	102.02	4.53	1988
Palikir Crater	帕利基尔撞击坑	−41.57	202.14	15.57	2011
Palos Crater	帕洛斯撞击坑	−2.69	110.9	54.82	2000
Pangboche Crater	潘波崎撞击坑	17.28	226.6	10.16	2006
Paros Crater	帕罗斯撞击坑	21.99	261.87	34.61	1988
Pasteur Crater	巴斯德撞击坑	19.31	24.62	116.15	1973
Pau Crater	波城撞击坑	−55.4	59.3	42.2	2006
Pebas Crater	佩瓦斯撞击坑	−2.6	359.04	5.43	2006
Peixe Crater	佩希撞击坑	20.33	312.4	9.35	1976
Penticton Crater	彭蒂克顿撞击坑	−38.37	96.76	8.19	2008
Perepelkin Crater	帕利帕尔金撞击坑	52.44	295.17	77.46	1973
Peridier Crater	帕瑞帝尔撞击坑	25.51	83.91	94.21	1973
Perrotin Crater	帕瑞汀撞击坑	−2.82	282.06	82.82	1988
Persbo Crater	皮尔斯伯撞击坑	8.57	156.88	19.49	2006
Peta Crater	派塔撞击坑	−21.26	350.9	75.75	1997
Pettit Crater	佩蒂特撞击坑	12.25	186.13	92.49	1973
Phedra Crater	菲德拉撞击坑	13.84	123.88	20.31	2008
Philadelphia Crater	费城撞击坑	21.76	312.02	1.65	1979
Phillips Crater	菲利普斯撞击坑	−66.34	315.11	185.45	1973
Phon Crater	响度撞击坑	15.53	102.79	10.02	1976
Pica Crater	皮卡撞击坑	19.82	306.77	2.4	1988
Pickering Crater	皮克林撞击坑	−33.48	227.39	115.2	1973
Pina Crater	皮尼亚撞击坑	18.37	111.74	5.05	1988
Pinglo Crater	平罗撞击坑	−2.92	323.24	15.9	1976
Pital Crater	皮塔尔撞击坑	−9.27	297.72	41.7	2014
Piyi Crater	皮依撞击坑	−22.88	106.63	11.63	1991
Platte Crater	普拉特撞击坑	16.03	113.18	3.42	1988
Playfair Crater	普雷菲尔撞击坑	−77.91	234.22	62.21	1973

（续表）

英文名	中文名	纬度(°N)	经度(°E)	直径(km)	命名时间(年份)
Plum Crater	梅花岛撞击坑	−26.07	340.93	2.76	1976
Podor Crater	波多尔撞击坑	−44.11	316.86	25.08	1976
Pollack Crater	波拉克撞击坑	−7.79	25.26	96.35	1997
Polotsk Crater	波洛茨克撞击坑	−19.89	333.66	30.12	1976
Pompeii Crater	庞贝撞击坑	18.98	300.9	31.13	1988
Poona Crater	浦那撞击坑	23.76	307.68	19.87	1986
Port-Au-Prince Crater	太子港撞击坑	21.1	311.82	1.52	1979
Porter Crater	瓦特撞击坑	−50.36	246.24	103.99	1973
Porth Crater	波斯撞击坑	21.19	104.21	9.52	1976
Portsmouth Crater	朴茨茅斯撞击坑	22.55	310.93	1.5	1979
Porvoo Crater	波尔沃撞击坑	−43.3	319.19	9.85	1976
Poti Crater	波蒂撞击坑	−36.31	86.56	30.55	1991
Poynting Crater	坡印廷撞击坑	8.42	247.25	69.7	1988
Priestley Crater	普里斯特利撞击坑	−54.12	130.7	42.26	1973
Princeton Crater	普林斯顿撞击坑	21.69	310.89	2.16	1979
Proctor Crater	普罗克特撞击坑	−47.63	29.72	172.56	1973
Ptolemaeus Crater	托勒密撞击坑	−45.88	202.4	165.18	1973
Pulawy Crater	普瓦维撞击坑	−36.41	283.38	51.84	1979
Púnsk Crater	庞思科撞击坑	20.62	318.87	11.24	1976
Pursat Crater	普萨撞击坑	−37.36	130.76	17.55	2009
Puyo Crater	普约撞击坑	83.93	137.26	9.94	2006
Pylos Crater	皮络斯撞击坑	16.79	329.92	18.94	1976
Qibā Crater	琦巴撞击坑	17.13	103.09	4.08	1988
Quenisset Crater	昆尼斯特撞击坑	34.27	40.67	136.66	1973
Quick Crater	魁北克撞击坑	18.19	310.75	13.31	1976
Quines Crater	基内斯撞击坑	−41.86	89.25	10.75	1991
Quorn Crater	阔恩撞击坑	−5.56	326.38	6.33	1976
Quthing Crater	古廷撞击坑	0.4	149.29	15.59	2013
Rabe Crater	拉贝撞击坑	−43.61	34.91	106.95	1973
Radau Crater	拉多撞击坑	16.95	355.29	109.96	1973
Raga Crater	拉加撞击坑	−48.1	242.42	3.43	2011
Rahe Crater	拉赫撞击坑	25.05	262.52	34.44	2000
Rakke Crater	拉凯撞击坑	−4.57	316.64	18.47	1976
Rana Crater	拉娜撞击坑	−25.59	338.2	12.33	1976
Raub Crater	劳勿撞击坑	42.38	135.11	6.95	1979

（续表）

英文名	中文名	纬度(°N)	经度(°E)	直径(km)	命名时间(年份)
Rauch Crater	劳奇撞击坑	21.56	301.87	32.9	1976
Rauna Crater	劳纳撞击坑	35.26	327.92	2.53	2015
Rayadurg Crater	拉耶杜尔格撞击坑	-18.45	102.43	21.38	1991
Rayleigh Crater	瑞利撞击坑	-75.57	118.94	125.66	1973
Redi Crater	雷迪撞击坑	-60.33	92.8	60.31	1973
Renaudot Crater	勒诺多撞击坑	42.04	62.68	63.74	1973
Rengo Crater	伦戈撞击坑	-43.45	316.37	13.7	1976
Resen Crater	雷森撞击坑	-27.94	108.87	7.4	2011
Reutov Crater	列乌托夫撞击坑	-45.07	202.29	18.02	2013
Reuyl Crater	勒伊尔撞击坑	-9.63	166.93	84.27	1973
Revda Crater	列夫达撞击坑	-24.28	331.5	26.6	1976
Reykholt Crater	雷克霍特撞击坑	40.48	273.86	52.17	1991
Reynolds Crater	雷诺兹撞击坑	-74.99	202.41	90.69	1973
Ribe Crater	里伯撞击坑	16.49	330.84	11.14	1976
Richardson Crater	理查德森撞击坑	-72.47	180.14	89	1973
Rimac Crater	里马克撞击坑	44.97	136.06	7.29	1979
Rincon Crater	林孔撞击坑	-8	316.99	13.36	1976
Ritchey Crater	里奇撞击坑	-28.42	309.01	77.23	1973
Robert Sharp Crater	罗伯特·夏普撞击坑	-4.17	133.42	152.08	2012
Roddenberry Crater	罗登贝瑞撞击坑	-49.37	355.57	139.15	1994
Roddy Crater	罗迪撞击坑	-21.65	320.61	85.82	2013
Romny Crater	罗姆内撞击坑	-25.4	341.83	5.39	1976
Rong Crater	绒撞击坑	22.46	314.65	8.92	1988
Rongxar Crater	绒辖撞击坑	26.33	304.56	21.63	1987
Roseau Crater	罗索撞击坑	-41.69	150.57	6.49	2009
Ross Crater	罗斯撞击坑	-57.39	252.16	82.51	1973
Rossby Crater	罗斯贝撞击坑	-47.52	167.92	80.42	1973
Ruby Crater	鲁比撞击坑	-25.24	342.93	26.43	1976
Rudaux Crater	鲁达乌斯撞击坑	38.03	50.96	107.18	1973
Runanga Crater	鲁南阿撞击坑	-26.64	75.96	41.36	2006
Russell Crater	罗素撞击坑	-54.5	12.43	135.08	1973
Rutherford Crater	卢瑟福撞击坑	19.03	349.41	107.08	1973
Ruza Crater	鲁扎撞击坑	-34	307.28	22.25	1979
Rynok Crater	集市撞击坑	44.13	121.76	8.49	1979
Rypin Crater	雷平撞击坑	-1.28	319.11	18.18	1976

（续表）

英文名	中文名	纬度(°N)	经度(°E)	直径(km)	命名时间(年份)
Sabo Crater	萨博撞击坑	25.17	311.06	4.39	1988
Sagan Crater	萨根撞击坑	10.72	329.4	90.26	2000
Saheki Crater	萨黑岽撞击坑	−21.74	73.14	82.44	2006
Salaga Crater	萨拉加撞击坑	−47.19	308.89	28.03	1976
Sandila Crater	桑迪拉撞击坑	−25.56	329.65	13.32	1976
Sangar Crater	桑加雷撞击坑	−27.53	335.66	30.33	1976
San Juan Crater	圣胡安撞击坑	22.87	311.96	1.23	1979
Santaca Crater	圣塔卡撞击坑	−41.06	87.37	15.85	1991
Santa Cruz Crater	圣克鲁斯撞击坑	21.25	312.74	1.35	1979
Santa Fe Crater	圣达菲撞击坑	19.28	312.05	20.3	1976
Saravan Crater	沙拉湾撞击坑	−16.93	305.98	46.89	2009
Sarh Crater	萨尔撞击坑	−64.85	345.42	50.27	2009
Sarn Crater	萨恩撞击坑	−77.34	305.28	11.37	1991
Sarno Crater	萨尔诺撞击坑	−44.37	305.85	20.29	1976
Satka Crater	萨特卡撞击坑	−42.68	323.06	18.8	1976
Sauk Crater	索克撞击坑	−44.67	327.44	3.08	1976
Savannah Crater	萨凡纳撞击坑	22.02	312.22	1.34	1979
Savich Crater	萨维奇撞击坑	−27.49	96.12	179.06	1991
Say Crater	萨伊撞击坑	−28.07	330.33	13.59	1976
Schaeberle Crater	施纳贝尔撞击坑	−24.37	50.23	158.67	1973
Schiaparelli Crater	斯基亚帕雷利撞击坑	−2.71	16.77	458.52	1973
Schmidt Crater	施密特撞击坑	−72.07	282.1	201.35	1973
Schöner Crater	斯库纳撞击坑	19.93	50.7	198.96	1976
Schroeter Crater	施勒特撞击坑	−1.9	55.99	291.59	1973
Sebec Crater	赛贝克撞击坑	−39.5	99.41	63.54	1991
Secchi Crater	西奇撞击坑	−57.84	102.15	223.41	1973
Sefadu Crater	塞法杜撞击坑	28.74	325.03	10.84	2006
Semeykin Crater	谢梅金撞击坑	41.51	8.75	73.51	1982
Seminole Crater	塞米诺尔撞击坑	−24.18	340.89	20.64	1976
Sevel Crater	塞沃尔撞击坑	79.21	323.78	7.39	1988
Sevi Crater	谢维撞击坑	18.89	103.03	3.2	1988
Sfax Crater	斯法克斯撞击坑	−7.67	316.58	6.7	1976
Shambe Crater	尚贝撞击坑	−20.58	329.31	35.58	1976
Shardi Crater	舍尔迪撞击坑	10.05	344.68	16.71	2006
Sharonov Crater	沙罗诺夫撞击坑	27	301.47	99.92	1973

（续表）

英文名	中文名	纬度(°N)	经度(°E)	直径(km)	命名时间(年份)
Shatskiy Crater	者沙斯基撞击坑	−32.36	345.11	69.46	1979
Shawnee Crater	肖尼撞击坑	22.49	328.49	16.71	1976
Sian Crater	希恩撞击坑	19.96	312	4.06	1988
Sibu Crater	诗巫撞击坑	−23.02	340.28	17.63	1976
Sibut Crater	锡布撞击坑	9.68	310.65	22.18	2012
Sigli Crater	实格里撞击坑	−20.31	329.19	30.3	1976
Sinda Crater	辛达撞击坑	15.75	111.28	6.67	1988
Singa Crater	辛加撞击坑	−22.43	342.67	13.14	1976
Sinop Crater	锡诺普撞击坑	−23.28	110.62	14.72	1991
Sinton Crater	辛顿撞击坑	40.75	31.73	62.8	2007
Sitka Crater	锡特卡撞击坑	−4.28	320.77	16.89	1976
Sitrah Crater	锡特拉撞击坑	−59.09	217.72	33.09	2013
Sklodowska Crater	斯克洛道斯卡撞击坑	33.52	357.05	109.72	1973
Slipher Crater	斯里弗撞击坑	−47.34	275.54	127.14	1973
Smith Crater	史密斯撞击坑	−65.76	257.27	74.33	1973
Soffen Crater	索芬撞击坑	−23.73	140.86	58.31	2006
Sögel Crater	瑟格尔撞击坑	21.43	304.85	28.45	1976
Sokol Crater	索科尔撞击坑	−42.37	319.32	22.18	1976
Solano Crater	索拉诺撞击坑	−26.74	108.95	9	1991
Somerset Crater	萨默塞特撞击坑	−9.73	308.74	3.33	2006
Soochow Crater	苏州撞击坑	16.73	331.18	30.06	1976
Souris Crater	苏里斯撞击坑	19.47	113.31	2.93	1988
South Crater	索思撞击坑	−76.94	21.91	101.84	1973
Spallanzani Crater	斯帕兰扎尼撞击坑	−58.01	86.38	71.69	1973
Spry Crater	斯普赖撞击坑	−3.7	321.57	7.67	1976
Spur Crater	斯珀撞击坑	22.02	307.74	8.09	1976
Srīpur Crater	斯里布尔撞击坑	−30.74	259.29	22.99	1991
Stege Crater	斯泰厄撞击坑	3.75	300.5	76.44	1985
Steinheim Crater	施泰因海姆撞击坑	54.57	190.65	11.28	2007
Steno Crater	斯丹诺撞击坑	−67.75	244.63	103.54	1973
Stobs Crater	斯托布斯撞击坑	−4.96	321.7	12.06	1976
Stokes Crater	斯托克斯撞击坑	55.63	171.29	62.74	1973
Ston Crater	阿斯顿撞击坑	46.87	122.55	6.49	1979
Stoney Crater	斯托尼撞击坑	−69.61	221.49	161.37	1973
Suata Crater	苏阿塔撞击坑	−18.91	106.67	23.9	1991

（续表）

英文名	中文名	纬度(°N)	经度(°E)	直径(km)	命名时间(年份)
Sucre Crater	苏克雷撞击坑	23.69	305.41	13.56	1976
Suess Crater	修斯撞击坑	−66.88	181.51	71.9	1973
Sūf Crater	萨福撞击坑	16.34	321.78	9.41	1976
Sulak Crater	苏拉克撞击坑	18.17	281.39	25	1985
Sumgin Crater	苏姆金撞击坑	−36.53	311.33	78.6	1979
Surt Crater	苏尔特坑	16.85	329.36	9.85	1976
Suzhi Crater	秀吉撞击坑	−27.41	86.1	24.63	1991
Swanage Crater	斯沃尼奇撞击坑	26.45	326.33	18.68	1997
Sytinskaya Crater	瑟京斯卡亚撞击坑	42.42	306.94	89.16	1982
Tábor Crater	塔博尔撞击坑	−35.5	301.67	19.11	1979
Tabou Crater	塔布撞击坑	−45.1	324.96	7.68	1976
Taejin Crater	大田撞击坑	−35.2	85.66	28.06	1991
Tak Crater	达府撞击坑	−26.02	331.35	5.21	1976
Tala Crater	塔拉撞击坑	−20.34	112.79	8.51	1991
Talsi Crater	塔尔西撞击坑	−41.53	310.63	9.59	1976
Tame Crater	塔梅撞击坑	−22.73	252.01	13.8	1991
Tara Crater	塔拉撞击坑	−44.01	307.16	32.94	1976
Tarakan Crater	打拉根撞击坑	−41.21	329.56	39.31	1976
Tarata Crater	塔拉塔撞击坑	−3.78	318.78	12.27	1976
Tarma Crater	塔尔马撞击坑	16.54	109.85	9	1988
Tarrafal Crater	塔拉法尔撞击坑	24.26	340.82	4.89	2013
Tarsus Crater	塔尔苏斯撞击坑	23.12	319.74	18.55	1976
Tavua Crater	塔武阿撞击坑	15.62	117.61	31.56	2008
Taxco Crater	塔斯科撞击坑	20.67	319.87	17.36	1976
Taytay Crater	泰泰撞击坑	7.39	340.4	18.17	2006
Taza Crater	塔扎撞击坑	−43.57	314.7	24.28	1976
Tecolote Crater	特科洛特撞击坑	−24.55	253.16	47.93	1991
Teisserenc de Bort Crater	泰塞伦·德波尔撞击坑	0.43	45.07	114.89	1973
Tejn Crater	采恩撞击坑	15.39	106.42	3.77	1988
Telz Crater	特尔兹撞击坑	21.16	111.12	3.19	1988
Tem' Crater	泰姆撞击坑	41.91	350.55	5.88	1976
Tepko Crater	泰普科撞击坑	15.21	103.51	3.98	1988
Terby Crater	德比撞击坑	−27.96	74.14	171.5	1973
Thermia Crater	塞尔米亚坑	19.67	109.17	2.76	1988
Thila Crater	蒂拉撞击坑	18.11	155.52	5.37	2008

（续表）

英文名	中文名	纬度(°N)	经度(°E)	直径(km)	命名时间(年份)
Thira Crater	锡拉撞击坑	−14.47	175.98	21.84	1997
Thom Crater	汤姆撞击坑	−41.11	92.35	22.06	1991
Thule Crater	图勒撞击坑	−23.37	334.28	13.07	1976
Tibrikot Crater	蒂布里果德坑	12.56	305.13	59.08	1988
Tignish Crater	蒂格尼什撞击坑	−30.74	87.04	20.98	1991
Tikhonravov Crater	季霍诺拉沃夫撞击坑	13.28	35.93	343.7	1985
Tikhov Crater	季霍夫撞击坑	−50.68	105.8	110.07	1973
Tile Crater	蒂勒撞击坑	17.73	331.38	8.47	1976
Timaru Crater	蒂马鲁撞击坑	−25.27	337.66	18.4	1976
Timbuktu Crater	廷巴克图撞击坑	−5.56	322.48	65.68	1976
Timoshenko Crater	季莫申科撞击坑	41.76	296	86.11	1982
Tivat Crater	蒂瓦特撞击坑	−45.93	9.53	3.62	2011
Tivoli Crater	蒂沃利撞击坑	−14.33	100.91	32.8	2010
Tiwi Crater	提威撞击坑	−27.56	335.24	21.15	1976
Toconao Crater	托科瑙撞击坑	−20.85	285.31	17.16	2006
Tokko Crater	托科撞击坑	22.55	109.52	2.7	1988
Tokma Crater	托克马撞击坑	21.31	108.57	3.28	1988
Tolon Crater	托隆撞击坑	18.23	104.98	2.64	1988
Tomari Crater	托马里撞击坑	19.98	113.78	5.29	1988
Tombaugh Crater	汤博撞击坑	3.56	161.92	59.84	2006
Tombe Crater	通贝撞击坑	−42.4	315.45	5.99	1976
Tomini Crater	托米尼撞击坑	16.26	125.88	7.77	2006
Tooting Crater	杜丁撞击坑	23.21	207.76	27.86	2006
Torbay Crater	托培撞击坑	17.87	114.08	6.33	1988
Toro Crater	托罗撞击坑	17.04	71.82	41.4	2008
Torsö Crater	图什撞击坑	−44.29	308.82	15.3	1976
Torup Crater	图鲁普撞击坑	−27.89	97.81	42.72	1991
Trinidad Crater	特立尼达撞击坑	−23.38	109.05	27.91	1991
Triolet Crater	特里奥莱撞击坑	−37.09	191.98	12.14	2008
Troika Crater	特里卡撞击坑	16.83	105.14	13.43	1976
Trouvelot Crater	特鲁夫洛撞击坑	16.09	347.02	148.77	1973
Troy Crater	特洛伊撞击坑	23.17	307.38	9.59	1976
Trud Crater	特鲁德撞击坑	17.68	328.41	2.44	1976
Trumpler Crater	特朗普勒撞击坑	−61.43	209.29	75.35	1973
Tsau Crater	察乌撞击坑	49.49	121.06	6.61	1979

（续表）

英文名	中文名	纬度(°N)	经度(°E)	直径(km)	命名时间(年份)
Tsukuba Crater	筑波撞击坑	48.58	134	1.86	1979
Tuapi Crater	图阿皮撞击坑	16.98	104.34	4.48	1988
Tugaske Crater	特加斯基撞击坑	−31.78	258.89	30.89	1991
Tumul Crater	图穆尔撞击坑	14.71	104.61	8.68	1988
Tungla Crater	通加撞击坑	−40.77	89.64	16.61	1991
Tura Crater	图拉撞击坑	−26.63	338.02	14.81	1976
Turbi Crater	图彼撞击坑	−40.62	308.55	30.59	1976
Turma Crater	图曼撞击坑	17.31	108.11	6.68	1988
Tuscaloosa Crater	塔斯卡卢萨撞击坑	−0.02	28.73	59.66	2000
Tuskegee Crater	塔斯基吉撞击坑	−2.8	323.91	62.88	1976
Tycho Brahe Crater	第谷·布拉赫撞击坑	−49.41	146.12	105.27	1973
Tyndall Crater	廷德尔撞击坑	39.73	169.97	83.05	1973
Tyuratam Crater	丘拉塔姆撞击坑	−45.04	202.04	0.3	2013
Udzha Crater	乌贾撞击坑	81.92	77.35	42.87	2006
Ulu Crater	乌卢撞击坑	22.49	107.32	3.43	1988
Ulya Crater	乌利亚撞击坑	−17.9	111.68	8.02	1991
Umatac Crater	犹玛特克撞击坑	42.52	137.26	17.16	1979
Urk Crater	乌尔克撞击坑	23.11	111.42	2.89	1988
Utan Crater	乌坦撞击坑	24.24	113.81	4.73	1988
Uzer Crater	乌瑟撞击坑	−1.22	358.25	9.24	2006
Vaals Crater	瓦尔撞击坑	−3.96	327.03	10.85	1976
Vaduz Crater	瓦杜兹撞击坑	38.24	15.79	2	2010
Valga Crater	瓦尔加撞击坑	−44.32	323.36	15.7	1976
Valverde Crater	瓦尔韦尔德撞击坑	20.1	304.24	34.92	1976
Vätö Crater	韦特撞击坑	−43.61	306.31	17.24	1976
Vaux Crater	沃克斯撞击坑	17.96	327.21	5.99	1976
Verlaine Crater	韦尔兰撞击坑	−9.22	64.12	38.84	1994
Vernal Crater	韦纳尔撞击坑	5.9	355.55	55.51	2006
Very Crater	维尔利撞击坑	−49.17	182.97	114.81	1973
Viana Crater	维亚纳撞击坑	19.18	104.81	29.03	1976
Victoria Crater	维多利亚撞击坑	−2.05	354.5	0.88	2008
Vik Crater	维克撞击坑	−36.09	296.06	22.32	1979
Vils Crater	菲尔斯撞击坑	39.04	348.32	6.68	1976
Vinogradov Crater	维诺格拉多夫撞击坑	−19.83	322.26	209.66	1979
Vinogradsky Crater	维诺格拉斯基撞击坑	−56.13	143.85	66.26	1973

英文名	中文名	纬度(°N)	经度(°E)	直径(km)	命名时间(年份)
Virrat Crater	维拉特撞击坑	−30.73	257.12	50.67	1991
Vishniac Crater	维希尼克撞击坑	−76.52	84.12	80.47	1976
Vivero Crater	比韦罗撞击坑	48.97	118.83	27.13	1979
Voeykov Crater	纳博科夫撞击坑	−32.11	283.86	75.45	1979
Vogel Crater	沃格尔撞击坑	−36.77	346.72	120.69	1973
Volgograd Crater	伏尔加格勒撞击坑	48.1	135.03	1.59	1979
Vol'sk Crater	沃利斯克撞击坑	23	308.76	8.46	1976
Von Kármán Crater	冯卡门撞击坑	−64.27	301.3	90.29	1973
Voo Crater	沃欧撞击坑	−26.94	340.01	2.13	1976
Voza Crater	沃扎撞击坑	23.34	306.47	2.71	1988
Wabash Crater	沃巴什撞击坑	21.36	326.36	40.71	1976
Wafra Crater	沃夫拉撞击坑	4.25	148.54	30.19	2013
Wahoo Crater	瓦胡撞击坑	23.23	326.32	63.07	1976
Wajir Crater	瓦吉尔撞击坑	−27.02	105.54	11.85	1991
Wallace Crater	华莱士撞击坑	−52.48	110.9	170.78	1973
Wallops Crater	瓦勒普撞击坑	46.59	132.72	1.84	1979
Wallula Crater	瓦卢拉撞击坑	−9.92	305.6	12.13	2006
Warra Crater	沃拉撞击坑	20.75	322.37	10.12	1976
Waspam Crater	威斯帕尔撞击坑	20.45	303.37	41.6	1976
Wassamu Crater	和寒撞击坑	25.57	306.79	16.3	1976
Wau Crater	瓦乌撞击坑	−44.86	317.39	6.79	1976
Weert Crater	韦尔特撞击坑	19.71	308.31	9.49	1976
Wegener Crater	韦格纳撞击坑	−64.3	355.93	68.51	1973
Weinbaum Crater	威因鲍姆撞击坑	−65.53	114.57	82.01	1973
Wells Crater	威尔斯撞击坑	−59.94	122.4	98.28	1973
Wer Crater	维尔撞击坑	45.67	353.81	3.21	1976
Wicklow Crater	威克洛撞击坑	−2.01	319.47	21.5	1976
Wien Crater	维也纳撞击坑	−10.57	139.75	115.14	1976
Williams Crater	威廉姆斯撞击坑	−18.39	195.86	123.2	1973
Wilmington Crater	威明顿撞击坑	21.6	312.53	1.35	1979
Wiltz Crater	维尔茨撞击坑	15.54	159.21	1.26	2008
Windfall Crater	温德福尔撞击坑	−2.09	316.67	17.55	1976
Wink Crater	温克撞击坑	−6.51	318.66	10.16	1976
Winslow Crater	温斯洛撞击坑	−3.74	59.16	1.08	2006
Wirtz Crater	沃茨撞击坑	−48.24	334.14	120.26	1973

（续表）

英文名	中文名	纬度(°N)	经度(°E)	直径(km)	命名时间(年份)
Wislicenus Crater	维斯利策努斯撞击坑	−18.17	11.39	140.15	1973
Woking Crater	沃金撞击坑	5.12	82.99	9.53	2006
Woolgar Crater	伍尔伽撞击坑	34.66	274.55	15.31	1991
Woomera Crater	武麦拉撞击坑	48.07	132.62	2.26	1979
Worcester Crater	伍斯特撞击坑	26.61	309.63	24.05	1988
Wright Crater	莱特撞击坑	−58.51	208.99	113.78	1973
Wukari Crater	武卡里撞击坑	−31.81	257.2	38.21	1991
Wynn-Williams Crater	温−威廉姆斯撞击坑	−55.1	60.21	66.31	2006
Xainza Crater	申扎撞击坑	0.78	356.06	23.96	2006
Xui Crater	徐氏撞击坑	15.09	112.63	3.15	1988
Yakima Crater	雅基马撞击坑	43.03	356.85	12.53	1976
Yala Crater	亚拉撞击坑	17.37	321.42	19.65	1976
Yalata Crater	雅拉塔撞击坑	21.81	106.17	4.74	1988
Yalgoo Crater	亚尔古撞击坑	4.93	84.23	17.38	2006
Yar Crater	亚尔撞击坑	22.27	320.85	6.18	1976
Yaren Crater	亚伦撞击坑	−43.88	222.55	9.19	2009
Yat Crater	雅特撞击坑	18.13	330.97	7.46	1976
Yebra Crater	耶夫拉撞击坑	20.79	105.69	4.85	1988
Yegros Crater	耶格罗斯撞击坑	−22.3	336.34	13.98	1976
Yellowknife Crater	耶洛奈夫撞击坑	−4.58	137.44	0.12	2012
Yorktown Crater	约克镇撞击坑	22.88	311.35	8.01	1976
Yoro Crater	约罗撞击坑	22.8	331.96	9.61	1976
Yungay Crater	永盖撞击坑	−43.87	315.25	19.69	1976
Yuty Crater	尤蒂撞击坑	22.16	325.91	19.06	1976
Zarand Crater	扎兰德撞击坑	−3.41	358.5	2.78	2006
Zaranj Crater	扎兰季撞击坑	12.09	113.05	27.41	2008
Zhigou Crater	枳沟撞击坑	−29.1	257.41	21.86	1991
Zilair Crater	济莱尔撞击坑	−31.81	327.06	46.91	1979
Zir Crater	济尔撞击坑	18.54	323.46	6.16	1976
Zongo Crater	宗戈撞击坑	−33.76	318.31	46.83	1979
Žulanka Crater	祖兰卡撞击坑	−2.27	317.84	43.12	1976
Zumba Crater	尊巴撞击坑	−28.67	226.93	2.93	2006
Zuni Crater	祖尼撞击坑	19.22	330.42	24.28	1976
Zunil Crater	祖尼尔撞击坑	7.7	166.19	10.26	2003
Zutphen Crater	聚特芬撞击坑	−13.85	174.32	38.29	2003

火星山脊（Dorsa/Dorsum）

英文名	中文名	纬度(°N)	经度(°E)	长度(km)	命名时间(年份)
Aeolis Dorsa	伊奥利亚山脊	−5.05	152.63	459.17	2012
Aesacus Dorsum	埃萨库斯山脊	36.82	153.15	276.69	1985
Aram Dorsum	阿兰姆山脊	7.8	348.76	83.31	2014
Arcadia Dorsa	阿卡迪亚山脊	55.9	222.44	1952.65	2003
Arena Dorsum	阿雷纳山脊	12.71	68.94	372.03	1976
Auxo Dorsum	奥克索山脊	−55.72	318.24	82.05	1991
Avernus Dorsa	阿佛纳斯山脊	−6.03	170.9	296.59	1985
Cerberus Dorsa	刻耳柏洛斯山脊	−13.74	105.29	623.05	1982
Charis Dorsum	卡丽丝山脊	−55.86	318.53	251	1991
Cleia Dorsum	克莱亚脊	−54.86	314.01	131.69	1991
Dorsa Argentea	阿詹泰山脊	−77.63	326.61	339.26	1976
Dorsa Brevia	布雷维亚山脊	−71.05	63.18	650.99	1976
Eumenides Dorsum	欧墨尼得斯山脊	4.79	203.6	569.26	1976
Felis Dorsa	费利斯山脊	−21.87	294.1	244	1976
Gordii Dorsum	戈尔迪山脊	4.11	215.86	481.56	1976
Hegemone Dorsum	赫革摩涅山脊	−54.72	315.1	143.63	1991
Hesperia Dorsa	希斯皮里亚山脊	−22.8	113.16	818.25	1991
Hyblaeus Dorsa	修布腊诶乌丝山脊	13.16	130.32	887.53	2003
Iamuna Dorsa	亚穆拉山脊	20.97	309.6	38.18	1988
Isidis Dorsa	伊西底斯山脊	12.92	88.21	1074.7	2003
Juventae Dorsa	尤文达山脊	0.39	288.98	481.41	1985
Melas Dorsa	梅拉斯山脊	−18.92	287.9	486.81	1976
Nilus Dorsa	尼罗斯山脊	20.68	280.94	292.9	1985
Pasithea Dorsum	帕西忒亚山脊	−55.14	318.42	282.2	1991
Phaenna Dorsum	帕恩娜山脊	−53.79	316.71	164.16	1991
Phlegra Dorsa	佛勒格拉山脊	25.08	170.37	2818.61	2003
Sacra Dorsa	萨克拉山脊	11.21	293.91	1416	1985
Sinai Dorsa	西奈山脊	−12.77	281.08	456.54	1988
Solis Dorsa	索利斯山脊	−22.88	280.26	779.5	1976
Styx Dorsum	斯堤克斯山脊	30.81	151.86	90.67	1985
Tyrrhena Dorsa	塔海尼亚山脊	−24.2	115.72	779.4	1991
Uranius Dorsum	乌拉纽斯山脊	23.79	284.96	542.08	1985
Xanthe Dorsa	赞茜山脊	35.9	325.96	500	1976
Zea Dorsa	姿山脊	−48.87	80.54	249.02	1979

火星波痕（Fluctus）

英文名	中文名	纬度（°N）	经度（°E）	长度（km）	命名时间（年份）
Galaxias Fluctus	伽拉科思尔斯波痕	30.96	143.03	607.03	1985
Tantalus Fluctus	坦塔罗斯波痕	35.93	264.32	794.34	1991
Zephyria Fluctus	泽费里亚波痕	0.72	155.53	42	2014

火星槽沟（Fossal/Fossae）

英文名	中文名	纬度（°N）	经度（°E）	长度（km）	命名时间（年份）
Acheron Fossae	阿克戎槽沟	38.27	224.98	703.11	1979
Aganippe Fossa	阿伽尼佩槽沟	−8.49	234	537.16	1976
Alba Fossae	阿尔巴槽沟	49.39	253.18	2072.02	1973
Albor Fossae	阿尔伯槽沟	18.09	150.78	155	1985
Amenthes Fossae	阿蒙蒂斯槽沟	9.07	102.68	850	1976
Atrax Fossa	阿垂克斯槽沟	38.19	271.02	34.42	2014
Calydon Fossa	卡吕冬槽沟	−7.43	272.02	351.25	1982
Ceraunius Fossae	什洛尼尔斯槽沟	27	249.85	1166.63	1973
Cerberus Fossae	刻耳柏洛斯槽沟	11.28	166.37	1235	1997
Chalce Fossa	加尔斯槽沟	−51.67	320.41	33.97	1991
Claritas Fossae	克拉瑞塔斯槽沟	−27.89	255.76	2030.64	1973
Coloe Fossae	科洛槽沟	36.65	56.78	575.89	1982
Coracis Fossae	科拉奇斯槽沟	−35.82	279.14	748.96	1985
Cyane Fossae	西亚涅槽沟	31.25	238.83	913.17	1985
Echus Fossae	艾彻斯槽沟	2.61	283.25	421.03	1988
Elysium Fossae	伊利瑟姆槽沟	24.08	146.14	1044	1973
Erythraea Fossa	厄瑞斯瑞埃亚槽沟	−27.27	329.06	155.19	1976
Fortuna Fossae	芙特娜槽沟	4.64	267.31	324.28	1985
Galaxias Fossae	伽拉科思尔斯槽沟	36.63	142	552	1985
Gigas Fossae	吉珈槽沟	3.55	230.44	190	1988
Gordii Fossae	戈尔迪槽沟	14.83	232.4	369	2000
Halex Fossae	哈莱克斯槽沟	27.35	233.96	147.25	1985
Hephaestus Fossae	赫菲斯托斯槽沟	20.84	122.85	633.32	1973
Hyblaeus Fossae	修布腊诶乌丝槽沟	21.44	137.06	375	1985
Icaria Fossae	伊卡里亚槽沟	−48.09	234.84	2115.45	1985
Idaeus Fossae	伊达乌斯槽沟	37.33	308.8	202.01	2006
Ismeniae Fossae	伊斯美尼槽沟	41.31	38.35	286.91	1982
Jovis Fossae	约维斯槽沟	19.77	244.17	348.63	1985
Labeatis Fossae	拉贝阿提斯槽沟	24.58	275.47	1496.36	1985
Mangala Fossa	曼格拉槽沟	−17.27	214.12	695	1991

（续表）

英文名	中文名	纬度（°N）	经度（°E）	长度（km）	命名时间（年份）
Mareotis Fossae	马里奥提斯槽沟	44.34	283.88	1907.94	1973
Medusae Fossae	美杜莎槽沟	-2.17	195.8	278.52	1973
Melas Fossae	梅拉斯槽沟	-26.28	288.48	568.18	1985
Memnonia Fossae	梅洛尼亚槽沟	-23.63	206.18	1585.28	1973
Nectaris Fossae	尼克塔瑞斯槽沟	-23.09	302.84	623.07	1985
Nia Fossae	尼娅槽沟	-14.73	288.23	379.56	1982
Nili Fossae	尼利槽沟	22.02	76.69	727.91	1973
Nilokeras Fossa	尼洛克拉斯槽沟	24.59	302.17	267	1988
Noctis Fossae	夜槽沟	-2.69	261.15	712.73	1985
Oceanidum Fossa	奥西妮德槽沟	-61.58	330.49	167.16	1976
Olympica Fossae	奥林匹克槽沟	24.85	246.08	420	1985
Oti Fossae	欧提槽沟	-9.63	242.91	373.59	1982
Pavonis Fossae	帕吾尼斯槽沟	4.15	248.71	156.08	1991
Pyramus Fossae	皮拉摩斯槽沟	50.39	66.31	298.18	1985
Sacra Fossae	萨克拉槽沟	20.36	290	950	1976
Sinai Fossae	西奈槽沟	-14.08	281.33	589.15	2012
Sirenum Fossae	萨瑞南槽沟	-35.57	197.26	2731.21	1973
Stygis Fossae	斯提吉斯槽沟	26.92	149.83	385	1985
Tanais Fossae	塔内斯槽沟	38.74	273.51	172.95	1991
Tantalus Fossae	坦塔罗斯槽沟	49.83	263.91	2361.86	1973
Tempe Fossae	坦佩槽沟	40.42	288.6	2116.24	1973
Thaumasia Fossae	陶马斯槽沟	-47.75	268.95	996.18	1973
Tithoniae Fossae	提托努利林槽沟	-4.32	276.96	838	1982
Tractus Fossae	特拉克图斯槽沟	25.89	258.72	403.06	1988
Tyrrhena Fossae	塔海尼亚槽沟	-22.23	105.8	305.55	1991
Ulysses Fossae	尤利西斯槽沟	9.95	236.93	849.94	1985
Uranius Fossae	乌拉纽斯槽沟	25.29	269.87	394.11	1985
Zephyrus Fossae	泽费瑞斯槽沟	23.93	144.19	306.19	1985

火星坡地（Labes）

英文名	中文名	纬度（°N）	经度（°E）	长度（km）	命名时间（年份）
Candor Labes	康多坡地	-4.79	284.01	134.94	1988
Ceti Labes	西太坡地	-6.78	284.27	11.05	2012
Coprates Labes	科普莱特斯坡地	-11.82	292.21	61.97	1985
Ius Labes	尤斯坡地	-7.47	281.54	61.18	1988
Melas Labes	梅拉斯坡地	-8.53	288.3	107.24	1985
Ophir Labes	俄斐坡地	-11.01	291.72	92.53	1985

火星迷宫（Labyrinthus）

英文名	中文名	纬度（°N）	经度（°E）	长度（km）	命名时间（年份）
Adamas Labyrinthus	阿达姆斯迷宫	35.7	105.12	853	1982
Angustus Labyrinthus	奥古斯都迷宫	−81.62	296.61	67.52	2006
Cydonia Labyrinthus	塞多尼亚迷宫	41.29	347.94	344.05	2003
Hyperboreus Labyrinthus	许珀耳玻瑞亚迷宫	80.28	300.25	111.97	1988
Noctis Labyrinthus	夜迷宫	−6.36	258.81	1190.31	1973
Tyrrhenus Labyrinthus	塔海尼亚迷宫	−16.18	101.12	102.68	2006

火星舌状体（Lingula）

英文名	中文名	纬度（°N）	经度（°E）	长度（km）	命名时间（年份）
Australe Lingula	奥斯加勒舌状体	−84.05	68.56	436.33	2006
Gemina Lingula	杰米纳舌状体	81.87	2.59	772.89	2007
Hyperborea Lingula	许珀耳玻瑞亚舌状体	80.32	306.46	124.8	2006
Promethei Lingula	普罗米修斯舌状体	−82.8	119.89	571.63	2006
Ultima Lingula	阿尔提玛舌状体	−76.32	142.56	551.28	2006

火星桌山（Mensa/Mensae）

英文名	中文名	纬度（°N）	经度（°E）	直径（km）	命名时间（年份）
Abalos Mensa	阿瓦洛斯桌山	81.17	284.4	129.18	2006
Acidalia Mensa	阿西达利亚桌山	46.69	334.66	226.86	2000
Aeolis Mensae	伊奥利亚桌山	−3.25	140.63	785.09	1976
Amazonis Mensa	亚马孙桌山	−1.98	213.1	414.04	2003
Ascraeus Mensa	阿斯克瑞斯桌山	11.72	252.11	34.86	1991
Ausonia Mensa	奥索尼亚桌山	−30.02	97.72	102.51	1991
Australe Mensa	奥斯加勒桌山	−86.88	357.24	172	2006
Baetis Mensa	拜提斯桌山	−5.17	287.55	181.1	1985
Candor Mensa	康多桌山	−6.26	286.48	116.56	1982
Capri Mensa	卡普里桌山	−13.73	312.81	282.35	2003
Ceti Mensa	西太桌山	−5.89	283.98	133.95	1994
Cydonia Mensae	塞多尼亚桌山群	34.56	347.67	764.96	1976
Deuteronilus Mensae	德特罗尼鲁斯桌山	45.11	23.92	919.17	1973
Eos Mensa	厄俄斯桌山	−11.01	317.84	346.67	2003
Ganges Mensa	恒河桌山	−7.23	311.25	135.9	2006
Hebes Mensa	赫伯斯桌山	−1.02	283.22	112.46	1982
Juventae Mensa	尤文达桌山	−7.93	294.37	116	2015
Labeatis Mensa	拉贝阿提斯桌山	25.5	285.53	124.67	1988
Lunae Mensa	月神桌山	23.91	297.5	114.75	1988

(续表)

英文名	中文名	纬度(°N)	经度(°E)	直径(km)	命名时间(年份)
Nepenthes Mensae	尼盆西斯桌山群	9.19	119.42	2176.23	1976
Nia Mensa	尼娅桌山	−7.72	292.68	95	2015
Nilokeras Mensae	尼洛克拉斯桌山群	30.48	308.05	450.88	1988
Nilosyrtis Mensae	尼罗瑟提斯桌山群	34.77	68.47	676.03	1973
Nilus Mensae	尼罗斯桌山群	22.2	287.77	206.84	1985
Olympia Mensae	奥林匹亚桌山群	78	119.98	335.42	2006
Ophir Mensa	俄斐桌山群	−3.99	286.51	103.33	2013
Protonilus Mensae	普罗敦尼勒斯桌山	43.87	48.86	1033.97	1973
Sacra Mensa	萨克拉桌山	24.64	291.78	577	1988
Tempe Mensa	坦佩桌山	27.94	288.41	55.39	1988
Tenuis Mensa	特纽伊斯桌山	81.13	267.04	120.92	2006
Zephyria Mensae	泽费里亚桌山群	−11.62	171.98	333.61	1985

火星山(脉)(Mons/Montes)

英文名	中文名	纬度(°N)	经度(°E)	长度(km)	命名时间(年份)
Aeolis Mons	伊奥利亚山	−5.08	137.85	88.99	2012
Alba Mons	阿尔巴山	41.08	249.29	548.02	2007
Anseris Mons	安西瑞斯山	−29.81	86.65	52.51	1991
Aonia Mons	阿俄尼亚山	−53.33	272.08	27.07	2013
Apollinaris Mons	阿波里那山	−9.17	174.79	275.4	2007
Argyre Mons	阿吉尔山	−50.37	311.91	60.58	2014
Arsia Mons	阿西亚山	−8.26	239.91	470	1973
Ascraeus Mons	阿斯克瑞斯山	11.92	255.92	456.4	1973
Ausonia Montes	奥索尼亚山脉	−25.42	99.04	333.13	1991
Australe Montes	奥斯加勒山脉	−80.19	14.05	411.67	2003
Centauri Montes	半人马座山脉	−38.67	95.52	271	1991
Chalce Montes	加尔斯山脉	−53.72	322.35	100	1991
Charitum Montes	却瑞腾山脉	−58.1	319.71	933.54	1973
Chronius Mons	克洛纽斯山	−61.49	178.01	56.14	2006
Coprates Montes	科普莱特斯山脉	−13	294.61	350	2015
Coronae Montes	克罗纳山脉	−34.31	86.11	247.4	1991
Echus Montes	艾彻斯山脉	7.81	282.05	397.06	1985
Electris Mons	伊莱克斯山	−45.67	152.73	104.47	2013
Elysium Mons	伊利瑟姆山	25.02	147.21	401	1973
Erebus Montes	厄瑞玻斯山脉	35.66	185.02	811.67	1982

（续表）

英文名	中文名	纬度(°N)	经度(°E)	长度(km)	命名时间(年份)
Eridania Mons	艾瑞达尼亚山	-57.02	137.86	143.29	2013
Euripus Mons	艾瑞皮斯山	-44.82	105.18	88.91	2003
Galaxius Mons	伽拉科思修斯山	34.76	142.31	22.23	1991
Geryon Montes	格溜瓦山脉	-7.72	278.38	377.83	1982
Gonnus Mons	刚纳斯山	41.21	269.12	49.38	1991
Hadriacus Mons	哈德里亚卡山	-31.29	91.86	450	2007
Hellas Montes	海拉斯山脉	-37.63	97.61	159.65	1991
Hellespontus Montes	贺雷斯邦图斯山脉	-44.37	42.76	711.46	1973
Hibes Montes	黑贝斯山脉	3.79	171.34	140	1985
Horarum Mons	侯拉伦山	-51.05	323.44	20.5	1991
Labeatis Mons	拉贝阿提斯山	37.48	284.14	42.78	1994
Libya Montes	利比亚山脉	1.44	88.23	1043.63	1979
Nectaris Montes	尼克塔瑞斯山脉	-14.64	305.35	220	2015
Nereidum Montes	内瑞丹山脉	-37.57	316.79	1142.58	1973
Oceanidum Mons	奥西妮德山	-54.93	318.77	33.39	1985
Octantis Mons	奥克坦底斯山	-55.26	317.15	19.09	1991
Olympus Mons	奥林匹斯山	18.65	226.2	610.13	1973
Pavonis Mons	帕吾尼斯山	1.48	247.04	366.53	1973
Peraea Mons	佩里亚山	-31.08	86.11	14.94	1991
Phlegra Montes	佛勒格拉山脉	40.4	163.71	1350.65	1973
Pindus Mons	品都斯山	39.47	271.48	16.3	1991
Promethei Mons	普罗米修斯山	-70.57	87.44	65.17	2006
Sirenum Mons	萨瑞南山	-38.22	212.15	122.86	2013
Sisyphi Montes	西西弗山脉	-69.65	13.08	200	1985
Syria Mons	叙利亚山	-13.88	255.73	73.47	2009
Tanaica Montes	塔娜伊卡山脉	39.55	269.17	178.55	1991
Tartarus Montes	塔耳塔洛斯山脉	15.46	167.54	1086.46	1985
Tharsis Montes	萨希斯山脉	1.57	247.42	2058.91	1973
Thyles Montes	泰利斯山脉	-69.88	126.54	380	2006
Tyrrhenus Mons	塔海尼亚山	-21.63	105.88	269.77	2007
Uranius Mons	乌拉纽斯山	26.9	267.85	265.17	2007
Xanthe Montes	赞西山脉	18.13	305.08	499.32	2006

火星沼泽（Palus）

英文名	中文名	纬度(°N)	经度(°E)	直径(km)	命名时间(年份)
Aeolis Palus	伊奥利亚沼	-4.47	137.42	111.63	2012
Cerberus Palus	刻耳柏洛斯沼	5.78	148.15	466.68	2006
Hadriacus Palus	哈德里亚卡沼	-27.25	77.3	176.33	2013

火星环形山（Patera）

英文名	中文名	纬度(°N)	经度(°E)	直径(km)	命名时间(年份)
Alba Patera	阿尔巴环形山	39.53	250.82	65.98	1973
Amphitrites Patera	安菲特律特环形山	−58.7	60.87	129.8	1973
Apollinaris Patera	阿波里那环形山	−8.57	174.18	89.6	1973
Biblis Patera	比布利斯环形山	2.36	236.18	53.65	1973
Eden Patera	伊甸园环形山	33.77	348.94	80	2012
Euphrates Patera	幼发拉底环形山	38.43	10.26	20.27	2012
Hadriaca Patera	哈德里亚卡环形山	−30.2	92.79	66.04	1973
Ismenia Patera	伊斯美尼亚环形山	38.55	1.8	82	2012
Issedon Paterae	伊塞顿环形山	38.13	269.75	5.31	1991
Malea Patera	马列亚环形山	−63.54	51.59	241.61	2003
Meroe Patera	麦罗埃环形山	6.98	68.77	52.6	1982
Nili Patera	尼利环形山	8.97	67.17	67.51	1982
Orcus Patera	奥库斯环形山	14.13	178.35	387.64	1973
Oxus Patera	奥克苏斯环形山	38.97	359.66	33.42	2012
Peneus Patera	佩纽斯环形山	−57.82	52.65	128.5	1985
Pityusa Patera	皮提尤萨环形山	−66.88	36.86	196.51	2003
Siloe Patera	西罗尔环形山	35.3	6.55	39.08	2012
Tyrrhena Patera	塔海尼亚环形山	−21.39	106.63	12.64	1973
Ulysses Patera	尤利西斯环形山	2.95	238.58	57.86	1973
Uranius Patera	乌拉纽斯环形山	26.32	267.2	114	1973

火星平原（Planitia）

英文名	中文名	纬度(°N)	经度(°E)	直径(km)	命名时间(年份)
Acidalia Planitia	阿西达利亚平原	49.76	339.26	3362.97	1973
Amazonis Planitia	亚马孙平原	25.75	197.09	2809.04	1973
Arcadia Planitia	阿卡迪亚平原	47.19	184.31	1871.97	1973
Argyre Planitia	阿吉尔平原	−49.84	316.69	892.93	1973
Chryse Planitia	克里斯平原	28.43	319.69	1542.44	1973
Elysium Planitia	伊利瑟姆平原	2.98	154.74	3000.79	1973
Eridania Planitia	艾瑞达尼亚平原	−38.15	122.21	1062.13	2010
Hellas Planitia	海拉斯平原	−42.43	70.5	2299.16	1973
Isidis Planitia	伊西底斯平原	13.94	88.38	1224.58	1973
Utopia Planitia	乌托邦平原	46.74	117.52	3560.45	1973

火星高原（Planum）

英文名	中文名	纬度（°N）	经度（°E）	直径（km）	命名时间(年份)
Aeolis Planum	伊奥利亚高原	−1.14	144.76	852.81	2006
Amenthes Planum	阿蒙蒂斯高原	3.4	105.92	960	2006
Aonia Planum	阿俄尼亚高原	−57.9	281.33	563.45	2003
Argentea Planum	阿詹泰高原	−72.49	298.33	1370.64	2003
Ascuris Planum	阿斯克里斯高原	40.59	279.22	617.66	1991
Aurorae Planum	奥罗拉高原	−10.41	311.38	564.49	1973
Bosporos Planum	博斯普鲁斯高原	−33.87	295.51	729.58	1979
Daedalia Planum	代达罗斯高原	−18.35	234.05	1922.02	1982
Hesperia Planum	希斯皮里亚高原	−21.42	109.89	1601.73	1973
Icaria Planum	伊卡里亚高原	−43.27	253.96	566.59	1979
Lucus Planum	卢卡斯高原	−4.99	182.83	899.87	1997
Lunae Planum	月神高原	10.79	294.49	1817.66	1973
Malea Planum	马列亚高原	−65.82	62.94	872.47	1985
Meridiani Planum	子午线高原	−0.04	356.86	1058.53	2003
Nepenthes Planum	尼盆西斯高原	14.01	113.79	1650.14	2009
Oenotria Plana	欧诺特利亚高原	−8.14	76.64	61.25	2011
Olympia Planum	奥林匹亚高原	82.18	188.81	804.39	2007
Ophir Planum	俄斐高原	−8.45	302.18	642.24	1973
Parva Planum	帕尔瓦高原	−73.67	264.93	1027.32	2003
Planum Angustum	奥古斯图高原	−79.8	276.8	206.41	1988
Planum Australe	奥斯加勒高原	−83.35	157.7	1429.87	1976
Planum Boreum	北极高原	87.32	54.96	354.63	1976
Planum Chronium	克洛纽蒙高原	−59.14	139.5	576.38	1985
Promethei Planum	普罗米修斯高原	−79.18	88.36	831.28	2003
Sinai Planum	西奈高原	−13.72	272.24	901.44	1973
Sisyphi Planum	西西弗高原	−69.64	6.41	1032.87	2003
Solis Planum	索利斯高原	−26.4	270.33	1811.23	1973
Syria Planum	叙利亚高原	−12.09	256.1	735.74	1973
Syrtis Major Planum	大瑟提斯高原	9.2	67.1	1214.86	1973
Thaumasia Planum	陶马斯高原	−21.66	294.78	799.6	1994
Zephyria Planum	泽费里亚高原	−1.08	153.73	575.11	2006

火星悬崖（Rupes）

英文名	中文名	纬度（°N）	经度（°E）	长度（km）	命名时间（年份）
Amenthes Rupes	阿蒙蒂斯悬崖	1.51	110.68	335.25	1982
Argyre Rupes	阿吉尔悬崖	−62.15	291.25	335.42	1973
Arimanes Rupes	阿里曼尼丝悬崖	−9.84	212.3	192.67	1985
Avernus Rupes	阿佛纳斯悬崖	−9.2	172.8	223.32	1985
Bosporos Rupes	博斯布鲁斯悬崖	−42.74	302.45	531.42	1976
Chalcoporos Rupes	扎洛克颇罗斯悬崖	−55.64	20.57	404.98	1985
Claritas Rupes	克拉瑞塔斯悬崖	−25.04	254.74	952.87	1991
Cydnus Rupes	塞德纳斯悬崖	52.53	112.21	1550.81	1985
Elysium Rupes	伊利瑟姆悬崖	25.24	148.04	140.5	1985
Hephaestus Rupes	赫菲斯托斯悬崖	23.54	114.9	1707.44	2003
Morpheos Rupes	墨菲斯悬崖	−36	125.58	404.15	1982
Ogygis Rupes	奥古阿斯悬崖	−33.03	305.47	184.23	1976
Olympia Rupes	奥林匹亚悬崖	86.04	174.16	1197.04	2007
Olympus Rupes	奥林匹斯悬崖	18.4	226.44	1914.77	1976
Panchaia Rupes	潘切尔悬崖	64.37	129.83	1113.4	2003
Phison Rupes	费艾山悬崖	26.7	50.35	203.07	1976
Pityusa Rupes	皮提尤萨悬崖	−63.96	28.32	430.14	1985
Promethei Rupes	普罗米修斯悬崖	−75.54	90.24	1379.21	1976
Rupes Tenuis	特纽伊斯悬崖	81.6	274.53	669.03	1988
Tartarus Rupes	塔耳塔洛斯悬崖	−6.5	175.71	97.46	1985
Thyles Rupes	泰利斯悬崖	−69.32	132.28	548.75	1985
Ulyxis Rupes	尤宜克斯悬崖	−68.78	160.02	383.09	1976
Utopia Rupes	乌托邦悬崖	43.53	86.03	2492.68	2003

火星断崖（Scopuli/Scopulus）

英文名	中文名	纬度（°N）	经度（°E）	长度（km）	命名时间（年份）
Abalos Scopuli	阿瓦洛斯断崖	80.72	283.44	109.16	2006
Australe Scopuli	奥斯加勒断崖	−83.48	247.06	504.58	2006
Boreales Scopuli	北极断崖	88.88	269.84	1.13	2006
Charybdis Scopulus	卡律布迪斯断崖	−24.14	20.08	551.26	1985
Coronae Scopulus	克罗纳断崖	−33.26	64.94	245.24	1985
Eridania Scopulus	艾瑞达尼亚断崖	−52.61	141.79	1017.66	1979
Gemini Scopuli	杰米纳断崖	80.39	26.1	1000.36	2006
Nilokeras Scopulus	尼洛克拉斯断崖	31.72	304.15	901.48	1976
Oenotria Scopuli	欧诺特利亚断崖	−6.62	77.11	1425	1982
Scylla Scopulus	斯库拉断崖	−25.22	18.34	476.91	1985
Tartarus Scopulus	塔耳塔洛斯断崖	−4.23	177.25	251.31	1985
Ultimi Scopuli	奥提米断崖	−77.88	179.04	560.47	2006
Xanthe Scopulus	赞茜断崖	19.38	307.49	59.48	1988

火星沟（Sulci）

英文名	中文名	纬度（°N）	经度（°E）	长度（km）	命名时间（年份）
Amazonis Sulci	亚马孙沟	−2.15	216.29	250.59	1985
Apollinaris Sulci	阿波里那沟	−11.06	177.47	188.64	1985
Arsia Sulci	阿西亚沟	−6.29	230.19	500	1991
Ascraeus Sulci	阿斯克瑞斯沟	12.06	251.25	138.7	1991
Australe Sulci	奥斯加勒沟	−84.99	133.06	357.91	2006
Candor Sulci	康多沟	−4.92	283.15	73.36	2013
Cyane Sulci	西亚涅沟	25.4	231.34	335.94	1976
Gigas Sulci	吉珈斯沟	10.02	232.27	418.56	1976
Lycus Sulci	里卡斯沟	28.14	215.53	1350.61	1976
Medusae Sulci	美杜莎沟	−5.04	200.3	191.52	1985
Memnonia Sulci	梅洛尼亚沟	−7.16	184.17	452.66	1985
Pavonis Sulci	帕吾尼斯沟	4.01	242.63	425.8	1991
Sacra Sulci	萨克拉沟	22.16	285.3	1009.05	1985
Gordii Sulci	戈尔迪沟	19.02	234.27	400	1976

火星高地（Terra）

英文名	中文名	纬度（°N）	经度（°E）	直径（km）	命名时间（年份）
Aonia Terra	阿俄尼亚高地	−60.2	262.95	3873.48	1979
Arabia Terra	阿拉伯高地	21.25	5.72	4851.74	1979
Margaritifer Terra	珍珠高地	−1.85	335.08	2733.22	1979
Noachis Terra	诺亚高地	−50.41	354.84	5519.45	1979
Promethei Terra	普罗米修斯高地	−64.37	97	3244.3	1979
Tempe Terra	坦佩高地	38.69	289.39	1954.94	1979
Cimmeria Terra	辛梅利亚高地	−32.68	147.75	5855.87	1979
Sabaea Terra	撒贝伊高地	2.72	51.3	4688.44	1979
Sirenum Terra	萨瑞南高地	−39.49	205.85	3635.18	1979
Tyrrhena Terra	塔海尼亚高地	−11.9	88.84	2470.14	1979
Xanthe Terra	赞西高地	1.6	311.95	1867.65	1979

火星山丘（Tholus/Tholi）

英文名	中文名	纬度(°N)	经度(°E)	直径(km)	命名时间(年份)
Albor Tholus	阿尔伯山丘	18.87	150.47	158.38	1973
Aonia Tholus	阿俄尼亚山丘	−59.04	279.96	53.69	2013
Apollinaris Tholus	阿波里那山丘	−17.64	175.75	32.39	2007
Biblis Tholus	比布利斯山丘	2.52	235.62	168.6	2013
Ceraunius Tholus	什洛尼尔斯山丘	24	262.75	128.58	1973
Cerberus Tholi	刻耳柏洛斯山丘	4.48	164.41	698	2006
E. Mareotis Tholus	伊·马里奥提斯山丘	35.92	274.87	4.6	1991
Hecates Tholus	赫卡忒斯山丘	32.12	150.24	181.57	1973
Issedon Tholus	伊塞顿山丘	36.05	265.17	54.53	1991
Jovis Tholus	约维斯山丘	18.2	242.59	58.07	1973
Nia Tholus	尼娅山丘	−6.59	285.05	34.01	2013
Nili Tholus	尼利山丘	9.15	67.35	7	2014
N. Mareotis Tholus	尼·马里奥提斯山丘	36.38	273.79	3.58	1991
Scandia Tholi	斯坎迪亚山丘	73.91	201.28	398.27	2003
Sirenum Tholus	萨瑞南山丘	−34.64	215.21	53.9	2013
Sisyphi Tholus	西西弗山丘	−75.68	341.47	27.52	2006
Tharsis Tholus	萨希斯山丘	13.25	269.31	149.3	1973
Ulysses Tholus	尤利西斯山丘	2.96	238.5	102.47	2007
Uranius Tholus	乌拉纽斯山丘	26.25	262.43	61.39	1973
W. Mareotis Tholus	万·马里奥提斯山丘	35.56	272.04	13.19	1991
Zephyria Tholus	泽费里亚山丘	−19.75	172.92	35.95	1997

火星沙丘（Undae）

英文名	中文名	纬度(°N)	经度(°E)	长度(km)	命名时间(年份)
Abalos Undae	阿瓦洛斯沙丘	78.52	272.5	442.74	1988
Aspledon Undae	阿斯普尔顿沙丘	73.06	309.65	215.2	2007
Hyperboreae Undae	许珀耳玻瑞亚沙丘	79.96	310.51	463.65	1988
Olympia Undae	奥林匹亚沙丘	81.16	178.48	1507.96	2003
Siton Undae	斯通沙丘	75.55	297.28	222.97	2007

火星峡谷(Vallis/Valles)

英文名	中文名	纬度(°N)	经度(°E)	长度(km)	命名时间(年份)
Abus Vallis	阿巴斯峡谷	−5.49	212.8	60.99	1985
Allegheny Vallis	阿勒格尼峡谷	−9.01	306.1	171.08	2003
Al-Qahira Vallis	希拉峡谷	−18.23	162.41	600	1973
Anio Valles	阿尼奥峡谷	37.75	55.89	54	1988
Apsus Vallis	阿卜苏峡谷	34.91	134.99	121.56	1985
Arda Valles	阿尔达峡谷	−20.4	327.69	173.67	1976
Ares Vallis	阿瑞斯峡谷	10.29	334.39	1757.67	1973
Arnus Vallis	阿诺斯峡谷	13.97	70.61	311.61	1982
Asopus Vallis	阿索波斯峡谷	−4.29	210.39	40.82	1985
Athabasca Valles	阿萨巴斯卡峡谷	8.54	155.01	270	1997
Auqakuh Vallis	安夸库峡谷	30.25	60.41	347	1973
Axius Valles	阿克西厄斯峡谷	−54.53	70.72	435.95	1979
Bahram Vallis	巴赫拉姆峡谷	20.42	302.86	269.68	1976
Bashkaus Valles	巴什考斯峡谷	−25.68	356.74	246.93	2013
Brazos Valles	布拉索斯峡谷	−6.08	18.7	387.51	1982
Buvinda Vallis	布维达峡谷	33.17	151.96	134.17	1985
Chico Valles	奇科峡谷	−66.77	207.77	446.35	2003
Clanis Valles	克拉尼斯峡谷	33.24	58.47	58	1988
Clasia Vallis	克拉西亚峡谷	33.77	57.04	147	1988
Clota Vallis	克罗塔峡谷	−25.59	339.5	114.36	1976
Columbia Valles	哥伦比亚峡谷	−9.44	317.1	84.82	2006
Coogoon Valles	库戈恩峡谷	17.19	338.26	300	2006
Cusus Valles	库苏斯峡谷	14.05	50.37	250.24	1985
Daga Vallis	达加峡谷	−12.07	317.58	49.86	2006
Dao Vallis	达奥峡谷	−37.61	88.89	794	1979
Deva Vallis	德瓦峡谷	−7.67	203.13	53.65	1985
Dittaino Valles	迪泰诺峡谷	−1.43	293.14	157.42	1985
Doanus Vallis	朵纳斯峡谷	−63.02	334.41	139.91	1985
Drava Valles	德拉瓦峡谷	−48.86	165.99	159.03	1982
Drilon Vallis	戴瑞龙峡谷	7.17	307.66	118.53	1985
Dubis Vallis	杜比斯峡谷	−5.16	211.87	45.42	1985
Durius Valles	杜罗斯峡谷	−17.3	171.98	240	1997
Dzigai Vallis	迪子盖峡谷	−58.1	323.41	327.31	1991
Elaver Vallis	伊拉威尔峡谷	−9.38	310.48	178.92	1997
Enipeus Vallis	埃尼培乌司峡谷	36.8	267.2	527.07	1991

英文名	中文名	纬度(°N)	经度(°E)	长度(km)	命名时间(年份)
Evros Vallis	埃夫罗斯峡谷	−12.65	13.83	358.01	1982
Farah Vallis	法拉赫峡谷	−6.03	136.8	76.37	2013
Frento Vallis	佛兰托峡谷	−50.03	345.16	251.09	1985
Granicus Valles	格拉尼卡斯峡谷	30.58	129.97	777.78	1982
Grjótá Valles	格尤塔峡谷	15.38	166.38	343.77	2006
Harmakhis Vallis	哈马契斯峡谷	−40.98	90.06	526.66	1979
Havel Vallis	哈佛尔峡谷	0.77	302.54	240.19	2012
Hebrus Valles	赫布鲁斯峡谷	19.88	126.74	325	1982
Her Desher Vallis	赫德谢尔峡谷	−25.08	312.07	117.29	1985
Hermus Vallis	海尔穆斯峡谷	−5.32	212.19	53.32	1985
Himera Valles	希梅拉峡谷	−21.54	337.34	175	1979
Hrad Vallis	赫拉德峡谷	38.17	135.91	974.4	1985
Huallaga Vallis	尼亚加河峡谷	−26.67	79.07	92.5	2014
Huo Hsing Vallis	霍兴峡谷	30.19	66.61	332.3	1973
Hypanis Valles	帕尼斯峡谷	9.46	313.58	220	1985
Hypsas Vallis	海普萨斯峡谷	33.63	57.99	36.47	1988
Iberus Vallis	艾贝鲁斯峡谷	21.25	152.07	87.26	1985
Indus Vallis	印度峡谷	18.95	38.88	342	1982
Isara Valles	伊莎拉峡谷	−5.31	213.58	5.36	1985
Ituxi Vallis	艾吐希峡谷	25.45	153.32	123.07	1985
Kasei Valles	卡塞峡谷	25.14	297.12	1580	1973
Labou Vallis	拉布峡谷	−8.63	205.58	257.79	1985
Ladon Valles	拉顿峡谷	−22.43	331.39	244.59	1976
Lethe Vallis	勒特峡谷	3.16	154.97	236.65	2006
Licus Vallis	李卡斯峡谷	−3.05	126.35	240	1982
Liris Valles	里里斯峡谷	−10.5	58.25	596.24	1985
Lobo Vallis	洛博峡谷	26.82	298.83	80	1988
Locras Valles	卢卡斯峡谷	8.84	48.26	351.32	1979
Loire Valles	卢瓦尔峡谷	−17.69	342.97	790	1982
Louros Valles	卢罗斯峡谷	−8.41	278.23	516.14	1982
Máadim Vallis	马丁峡谷	−21.98	177.5	913.11	1973
Mad Vallis	迈德峡谷	−56.27	76.47	537.37	1994
Maja Valles	玛雅峡谷	10.23	301.62	1515	1979
Mamers Valles	马梅尔峡谷	40.65	17.94	1020	1976
Mangala Valles	曼格拉峡谷	−11.32	208.61	900	1973

（续表）

英文名	中文名	纬度(°N)	经度(°E)	长度(km)	命名时间(年份)
Marikh Vallis	玛利亚峡谷	−19.16	4.32	1147.22	2007
Marte Vallis	马尔提峡谷	14.08	182.9	231.43	1994
Matrona Vallis	马特罗那峡谷	−7.66	176.19	61.28	1985
Maumee Valles	莫米峡谷	19.51	307.15	390	1976
Mawrth Vallis	马沃斯峡谷	22.43	343.03	634.63	1979
Minio Vallis	米尼奥峡谷	−4.38	208.33	90	1985
Morava Valles	摩拉瓦峡谷	−13.57	335.8	364.1	2008
Mosa Vallis	莫萨峡谷	−15.09	22.2	191.6	1985
Munda Vallis	蒙达峡谷	−5.37	213.83	9.13	1985
Naktong Vallis	洛东峡谷	4.89	33.39	669.63	1982
Nanedi Valles	纳内迪峡谷	5.05	311.38	550	1976
Napo Vallis	纳波峡谷	−25.97	78.03	87.5	2014
Naro Vallis	纳洛峡谷	−4	60.71	442.72	1985
Nestus Valles	奈斯图斯峡谷	−7.03	201.52	38.25	1985
Nia Vallis	尼娅峡谷	−53.53	325.19	140	1991
Nicer Vallis	奈斯尔峡谷	−6.96	201.81	22.6	1985
Niger Vallis	尼日尔峡谷	−34.96	92.57	360	1991
Nirgal Vallis	尼尔格峡谷	−28.16	318.32	610	1973
Ochus Valles	奥朱斯峡谷	7.07	314.96	127	1985
Okavango Valles	奥卡万戈峡谷	38.1	8.97	285.12	2012
Oltis Valles	奥蒂斯峡谷	−23.5	338.35	169.3	1976
Osuga Valles	奥苏嘉峡谷	−15.31	321.41	164	1979
Padus Vallis	帕杜斯峡谷	−4.52	210.02	57.42	1985
Pallacopas Vallis	帕拉卡布斯峡谷	−54.73	339.52	134.77	1991
Paraná Valles	巴拉那峡谷	−23.19	350.2	329.13	1979
Patapsco Vallis	帕塔普斯科峡谷	23.7	152.51	172.87	1985
Peace Vallis	和平峡谷	−4.21	137.23	35.24	2012
Protva Valles	普洛特瓦峡谷	−29.11	299.42	259.71	1979
Rahway Valles	瑞威峡谷	8.46	173.58	346.19	2006
Ravius Valles	拉比乌斯峡谷	46.12	249.83	388.18	1985
Ravi Vallis	拉维峡谷	−0.42	319.52	148.78	1979
Reull Vallis	鲁尔峡谷	−42.14	104.95	1051.94	1979
Rhabon Valles	鲁哈滨峡谷	21.21	268.73	245	1988
Rubicon Valles	鲁宾汉峡谷	44.41	242.48	308.21	1976
Runa Vallis	鲁娜峡谷	−28.34	323.29	36	1979

（续表）

英文名	中文名	纬度(°N)	经度(°E)	长度(km)	命名时间(年份)
Sabis Vallis	萨比斯峡谷	−5.01	207.49	212.91	1985
Sabrina Vallis	塞布丽娜峡谷	10.99	310.96	280	1985
Samara Valles	萨马拉峡谷	−24.17	341.27	661.84	1976
Scamander Vallis	斯卡曼德峡谷	15.89	28.53	269	1982
Senus Vallis	赛纳斯峡谷	−5.23	213.04	22.18	1985
Sepik Vallis	塞皮克峡谷	−1.01	294.27	59	1985
Shalbatana Vallis	沙尔巴塔纳峡谷	7.33	317.91	1029	1973
Silinka Vallis	斯林卡峡谷	9.13	331.95	150.93	2006
Simud Valles	西穆德峡谷	19.09	321.99	987.99	1973
Stura Vallis	斯图拉峡谷	22.71	142.47	75	1985
Subur Vallis	苏布尔峡谷	11.63	306.85	26.2	1985
Sungari Vallis	松花江峡谷	−40.33	88.5	344.82	2009
Surinda Valles	苏润达峡谷	−28.8	324.89	80.07	1979
Surius Vallis	苏里乌斯峡谷	−61.2	311.28	30.76	1991
Tader Valles	泰德峡谷	−48.78	207.7	200	1985
Tagus Valles	塔古斯峡谷	−6.68	114.54	144.58	1976
Tana Vallis	塔纳峡谷	4.78	332.11	56.51	2013
Taus Vallis	陶斯峡谷	−4.85	211.68	10.4	1985
Termes Vallis	特梅斯峡谷	−11.11	202.99	55.6	1988
Teviot Vallis	蒂维厄特峡谷	−43.37	102.26	143.89	2003
Tigre Valles	蒂格雷峡谷	−12.02	322.91	102.82	2011
Tinia Vallis	丁尼亚峡谷	−4.61	211.12	17.83	1985
Tinjar Valles	廷扎峡谷	37.54	124.27	400.58	1985
Tinto Vallis	廷托峡谷	−3.97	111.5	191.97	2000
Tisia Valles	提撒峡谷	−10.75	46.72	384.05	1985
Tiu Valles	蒂乌峡谷	16.23	325.14	1720	1973
Trebia Valles	比亚峡谷	32.08	150.12	179.8	1985
Tyras Vallis	提拉斯峡谷	8.33	309.85	99.13	1985
Uzboi Vallis	乌斯钵峡谷	−29.46	323.02	353.53	1976
Marineris Valles	水手大峡谷	−14.01	301.41	3761.28	1973
Varus Valles	瓦鲁斯峡谷	−8.57	204.01	90.12	1988
Vedra Valles	维德拉峡谷	19.12	304.52	118	1976
Verde Vallis	维尔德峡谷	−0.5	29.88	133	2000
Vichada Valles	比查达峡谷	−19.87	88.13	438.31	2006
Vistula Valles	维斯瓦峡谷	13.41	308.03	193	1985
Waikato Vallis	怀卡托峡谷	−33.33	113.78	228.03	2010
Walla Vallis	瓦拉峡谷	−9.88	305.54	22.99	2006
Warrego Valles	瓦伊哥峡谷	−41.84	267.85	205.08	1979
Zarqa Valles	扎卡峡谷	0.32	80.59	21.37	2011

附录1作者

唐　红　　中国科学院地球化学研究所副研究员,地球化学专业,主要研究方向为月球与行星表面环境、地外天体上的水和生命等。

李雄耀　中国科学院地球化学研究所研究员,地球化学专业。

赵宇鸮　中国科学院地球化学研究所副研究员,地球化学专业。

于　雯　　中国科学院地球化学研究所工程师,地球化学专业。

许英奎　中国科学院地球化学研究所副研究员,地球化学专业。

魏广飞　中国科学院地球化学研究所助理研究员,地球化学专业。

鸣谢:感谢王俊涛、张明明、常睿、曾小家、尚颖丽、刘德泽、罗林、籍进柱、刘敬稳、刘以然、陈林对火星地名表的整理工作。

火星探测年表

序号	发射日期	探测计划	探测器名称	国别地区	运载火箭	任务类型	任务概述	有效载荷	任务结果	成功与否
1	1960年10月10日	火星计划 (Mars Program)	"马尔斯尼克1号" (Marsnik 1)	苏联	"闪电号" 8K78 (Molntya 8K78)	飞越	探测火星与地球之间的空间环境；研究长距离太空飞行对仪器的影响以及远距离通信	磁强计、宇宙线计数器、等离子体捕获器、辐射计、微陨石探测仪、光谱仪、电视摄像机	第一枚火星探测器，未能进入地球轨道	失败
2	1960年10月14日	火星计划	"马尔斯尼克2号" (Marsnik 2)	苏联	"闪电号" 8K78	飞越	探测火星与地球之间的空间环境；研究长距离太空飞行对仪器的影响以及远距离通信	磁强计、宇宙线计数器、等离子体捕获器、辐射计、微陨石探测仪、光谱仪、电视摄像机	未能进入地球轨道	失败
3	1962年10月24日	火星探测计划 (Mars Probe Program)	"斯普特尼克22号" (Sputnik 22)	苏联	"闪电号" 8K78	飞越	获取火星表面照片，并传回有关宇宙线、微陨石撞击、火星磁场、火星辐射环境、大气组成和有机物的探测数据	磁强计、电视摄像设备、反射光谱仪、辐射计，用于研究臭氧吸收波段的摄谱仪、微流星体探测仪	未脱离地球轨道	失败
4	1962年11月1日	火星探测计划	"斯普特尼克23号" (Sputnik 23)	苏联	"闪电号" 8K78	飞越	获取火星表面照片，并传回有关宇宙线、微陨石撞击、火星磁场、火星辐射环境、大气组成和有机物的探测数据	磁强计、电视摄像设备、反射光谱仪、辐射计，传感器、（气体放电和闪烁计数器）、摄谱仪、微流星体探测仪	任距地球1067600000km处失去联络	失败
5	1962年11月4日	火星探测计划	"斯普特尼克24号" (Sputnik 24)	苏联	"闪电号" 8K78	软着陆	尝试火星软着陆	—	未脱离地球轨道	失败
6	1964年11月5日	水手计划 (Mariner Program)	"水手3号" (Mariner 3)	美国	"宇宙神—阿金纳D" (Atlas-AgenaD)	飞越	在火星附近进行科学观测，拍摄火星表面照片并传回地球	太阳风探测仪、辐射计、电离室、宇宙线望远镜、氦磁力计、宇宙尘埃探测仪	覆盖层未能成功分离	失败
7	1964年11月28日	水手计划	"水手4号" (Mariner 4)	美国	"宇宙神—阿金纳D"	飞越	对火星近距离观测并将观测数据传回地球，在火星附近进行行星际磁场和粒子的测量	摄像机、磁强计、宇宙线望远镜、尘埃探测、捕获辐射检测仪、太阳离子室、盖革计数器、电离室/盖革计数器	有史以来第一枚成功到达火星的探测器，传回21张照片	成功

（续表）

序号	发射日期	探测计划	探测器名称	国别地区	运载火箭	任务类型	任务概述	有效载荷	任务结果	成功与否
8	1964年11月30日	探测器计划（Zond Program）	"探测器2号"（Zond 2）	苏联	"闪电号"8K78	飞跃	从地球临时停泊轨道上的空间站（64-078A）向火星发射的空间实验负载系统	磁强计,摄像机,反射光谱仪,辐射臭氧吸收波段的传感器,用于研究空间实验负载的摄谱仪,微流星体探测仪	飞跃火星但通信失败,未获得探测数据	失败
9	1965年7月18日	探测器计划（Zond Program）	"探测器3号"（Zond 3）	苏联	"闪电号"8K78	飞跃	从地球临时停泊轨道上的空间站（64-078A）向火星发射的空间实验负载系统	电视摄像系统,磁强计,紫外和红外摄谱仪,辐射传感器（气体放电望远镜和闪烁计数器）,射电望远镜,微流星体探测仪,以及一个试验性的离子引擎	错过发射窗口,仅供试验	—
10	1969年2月24日	水手计划	"水手6号"（Mariner 6）	美国	"宇宙神—半人马座"（Atlas-Centaur）	飞跃	研究火星表面和大气,特别是寻找火星生命痕迹;为发射"水手7号"提供所需的数据	广角和窄角电视摄像机,红外光度计,辐射计,紫外光谱计,无线电装置	飞跃火星,获得75张照片	成功
11	1969年3月27日	火星计划	"火星1969A"（Mars 1969A）	苏联	"质子号"	轨道器	在火星轨道上完成照相及其他试验	电视摄像机,辐射计,水蒸气探测仪,紫外光谱仪,γ射线记录仪,氢氧质谱仪,等离子体光谱仪,离子光谱仪	三级助推火箭散障,爆炸	失败
12	1969年3月27日	水手计划	"水手7号"（Mariner 7）	美国	"宇宙神—半人马座"	飞跃	研究火星表面和大气,特别是寻找火星生命痕迹	广角和窄角电视摄像机,红外光度计,辐射计,紫外光谱计,无线电装置	飞跃火星,获得126张照片	成功
13	1969年4月2日	火星计划	"火星1969B"（Mars 1969B）	苏联	"质子号"	轨道器	在火星轨道上完成照相及其他试验	电视摄像机,辐射计,水蒸气探测仪,紫外和红外记录仪,氢氧质谱仪,等离子体光谱仪和一个低能离子光谱仪	一级助推火箭散障,爆炸	失败
14	1971年5月9日	水手计划	"水手8号"（Mariner 8）	美国	"宇宙神—半人马座"	轨道器	进入环绕火星轨道,返回照片和数据,绘制70%火星表面图	广角和窄角电视摄像机,红外光谱计,辐射计,紫外光谱仪,无线电装置	发射失败	失败

（续表）

序号	发射日期	探测计划	探测器名称	国别地区	运载火箭	任务类型	任务概述	有效载荷	任务结果	成功与否
15	1971年5月10日	宇宙系列（Cosmos Series）	"宇宙419号"（Cosmos 419）	苏联	"质子号"	轨道器	完成绕火星轨道飞行	太阳辐射测量仪	未脱离地球轨道，失败	失败
16	1971年5月19日	火星探测计划	"火星2号"（Mars 2）	苏联	"质子号"	轨道器、着陆器	获取火星表面和云层的图像，确定火星表面温度，研究火星表面地形，测量成分和物理性质，监测火星大气的性质，火星际，太阳风和行星际磁场，并作为从登陆器到地球通信的中继站	红外辐射计、光度计、红外光度计、紫外光度计、莱曼α光度计、可见光光度计、射电望远镜和辐射计、红外分光计、电视摄像系统、窄角相机、广角相机、窄角静电等离子体传感器、三轴磁力计	到达火星，着陆器损坏，未获得探测数据	失败
17	1971年5月28日	火星探测计划	"火星3号"（Mars 3）	苏联	"质子号"	轨道器、着陆器	获取火星表面和云层的图像，确定火星表面温度，研究火星表面地形，测量成分和物理性质，监测火星大气的性质，火星际，太阳风和行星际磁场，并作为从登陆器到地球通信的中继站	除携带与"火星2号"相同的载荷外，还带有一台法国提供的称为光谱1号的试验仪器	轨道器未成功，但着陆器成为有史以来第一个成功在火星表面着陆的探测器，仅仅在火星上工作了大约20秒后失去联系	部分成功
18	1971年5月30日	水手计划	"水手9号"（Mariner 9）	美国	"宇宙神—半人马座"	轨道器	绘制火星表面图，研究当时火星气候及火星表面的变化	广角和窄角电视摄像机、红外光谱仪、辐射计、紫外光谱仪、无线电装置	第一枚成功进入环绕火星轨道的探测器，进入火星轨道后获得7329张照片	成功
19	1973年7月21日	火星探测计划	"火星4号"（Mars 4）	苏联	"质子号"	轨道器	获得火星大气和表面成分、构造和性质的信息	两部相机机构的电视像系统、单线扫描装置、磁强计、等角静电等离子体传感器、红外辐射计、射电望远镜偏振计、偏振计、分光计、光度计、无线电屏蔽试验装置、双频率无线电试验装置，太阳质子和电子流监测以及太阳辐射探测装置	未进入火星轨道	失败

（续表）

序号	发射日期	探测计划	探测器名称	国别地区	运载火箭	任务类型	任务概述	有效载荷	任务结果	成功与否
20	1973年7月25日	火星探测计划	"火星5号"(Mars 5)	苏联	"质子号"	轨道器	获取火星大气和表面成分构造和性质的信息;同时该轨道器也作为后续发射的"火星6号"和"火星7号"的通信中继站	两部照相机成像系统,单线扫描视频装置,磁强计,等离子体捕获器,窄角度静电等离子体传感器,红外辐射计,射电望远镜偏振计,偏振计,分光计,光度计,无线电屏蔽试验装置,双频率无线电电子流监测装置,太阳质子和电子流监测以及太阳射电辐射探测装置	进入环绕火星轨道后不久失去联系	失败
21	1973年8月5日	火星探测计划	"火星6号"(Mars 6)	苏联	"质子号"	轨道器,着陆器	进入火星大气层,研究火星大气和火星表面	全景远距照相机,加速度计,无线电高度计,活化分析试验,土壤机械性质传感器,远距离光度计,莱曼α光度计,离子捕获器,窄角度计,静电等离子体传感器,太阳宇宙射线传感器,微陨石传感器,辐射计,无线电屏蔽试验装置	着陆器成功进入火星大气层,打开降落伞后失去联系	部分成功
22	1973年8月9日	火星探测计划	"火星7号"(Mars 7)	苏联	"质子号"	轨道器,着陆器	火星着陆,对火星表面进行实地研究	全景远距照相机,加速度计,活化分析试验仪,土壤机械性质传感器,远距离光度计,莱曼α光度计,磁强计,离子捕获器,窄角度计,静电等离子体传感器,太阳宇宙射线传感器,微陨石传感器,辐射计,无线电屏蔽试验装置	未能成功进入环绕火星轨道	失败

（续表）

序号	发射日期	探测计划	探测器名称	国别地区	运载火箭	任务类型	任务概述	有效载荷	任务结果	成功与否
23	1975年8月20日	海盗计划（Viking Program）	"海盗1号"（Viking 1）	美国	"大力神—半人马座"（Titan-Centaur）	轨道器、着陆器	研究火星表面和大气，包括生命痕迹、化学组成、天气变化、地震、物理性质、形貌	安装了温度、风向和风速传感器的气象站，地震仪、磁铁、相机测试物、放大镜、内部环境可控的生物学试验仪器隔离室、压力传感器	轨道器于1976年6月19日进入环绕火星轨道，着陆器于1976年7月20日在火星表面成功着陆，成为第一枚在火星上着陆，并日成功向地球发回照片的探测器	成功
24	1975年9月9日	海盗计划	"海盗2号"（Viking 2）	美国	"大力神—半人马座"	轨道器、着陆器	研究火星表面和大气，包括生命痕迹、化学组成、天气变化、地震、物理性质、形貌	安装了温度、风向和风速传感器的气象站，地震仪、磁铁、相机测试物、放大镜、内部环境可控的生物学试验仪器隔离室、压力传感器	轨道器于1976年8月7日进入环绕火星轨道，着陆器于1976年9月3日在火星表面成功着陆	成功
25	1988年7月7日	火卫一计划（Phobos Program）	"火卫一号"（Phobos 1）	苏联	"质子号"	火星/火卫—轨道器，火卫—着陆器	探测地球—火星空间环境；观测太阳；了解火星附近的等离子体层环境；研究火星表面和大气；研究火卫—的表面成分	空间等离子体自动旋转分析仪、质子和α粒子光谱仪、能谱、质谱和电荷谱仪、高能带电粒子谱仪、太阳光度计、X射线光度计、超声光谱仪、γ射线爆裂光谱仪、视频光谱系统、红外光谱仪、γ射线发射光谱仪、雷达系统、激光质谱分析仪、二次离子质谱分析仪、光学辐射光谱仪、磁通门磁强计、等离子体电子波谱系统、离子和电子光谱仪、近火星磁场探测仪、中子探测仪、太阳望远镜日冕观测仪	飞往火星的途中失去联系	失败

(续表)

序号	发射日期	探测计划	探测器名称	国别地区	运载火箭	任务类型	任务概述	有效载荷	任务结果	成功与否
26	1988年7月12日	火卫一计划	"火卫-2号"(Phobos 2)	苏联	"质子号"	火星火卫一轨道器,火卫一着陆器	探测地球—火星空间环境;观测太阳;了解火星附近的等离子层环境,火研究火星表面和大气,研究火卫一的表面成分	空间等离子体自动旋转分析仪,质子和α粒子光谱仪,能谱,质谱,和电荷谱仪,高能带电粒子谱仪,太阳光度计,X射线光度计,超声光谱仪,γ射线爆裂光谱仪,视频光谱系统,红外光谱仪,γ射线发射光谱仪,雷达系统,激光质谱仪,二次离子质谱分析仪,光学辐射光谱仪,磁通门磁强计,等离子体波系统,离子和电子光谱仪,近火星磁场探测仪,红外辐射计/光谱仪,红外辐射红外辐射仪,扫描粒子探测仪,高能粒子探测仪	进入环绕火星轨道后不久与地球失去联系,所携带的着陆器也未能在火星表面着陆	失败
27	1992年9月25日	—	"火星观察者"(Mars Observer/Mars Geoscience/Climatology Orbiter)	美国	航天飞机转移轨道级	轨道器	确定火星全球表面化学和矿物特征;描述火星全球地形和重力场;了解火星磁场特征;了解与季节周期有关的火星挥发物质,尘埃的时空分布,来源和去向;探测火星大气的结构和循环状况	射电科学探测装置,磁强计/电子反射计,γ射线谱仪,激光高度计,红外辐射计,气球中继器,热辐射光谱仪	准备点火进入环绕火星轨道时与地球失去联系	失败

（续表）

序号	发射日期	探测计划	探测器名称	国别地区	运载火箭	任务类型	任务概述	有效载荷	任务结果	成功与否
28	1996年11月7日	火星探索计划（Mars Exploration Program）	"火星全球勘测者"（Mars Global Surveyor）	美国	"德尔它2"（Delta II）	轨道器	获取火星表面高清影像图;研究火星表面形貌和重力;研究火星表面大气中水和尘埃的作用;研究火星磁场及其演化	火星轨道器相机,热辐射光谱仪,火星轨道器激光高度计,无线电科学装置,磁强计,继电器		成功
29	1996年11月16日	—	"火星96"（Mars 96）	俄罗斯	"质子号"	轨道器,着陆器	研究火星上现在和过去发生的物理化学过程;研究火星的演化历史和现状	12种研究火星表面和大气的科学仪器,7种研究电离层,磁场和粒子的仪器,3种天体物理学仪器,无线电技术试验仪器,导航电视摄像机,辐射剂量测定控制仪	探测器进入地球轨道后未能成功点火进入前往火星的轨道	失败
30	1996年12月4日	发现计划（Discovery Program）	"火星探路者"（Mars Pathfinder）	美国	"德尔它2"	软着陆火星车	探测火星环境以便为未来探测计划提供参考;具体任务:穿透大气层科学试验,火星表面长距离和近距离照相,火星表面岩石和土壤成分和性质测试,火星气象	火星探路者成像仪,磁强计,风速计,大气和气象传感器,3台相机构成的"旅居者"成像系统,风险监测系统,α质子激发X射线谱仪,车轮磨损实验,材料磨损实验,加速度电位计	历史上第三次在火星表面软着陆,携带的"旅居者"是人类送往火星的第一部火星车;"火星探路者"和"旅居者"在火星表面工作了将近3个月,向地球传回10 000多张照片和大量科学数据	成功
31	1998年7月3日	—	"希望号"（Nozomi/Planet-B）	日本	M-5M-V	轨道器	研究火星上层大气及其与太阳风的相互作用,发展用于未来星际探测的技术	成像相机,中子质谱仪,尘埃计数器,热等离子体分析仪,电子和离子光谱仪,离子质谱仪,高能粒子实验装置,真空紫外成像光谱仪,声波和离子体探测仪,低频波分析仪,电子温度探测器,紫外扫描仪	即将到达火星轨道时失去联系	失败

（续表）

序号	发射日期	探测计划	探测器名称	国别地区	运载火箭	任务类型	任务概述	有效载荷	任务结果	成功与否
32	1998年12月11日	一	"火星气候轨道器"（Mars Climate Orbiter）	美国	"德尔它2"	轨道器	监测火星的气候日变化和大气条件,记录火星表面由风和其他大气活动造成的效应,确定火星大气温度剖面,监测火星大气中水蒸气和尘埃含量,寻找火星气候变化的证据,特别是观察火星尘暴,臭氧层,水和尘埃的分布和运移,地形对大气循环的影响,大气对太阳加热的响应,以及火星表面特征.风蚀现象及颜色变化	压力调制红外辐射计,火星彩色成像仪（两个摄像头）,超高频通信系统	发射后失去联系	失败
33	1999年1月3日	新千年计划（New Millennium Program）	"火星极地着陆器"/"深空2号"（Mars Polar Lander/Deep Space 2）	美国	"德尔它2"	软着陆器	记录火星南极附近地区的气象情况;分析火星南极的易挥发物,特别是水和碳氧化物;在火星表面挖槽,观察表层性质,考查有无季节变化层,并分析土壤样品,寻找水,冰,水合物以及其他火星生矿物;拍摄着陆区照片,收集气候变化,季节循环的证据;获取着陆区多光谱图像,确定土壤类型及成分	火星挥发物及气候探测仪器包,气象探测仪,火星气体分析仪,降落成像仪,麦克风仪器,表面立体相机.机针,表面立体相机.机械臂	在登陆火星的过程中失去联络	失败
34	2001年4月7日	火星探测者2001计划（Mars Surveyor 2001）	"火星奥德赛2001"（Mars Odyssey 2001）	美国	"德尔它2"	轨道器	收集数据用于判断火星环境是否曾经适合生命生存,描述火星气候和地质概况,研究潜在的可能会对宇航员造成危险的辐射等	追星仪,火星辐射环境试验仪,γ射线谱仪	成功到达火星并执行任务	成功

（续表）

序号	发射日期	探测计划	探测器名称	国别地区	运载火箭	任务类型	任务概述	有效载荷	任务结果	成功与否
35	2003 年 6 月 2 日	—	"火星快车"/"贝格尔2号"（Mars Express/Beagle 2）	欧洲	"联盟号"（Soyuz-FG/Fregat）	轨道器,着陆器	轨道器的科学任务:获取火星全球高分辨率地质图像,进行高分辨率矿物学制图,研究火星大气成分,研究火星次表层结构,火星全球大气与火星气候变化;着陆器的科学任务:了解着陆地区地质,矿物、地球化学组成,了解着陆区大气和火星表面物理特性,收集火星气象和气候数据,寻找火星生命遗迹	高分辨率立体相机,可见光—近红外光谱仪,红外光谱仪和紫外光谱仪,中子和带电粒子感应器,探地雷达,高度计,无线电科学试验,使用通信系统,火星射电科学实验装置	欧洲空间局的首次火星探测任务,"贝格尔2号"着陆器后来失去联系,"火星快车"轨道器进行了四次延伸任务,直至2012 年12月31日	部分成功
36	2003 年 6 月 10日	火星探测漫游者任务（Mars Exploration Rover Mission）	"勇气号"（MER-A, Spirit）	美国	"德尔它2号"	火星车	寻找火星生命遗迹,了解火星气候特征和地质特征,为载人登陆火星考察作准备	全景相机,导航相机,α粒子激发X射线谱仪,穆斯保尔谱仪,显微成像仪,岩石研磨器,磁铁阵列,避险相机	登陆成功,按计划对火星表面进行探测	成功
37	2003 年 7 月 8日	火星探测漫游者任务	"机遇号"（MER-B, Opportunity）	美国	"德尔它2号"	火星车	寻找火星生命遗迹,了解火星气候特征和地质特征,为载人登陆火星考察作准备	全景相机,导航相机,α粒子激发X射线谱仪,穆斯保尔谱仪,显微成像仪,岩石研磨器,磁铁阵列,避险相机	登陆成功,按计划对火星表面进行探测	成功
38	2004 年 3 月 2日	—	"罗塞塔号"（Rosetta）	欧洲	"阿里安5"（Ariane 5G+）	顺路/飞掠	2007年2月25日,"罗塞塔"安排了一次低高度飞越通过火星	标称辐射监视器,罗塞塔等离子体塔等设备,可见光—近红外热成像光谱仪,紫外成像光谱仪	飞越火星时,测量了火星磁场,可见拍摄了大量火星照片	成功

（续表）

序号	发射日期	探测计划	探测器名称	国别/地区	运载火箭	任务类型	任务概述	有效载荷	任务结果	成功与否
39	2005 年 8 月 12 日	—	"火星勘测轨道器"（Mars Reconnaissance Orbiter）	美国	"宇宙神 5"（Atlas V）	轨道器	探测火星表面和内部的水资源及生命线索,为未来火星探测寻找合适着陆场,同时充当其他飞船或火星车向地球传输数据的中继站	高分辨率成像科学实验,环境成像仪,火星彩色成像仪,火星简便侦测成像光谱仪,火星气候探测仪,浅层地下雷达	成功到达火星轨道约一年后,高分辨率成像科学实验相机和火星气候探测仪出现技术故障	部分成功
40	2007 年 8 月 4 日	火星侦察计划（Mars Scout Program）	"凤凰号"（Phoenix）	美国	"德尔它 2"	着陆器	对火星的极地环境进行探测,寻找火星北极土壤中可能存在的生命特征,对浅层地下的水冰进行研究	机械臂,机械臂相机,火星降落成像仪,表面立体成像仪,热逸出气体分析仪,显微术、电化学与传导率分析仪,气象站	2008 年 5 月 25 日成功着陆火星,是继"海盗 2 号"在 1976 年登陆之后,唯一未使用气囊缓冲技术而成功登陆火星的探测器;2008 年 11 月与地面控制中心失去联络	成功
41	2011 年 11 月 8 日	火卫一—土壤（Phobos-Grunt）	"火卫一—土壤号"/"萤火一号"（Phobos-Grunt/YINGHUO-1）	俄罗斯/中国	"天顶-2SB"（Zenit-2SB）	轨道器,着陆器	着陆器的科学任务:登陆火卫一并取样样返回地球,通过分析样品研究火卫一起源并重建历史;"萤火一号"的科学任务:探测火星空间环境结构,等离子分布,研究太阳风—大气耦合和能量集运过程,火星带电离子逃逸过程和机制,区域重力场,火星及火卫一表面成像	着陆器携带:机械臂,γ射线谱仪,质谱仪,测温计,测震仪,宇宙尘埃探测计;"萤火一号"携带:太阳能翼板,光学成像仪,磁强计,离子分析器,以及掩星接收机,电子分析器	未能按计划变轨	失败

（续表）

序号	发射日期	探测计划	探测器名称	国别地区	运载火箭	任务类型	任务概述	有效载荷	任务结果	成功与否
42	2011年11月26日	火星侦察计划	"好奇号"（Curious）	美国	"宇宙神5"	软着陆火星车	探寻火星上的生命元素,收集数据,确认火星上是否存在生命,评估火星的可居留性,评估火星过去的气候及地质情况	减速伞,隔热板,核电池,桅杆相机,火星手持透镜成像仪,火星降落成像仪,火星样品分析仪,化学与矿物学分析仪,化学相机,α粒子激发X射线谱仪,中子反照率动态探测器,辐射评估探测器,火星车环境监测站,降落进入、导航相机,避险相机,机械臂	"好奇号"火星车大小像一部汽车,2012年8月6日成功着陆在盖尔撞击坑,是美国第七个着陆火星的探测器,也是第一辆采用核动力驱动的火星车	成功
43	2013年11月5日	火星轨道探测任务（Mars Orbiter Mission）	"曼加里安号"（Mangalyaan）	印度	极轨卫星运载火箭（PSLV）	轨道器	探测火星表面特征,地貌,矿物,大气	火星彩色相机,莱曼α光度计,热红外成像光谱仪,火星外大气层中性气体成分分析仪,火星甲烷传感器	2014年9月24日进入火星轨道	成功
44	2013年11月18日	火星侦察计划	"火星大气与挥发物演化"（Mars Atmosphere and Volatile Evolution,MAVEN）	美国	"宇宙神5"	轨道器	探测火星的上层大气层,电离层及其与太阳风阴风的相互作用,研究挥发分复合物的逃逸,通过了解火星大气的逃逸过程来推测火星过去的大气和气候,水和宜居性的演化历史	磁强计,中性气体和离子质谱仪,朗缪尔探针,紫外光谱成像仪,太阳风离子分析仪,太阳风高能粒子分析仪,超热和热离子组分探测装置	2014年9月21日进入火星轨道	成功

（续表）

序号	发射日期	探测计划	探测器名称	国别地区	运载火箭	任务类型	任务概述	有效载荷	任务结果	成功与否
45	2016年3月14日	火星生命探测计划（Exobiology on Mars Program）	"痕量气体轨道器""斯基亚帕雷利号"（Trace Gas Orbiter/Schiaparelli）	欧洲与俄罗斯合作	"质子号"	轨道器，着陆器	科学任务：寻找过去和现今火星生命迹象，研究水和火星化学环境的变化，研究火星大气痕量气体及其来源；工程任务：实现火星表面大型载荷的着陆，开发火星表面2米深处的样品，钻取火星表面巡视探测能力，发展表面巡视探测能力	轨道器载荷：火星通信轨道器，大气分析仪；着陆器载荷为进入一下降一着陆演示模块（可测试风速和方向，湿度，气压，表面温度，大气透明度，大气带电特性等）	探测器2016年10月抵达火星，轨道器将在2017年开始科学探测，着陆器2016年10月19日成功着陆火星	成功
46	2020年	火星生命探测计划	ExoMars火星车	欧洲与俄罗斯合作	"质子号"	火星车	获取着陆区图像，监视气候变化，调查大气成分，分析辐射环境，研究着陆区地表下水的分布，开展火星内部结构的地球物理调查	着陆器无线电科学实验包，宜居性/卤水辐射温度探测包，气压湿度探测包，局外辐射生探测包，内部磁场和等离子体环境探测包	原计划2019年1月着陆火星	—
47	2018年以后	—	"洞察号"（InSight）	美国与多国合作	"宇宙神5"	着陆器	研究火星早期演化历史（通过研究火星大小，密度，地核一地幔一地壳结构，内部热热损失速率），研究火星是否存在地震活动，测量内部热流，估算内核大小及是否存在液态核	内部结构地震实验装置，热流和热物性探测包，火星自转和内部结构探测，风温探测仪，实验室装置，磁强计	原计划2016年3月4日发射，由于载荷故障至少推迟2年发射	—

附录2 作者

徐 琳 中国科学院国家天文台副研究员，一直从事天体化学与比较行星学领域的基础性研究工作，以及国内外深空探测战略研究，主要研究方向为陨石学，包括太阳星云的形成与演化，小行星的热变质，太阳系早期的岩浆分异作用等。

魏广飞 中国科学院地球化学研究所助理研究员，地球化学专业。

后 记

　　我们所了解的中国火星探测的相关论证工作,应该起始于1998年,当时由原中国人民解放军总装备部组织各领域的专家,召开了火星探测论证,力争2009年或2011年发射我国首个不载人火星探测器,但由于种种原因未能实施;此后,鉴于月球探测的可行性和必要性,中国全面开展月球探测工程,火星探测论证便暂缓进行。2007年11月成功发射"嫦娥一号"以后,受原国防科工委(现国防科工局)的委托,孙家栋院士和欧阳自远院士组织召开了火星探测论证,并取得突破性进展,大家一致认为,在月球探测的基础上,我国已经具备开展不载人火星探测的能力;2010年,由航天五院和中国科学院联合发起中国火星探测的论证工作,专家组提出力争2013年发射。但遗憾的是,我们再次错过了最佳发射窗口。一次又一次与火星失之交臂,并没有让科学家们气馁;2011年,由国防科工局组织召开深空探测论证,确定了我国9次深空探测任务,其中以3次不载人火星探测为重点。最终在2016年4月,国家正式批准火星探测立项,确定我国将在2020年前后发射首个不载人火星探测器。

　　探测火星是一项庞大的工程,需要各领域相关专业知识的支撑。随着论证工作的推进,我们越发感觉到对火星科学认识的不足,也意识到我们有责任、有义务组织编著一本火星方面的书籍,为每一位参与火星探测任务的人员提供第一手参考资料。就这样,在持续论证的同时,我们也开始着手收集与整理火星相关资料,在这个过程中,《火星科学概论》已悄然初具雏形。

　　很多年前我们就想将整理的资料汇编成册,但一直由于各种原因耽误下来。随着我国深空探测步伐的迈进,出版火星书稿的事又逐渐提上日程。在欧阳自远院士和上海科技教育出版社的推动下,经过大家的共同努力,《火星科学概论》终于问世。

　　在本书撰写期间,相信又会有很多新的成果涌现,我们无法将最新的内容全部涵盖,也可能会存在一些错误和纰漏,敬请读者批评指正。

本书编写组
2016年7月

图书在版编目(CIP)数据

火星科学概论 / 欧阳自远,邹永廖主编.—上海:上海
科技教育出版社,2017.4(2021.4重印)
ISBN 978-7-5428-6461-1

Ⅰ.①火… Ⅱ.①欧… ②邹… Ⅲ.①火星—研究

Ⅳ.①P185.3

中国版本图书馆CIP数据核字(2016)第180392号

责任编辑 王世平 伍慧玲 王乔琦 卞毓麟
装帧设计 汤世梁

火星科学概论

欧阳自远 邹永廖 主编

出版发行 上海科技教育出版社有限公司
(上海市柳州路218号 邮政编码200235)
网 址 www.sste.com www.ewen.co
经 销 各地新华书店
印 刷 上海中华印刷有限公司
开 本 889×1194 1/16
字 数 775 000
印 张 32.5
插 页 4
版 次 2017年4月第1版
印 次 2021年4月第2次印刷
书 号 ISBN 978-7-5428-6461-1/N·980
定 价 380.00元